Ohne Wasser keine Burg

Die Versorgung der Höhenburgen
und der Bau der tiefen Brunnen

Axel W. Gleue

Ohne Wasser keine Burg

Die Versorgung der Höhenburgen
und der Bau der tiefen Brunnen

SCHNELL + STEINER

Abbildung der vorderen Umschlagseite: nach Philipp Mönch, Kriegsbuch, 1496

Bibliografische Informationen der Deutschen Bibliothek
Die Deutsche Bibliothek verzeichnet diese Publikation in der Deutschen Nationalbibliografie;
detaillierte bibliografische Daten sind im Internet über http://www.dnb.ddb.de abrufbar.

1. Auflage 2014
© 2014 Verlag Schnell & Steiner GmbH, Leibnizstraße 13, 93055 Regensburg
Satz: Vollnhals Fotosatz, Neustadt a.d. Donau
Umschlaggestaltung: Anna Braungart, Tübingen
Druck: Erhardi Druck Gmbh, Regensburg

ISBN 978-3-7954-2746-7

Alle Rechte vorbehalten. Ohne ausdrückliche Genehmigung des Verlags
ist es nicht gestattet, dieses Buch oder Teile daraus auf fototechnischem oder
elektronischem Weg zu vervielfältigen.

Weitere Informationen zum Verlagsprogramm erhalten Sie unter:
www.schnell-und-steiner.de

Inhalt

Vorwort 7
Zur Einführung 9

1. Die Wasserversorgung von Höhenburgen und Bergvesten 11
  1.1 Der Wasserbedarf 11
  1.2 Die Wassergewinnung 14
      1.2.1 Wasserleitungen 18
      1.2.2 Zisternen 25
      1.2.3 Schachtbrunnen 31
  1.3 Die Wasserversorgung im Wandel der Zeit 39
      1.3.1 Burg Breuberg 42
      1.3.2 Schloss Lichtenberg 46
      1.3.3 Veste Otzberg 48
      1.3.4 Burg Reichenberg 51
      1.3.5 Zusammenfassung 55
  1.4 Die Wasserversorgung als Standortfaktor 55

2. Brunnen als Wasserversorgungsanlagen 59
  2.1 Die Anfänge des Brunnenbaues 59
  2.2 Vom Bauen im Mittelalter 64
  2.3 Der Brunnenbau auf Höhenburgen 70
      2.3.1 Die Standortwahl 73
      2.3.2 Das Abteufen des Schachtes 75
            2.3.2.1 Das Prinzip: „Schacht aus dem Vollen" 82
                  Der bergmännische Schacht 82
                  Die Bewetterung 91
                  Die Wasserhaltung 94
                  Die Wasserfassung 96
                  Nischen und Stollen, Teil 1 97
            2.3.2.2 Das Prinzip „Schacht im Schacht" 98
                  Der bergmännische Schacht 99
                  Das Aufmauern des Schachtes 102
                  Nischen und Stollen, Teil 2 112
                  Die Steinmetzzeichen 114
  2.4 Die Wasserförderung 120
  2.5 Bau- und Betriebskosten 133
  2.6 Eine abschließende Bemerkung 140

3. Burgen und ihre Brunnen 141
  3.1 Der Heiligenberg bei Heidelberg 141
  3.2 Schloss Weesenstein im Müglitztal 147
  3.3 Die Burg Stolpen in Sachsen 151

3.4 Die Burg Lemberg im Pfälzerwald 164
3.5 Die Festung Wülzburg bei Weißenburg in Bayern 170
3.6 Die Leuchtenburg am Saaletal 186
3.7 Die Burg Breuberg im Odenwald 195
3.8 Schloss Heidecksburg an der Saale 209
3.9 Die Bergfeste Dilsberg am Neckar 212
3.10 Die Burg Windeck bei Weinheim 224
3.11 Schloss Hellenstein in Heidenheim an der Brenz 232
3.12 Die Burg Homberg an der Efze 254
3.13 Die Ronneburg im Main-Kinzig-Kreis 266
3.14 Die Veste Otzberg im Odenwald 274
3.15 Schloss Augustusburg auf dem Schellenberg 318
3.16 Orvieto, die Stadtburg des Papstes 327
3.17 Der Königstein in der Sächsischen Schweiz 332
3.18 Die Albrechtsburg in Meißen 358
3.19 Die tiefen Brunnen 364
3.20 Weitere Brunnen auf Höhenburgen 367

Abbildungsnachweis 371
Glossar Brunnenbau 372
Verwendete Literatur 375
Ortsregister 380
Personen- und Sachregister 382

Vorwort

Im Jahre 2008 erschien die Monographie *„Wie kam das Wasser auf die Burg? Vom Brunnenbau auf Höhenburgen und Bergvesten"*. Das positive Echo auf diese Veröffentlichung hat uns veranlasst, weitere Nachforschungen anzustellen, um dieses bisher kaum behandelte Thema der Burgenforschung nicht nur abzurunden, sondern auch noch zu vertiefen.

Da sich gezeigt hatte, dass Brunnen als Wasserversorgungsanlagen auf Höhenburgen und Bergvesten nur in den wenigsten Fällen einen aktiven Beitrag zur Deckung des täglichen Wasserbedarfs leisten mussten, war den anderen Möglichkeiten der Wasserversorgung mehr Raum zu widmen. Bau und Betrieb von Wasserleitungen und Zisternen aber verbanden sich damals – anders als bei den Brunnen – mit geringeren technischen Anforderungen, so dass die Ausführungen zu den baulichen und betrieblichen Aspekten der tiefen Brunnen nach wie vor den Schwerpunkt unserer Darstellungen bilden.

Besonders wichtig war es uns, die Bedeutung der Wasserversorgung als Standortfaktor stärker hervorzuheben und die Wasserversorgung während der Bauphase der Burgen wenigstens im Ansatz zu beleuchten – zwei grundlegende Aspekte, die bei den bisherigen Betrachtungen zum Burgenbau aus kaum verständlichen Gründen zumeist ausgeklammert werden.

Nach nochmals mehrjährigen Recherchen sowie aufgrund zusätzlicher Erkenntnisse aus weiteren Ortsbesichtigungen und Brunnenbefahrungen legen wir nun eine Abhandlung zur Wasserversorgung von Höhenburgen vor, die gegenüber der Publikation von 2008 nicht nur komplett überarbeitet und aktualisiert, sondern auch um wesentliche Teile erweitert worden ist. Das alles schien uns Grund genug, diese Veröffentlichung nicht als eine verbesserte zweite Auflage, sondern als eigenständiges Werk unter einem neuen Titel erscheinen zu lassen, womit den aktuellen Gegebenheiten Rechnung getragen wird.

Otzberg, im April 2014

Wer baut, will bleiben.
Wer in die Höhe baut, will mehr:
sich zeigen als einen, der wichtig ist und beherrschen kann.

Mathias Schreiber, Der Spiegel 40/2009

Da also sowohl von Naturforschern, als von Philosophen, als auch von Priestern die Ansicht ausgesprochen wird, daß alle Dinge durch die Macht des Wassers bestehen, so glaube ich, in diesem Buch … von dem Auffinden des Wassers, von den Vorzügen, welche es je nach den örtlichen Eigentümlichkeiten habe, von der Art und Weise, es zu leiten und von den Verfahren, wie man es vorher als geeignet erprobe, schreiben zu müssen.

M. Vitruvius Pollio, De architectura libri decem, VIII

Zur Einführung

Burgen werden in der Literatur seit Beginn ihrer Erforschung im Wesentlichen unter den Aspekten der Architektur behandelt. Der Zusammenhang zwischen baulicher Gestaltung und Funktion der Anlagen sowie ihrer Teile war und ist das beherrschende Thema. Die mit dem Begriff „Burg" verbundenen Bauprogramme ergaben sich aus dem Wechselspiel zwischen den topographischen Besonderheiten der gewählten Bauplätze, der Verfügbarkeit von Baumaterial und Hilfskräften, der finanziellen Ausstattung der Bauherren sowie deren Nutzungsvorstellungen und Repräsentationsbedürfnissen, den Fähigkeiten der verfügbaren Baumeister sowie den Erfordernissen der Verteidigung. Entstanden ist daraus eine kaum noch überschaubare Vielfalt von Burgen[1], die sich den Versuchen einer Standardisierung weitgehend entzieht. Und so wird voraussichtlich die bisherige Themensicht auch weiterhin dominierend bleiben.

Ansichten und Grundrisse der Burgen sind umfänglich dokumentiert, Baudetails ohne Zahl analysiert und katalogisiert worden. Die Grundbedürfnisse der Bewohner einer Burg aber wurden und werden meist nur am Rande behandelt, finden ihren Niederschlag in der Regel allein in der Beschreibung der unterschiedlichen Ausbildung von Kochstellen und Abortanlagen.

Dies alles wäre verständlich, wenn Burgen nicht überwiegend gerade an solchen Stellen errichtet worden wären, wo sich die Befriedigung der Grundbedürfnisse extrem schwierig gestaltete. Während sich die Besiedlung des Landes primär an vorhandenen Wasserläufen und verfügbaren Ackerflächen orientierte, setzten die Burgenbauer in ihrer Mehrzahl, wenn irgend möglich, demonstrativ und gezielt auf die Anhöhen.[2] Hier war man strategisch gut positioniert, musste sich aber hinsichtlich der Versorgung etwas einfallen lassen. Vorräte an Nahrungsmitteln für Mensch und Tier konnte man einlagern, sehr viel aufwendiger war die Wasserbevorratung.

Dieser erhöhte Aufwand brachte letztlich aber auch Vorteile. In dörflichen und städtischen Siedlungen führte das ungeordnete Nebeneinander von Wassergewinnung und Beseitigung der Abwässer dazu, dass selbst Brunnenwasser zumeist keimbelastet und kaum verträglich war. Dieses Problem stellte sich auf den Höhenburgen nicht. Die Vorbehalte gegenüber dem Brunnenwasser aber saßen tief. Man beugte lieber vor und ließ sich – ungeachtet des Aufwandes – wenn möglich frisches Quellwasser auf die Burg zuführen. Die Bauern und Stadtbewohner konsumierten nicht ohne Not Bier und Wein in beträchtlichen Mengen. Auf den Burgen konnten die Trinksitten verfeinert werden und alkoholische Getränke dieser Art den Status von Genussmitteln erreichen. Doch das ist eine andere Geschichte.

Grundvoraussetzung für die Nutzung einer Höhenburg war eine ausreichende Versorgung mit Trinkwasser. Ohne Trinkwasser war sie nicht mehr als ein künstlicher Steinhaufen, eine eindrucksvolle Kulisse ohne praktischen Nutzen. Den Widerspruch zwischen der Lage der Burg und der Verfügbarkeit von Trinkwasser galt es so aufzulösen, dass die Höhenburg lang-

---

1 Der Begriff „Burg" wird von den Fachleuten verwendet, ohne dass man sich bis heute auf eine allgemein verbindliche Definition verständigen konnte.

2 Krahe, Fr.-W.: Burgen und Wohntürme des deutschen Mittelalters, Stuttgart 2002: Von mehr als 4000 untersuchten Burgen sind rund 70 % dem Typ der Höhenburg zuzuordnen; Zimmer, J.: Die Burgen des Luxemburger Landes, Luxemburg 1996; hier sind es 80 % der Burgen.

10 | Zur Einführung

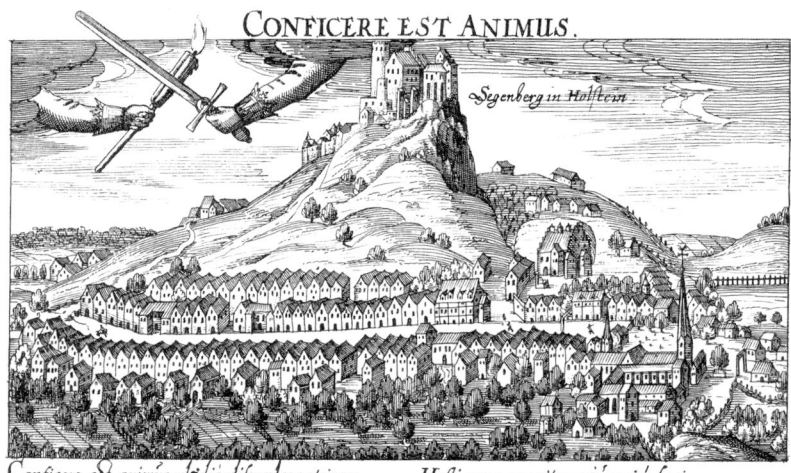

Abb. 1 Die Siegesburg vor 1625

fristig funktionsfähig bleiben konnte. Zu **Waldenburg** heißt es bei Merian: *Es ligen beyde, Schloß und Städtlein, beysammen auff dem Berg so sehr vest, und wann man oben das Wasser haben könnte, sie für gleichsam unüberwindlich gehalten würden. Im Schloß hat es eine Cistern: sonsten holet und träget man das Wasser von unten hinauff.*[3]

Art und Umfang der Wasserversorgung einer Höhenburg waren jeweils abhängig von den naturräumlichen Gegebenheiten, von den finanziellen Möglichkeiten des Bauherrn, vom technischen Sachverstand und der Erfahrung seines „Wasserbauingenieurs" sowie der Zeit, die für den Bau und den weiteren Ausbau zur Verfügung stand. Die technischen Lösungen der Wasserversorgung waren lange vor Beginn des Burgenbaues im 10./11. Jahrhundert bekannt und erprobt. Sie änderten sich im Verlaufe der Zeit kaum. Die Wirkungsweisen von Leitungen und Wasserförderanlagen mussten aber bei Höhenburgen bis an die Grenzen ausgereizt werden und waren deshalb stets eng verbunden mit dem Risiko des Scheiterns.

Allgemeingültige Aussagen zur Wasserversorgung von Höhenburgen sind – sofern es nicht nur um die grundsätzliche Funktionsweise der technischen Anlagen gehen soll – stets nur unter Einschränkungen möglich. Vorausgesetzt werden müssen annähernd gleichartige naturräumliche Gegebenheiten und eine etwa gleiche politische, wirtschaftliche und soziale Ausgangslage. Es wäre z. B. ein untauglicher Versuch, Kreuzfahrerburgen als militärische Stützpunkte in besetzten Territorien und die Burgen des deutschsprachigen Raumes in einen Topf zu werfen, um daraus allgemeingültige Aussagen hinsichtlich der Wasserversorgung von Höhenburgen ableiten zu wollen. Unsere Burgen waren bestimmt durch das Prinzip der Nachbarschaft, Kreuzfahrerburgen angelegt aus Gegnerschaft. Das hatte Auswirkungen nicht nur auf die jeweilige Gestaltung der Bauwerke, sondern auch auf deren technische Infrastruktur.

Und auch im deutschsprachigen Raum, auf den allein sich unsere folgenden Ausführungen beziehen werden, ergeben sich noch regionale Besonderheiten bei der Wasserversorgung von Höhenburgen aufgrund unterschiedlicher hydrogeologischer Gegebenheiten.

---

[3] Merian, M. (Hrsg.): Topographia Franconiae, Frankfurt 1648, S. 102

1. Die Wasserversorgung von Höhenburgen und Bergvesten[4]

In der Siedlungswasserwirtschaft wird „Wasserversorgung" allgemein definiert als die Deckung des Wasserbedarfs mit Trink- und Brauchwasser. Das Thema Wasserversorgung gliedert sich demnach in die Bereiche „Wasserbedarf" und „Wassergewinnung".

1.1 Der Wasserbedarf

Am Anfang steht also die Frage: Was wurde an Wasser gebraucht?

Der Wasserbedarf war damals wie heute zunächst eine Frage des Anspruchs bzw. des möglichen Standards, sodann der Anzahl der zu versorgenden Menschen. Beides stand im Zusammenhang mit der Funktion und Größe der Burg. Und über allem stand die Frage nach der Finanzierung. Die Wasserversorgung war ein nicht unerheblicher Kostenfaktor.

Die Burgen des Mittelalters waren Mehrzweckbauten, bei denen die Verteidigungsfähigkeit nur scheinbar im Vordergrund stand. In erster Linie hatten Burgen die Aufgabe, den Herrschaftsanspruch ihrer Besitzer zu demonstrieren. Und sie mussten gut bewohnbar sein. Den Betrieb konnten einige wenige Dienstleute aufrechterhalten. Ernsthafte Belagerungen, die die Wasserversorgung hätten auf die Probe stellen können, haben die meisten dieser beeindruckenden Bauwerke nie erlebt; gleichwohl mussten sie auch für diesen weniger wahrscheinlichen Fall gerüstet sein.

Die Wasserversorgung war demnach auf zwei unterschiedliche Betriebsfälle auszurichten:
– Der friedliche Alltag war dadurch gekennzeichnet, dass sich die Bewohner je nach Bedarf auch extern mit Wasser versorgen (lassen) konnten. Großvieh wurde zumeist außerhalb der Burg gehalten und versorgt.
– Im Belagerungsfall war die Besatzung von der Außenwelt abgeschnitten. Jetzt musste die Wasserversorgung autark sein; d. h. man war angewiesen auf Vorräte, die man sich angelegt hatte, oder auf Reserven, die unter der Burg in Form von Grund- oder Sickerwasser erschlossen werden konnten. Wenn das Vieh nicht außerhalb im Haag gehalten und versorgt werden konnte, wurde es schnell zum Problem. Das betraf vor allem Festungen, auf denen berittene Einheiten stationiert waren.

Für eine Burg, eine Immobilie mit der Doppelfunktion „Wohnen" und „Arbeiten" (Verteidigung war schwere Arbeit), waren sicherzustellen:
– die Trinkwasserversorgung der Bewohner (Trinken und Kochen),
– die Brauchwasserversorgung für Haus und Hof (Waschen, Werken, Bauen und Viehtränkung) und
– der Löschwasservorrat.

---

[4] Die im Folgenden in eckige Klammern gestellten Zahlen [1] bis [18] verweisen auf die jeweiligen Beispiele im Kapitel 3.

1. Die Wasserversorgung von Höhenburgen und Bergvesten

Abb. 2 Jede Burg brauchte Wasser

In diesem Zusammenhang sei der Hinweis erlaubt, dass die Anzahl der Bewohner bzw. die Mannschaftsstärke in einer Burg selbst für den Verteidigungsfall häufig überschätzt wird. Um den Betrieb auf einer Burg aufrechtzuerhalten, genügte ein Handvoll Menschen. In dem seltenen Fall einer Belagerung entsprach die Zahl der Verteidiger nur einem Bruchteil der Anzahl der Belagerer. Selbst auf Burgen, die man im 16. Jahrhundert umgebaut hatte, um sie mit Kanonen verteidigen zu können, waren im Normalfall nur minimale Kontingente vorhanden; als ständige Besatzung befestigter Bergschlösser des 17. Jahrhunderts reichten schon 30 Mann.[5] Die Kriegsbesatzung einer Festung allerdings war – wie wir gleich sehen werden – deutlich stärker.

Bei der Angabe des Tagesbedarfes für die Grundbedürfnisse „Trinken und Kochen" bezieht man sich heute in der wissenschaftlichen Literatur häufig auf Peter H. Gleick[6], der 1999 bei seinen Studien zur globalen Trinkwasserbewirtschaftung die lokale Mindestwassermenge mit 5 Liter/Kopf und Tag angegeben hatte. Dieser aktuelle Ansatz ist plausibel – auch für eine Burgbesatzung.

Geht man ein wenig weiter zurück in der Geschichte, wird man feststellen, dass die genannten 5 Liter/Kopf als Tagesbedarf auch schon früher zugrunde gelegt wurden. Chiolich-Löwensberg, Hauptmann im k. k. Genie-Stab, schreibt 1865 zum Wasserbedarf[7]: *In Festungen*

---

5 Kriegsarchiv München, Militäretats der Veste Otzberg 1664–1738

6 Gleick, P.H.: Präsident d. Pacific Institute f. Studies in Development, Environment and Security in Oakland, California

7 Chiolich-Löwensberg, H.: Anleitung zum Wasserbau, Zweite Abtheilung, Stuttgart 1865, S. 38

beschränkt man diesen Bedarf auf ein Minimum, und zwar 1/6 bis 1/5 Kubikfuss (d. h. 4,5–5,4 Liter). Für die Festung **Ehrenbreitstein** kalkulierte C. H. Aster im Jahre 1819 für den Belagerungsfall 5,6 Liter/Kopf und Tag.[8] Und um den Wasserbedarf der Festung **Wülzburg** [5] zu ermitteln, machte im Jahre 1824 der Genie-Hauptmann Franz von Hoermann die folgende Rechnung auf:

Eine Kriegsbesatzung von maximal 800 Soldaten und 200 Zivilisten (Arbeiter, Einwohner und Sträflinge) benötigt in einem halben Jahr (6 x 30=180 Tage) 13.500 Eimer Trinkwasser und 15.500 Eimer Brauchwasser.[9] Da ein Bayerischer Eimer mit 68,42 Liter zu rechnen ist, hatte er 5,1 Liter Trinkwasser und 5,9 Liter Brauchwasser als Allgemeinbedarf pro Kopf und Tag veranschlagt. In allen drei Fällen sind die veranschlagten Werte praktisch gleich. Wir gehen wohl nicht fehl in der Annahme, dass der Wasserbedarf auf den Höhenburgen Jahrhunderte vorher nicht höher gewesen ist.

Der Tagesbedarf von 5 Liter/Kopf war ausreichend, um die Burgbesatzung im Frieden wie im Falle einer Belagerung einsatzfähig zu erhalten. Dieser Wert hat nichts zu tun mit dem Wasserbedarf zum Überleben und schon gar nichts mit dem durchschnittlichen täglichen Wasserverbrauch, der in Deutschland z. Z. bei ca. 120 Liter/Kopf liegt.

Wenn wir uns im Folgenden mit der Wasserförderung aus Brunnen beschäftigen, wird uns der 50 Liter-Kübel als Fördergefäß begegnen. Der Inhalt eines solchen Eimers reichte also aus als Tagesration für zehn Personen. In diesem Zusammenhang sei erwähnt, dass der „Eimer" ein altes Volumenmaß ist, dessen Einheit regional zwischen 60 und 70 Liter schwanken konnte. Die über 200 Jahre alten Holzkübel, die aus dem Brunnenschacht der Veste **Otzberg** [14] geborgen wurden, fassen rechnerisch maximal 67 Liter, entsprechen damit dem Volumenmaß. Im praktischen Betrieb wird man mit ihnen nur ca. 50 Liter gefördert haben.

Es waren aber in vielen Fällen nicht nur Menschen auf der Burg zu versorgen, hinzu kam das Nutzvieh. Für die Betrachtung des Gesamtbedarfs an Wasser ist es daher nicht uninteressant zu wissen, dass der Tagesbedarf eines Pferdes nach heutigen Maßstäben zwischen 30 und 50 Litern liegt, der einer Milchkuh zwischen 50 und 60 Litern und der eines Schweines zwischen 10 und 15 Litern. Aus dem Jahre 1865 ist überliefert[10], dass auf Festungen der Wasserbedarf für ein Pferd oder ein Stück Schlachtvieh (Rind) auf einen Kubikfuß (knapp 30 Liter) pro Tag beschränkt wurde.

Zusammenfassend halten wir für die folgenden Überlegungen fest, dass 1 Eimer zu 50 Liter als Tagesration für 10 Mann reichte. Die gleiche Menge aber brauchte man, um 1 Pferd oder 1 Rind bzw. 5 Schweine zu unterhalten (Abb. 3). Die Tierhaltung auf Burgen konnte also sehr wohl zu Versorgungsengpässen führen.

Auch der Löschwasserbedarf auf einer Burg darf nicht unerwähnt bleiben, wenngleich es eine spezielle Brandreserve im heutigen Sinne wohl auf keiner Burg gegeben hat. Brach ein Feuer aus, so konnte man – die Verfügbarkeit einer hinreichenden Anzahl von Feuereimern vorausgesetzt – auf die Trink- oder Brauchwasservorräte zurückgreifen, die in Behältern zur Verfügung standen. Die Förderzeiten für das Brunnenwasser waren zumeist zu lang, um dieses wirksam einsetzen zu können. Im Belagerungsfalle aber wäre der Rückgriff auf die Wasserreserven das vorzeitige Aus für die Verteidiger gewesen.

---

8 Böckling, M.: Festung Ehrenbreitstein, Führungsheft 17, Regensburg 2004, S. 57

9 Burger, D.: Die Ludwigszisterne auf der Festung Wülzburg, in: villa nostra, 2/1995, S. 12

10 Chiolich-Löwensberg, a.a.O., S. 38

14 | 1. Die Wasserversorgung von Höhenburgen

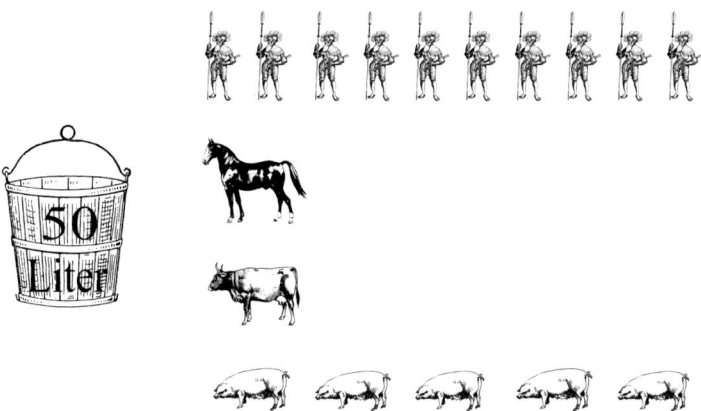

Abb. 3 Tagesbedarf an Trinkwasser

1.2 Die Wassergewinnung

Bevor wir der Frage nachgehen, wo die Bewohner einer Höhenburg das lebensnotwendige Wasser finden konnten, muss auf einen ursächlichen Zusammenhang verwiesen werden, der bei den Nutznießern moderner Wasserversorgungssysteme leicht in Vergessenheit gerät: Voraussetzung waren ausreichende Niederschläge. Wenn der Regen über einer Höhenburg ausblieb, war dies das langsame Ende der Wasserversorgung.

Auch einen anderen Zusammenhang dürfen wir nicht aus den Augen verlieren: Von dem Regen, der über einem Gebiet niedergeht, kann nur ein Bruchteil aufgefangen oder indirekt nutzbar gemacht werden. Wenn wir als Niederschlagsmenge pro Jahr für unsere Breiten im langfristigen Mittel 800 mm zugrunde legen, dann fließen davon 300 mm oberflächig ab, und nur 100 mm werden dem Grundwasser zugeführt. Der Rest (400 mm) verdunstet.[11] Diese Werte mögen örtlich variieren, am Prinzip aber ändert das nichts. Die besondere Lage der Höhenburgen kann hinsichtlich der Grundwasserbildung sogar zu noch ungünstigeren Verhältnissen führen.

Grundsätzlich gilt, da die Niederschlagsmengen starken Schwankungen unterliegen, dass auch die nutzbaren Wassermengen stark schwanken können. Aus der Geschichte wissen wir, dass es immer wieder extrem trockene oder extrem regenreiche Jahre gegeben hat.[12] Berichte über Missernten finden sich zuhauf; vom akuten Wassermangel aber waren in Trockenzeiten insbesondere diejenigen bedroht, die ihren Standort auf einem Berg gewählt hatten.

Für die weiteren Ausführungen seien ausreichende Niederschläge vorausgesetzt, da nur unter dieser Voraussetzung eine grundsätzliche Behandlung des Themas Wasserversorgung möglich und sinnvoll ist. Die oben zitierte Aufteilung der Niederschlagsmengen in nutzbare und nicht nutzbare Anteile aber dürfen wir nicht aus den Augen verlieren, wenn wir im Folgenden die verschiedenen Möglichkeiten der Wassergewinnung (Abb. 4) betrachten, die den Bewohnern von Höhenburgen grundsätzlich zur Auswahl standen.

---

11 Brockhaus Enzyklopädie, Bd. 20, Wiesbaden 1974; Schautafel Wasserkreislauf

12 Glaser, R.: Klimageschichte Mitteleuropas, Darmstadt 2001

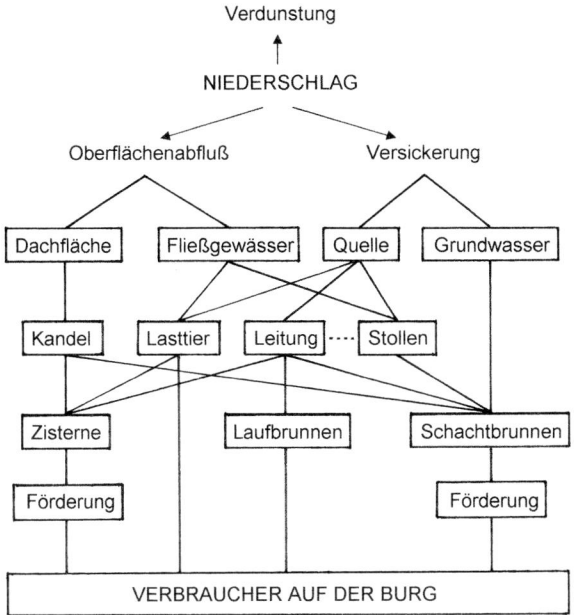

Abb. 4 Möglichkeiten der Wasserversorgung auf Höhenburgen

1. Zufuhr aus einem Fließgewässer oder einer Quelle

Für diese Art der Wasserversorgung stehen die Stichworte „Wasserpferdchen bzw. -esel" und „Bauernfuhren". In handlichen Gefäßen konnte – ein Fließgewässer oder eine ergiebige Quelle in geeigneter Entfernung vorausgesetzt – Wasser auf die Burg transportiert werden. Es handelte sich um ein mühsames Unterfangen, gekennzeichnet durch lange Wege, große Steigungen und eine geringe Transportleistung. Die laufenden Kosten für den Unterhalt der Last- bzw. Zugtiere schlugen zu Buche, und man war abhängig von den Dienstleistenden.

Mit dem zugeführten Wasser wurde der aktuelle Bedarf gedeckt. In kalkulierten Mengen wurde es in Bottichen oder Trögen gesammelt – aber nicht längere Zeit als Vorrat gehalten. Verbrauchte Mengen wurden ständig ergänzt. Und so war – unter der Voraussetzung eines reibungslosen Nachschubs – eine ausreichende Menge an Brauchwasser und frischem Trinkwasser für den täglichen Bedarf stets verfügbar. Zur Situation bei Baubeginn der Festung **Regenstein** heißt es 1670, *daß Wasser eine halbe Stunde weith hinauß von hier, und zwahr nur in einem Bach geholt werden muß, welches Wasser, da es nur 3 oder 4 Tage lieget faul, stinkhend und dahero gantz ohngebräuchlich würdt.*[13]

Die Burg **Runkelstein** in Südtirol steht auf einem etwa 40 m hohen Felsen, der zum Talferbach hin senkrecht abbricht. Ein Fresko aus der Zeit um 1390 zeigt dort einen Kran auf der Außenmauer, mit dem Wasser aus dem Wildbach auf die Burg gehoben wurde.

---

13 Behrens, H. A. und Reimann, J.: Der Regenstein.
   Baugeschichte und Festungszeit, Blankenburg 1992,
   S. 32

2. Zuleitung von einer Quelle

Die Zuleitung des Grundwassers von seiner Austrittsstelle her war zunächst nur möglich, wenn die Quelle höher lag als der Einspeisungspunkt in die Burg. Der Bau einer Wasserleitung erforderte eine genaue Geländeaufnahme, hydraulische Fachkenntnisse, besondere Fertigkeiten bei der Herstellung der Rohre (Holz-, Ton-, Blei- oder Gussrohre) sowie – schwerwiegender als die Baukosten – laufende Unterhaltskosten. Wasserleitungen lieferten ständig frisches Wasser, waren aber anfällig gegen Zerstörungen.

Beide genannten Versorgungsmöglichkeiten aber versagten im Belagerungsfall. Da blieb nur das Prinzip der konsequenten Eigenversorgung. Doch dem waren Grenzen gesetzt: Zur Verfügung standen allein der Luftraum über der Grundfläche der Burganlage bzw. das der Anlage zuzurechnende Grundwassereinzugsgebiet.

3. Sammlung von Regenwasser

Die Möglichkeit, Regenwasser in Holzbottichen, Steintrögen oder Zisternen zu sammeln, setzte befestigte Oberflächen voraus, von denen das Niederschlagswasser kontrolliert abgeleitet werden konnte. Offene Gerinne, in denen das Wasser der Hofflächen gesammelt wurde, waren im Hinblick auf die Hygiene sehr problematisch – dies insbesondere bei Tierhaltung. Das Sammeln von Wasser hinreichender Qualität war erst ab dem Moment möglich, wo große Dachflächen mit harter Eindeckung zur Verfügung standen. Die Qualität des stehenden Wassers in größeren Behältern war und blieb jedoch ein Problem.

4. Förderung von Grundwasser

Voraussetzung für diese Art der Wasserversorgung waren Schachtbrunnen. Brunnenbau auf Höhenburgen aber war bautechnisch aufwendig, zeitlich nicht kalkulierbar und damit eine finanzielle Kraftanstrengung mit ungewissen Erfolgsaussichten. Den Bau eines Brunnens konnte man erst ins Auge fassen, nachdem die Burg bereits bewohnbar war.

Ein ergiebiger Brunnen war jedoch keineswegs ein Garant für die Wasserversorgung in Notzeiten. Wie das Beispiel der Burg **Desenberg** aus dem Jahre 1168 lehrt, konnte ein zu allem entschlossener Belagerer mit Hilfe von erfahrenen Bergleuten der Burgbesatzung das Brunnenwasser abgraben.[14] Bei einer Ortsbesichtigung am 21. 07. 2011 waren am nördlichen Berghang an zwei Stellen Spuren bergbaulicher Aktivitäten zu erkennen, die mit Stollengängen im Zusammenhang stehen könnten. Geländevertiefungen mit talseitigen Aufschüttungen befinden sich 30 bzw. 15 m oberhalb des Rundweges zur Burg. Beide liegen – bezogen auf den Turm – in 80 m Luftlinienentfernung in Richtung 22° bzw. 51°. Ihr Abstand untereinander beträgt 45 m. Orientiert am Geländeprofil müsste der anvisierte Brunnen deutlich über 50 m tief gewesen sein. Er konnte aber archäologisch bisher nicht nachgewiesen werden.[15]

Auch die **Heinrichsburg** oberhalb von Mägdesprung zeigt Spuren solcher Aktivitäten. An zwei sich gegenüberliegenden Stellen sind am Burgberg ein kurzer Stollengang bzw. ein verschütteter Schacht nachweisbar. Die Verbindungslinie dieser beiden bergmännischen Ein-

---

14 Wigand, P.: Der Desenberg bei Warburg, in: Archiv für Geschichte und Alterthumskunde Westphalens, I 2, Lemgo 1826, S. 35 (Chronica Slavorum, um 1250)

15 Peine, H.-W. und Kneppe, C.: Der Desenberg bei Warburg. LWL-Internet-Portal Westfälische Geschichte

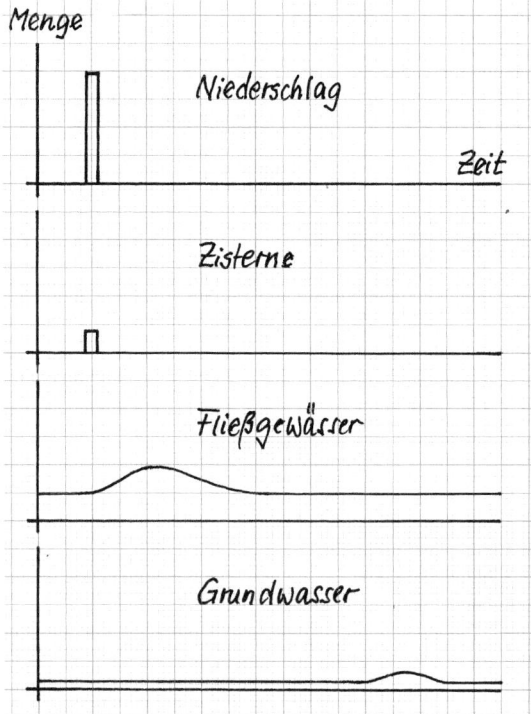

Abb. 5 Auswirkungen eines Starkregens

griffe verläuft über den Standort des einstigen Burgbrunnens.[16] Die Belagerung hat hier vermutlich im Jahre 1344 stattgefunden.[17] Und schließlich wird von den Erfurtern berichtet, dass sie 1452 bei der Belagerung der **Wachsenburg** ebenfalls versucht haben sollen, den Burgbrunnen anzugraben.[18] Belagerungen aber, die mit solcher Konsequenz durchgeführt wurden, waren im deutschsprachigen Raum zugegebenermaßen eher selten.

Sofern die Umstände es erforderten, wurden aus diesen vier Grundtypen der Versorgung diverse Mischlösungen (Abb. 4) entwickelt. Selten wurde Wasser über den aktuellen Bedarf hinaus mit Tragtieren von Quellen oder Fließgewässern herantransportiert und dann in Zisternen gesammelt. Manchmal aber konnte – wie auf der Burg **Breuberg** geschehen[19] – eine Wasserleitung die Zisterne speisen. Der Felsen, auf dem die Burg **Karlstein** in Böhmen errichtet wurde, ist 72 m hoch. Nachdem man beim Brunnenbau erfolglos bis in 76 m Tiefe vorgestoßen war[20], zweigte man Wasser aus einem nahen Bach ab und leitete es durch einen Stollen in den Schacht. Der geplante Brunnen wurde zur Schachtzisterne. Auf der Burg **Lemberg** [4] versuchte man so etwas vergeblich mit dem Wasser einer Quelle. Auf der Burg **Reichenberg** baute man eine Wasserleitung, um den wenig ergiebigen Burgbrunnen zusätz-

---

16 Ortsbesichtigung und Einmessung am 14. Juli 2011
17 Rivander, Z.: Düringische Chronica, Frankfurt 1581, S. 416
18 Piper, O.: Burgenkunde, München 1912, S. 404

19 Gleue, A. W.: Das Hoche Haus Breuberg und das Wasser für den täglichen Bedarf, Sonderheft 4 der Zeitschrift „Der Odenwald", Breuberg 2008, S. 23–27
20 Auf der Internetseite www.hrad-karlstejn.com werden 80 m angegeben.

lich mit Quellwasser zu speisen. Als der Versuch aus technischen Gründen misslang, leitete man Dachflächenwasser in den Schacht ein.

Die Entscheidung darüber, welche der aufgezeigten Möglichkeiten zum Einsatz kommen konnte, war abhängig von mehreren Faktoren. Da war zunächst einmal der Standort der Höhenburg, gekennzeichnet durch die Topographie (Gipfel-, Sporn- oder Hanglage) und die Hydrologie (das Vorhandensein von Oberflächen- und Grundwasser). Sodann stellte sich die Frage nach der Verfügbarkeit fachlich geeigneter Arbeitskräfte sowie der Finanzierung.

Zum besseren Verständnis der nachfolgend beschriebenen technischen Möglichkeiten der Wassergewinnung mag eine Darstellung (Abb. 5) dienen, die sehr vereinfachend die prinzipiellen Auswirkungen starken Niederschlages verdeutlichen soll. Dass in einer Zisterne nur ein Bruchteil des Niederschlages aufgefangen werden kann, versteht sich von selbst. Fließgewässer reagieren zeitlich versetzt mit einem Anstieg, der nach Höhe und Dauer abhängig ist vom jeweiligen Einzugsgebiet. Veränderungen im Grundwasserspiegel ergeben sich – wenn überhaupt – erst mit großem zeitlichem Verzug und in verhältnismäßig geringem Ausmaß. So reagiert der Wasserspiegel im tiefen Brunnen der Veste **Otzberg** [14] heute mit einer Zeitverzögerung von sechs bis sieben Monaten auf Veränderungen der Niederschlagsmengen. Naturgemäß lässt sich bei Quellen ein analoges Verhalten wie beim Grundwasser beobachten.

1.2.1 Wasserleitungen

In der Vorzeit waren Wasserleitungen zunächst Freispiegelkanäle, d. h. offene oder gedeckte Gerinne. Wir verstehen darunter jedoch Rohrleitungen, die im einfachsten Fall – wie die Gerinne – als reine Gefälleleitungen funktionierten. Bereits aus dem 8. Jahrhundert vor unserer Zeitrechnung sind solche Leitungen bekannt. Die Urartäer als frühe Meister der Wasserbaukunst verlegten zur Versorgung ihrer Festung Erebuni (Armenien) über mehrere Kilometer eine unterirdische Rohrleitung. Sie bestand aus ca. 1 m langen Steinrohren. Die grob walzenförmig gehauenen Blöcke mit einem Außendurchmesser von ca. 0,4 m wurden mit einer ca. 10 cm weiten Bohrung versehen. Diese Rohrelemente waren an den Enden so bearbeitet, dass sie nach dem Prinzip der Muffe aneinandergefügt werden konnten. Und es gab hin und wieder Rohrstücke mit rechteckigen Revisionsöffnungen an der Oberseite.[21] Dieses Prinzip des Leitungsbaues sollte sich bis in die Neuzeit erhalten.

Vitruv[22] nennt die Grundvoraussetzungen für den Leitungsbau: ein exaktes Nivellement und die Einhaltung eines Mindestgefälles. Zunächst musste ein möglicher Leitungsverlauf im Gelände erkundet werden. Die genaue Höhendifferenz zwischen Anfangs- und Endpunkt der geplanten Leitung ließ sich dann nur mit Hilfe einer horizontalen Bezugslinie ermitteln. Da aber bei längeren Leitungstrassen eine Sichtverbindung zwischen diesen beiden Punkten meist nicht gegeben war, mussten für aufeinanderfolgende überschaubare Teilabschnitte jeweils neue horizontale Bezugslinien hergestellt werden. Die Verwendung der einfachen messtechnischen Hilfsmittel erforderte Augenmaß. Fehler waren nicht auszuschließen und konnten sich aufsummieren. Umso erstaunlicher ist es, dass das von Vitruv genannte Mindestgefälle von 0,5 % für Freispiegelleitungen in praxi sogar noch unterschritten wurde. Auch für Rohrleitungen war ein solcher Wert theoretisch ausreichend. Wünschenswert aber war natürlich ein

---

21 Fundstücke im Erebuni-Museum, Jerevan, Armenien

22 Vitruv: De Architectura Libri Decem, Berlin 1908, übersetzt F. Reber, Wiesbaden 2004, VIII 6, S. 282 ff

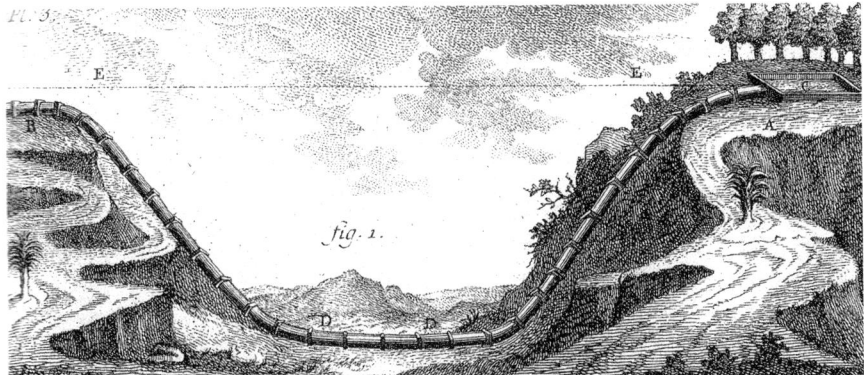

Abb. 6 Eine Druckwasserleitung durchquert ein Tal

größeres Gefälle wegen der Rohrreibungsverluste, weil die Trassenwahl wie auch die Verlegung der Leitungen so einfacher zu realisieren waren und weil man einen höheren Innendruck gut gebrauchen konnte, damit das Leitungswasser am Ende nicht nur aus dem Laufbrunnen herauströpfelte.

Vitruv gibt auch Hinweise zur Herstellung und Verlegung der Rohre. Außerdem stellt er die technischen Probleme von Druckwasserleitungen dar, die zum Einsatz kamen, wenn Wasser von einer hoch gelegenen Quelle durch ein Tal auf den Gegenhang befördert werden sollte (Abb. 6).

Druckwasserleitungen funktionieren nach dem Prinzip der kommunizierenden Röhren. Der Innendruck in einer solchen Rohrleitung ist abhängig von den Höhenunterschieden im Verlaufe des Leitungsstranges. Um eine Vorstellung von der Größe des Innendruckes zu erhalten, setze man 10 Meter Wassersäule gleich einem Bar Überdruck. Eine etwa 200 v. Chr. erbaute (43 km) lange Wasserleitung für die Stadt Pergamon überwand auf einer Teilstrecke von 3,5 km eine Höhendifferenz von 200 m, musste also einem Innendruck von fast 20 bar standhalten.[23] Schwermetallkonzentrationen im Boden deuten hier auf die Verwendung von Bleirohren hin, während die übrige Leitung aus kurzen Tonrohren bestand.

Ende des 19. Jahrhunderts wurden Versuche durchgeführt mit Bleiröhren, die gemäß den Angaben des Vitruv aus 7 mm starken Blechen um einen Kern zusammengebogen und in der Naht mit Blei verlötet worden waren. Die Röhren hatten zunächst einen ovalen Querschnitt, wurden bei einem Druck von 3 bar kreisförmig und platzten bei 18 bar. Die Lötnaht blieb unversehrt.[24]

Wir können davon ausgehen, dass Holzrohrleitungen vergleichbare Drücke aushalten konnten. *Das Wasser von einem Quell, Brunn, oder dergleichen, bis zu einem anderen Orth zu leiten, und zwar, daß solches Wasser wider Hitze, Frost und Unreinigkeit gesichert ist, ja daß es einen Berg ab und den andern hinauff steigen muß, ist insgemein nichts bequemeres als die höltzern gebohrten Röhren.*[25]

---

23 Wölfel, W. v.: Die hellenistische Wasserleitung von Pergamon, in: Die Bautechnik, 3/1996, S. 197–198
24 Belgrand, E.: Les aqueducs romains, Paris 1875
25 Leupold, J.: Theatrum Machinarum Hydrotechnicarum, Leipzig 1724, XII. Cap. § 86

Abb. 7.1 Herstellung von Holzrohren, 1556

Schwachpunkte waren die Verbindungsstellen der Einzelrohre – insbesondere dort, wo Richtungsänderungen nötig wurden. Dies betraf vorrangig jeweils den Wechsel zwischen der Hangfläche und dem Tal, das bei Vitruv die *Bauchebene* genannt wird. Er empfiehlt daher, an solchen Punkten jeweils einen Steinblock einzubringen, *der so durchbohrt ist, daß die letzte Röhre der Senkung in den Block eingefügt werden kann, und in ähnlicher Weise auf der anderen Seite die erste Röhre der Bauchebene; in derselben Art muß in der entsprechenden Hebung die letzte Röhre der Bauchebene in der Aushöhlung des [Steins] stecken und die erste Röhre der Hebung ebenso eingefügt sein. … Es pflegt aber in Wasserleitungen ein so heftiger Luftdruck zu entstehen, daß er selbst die Steinblöcke zersprengt, wenn nicht das Wasser von der Quellfassung aus anfangs langsam und spärlich hineingelassen wird.*

Nach dem Untergang des Römischen Reiches sind Wasserleitungen nördlich der Alpen erst wieder ab dem 11. Jahrhundert zur Versorgung von Klosteranlagen nachweisbar. Hierbei handelte es sich in der Regel um reine Gefälleleitungen. Mitte des 12. Jahrhunderts wurden bei der Reparatur der alten Wasserleitung im Kloster Fulda zwar Bleirohre verwendet[26], die Zuleitung von der Quelle aber bestand aus Holzrohren.

Vergleichbar frühe Belege für die Versorgung von Höhenburgen sind eher selten. Auch hier wurden in der Frühphase des Leitungsbaues in aller Regel Holzrohre, sogenannte Deichel oder Teuchel, eingesetzt. Deichel sind im Kern durchbohrte Föhrenstämme von 2,5 bis 3,5 m Länge. Verwendet wurde dazu 15- bis 20-jähriges Stammholz.

---

26 Vonderau, J.: Die Ausgrabungen am Dome zu Fulda in den Jahren 1908–1913, Fulda 1919, S. 35

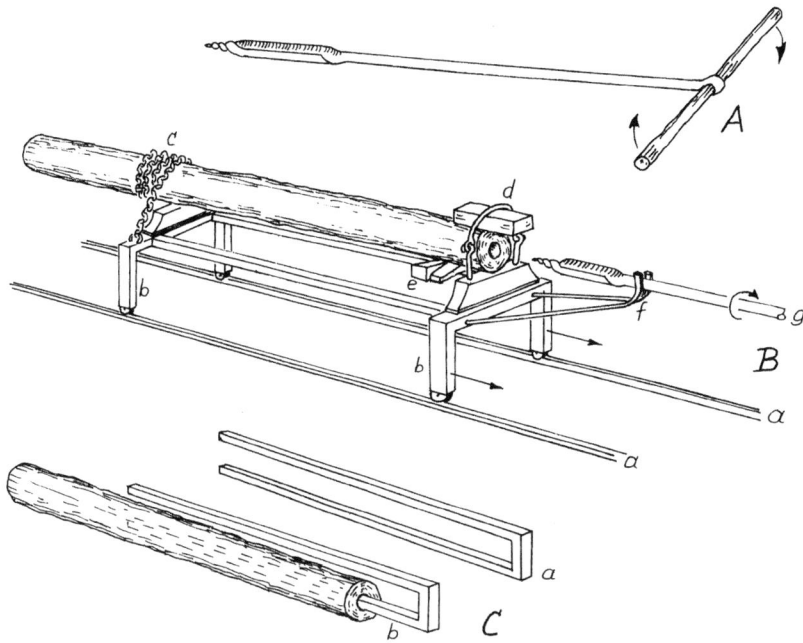

Abb. 7.2 Herstellung von Holzrohren, 1864

Die Herstellung der Deichel im Handbetrieb (Abb. 7.1) war mühsam, Fehlbohrungen waren an der Tagesordnung. Nachdem man auf Bohrwerke umgestellt hatte, die durch Wasserkraft angetrieben wurden (B in Abb. 7.2), konnten je nach Länge drei bis vier Deichel pro Tag gefertigt werden. Gebohrt wurde in Abschnitten, die der Länge des Bohrlöffels entsprachen. Sobald der sich mit Span (Dudel) zugesetzt hatte, musste das Bohrgestänge gezogen und der Löffel entleert werden. Abweichungen des Bohrkanals von der Mittelachse waren am entnommenen Bohrkern erkennbar. Die Richtung der Abweichung wurde mit Hilfe einer Lehre aus zwei U-förmig miteinander verbundenen parallelen Stäben geprüft, von denen einer in den Kanal gesteckt wurde (C in Abb. 7.2). Der Abgleich mit der Außenseite des Stammes zeigte an, in welche Richtung die Bohrung zu korrigieren war. War der Stamm zur Hälfte durchbohrt, wurde er gedreht, und der Vorgang begann von der anderen Seite.[27]

Der Durchmesser des verwendeten Bohrers entsprach etwa einem Zoll. Wenn ein größerer Rohrdurchmesser gebraucht wurde, benutzte man für einen zweiten Bohrgang einen etwa doppelt so dicken Bohrer. Vielerorts wurde deshalb die Bezeichnung „einböhriges bzw. zweiböhriges Rohr"[28] synonym für Durchmesser von etwa einem bzw. zwei Zoll benutzt.

Abgesehen von Zufallsfunden wären alte Holzrohrleitungen heute nur dann nachweisbar, wenn man – wie in verschiedenen Römerkastellen und auf der Burg **Blankenheim**[29] gesche-

---

27 Hinweise zur Herstellung von Röhrmeister Hans-Jürgen Wenzel, 09619 Sayda-Friedebach

28 Grimm'sches Wörterbuch unter „bohrig"

29 Wippern, J. M.: Die Lokalisierung der Blankenheimer Holzrohrleitung mit dem Magnetometer, in: Wasser auf Burgen im Mittelalter, Geschichte der Wasserversorgung, Bd. 7, Mainz 2007, S. 103 ff

hen – deren metallene Verbindungsmittel aufspüren könnte. Es handelt sich dabei um 6 bis 10 cm breite geschmiedete Ringe von ca. 10 cm Durchmesser mit einem mittig umlaufenden Wulst: die sogenannten Büchsen. An beiden Kopfenden der zu verbindenden Holzrohre wurde mittels eines Röhreisens, d. h. eines halbrunden Stechbeitels, eine der Büchse entsprechende kreisförmige Einkerbung vorgerichtet. Nachdem die Büchse bis zum Wulst in den Kopf des Rohres am Ende der Leitung eingeschlagen war, konnte man den nächsten Deichel ansetzen und die Verbindung mit einem Rammholz schließen.

Abhängig vom Leitungsverlauf im Gelände wurden in größeren Abständen Spundlöcher in die Holzrohre eingearbeitet. So konnte die Leitung an den Scheitelpunkten entlüftet werden. Zum anderen war es dadurch leichter möglich, defekte Rohre oder Rohrverbindungen durch systematisches Ziehen der Spunde zu lokalisieren.

Anweisungen zur Verlegung von Holzrohrleitungen gibt es zuhauf. Die Frostsicherheit spielte dabei eine wesentliche Rolle. Voraussetzung für die Dauerhaftigkeit einer solchen Leitung aber war der richtige Umgang mit den Deicheln, die während der Lagerung von außen nicht trocken werden durften. *... wo dieses, ists gut, daß vor beyde Oeffnungen Sponde geschlagen, und solche eine Zeitlang ins Wasser geleget werden, absonderlich wenn solche zum Steigen des Wassers gebrauchet werden, und grosse Gewalt auszustehen haben, und ist dieses mehrentheils eintzig und alleine die Ursache, warum die Röhren zerspringen. ...*

Dieses sollen Röhr- und Kunst-Meister allezeit wohl in Obacht nehmen, und solche Röhren erstlich sich lassen voller Wasser ziehen, oder wo sie trocken worden sind, nachdem sie eingezogen, nicht auf einmahl aller Gewalt des Wassers überlassen, sondern nur nach und nach, ... so werden sie mit einer höltzernen [Leitung] nach Proportion offt mehr ausrichten als mit eisernen oder bleyernen.[30]

War die Leitung richtig verlegt, dann verhinderte die Erdfeuchtigkeit das Austrocknen der Holzrohre von außen. Und deshalb wurden die für die Herstellung der Deichel verwendeten Stämme bewusst nicht geschält. Sofern eine gut verlegte Leitung nicht mutwillig beschädigt wurde, konnte sie ein Menschenleben lang halten. Das waren 60 bis 80 Jahre. Gelegentlich wurden während dieser Zeit aus den Holzrohren „Steinrohre", weil sich Silikate einlagerten. Und dann hielten die Rohre noch weit länger.

Die unterirdische Verlegung war auch in anderer Hinsicht wichtig für den sicheren Betrieb, weil so der Versuchung kein Vorschub geleistet wurde, die Leitung zu zerstören oder das Wasser zu vergiften. Natürlich konnte man die Existenz einer Leitung und deren Verlauf nicht geheim halten. Dazu waren beim Bau der Leitung und bei notwendigen Reparaturen zu viele Personen im Einsatz.

Nach Fertigstellung der Leitung produzierte man Deichel auf Vorrat. Um diese einsatzfähig zu erhalten, wurden sie in speziell dafür angelegten Teichen aufbewahrt. Hinweise auf solche „Deichelweiher" begegnen uns noch heute in Ortsbezeichnungen wie Flurnamen. Sobald eine Reparatur der Leitung erforderlich wurde, konnte man sich aus dem Vorrat bedienen.

Wie aber wechselte man ein Rohrstück in einer press verlegten Leitung aus? Dazu der bereits zitierte Röhrmeister Wenzel: Der defekte Deichel sowie die beiden jeweils daran anschließenden Holzrohre wurden freigegraben, der schadhafte Deichel aufgebrochen und entfernt. In den beiden Anschlußstücken verblieben die Büchsen. An beiden Enden des

---

30 Leupold, a.a.O., XII. Cap. § 93

passgenau zugeschnittenen Ersatzdeichels hatte man bereits die kreisrunden Einkerbungen zur Aufnahme der Büchsen vorbereitet. Jetzt wurden die Anschlussrohre gerade so weit angehoben, bis der Ersatzdeichel in den Zwischenraum eingesetzt werden konnte. Und wenn nun die Büchsen an beiden Enden genau in die vorgefertigten Einkerbungen des Ersatzdeichels griffen, wurden alle drei Rohrstücke zugleich abgelassen und in die Endlage niedergedrückt. Die Verbindungen zwischen dem neuen Deichel und den alten Anschlussrohren war hergestellt. Das hört sich einfach an, erfordert aber exaktes Arbeiten und den Einsatz vieler zupackender Männer.

Konrad von Megenberg schreibt um 1350 über die Qualität von Leitungswasser: ... *aber daz wazzer, daz man in kupfer laitet, ist gar poes und schad, und daz man in plei laitet, ist pezzer; daz in hülzeinn roern von vörhem holz gelaitet wirt, ist aller pest ...*[31] Eine gute Wasserqualität erhielt man auch – darauf hatte bereits Vitruv verwiesen – wenn Leitungen aus Tonrohren zusammengebaut wurden.

Bei Tonrohrleitungen sollten die einzelnen Rohrstücke möglichst lang sein, um die Anzahl der notwendigen Verbindungsstellen gering zu halten. Die Herstellung langer Tonrohre mit geringem Durchmesser aber war handwerklich problematisch. Zur niedersächsischen **Harzburg** führte eine 1,6 km lange Wasserleitung[32] aus ca. 52 cm langen Tonröhren, die dem späten 11. Jahrhundert zugerechnet wird.

Solche Rohre waren mit einer Muffe an dem einen und einem geriffelten Konus am anderen Ende versehen. Zur Dichtung an der Muffe verwendete man einen speziellen Kitt. *Kitt/Kütt ist ein auf besondere Art und aus verschiedenen Stücken zugerichteter Mörtel, dessen man sich zu fester Verbindung und Zusammenhaltung der Materialien, insonderheit aber bey Cisternen, Röhr- und Wasser-Künsten, steinernen Weich-Böttigen und anderen dergleichen Behältnissen, welche Wasser halten sollen, sehr nutzlich bedienet. Man nimmt dazu Bolus*[33]*, Hammerschlag oder Zunder, der von Eisen fällt, wenn man es schmiedet, Glas und Bach-Kieß eines soviel als des anderen, Ziegelmehl, so viel als alle die erstgedachten 4 Stücke zusammen ausmachen, alles gepulvert, gesiebet und wohl untereinander gemischt. ...*

Die steinernen von Leimen oder Töpffer-Erde gebrannten Wasser-Röhren zusammen zu kütten, nimmt man zweymal so viel Pech als obgedacht an Pulvers mit einander gewesen, zerlässet solches in einen eisern Topfe über einem Kohl-Feuer, thut ein wenig Nuß-Oel, wenn mans haben kan, oder an dessen statt nur Leinöhl, auch etwas Fett oder Schmeer, es sey von was vor einem Thier es wolle, darunter; ist dieses nun mit dem Pech zergangen, und fänget an zu kochen, muß man obgedachtes Pulver nach und nach einmischen, und ohne Unterlaß wohl einrühren, biß man siehet, daß es sich am Rührholtz Faden-weis, wie ein Terpentin aufziehet, und zur Probe ins Wasser geworfen gleich verhärtet; hernach wird es in ein irdenes glasirtes Geschirre, an dessen Boden ein wenig Wasser ist, gegossen, und wenn es hart worden, zum Gebrauch aufgehoben.

Wenn man diese Kitt brauchen will, muß man sie erstlich mit einen grossen Hammer zerschlagen, hernach über einen Kohlfeuer zergehen lassen, und also warm verarbeiten.[34] Verlegt wurden die Tonrohre meist in einer Lehmpackung.

---

31 Pfeiffer, F.: Das Buch der Natur von Konrad von Megenberg. Die erste Naturgeschichte in deutscher Sprache, Stuttgart 1861, S. 104

32 Weidemann, K.: Die Wasserleitung der Harzburg. Führer zu vor- und frühgeschichtlichen Denkmälern 35, Mainz 1978, S. 227 f

33 Das ist reiner Ton in Pulverform.

34 Zedler, J. H.: Grosses vollstaendiges Universal Lexikon Aller Wissenschafften und Künste, Halle 1733, Bd. 15, Sp. 831

Voraussetzung für den Leitungsbau zur Versorgung einer Höhenburg war eine Quelle, die oberhalb des Einspeisungspunktes in die Burg lag. Man wird Leitungen also vor allem bei Burgen in Hanglage oder Spornlage vermuten dürfen. Ein baulich interessanter Sonderfall ist die Burg **Falkenstein** am Rannatal bei Hofkirchen in Oberösterreich. Dort wurde im Jahre 1489 am Gegenhang knapp 100 m in östlicher Richtung ein ca. 17 m hoher Wehrturm über einer Quellfassung errichtet, um von dieser gesicherten Position aus Wasser durch eine Druckleitung in die Burg zu führen.

Problematisch war die Einführung der Rohrleitung in die Burg – dies insbesondere, wenn es einen Graben zu queren galt. Nur selten wagte man es, sie frei über mehrere Stützpfeiler zu verlegen wie auf der **Minneburg** (Neckargerach) oder der Burg **Dalberg** (Krs. Bad Kreuznach) geschehen. Die Leitung war so nicht nur leicht zu zerstören, sie war vor allem frostgefährdet.

Und trotz all dieser Unsicherheiten verzichtete man dort, wo sich die Möglichkeit dazu bot, nicht auf eine Wasserleitung, weil deren Vorteile beim Bau der Burg und bei der täglichen Versorgung ihrer Bewohner so überzeugend waren. Wir müssen davon ausgehen, dass es weit mehr solcher Leitungen gab als gemeinhin vermutet wird. Oftmals zeigt schon ein Blick auf die topographische Karte, wie man sich mit hoher Wahrscheinlichkeit versorgt hat. Dabei geht es nicht so sehr um die nahegelegenen Hangquellen, die häufig noch heute Eselsbrunnen o. ä. heißen und Flurbezeichnungen, die auf den Eseltransport hindeuten. Es gilt auch die weiter entfernt liegenden Quellen ins Auge zu fassen, zumal, wenn diese höher liegen als die zu versorgende Burg. Wasserleitungen bis zu 4 km Länge sind für Burgen keine Seltenheit. Aber die Holzrohre verrotteten, wenn die Leitungen nicht mehr in Betrieb waren, Metallrohre wurden ausgebaut, da man das Material wieder verwenden konnte. Und so ist das Wissen um Leitungen vor allem dort verloren gegangen, wo eine Burg sehr früh aufgegeben werden musste.

Es reicht also bei weitem nicht aus, sich in dieser Frage allein an Befunden zu orientieren wie dem Rest eines Holzrohres, Stützpfeilern im Burggraben, einem Durchlass oder einem Gerinne im Mauerwerk. Man sollte Wasserleitungen überall dort nicht ausschließen, wo sich ihr Bau aufgrund der örtlichen Gegebenheiten praktisch aufdrängte. Dass man bei Vorliegen der naturräumlichen Voraussetzungen weder Mühe noch Kosten scheute, um über Wasser bester Qualität verfügen zu können, mögen einige Beispiele verdeutlichen:

- 1320 baute man eine 3,7 km lange Rohrleitung von den Höchberger Quellen zur Burg **Marienberg** bei Würzburg[35], die – mehrfach demoliert – bis Mitte des 17. Jahrhunderts in Betrieb gehalten wurde.
- 1469 wurde für die Burg **Blankenheim** eine 1 km lange Wasserleitung gebaut, die zunächst als Druckleitung aus Holzrohren durch einen Talgrund und anschließend durch einen 150 m langen Tunnel[36] führte.
- 1577 wurde zum Umbau der Burg **Lichtenberg** eine mehr als 4 km lange Wasserleitung hergestellt und bis zum Jahre 1701 ständig funktionsfähig gehalten (s. Kap. 1.3.2).
- 1592 versorgte eine 5 km lange Leitung die **Sababurg** im Reinhardswald; sie bestand im Gefällebereich aus fast 7.000 Tonrohren und im Druckleitungsteil auf 1.300 m Länge aus Holzrohren.[37]

---

35 Öhring, P.: Die historische Wasserversorgung der alten Burg zu Würzburg aus den Höchberger Quellen, Selbstverlag 2003

36 Grewe, K.: Historische Tunnelbauten im Rheinland, Bonn 2002; Der Tiergartentunnel von Blankenheim, S. 59–67

37 Haake, E. und Henne, R.: Die alte Sababurger Wasserleitung, Gottsbürener Blätter, Sonderheft 5, 2008, S. 15–19

- 1613 gab es eine 2 km lange Wasserleitung aus Gussrohren vom Eberbacher Hang durch den Talgrund zum Schloss **Reichenberg** oberhalb von Reichelsheim (s. Kap. 1.3.4).[38]
- In die Burg **Niederkraig** (Kärnten) brachte man fließendes Wasser über ein Aquädukt auf ca. 10 m hohen Bögen.

Die Zuführung von Quellwasser mittels einer Rohrleitung ermöglichte den Betrieb eines Laufbrunnens. An geeigneter Stelle im Burghof positioniert, konnte so – neben dem rein praktischen Nutzen – Besuchern der Überfluss an lebensnotwendigem Nass demonstriert werden. Wir kennen aber auch Fälle, wo – wie auf der Burg **Breuberg** – das Wasser ganz unspektakulär in eine Zisterne eingeleitet wurde (s. Kap. 1.3.1).

1.2.2 Zisternen

Für die Sammlung von Regenwasser verwendete man – wie bereits erwähnt – Holzbottiche, Steintröge oder Zisternen. Bottiche und Tröge hatten ein nur geringes Speichervolumen und von ihnen finden sich heute kaum noch Spuren. Geblieben aber sind auf vielen Burgen noch mehr oder weniger vollständig erhaltene Reste von Zisternen mit z. T. beträchtlichem Volumen.

In einem Universallexikon von 1733 lesen wir: *Cisterna, Teutsch Cisterne, ist ein unterirdisches, oder unterhalb der Erd-Fläche gebauetes Behältniß, worinnen man in Ermangelung des Brunnen- oder Bach- und Fluß-Wassers, das Regen-Wasser auffangen kann. Man pfleget dergleichen nur mehrentheils an hochgelegenen Plätzen, wo man entweder gar keine Brunnen, oder doch nicht ohne übergrosse Unkosten, graben kann.*[39]

Es gab wohl keine Burg, auf der nicht wenigstens eine Zisterne vorhanden war. Vielfach sind diese unterirdischen Anlagen der Wasserversorgung aber verschüttet, vergessen oder überformt worden. Einen überzeugenden Beleg für die Ausstattung mit Zisternen liefert eine Arbeit von W. Herrmann[40], die u. a. 36 Felsenburgen im Gebiet der Pfalz und des Wasgaues beschreibt und dabei auch die nachweisbaren Anlagen für die Wassergewinnung erfasst hat. Bis auf eine sind alle diese Burgen seit wenigstens 300 Jahren ruiniert. Da das Gebiet durch annähernd gleiche geologische und klimatische Bedingungen gekennzeichnet ist, kann man auch etwa gleiche Voraussetzungen für die Wasserversorgung annehmen. Auf 20 dieser Burgruinen ist heute noch wenigstens eine Zisterne nachweisbar, in weiteren drei Fällen ist die Frage „Zisterne oder Brunnen?" nicht abschließend geklärt.

Eine Zisterne ist nicht mehr als ein Wassersammelbehälter, der so tief im Boden liegen musste, dass weder Frost noch Wärme ihm etwas anhaben konnten. Die Herstellung eines solchen Reservoirs stellte keine besondere technische Herausforderung dar. Praktische Verfahrensweisen, Wasser in solche unterirdischen Sammelbehälter einzuleiten und darin zu halten, das Wasser in möglichst guter Qualität zu erhalten und bei Bedarf zu fördern, waren seit langem bekannt und erprobt. Das eigentliche Problem lag im richtigen Umgang mit der Zisterne, um ihren Wert als Teil des Versorgungssystems der Höhenburg zu gewährleisten.

---

38 Kunz, R. und Lizalek, W.: Südhessische Chroniken aus der Zeit des Dreißigjährigen Krieges, Geschichtsblätter Kreis Bergstraße, Sonderband 6, 1983; Die Reichenbacher Chronik (1599–1620) des Pfarrers Martin Walther, Abs. 436

39 Zedler, a.a.O., Bd. 6, Sp. 161

40 Herrmann, W.: Auf rotem Fels. Ein Führer zu den schönsten Burgen der Pfalz und des elsässischen Wasgau, Leinfelden-Echterdingen 2004

Der Wasserzufluss zur Zisterne war – sofern diese nicht durch herantransportiertes Wasser befüllt wurde – zeitlich begrenzt auf die Dauer der Niederschläge. Man wusste aber nicht, wann es regnen würde. Man musste Beckenvolumen vorhalten für den Fall, dass der Regen kam, gleichzeitig aber einen Vorrat halten, aus dem man schöpfen konnte, solange der Regen auf sich warten ließ. Es kam also entscheidend auf das Gesamtvolumen und dessen Bewirtschaftung an bzw. auf das Restvolumen, das man für alle Fälle jederzeit bereithielt. Vergleichbar sind diese Anforderungen dem Wassermanagement an Talsperren und Staustufen. Die Probleme, die heute trotz modernster Technik dabei auftreten können, sind bekannt.

Zur Dimensionierung einer Zisterne schreibt Chiolich-Löwensberg: *Da der Verbrauch des aufgesammelten Wassers ziemlich gleichmässig erfolgt, so müssen die Cisternen, weil sie die Ungleichmässigkeit des Niederschlages ausgleichen sollen, den Bedarf für vier Monate fassen können.*[41]

Auf der Burg **Homberg** [12] an der Efze gibt es zwei Zisternen-Becken (Abb. 138) im ehemals unterirdischen Brunnenhaus mit zusammen ca. 64 m^3 Fassungsvermögen, was bei einem Pro-Kopf-Verbrauch von 5 Liter/Tag einem 4-monatigen Vorrat für mehr als 100 Mann Besatzung entsprochen hätte. Die Burg hatte eine Grundfläche von ca. 2.500 m^2. Hätte man jeden Regentropfen auffangen können, der auf dieser Fläche niederging, hätte eine Niederschlagsmenge von nur 25,6 Liter/m^2 rechnerisch ausgereicht, die Zisternen zu füllen. Tatsächlich aber war nur ein Bruchteil der Grundfläche für die Ableitung und Sammlung des Regenwassers geeignet. Wenn wir dafür 10 % annehmen, so hätte es bei einer Niederschlagsmenge im langjährigen Mittel von 800 Liter/m^2 wenigstens 4 Monate (ohne gleichzeitige Entnahme) gedauert, bis die Zisternen der Burg Homberg voll gewesen wären.

Auf der **Wülzburg** [5] bei Weißenburg i. B. – mit ca. 22.000 m^2 Grundfläche fast 10 Mal so groß wie die Burg Homberg – wurde die Ludwigs-Zisterne mit einem Fassungsvermögen von fast 1.500 m^3 gebaut, vergleichbar dem 4-monatigen Bedarf für 2.500 Mann. Unter der Annahme, dass auch hier 10 % der Grundfläche genutzt werden konnten, um Niederschläge aufzufangen, hätte es im statistischen Mittel mehr als 10 Monate gedauert, bis die Zisterne voll gewesen wäre, sofern man während der gesamten Zeit kein Wasser entnommen hätte. Unabhängig von der Tatsache, dass es bereits 14 kleinere Zisternen auf der Wülzburg gab, war diese Zisterne deutlich überdimensioniert. Sie wurde erstmals voll, lange nachdem sie nicht mehr gebraucht wurde.

Der angenommene Anteil geeigneter befestigter Flächen von 10 % an der Grundfläche ist nur beispielhaft gewählt. In der Realität war er sicher geringer. Zudem darf nicht vergessen werden, dass man aus Erfahrung bewusst auch auf bestimmte Anteile des Niederschlages verzichtete. In aller Regel gehörten zu den Zisternen sogenannte Fangkästen, *worinnen das … einlauffende Regen-Wasser den mit sich führenden Unrath sitzen lassen, und also aus demselben reine in die Cisterne kommen* konnte.[42]

Der besagte Fangkasten hatte aber auch eine Vorrichtung, *das untüchtige Wasser dadurch abzulassen.* Genauer heißt es: *So muß auch der Trog oder Fang-Kasten einen Ablaß haben, der iederzeit, wenn man kein Wasser in die Cisterne lassen will, offen bleiben soll, damit die schädlichen Mehltaue, urplötzliche ersten Güsse eines grossen nach heissem Wetter entstandenen Platz-Regens, Schnee- Schlossen- und Regen-Wasser, so man nicht einnehmen will, ausserhalb*

---

41 Chiolich-Löwensberg, a.a.O., S. 37   42 Zedler, a.a.O., Bd. 6, Sp. 161

der Cisterne abgeleitet, und nur die im Frühling und Herbst, auch endlich noch zur WintersZeit (wenn kein Schnee liegt) fallende Regen-Wasser hinein gelassen werden können.[43] Aber sicher war man auch weniger wählerisch bezüglich der Einstufung des untüchtigen Wassers, sobald man in Bedrängnis war.

An dieser Stelle müssen wir auf die heute in der Literatur allgemein übliche Unterscheidung zwischen zwei Kategorien – Tankzisternen oder Filterzisternen – eingehen. Während der Begriff Tankzisterne nur einen Hohlkörper bezeichnet, verbindet sich mit dem Begriff der Filterzisterne die Vorstellung von einer innerhalb (!) des Sammelbehälters angeordneten Filterpackung.

Wir stellen dazu fest, dass eine solche Klassifizierung zum einen methodisch nicht sauber ist, da hier ein Funktionsprinzip (Filtrierung) in einen Gegensatz gestellt wird zu einer bestimmten Bauform (Tank). Zum anderen aber – und das erscheint weit schwerwiegender – suggeriert diese Art der Klassifizierung, dass in eine Tankzisterne ungefiltertes Wasser eingeleitet worden sei.

Etwa 2.750 Jahre vor Beginn unserer Zeitrechnung kam in Mesopotamien die Zisterne in Gebrauch. Schon damals versuchte man, das Einschwemmen von Schwebstoffen zu verhindern, um unnötige Reinigungsarbeiten zu vermeiden und sich eine hinreichende Wasserqualität zu erhalten. Vitruv machte um 30 v. Chr. dazu dann sehr aufwendige Vorschläge. Anknüpfend daran hält Nicolaus Goldmann (1611–1665) schriftlich fest: *Man könnte auch oben neben die Cisterne noch eine kleine von Bley setzen, welche an ihrer Wand herum einen oder wenige Finger hoch über dem Boden einen Absatz hätte, worauf man einen eisernen Rahmen, mit einem darein gespannten Drahtnetze, so noch mit grober und doch ziemlich dichter Leinwand überzogen wäre, legen könnte. Darauf müste wohlgereinigter Fluß-Sand geschüttet werden. Wenn nun das Wasser so von dem Dach kommt, erst in diese so zubereitete kleine Cisterne lieff, könnte es sich durch den Sand und die Leinwand recht vollkommen abreinigen, und also durchgeseiget in die grosse Cisterne ablauffen.*[44]

Bei dieser Art der „Filtrierung" handelte es sich gemäß der heutigen Terminologie um eine mechanische Vorstufe der Wasserreinigung. Der Sickerweg in solchen Packungen aus Kies und Sand war viel zu kurz, um mehr zu bewirken als das mechanische Zurückhalten grober Schwebstoffe. Durch Tücher geseiht wurde das Wasser dann ohnehin nochmals, falls es zum Kochen oder gar zum Trinken gebraucht werden sollte.

Bekannt war, dass sich eine Filterpackung nach und nach zusetzte und regelmäßig gereinigt oder ausgetauscht werden musste, um ihre ohnehin geringe Wirksamkeit zu erhalten. Was also könnte einen an die Folgekosten denkenden Bauherrn dazu bewogen haben, sich von seinem Baumeister eine Zisterne mit innenliegendem Filter aufreden zu lassen, bei der sich die notwendigen Wartungsarbeiten absehbar höchst problematisch gestalten würden?

Es ist von zwingender Logik, Dachflächenwasser nur dann in eine Zisterne einzuleiten, wenn es vorher mechanisch gereinigt wurde. Und die eingangs beschriebene Lösung ist bestechend einfach. Ein solcher Fangkasten als separate, oberirdische Einheit vor (!) dem Einlauf in die Zisterne war leicht herzustellen und zugleich wartungsfreundlich. Als Holzkästen konnten sie sich nicht bis in unsere Zeit erhalten. Vergleichbare Konstruktionen aus Stein

---

43 Zedler, wie vor
44 Leonhard Christoph Sturms vollständige Anweisung, Wasser-Künste, Wasserleitungen, Brunnen und Cisternen wohl anzugeben …, Augsburg 1720, S. 15

aber sind überliefert: Zur Zisterne der Burg **Ehrenfels** (Rheingaukreis) wurden zwei mit Ton abgedichtete Einlaufbecken freigelegt.[45] In Stein gearbeitete Rinnen um das Schöpfloch herum, die das Filtermaterial aufnahmen, finden sich z. B. auf Burg **Tannenberg** (Kreis Darmstadt-Dieburg) und Burg **Obermontani** (Südtirol).

Wir gehen davon aus, dass den Zisternen auf Höhenburgen nur Wasser zugeführt wurde, das vorher auf diese einfache Weise vorgereinigt worden war. Wenn nun in der Literatur auch noch Fälle beschrieben werden, wo sogenannte Filterzisternen möglicherweise in Tankzisternen umgebaut worden sein sollen[46], so wäre dies aufgrund der Nachteile einer Zisterne mit innenliegendem Filter durchaus verständlich. Dabei bleibt nach wie vor die Frage, warum man den untauglichen Versuch überhaupt unternommen haben sollte, wo man doch wusste, dass es auch viel einfacher ging? Ein solches Verhalten wäre ein kaum vorstellbarer technischer Rückschritt gewesen.

Die dem Begriff „Filterzisterne" zugrundeliegende Vorstellung lässt sich zurückverfolgen bis zu Grabungen auf der **Wartburg** in den Jahren 1845/46. Aus einer Veröffentlichung[47] von 1907 erfahren wir, dass man dabei auch eine große Zisterne in Becherform freigelegt hatte. Dazu wurde ausgeführt: *Das in langen Holzrinnen von den Dächern herabgeleitete Regenwasser gelangte in der Cisterne zunächst auf eine Kiesschicht, durch die es, gereinigt und geklärt, hinab in den unteren Hohlraum sickerte, in welchem es sich frisch und kühl erhielt. Durch einen aufgemauerten cylinderförmigen Schlot … wurde das Wasser heraufgeholt.* Soweit die Mutmaßungen. Konstruktiv war so etwas mit den bautechnischen Möglichkeiten zu Zeiten des Baues der Zisterne wohl so nicht dauerhaft funktionsfähig herzustellen. Und von dem vermuteten „Schlot" wurden auch keine Reste gefunden.

Etwa zeitgleich führt Piper[48] zur Zisterne auf Burg **Rodenegg** aus, der Raum zwischen dem eingestellten Ziehschacht und der Lehmdichtung an der Außenwand sei mit Sand ausgefüllt. Und weiter: *Das Regenwasser wird durch ein Loch des Gewölbes in den unterirdischen Raum geleitet und dringt, durch den Sand gereinigt, in die Brunnenröhre* [d. h. den Ziehschacht], *aus welcher es … durch die gewöhnliche Schöpfvorrichtung aufgeholt wird.* Damit war die Vorstellung einer in (!) den Zisternenhohlraum eingebauten Filterpackung geboren. Wann – aufbauend auf dieser Vorstellung – später der missverständliche Begriff „Filterzisterne" entstanden ist, soll hier nicht nachvollzogen werden.

Das Sammeln von Wasser in Zisternen verringerte die Anreicherung des Grundwassers. Je konsequenter das Regenwasser auf einer Burg gesammelt wurde, desto weniger ertragreich wurde häufig der Brunnen, sofern er nicht tief genug war. Blieben die Niederschläge aus, musste man den Zisternen Frischwasser zuführen, um sich eine Reserve von hinreichender Qualität zu erhalten. Esel oder Maultiere, die auf den meisten Burgen ohnehin für den Wassertransport im Einsatz waren, mussten diese Arbeit zusätzlich leisten. Auf den Burgen **Breuberg**[49] und **Windeck** [10] waren die Zisternen dauerhaft an Wasserleitungen angeschlossen.

---

45 Friedrich, R.: Zur Wasserversorgung von Burgen am Mittelrhein. In: Frontinus-Gesellschaft (Hrsg.): Wasser auf Burgen im Mittelalter, Mainz 2007, S. 177

46 Höhne, D.: Die Wasserversorgung der Schaumburg bei Schalkau. In: Alt-Thüringen, Jahresschrift des Thüringischen Landesamtes für archäologische Denkmalpflege, Bd. 35, Stuttgart 2002, S. 166–172

47 Weber, P.: Baugeschichte der Wartburg, in: Baumgärtl, M.: Die Wartburg, Berlin 1907, S. 124 f

48 Piper, a.a.O., S. 512

49 Gleue, A. W.: Das Hoche Haus Breuberg, a.a.O., S. 23–27

Nachdem wir die Frage der Einleitung des Wassers in die Zisternen ausreichend behandelt haben, wäre zu klären, wie man verhinderte, dass das Wasser aus dem Sammelbehälter versickerte. Selbst in den Fels geschlagene Hohlräume waren nicht wasserdicht. Um einen wasserbeständigen Putzmörtel herzustellen, brauchte man besondere Zuschlagstoffe, die nur selten verfügbar waren. In der Mehrzahl der Fälle wurde daher als künstliche Dichtung eine Ton-/Lehmschicht auf Boden und Wände aufgebracht. Über diese Bauweise existieren zahlreiche Veröffentlichungen. Beispielhaft sei hier auf eine Arbeit über die Zisterne der Burg **Wasigenstein**[50] in den Vogesen verwiesen.

Das Abschwemmen der Ton-/Lehmdichtung verhinderte ein Plattenbelag, der aber nur an den Wänden gehalten werden konnte, wenn eine Stützkonstruktion vorhanden war. Dazu verwendete man als anorganisches Material lose geschüttete Bruchsteine, die natürlich das Speichervolumen nicht unerheblich verringerten. Und um später noch das Wasserziehen zu ermöglichen, war ein gemauerter Schöpfschacht zu errichten. Der Hohlraum zwischen diesem Schacht und dem Plattenbelag an den Wänden konnte nun mit Bruchsteinen gefüllt werden. Und so findet sich heute bei Ausgrabungen im Inneren der Zisternen sehr grobes Material, das in Grabungsberichten bedenkenlos als „Filtermaterial" eingestuft wird. Die Abbildung 8 ist im Originalbeitrag[51] mit der Erläuterung versehen: *Steine der Filterfüllung. Der Sand ist nach unten ausgespült worden.*

Die meisten Zisternen waren mit einer Holzeindeckung versehen. Sobald diese Eindeckung fehlte, entstanden zwangsläufig (zusätzliche) Einlagerungen. Solange nun die Filternutzung bzw. Filterwirkung der gefundenen Einlagerungen nicht nachgewiesen wird, ist die Zuweisung zur Gruppe der sogenannten „Filterzisternen" nicht mehr als eine ungesicherte, subjektive Einschätzung, die der Logik des Betriebs einer Zisterne widerspricht.

Nicht unerwähnt bleiben darf, dass zur Eindeckung des Hohlkörpers, rund oder rechteckig, vielerorts auch steinerne Gewölbe – Kuppel oder Tonne – errichtet wurden. Durch diese aufwendige Bauweise wird ersichtlich, welche Bedeutung einer Zisterne für das Leben auf einer Höhenburg zugemessen wurde. Als Beispiele seien hier nur die Burg **Reichenberg**[52] (Odenwaldkreis) und die Burg **Gleichen** bei Wandersleben erwähnt.

Für die Erhaltung einer annehmbaren Wasserqualität war aber nicht nur der gelegentliche Austausch des vorgeschalteten Kies-Sand-Filters erforderlich. Die regelmäßige Reinigung des Sammelbehälters gehörte ebenso dazu. Bei einer steingewölbten Zisterne mit einem mittigen Ziehschacht musste also neben der Zuflussöffnung eine größere Revisionsöffnung vorhanden sein, um die Reinigungsarbeiten durchführen zu können. Wie sich dabei Ausbau und/oder Reinigung des Stützmaterials gestalteten, wollen wir hier nicht erörtern.

Von grundlegender Bedeutung für den Erhalt der Wasserqualität war der Standort, den man für den Bau der Zisterne gewählt hatte. Dazu heißt es: *Man pfleget dergleichen … auch weder* [an einem] *denen Sonnen-Strahlen, noch allzusehr dem Winde exponirten Ort anzulegen.*[53] Und an anderer Stelle wird ausgeführt: *Die zweckmässigste Lage der Cisterne ist … die Mitte eines schattigen Hofes, oder die Nordseite eines hohen Gebäudes; jedenfalls aber entfernt*

---

50 Czarnowsky, C.: Die Wasserversorgung der Vogesenburgen, in: Elsassland, 18. Jg., 1938, S. 140
51 Kill, R.: Filterzisternen auf Höhenburgen des Elsass, in: Burgen und Schlösser 3/2009, S. 152 betr. Burg Wangenburg
52 Gleue, A. W.: Die Tankzisterne auf Schloss Reichenberg. In: Der Odenwald, Zeitschrift des Breuberg-Bundes, 1/2008, S. 28–32
53 Zedler, a.a.O., Bd. 6, Sp. 161

Abb. 8 Freigelegtes Stützmaterial in einer Zisterne

von Senkgruben und Kanälen. Im Innern eines Wohngebäudes sollen nur in seltensten Fällen Cisternen angebracht werden, und dann dürfen die Mauern der Cisterne in gar keiner Berührung mit den Mauern des Gebäudes stehen.[54]

Mit der nachfolgenden Beschreibung der Elemente, die die Bauweise einer Zisterne bestimmen, wollen wir versuchen, wechselseitige Zusammenhänge deutlich zu machen.

– Der optimale Grundriss für den Sammelbehälter ist der Kreis, weil dessen Umfang geringer ist als der einer gleich großen Rechteckfläche; d. h. geringerer Platzbedarf und geringere zu dichtende Wandfläche. Gleichwohl ist die Mehrzahl der bisher freigelegten Hohlräume rechteckig.

– Der ideale Hohlkörper – aufbauend auf dem kreisförmigen Grundriss – hatte einen becherförmigen Querschnitt, da bei abnehmender Füllmenge die Veränderung des Wasserstandes den Bedingungen für das Wasserziehen entgegenkam und Rückstände sich automatisch am tiefsten Punkt sammelten. Bei genügender Weite hielt der Plattenbelag auf der Dichtung u. U. auch ohne Stützmaterial.

– Die Dichtung des Hohlkörpers war in den Ecken besonders problematisch. Auch hier also war ein runder Sammelbehälter vorteilhafter als ein rechteckiger – die Becherform geradezu ideal.

– Benutzte man Holzbohlen zur Abdeckung einer Zisterne, so war der Hohlkörper jederzeit leicht zugänglich. Die Holzeindeckung aber nutzte sich ab und war nicht dicht gegen den Eintrag von Verunreinigungen.

---

54 Chiolich-Löwensberg, a.a.O., S. 38

- Die bessere Eindeckung war ein steinernes Gewölbe, das als Tonne über einem Rechteck leichter herzustellen war als eine Kuppel über einem kreisförmigen Grundriss.
- Der Ziehschacht einer Zisterne hatte in der Regel einen so engen Querschnitt, dass er von außen aufgesetzt werden musste. Als Baugrube diente der offene Sammelbehälter.
- Für Arbeiten im steingewölbten Sammelbehälter musste eine Revisionsöffnung vorgesehen werden, wenn das Wasser aus einem Ziehschacht gezogen wurde. War ein Schöpfloch im Scheitel des Gewölbes vorhanden, erübrigte sich eine zusätzliche Öffnung.
- Das Wasser im Behälter durfte nicht so weit ansteigen, dass es hinter die Dichtung hätte laufen können. Wirksamstes Mittel, dies zu verhindern, war ein Überlauf. Für die **Ebernburg** ist z. B. ein solcher Überlauf aus der Zisterne in den Burgbrunnen in Abbildung 9.1 dargestellt. Der Plan[55] dokumentiert die teilweise Verschüttung von Zisterne und Brunnen im Jahre 1697.
- Lage und Ausbildung des Zulaufes in den Sammelbehälter waren abhängig von der Anordnung des Fangkastens bzw. des Zulaufes zum Fangkasten.
- Das Wasserziehen war wegen der meist geringen Tiefe mit einem über eine Rolle laufenden Seil möglich. Wegen des kleinen Durchmessers von Schöpfloch bzw. Schacht konnte bei der Förderung mit nur einem Eimer am Seil gearbeitet werden.

Man sollte – diese Anmerkung sei abschließend gestattet – das Bau- und Funktionsprinzip der Zisterne mit vorgeschalteter mechanischer Filterung nicht komplizierter machen als es ist, auch wenn es einige durchaus bemerkenswerte Sonderbauweisen gibt, wie z. B. auf der Burg **Montfort**[56] mit dem flaschenförmig aufgemauerten Ziehschacht (Abb. 9.2). Doch die Funktionsweise war stets die gleiche.

Wer es aber trotz der überwiegend unspektakulären Bauweise von Zisternen für notwendig erachtet, diese noch nach verschiedenen Typen zu ordnen, sollte dies entgegen der heute üblichen Praxis allein nach bautechnischen Kriterien tun. Dienlich wären z. B. 1) Form, Eindeckung und Abdichtung des Sammelbehälters, sodann 2) Anordnung von Zulauf und Überlauf sowie 3) die Art der Wasserentnahme. Mechanische Filter im Zulauf können u. E. als selbstverständlich vorausgesetzt werden. Sie eignen sich daher nicht als Kriterium für eine Typologie, können allenfalls der vollständigen Beschreibung einer Zisterne dienen.

1.2.3 Schachtbrunnen

Wir haben gesehen, dass der Anteil des Niederschlages, der zur Grundwasserbildung beiträgt, im Normalfall mit etwa 12 % angenommen werden kann. Da sich die Standorte von Höhenburgen jedoch durch starkes Geländegefälle auszeichnen, verringert sich hier der Anteil des Sickerwassers, während sich der Anteil des oberflächig abfließenden Niederschlages erhöht.

Die Geschwindigkeit, mit der das Sickerwasser dem Grundwasser zufließt, ist abhängig von der Durchlässigkeit bzw. der Lagerungsdichte des Bodenmaterials. Schwankungen der Versickerungsmenge wirken sich demnach mit zeitlicher Verzögerung im Grundwasser aus. Die Zeitverzögerung ergibt sich aus der Durchlässigkeit des Bodens und der Länge des Sickerweges. In der wasserführenden Schicht wird die aufnehmbare Wassermenge durch das vor-

---

[55] Archives du Génie, Vincennes, Côte 1, Vm 103, Nr. 11; Souterrains und Minen, die der Demolierung der Ebernburg gedient haben, 1698

[56] Wilke, H. und Hothum, N.: Die Burg Montfort. 4. Auflg. hrsg. vom Verein Burgenfreunde Montfort e.V., Oberhausen/Nahe 2004, S. 40–43

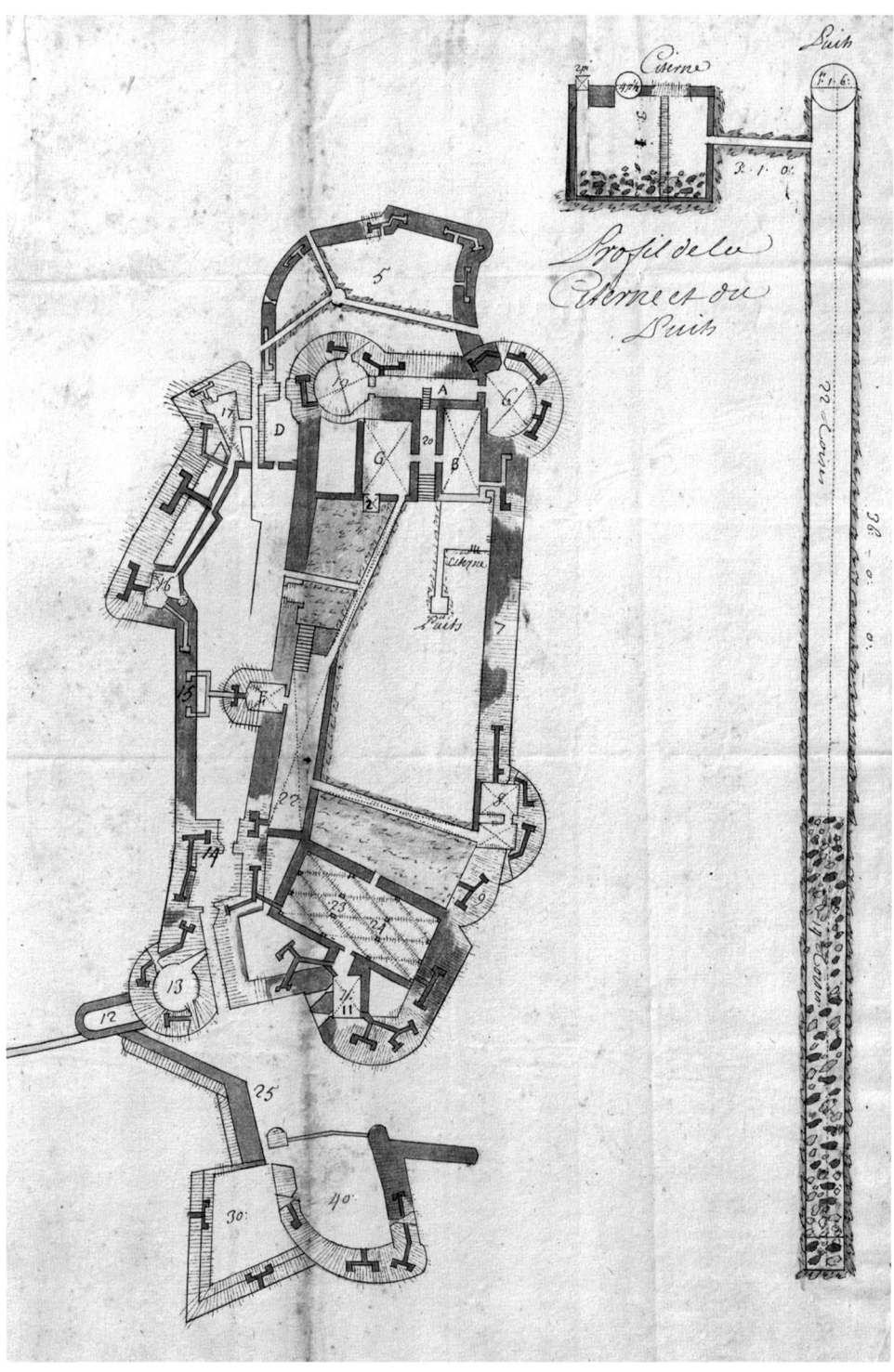

Abb. 9.1 Zisterne und Brunnenschacht der Ebernburg, 1697

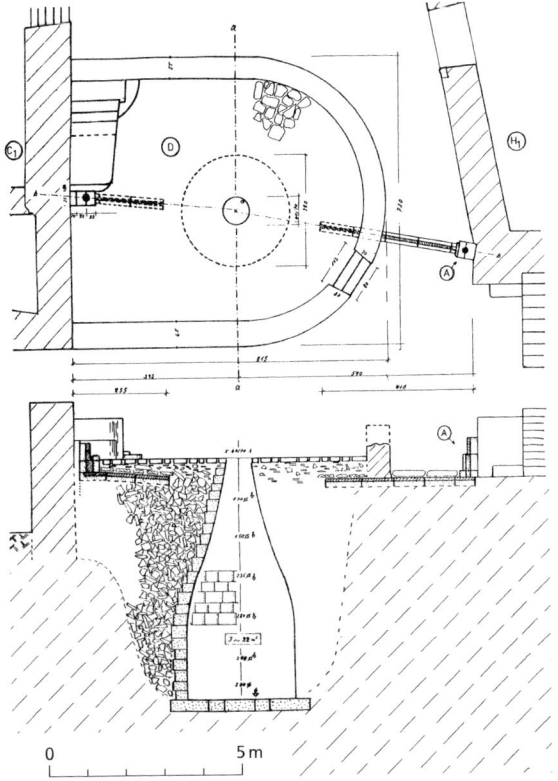

Abb. 9.2 Zisterne der Burg Montfort

handene Porenvolumen begrenzt. Entsprechend dem Zufluss des Sickerwassers ändert sich bei freiem Grundwasser die Höhe des Wasserspiegels.

Hier darf aber nicht unerwähnt bleiben, dass es tiefe Brunnen von Höhenburgen geben soll, die sich aus gespanntem Grundwasser speisen. Die wasserführende Schicht liegt hier eingezwängt zwischen zwei dichteren Bodenschichten, der Grundwasserstand ist also nach oben begrenzt. Wird die obere Schicht durchstoßen, tritt das Wasser als Quelle von unten in den Schacht ein. Wir werden im Kapitel 2.3.2.1 auf diesen Sonderfall zurückkommen.

Im Normalfall setzt der erfolgreiche Betrieb eines Burgbrunnens das Vorhandensein einer wasserundurchlässigen Schicht voraus, über der sich das Grundwasser aufstauen kann. Der Schacht muss auf oder in dieser Schicht enden.

Da das Grundwasser den hydrostatischen Druckverhältnissen folgt, bestimmt die Lagerung der wasserundurchlässigen Schicht, ob das Grundwasser ruht oder fließt. Über einer horizontalen Schicht stellt sich ein ruhender Grundwasserspiegel ein, bei fallender Schicht eine Grundwasserströmung. Der Wasserspiegel im Brunnenschacht korrespondiert mit der Oberfläche des Grundwassers.

Der Betrieb eines Brunnens stellt eine Störung im Grundwasser dar. Bei der Entnahme von Wasser wird der Wasserspiegel im Schacht abgesenkt. Da die Entnahme aber eigentlich eine Entnahme aus dem Grundwasser ist, bewirkt die Höhendifferenz zwischen ursprünglichem

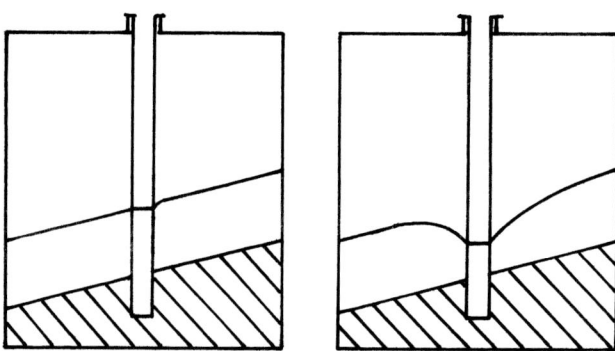

Abb. 10 Auswirkung der Wasserentnahme

Grundwasserstand und Wasserstand im Schacht ein Nachfließen aus dem umgebenden Grundwasser. Dadurch entsteht ein sogenannter Absenktrichter. Größe bzw. Ausdehnung dieses Trichters sind abhängig von der Entnahmemenge, durch die die Höhendifferenz verursacht wurde (Abb. 10).

Wie schnell diese Höhendifferenz wieder ausgeglichen werden kann, wird bei ausreichend verfügbarer Grundwassermenge von der Grundwasserfließgeschwindigkeit bestimmt. So wird verständlich, dass übermäßige Entnahme zum Trockenfallen des Brunnens führen kann. Die Dauer, während der der Brunnen trocken bleibt, vergrößert sich naturgemäß, wenn die Entnahme mit einer Phase abnehmender Grundwasserbildung zusammenfällt.

Liegt die undurchlässige Schicht im Gefälle, speist sich der Brunnenschacht aus fließendem bzw. durchfließendem Grundwasser. Die Fließgeschwindigkeit dieses Grundwasserstromes ist abhängig von der Durchlässigkeit des Bodenmaterials und kann zwischen wenigen Zentimetern und mehreren Metern pro Tag betragen. Für die Brunnen von Höhenburgen liegen die Werte eher im Zentimeter-Bereich.

Bei fließendem Grundwasser – dem Normalfall – führt die Abnahme des zufließenden Grundwassers zu „Sickerverlusten" im Schacht. Das abfließende Grundwasser versorgt sich so lange aus dem Schacht, bis sich zwischen Zufluss und Abfluss wieder eine gemeinsame Grundwasseroberfläche eingestellt hat.

Das zeitliche Zusammenspiel zwischen den Schwankungen bei der Grundwasserbildung, der Grundwasserfließgeschwindigkeit und den Sickerverlusten im Schacht macht eine verlässliche Aussage über die Versorgungssicherheit eines Brunnens selbst bei geregelter Entnahme fast unmöglich.

Der Grundwasservorrat, aus dem sich ein Brunnen speisen kann, hängt wesentlich ab von dem Einzugsgebiet, das durch den Schacht erschlossen wird. Abbildung 11 zeigt dazu drei Beispiele:

Im Brunnen auf der Veste **Otzberg** [14] sammelt sich Sickerwasser aus dem klüftigen Basaltgestein. Der Einzugsbereich stellt sich hier als ein Trichter dar.

Der Brunnen auf der Burg **Breuberg** [7] speiste sich aus dem Grundwasser oberhalb einer leicht fallenden Sperrschicht. Der Grundwasserstrom tritt als Quelle am Berghang aus.

Der Brunnen der Burg **Homberg** [12] reicht so tief hinab, dass er sich aus einem Grundwasserhorizont speisen kann, der weit über die Grundfläche des Burgberges hinausreicht.

Über das Wasserdargebot der Brunnen von Höhenburgen gibt es kaum Aufzeichnungen. Bestenfalls werden einmal – wie im Falle **Hellenstein** [11] – Angaben zum Wasserstand ge-

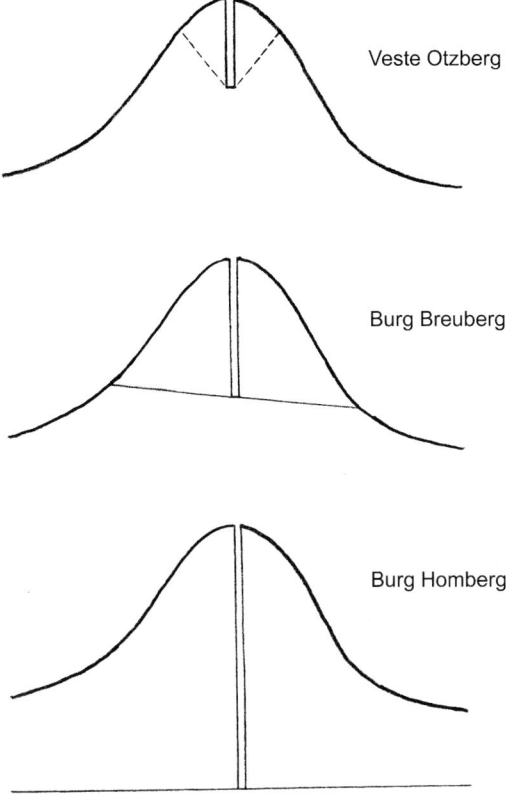

Abb. 11 Einzugsbereiche von Brunnen

macht.[57] Wie dieser sich veränderte, sobald der Brunnen benutzt wurde, wissen wir z. B. vom Schloss **Augustusburg** [15].

Aus jüngster Zeit aber liegen aufschlussreiche Füllkurven vor. Nach Räumung der Brunnen auf der Feste **Dilsberg**[58] [9] im Jahre 1981 sowie der Veste **Otzberg**[59] [14] im Jahre 2006 wurde der Anstieg des Wasserspiegels über längere Zeit beobachtet. Abbildung 12 zeigt die Füllkurven der beiden Brunnen, wobei anzumerken ist, dass es sich um Brunnen in ganz unterschiedlichen geologischen Formationen (Sandstein, Basalt) zu Zeiten unterschiedlicher vorausgegangener Niederschlagsmengen handelt. Ergeben hat sich fast so etwas wie eine Maximum-Minimum-Betrachtung.

Bei der Feste **Dilsberg** [9] betrug die Schüttung aus der wasserführenden Schicht im Mittel 900 Liter/Tag. Nach anderthalb Monaten war der Brunnen wieder auf dem alten Stand. Bei der Veste **Otzberg** [14] lag die Schüttung aus dem Kluftwasser zwischen anfangs 180 und dann nur noch 45 Litern/Tag in der Zeit von März bis September 2006.

---

57 Heinzelmann, P. und Jantschke, H.: Der Schloßbrunnen Hellenstein, in: Jahrbuch Heimat- und Altertumsvereins Heidenheim an der Brenz e.V., 1987/88, S. 240

58 Dachroth, W. und Wiltschko, St.: Der Burgbrunnen und Brunnenstollen der Feste Dilsberg, Heidelberg 1986

59 Aufzeichnung des Verfassers

Stellt man diesen Sachverhalt auf den jeweiligen Brunnenquerschnitt ab, so hatte der Brunnen der Feste Dilsberg nach 45 Tagen 48 m^3 Wasserreserve, der auf dem Otzberg aber erst 3,6 m^3. Es dauerte fünf Monate, bis der Brunnen auf der Veste Otzberg seinen (vorerst) höchsten Wasserstand erreicht hatte, der dann in der Folgezeit unter- und überschritten wurde, ohne dass eine Entnahme erfolgte. Solch stark schwankende Wasserstände wurden auch auf der **Wülzburg** [5] und auf Schloss **Hellenstein** [11] registriert. Für **Otzberg** [14] belegten Langzeitbeobachtungen, dass die Wasserstände hier mit einer 6- bis 7-monatigen Verzögerung den Änderungen der jeweiligen Niederschlagsmengen folgen.

Grundsätzlich müssen wir davon ausgehen, dass der Anteil des Niederschlages, der an den Hängen der Höhenburgen zu Sicker- bzw. Grundwasser wurde, früher eher größer war als heute. Vorbedingung der Verteidigungsfähigkeit einer Höhenburg war u. a., dass die Hänge von allem aufgehenden Bewuchs freigehalten wurden, der einem möglichen Angreifer Deckung bieten konnte. Heute, wo diese Hänge z. T. dicht bewaldet sind, wird die Verdunstungsrate vor allem durch die großen Laubbäume erhöht. Im Ergebnis bleibt weniger Wasser, das nach und nach versickern kann.

Wir wissen von einer Vielzahl Brunnen, bei denen man nicht genug Ausdauer oder nicht genug Geld hatte, um bis zum Grundwasser zu graben, und von solchen, deren Schüttung nach kurzer Zeit geringer wurde oder ganz versiegte. Hierfür drei Beispiele:

Der 143 m tiefe Brunnen der **Wülzburg** [5], 1602 fertiggestellt, hatte – wohl auch wegen der weitgehenden Oberflächenbefestigung der Festungsanlage – von Anbeginn an deutlich abnehmende Wasserstände. Mit der konsequenten Ableitung des Niederschlagswassers in eine Vielzahl von Zisternen wurde er vollends bedeutungslos.

Auf der Burg **Breuberg** [7] wurde der ca. 85 m tiefe Brunnen ab dem Jahr 1569 genutzt. Da er schon Anfang des 17. Jahrhunderts nicht mehr genügend Wasser lieferte, wurde eine Wasserkunst gebaut, um Quellwasser auf die Burg zu leiten. Etwa 150 Jahre nach seiner Inbetriebnahme fiel der Brunnen endgültig trocken.

Das kurioseste bekannte Beispiel ist die Burg **Lemberg** [4] bei Pirmasens. Hier baute man zwischen 1536 und 1579 einen Brunnen von 60 m Tiefe. Der wenig ergiebige Brunnen wurde nach 1606 auf 95 m vertieft – man fand aber kein Wasser. Deshalb grub man einen ca. 120 m langen Stollen seitlich zum Brunnenschacht hin, um in 60 m Tiefe das Wasser einer nahen Quelle in den Schacht einzuleiten. Man hoffte, den teuren Schacht wenigstens als Zisterne nutzen zu können. Leider war der Schacht – wie nicht anders zu erwarten – nicht wasserdicht, im Jahre 1636 schüttete man den Schacht zu. Es gibt keine Angaben darüber, wie viel Geld hier insgesamt vergraben wurde. Heute weiß man aber, dass man nur wenige Meter hätte weitergraben müssen, um ausreichend Wasser zu finden. Lemberg wird wohl kein Einzelfall gewesen sein. Auf das Beispiel der Burg **Karlstein** in Böhmen haben wir bereits im Kapitel 1.2 verwiesen.

Die Idee, unergiebige Brunnenschächte als Zisterne zu nutzen, war naheliegend, da deren Erstellung viel Zeit und Geld gekostet hatte. Auch auf der **Wülzburg** [5] hatte man mit diesem Gedanken gespielt. Beim **Heidenloch** [1] auf dem Heiligenberg wurde er in die Tat umgesetzt mit einer baulichen Maßnahme, die dem Bau von Zisternen entlehnt ist. Und es ist auch durchaus nicht so, dass zwischen Brunnenschächten und Schacht-Zisternen eine klare Trennungslinie gezogen werden kann. Immer wieder begegnen wir erstaunlich kurzen Schächten, die heute noch Wasser führen, weil sie sich sowohl direkt als auch indirekt aus dem Niederschlagswasser bedienen. Als Beispiele hierfür mögen die Burgen **Reichenberg** im Odenwald

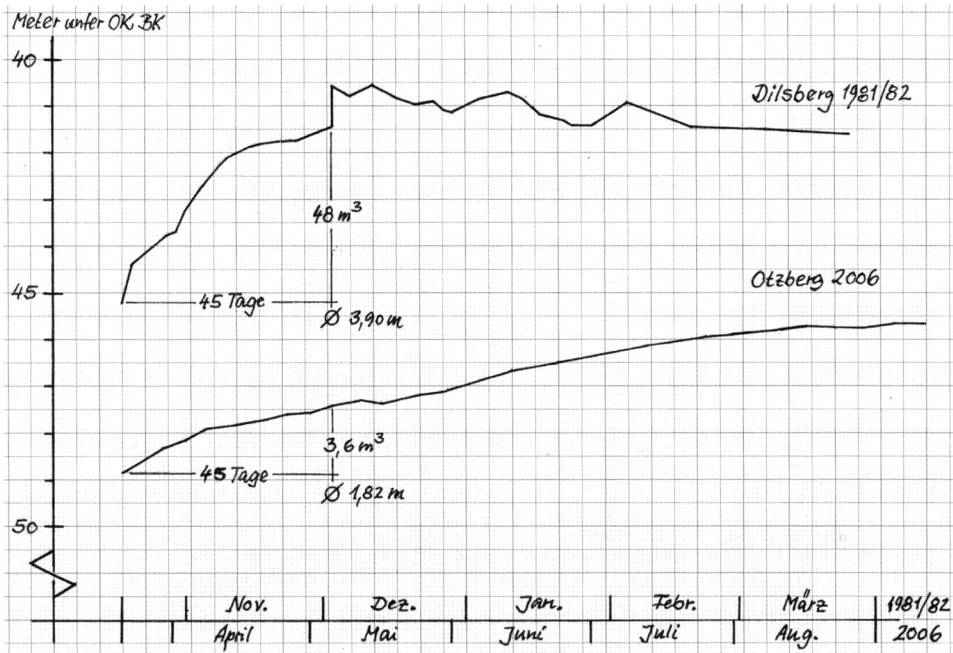

Abb. 12 Füllkurven der Brunnen Dilsberg und Otzberg

und **Frankenstein** an der Bergstraße dienen. Und wer wollte mit Sicherheit ausschließen, dass man in der Vergangenheit bei Bedarf Niederschlagswasser auch in tiefe Brunnenschächte eingeleitet hat, wenn es zweckdienlich erschien?

Nicht unerwähnt bleiben darf in diesem Zusammenhang, dass ein ergiebiger Brunnen nicht notwendig auch brauchbares Wasser lieferte. Im Jahre 1639 hält der Amtmann auf der Burg **Lichtenberg** fest: *Der Trettbrunnen ist zwar vorhanden, das Waßer aber zum Kochen undienlich.*[60] Und auf Schloss **Neuenburg** waren auch nach Inbetriebnahme des Brunnens im Jahre 1677 für den Bedarf der herrschaftlichen Küche weiterhin Fronfuhren erforderlich, *weilln dem Mundkoche das Schloßbrunnenwaßer in etwas zu bitter zu seyn bedünckte.*[61] Noch anschaulicher ist dazu ein Bericht vom 6. November 1688: *Als aber der hiesige Schloßbrunnen erbaut worden, und mann vermeinet, es würde solch Brunnenwaßer düchtig und wohl zu gebrauchen seyn, … so weiß doch die Erfahrung, daß den wohlabgezielten zweck die Hoffnung nicht erreichet, gestalt solch waßer, weiln es gar salpetrisch*[62] *und harte ist, in Haußwesen, so wenig vor die Menschen, indem selbes weder zum Kochen, Backen noch waschen angewendet werden kann, noch vor Pferd, Rind- und andere Viehe, deren wachsthumb, wegen der Schärffe und Härtte, mehr verhindert als beferdert wird, nützlich und ohne Schaden zu gebrauchen ist. … Waß vor Nutzen mehr bemelde brunnenwaßer fernerweit bey dero hiesigen Englischen Leit- und Jagdhunden gestifftet, werden Eur: Hochfürstl. Durchl. … bereits nachrichtlich vernommen*

---

60 Weber, H. H.: Schloß Lichtenberg im Odenwald, Schriftenreihe Museum Schloß Lichtenberg, Nr. 4, S. 94

61 LHA Sachsen-Anhalt, MD, A 30cII, Nr. 429, fol. 12 r

62 Salpeter, von mittellateinisch *salpetrae* (Bergsalz)

haben, maaßen dero schönste und beste hunde zum meisten Theil darvon raudigt worden, und sodann hingefallen und gestorben.[63] Die Wasserqualität besserte sich erst, als man 1793 den Schacht um ca. 7 m vertiefte. Doch jetzt nahm die Ergiebigkeit nach und nach ab.

Ein weiterer Aspekt für den Wert eines Brunnens als Wasserversorgungsanlage ist dessen Fördermenge in Abhängigkeit von der Förderzeit. Wir wollen das am Beispiel der **Wülzburg** [5] verdeutlichen, von der wir die Bedarfsberechnung aus dem Jahre 1822 kennen und erfahren haben, dass das Wasser bei etwa 140 m im Schacht stand. Man brauchte dort täglich 5.100 Liter Trinkwasser. Was hätte das für den dortigen Brunnen als einzigem Trinkwasserspender bedeutet?

Unterstellen wir, dass die zur Wasserförderung verwendeten Kübel das Volumen eines Bayerischen Eimers hatten, dann hätte die erforderliche Trinkwassermenge von 5.100 Litern 75 Eimern entsprochen. Da aber die Förderung eines Kübels aus dieser Tiefe fast 45 Minuten dauerte, konnte man pro Tag nur etwa 30 Eimer ziehen. Eine Komplettversorgung aus dem Brunnen wäre also schon technisch unmöglich gewesen. Hätte man aber ständig Wasser gefördert, wäre der Brunnen zudem – wie auf **Augstusburg** [15] geschehen[64] – sehr schnell trocken gefallen. Über die Arbeit der Wasserknechte ist häufig zu lesen, sie hätten rund um die Uhr ununterbrochen im Tretrad schuften müssen. Wir wissen aber z. B. von der Festung **Regenstein**[65], dass hier nur drei Mal pro Tag zu festgelegten Zeiten Wasser aus dem 197 m tiefen Brunnen gezogen wurde.

Das Wasser eines tiefen Brunnens diente also nicht der Bevorratung; es wurde – sofern es nicht nur zur Reinhaltung des Brunnens gezogen wurde – in der Regel sofort verbraucht. Und wenn wir die geringe Schüttung des nur 50 m tiefen **Otzberger** Brunnens in Betracht ziehen, wird hier auch das Fehlen eines Wasserkastens im Brunnenhaus verständlich: Er wäre sinnlos gewesen, weil die Fördermenge wohl gerade für den täglichen Bedarf reichte. Wo doch Wasserkästen in Brunnenhäusern vorhanden sind, waren sie – wie auf Burg **Breuberg** [7] (Abb. 104) und der Festung **Marienberg** (Abb. 60) – erforderlich wegen der besonderen Art der Wasserförderung oder sie wurden, wie auf der **Wülzburg** [5], nachträglich eingebaut und mit Oberflächenwasser gespeist – erkennbar an der dortigen Ausbildung als Absetzbecken.

Allein mit einem Brunnen konnte man demnach die Trinkwasserversorgung der Bewohner einer Höhenburg oder Bergveste zumeist nur über einen Zeitraum von wenigen Tagen oder Wochen notdürftig sicherstellen. Es bedurfte, selbst wenn man sich einschränkte, daneben immer zusätzlich einer Zisterne und/oder der Zuführung von außen durch Wasserleitungen oder Wasseresel.

Da keine Regel ohne Ausnahme ist, sei erwähnt, dass sich die Trinkwasserversorgung auf der Veste **Otzberg** [14] bis ins 19. Jahrhundert allein auf den Brunnen stützte. Das nötige Brauchwasser lieferte eine Zisterne. Auch auf der Feste **Dilsberg** [9] gab und gibt es viel Wasser in einem großen Reservoir, und die Förderhöhe war mit ca. 40 m recht gering – ideale Voraussetzungen also für die Wasserversorgung. Aber hat man deshalb hier auf eine Zisterne verzichtet? Kaum zu glauben, auch wenn diese heute nicht mehr nachweisbar ist.

Andererseits wissen wir von Sonderfällen, wo als einzige Versorgungsmöglichkeit nur der Bau eines Brunnens blieb. Bei der Neubefestigung der Burg **Burghausen** wurde Ende des 15. Jahr-

63 LHA Sachsen-Anhalt, MD, A 30cII, Nr. 429, fol. 46 v–r
64 Sächs. HStA Dresden, 10036 Finanzarchiv Loc. 35801, Augustusburg Nr. 1, fol. 2 b
65 Behrens und Reimann, a.a.O., S. 44

hunderts ein Außenwerk auf dem Eggenberg geschaffen mit einem besonders stark befestigten Batterieturm. Das Außenwerk war zwar über Mauerzüge mit der Hauptburg verbunden, konnte aber nicht von hier aus mit Wasser versorgt werden. Aus diesem Grunde wurde im Erdgeschoss des Batterieturms ein gut 22 m tiefer Brunnen allein für die dortige Besatzung gebaut.

Aufgrund der Einschränkungen, denen die diversen Möglichkeiten der Wassergewinnung auf Höhenburgen und Bergvesten unterlagen, erforderte die Versorgungssicherheit das Nebeneinander mehrerer verschiedener Systeme. Die Versorgung des Schlosses **Marburg** stützte sich beispielsweise im 15. Jahrhundert neben Zisterne und Brunnen zusätzlich noch auf drei Wasserleitungen. Nach 1572 kam dann noch eine Wasserkunst hinzu.[66] Die Vielfalt der Anlagen aber bewahrte die Burg im Winter 1637/38 nicht vor dem Totalausfall aller Anlagen zur Wasserversorgung wegen Vereisung.

Auf der **Dillenburg** gab es bis ins 16. Jahrhundert nur zwei hölzerne Bottiche, in denen das Oberflächenwasser gesammelt wurde. Mit dem Umbau der Burg im Jahre 1539 entstanden dann außer einer Wasserleitung vier Brunnen und zwei Zisternen.[67] Andererseits wissen wir, dass eine so bedeutende Burg wie die **Wartburg** neben dem von den Wasseresel beigeschafften Wasser nur eine große Zisterne hatte, aus der sich die Besatzung versorgen musste.[68] Es darf aber in diesem Zusammenhang nicht unerwähnt bleiben, dass auf einer Federzeichnung von Friedrich Adolph Hoffmann, die zwei Innenansichten des Hofes der Wartburg um 1750 zeigt, noch ein *Tieff in Felss gehauener Brunn* an der Stelle dargestellt ist, an der 1845 die Zisterne entdeckt wurde.[69]

1.3 Die Wasserversorgung im Wandel der Zeit

Die Wasserversorgung von Höhenburgen war in der Anfangsphase grundsätzlich kein Problem. Solange die Anlage nach dem Erstbezug nicht wesentlich erweitert wurde, reichte die bewährte Baustellenversorgung aus. Belagerungen fanden eher selten statt, und wenn die Burg nicht zugleich der Hofhaltung diente, war die Besatzung in Friedenszeiten auf das für die Hausverwaltung notwendige Personal beschränkt. Das nötige Brauchwasser lieferte die Zisterne und Frischwasser beschaffte man sich je nach Bedarf direkt von der Quelle.

Erst nachdem die neu gebaute Burg sicher bewohnbar war, konnte man an das Abteufen eines Brunnens denken. Und auch wenn man mit diesem Vorhaben nach mehreren Jahren Erfolg hatte, wurde Brunnenwasser selten zur Deckung des täglichen Bedarfs verwendet. Die Förderung war mühsam und qualitativ war es mit frischem Quell- oder Leitungswasser kaum vergleichbar. Brunnen wurden betriebsfähig gehalten, um für den Notfall gerüstet zu sein. Wasser, das zur Reinhaltung mehr oder weniger regelmäßig gezogen wurde, benutzte man in der Regel als Brauchwasser.

Zur gelegentlichen Verteidigung einer Burg waren nur wenige Männer erforderlich. Dafür reichten die internen Vorräte. Eng wurde es nur, wenn die Burg als Fliehburg dienen musste und plötzlich viele Menschen zu versorgen waren.

---

66 Justi, K.: Das Marburger Schloß, Baugeschichte einer deutschen Burg, Marburg 1942

67 Spieß, A.: Das Dillenburger Schloß, in: Annalen des Vereins für Nassauische Altertumskunde und Geschichtsforschung, Bd. 10, 1870, S. 238 f

68 Baumgärtel, M.: Die Wartburg, Berlin 1907, S. 298. Die Zisterne wurde 1845 entdeckt.

69 Conspectus sive Scenographia Wartburgensis Interior, Wartburg-Stiftung Eisenach, Grafikbestand G 227

Die Situation änderte sich, nachdem sich infolge des Wandels der Waffentechnik die bisher wehrhaften Burgen als nicht mehr zweckmäßig erwiesen. (Abb. 13) Im Juli 1399 wurde die Burg Tannenberg nach vierwöchiger Belagerung unter Einsatz der neuen Feuerwaffen zur Übergabe gezwungen. Die Burgenbesitzer mussten sich also ab dem 15. Jahrhundert fragen, ob sie in ihre Immobilie investieren wollten, um der technischen Entwicklung Rechnung zu tragen. In der Folge wurden daher viele Burgen dem Verfall preisgegeben. Die Grafen von Württemberg versuchten sich der nicht umbaufähigen Burgen dadurch zu entledigen, dass sie verpfändete Objekte nicht wieder einlösten, andere noch schnell als Lehen vergaben oder auf sonstige Weise abstießen.[70]

Sofern man sich für die weitere Nutzung eines Standortes entschied, gab es grundsätzlich zwei Alternativen: Den Umbau zum zeitgemäß repräsentativen Wohnbau bei weitgehender Aufgabe der Verteidigungsfähigkeit oder die Aufrüstung der Höhenburg zur Bergveste bzw. zum befestigten Bergschloss. Beide Möglichkeiten waren verbunden mit der Konsequenz, dass ständig eine weit stärkere Besatzung als vorher anwesend war. Die herrschaftliche Nutzung stellte noch höhere Anforderungen an die Wasserversorgung. Und so können wir ab dem 16. Jahrhundert eine zweite Welle des Baues und der Erweiterung von Anlagen zur Wasserversorgung beobachten.

Im Kapitel 3.19 sind 54 Brunnen zusammengestellt, für die eine Tiefe von 60 Metern und mehr nachgewiesen ist. Nach dem Stand der bisherigen Recherchen sind davon nur 17 vor Ende des 15. Jahrhunderts entstanden. Und selbst wenn einige von den acht bisher nicht datierten Brunnen ebenfalls diesem Zeitpunkt zuzurechnen wären, zeigt sich doch deutlich, dass die besonders tiefen Brunnen mehrheitlich im 16. und 17. Jahrhundert gebaut wurden, die Vertiefung vorhandener Brunnen eingeschlossen.

Wo man in geringerer Tiefe Wasser erwarten konnte, hatte man schon in der Frühzeit des Burgenbaues Brunnen angelegt. Die Mehrzahl dieser Brunnen ist heute verschüttet bzw. vergessen. Als Beleg dafür, dass ihre Anzahl beträchtlich gewesen sein muss, mögen hier wieder die ruinierten Felsenburgen aus dem Gebiet der Pfalz und des Wasgaues dienen.[71] Selbst für diesen Burgentyp, der hier mit insgesamt 36 Exemplaren vertreten ist, sind heute noch 14 Brunnen nachweisbar. Wenn die Zweifelsfälle geklärt werden könnten, wären es möglicherweise gar 17 von 36.

Auf Bergvesten wurden ab dem 16. Jahrhundert auch wieder vermehrt Wasserleitungen gebaut, um dem gestiegenen Wasserbedarf Rechnung zu tragen. Wohl wissend, dass diese Anlagen nur in Friedenszeiten zur sicheren Versorgung geeignet waren, ging man vielerorts sogar noch einen Schritt weiter und baute die sogenannten Wasserkünste, um Wasser aus tiefer gelegenen Fließgewässern auf den Berg zu pumpen. Es mag sein, dass der Wunsch, einen repräsentativen Laufbrunnen im Burghof zeigen zu können, in vielen Fällen der eigentliche Vater des Gedankens gewesen ist, was aber nichts am praktischen Nutzen solcher Einrichtungen änderte. Burgenbau war seit alters her in vieler Hinsicht auch ein Spiegel der Eitelkeiten.

Beispiele für solche technisch aufwendigen und damit reparaturanfälligen Anlagen sind die Burg **Breuberg**, auf die wir im Folgenden näher eingehen werden, und die Burg **Stolpen**, wo

---

70 Maurer, H.-M., Die landesherrliche Burg in Württemberg im 15. und 16. Jahrhundert, Veröff. d. Kommission für geschichtliche Landeskunde, Reihe B, Bd. 1, Stuttgart 1958, S. 57 ff

71 Herrmann, W., a.a.O.

1.3 Die Wasserversorgung im Wandel der Zeit | 41

Abb. 13 Moderne Waffentechnik gegen mittelalterliche Burgen, 1547

zwischen 1560 und 1563 eine Wasserkunst entstand. (Abb. 73) Von der *Kunst beym Schlosse ging ein eisernes gestenge hinunter ins Kunsthaus, 972 Ellen langk.*[72] Im Jahre 1632 wurde die Anlage von Kroaten demoliert, 1639 von Schweden zerstört, wieder aufgebaut und 1756 durch preußische Husaren vollständig ruiniert. Ein Ausnahmefall ist wohl die Wasserkunst des Schlosses **Marburg** (Abb. 16), die mit Unterbrechungen von 1572 bis Ende des 19. Jahrhunderts in Betrieb gehalten wurde.[73]

Die oben skizzierten Veränderungen der Anforderungen an die Wasserversorgung lassen sich beispielhaft belegen durch die vergleichende Betrachtung von vier Höhenburgen des nördlichen Odenwaldes. Die Burgen **Breuberg**, **Lichtenberg**, **Otzberg** und **Reichenberg** liegen so nahe beieinander, dass man über die Verhältnisse und Vorhaben der jeweiligen Nachbarn sicher gut informiert war. Die weiteste Entfernung zwischen zwei Burgen beträgt ca. 15 km.

Gemeinsam sind diesen Burgen die annähernd gleichen Standortbedingungen, der Zeitraum der Ersterwähnung, der auf annähernd gleiche Gründungszeiten schließen lässt, und die Zeit des großen Umbaues. Die Grundform der Kernburgen war in allen Fällen ebenfalls fast identisch; sie unterscheiden sich aber deutlich hinsichtlich ihres späteren Ausbaues. Und während die Burgen Breuberg und Reichenberg jeweils isoliert auf ihrem Berggipfel liegen, wurden Lichtenberg und Otzberg ergänzt durch hangseitig an das Haupttor anschließende Vorburgen in Form kleiner Burgsiedlungen. In allen genannten Fällen ist die Bausubstanz einschließlich wesentlicher Teile der Wasserversorgungsanlagen heute noch weitgehend erhalten bzw. rekonstruierbar.

---

72 Meiche, A.: Die Burgen und vorgeschichtlichen Wohnstätten der Sächsischen Schweiz, Dresden 1907, S. 39

73 Justi, a.a.O., S. 122

1.3.1 Burg Breuberg[74]

Die Ersterwähnung der Burg geht mit Conrad Reiz von Breuberg auf das Jahr 1222 zurück. Der quadratische Turm und das romanische Burgtor aber sind älter. Bereits im Jahre 1323 erlosch das Geschlecht der Breuberger und es folgte eine Zeit der Besitzaufsplitterung. Nachdem Graf Michael II. von Wertheim Alleinherr von Burg und Herrschaft Breuberg geworden war, begann 1497 der große Umbau zur landesfürstlichen Festung und Residenz. (Abb. 14)

Im Jahre 1556 starben auch die Wertheimer im Mannesstamm aus und die Burg wurde zwischen den Grafen von Erbach und denen von Stolberg-Königstein geteilt. Ab 1598 begann die Gemeinherrschaft der Grafen von Erbach und der Grafen von Löwenstein.

Nördlich des Breuberges, etwa 100 Höhenmeter unterhalb des Burghofes, gibt es eine Quelle im *Brunnenacker*[75] am Wolferhof, von der aus der *Eselsweg* hinauf zur Burg führt. Wasseresel tauchen zwar erst in Rechnungen von 1426 auf[76], wir gehen aber davon aus, dass diese Quelle von Baubeginn an genutzt wurde. Und sie blieb – wie Abbildung 15 zeigt – über mehr als 600 Jahre selbst dann noch das eigentliche Rückgrat der Wasserversorgung, als Brunnen und Wasserkunst hinzugekommen waren, da diese Anlagen häufig ausfielen. Die Quelle ist heute noch ergiebig und dient der Eigenversorgung des Hofes. Im 20. Jahrhundert speiste sie zudem einen Hochbehälter im Turm der Burg.

In einer Teilungsurkunde von 1357 ist eine Zisterne belegt, die Gemeineigentum bleiben sollte.[77] Die Lage dieser Zisterne wurde lange an der Stelle der späteren Brunnenhalle vermutet, da hier der tiefste Punkt des Burghofes war. Beim Bau einer Klärgrube aber stieß man im Jahre 1955 im Burghof am Kapellenerker auf die Reste einer Zisterne mit eingestelltem Schacht.[78]

Eine weitere Zisterne befindet sich im sogenannten Fuchsgraben, der bei der Erweiterung der Burganlage in der ersten Hälfte des 16. Jahrhunderts zum Blindgraben geworden war. *In seinem nördlichen Teil befindet sich eine geräumige glattgefugte Zisterne, die durch eine Quellenleitung von einer Anhöhe nördlich des Breuberges gespeist worden sein soll.*[79] Diese Wasserleitung war bereits im Jahre 1893 in Verbindung gebracht worden[80] mit einer nordwestlich des Breuberges gelegenen Anhöhe, auf der man römische Siedlungsreste gefunden hatte. Die Höhenlage der Quelle reichte nicht aus, um das Wasser im natürlichen Gefälle in den Burghof zu leiten. Der Fuchsgraben aber lag um so viel tiefer, dass eine ca. 2.500 m lange Gefälleleitung gerade noch funktionieren konnte. Aufgrund der späteren geschichtlichen Ereignisse gehen wir davon aus, dass diese Wasserleitung nur bis zum Jahre 1637 in Betrieb war.

Aus einem Teilungsvertrag von 1556 ergibt sich, dass ein Brunnen im Altbau am inneren Tor vorhanden war.[81] Wie dieser Brunnen ausgesehen hat, wissen wir nicht. Wahrscheinlich aber war damit nur ein als Zisterne genutzter Schacht gemeint, der zwischenzeitlich als

---

74 Gleue, A. W.: Das Hohe Haus Breuberg und das Wasser für den täglichen Bedarf, a.a.O.
75 Blumöhr, Fr. P.: Die Flurnamen von Neustadt im Odenwald, Marburg 1939, S. 41
76 Wackerfuß, W.: Kultur-, Wirtschafts- und Sozialgeschichte des Odenwaldes im 15. Jahrhundert, Breuberg 1991, S. 302 ff
77 Aschbach, J.: Geschichte der Grafen von Wertheim, 2. Teil, Frankfurt 1843; Nr. LXXXIV
78 Röder, A.: Zisterne auf der Burg Breuberg gefunden, in: Der Odenwald, 4/1955, S. 123 f
79 Röder, A.: Übersicht über die Baugeschichte, in: Burg Breuberg im Odenwald, Hrsg. Breuberg-Bund, 7. Auflg. 1996
80 Giess, H.: Schloß Breuberg im Odenwald, Heppenheim 1893, S. 29
81 Aschbach, a.a.O., Nr. CCXXXVI

1.3 Die Wasserversorgung im Wandel der Zeit | 43

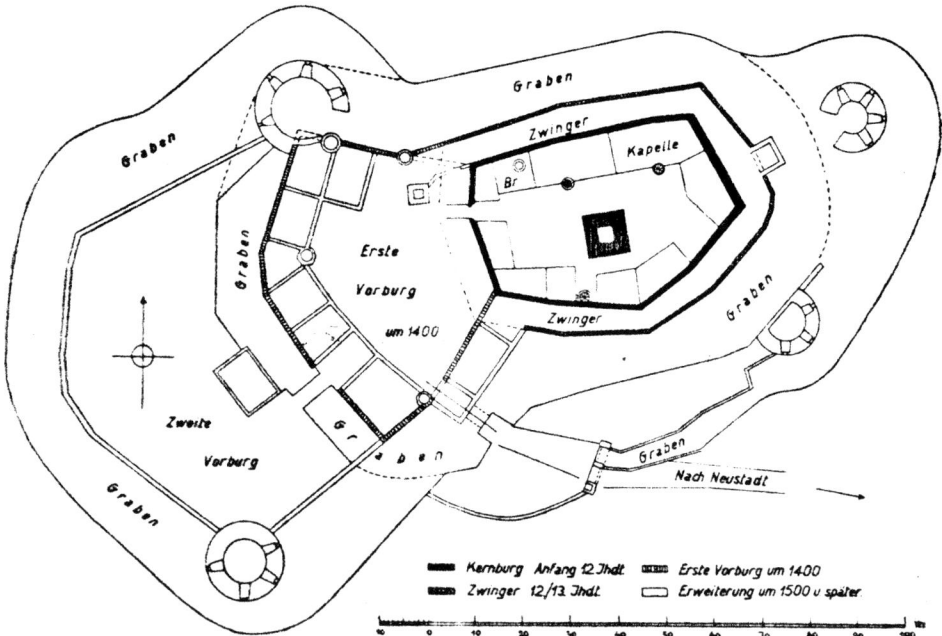

Abb. 14 Grundriss der Burg Breuberg

Ersatz für die Zisterne im Burghof gebaut worden war; denn erst im Jahre 1560 treffen die neuen Herren der Burg eine Vereinbarung, *den (1559) angefangenen Brunnen vollends ausmachen zu lassen*[82]. Dieser Brunnen soll 85 m tief gewesen sein, misst heute aber nur 83,5 m.

Schon wenige Jahrzehnte nach der Inbetriebnahme zeigte sich, dass der Wasserstand im Schacht langsam aber stetig geringer wurde. Die Schräglage der wasserundurchlässigen Schicht im Berg, verbunden mit der Lage des Schachtes innerhalb der Fläche, die für die Grundwasseranreicherung zur Verfügung stand, bewirkte, dass der Grundwasserspiegel allmählich absank.

Um zusammen mit den Wasseresel eine ausreichende Versorgung der Burgbesatzung sicherzustellen, *wurde im 17. Jahrhundert eine Leitung aus dem Mühlhäuser Tal hergestellt, deren Wasser durch ein an der Mümling angebrachtes Druckwerk*[83] in die ca. 150 m höher liegende Burg befördert wurde. Es handelte sich also um eine sogenannte Wasserkunst. Die Herstellung dieser technisch anspruchsvollen Anlage mag aber wohl auch dem Wunsch entsprungen sein, im Hof der Burg einen Laufbrunnen zu zeigen.

An dem im Mühlhäuser Tal fließenden Bach lagen mehrere Hammermühlen, so dass man wohl ein oberhalb gelegenes Quellgebiet über eine 2.800 m lange Wasserleitung mit dem Pumpwerk verbinden musste. Das Pumpwerk selbst steht im Zusammenhang mit dem Bau der Wolfermühle im Jahre 1624. Teile der einstigen gusseisernen Druckleitung fand man am Berghang und 1862 noch neben dem Burgturm.

---

82 StA Darmstadt, F 21 B, Nr. 344/12

83 Bronner, C.: Odenwaldburgen, Groß-Umstadt 1924, S. 40 f

44 | 1. Die Wasserversorgung von Höhenburgen und Bergvesten

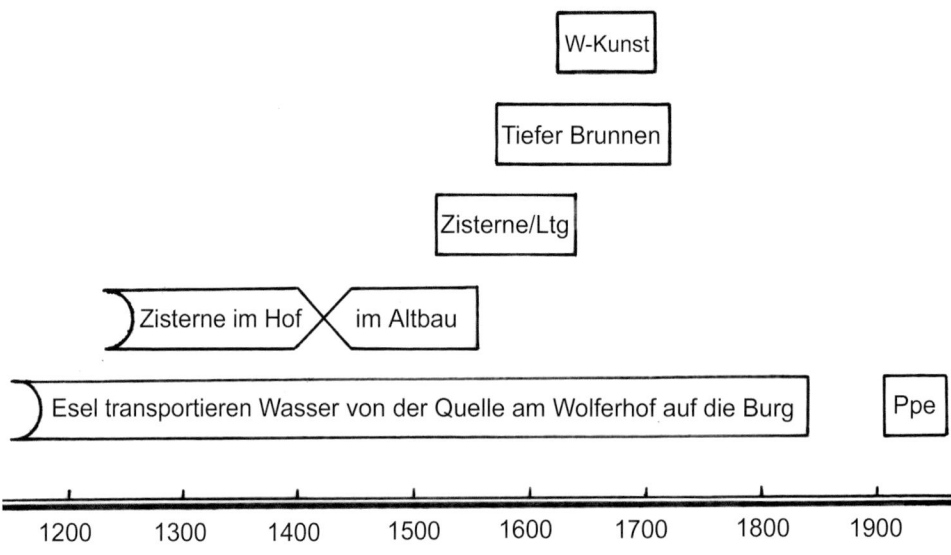

Abb. 15 Die Wasserversorgung der Burg Breuberg

Eine Vorstellung davon, wie ein solches Pumpwerk ausgesehen haben könnte, vermittelt die Darstellung der Anlage, mit deren Hilfe im Jahre 1583 das Wasser der Lahn 114 m hoch in das Schloss **Marburg** gedrückt wurde. (Abb. 16)

Das im Zweiten Weltkrieg untergegangene Erbacher Archiv enthielt eine Akte über die *Unterhaltung des Springbrunnens auf dem Breuberg* in den Jahren 1626–1667. Die Wasserleitung wurde zwar 1675 durch französische Soldaten zerstört, aber offensichtlich wieder instand gesetzt. Eine Steintafel, die im Burgmuseum aufbewahrt wird, deutet darauf hin, dass die Wasserkunst mit Unterbrechungen noch bis etwa 1720 funktioniert hat. Von nun an war man wieder allein auf die Wasseresel angewiesen, da auch der Brunnenschacht zwischenzeitlich trocken gefallen war.

Vom 9. Juni 1781 datiert ein Bericht, der die Armseligkeit der Wasserversorgung auf der Burg Breuberg deutlich macht: *Durch eine außerordentliche dürre Witterung, die fast ein gantzes Viertel Jahr hindurch angefallen, ist alles Waßer dahier gäntzlich ausgetrocknet, so das sogar an der hiesigen Weed gar kein Waßer mehr vorhanden ware. Die Unterthanen weigern sich, täglich Waßer in der Frohnd anhero zu führen, weilen Sie zur Unterhaltung deren Waßer-Eslen das gewöhnliche Eseln-Heu geben müßen, und die 3. hiesige WaßerEßeln sind nicht im Stand, ohne zu grund gerichtet zu werden, das nöthige viele Waßer vor die hiesige Leuthe, und viele Viehe herauf zu tragen.*[84]

Als Rettung aus dieser Notlage wurden die *Reinigung und Wiederherstellung des schon Lang verfallenen tiefen Schloß Bronnens* gesehen. Die Hofkammer genehmigte den Voranschlag für die notwendigen Arbeiten über 150 Gulden, zumal man hoffte, dass *dadurch ein Waßer-Esel*

---

84 StA Wertheim, R 5 b, Nr. 82

1.3 Die Wasserversorgung im Wandel der Zeit | 45

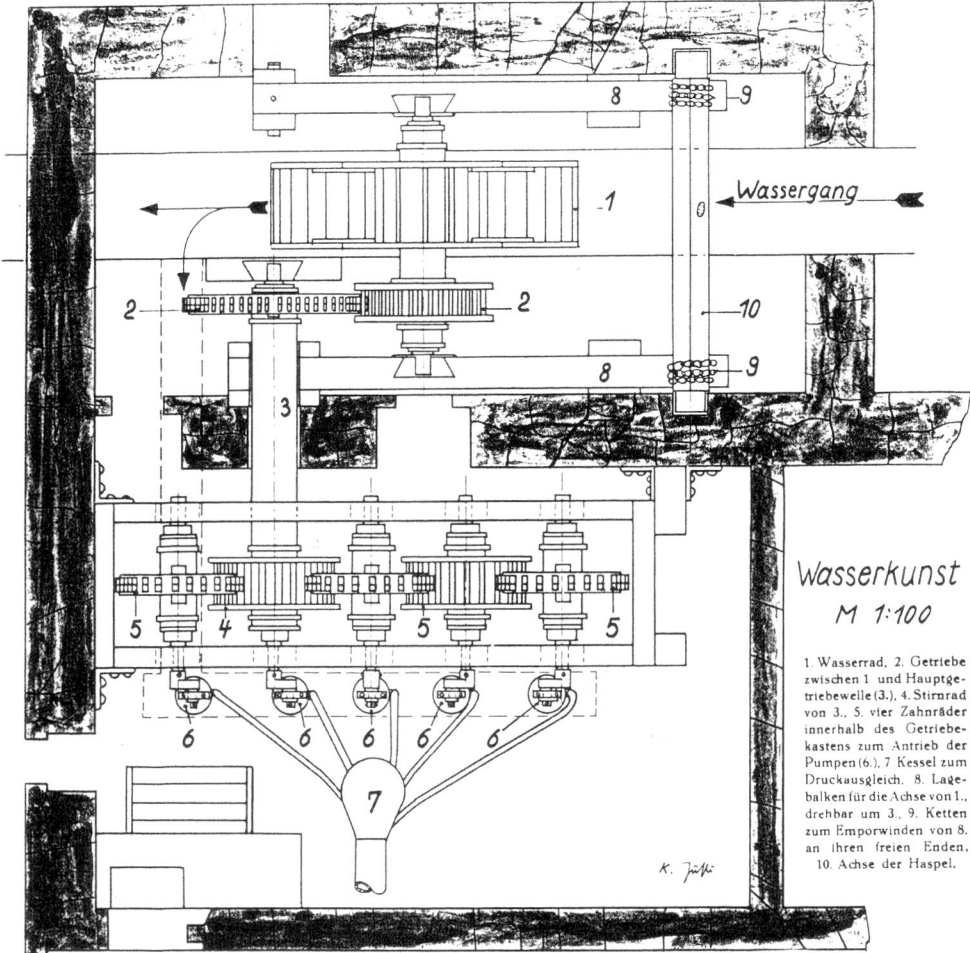

Abb. 16 Das Pumpwerk der Marburger Wasserkunst, 1583

entbährlich würde, und mit 2. Eßlen die nöthige Herbeyschaffung des Waßers bestritten werden könnte. Die Hoffnungen erweisen sich als Trugschluss. Noch bis zum Jahre 1840 wurde das notwendige Wasser mit Eseln auf die Burg geschafft.

Die Burg Breuberg, *eine der schönsten des Hessenlandes, die größte und kunstgeschichtlich interessanteste des nördlichen Odenwaldes*[85], *die uns ein schönes Beispiel gibt, wie der Burgenbau sich vom 12. bis zum 17. Jahrhundert allmählich entwickelte*[86], hatte stets eine mehrgleisige, in den besten Zeiten sogar viergleisige Wasserversorgung. Der tiefe Brunnen, der nur kurze Zeit funktionsfähig war, leistete allerdings keinen nennenswerten Beitrag.

---

85 Bronner, a.a.O., S. 20

86 Möller, W.: Burgenkunde für das Odenwaldgebiet, Mainz 1938, S. 39

1.3.2 Schloss Lichtenberg

Die Ersterwähnung der Burg geht auf das Jahr 1228 zurück. Nach dem Aussterben der Grafen von Katzenelnbogen, den Erbauern der Burg, kam die Anlage an die Landgrafen von Hessen. Landgraf Georg I. ließ in den Jahren von 1570 bis 1580 darauf ein Schloss erbauen, das in den folgenden Jahrhunderten in hessischem Besitz blieb.

Etwa 40 Höhenmeter unterhalb des Burghofes gibt es eine Quelle, *Eselsbrunnen* genannt[87], von wo aus seit Anbeginn regelmäßig Wasser auf die Burg transportiert wurde. Der Eselspfad führte durch das 1855 abgebrochene Tor der einstigen Vorburg hinauf in den Burghof.

Eine Zisterne ist nicht überliefert, dürfte aber in der Burg vorhanden gewesen sein. Durch den weitgehenden Abriss der Burg und deren Überformung im Zuge des Schlossbaues ist die Kenntnis über ihre Beschaffenheit und Lage verloren gegangen. Nur der Ort der Weede (Viehtränke) ist bekannt.

Ein Brunnen befindet sich wenige Meter vor dem Burgtor in der sogenannten Burgfreiheit, einer kleinen Burgsiedlung, die als Vorburg diente. Er soll im 15. Jahrhundert entstanden und 52 m tief sein. Heute misst er 42,8 m. Das Wasser stand im Oktober 2006 mit 15 m unter dem Brunnenkranz erstaunlich hoch. Die Wassersäule von 27,8 m dürfte wesentlich durch die Einleitung von Oberflächenwasser bedingt sein. Nachweislich hatte der Brunnen zwar immer genügend Wasser, dessen Qualität aber wurde ständig beklagt. Mit dem Einzug der landgräflichen Familie in das Schloss konnte diese Art der Wasserversorgung nicht mehr genügen.

In der Schlussphase des Umbaues begann man mit der Planung einer Wasserleitung. Im Frühjahr 1577 suchte *meister Philipsen* acht Wochen und einen Tag in der Umgebung Lichtenbergs nach einer geeigneten Quelle. Er fand sie schließlich in der heutigen Gemarkung Lützelbach.[88] Der sogenannte *Lichtenberger Brunnen*[89] liegt in einer Höhe von ca. 340 m südwestlich der Burg in einer (Luftlinien-)Entfernung von rd. 3.800 m. Damit stand für den Bau der Wasserleitung ein theoretisches Gefälle von gut 1,5 % zur Verfügung, ausreichend trotz der Reibungsverluste in den verwendeten hölzernen Deichelrohren und von den Druckverhältnissen her beherrschbar. Die Wasserleitung endete nach Fertigstellung im Schlosshof als Laufbrunnen in einer großen steinernen *Brunnenbütte*.

In Lichtenberg erzählte man früher, das Wasser des Brunnens sei nur drei Tage gelaufen. Tatsächlich ergaben sich sehr bald nach der Vollendung des Schlosses die ersten Schwierigkeiten für die Wasserzufuhr, wie die Rechnungen ausweisen. Rund 50 Jahre später, im 30jährigen Krieg, war [die Wasserleitung] überhaupt nicht zu benutzen.[90] Aber da man die Leitung brauchte, wurde sie immer wieder instand gesetzt. Trotz des ständigen Reparaturbedarfs wurde sie über 120 Jahre, bis 1701, in Betrieb gehalten.

In den folgenden 150 Jahren war die Wasserversorgung auf Schloss Lichtenberg, das ab etwa 1740 seine Bedeutung als fürstlicher Aufenthaltsort verlor, notleidend. Im Jahre 1845 wird berichtet: *Im Hofe ist noch das Brunnenbütte von Stein, in welchem vor langen Jahren das Wasser sprang … Die Leitung existiert nicht mehr. Jetzt muß das Trinkwasser aus einem im*

---

87 Hessisches Landesvermessungsamt, Topographische Karte 1:25.000, Blatt 6218
88 Weber, a.a.O., S. 45
89 Hessisches Landesvermessungsamt, Topographische Karte 1:25.000, Blatt 6218
90 Weber, a.a.O., S. 46

1.3 Die Wasserversorgung im Wandel der Zeit | 47

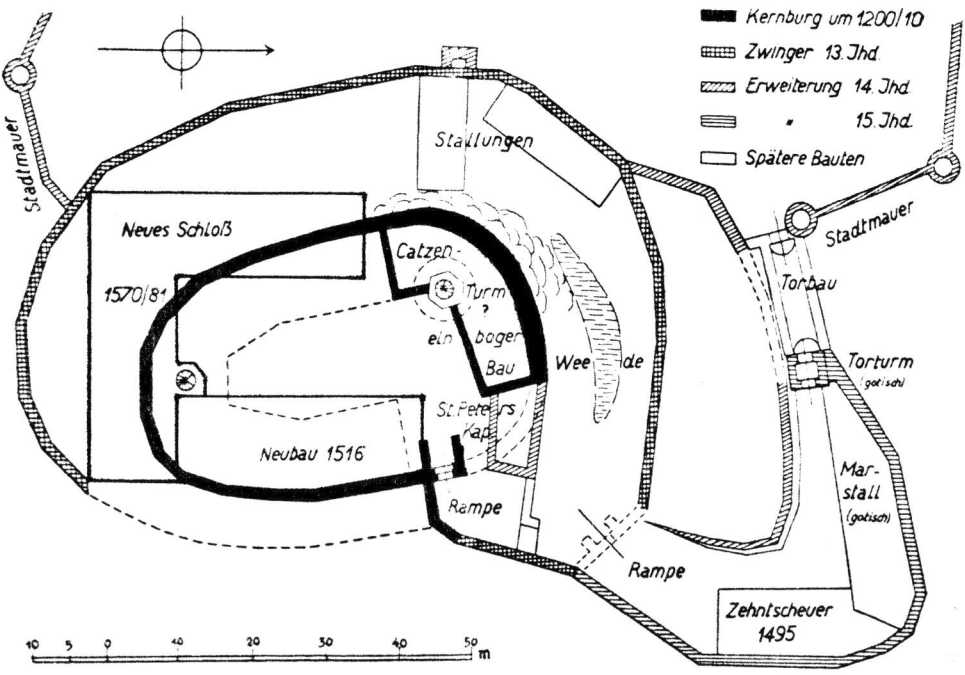

Abb. 17 Grundriss von Schloss Lichtenberg

Felde gelegenen Brunnen [gemeint ist der Eselsbrunnen], *der nach jedem Regen trübes Wasser hat, geholt werden.*[91]

Nachdem im Jahre 1850 auch noch der tiefe Brunnen, aus dem sich zwischenzeitlich die Dorfbewohner versorgten, mit Brandschutt gefüllt war, erinnerte man sich eines Vorschlages von vor fast 100 Jahren und untersuchte die Schüttung der nahegelegenen Quelle an der Hütte Kernbach. Sie wurde zunächst für genügend befunden, trocknete dann aber im nächsten Sommer aus. Erst 1890/91 baute man eine neue Wasserleitung von der alten Lützelbacher Quelle her, die Dorf und Schloss versorgte. Der Lichtenberger Wasserbehälter wird noch heute aus dieser Quelle gespeist.

Die Wasserversorgung von Burg und Schloss Lichtenberg war – von der Zeit des Dreißigjährigen Krieges abgesehen – den jeweiligen Bedürfnissen entsprechend ausreichend, wenngleich die Qualität insbesondere des Brunnenwassers zu wünschen übrig ließ. So klagt der Lichtenberger Amtmann 1639, dass *das Waßer ... zum Kochen undienlich* sei.[92] Die örtlichen Bedingungen für den Bau einer Wasserleitung aber waren geradezu ideal. Die Verwendung von Holzrohren (Deicheln) ermöglichte schnelle Reparaturen der Leitung, die laufenden Unterhaltskosten aber wurden als Ärgernis empfunden.

91 wie vor, S. 109
92 wie vor, S. 94

1.3.3 Veste Otzberg[93]

Die Ersterwähnung eines *castrum Othesberg* datiert aus dem Jahre 1231. Zuvor hatte das Kloster Fulda um 1200 einen mächtigen Turm als Hoheitszeichen auf dem Vulkankegel errichten lassen. Die anschließende Baugeschichte der Burg verlief dann aber aufgrund der besonderen Gegebenheiten bezüglich der Wasserversorgung anders als gemeinhin üblich.

Der Turm war in die Reste eines keltischen Ringwalles hineingestellt worden und dieses unbewohnte *castrum* diente als Fliehburg ohne eigene Wasserversorgung. An der Nordseite des Berges entstand zunächst ein gesicherter Siedlungsbereich, der später als *suburbium* die Aufgaben einer Vorburg übernehmen sollte. Die Ausdehnung dieses befestigten Platzes war so ausgelegt, dass seine Ummauerung bergseitig an den Zugang zum *castrum* anschloss und talseitig einen Bereich erfasste, wo man mit Brunnen in geringer Tiefe Wasser erschließen konnte. So führte die Sicherstellung der Wasserversorgung zu einer Vorburg, die sechs Mal größer war als die spätere Kernburg. (Abb. 18)

Die Brunnenreihe an der tiefsten Stelle des *suburbiums* diente zunächst nur der Versorgung der hier ansässigen Bewohner, ermöglichte dann aber den Betrieb und die Versorgung einer Baustelle auf dem Berg, wo die Burg entstehen sollte. Andere Möglichkeiten, die Baustelle sicher zu versorgen, gab es aufgrund der topographischen Gegebenheiten nicht. Am Nordhang des Otzberges finden sich zwar einige Quellen[94], die in der Vergangenheit wohl auch als Viehtränken genutzt worden sind, zur Versorgung der Burg aber nichts beitragen konnten. Eine Quelle ca. 900 m südlich des Berges, die heute Teil der örtlichen Wasserversorgung ist, führte den Namen *Waschbrunnen*. Der Name[95] deutet ebenfalls auf eine ehemalige Viehtränke hin.

Eine voll funktionsfähige Vorburg war also Voraussetzung für den Bau der Burg Otzberg. Diese Vorburg, deren Ummauerung in weiten Teilen erhalten geblieben ist, war eine kleine Bergsiedlung, für die im Jahre 1322 eine eigene Kapelle gebaut wurde. Während Turm und Schutzwall auf dem Berg als Fliehburg dienten, wurden im *suburbium* die notwendigen Wohn- und Wirtschaftsgebäude errichtet.

In der unteren Brunnenreihe der Vorburg sind heute noch vier Schächte erhalten und in Betrieb. Nach zwei weiteren vermuteten Brunnen wird gesucht. Die noch erhaltenen alten Schächte sind zwischen 12 und 16 m tief und enden damit auf etwa dem gleichen Niveau wie der Schacht des späteren Burgbrunnens. Sie führen auch heute noch reichlich Wasser. Inwieweit sie nach dem Umbau der Burg ab dem 16. Jahrhundert zur Versorgung der Garnison mit herangezogen wurden, ist nicht überliefert.

Bewohnbar wurde die Burg Otzberg erst, nachdem um 1350 ein tiefer Brunnen erfolgreich abgeteuft worden war, der allein die Versorgung der Bewohner der Kernburg während der nächsten 600 Jahre übernehmen sollte. Nachdem das Kloster Fulda *Otsberg die vesten* 1390 an die Kurfürsten von der Pfalz verkauft hatte, war die Burg auch weiterhin nur ein reiner Militärstützpunkt. Ab 1507 begann dann die bauliche Anpassung an die Anforderungen der modernen Waffentechnik. Ein Kanonenwall wurde um die Burg herum angelegt, im Burghof

---

93 Gleue, A. W.: Die Burg Otzberg – Vom Höhenring zur Bergveste, verbesserte 3. Auflage, Otzberg 2013
94 Hessisches Landesvermessungsamt, Topographische Karte 1:25.000, Blatt 6119
95 Großkopf, G.: Die Namen der Gemarkungen Ober- und Nieder-Klingen, Nd/Ob-Klingen 1994

1.3 Die Wasserversorgung im Wandel der Zeit | 49

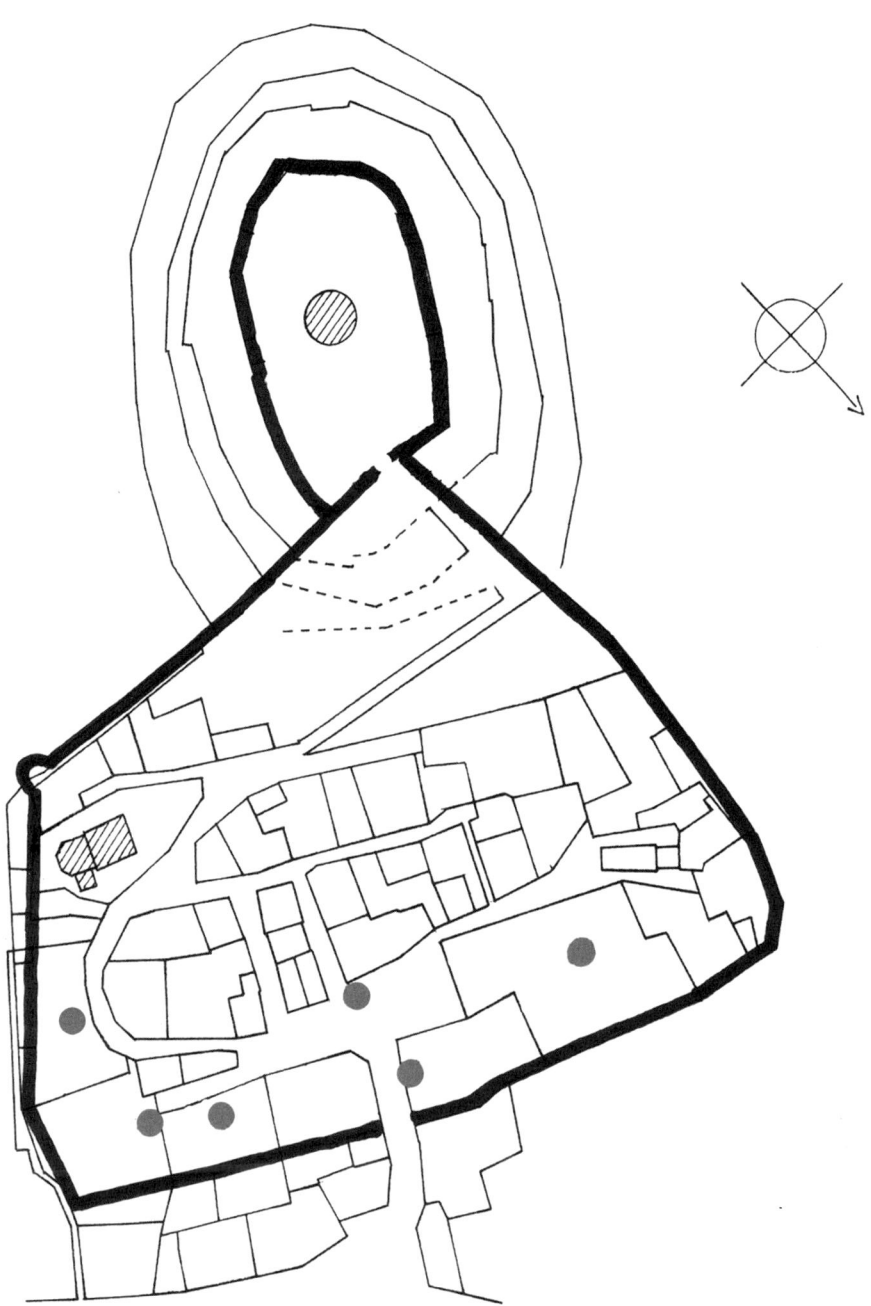

Abb. 18 Grundriss der Burg Otzberg mit Brunnen der Vorburg

entstanden Kasernenbauten. Dieser Ausbau, der im Jahre 1607 beendet wurde, erhielt sich praktisch unverändert bis zur Auflösung der Garnison im Jahre 1818.

Im Burghof ist eine Zisterne mit mittig eingestelltem Ziehschacht vorhanden, die im Zuge des Umbaues entstanden ist. Aussagen zum Speichervolumen sind nicht mehr möglich, da der unterirdische Hohlkörper im Zuge von Tiefbaumaßnahmen des 20. Jahrhunderts zerstört wurde. Ob es möglicherweise einen Vorgängerbau zu dieser Zisterne an anderer Stelle gegeben hat, konnte bisher nicht abschließend geklärt werden.

Die Ausmauerung des 50 m tiefen Burgbrunnens musste in der Mitte des 16. Jahrhunderts erneuert werden. Der Brunnen diente bis Anfang des 19. Jahrhunderts der Versorgung der Garnison und wurde noch bis ins 20. Jahrhundert hinein von der hessischen Forstverwaltung genutzt.

Die Schüttung des Brunnens ist starken jahreszeitlichen Schwankungen unterworfen. Spuren im Brunnenschacht belegen[96], dass das Wasser in früheren Zeiten bis zu 10 m hoch gestanden ist. Noch aus dem Jahre 1913 sind solche Wasserstände überliefert.[97] Für die langfristigen Wasserstandsänderungen sind wohl gleich mehrere Faktoren verantwortlich. Der negative Einfluss des im letzten Jahrhundert an den Berghängen entstandenen Baumbestandes auf das Grundwasser wurde eingangs bereits beschrieben. Hinzu kam der Einfluss der Kanalisation, die Mitte des 20. Jahrhunderts bis hinauf auf die Burg gelegt wurde. Die mit Sand verfüllten Leitungsgräben wirkten wie eine Drainage. Und da der Brunnen sein Wasser aus einem Sickertrichter bezieht, wird auch die Versiegelung der Oberflächen in der nördlich am Hang liegenden ehemaligen Vorburg ihren Beitrag leisten.

Erwähnt werden muss, dass auch im Falle Otzberg ca. 400 m nordöstlich der Burg eine ergiebige Quelle vorhanden ist, die nur wenige Höhenmeter unterhalb der Sohle aller Brunnen in Burg und Vorburg liegt. Im Gegensatz zum Breuberg aber legte sie die Brunnen nicht trocken, da diese sich aus dem Sickerwasser des Basaltkegels speisten und nicht aus einem Stauwasserhorizont. (Abb. 10) Seit wann dieser sogenannte *Lochbrunnen* – in der ersten topographischen Karte[98] von 1889 sogar noch mit dem Symbol eines Ziehbrunnens gekennzeichnet – genutzt wurde, ist nicht bekannt. Die alten Flurnamen liefern keinen Hinweis auf den Einsatz von Wassereseln.

Der Bau einer Wasserleitung wurde im Falle der Bergveste Otzberg nie erwogen. In der näheren und weiteren Umgebung fehlten die Voraussetzungen, um Wasser auf den 368 m hohen Bergkegel leiten zu können. Zum anderen wäre eine Wasserleitung für eine wenig bedeutsame Militärstation ein unvorstellbarer Luxus gewesen. Die bereitgestellten Gelder reichten in all den Jahrhunderten kaum, um den Baubestand zu erhalten.

Für die mittelalterliche Burg Otzberg war die Wasserversorgung, basierend auf einer (vermuteten) Zisterne und dem Burgbrunnen sowie auf den Brunnen in der Vorburg, mehr als ausreichend. Von Belagerungen gibt es keine Überlieferung aus dieser Zeit. Die Wasserversorgung wurde erstmals auf die Probe gestellt, lange nachdem der Umbau der Burg zur Bergveste erfolgt war. Als im Winter 1621 die Bewohner der Umgebung mit Hab und Gut vor den kaiserlichen Truppen auf die Veste geflüchtet waren, dauerte es zwei Monate, bis man aufge-

---

96 Gleue, A. W.: Wie kam das Wasser auf den Otzberg, Otzberg 2005, S. 64
97 Schuster, Fr.: Der Otzberg und seine Geschichte; in: Neue Heimat, Groß-Umstadt 1913
98 Hessisches Landesvermessungsamt, Nachdruck der TK 1:25.000 von 1889

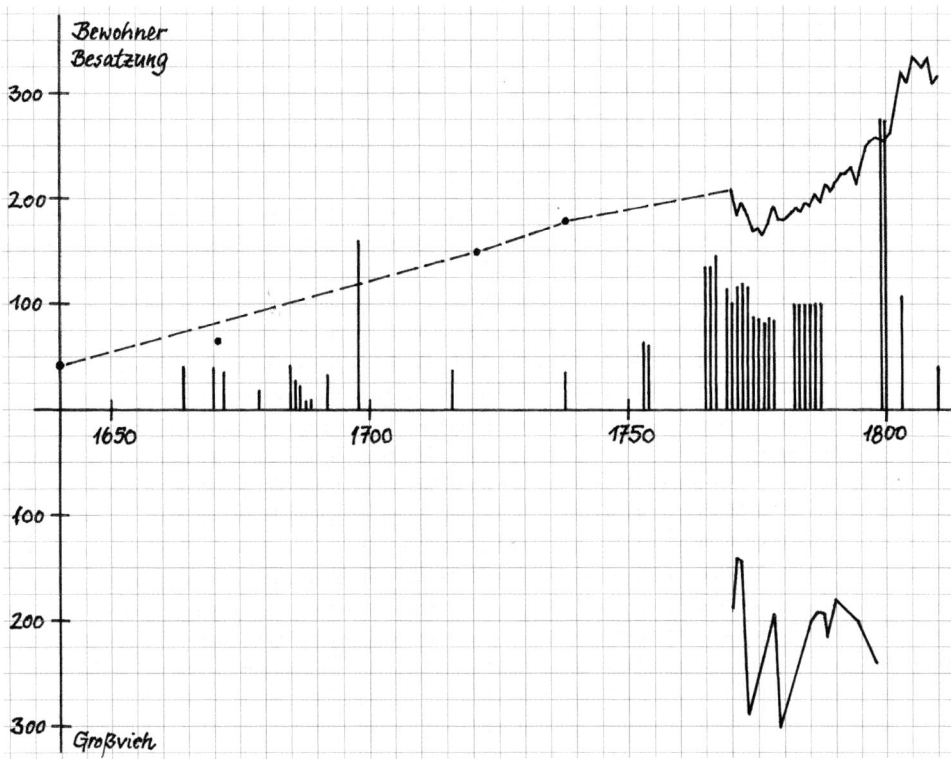

Abb. 19 Versorgungsumfang der Veste Otzberg

ben musste. Währenddessen lagen die Kaiserlichen rund um die Burg im Quartier und warteten geduldig, bis oben Wasser und Nahrungsmittel ausgingen.

Die eigentliche Bewährungsprobe des Wasserversorgungs-Systems aber fand erst ab der zweiten Hälfte des 18. Jahrhunderts statt. Von da an ging es um die Dauerversorgung der Veste als Garnison mit etwa 100 Mann Besatzung sowie der inzwischen überwiegend bäuerlich genutzten Vorburg mit rd. 200 Bewohnern und mit rd. 200 Stück Großvieh. (Abb. 19) Während dieses Zeitraumes wurden ständig etwa 1.500 Liter Trinkwasser pro Tag für die Menschen benötigt. Das Vieh war tagsüber zwar draußen in der Obhut der Hirten, wurde aber abends in die Ställe der Vorburg eingestellt, womit auch ein gewisser Wasserbedarf einherging.

Es gibt keine schriftlichen Belege über Wassermangel. Wir können aber davon ausgehen, dass Wasser auf der Veste Otzberg während dieser Zeit stets ein knappes Gut war.

1.3.4 Burg Reichenberg

Die Tatsache, dass die Burg Reichenberg erst im Jahre 1307 urkundlich erwähnt wird, sagt nichts über den Baubeginn. Sie dürfte im gleichen Zeitraum entstanden sein wie Breuberg, Lichtenberg und Otzberg. Urkunden stehen in dieser Zeit grundsätzlich in Zusammenhang mit Rechtsgeschäften wie Kauf, Verkauf, Teilung, Erbfall oder Belehnung. Hier aber waren die

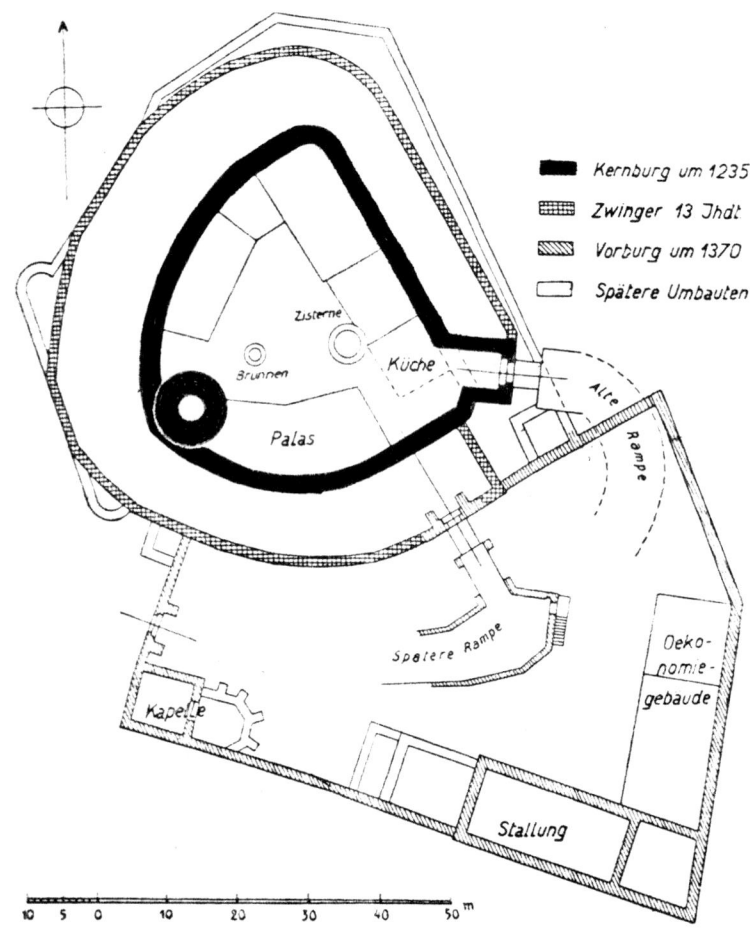

Abb. 20 Grundriss der Burg Reichenberg

Besitzverhältnisse von Anbeginn unstrittig, so dass sich keine Notwendigkeit ergab, Urkunden auszufertigen.

Die Burg Reichenberg, zur Zeit ihrer Ersterwähnung im Besitz der Schenken von Erbach, blieb über die Jahrhunderte einer der Wohnsitze dieses Geschlechtes. Welche Mitglieder der Familie wann hier residierten, ist aber weitgehend ungeklärt. Bauakten zu dieser Burg fehlen, und so können sich Zeitangaben für den großen Umbau zu einer kleinen Festung bzw. einer bescheidenen Residenz nur an den wenigen Jahreszahlen orientieren, die auf Bauteilen erhalten sind. Daraus ergibt sich, dass die Arbeiten in der Zeit zwischen 1554 und 1567 zu ihrem Ende kamen.

Nur 500 m nördlich der Burg gibt es eine Quelle, *Ratzenbrunnen* genannt, von der aus der Eselsweg auf die Burg noch heute nachweisbar ist. Diese Quelle liegt ca. 60 Höhenmeter unterhalb des Burghofes. Dass schriftliche Überlieferungen zur Nutzung dieser Quelle fehlen, passt in die Urkundenlage zu dieser Burg.

Im Burghof wurde bereits im Jahre 1925 eine Zisterne entdeckt, die 2006 teilweise geräumt und untersucht werden konnte.[99] Es handelt sich um einen zylindrischen Hohlkörper, 4 m im Durchmesser und ca. 5 m tief, mit einer steingewölbten Kuppel, in deren Scheitel sich ein Schöpfloch befindet. Das Dichtungsmaterial der Wände liegt noch im Behälter. Diese Zisterne existierte bereits vor dem Umbau der Burg. Der unterirdische Hohlraum reicht bis unter den benachbarten Küchenbau, der Teil des großen Umbaues war.

Der Reichenberger Brunnen steht wie ein Schaustück an der höchsten Stelle des Burghofes. Die dekorative Ausformung des steinernen Brunnenkranzes lässt vermuten, dass dieser Brunnen keine schützende Überdachung hatte. Seine Fertigstellung könnte im Zusammenhang stehen mit der Jahreszahl 1557, die sich auf dem steinernen Joch über dem Brunnenkranz befindet. Seine Tiefe wurde im August 2006 mit nur 17 m gemessen, sie soll aber 27 m betragen haben. Der Wasserstand erreichte die Höhe von 11,5 m unterhalb der Oberkante des Brunnenkranzes. Dieser Sachverhalt muss trotz der angeschlossenen Dachflächenentwässerung stutzig machen und legt zunächst die Vermutung nahe, dass der Brunnen in Wirklichkeit eine Schachtzisterne ist. Nach Größe und Ausformung des 312 m hohen Burgberges sowie der Lage des Ratzenbrunnens würde man erwarten, dass die Wasser führende Schicht in einer Tiefe um 50 m liegt. Klären lässt sich der Sachverhalt erst nach Räumung des Schachtes.

Von einer Wasserleitung erfahren wir aus einem Eintrag des Reichenbacher Pfarrers[100] im Jahre 1613. *Diesen Frühling hat man ... einen Bronnen bei Eberbach am Berg gefasst und mehrenteils in eisernen Teucheln aufs Schloß* [Reichenberg] *geleitet, weils Herrn Grafen Fritzen Frau Gemahlin Sitz sein sollen.* Die zugehörige Quelle, die heute der Versorgung der landwirtschaftlichen Einzelhöfe dient, liegt am Westhang des Eberbachtales an einem Flurstück, welches noch 1850 unter der Bezeichnung „Neben der Brunnenstube" geführt wurde.

Mit ca. 330 m ü. NN liegt diese Quelle fast 20 m höher als die Burg, die Entfernung (Luftlinie) zur Burg beträgt rd. 1.900 m. Die Leitung musste zunächst eine Absturzhöhe von 125 m hinab zum Eberbach verkraften, um anschließend wieder um gut 100 m anzusteigen. Diese Tal- und Bergfahrt wird einen Leitungsdruck von bis zu 15 bar bewirkt haben.[101] Aus der Erfahrung wusste man zwar, dass eine Leitung aus den allgemein üblichen hölzernen Deicheln auch für einen solchen Druck geeignet gewesen wäre. Man wählte aber – wenn wir der Eintragung des Pfarrers glauben dürfen – gusseiserne Rohre. Aber auch die hielten den Belastungen nicht stand. Schon Vitruv hatte sich eingehend mit der Problematik solcher Leitungsführungen beschäftigt[102], und so geht sicher zu Recht die Sage, die Wasserleitung zum Schloss habe die Inbetriebnahme nicht überlebt.[103] Frisches Trinkwasser mussten die Esel nach wie vor vom nahen Ratzenbrunnen auf die Burg tragen.

Wir wissen wenig über die Nutzung von Burg und Schloss Reichenberg. Es mag sein, dass die mangelhafte Wasserversorgung eine längerfristige Wohnnutzung gar nicht möglich machte. Nach dem Versagen der Wasserleitung verkam das kleine Bergschloss vollends zur Bedeutungslosigkeit, weil die Familie der Erbacher keinen dauerhaften Bedarf mehr für den Reichenberg hatte.

---

99 Gleue, A. W.: Die Tankzisterne auf Schloss Reichenberg, a.a.O., S. 28–32
100 Kunz und Lizalek, a.a.O., Abs. 436
101 Der Einspeisungsdruck in heutige Wasserleitungen liegt bei 4 bis 5 bar.
102 Vitruv, a.a.O., VIII 6, S. 286 ff
103 Hieronymus, E.: Das Reichelsheimer Sagen- und Geschichtenbuch, Reichelsheim 1997

	Breuberg	**Lichtenberg**	**Otzberg**	**Reichenberg**
Ersterwähnung	1222	1228	1231	1276
Großer Umbau	1499–1515 ff	1516–1570	1507–1607	Um 1550
Nutzung	wehrhafte Residenz	landgräfliches Schloss	Militärgarnison	zeitweiliger gräfl. Wohnsitz
Höhenlage der Burg	306 m ü. NN	278 m ü. NN	368 m ü. NN	312 m ü. NN
Wassergewinnung				
Quelle (Eselspfad) Höhenlage Quelle	Am Wolferhof 200 m ü. NN	„Eselsbrunnen" 240 m ü. NN	nicht belegt	„Ratzenbrunnen" 250 m ü. NN
Zisterne	1357 erwähnt, im 16. Jh. Neubau a.a.O.	überformt	Zisterne mit Ziehschacht, 16. Jh.	Zisterne ohne Ziehschacht, vor 1550
Brunnen, Tiefe Standort Bauzeit	>83,5 m im Gebäude des oberen Burghofes 1559–1568	in der Vorburg	50 m Brunnenhäuschen hinter dem Burgtor um 1350	17 (27 ?) m freistehend im Burghof vor 1557
Wasserleitung Länge (Luftlinie) Höhenlage Quelle Bauzeit	Gefälleleitung ca. 2.500 m 310 m ca. 1520	Gefälleleitung ca. 3.800 m ca. 340 m ü. NN 1577	nicht möglich	Druckleitung ca. 1.900 m ca. 330 m ü. NN 1613
Fließgewässer Luftl. Entfernung Höhenlage	Mümling ca. 500 m 148 m ü. NN	Fischbach ca. 700 m ca. 170 m ü. NN	Klingelsbach ca. 1.700 m ca. 170 m ü. NN	Mergbach ca. 500 m ca. 205 m ü. NN.
Ergänzungen Tiefe Höhenlage Bauzeit	Wasserkunst mit Laufbrunnen um 1624	Brunnen in der Vorburg, 42 (52 ?) m ca. 265 m ü. NN 15. Jh.	>6 Brunnen in der Vorburg 12–16 m ca. 335 m ü. NN 13./14. Jh.	
TK 1: 25.000	Bl. 6120,6220	Bl. 6218	Bl. 6119	Bl. 6218,6219

Tab.1 Odenwaldburgen und ihre Wasserversorgung

1.3.5 Zusammenfassung

Wir haben gesehen, dass die Entwicklung der Wasserversorgung auf den von der jeweiligen Landesherrschaft genutzten Burgen Breuberg, Lichtenberg und Reichenberg trotz unterschiedlicher Größe und Nutzungsintensität durchaus vergleichbar war. Alle zu Gebote stehenden Möglichkeiten wurden ausprobiert bzw. ausgeschöpft. Die Erfolge all dieser Bemühungen, die baulichen Anlagen ausreichend mit Wasser zu versorgen, aber waren sehr unterschiedlich. In allen Fällen haben sich letztlich allein die Quellen, die man seit alters her genutzt hatte, als dauerhafte und zuverlässige Teile des Versorgungssystems erwiesen.

Bei der Burg Otzberg, die auch nach dem Umbau zur Bergveste zu keiner Zeit über den Status einer Militärstation hinausgekommen ist, war die Wasserversorgung, gestützt auf Brunnen und Zisterne, spartanisch aber ausreichend. Die Anzahl der Bewohner, die sich allein auf diese beiden Versorgungsträger verlassen musste und konnte, war regelmäßig weit höher, als sie auf jeder der anderen Burgen zu irgendeiner Zeit gewesen ist.

Die Art der Wasserversorgung auf der Veste **Otzberg** nahm das Prinzip voraus, das beim Bau der bastionierten Festungen Standard werden sollte: Brunnen und Zisternen mussten die Trink- und Brauchwasserversorgung der stationierten Soldaten sicherstellen. Aufgrund des neuartigen Verteidigungskonzeptes war bei Festungen aber auch noch eine dezentrale Vorhaltung von Wasser auf den Bastionen erforderlich. Jean Errard de Bar-le Duc (1554–1610) schreibt in seiner *Fortificatio*: *Ein Brunnen* [d.h. ein Wasserbehälter] *ist auch auff jeder Pastheyen* [Bastion] */ so es die Gelegenheit erleidet / höchlich vonnöthen / zur Erfrischung beydes der Stück* [Kanonen] */ vnnd deren / so damit vmbgehen. Deßgleichen die Profey* [ein Abort] */ zu Vermeidung deß Gestancks / sonderlich Sommers Zeit.*[104]

1.4 Die Wasserversorgung als Standortfaktor

Wir wollen die Betrachtungen über die Wasserversorgung im Wandel der Zeit durch eine Anmerkung ergänzen, die eigentlich an den Anfang unserer Ausführungen gehört hätte. Die Beschaffung auskömmlicher Mengen von Wasser war natürlich eine Frage, die sich bereits vor Baubeginn einer Höhenburg stellte und damit wesentlich war für die Wahl des Standortes. So berichtet schon Heinrich von Veldecke in seinem Ende des 12. Jahrhunderts entstandenen Eneasroman: Eneas wählte den Berg als Platz für die Burg Montalbane, *der stechel was unde hô … wand ûf dem berge obene spranc ein brunne ze mâzen grôz.*[105]

Grundprinzip des mittelalterlichen Bauens war die Verwendung ortsüblicher Materialien. Die Entscheidung, ob sich eine Anhöhe als Bauplatz für eine Burg eignete, war daher abhängig von der ortsnahen Verfügbarkeit der erforderlichen Baustoffe. Steine versuchte man beim Herrichten des Bauplatzes zu gewinnen, Holz wurde aus den umliegenden Wäldern herbeigeschafft. Darüber hinaus brauchte man Kalk, Sand und viel Wasser für den Baubetrieb.

---

104 Errard de Bar-le-Duc, J.: Forticatio, Das ist: Künstliche vnd wolgegründte Demonstration vn Erweisung, wie vnd welcher Gestalt gute Festungen anzuordnen … Frankfurt am Mayn 1604, S. 24

105 Heinrich von Veldecke: Eneasroman, fol. 118, 9 und 22/23 (entstanden 1187/89)

Es sind keine Anhaltspunkte dafür überliefert, wie viel Wasser auf einer Burg-Baustelle benötigt wurde. Es ist aber unbestritten, dass auf der Baustelle weit mehr Menschen im Einsatz waren, als später auf der Burg wohnen sollten. Die Handwerker und gedungenen Hilfskräfte kampierten auf der Baustelle, mussten also auch versorgt sein. Ansätze, wie sie zur Ermittlung des Arbeitskräftebedarfs beim Bau von städtischen Kathedralen versucht wurden[106], sind auf Höhenburgen nicht übertragbar, da die Bauvorhaben zu unterschiedlich waren. Die Berufsgruppe der Steinmetze ist beim Burgenbau für die Rückrechnung nicht geeignet. Die Bauaufgaben waren hier weitaus vielfältiger, die logistischen Probleme gar nicht vergleichbar. Der Baumeister Lotter, der auf der **Augustusburg** [15] zeitweise bis zu 1.000 Handwerker zu beaufsichtigen hatte, schreibt 1570, er habe *nicht geglaubt, daß ein so großer Unterschied zwischen dem Bauen auf flachem Lande und auf einem Berge sei.*[107]

Noch fehlte es an befestigten Flächen, um Wasser sammeln zu können, ein Brunnen konnte nicht vorab gebaut werden. Es gab nur zwei Alternativen, um das nötige Brauchwasser zu beschaffen: Entweder ließ man es mit Hilfe von Eseln auf den Berg tragen, wo es in Holzbottichen gesammelt wurde, oder man leitete es in hölzernen Rohren von einer höher gelegenen Quelle aus zur Baustelle.

Wir wollen daher nicht ausschließen, dass die auffallend vielen Höhenburgen in Hang- oder Spornlage ihren Grund darin haben, dass die Versorgung der Baustelle – wie auch später der Burg – in diesem Falle durch eine Wasserleitung leichter zu bewerkstelligen war. Für die Verteidigung allerdings ergaben sich aus der Lage einer solchen Burg Schwachstellen, die zusätzliche Baumaßnahmen zum Schutz der Anlage notwendig machten. Dieser Mehraufwand erschien aber wohl im Hinblick auf die kurz- und langfristig einfachere und bessere Versorgungsmöglichkeit gerechtfertigt.

Für Bauplätze in Gipfellage schied die Versorgung mit einer Wasserleitung in der Regel aus. Das erforderliche Wasser musste hier mühsam von tiefer gelegenen Quellen oder Wasserläufen heraufgeschafft werden. Aus der Tatsache aber, dass die Durchführung der Bauaufgabe unter diesen Gegebenheiten möglich gewesen war, ergibt sich, dass die anschließende Versorgung der wenigen Burgbewohner kein Problem darstellten konnte. Die Baustellenversorgung wurde automatisch zur Erstversorgung der Burg. Schon bald aber wurde die externe Versorgung ergänzt durch Zisternen als interne Komponenten. Der Bau eines Brunnens war eine Option für die Zukunft.

Die Baugeschichte einer Höhenburg ist also aufs engste verbunden mit den jeweils örtlich gegebenen Möglichkeiten der Wasserversorgung. Bereits bei der Auswahl des Bauplatzes musste eine Lösung für die dauerhaft auskömmliche Versorgung der Bewohner mit Trink- und Brauchwasser in Aussicht stehen.

Damals wie heute hätte niemand ein solches Vorhaben begonnen, wenn die Versorgung mit dem notwendigen Wasser nicht gewährleistet gewesen wäre. Dass sich die Dinge nach dem Bau manchmal anders entwickelten, steht auf einem anderen Blatt. Auch in unserer Zeit sind Fehleinschätzungen dieser Art bei der Entwicklung von Bauprojekten nicht unbekannt.

Wir haben keine Kenntnisse über die Burgstellen, die aufgegeben werden mussten, weil man die Wasserversorgung im Vorfeld nicht ausreichend hatte klären können. Ihre Anzahl dürfte nicht gering gewesen sein. Wir wissen ja auch kaum etwas von all den Burgen, die nicht

---

106 Binding, G.: Baubetrieb im Mittelalter, Darmstadt 1993, S. 268 ff

107 Wustmann, G.: Der Leipziger Baumeister Hieronymus Lotter 1497-1580, Leipzig 1875, S. 59

1.4 Die Wasserversorgung als Standortfaktor | 57

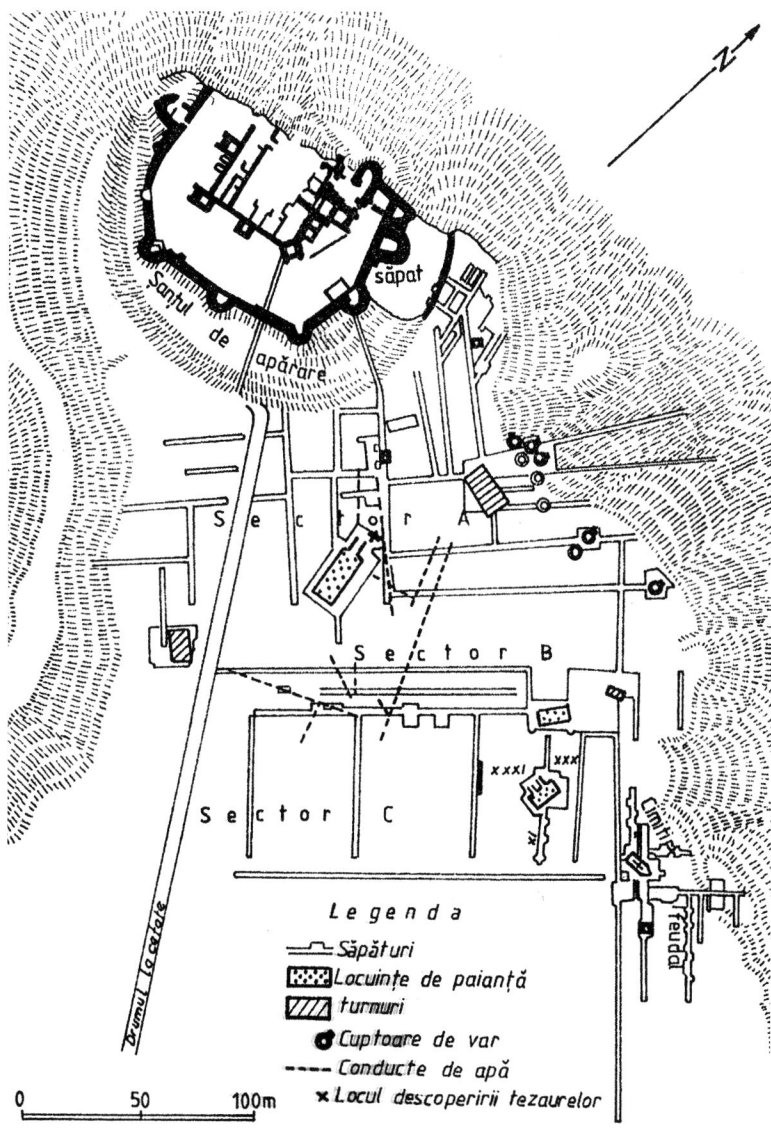

Abb. 21 Die Baubetriebsflächen der Burg Suczawa

fertig gebaut werden konnten, weil der Baugrund versagte. Wir sehen heute nur die Burgen und Burgruinen, bei denen die baulichen und die versorgungsmäßigen Voraussetzungen gestimmt haben.

Die Baustellenversorgung ist ein Kapitel, das in der burgenkundlichen Literatur bisher nur unzureichend berücksichtigt wurde. Die Frage nach den örtlichen Voraussetzungen für den Bau einer Burg aber erklärt häufig einiges, was bei Betrachtung des überlieferten Zustandes kaum noch erklärbar erscheint oder zu Fehldeutungen führen kann. Die Untersuchungen der Archäologen konzentrieren sich i. d. R. auf die inneren Bereiche der Burgen. Und solange hier noch vieles im Dunkeln liegt, besteht kaum Interesse an der Erforschung des engeren Umfeldes der Burgen, der Suche nach den Bereichen, die einst für Baustelleneinrichtungen genutzt wurden.

In den Jahren 1951/52 wurden die Baubetriebsflächen für die Burg **Suczawa** (Bukowina, Rumänien) freigelegt. Es zeigte sich (Abb. 21), dass neben den Werkstätten der Schmiede, Steinmetze und Zimmerleute, den Kalkgruben und den Unterkünften für die Arbeiter ein System von Wasserleitungen (hier *conducte de apă*) vorhanden war, um die Baustelle zu betreiben.[108] Vergleichbare Grabungen im Umfeld hiesiger Burgen sind nicht bekannt. Für die Burg **Breuberg** gibt es allerdings Hinweise, dass hier Baubetriebsflächen unterhalb der Burg an einem Quellaustritt vorhanden gewesen sein könnten und der dortige „Wolferhof" diesem Umstand sein Entstehen verdankt.[109]

Abschließend sei noch einmal auf das Kapitel 1.3.3 verwiesen, in dem wir erläutert haben, dass der Ausbau der Fliehburg **Otzberg** kaum möglich gewesen wäre, hätte man nicht in der Vorburg Brunnen anlegen können, die schon nach wenigen Metern ausreichend Wasser lieferten. Bei der Erörterung der Frage nach Sinn und Zweck einer Vorburg ist dem Aspekt der Baustellenversorgung bisher zu wenig Beachtung geschenkt worden.

---

108 Batariuc, P. V.: Cetatea de Scaun a Sucevii, Suceava 2004 (Grabungsberichte von Nestor und Mitrea)

109 Gleue, Das Hoche Haus Breuberg, a.a.O., S. 9f

2. Brunnen als Wasserversorgungsanlagen

Brunnen, oder Bronnen, Born, werden diejenigen Behaeltnisse des Wassers gennenet, aus welchen man zur Menschlichen Beqvemlichkeit, allezeit frisches Wasser bekommen kan. So steht es im Universallexikon aller Wissenschaften und Künste[110] aus dem Jahre 1733. Und in alten Urkunden und Plänen wird der Begriff tatsächlich gleichermaßen verwendet für gefasste Quellen, Zisternen und Schachtbrunnen.

Der Ziehbrunnen heißt im Lateinischen *puteus*, der Brunnengräber folglich *putearius; fons* wird in einem alten Wörterbuch[111] erklärt als *ein Brunn, der von sich selbst entsprungen*, als eine Quelle also. Wenn wir die Wurzeln des Wortes demnach nicht im Lateinischen finden können, woher rührt dann das Wort „Brunnen"?

Etymologisch wird laut Duden ein Zusammenhang zwischen (ahd.) „brunno" sowie (mhd.) „brunne" bzw. (mnd.) „born" sowie (got.) „brunna" und der Wortgruppe von „brennen" hergestellt; d. h. dass die Worte zur (idg.) Wurzel von „aufwallen, sieden" gehören. Brunn, Bronn oder Born werden also ursprünglich dem Quell gleichgesetzt, als „Quell des Lebens", während Brunnen in modernen Nachschlagewerken[112] als *künstlich hergestellte technische Anlagen zur Gewinnung von Grundwasser für Gebrauchs- und Trinkzwecke* definiert werden. In diesem Sinne verwenden auch wir den Begriff Brunnen.

In der Literatur wird unter dem Stichwort „Brunnen" in aller Regel nur deren künstlerische Ausformung im oberirdisch sichtbaren Bereich behandelt. Durch Art und Umfang der künstlerischen Ausgestaltung des Brunnenkranzes[113] konnte der Bauherr auf eindrucksvolle Weise Bedeutung und Reichtum demonstrieren. Diesen Aspekt werden wir im Folgenden jedoch unberücksichtigt lassen.

2.1 Die Anfänge des Brunnenbaues

Wer nach den Anfängen des Brunnenbaues sucht, muss bis in die Zeiten zurückgehen, da nomadisierende Sippen nach einem Lagerplatz suchten in Gegenden, wo fließendes Wasser nicht zur Verfügung stand. Hier musste eine Mulde reichen, in der sich Wasser sammelte – das Wasserloch. Trocknete die Wasserstelle aus, gab es zwei Möglichkeiten: man zog weiter und suchte sich ein anderes Wasserloch oder man vertiefte die Grube, bis sich wieder genügend Wasser sammelte.

Im zweiten Fall wurde aus der Mulde eine trichterförmige Grube, deren Böschungswinkel sich beim weiteren Graben ganz natürlich einstellte. Der Brunnenbau begann demnach mit der systematischen Vertiefung von Wasserlöchern im Tagebau. Da nun aber das Erdreich im wasserführenden Bereich nicht standfest war, brachte man in das mittige Wasserloch einen

---

110 Zedler, a.a.O., Bd. 4, Sp. 1604
111 Christian Newbawr, Enchiridion Linguæ Latino-Germanicæ, Lipsiensis 1698
112 Brockhaus Enzyklopädie, Bd. 3, Wiesbaden 1967
113 Für den oberirdisch sichtbaren Teil des Brunnens verwenden wir den Begriff „Brunnenkranz" in Analogie zum Kranz als dem festlichen Kopfschmuck. Dem Fachbegriff „Brunnenkranz" kommt heute beim Bau von Senkbrunnen allerdings eine andere Bedeutung zu.

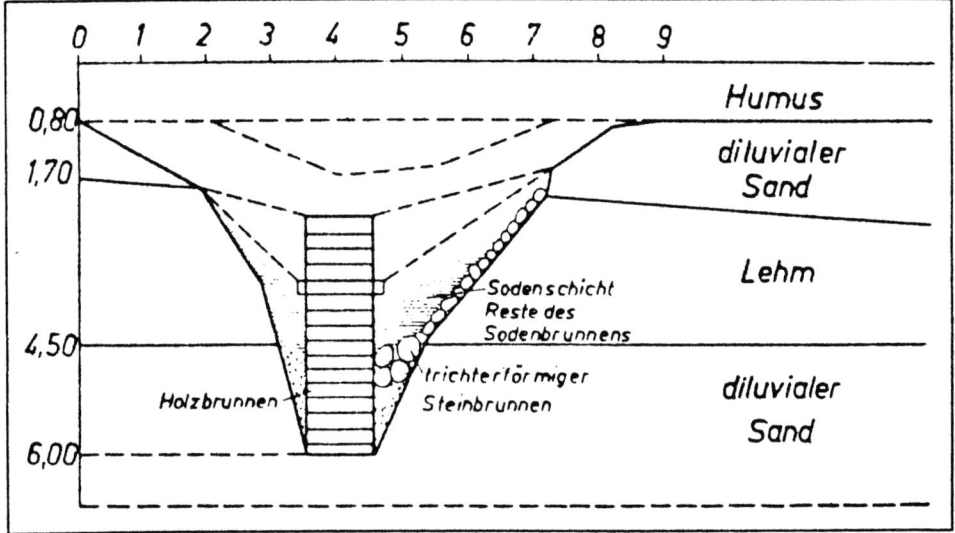

Abb. 22 Vorgeschichtlicher Brunnen Stickenbüttel

runden oder eckigen hölzernen Verbau ein, in dem wir die Anfänge des Baues von Brunnenschächten sehen. (Abb. 22)

Zunächst also wurden die Brunnen gegraben. Die Tiefe war durch die notwendige Größe der offenen Baugrube begrenzt. Das Wasserschöpfen aus begehbaren Erdtrichtern vertrug sich nicht mit den Anforderungen an die Sauberhaltung des Wassers. Außerdem war der Platzbedarf bei zunehmender Tiefe vor allem in besiedeltem Gebiet störend. Es lag daher nahe, den bereits begonnenen Verbau weiter aufzuführen bis zum Ausgangsniveau, so dass die offene Baugrube bis auf den vorhandenen Schacht wieder verfüllt werden konnte. Über 7.000 Jahre alte steinzeitliche Brunnen von bis zu 15 m Tiefe mit hölzernem Verbau sind jüngst z. B. bei Niederröblingen (Sachsen-Anhalt, 2007) und Morschenich (Nordrhein-Westfalen, 2011) gefunden worden.

Vor etwa 4.500 Jahren entwickelte sich am Unterlauf des Indus eine stadtähnliche Siedlung. Als Baumaterial dienten Backsteinziegel. Mohenjo-Daro wird der Ort im heutigen Pakistan genannt. Seit 1922 laufen die archäologischen Untersuchungen dieser einstigen Metropole der Induskultur. Zutage kam u. a. ein Ver- und Entsorgungssystem, wie es für Zivilisationen der Bronzezeit bisher unbekannt war.[114] Etwa 600 Brunnen soll es in dem heute sichtbaren Teil der Stadt gegeben haben. Die Schächte der freigelegten Brunnen sind mit konischen Formziegeln aufgemauert. (Abb. 23)

Bemerkenswert ist hier der Umstand, dass neben Brunnen mit einem Durchmesser um 2 m die Mehrzahl der Hausbrunnen einen sehr viel geringeren Durchmesser (< 1 m) hat. Wir gehen davon aus, dass die jeweiligen Durchmesser mit unterschiedlichen Techniken beim Brunnenbau zu erklären sind. Während die Brunnen mit geringen Durchmessern in offener

---

114 Jansen, M.: Mohenjo-Daro, Stadt der Brunnen und Kanäle. Wasserluxus vor 4.500 Jahren; Schriftenreihe der Frontinus-Gesellschaft, Suppl.-Bd. II, Bonn 1993

Abb. 23 Brunnen der Induskultur, Mohenjo-Daro

Baugrube hergestellt werden mussten, um den Schacht von außen aufsetzen zu können, wird man für die größeren – die zugleich mit fast 20 m auch deutlich tiefer sind – einen Schacht abgeteuft und die Ausmauerung dann von innen aus dem Schacht heraus aufgesetzt haben. *Ob die Technik des Brunnenbaus dem bereits im dritten Jahrtausend betriebenen Bergbau entlehnt war, ist noch nicht geklärt.*[115]

In unseren Breiten sind von den Kelten, die ab dem 6. Jahrhundert v. Chr. fassbar werden, vor allem im süddeutschen Raum mehr als 300 meist quadratische Areale mit umlaufendem Wall und Graben überkommen, die gemeinhin als Viereckschanzen bezeichnet werden. Friedrich Drexel veröffentlichte 1931 einen Aufsatz[116], in dem er diese Viereckschanzen als spätkeltische Heiligtümer deutete. Seine Interpretation setzte sich als Lehrmeinung durch. Und so wurden folgerichtig bei der Ausgrabung der Viereckschanze Holzhausen drei bis zu 35 m tiefe Schächte mit kultischen Bräuchen in Verbindung gebracht.

Inzwischen hat sich die Erkenntnis durchgesetzt, dass die vermeintlichen Heiligtümer wohl zumeist keltische Gutshöfe waren. Der „Kultschacht" von Holzhausen, in dem man auch noch einen „Kultpfahl" entdeckt zu haben glaubte, gilt heute gesichert als ein ehemaliger Stangenziehbrunnen.[117] Für die keltische Viereckschanze in Fellbach-Schmiden wurde nachgewiesen, dass es sich bei den vermuteten Opferschächten ebenfalls um Brunnen handelt, bis zu 20 m tief und holzverschalt. Und so wurde als ein frühes Beispiel des Brunnenbaues das **Heidenloch** [1] auf dem Heiligenberg in diese Publikation aufgenommen, wenn-

---

115 wie vor, S. 16
116 Drexel, F.: Templum, Germania 15, 1931, S. 1 ff

117 Wieland, G.: Die Ausgrabung in der Viereckschanze 2 von Holzhausen. Frühgeschichtl. und Provinzialröm. Archäologie, Rahden 2005

2. Brunnen als Wasserversorgungsanlagen

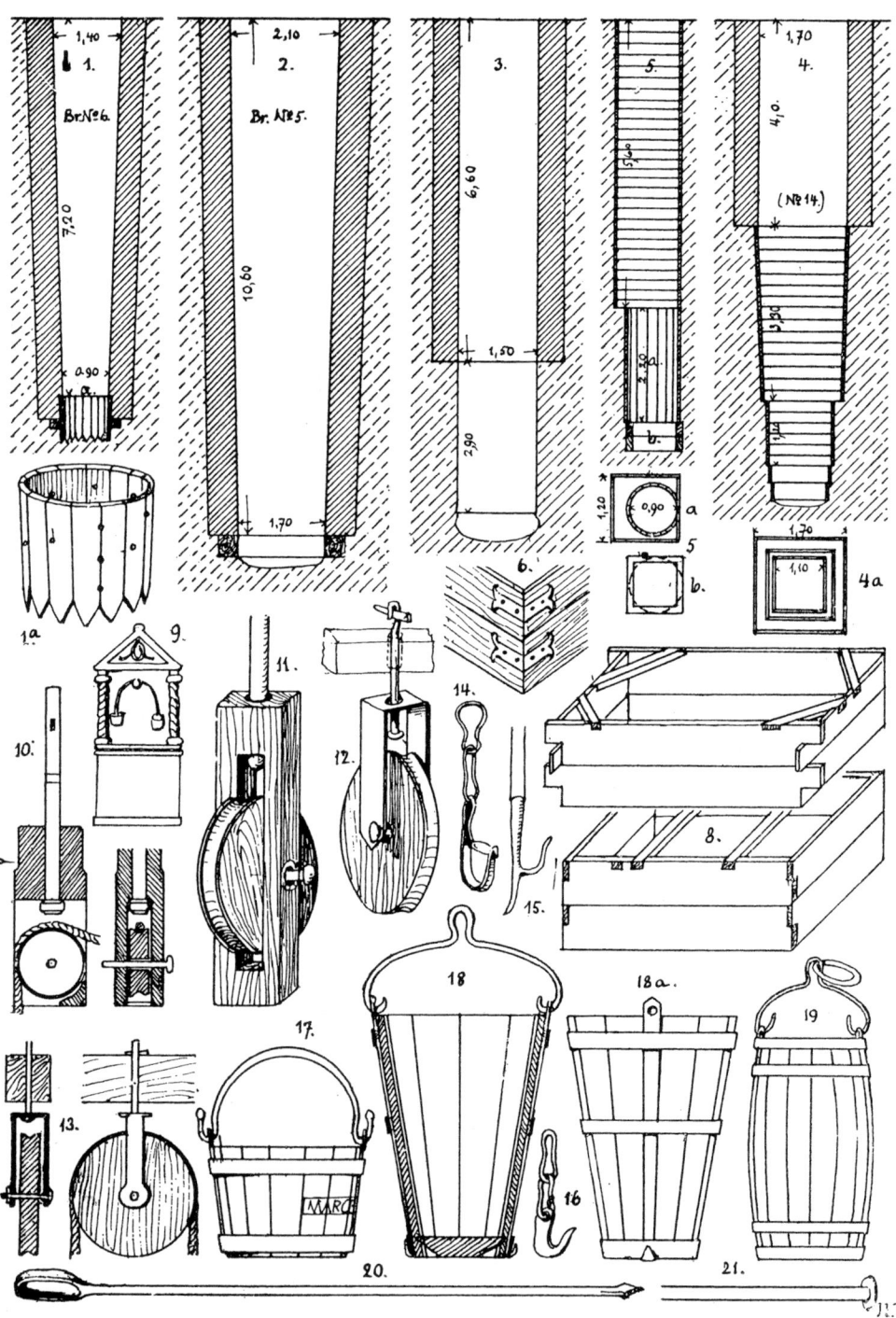

Abb. 24 Römische Brunnen und Schöpfvorrichtungen

gleich sich auch bei diesem 56 m tiefen Schacht der eine oder andere noch heute mit der profanen Deutung als Brunnen schwer tut. Es scheint nicht so einfach zu sein, vom Keltenmythos zu lassen.

Die Römer bevorzugten fließendes Wasser, gruben aber bei Bedarf auch Brunnen.[118] Sie erstellten Brunnen i. d. R. in offener Baugrube, der Brunnenschacht war von zumeist rechteckigem Querschnitt und holzverschalt. So hielten es auch die Legionäre und die römischen Siedler in den besetzten germanischen Gebieten.[119] Wenn aber der Grund zu hart war, bauten sie Zisternen.[120] Bergmännisch durch den Fels abgeteufte Brunnenschächte sind in römischer Zeit eher selten. (Abb. 24)

Bezeichnend ist, dass im Lateinischen das Wort *puteus* zunächst für das gegrabene Loch steht. Im Besonderen bezeichnet es dann im Landbau den Graben, die Grube; im Bergbau die Grube bzw. den Schacht und im Wasserbau den (Zieh-)Brunnen wie auch die Zisterne.[121] Zugrunde liegt also hinsichtlich des Begriffsinhaltes „Brunnen" die Vorstellung von einem gegrabenen Loch und nicht von einem bergmännisch hergestellten Schacht.

Lt. Duden ist nicht sicher geklärt, ob *puteus* als Lehnwort diente für „Pfütze" (ahd. p[f]uzza = Brunnen, Wasserloch; mhd. pfütze = Brunnen, Wasserlache), ein Substantiv, das in allen germanischen Sprachen (ausgen. goth.) mit ähnlicher Bedeutung vorhanden ist: niederl. put = Brunnen, Grube; engl. pit = Grube; dän. pyt = Pfütze, Lache. Werner von Hain wird als Chronograph des Kloster Besselich (um 1450) bezüglich des dortigen Brunnens wie folgt zitiert: *Der Pütz war 20 Klafter tief und mit einem großen Kranenrad traten je zwei und zwei eine schwere Tonne Wasser heraus mit Keuchen und mit Schweiß.*[122]

Es darf schließlich nicht unerwähnt bleiben, dass Gaius Plinius Secundus (23/24–79 n. Chr.) im Liber VII, 195 seiner Naturalis historiae schreibt: *puteos [invenit] Danaus ex Aegypto advectus in Graeciam qua vocabatur Argos Dipsion*; d. h. die Brunnen ersann Danaus, der aus Ägypten in die Gegend Griechenlands kam, welche das durstige Argos genannt wurde. Plinius stützte sich dabei auf Strabon (63 vor bis >23 n. Chr.), der im 8. Band seiner Geographika diese Version anführt.

Nun war aber Danaos ein mythischer König. Der Sage nach floh er mit seinen 50 Töchtern vor den 50 Söhnen seines Zwillingsbruders Aigyptos nach Argos. Die Töchter heirateten hier ihre Vettern, die ihnen gefolgt waren, ermordeten sie aber in der Brautnacht. Zur Strafe mussten sie in der Unterwelt unablässig Wasser in ein durchlöchertes Fass schöpfen.

Soviel zu den Anfängen des Brunnenbaus. Daneben gibt es noch die lange Geschichte des sogenannten Brunnenbohrens[123], das die Chinesen vor etwa 2.000 Jahren erfunden haben sollen. Mit einem Fallbohrer wurde ein 10 bis 15 cm weites Loch tief in die Erde getrieben, um artesisch gespanntes Grundwasser aufsteigen zu lassen. Der Begriff „artesisch" steht im Zusammenhang mit der französischen Grafschaft Artois (Dep. Pas-de Calais), wo im Jahre 1126 zu Lillers eine solche Quelle künstlich geschaffen worden sein soll.

---

118 Vitruv, a.a.O., VIII 6.12, S. 288
119 Jacobi, H.: Die Be- und Entwässerung unserer Limeskastelle, in: Saalburg Jahrbuch VIII, Frankfurt 1934
120 Vitruv, a.a.O., VIII 6.14, S. 289
121 Georges, K. E.: Ausführliches lateinisch-deutsches Handwörterbuch, Bd. 2, Hannover 1918, Sp. 2099–2100
122 Stramberg, Chr. v.: Rheinischer Antiquarius, Abtlg. III, Bd. 1 Das Rheinufer von Coblenz bis Bonn, 1853, S. 14
123 Bruckmann, A. E.: Wegweiser durch den Berg- und Brunnenbohrwald oder chronologische Zusammenstellung der über Bergbohrkunde … erschienenen älteren und neueren Literatur …, Darmstadt 1852

In dem wasserreichen Gebiet des nachmaligen Deutschland ergab sich mit dem Burgenbau und dem Ausbau befestigter Städte die Notwendigkeit, Brunnen nicht nur zu graben, sondern auch bergmännisch abzuteufen. Insbesondere der Brunnenbau auf Höhenburgen setzte vielfältige Kenntnisse voraus, die erst über langjährige Erfahrungen im Bergbau unter Tage gewonnen worden waren. Die Möglichkeiten des Schachtbaues, der Haltung und Förderung des Wassers ergaben sich aus dem Stand der Bergbautechnik. Nun sind zwar die ältesten überlieferten Bergordnungen erst auf das ausgehende 12. Jahrhundert (Tirol) bzw. die Mitte des 13. Jahrhunderts (Iglau, Freiberg, Goslar) datiert. Schriftliche Fixierungen aber waren – unabhängig von der Zufälligkeit ihrer Überlieferung – erst notwendig, wenn das alte, allen bekannte Recht zur Wahrung nachbarlicher Interessen nicht mehr ausreiche und nach weitergehenden Entscheidungen verlangte. So behandelt die Iglauer Handfeste von 1249 überwiegend Fragen des Vermessungswesens, da die Durchschläge zwischen den Gruben zu Streitigkeiten geführt hatten. Das Erscheinen der Bergordnungen sagt demnach nichts aus über den bis dahin erreichten Stand der Bergbautechnik.

2.2 Vom Bauen im Mittelalter

Den folgenden Ausführungen muss ein klärender Hinweis vorangestellt werden. Der Begriff „Mittelalter" steht gemeinhin für die Zeit zwischen dem Verfall der Antike und ihrer Wiedergeburt, der Renaissance. So wird das Ende des Mittelalters meist um das Jahr 1500 angesetzt. Von manchen jedoch wird es schon ins 13. Jahrhundert, von anderen aber erst ins 17. Jahrhundert verlegt.

Während z. B. im Kriegswesen mit der Verbreitung der Feuerwaffen im 14. Jahrhundert die neue Zeit anbrach, haben sich im Bauwesen die Werkzeuge, die Materialien und die Technik ihrer Bearbeitung sowie die aus Holz gefertigten Bauhilfsmittel, die seit der Antike bekannt waren, bis ins 17. Jahrhundert kaum verändert. Zwar finden sich in den sogenannten Maschinenbüchern seit dem 16. Jahrhundert vielfältige Anregungen, wie man die schweren körperlichen Arbeiten erleichtern konnte, aber diese Maschinen waren in der Fertigung für die damalige Zeit meist zu kompliziert und zu teuer, so dass es beim Einsatz menschlicher Muskelkraft blieb. Dies gilt auch und insbesondere für den Brunnenbau und die Wasserförderung. Erst mit dem Einsatz neuer Maschinen aus Eisen änderte sich das. Noch in der frühen Neuzeit basierte der Baubetrieb weitgehend auf den technischen Mitteln und Möglichkeiten der Antike und des Mittelalters.

In der Literatur werden bis in die Gegenwart vorrangig die ästhetischen und künstlerischen Aspekte des mittelalterlichen Bauens behandelt. Die technisch-konstruktive Seite ist weniger genau erforscht, obwohl in vielen Fällen erst die Bautechnik die Grundlage der künstlerischen Gestaltungsmöglichkeiten bildete. *In der Vergangenheit sind zahllose Schriften über die ästhetischen Grundlagen der traditionellen Baustile, den Unterschied zwischen dem Schönen und dem Erhabenen, den sogenannten Gesetzen der Harmonie, die Ausdruckskraft des Ornamentalen und die Prinzipien der Komposition überhaupt geschrieben worden. Das sind zweifellos berechtigte Fragestellungen (obgleich auf diesem Gebiet ein unsäglicher Nonsens zahllose Druckseiten gefüllt hat, und nur allzuoft war die Darstellung oberflächlich, maniriert oder dilettantisch). … Frühere Verfahren zur Errichtung der unterschiedlichsten Bauwerke sind jedoch nur selten, bruchstückhaft und in ihrer historischen Entwicklung unvoll-*

ständig beschrieben worden. Auf die Frage, wie dieses oder jenes Bauwerk im einzelnen eigentlich gebaut wurde, findet sich in den zeitgenössischen Darstellungen so gut wie nie eine ausführliche, sachliche Antwort. [124]

Bei dieser Frage geht es nicht um die Werkzeuge der Handwerker, die sich – wie auch die Techniken bei der Bearbeitung bzw. Verarbeitung von Holz, Stein und Eisen – über die Jahrhunderte nur wenig veränderten, sondern um die Organisation geordneter Bauabläufe und die technische Bewältigung schwieriger Bauaufgaben, die uns heute häufig noch Rätsel aufgeben. Erschwerend wirkt sich dabei aus, dass technische Literatur im Mittelalter kaum entstanden ist, weil Erfahrungen nur mündlich oder durch Anschauung im praktischen Baubetrieb weitergegeben wurden.

Es geht um das Wissen und das Vermögen der Baumeister, die die großen Bauvorhaben des Mittelalters nach den Vorstellungen ihrer Bauherren umsetzten – d. h. nicht um den Teil der Bauaufgabe, der heute von Architekten wahrgenommen wird, wenngleich bekannt ist, dass sich in der Vergangenheit die Verantwortlichkeiten für Entwurf und Bauausführung nicht klar trennen lassen. Es geht um die damaligen „Generalunternehmer", die mit den einfachen ihnen zur Verfügung stehenden Mitteln Lösungen für komplexe logistische und technische Problemstellungen fanden, um deren Verständnis wir uns heute oft vergeblich bemühen. Neben fachlicher Erfahrung und Sachverstand sowie organisatorischen Fähigkeiten im Bauwesen halfen ihnen vor allem ihre Kenntnisse bei der richtigen Auswahl und der Verarbeitung der Baumaterialien sowie bei den Einsatzmöglichkeiten der mechanischen Hilfsmittel, die im Wesentlichen aus dem Seil, der Rolle und dem Hebel bestanden.

Die mechanischen Hilfsmittel, die bei der Durchführung von Bauaufgaben im Mittelalter zur Verfügung standen, waren bereits lange vor Beginn unserer Zeitrechnung bekannt und erprobt. Zur Frage, ob das Wissen um den Einsatz dieser Hilfsmittel nach dem Untergang des Römischen Reiches in den Landstrichen nördlich der Alpen zeitweise verloren ging bzw. ob dieses Wissen wiederentdeckt werden musste, findet sich in der einschlägigen Literatur keine einheitliche Lesart.

Versuche, schriftliche oder ikonographische Überlieferungen heranzuziehen als Zeugnis für die Wiederbelebung untergegangenen Wissens, können nicht überzeugen. Zu dem in der Abbildung 25 dargestellten Befund an der Pfarrkirche von Volkmarsen aus der Zeit um 1280 schreibt Dehio[125]: *Die Ritzzeichnung eines Baukrans mit Greifzange am Strebepfeiler westlich des [Süd-]Portals charakterisiert die Neuheit dieser Technik*. Dabei ist aber nicht klar, ob sich seine Mutmaßung auf den Tretradkran, die Greifzange oder beides zusammen bezieht. Da nun aber die Darstellung eine ganz offensichtlich technisch ausgereifte Lösung dokumentiert, gehen wir davon aus, dass zumindest das Tretrad in unseren Breiten schon vor dieser Zeit, wohl bereits seit dem ausgehenden 12. Jahrhundert im Einsatz gewesen ist.

Die früheste Darstellung oder Ersterwähnung eines Tretradkranes ist kein hinreichender Beweis dafür, dass eine solche mechanische Einrichtung vorher (zeitweilig) unbekannt und nicht gebräuchlich war. Die Vielzahl der Abschriften technischer Fachliteratur der Antike aus Schreibstuben der Klöster spricht dagegen.

Andererseits dokumentieren frühe geistliche Texte, denen dekorative Illustrationen mit Szenen aus dem Bauwesen beigegeben sind, nicht notwendig auch den Stand der Technik.

---

124 Fitchen, J.: Mit Leiter, Strick und Winde (Bauen vor dem Maschinenzeitalter), Basel 1988, S. 33 f

125 Dehio, G.: Handbuch der Deutschen Kunstdenkmäler – Hessen; München 1966, S. 814

Abb. 25 Tretradkran mit Steinzange, Volkmarsen um 1280

Der Buchmaler musste eine einfache Formensprache verwenden, um sich auch auf kleinem Raum verständlich zu machen. Dazu bedurfte es optisch aussagekräftiger Bilder, die einer Nachprüfung in technischen Details nicht standhalten mussten. Und hierfür eigneten sich bei der Darstellung des Turmbaues zu Babel einfache Bauhilfsmittel sehr viel besser als die frühen Maschinen, deren zeichnerische Darstellung selbst den Verfassern der technischen Leitfäden nicht recht gelingen wollte. Aber solche Zeichnungen waren ausreichend, um das Prinzip deutlich zu machen und einem kundigen Handwerker den Nachbau zu ermöglichen.

Im Hochbau und im Tiefbau – d. h. beim Bau der Kathedralen und beim Brunnenbau – kam die gleiche Art von Hebezeugen zum Einsatz. Nur die Montagebedingungen unterschieden sich. Da beispielsweise die Hubhöhe eines Kranes durch die Länge seines hölzernen Auslegers begrenzt war, musste er mit zunehmender Höhe eines Bauwerkes oft mehrfach umgesetzt werden. Im Tiefbau konnte das entsprechende Hebezeug i. d. R. stets an der gleichen Stelle verbleiben. Nur die Seillängen musste man anpassen.

Den Baumeistern des Mittelalters waren die technischen Grundlagen für die Wirkungsweise der Hebezeuge, wie sie Vitruv in seinem zehnten Buch über die Architektur bereits vor Beginn unserer Zeitrechnung zusammengefasst hatte[126], wohl bekannt. Dieses Wissen war keineswegs untergegangen, konnte aber natürlich nur dort zum Einsatz kommen, wo auch entsprechende Bauaufgaben zu bewältigen waren. Wie diese Kenntnisse bis ins 16. Jahrhundert hinein im konkreten Fall umgesetzt wurden, zeigen die Ausführungen des Georgius

---

126 Vitruv, a.a.O., X 2, S. 336 ff

Abb. 26 Der Haspel mit zwei Kurbeln

Agricola[127], der das Wissen seiner Zeit – ähnlich wie Vitruv – angewandt auf den Bergbau und das Hüttenwesen zusammengefasst hat.

Auffallend ist, dass in Arbeiten, die sich mit mittelalterlichen Hebezeugen befassen, neben der Antriebsart die optisch auffälligen Unterschiede bezüglich der Bauart der Kragarme und der Anzahl der benutzten Rollen ausführlich diskutiert werden. Funktionsmerkmale wie die Schwenkbarkeit und die Bremssysteme, die für den Einsatz auf der Baustelle entscheidend waren, werden – da sie auf den überlieferten Darstellungen fehlen oder nicht erkennbar sind – meist nicht diskutiert.[128]

Um das Verständnis der nachfolgenden Ausführungen über den Brunnenbau zu erleichtern, wollen wir anhand der Darstellungen des Agricola einige grundlegende Sachverhalte bezüglich der Hebezeuge vorstellen.

Das Standardgerät zum Heben und Senken von Lasten im Schacht war der Haspel (Abb. 26), bestehend aus einem aufgeständerten Rund- oder Wellbaum mit zwei Haspelhörnern (Kurbeln). *Um den Rundbaum ist das Förderseil gewickelt und seine Mitte am Rundbaum befestigt, an seinen beiden Enden befinden sich eiserne Haken, welche in den Bügel des Fördergefäßes eingehängt werden. Dadurch, daß der Rundbaum mit den Haspelhörnern in Umdrehung versetzt wird, wird immer das volle Gefäß aus dem Schachte herausgezogen und das leere hineingelassen. Den Rundbaum drehen zwei kräftige Männer …*[129]

---

127 Agricola, G.: De Re Metallica Libri XII, Basel 1556; Hrsg. Agricola-Gesellschaft, Berlin 1928

128 z. B. Binding, a.a.O. S. 393–422; Fitchen, a.a.O. S. 114 f (erwähnt zumindest die Drehbarkeit)

129 Agricola, a.a.O., S. 130

68 | 2. Brunnen als Wasserversorgungsanlagen

Abb. 27 Der Haspel mit Kurbel, Drehkreuz und Schwungrad

Der Wirkungsgrad konnte erhöht werden durch ein Schwungrad und ein Drehkreuz, an dem ein dritter Mann mithalf. (Abb. 27) *Alle Haspler, an welcher Maschine sie auch arbeiten, müssen starke Leute sein, damit sie eine so schwere Arbeit leisten können.*[130] Die Einsatzgrenze dieser Hebezeuge war bestimmt durch die Dauerleistungsfähigkeit der Männer, die Größe der verwendeten Kübelgefäße und das Gewicht des dicken Hanfseiles. Tiefen von mehr als 40 m waren kaum noch zu bewältigen.

Eine andere Maschine *ermüdet die Arbeiter weniger, obgleich sie größere Lasten hebt, allerdings langsamer, wie alle diejenigen Maschinen, die Zahnradübersetzung haben, dafür aber aus größerer Tiefe, nämlich bis zu 180 Fuß.*[131] Bei Agricola rechnet sich der Lachter (Klafter) mit 6 Fuß zu 1,7 m, d. h. dass nach seiner Angabe die Einsatzgrenze einer solchen Maschine bei 51 m lag. In Abbildung 118.1 wird ein solcher Haspel mit Schwungrad und Zahnradgetriebe dargestellt, wie er wohl für den Brunnen der Burg **Dilsberg** [9] verwendet wurde.

Im Baubetrieb diente der Haspel als Antrieb für Hebezeuge, die die Vorläufer der heutigen Kräne waren. Der Antrieb befand sich hier nicht über, sondern seitlich neben dem Hubseil, das am Ende eines Auslegers über eine Rolle geführt wurde. Es muss erstaunen, dass Agricola den Einsatz einer Rolle in nur zwei seiner vielen Darstellungen zeigt. Dies umso mehr, als im

---

130 wie vor, S. 132   131 wie vor, S. 133

Abb. 28 Dreibock-Hebezeug mit Seilführung über zwei Rollen, 1485

Hochbau eine Rollenanordnung nicht unüblich war, wie sie in Abbildung 28 am Beispiel eines einfachen Dreibocks zu sehen ist. Durch den Einsatz einer zweiten Rolle halbierte sich das Gewicht der zu hebenden Last, man benötigte dazu aber annähernd die doppelte Seillänge. Beim Schachtbau waren so Arbeiten in weit größeren Tiefen möglich, als von Agricola angegeben. Konkrete Hinweise auf den Einsatz dieser Technik finden sich – wie wir sehen werden – auch in den Bauberichten zum Bau tiefer Brunnen nicht.

Je größer die Tiefe des Schachtes, und je größer die Lasten, desto komplizierter wurden die Maschinen. Vitruv hatte den gleichzeitigen Einsatz mehrerer Rollen und die Wirkung von Zahnradübersetzungen erläutert und er hatte die Treträder beschrieben, die wir bei der Frage der Wasserförderung aus tiefen Brunnen kennenlernen werden. Die Begriffe Tretrad und Laufrad werden übrigens seit alters her synonym verwendet für Antriebstrommeln, in denen Menschen oder Tiere gehen, um eine Drehbewegung zu erzeugen. Wir halten es ebenso, wohl wissend, dass es sich bei einem Tretrad streng genommen um das klassische Prinzip der Wasserförderung handelt, bei dem das Rad von einem außen darauf gehenden Menschen in Bewegung versetzt wurde. (Abb. 67)

Die Grenzen bei der Entwicklung der Hebezeuge setzten das Material – die Holzbauteile mit ihren Verbindungen und die Hanfseile – sowie die Reibung der Lager, der Seile auf den Rollen und in den Zahnradübersetzungen. Dass bei größeren Schachttiefen schon während des Baues einfache Treträder zum Einsatz kamen, ist zwar nur für den **Königstein** [17] überliefert, schließt jedoch deren Verwendung bei anderen Projekten deshalb nicht aus. Man hat aber die Tretradanlagen, die später zur Wasserförderung benutzt wurden, wohl kaum auch schon während des Baues verwendet. Zum einen wären diese teuren Anlagen nach Abschluss der Bauarbeiten mit Sicherheit abgängig gewesen. Zum anderen setzte man große Treträder i. d. R. erst bei der Wasserförderung ein, um den Betrieb langfristig bequem und mit möglichst wenig Personal aufrecht erhalten zu können, während den Hilfskräften beim Brunnenbau schwerste körperliche Anstrengungen zugemutet wurden, um die Baudurchführung technisch einfach und kostengünstig zu gestalten.

Neben den Anforderungen an die Durchführung komplexer Hochbauvorhaben nimmt sich der Brunnenbau als Tiefbauaufgabe vergleichsweise bescheiden aus. Die Bauaufgabe war zwar sehr spezieller Natur, Baubetrieb und Logistik aber waren überschaubar. Hier konnten die erprobten Strukturen des Handwerks, insbesondere des Bergbaues für die Durchführung der Arbeiten genutzt werden. Die Rolle des Baumeisters übernahm meist ein erfahrener Steiger eines nahen Bergbaubetriebes, der den Brunnenbauern zur Seite stand, wenn es um Fragen der Fördereinrichtungen und der Wasserhaltung ging.

2.3 Der Brunnenbau auf Höhenburgen

Brauch- bzw. Trinkwasserbrunnen in Burgen zeigen – bis auf wenige Ausnahmen – ihren Charakter als Zweckbauwerke. Wie meisterlich und kunstvoll sie erdacht und gebaut wurden, offenbart sich erst bei genauerem Hinsehen. Da der Wert dieser z. T. einmaligen Dokumente der Technikgeschichte erst spät in das Bewusstsein der Öffentlichkeit gelangt ist, sind in der Vergangenheit viele Brunnenschächte gedankenlos verfüllt worden. Die meisten der alten, hölzernen Anlagen, mit deren Hilfe das Wasser aus der Tiefe der Schächte gefördert wurde, sind verschwunden.

Heute, wo Wasser zu jeder Tages- und Nachtzeit aus dem Hahn zur Verfügung steht, macht sich kaum ein Betrachter Gedanken darüber, wie viel Können und Schweiß erforderlich waren, um diese unterirdischen Bauwerke herzustellen, mit welchen Anstrengungen die Förderung des Wassers verbunden war, und dass auch der tiefste Brunnen noch keine Versicherung dafür war, dass das lebensnotwendige Nass auf Dauer auch tatsächlich zur Verfügung stand; denn die Zeit, während der ein Brunnen Wasser lieferte, war oftmals kürzer als die vorher erforderliche Bauzeit.

Veröffentlichungen, die sich mit tiefen Brunnen auf Höhenburgen befassen, beginnen in der Regel mit einem Gedanken, den Otto Piper wie folgt formuliert hatte: *Besonders wichtig war es natürlich für die Burgbewohner, auch im Falle einer Belagerung einem Wassermangel nicht ausgesetzt zu sein. … So wertvoll erschien der gesicherte Bezug wenn möglich reinen Quellwassers, dass man selbst bei hoch auf hartem Fels angelegten Burgen die ebenso mühevolle als kostspielige Herstellung eines bis zu mehreren hundert Fuss tiefen Brunnenschachtes bis auf einen ausreichenden Quellspiegel hinab oft nicht scheute. … Von einigen solchen tiefen Brunnen geht die Ueberlieferung, dass dieselben ebensoviel gekostet haben wie der ganze übrige Burgbau …*[132] Diese abschließende Aussage ist eine kühne Behauptung, die bis in unsere Tage leider immer wieder kritiklos übernommen wird. Die Frage der Baukosten werden wir im Kapitel 2.5 näher durchleuchten.

---

132 Piper, a.a.O., S. 506

Die Probleme der Wasserversorgung an sich sind uralt. Und so wiederholt auch der Römer Vegetius[133] nur Altbekanntes, wenn er Ende des 4. Jahrhunderts n. Chr. formuliert: *Si natura (fontes) non praestat, effodiendi sunt putei aquarumque haustus funibus extrahendi*, d. h. wenn die Natur kein Quellwasser liefert, so muss man Brunnen in jeder erforderlichen Tiefe graben und das Wasser mit Hilfe von Seilen emporziehen. Mit Sicherheit hat er dabei tatsächlich aber nur das Graben von Brunnen geringer Tiefe (Kap. 2.1) gemeint, wie sie zu dieser Zeit üblich waren und von Soldaten oder Bauern ohne besondere Anleitung mit dem Spaten hergestellt werden konnten.

Brunnen auf Höhenburgen aber waren spezielle Tiefbauvorhaben, zu deren Durchführung man Fachleute – i. d. R. Bergleute – benötigte, dazu aufwendiges technisches Gerät, viel Zeit, ausreichend Geld und den festen Glauben an den Erfolg.

Dem Brunnenbau vorausgegangen war eine Entscheidung, die man bewusst entgegen allen herkömmlichen Gepflogenheiten getroffen hatte: die Entscheidung für einen Bauplatz auf einem Berg. Gemäß den traditionellen Gewohnheiten suchte man sich Siedlungsplätze aus, die möglichst nah am Wasser lagen. Und auch Brunnen baute man in der Regel nur da, wo man sich nah am Wasser wähnte. Jetzt war alles anders. Der Baumeister Daniel Specklin (1536–89) merkt in seiner „Architectura von Vestungen" an: *es ist nicht wunder, das die Adler vnd Falcken inn Felsen hausen, dieweil sie fliegen können; aber das ist wunderbarlich: das die Menschen in vnd auff den Felsen wohnen.*

Brunnen auf Höhenburgen waren keine Standardbauten. Und da es Belege zum Bau der nicht sehr zahlreichen tiefen Brunnen – wie wir sehen werden – nur in wenigen Fällen gibt und diese z. T. auch noch in sich widersprüchlich sind, können wir nicht ausschließen, dass unsere Schlussfolgerungen möglicherweise in dem einen oder anderen Punkt fehlerhaft sind. *Aber immerhin sind sie* – um es mit den Worten von Fitchen auszudrücken – *das Ergebnis sorgfältiger Sichtung und Zusammenstellung aller überlieferten Anhaltspunkte und der Einschätzung der Bedingungen und Möglichkeiten, die damals bestanden und die Baupraxis beherrschten.*[134]

Auch wenn wir in dem einen oder anderen Fall nicht mit letzter Sicherheit sagen können, wie die Bauarbeiten im Detail vonstatten gegangen sind – die erhaltenen Brunnenbauwerke legen beredt Zeugnis davon ab, dass die Arbeiten erfolgreich durchgeführt werden konnten.

Name der Burganlage	Geologie des Berges	Brunnentiefe in [m]	Ausmauerung des Schachtes	Bauzeit
Königstein/Sachsen	Sandstein	154	keine	1566–1569
Homberg/Hessen	Basalt	150	komplett	1605–1613
Wülzburg/Bayern	Weißjura	143	teilweise	1596–1602
Augustusburg/Sachsen	Quarzporphyr	126 *	keine	1568–1579
Stolpen/Sachsen	Basalt	ca. 84	keine	1608–1632
Hellenstein/Bad.-Württ.	Weißjura	> 77	teilweise	1666–1670

* dazu ca. 4 m nachträgliche Aufmauerung

Tab.2 Bauzeiten tiefer Brunnen

---

133 Vegetius, P. V. Renatus: epit. R. mil. IV, X

134 Fitchen, a.a.O., S. 15

Vor dem Einstieg in die technischen Abläufe soll die Frage stehen, wie lange der Bau eines tiefen Brunnens dauern konnte; denn allein unter Berücksichtigung des Faktors Zeit können wir heute noch versuchen, Tiefbaumaßnahmen dieser Art richtig zu werten.

Zunächst einmal ist festzustellen, dass eine allgemeingültige Aussage zum Baufortschritt nicht gegeben werden kann. Auf dem **Königstein** [17] war der Bau des 154 m tiefen Brunnens schon nach zweieinhalb Jahren erfolgreich beendet. Auf der Burg **Homberg** [12] benötigte man acht Jahre, um endlich aus 150 m Tiefe Wasser ziehen zu können. In **Stolpen** [3] soll es fast 24 Jahre gedauert haben, bis der Brunnenbau in 84 m Tiefe als erfolgreich beendet angesehen wurde. Und wenn den Bauherren der Mut verließ bzw. wenn ihm das Geld ausging, dann kam das ganze Unternehmen zu gar keinem Ende und wurde – wie im Falle der Burg **Lemberg** [4] – einfach irgendwann eingestellt.

In Tabelle 2 sind die Bauzeiten einiger Brunnen zusammengestellt. Und Abbildung 29 veranschaulicht die großen zeitlichen Unterschiede, für die nicht immer nur bautechnische Probleme verantwortlich waren. Wir werden bei der Behandlung der jeweiligen Beispiele noch näher darauf eingehen.

Das Ende des Brunnenbaues wird vielfach mit dem Zeitpunkt gleichgesetzt, zu dem Wasser gefunden wurde. Dieses Ereignis ist – aus verständlichen Gründen – meist urkundlich belegt. Bis zur Inbetriebnahme des Brunnens konnte danach jedoch noch geraume Zeit vergehen, wie das Beispiel **Hellenstein** [11] eindrucksvoll belegt. Die Bauzeit betrug hier insgesamt fast fünf Jahre. Nach dem Auffinden des ersten Wassers sollten dann aber noch weitere 20 Monate bis zur endgültigen Fertigstellung und Inbetriebnahme vergehen. Ähnlich sah es auf **Augustburg** [15] aus.

In den Rathausprotokollen der Gemeinde Rosenau im Burzenland sind für den Zeitraum von 1623 bis 1640 Ausgaben für *Brunnenmacher* überliefert. Dieser Umstand wurde dann gleichgesetzt mit der Bauzeit für den über 130 m tiefen Brunnen auf der Bauernburg **Rosenau**.[135] Es ist unbestritten, dass die Rosenauer im Jahre 1623 beschlossen, einen Brunnen in ihrer Fliehburg zu bauen, die sie 1612 nach nur 7-tägiger Belagerung wegen Wassermangels hatten übergeben müssen.

Nun zeigen aber die Rathausprotokolle eine Reihe von Besonderheiten. Sie weisen zum einen Ausgaben für zwei Zeitabschnitte auf. Der Erste läuft von Himmelfahrt 1623 bis zum Juli 1625, der Zweite von Februar 1636 bis Juli 1640. Dazwischen gibt es einen Vermerk aus dem Jahre 1633 über die Ergebnisse zweier Verhandlungen mit Brunnenmachern, deren wöchentlichen Lohn und Naturalleistungen (Wein, Bier und Fleisch) betreffend. Hierbei geht es offensichtlich um ein Anstellungsverhältnis bei der Gemeinde ohne Festlegung einer konkreten Leistung. Die Ausgaben für die beiden Gemeindebediensteten in der Zeit von 1623 bis 1625 sind auf gleicher Basis entstanden. Sie beliefen sich auf 88 fl pro Jahr. Welcher Beitrag damit zum Brunnenbau geleistet wurde, bleibt verborgen.

Für den Zeitraum von 1636 bis 1640 stehen den Ausgaben konkrete Leistungen gegenüber, wie es dem Gedingewesen im Bergbau entspricht. Von Februar 1636 bis Oktober 1638 wird den Bergleuten das Abteufen von 36 ½ Lachtern mit 16 fl pro Lachter bezahlt. Bei der durchschnittlichen Leistung von 12 Lachtern entspricht das einem Jahreslohn von 192 fl. Im De-

---

135 Gross, J. und Kühlbrandt, E.: Die Rosenauer Burg, Hrsg. Verein für Siebenbürgische Landeskunde, Wien 1896, S. 27 f

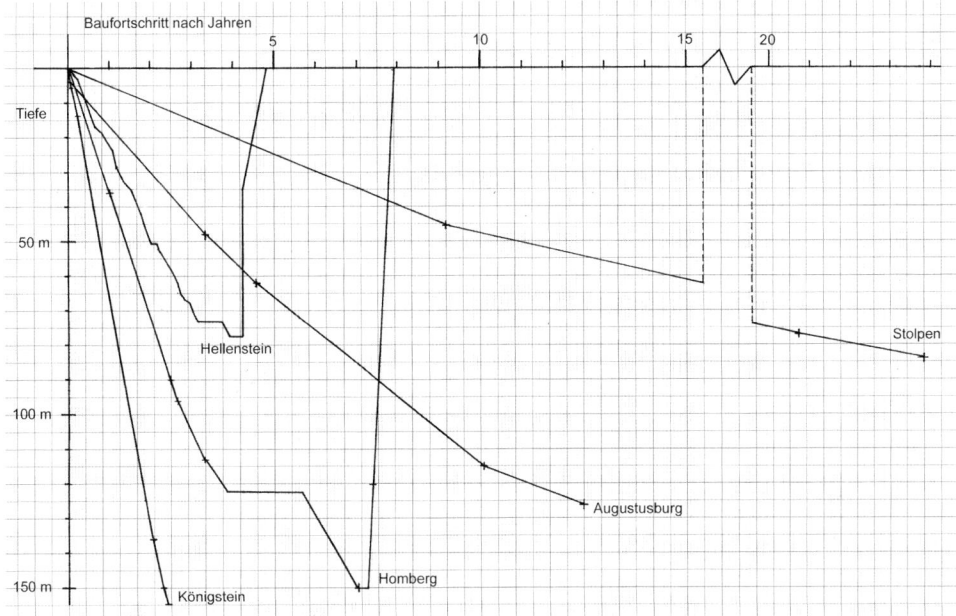

Abb. 29 Baufortschritt beim Abteufen tiefer Brunnen

zember 1638 kommt man überein, die Schachtausmauerung in einer Höhe von 39 Lachtern auszuführen für 10 fl pro Lachter.

Wir gehen aufgrund des zeitlichen Ablaufes und der unterschiedlichen Vertragsverhältnisse davon aus, dass die Unterlagen zu den Ausgaben für die Brunnenmacher bzw. Bergleute nicht vollständig überliefert sind. Die oberen, nicht belegten 30 ½ Lachter des Schachtes hätten die Bergleute bei gleichem Arbeitsfortschritt in 2 ½ Jahren abteufen können. Die Verhandlungen von 1633 bildeten also den Auftakt des Brunnenbaues, wenngleich die Entlohnung später nicht gemäß den Absprachen erfolgte. Die jahrelange Beschäftigung angestellter Brunnenmacher hatte wenig bewirkt. Den Brunnenbau und die Ausmauerung des Schachtes erledigten nach unserer Auffassung Bergleute von Mitte Mai 1633 bis 12. Juli 1640. Das wäre eine realistische Bauzeit von 7 Jahren und 2 Monaten statt der bisher angenommenen 18 Jahre.

2.3.1 Die Standortwahl

Dem Betrachter eines tiefen Burgbrunnens drängt sich heute die Frage auf, wie seinerzeit die Entscheidung für dessen Standort wohl zustandegekommen sein mag. Woher wusste man, wo man zweckmäßig mit dem Bau beginnen musste, um erfolgreich zu sein?

Das Problem der Erschließung von Grundwasser war lange bekannt. Also musste es auch überlieferte Erfahrungen bzw. Verfahren geben, das begehrte Nass in der Erde aufzuspüren. Folgte man den Ratschlägen des Vitruv? Er empfahl dazu folgende Vorgehensweise: *Man grabe ein Loch, das nach jeder Richtung fünf Fuß mißt, und setze in dasselbe um Sonnenuntergang einen bronzenen oder bleiernen Becher … bedecke dann die Oberfläche der Grube mit*

Schilfrohr und schütte dies mit Erde zu; öffnet man dann am folgenden Tage die Grube wieder, so wird der Boden, wenn das Gefäß angelaufen ist und Tropfen enthält, Wasser bergen.[136]

Noch im Jahre 1769 wird die Tätigkeit des Brunnengräbers (Abb. 30) wie folgt beschrieben: *Es sucht der Brunnengraber, wann der Boden recht trocken ist, vor der Sonnen Aufgang einen Ort, wo er aus der Erden einen Dunst aufsteigen siehet, oder legt saubere und trockene Wolle in eine mit Zweigen oder Blättern bedeckte Grube, und schliesset, aus der angezogenen Feuchtigkeit, daß eine Quelle vorhanden.*[137] Doch zu den Grenzen dieses Verfahrens heißt es an anderer Stelle: *Es ist indessen zu dieser Entdeckung immer nötig, daß die Quellen nicht tief liegen, in welchem Fall aus dem Wasser keine Dünste durch so viele Erdschichten durch in die Höhe steigen können.*[138]

Die Werke des Vitruv waren für die Baumeister des Mittelalters zumeist die einzige Hilfe bei der Lösung technischer Probleme. Seine Ratschläge, die Wassersuche betreffend, aber werden beim Brunnenbau auf Höhenburgen wohl kaum zur Anwendung gekommen sein. Sie waren geeignet für Geländeflächen, die bis an den Fuß der Berge heranreichten, nicht für den Berg selbst. Sie standen im Zusammenhang mit der bei den Römern verbreiteten Technik des Brunnengrabens.

Denkbar wäre, dass man – wie im Falle der Ortschaft **Betzenstein**[139] – die Künste eines Wünschelrutengängers in Anspruch genommen hat. Dass man diesen Sachverständigen in den dortigen Urkunden zunächst als *den Künstler im Brunnen- und Wassersuchen* bezeichnet, später aber als *Wasserabenteurer* und schließlich gar als *Wasserteufel*, mag für den Erfolg seiner Bemühungen stehen. In einer Enzyklopädie aus dem Jahre 1776 lesen wir unter dem Stichwort Brunnen: *… Die Wünschelruthe, welche sie [hier: die Brunnengräber] anwenden, dient ihnen gemeiniglich dabey nur, um ihrer Kunst ein besseres Ansehen zu geben.*[140]

Am wahrscheinlichsten ist, dass man bei der Frage, ob ein Brunnenbau auf dem Burgberg aussichtsreich sein würde, ganz pragmatisch vorging. Sofern irgendwo am Hang des Berges eine Quelle austrat, musste das für die grundsätzliche Entscheidung, einen Brunnen zu bauen, ausreichen – entsprechend der einfachen Logik: Wo Wasser rauskommt muss auch Wasser drin sein. Und da es ohnehin nicht viele Wahlmöglichkeiten innerhalb einer Burg gab, fing man an der Stelle mit dem Brunnenbau an, die am schicklichsten erschien.

Wenn sich unter bautechnischen Gesichtspunkten keine zwingenden Präferenzen ergaben, wählte man die Stelle aus, die für den späteren Betriebsablauf innerhalb der zumeist recht engen Burg am zweckmäßigsten war. Und so finden wir heute Brunnen im Burghof stehend wie auch in Gebäude integriert. Bei genauerer Betrachtung der Gebäudenutzungen wird in vielen Fällen ihre Zuordnung zum Funktionsbereich Küche deutlich. Nicht irritieren darf in diesem Zusammenhang, dass die Brunnen, die im Burghof stehen, heute häufig kein schützendes Dach oder Brunnenhaus mehr haben. Da diese Baulichkeiten meist aus Holz gefertigt waren, sind sie nach Beendigung der Nutzung des Brunnens schnell abgängig geworden. Ein Brunnen im Burghof dient heute als Attraktion. So etwas versteckt man nicht in einer Holzhütte.

---

136 Vitruv, a.a.O., VIII 1, S. 263
137 Orbis sensualium picti, 1769
138 Cancrin, F. L. v.: Abhandlung von der vorteilhaften Grabung, der guten Fassung und dem rechten Gebrauch der süsen Brunnen, Gies(s)en 1792, S. 26
139 Kolbmann, G.: Betzensteiner Geschichtsbilder, Nürnberg 1973; S. 84 ff
140 Krünitz, J. G.: Oekonomische Encyklopädie, Bd. 7, 1776 (Brunnen)

Abb. 30 Der Brunnengräber, 1769

Im Hinblick auf die Reduzierung des Bauaufwandes (Zeit und Kosten) konnte es geraten erscheinen, mit dem Brunnenbau an der tiefstmöglichen Stelle zu beginnen. Beispiele dafür sind die Brunnentürme der wasgauischen bzw. pfälzischen Felsenburgen wie **Falkenstein**, **Fleckenstein**, **Meisteresel**, **Trifels** und **Scharfenberg** – sowie der Burgen **Falkenstein** (bei Gerstetten), **Hohengeroldseck** und **Scharzfels** (Abb. 31). Hier ersparte man sich das Durchbohren des Felsens, auf dem die Burg stand, und legte stattdessen den Brunnen am Fuß dieses Felsens an. Um den Brunnen zu schützen und auch bei Belagerungen nutzen zu können, stülpte man ihm einen Turm über, der nur von der Kernburg aus zugänglich war. Ein Turm war leichter und schneller zu bauen als ein entsprechend langer Schacht und man gewann Platz in der Kernburg.

Man hat also auf gut Glück jeweils an der Stelle zu bauen begonnen, wo der Brunnen zweckmäßig stehen sollte. Und da man auf Erfolg aus war, hat man i. d. R. erst aufgehört, wenn sich dieser einstellte – koste es, was es wolle.

2.3.2 Das Abteufen des Schachtes

Ein Schacht ist im Bergbau ein saiger, d. h. senkrecht nach unten geführter (abgeteufter) Grubenbau mit rechteckigem Querschnitt. Im Brunnenbau ist der Schacht zumeist eine senkrechte Röhre, in der das Wasser gesammelt und gehoben wird.

Wir haben im vorigen Abschnitt mit der Abbildung 30 den Brunnengräber eingeführt, ohne nochmals besonders darauf hinzuweisen, dass diese Bezeichnung nach unserem Verständnis tatsächlich nur für das Graben von Brunnen steht. In den alten schriftlichen Überlieferungen wird diese Bezeichnung jedoch auch im Zusammenhang mit dem bergmännischen Abteufen verwendet wenn es heißt: *Brunnengräber machen keine besondere Profeßion*

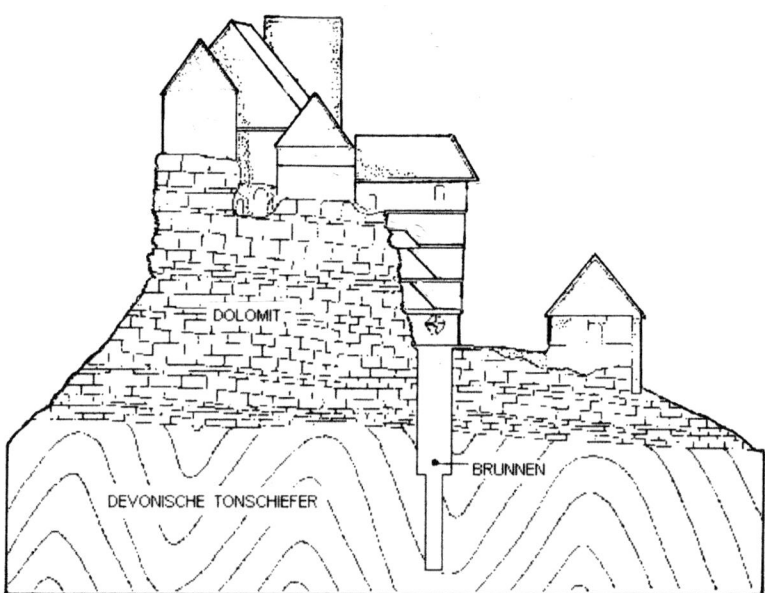

Abb. 31 Der Brunnenturm der Felsenburg Scharzfels

aus, sondern es verrichten diese Arbeit einige Bergleute, oder Steinbrecher, ingleichen die Maurer, obgleich allerhand Erkenntniß aus der Natur-Lehre vom Waßer, und aus der Baukunst, wie auch endlich aus der Mechanik dazu erfordert wird.[141]

Das traditionelle Graben von Brunnen erforderte – wie wir im Kapitel 2.1 gesehen haben – keine speziellen handwerklichen Fähigkeiten und wurde deshalb wohl auch kein Handwerk im Sinne eines Lehrberufes. Für das Abteufen der Brunnenschächte auf den Höhenburgen und Bergvesten aber wurden handwerkliche Spezialisten gebraucht. Hier kamen Bergleute und Steinbrecher zum Einsatz. Maurer wurden nur in den Fällen verpflichtet, wo man den abgeteuften Schacht ganz oder teilweise mit Quaderstücken auskleiden musste. Was diesen Handwerkern an naturwissenschaftlichem Fachwissen fehlte, steuerten die Steiger aus den Bergwerken bei, denen die Bauleitung wegen ihrer Berufserfahrung übertragen worden war.

Die Frage, ob Bergleute oder Steinbrecher beim Abteufen gebraucht wurden, war von den örtlichen Gegebenheiten abhängig. So berichtet der Bauleiter Lotter seinem Kurfürsten im Februar 1568 über den Brunnenbau auf **Augustusburg** [15]: *... an dem orte ist aber das Gesteine, Ob es wel Zimblich feste, doch gleichwoll kluftigk, vnndt ich kumbe mitt den Steinbrechern eher Vortt, als mit den bergkheuern ...*[142] Später kam er allerdings nicht umhin, auch Bergleute einzusetzen.

Bergleute arbeiteten mit kurzstieligen Werkzeugen (Abb. 32), Steinbrecher mit langstieligen (Abb. 34). Daraus resultierten unterschiedliche Anforderungen an den jeweiligen

---

141 Zedler, a.a.O., Suppl. IV, Sp. 1754

142 Sächs. HStA Dresden, 10036 Finanzarchiv Loc. 35801 Augustusburg Nr. 3, fol. 271 b; Baubericht des Hieronymis Lotter vom 25. Febr. 1568

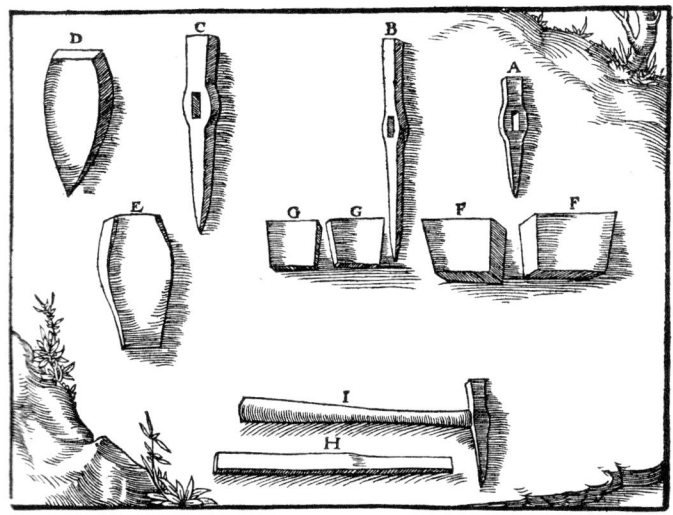

Das Bergeisen A. Das Ritzeisen B. Das Sumpfeisen C. Der Fimmel D. Der Keil E. Der Plötz F. Das Legeeisen G. Der hölzerne Stiel²⁾ H. Der im Bergeisen steckende Stiel I.

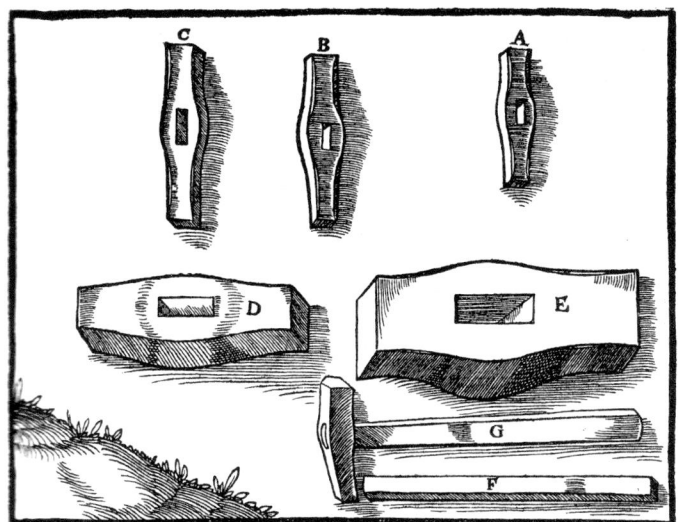

Das Ritzfäustel A. Das Handfäustel B. Das Treibefäustel C. Das zweihändige Treibefäustel D. Das Großfäustel E. Der hölzerne Stiel F. Der Stiel im Ritzfäustel G.

Abb. 32 Werkzeuge der Bergleute

Arbeitsraum. Die notwendige Bewegungsfreiheit für den wirkungsvollen Einsatz der Werkzeuge führte automatisch zu unterschiedlichen Schachtdurchmessern.

Der Bergmann arbeitete kniend mit Fäustel und Bergeisen (Abb. 33). Um allein im Schacht arbeiten zu können, war ein Schachtdurchmesser von 1,2 bis 1,5 m erforderlich. Waren – was die Regel war – zwei Bergleute gleichzeitig im Einsatz, so vergrößerte sich der erforderliche Durchmesser des Arbeitsraumes auf wenigstens 1,8 m. Ab Durchmessern von 2,2 m konnten vier Bergleute gleichzeitig im Schacht arbeiten. So kam man schneller voran, da mit der Ver-

Abb. 33 Ein Bergmann bei der Arbeit

doppelung der Anzahl der Arbeitskräfte nur eine Vergrößerung der Grundfläche um 50 % (von 2,5 m² auf 3,8 m²) verbunden war.

Die Steinbrecher arbeiteten stehend mit der Keilhaue und Brechstangen (Abb. 34). Um diese Werkzeuge wirkungsvoll einsetzen zu können, benötigten sie einen größeren Arbeitsraum als die Bergleute. Es ist naheliegend, dass sich daraus der ungewöhnliche Durchmesser des Brunnenschachtes auf **Augustusburg** [15] von 3,20 m erklären lässt.[143] Für den Bau des Brunnens auf dem **Königstein** [17] mit seinen 3,50 m Durchmesser ist die Mitarbeit von Steinbrechern allerdings nicht belegt. Die großen Durchmesser scheinen zunächst gerade bei diesen extrem tiefen Brunnen wenig einleuchtend.

Steinbrecher waren als Arbeitskräfte billiger als Bergleute. Ihre Technik war – klüftiges Gestein vorausgesetzt – effektiver, so dass man es sich leisten konnte, mehr Material zu brechen und zu fördern, weil man trotzdem schneller vorankam. Die Bauzeit für den Brunnenschacht

---

143 Der Durchmesser wird nach einer Befahrung im Jahre 1651 [Sächs. HStA Dresden, 10036 Finanzarchiv Loc. 35801 Augustusburg Nr. 1, fol. 2 b] gar mit *in die Rundung 24 Ellen befunden;* das entspräche 4,36 m.

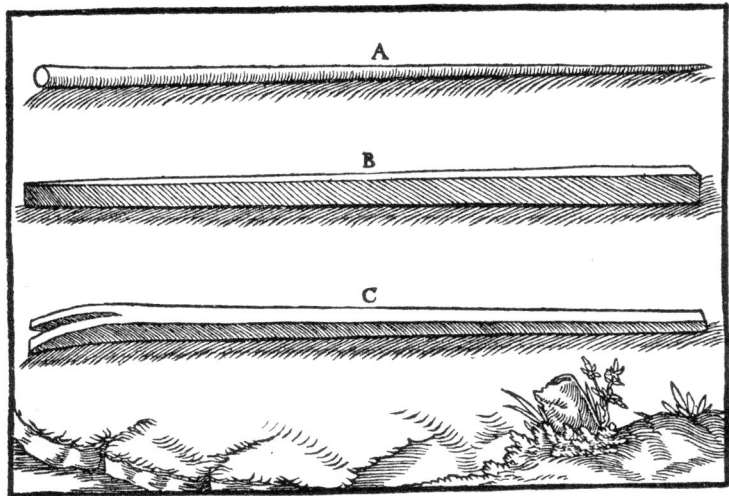

Das Eisen zum Durchschlagen A.   Das Brecheisen B.   Die Brechstange[3)] C.

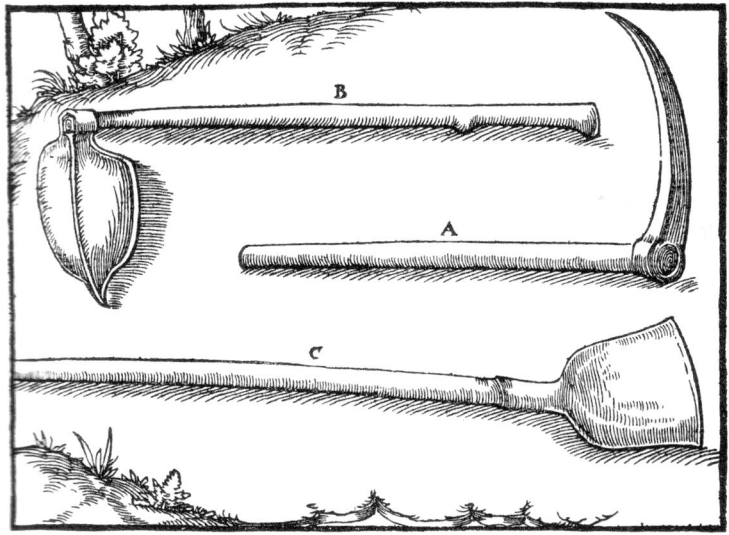

Die Keilhaue A.   Die Kratze B.   Die Schaufel C.

Abb. 34 Werkzeuge der Steinbrecher

der **Augustusburg** [15] mit einer Tiefe von ca. 126 m betrug dennoch fast 12 Jahre. Vergleicht man dessen Schachtdurchmesser von 3,2 m mit einem bergmännischen Standardschacht von 2 m Weite, so mussten die Steinbrecher und Bergleute pro laufenden Meter fast 5 m³ mehr Material abbauen. Dieser Mehraufwand aber sollte sich auszahlen, als es später galt, eine effektive Lösung für die Wasserförderung zu finden.

Um die Leistungen der Bergleute und Steinbrecher richtig würdigen zu können, muss man sich die Arbeitsbedingungen vor Augen führen, die damals unter Tage üblich waren. Für einige der im Kapitel 3 ausführlicher behandelten Brunnenbauten aber geben die ausgewerteten Archivalien deutliche Einblicke in diese Arbeitswelt. Und da wir im Einzelfall i. d. R. nicht erfahren, ob Bergleute und/oder Steinbrecher am Bau beteiligt waren, werden wir im Folgenden nur noch von „den Bergleuten" sprechen.

Die Urkundenlage zum Bau tiefer Brunnen ist zumeist recht dünn. Wo solche Baubelege tatsächlich noch vorhanden sind, behandeln sie i. d. R. nur einzelne Handwerkerverträge. Wo Kostenangaben gemacht werden, decken diese zumeist nicht alle Gewerke und Leistungen ab. In Einzelfällen – wie bei der **Leuchtenburg** [6] – geben Urkunden einen Einblick in das Baugeschehen. Die umfassendste Dokumentation liegt nach dem momentanen Kenntnisstand für den Brunnen von Schloss **Hellenstein** [11] vor.

Die älteste bisher aufgetane Urkunde, die sich mit dem Thema Brunnenbau befasst, stammt aus dem späten 15. Jahrhundert und betrifft den Brunnen der Burg **Klopp** in Bingen. Am 13. April 1473 wird zwischen dem Mainzer Domkapitel und einem Meister Diederich, Steinmetz zu Bingen, verabredet[144], auf Schloss Klopp einen Ziehbrunnen zu bauen. Die Kosten für Steine, Sand, Kalk und Holz übernimmt das Kapitel. Der Meister *sol uff sinen kosten den born sollen uszmachen schytrecht* [senkrecht]. Einen Teil der Steine soll er *hauwen* für 14 Gulden, einen anderen Teil in den Brunnen setzen für zwei Gulden und *filsch* [Felsen] *darzu rumen* [räumen] für 35 Gulden. Dabei soll er alle Kosten übernehmen für die erforderlichen Knechte, auch für die *in dem raide umb zu lauffen* [die im Tretrad laufen].

Was sich zunächst wie ein Auftrag für den Neubau eines Brunnens liest, entpuppt sich bei genauerem Hinsehen als Reparaturmaßnahme an einem bereits bestehenden Schacht. Indiz dafür sind zum einen die geringen Kostenansätze. Zum anderen berichtet der Syndikus des Kapitels schon gut vier Wochen später unter dem 17. Mai 1473, der Brunnen sei *CXXXX werckschuwe* tief (ca. 40 m) und das Wasser stehe 14 Schuh (ca. 4 m) hoch.[145]

Alle Maßangaben, die sich in alten Plänen oder Urkunden zur Tiefe von Brunnenschächten finden, sind kritisch zu hinterfragen. Ungeachtet der regionalen Vielfalt der verwendeten Maßeinheiten, waren damals wie heute Messfehler an der Tagesordnung. An den Beispielen **Dilsberg** [9] und **Otzberg** [14] wird zudem gezeigt, dass in Planzeichnungen – bewusst oder unbewusst – zu große Tiefen angegeben wurden. Für die Burg **Nanstein** in Landstuhl liegt ein Grundriss vor, der dem 16./17. Jahrhundert zugewiesen wird. Der heute im oberen Burghof gezeigte „Brunnen" ist darin nicht verzeichnet. Dagegen ist ein Brunnensymbol an der Nord-West-Flanke des zentralen Sandsteinmassivs dargestellt mit dem schriftlichen Zusatz: *brunen 375 schu thieff*.[146] Ob dieser Schacht tatsächlich über 100 m tief gewesen ist, muss so lange fragwürdig bleiben, wie ein Nachweis durch Freilegung und Räumung nicht geführt werden konnte.

Schriftliche Angaben zum Baufortschritt unterlagen häufig dem Zwang, Erfolgsmeldungen vorweisen zu müssen. Tiefenangaben in solchen Bauberichten beziehen sich zudem i. d. R. auf das Niveau der Ausgangsfläche bzw. der Hängbank. Da sich aber unsere Angaben zu den Brunnentiefen stets auf die Oberkante des Brunnenkranzes beziehen, können sich allein schon daraus Differenzen von bis zu 1 m ergeben.

Wer heute die Tiefe eines Brunnenschachtes messen will, bedient sich möglichst eines geeichten Maßbandes. Wichtig dabei ist – vor allem für vergleichende Betrachtungen – die

---

144 Herrmann, F. und Knies, H.: Die Protokolle des Mainzer Domkapitels (1450–1484), Hessische Historische Kommission, Darmstadt 1976, Nr. 966

145 wie vor, Nr. 971

146 OöLA Linz, Archiv der Freiherren von Sickingen, Lade 207/1

2.3 Der Brunnenbau auf Höhenburgen | 81

Wahl eines einheitlichen Bezugspunktes. Wir haben, wie bereits erwähnt, die Oberkante des Brunnenkranzes gewählt. Und wo kein Brunnenkranz mehr vorhanden war, haben wir unseren Messergebnissen jeweils 0,85 m zugerechnet. Die Verwendung von Messgeräten, die Entfernungen mittels Laserstrahls erfassen, versagt in den Fällen, wo sich Wasser im Schacht befindet. Auch liefert diese Methode nur ungenaue Werte, wenn Wasserdampf im Schacht steht.

Die Ermittlung der Schachttiefe durch Einwerfen eines kleinen Steines möchten wir nicht empfehlen, da grundsätzlich keine festen Gegenstände in einen Brunnenschacht geworfen werden sollten. Wer diese Methode trotzdem wählt, um nach dem Gesetz für den freien Fall ($s = \frac{1}{2} g t^2$) die Tiefe über die gemessene Zeit zu errechnen, sollte insbesondere bei tiefen Schächten bedenken, dass das Ergebnis nicht unwesentlich zu groß ausfallen wird, wenn die Bewegung des Schalles in der Gegenrichtung unberücksichtigt bleibt.

Burgführer geben Besuchern gern einen Eindruck von der Tiefe ihres Brunnens, indem sie Wasser in den Schacht schütten und die Sekunden bis zu dessen Auftreffen auf den Grund zählen. Auch eine solche Demonstration liefert bei genauer Zeitmessung einen Anhaltswert für die Brunnentiefe. Aus dem Stokes'schen Gesetz[147] ergibt sich, dass Wassertropfen von einem Durchmesser bis 1 mm mit etwa 6 m/s fallen. Haben die Tropfen – was in unserem Fall als Annahme realistischer ist – Durchmesser von 2 mm, liegt die Fallgeschwindigkeit bei 8 m/s. Auf der Burg **Breuberg** dauert es 10–11 s, bis das Wasser am Grund des heute 83 m tiefen Schachtes ankommt. Die Tiefe des Brunnens auf der Burg **Berwartstein** wird mit 104 m angegeben. Das Wasser trifft hier aber schon nach 7–8 s hörbar am trockenen Grund auf. Aktuell misst der Schacht demnach zwischen 56 und 64 m.

Letztlich ist zu beachten, dass die heutige Tiefe erhaltener Brunnen nicht auch notwendig der ursprünglichen Tiefe entsprechen muss, da Schächte – wie z. B. auf dem **Königstein** [17] oder auf der Burg **Spangenberg** geschehen – nachträglich eingekürzt wurden, wenn der Schutz der Wasserversorgungsanlage dies zweckdienlich erscheinen ließ. Im Falle der Brunnentürme bezieht sich unsere Tiefenangabe z. B. bei der Burg **Trifels** allein auf den Schachtbau, schließt also nicht den darüber errichteten Turm ein. Das mag hinsichtlich der Frage der Wasserförderung unlogisch erscheinen, ist aber dem hier zugrundeliegenden Verständnis vom bergmännischen Brunnenbau geschuldet.

Im deutschen Sprachraum waren der Bergbau und seine Hilfswissenschaften bis ins 16. Jahrhundert Sache der reinen Erfahrung. Bergbau wurde vor Ort gelernt, nicht aber gelehrt und selten schriftlich vermittelt; ebenso wurden auch die gewonnenen Erkenntnisse im Brunnenbau nur mündlich weitergegeben. Noch im 20. Jahrhundert wird so viel Geheimnis um den Brunnenbau gemacht, dass anlässlich der Veröffentlichung eines Leitfadens für das Brunnenbaugewerbe *von enghezigen Eigenbrödlern des Brunnenfaches der Vorwurf gemacht* [wurde], *daß durch Herausgabe des Buches nicht nur die eigenen Berufskollegen belehrt, sondern auch die verwandten Berufe und sogenannte Pfuscher klug gemacht würden*.[148]

Glücklicherweise können wir – wie bereits erwähnt – in technischen Fragen auf Agricola zurückgreifen. Bei der Übertragung seiner Darlegungen auf den Brunnenbau muss man allerdings berücksichtigen, dass bei einem Brunnen als Einzelbauvorhaben sicher nicht der technische Aufwand betrieben wurde wie bei einem Bergwerkskomplex, bei dessen Erschlie-

---

147 George Gabriel Stokes, 1819–1903, irischer Mathematiker und Physiker

148 Pengel, W.: Der praktische Brunnenbauer, Berlin 1922, S. 8

ßung im Hinblick auf den zu erwartenden Gewinn aus unternehmerischer Sicht auch größere Investitionen gerechtfertigt waren.

Wie also ging der Bau eines Schachtbrunnens vor sich, über den noch im Jahre 1922 gesagt wird, dass dies *der schwerste und gefährlichste Teil des Brunnenbaugewerbes sei*?[149]

Zunächst einmal *beginnt der Bergmann einen Schacht zu senken; über ihm errichtet er einen Haspel sowie eine Kaue, damit der Regen nicht in den Schacht eindringt … Der Schacht wird saiger* [d. h. senkrecht] *niedergebracht … und mit einem einzigen Förderseil werden die Berge … zu Tage gefördert … Der Ausbau der Schächte … erfolgt auf verschiedene Weise*[150], denn Art und Umfang des Ausbaues werden durch die Beschaffenheit des Gebirges bestimmt.

2.3.2.1 Das Prinzip: „Schacht aus dem Vollen"

Sofern das Felsgestein genügend dicht und standfest war, konnte der bergmännische Schacht gleich mit kreisförmigem Querschnitt abgeteuft und so später direkt als Brunnenschacht genutzt werden. Diese Bauweise bezeichnen wir als das Prinzip: „Schacht aus dem Vollen". Bemerkenswert aber ist, dass sehr alte Brunnenschächte dieser Bauart wie auf den Burgen **Kyffhausen** und **Spangenberg** oder auf der **Albrechtsburg** [18], der **Heidecksburg** [8] und **Ravensburg** auf ganzer Tiefe oder zumindest in großen Abschnitten auch rechteckige Querschnitte aufweisen, die wohl im Zusammenhang mit der Verwendung von Schachtgerüsten beim Abteufen zu sehen sind. Spezielle Untersuchungen dazu konnten bisher nicht durchgeführt werden.

Da die Mehrzahl der Brunnen auf Höhenburgen und Bergvesten nach dem Prinzip „Schacht aus dem Vollen" hergestellt wurde, scheint es angezeigt, alle wesentlichen Zusatz-Aspekte des Schachtbaues ebenfalls in diesem Abschnitt ausführlich zu behandeln.

Der bergmännische Schacht

In den Fällen, wo der massive Fels nicht bis an die Oberfläche anstand, wo Erde und Lockergestein den gewachsenen Fels überlagerten, war zunächst eine Baugrube auszuheben, bis der massive Fels erreicht war. Diese i. d. R. unverbaute Baugrube aber wurde schnell zu tief bzw. zu weit, um von ihrem Rand aus die Arbeiten für das nachfolgende bergmännische Abteufen organisieren und betreiben zu können.

Deshalb musste ab einer gewissen Tiefe ein gemauerter Hilfsschacht eingestellt werden als Baugrubensicherung im Kopfbereich des Brunnenschachtes (Abb. 35). Dieser zumeist recht kurze Hilfsschacht musste zur Stabilisierung gut hinterfüllt werden, um die Steinringe im Verbund zu halten. Nur so konnte man eine Arbeitsebene mit genügender Standsicherheit für die Dauer der gesamten Bauzeit gewährleisten.

Die Baugrubensicherung im Kopfbereich hatte in der Regel einen etwas größeren Durchmesser als der anschließend abgeteufte Brunnenschacht. Ein Beispiel besonderer Art ist der Brunnen auf der Burg **Breuberg** [7]. Hier kam für den Bau erschwerend hinzu, dass der Brunnen in das Erdgeschoss eines bestehenden Gebäudes hinein gebaut werden sollte. Man erstellte zunächst einen Hilfsschacht, dessen Durchmesser um den Faktor 1,5 größer war als der spätere Brunnenschacht. In diesem Hilfsschacht wurde – wegen der nicht ausreichenden Raumhöhe – das Hebezeug auf einem tiefliegenden Balkenlager aufgestellt. Den Abraum, der

---

149 wie vor, S. 117   150 Agricola, a.a.O. S. 79 f

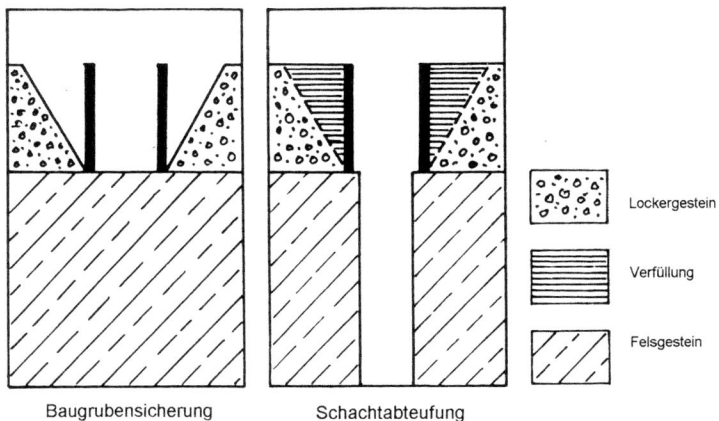

Abb. 35 Bauphasen „Schacht aus dem Vollen"

beim Abteufen anfiel, entsorgte man dann später durch einen unterirdischen Gang, der unter dem Burgtor hindurch in den aufgelassenen Burggraben führte. Der Hilfsschacht bildet heute den obersten Teil des Brunnenschachtes.

Bemerkenswert ist, dass die Baugrubensicherung im Kopfbereich des Brunnens der Burg **Pappenheim** mit quadratischem Querschnitt aufgemauert worden ist,

Die Technik, die beim Abteufen des bergmännischen Schachtes angewendet wurde, richtete sich nach der Härte und Dichte des Gesteins. Wir hatten eingangs schon darauf verwiesen, dass im Falle der **Augustusburg** [15] Steinbrecher zum Einsatz kamen. Sie nutzten vorhandene Klüfte, schufen Löcher und Spalten im Gestein mit Keilhauen sowie schweren Spitzeisen, um dann mit den langen Brechstangen das Gefüge auseinanderzubrechen. Auf diese Weise kam man gut voran, nur die Ränder mussten nachgearbeitet werden, damit der Schacht seine möglichst kreisrunde Form erhielt.

Bei dichter gelagertem Gestein kamen Bergleute zum Einsatz, die sich meist zu zweit mit Fäustel und Bergeisen in die Tiefe arbeiteten. *Diese Werkzeuge pflegt man größer oder kleiner herzustellen, je nachdem es die Umstände erfordern; wenn sie stumpf geworden sind, schärfen sie die Schmiede wieder, solange es geht.*[151] Die Schwachstelle waren die Bergeisen, die in großer Anzahl am Gürtel mitgeführt wurden. Sie wurden schnell stumpf und mussten ständig ausgewechselt und nachgeschmiedet werden. Von der Burg **Homberg** [12] wird berichtet, dass die Schmiede in 14 Tagen 1233 *Spitzen gemacht* haben.[152] In einem Abschnitt des **Augustusburg**er Brunnenschachtes [15] war das Gestein so hart, dass *Zweene hauer inn 6 stunden 600 Stehlne Spitzen ... verschlagen* haben sollen.[153]

Der Arbeitsfortschritt im Schacht wurde wesentlich bestimmt durch die Härte des Gesteins und den Durchmesser des Schachtes. Aus den wenigen überlieferten Bauberichten lassen sich durchschnittliche Leistungen von 3–10 cm pro Tag zurückrechnen.

---

151 wie vor, S. 120

152 Breiding, O.: Impressionen einer Stadt – 775 Jahre Stadt Homberg, Selbstverlag 2005, S. 83 (nach einem Manuskript von Dr. Georg Textor)

153 Sächs. HStA Dresden, 10036 Finanzarchiv Loc. 35801, Augustusburg Nr. 1, fol. 2

Die Sonntage waren Ruhetage. Wegen der vielen zusätzlichen Feiertage aber brachte man es in einem Jahr auf einer Baustelle selten auf 300 Arbeitstage[154], vorausgesetzt, es kam nicht zu unvorhergesehenen Unterbrechungen durch Unfälle, Materialschäden, Geldmangel oder kriegerische Ereignisse. Und so wurde ein Brunnenschacht in der Regel pro Jahr um etwa 15–20 m tiefer. Von der **Leuchtenburg** [6] wird bald nach Baubeginn berichtet, *die berckgesellen ... sollen fohrt hien über feiertag fahrn, nicht den sontag vor mittag sollen sie stille halten, do mit man dorvohn ckompt.*[155]

Noch anders ging es auf der Baustelle der Burg **Homberg** [12] zu. Im Jahre 1607 arbeiten hier 8 Hauer jeweils zu zweit in 4 Schichten zu je 6 Stunden rund um die Uhr. Es wird berichtet, dass sie am Ende des Jahres 17 ½ Lachter (ca. 30 m) aufgefahren hätten. *Zu diesen 17 ½ Lachter haben die Bergleute 48 Wochen gearbeitet.*[156] Selbst im Basalt konnten also bei einem solchen Einsatz im Durchschnitt 10 cm pro Tag auf einer Fläche von ca. 9 m² abgeteuft werden.

Auffallend häufig findet sich heute in Burgführern der Hinweis, beim Brunnenbau sei das sogenannte Feuersetzen zur Anwendung gekommen. Agricola schreibt dazu: *Wie ich schon erwähnte, werden die harten Gesteine auch durch Feuer gebräch [mürbe] gemacht; ... So hat Hannibal, der Heerführer der Punier, dem Beispiel der spanischen Bergleute folgend, die Felsen der Alpen mit Feuer und Essig gesprengt.*[157] Das hört sich gewaltig an, wird aber von Agricola gleich dahingehend eingeschränkt, dass die Macht des Feuers im allgemeinen *nur einzelne Schalen* löst.

Das Feuersetzen wird bereits 1359 im Goslarer Bergrecht[158] behandelt. Dieses Verfahren war im Bergbau üblich beim Weitungsbau, um das Gestein von der Firste zu lösen. Beim Abteufen eines Schachtes aber waren die Bedingungen ganz andere. Hier musste der Brand in der Enge des Schachtes gesetzt werden, um das Gestein an der Sohle gebräch zu machen. Zwischen der Sohle und dem Brandholz war zudem ein Zwischenraum für die Luftzufuhr erforderlich. Der Erfolg wird noch geringer gewesen sein als von Agricola angemerkt.

Verschiedene Autoren beschreiben heute die Technologie des Feuersetzens zudem als eine Hitze-Kälte-Technik; d. h. es soll nach dem Abbrennen des Holzes kaltes Wasser auf das erhitzte Gestein gegossen worden sein. Sicher hätte ein solches Abschrecken die Wirkung des Feuersetzens vergrößert. Aber so, wie damals das nötige Wasser dazu gefehlt hat, fehlen heute Belege für die Anwendung einer solchen Technik. Aus Erfahrung wusste man: *wo man Feuer setzen will, muß es des Orts trocken und nicht naß seyn.* Und: *Von einmahl setzen, ehe das Gestein recht austrocknet, hebet es nicht so viel, als wenn zum andernmahl, weil das Gestein noch warm ist, gesetzet wird.*[159]

In einigen Fällen aber, wo es besonders festes Gestein abzubauen galt, ist das Verfahren des Feuersetzens tatsächlich belegt. So wird vom Brunnen der **Augustusburg** [15] aus dem Jahre 1572 berichtet: *Es hat aber einen festen Stein gehabt, welcher acht Lachter hoch gewehret, und noch von tag Zue tage erger, und Vester worden, von solchen gestein ... hat mann 56 f. [Gulden] Müntz 5 Arbeitern sambt den Steiger so denselben gesunken, und mit hülffe deß Feuers ein Lachter auffgefahren Zu lohn gegeben. Sie haben aber an solchen Einem lachter Sieben Wochen*

---

154 Ludwig, K.-H.: Technik im hohen Mittelalter zwischen 1000 und 1350/1400, S. 135; Schmidtchen, V.: Technik im Übergang vom Mittelalter zur Neuzeit zwischen 1350 und 1600, S. 216; beide in: Propyläen Technikgeschichte, Bd. 2; Berlin 1997
155 Thüring. HStA Weimar, EGA Reg. 5, fol. 129 a, Nr. 35
156 Breiding, a.a.O., S.84
157 Agricola, a.a.O., S. 89
158 Stadtarchiv Goslar, B 824
159 Rösler, B.: Speculum metallurgiae politissimum, Dresden 1700, S. 61

2.3 Der Brunnenbau auf Höhenburgen | 85

gefahren, und darüber gearbeitet, ohne daß Feuer aber unmöglich mit Menschen henden fort Zu komen gewesen…[160]

In einem Bericht über den Brunnen der Burg **Stolpen** [3] schreibt Oberbergmeister Weygel 1617 (10 Jahre nach Baubeginn), dass *albereit vber 23 lachter* [ca. 40 m] *von tage … nieder abgeteuffet worden, vnd sich kein grundt wasser spüren lassen noch finden wollen.* [Er gibt zu bedenken,] *das inn solchen vffstehenten felsigen festen Stocke daran weder Stahl noch eisen hafften thut, sondern nur mit feuer darinnen nieder gebrannt werden muß, schwerlich wasser zu ersincken* [sein] *wirdt.*[161]

Einen handfesten Beleg dafür liefert die Jahresrechnung 1627/28, in der festgehalten wird: *105 Klafftern lang Holz ist dis Jahr in Churf. Brunnen verbrandt worden.*[162] Rechnet man diesen Jahresverbrauch auf nur 20 Jahre hoch, dann ergäbe sich eine Gesamtmenge von über 10.000 Raummetern Brennholz.

Aus dem Jahre 1638 erfahren wir: *So viel nun die Lotten betrifft, durch welche das Wetter in den Brunnen geführt, damit das Feuer heben können, Seind dieselben, weill an dem Brunnen zue erlangung mehr waßers förder nicht mehr abgeteufft werden soll, ferner nichts nötigk …*[163]

Die eben erwähnten *Lotten* oder Lutten sind *in Berg-Wercken … dicht zusammen gefügte und ins Gevierdte formirte breterne Kasten, eines Bretes lang und breit; deren werden etliche nach der Länge an einander gestossen, und wohl verwahret, damit keine Luft nirgends zukommen kann, die Wetter darinne zu zwingen und fortzuführen. Sie werden insgemein Wetter-Lotten genennet.*[164] Beim Feuersetzen wurden sie verwendet, um den brennenden Holzstoß mit Sauerstoff zu versorgen.

In diesem Zusammenhang müssen wir auch auf die Gefahren hinweisen, die mit dem Feuersetzen verbunden waren. Zum einen konnten die hölzernen Lotten in Brand geraten, was gleichermaßen mit dem hölzernen Schachtverbau passieren konnte, auf den wir noch zu sprechen kommen werden. Agricola schreibt: *In den Schächten …, in denen die Härte des Gesteins durch Feuersetzen bezwungen wird, ist die Luft mit einem Gifte durchsetzt … Die vorsichtigen und geschickten Bergleute zünden am Freitag Abend die Holzstöße an und fahren nicht vor dem Montag wieder in die Schächte ein. … Inzwischen verschwindet die Kraft des Schwadens.*[165]

Der Umfang der Ausführungen über das Feuersetzen steht mit Sicherheit in umgekehrtem Verhältnis zur Bedeutung dieser Technik im Brunnenbau. Gleichwohl muss noch ein anderes Verfahren erwähnt werden, das in der Spätzeit des Brunnenbaues zur Anwendung gekommen ist.

Vom Bau des Brunnens auf Schloss **Hellenstein** [11] sind umfängliche Bauberichte[166] aus der Zeit von 1666 bis 1670 überliefert, in denen auch über das Abteufen unter Einsatz von Schwarzpulver berichtet wird. Mit Schlegel und Bohrmeißel wurden Löcher 10 bis 15 Zoll tief in den Fels getrieben, mit Schwarzpulver gefüllt, verdämmt und gezündet. (Abb. 36) Mehrere solcher Bohrungen über die Grundfläche des Schachtes verteilt, lockerten das Gestein. Der Verbrauch von *30 Centner 26 Pfund guten Musqueten Pulwers* ist hier belegt.

---

160 Sächs. HStA Dresden, 10036 Finanzarchiv Loc. 35801, Augustusburg Nr. 1, fol. 2
161 Sächs. HStA Dresden, 10077 Kollektion Schmid, Amt Stolpen, Vol. IV, Nr. 34, Den Brunnenbau zu Stolpen betr. 1617–83
162 Sächs. HStA Dresden, 10069 Amt Stolpen, Intradenrechnungen 1627/28, fol. 401 b
163 Sächs. HStA Dresden, 10024,2 Geheimes Archiv Loc. 4449/17, Acta, die Bauung und Renovierung derer in dem Churfürstentum Sachsen bef. Schlösser … 1483–1698
164 Zedler, a.a.O., Band 18, 1738 (Lotten)
165 Agricola, a.a.O., S. 185
166 HStA Stuttgart, A 249, Bü 963

86 | 2. Brunnen als Wasserversorgungsanlagen

Abb. 36 Werkzeuge zur Herstellung von Sprenglöchern

Sprengungen im Bergbau sollen nach den Aufzeichnungen des Generalvikars der Republik Venedig bereits im Jahre 1573 probiert worden sein. Die erste nachweisbare Sprengung mit Schwarzpulver führte der Tiroler Bergmann Caspar Weindl am 16. Februar 1627 im Oberbiberstollen in Schemnitz (Banská Štiavnica, Slowakei) durch.[167] Seit 1632/33 wurde im Oberharzer Gangerzbau auf Schießarbeit umgestellt.[168] Aus dem Jahre 1634 ist das Sprengen im Bergwerk Radmer in der Steiermark belegt. Die Technik war also nicht neu. Gleichwohl war sie nach wie vor mit erheblichen Risiken verbunden, da es keine gesicherten Erfahrungswerte im Umgang mit Schwarzpulver gab. Beleg hierfür ist ein tragischer Unfall auf **Hellenstein** [11] im Dezember 1667. Außerdem brachte das Sprengen bzw. Schießen zusätzliche Probleme bei der Bewetterung mit sich. Balthasar Rösler verfasste um 1665 detaillierte Anweisungen *Vom Sprengen und Schüssen*.[169]

Die oben beschriebenen Techniken des Abteufens waren jeweils verbunden mit einem eigenen Arbeitstakt, da für sie jeweils unterschiedliche Zeiten für die Vorbereitungs-, Durchführungs- und Nachbereitungsphase galten. Vorbedingung für die Weiterführung aber war in jedem Fall der geregelte Abtransport des gelösten Gesteins. Es fielen – wie wir gesehen haben – i. d. R. keine großen Mengen pro Tag an. Aber sie mussten ständig geräumt werden, damit die Arbeit im Schacht vorangehen konnte.

---

167 Weiss, A.: Der Pulverturm von Arzberg und das Sprengen mit Schwarzpulver, Joannea Geol. Paläont. 7, Steiermark 2005, S. 127

168 Bartels, Chr.: Vom frühneuzeitlichen Montangewerbe zur Bergbauindustrie. Erzbergbau im Oberharz 1635–1866, Bochum 1992

169 Rösler, a.a.O., S. 62/63

2.3 Der Brunnenbau auf Höhenburgen | 87

Abb. 37 Fahren auf dem Knebel

Wir müssen uns nun der Frage zuwenden, wie die Bergleute in den Schacht hinein und wieder heraus kamen. Als einfachste Möglichkeit bot sich das sogenannte Einfahren auf dem Knebel oder Knecht an, wie es Abbildung 37 zeigt. Dass diese Art der Personenbeförderung nicht der Regelfall war, geht aus einem Briefwechsel um den Brunnen der **Augustusburg** [15] hervor. In den Jahren 1567/68 wurden hier auch gefangene Wilddiebe zur Zwangsarbeit im Brunnen verurteilt. Der Bergmeister erhielt Anweisung: *… man darf sie auch nicht allzeit auf vnd Zu schliessen Zum aus vnnd einfahren, Sondern man kann sie wohl an einem seihl vffm knebell hinein lassen Vnd wid. heraus Ziehen.*[170] Sie sollten also eine Sonderbehandlung erfahren.

Der Hinweis auf den Einsatz von Strafgefangenen im Brunnenbau findet sich häufig in der Literatur, weil unterschätzt wird, wie notwendig Motivation und fachliche Erfahrungen für diese Arbeit waren. In dem zitierten Briefwechsel zum Brunnen der **Augustusburg** [15] entgegnete der Kurfürst den Bedenken seines Bergmeisters: *…ob wohl nur 3 berckleute vnter denselben*

---

170 Sächs. HStA Dresden, 10036 Finanzarchiv Loc. 35801, Augustusburg Nr. 3, fol. 192 b – 193 b

sein, so konnen doch die Pawern [die Wilddiebe sind Bauern] *der berckarbeit auch wohl vnterrichtet werden, vnnd einer Von Dem andern lernen.* Der sächsische Kurfürst als Bauherr wollte Kosten sparen. Als im August 1568 drei Gefangenen die Flucht gelang, mussten die anderen fortan *für vnd für Im Bronnen bleiben darinne liegen … vnd Ire Zeug, essen trincken benck vnd andere notturfft an haspeln auff vnnd abZiehen lassen.* Die Motivation der Verurteilten kann nicht sehr groß gewesen sein. Nach 1569 hört man nichts mehr vom Einsatz der Wilddiebe.

Entlohnung nach Leistung war das Prinzip, das den Erfolg gewährleistete. Aus den Berichten zum Bau des Brunnens auf der **Leuchtenburg** [6] erfahren wir, wie die Bergleute für das Abteufen des Schachtes abschnittsweise, je nach Schwierigkeitsgrad gedungen wurden.[171]

Wenn also das Einfahren auf dem Knebel die Ausnahme war, werden sich die Männer im Normalfall über sogenannte Leiterfahrten auf und ab bewegt haben. Analog den Schächten im Bergbau (Abb. 45) gab es auch bei den Brunnenschächten während der Bauphase eine Trennung zwischen Fördertrum und Fahrtentrum. Wo eine räumliche Trennung der Zonen, in denen das Gestein gefördert wurde und denen, die dem Ab- und Aufstieg der Bergleute dienten, nicht möglich war, nutzte man den Schacht alternativ.

Die Spuren der Hilfsgerüste (Plattformen und Leiterverbindungen), über die sich die Bergleute bewegten, sind noch heute in Form von Rüstlöchern in den Schachtwänden zu beobachten. Im Brunnen des ehemaligen Klosters **Limburg**[172] sind bis zum Wasserspiegel in ca. 75 m Tiefe insgesamt 13 Rüstebenen aufgenommen worden, wobei die oberste als Plattform für die Schachtausmauerung im Kopfbereich diente. Wenn man die Podestflächen der übrigen 12 Ebenen übereinander legt (Abb. 38), zeigt sich das Auge, das als Fördertrum freigehalten wurde.

Als in den Jahren 1937/38 der Brunnenschacht auf der Burg **Kyffhausen** geräumt wurde, bediente man sich ebensolcher Hilfsgerüste mit weit auseinanderliegenden Plattformen und einfachen Leiterfahrten. In der Abbildung 39 zeigt das untere Foto den Bau einer Plattform vor der Räumung des nächsten Abschnittes, das obere die bereits vorhandenen Hilfsgerüste hinauf bis zum Brunnenmund. Für den Einbau der hölzernen Plattformen mussten auch hier Rüstlöcher in die Schachtwand geschlagen werden, die kaum von denen aus der Bauzeit des Brunnens zu unterscheiden sind. Die Konstruktion war massiver, die Verbindungsmittel ausgereifter als bei den entsprechenden Hilfsgerüsten, die einst beim Abteufen verwendet worden waren. Aber das Prinzip war das gleiche. Es hatte sich bewährt.

Im Bergbau dienten derartige Konstruktionen für die Fahrten sogar als Dauereinrichtung. Und noch heute sind sie im Kohlebergbau Ostindiens (District Jaintia Hills) in Betrieb.[173] Der Bergbau findet dort unter Bedingungen statt, die denen im hiesigen Mittelalter wohl durchaus vergleichbar sind. Aber die Holzgerüste in den bergmännischen Schächten – zugegebenermaßen abenteuerlich anmutende Konstruktionen – erfüllen ihren Zweck.

Es sind Fälle bekannt, wo Hilfsgerüste im bergmännischen Schacht in deutlich geringeren Abständen vorhanden gewesen sein müssen. Im unteren Schachtabschnitt des Brunnens auf **Hellenstein** [11] wurden auf einer Länge von 39 m 31 Rüstebenen dokumentiert.[174] Die beidseitigen Podestflächen waren hier übereinander so angeordnet, dass in dem Schacht

---

171 Thüring. HStA Weimar, EGA, Reg. 5, fol. 130b, Nr. 36, Bl. 4; ergänzend dazu: Dohmen, F., Das Gedingewesen im Bergbau, Berlin 1953
172 Klose, H.: Der Limburgbrunnen, Manuskript 13.11. 2004, unveröffentlicht
173 Berehulak, D.: India's Wild East, Photo-Essay in: Time Magazin, 01.06.2011
174 Heinzelmann und Jantschke, a.a.O., S. 236 f

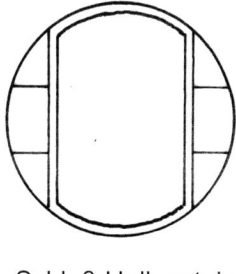 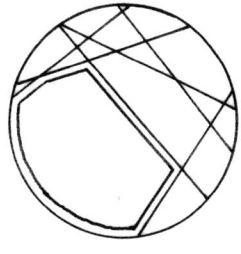

Schloß Hellenstein   Kloster Limburg

Abb. 38 Rekonstruktion des Fördertrums nach den Rüstlöchern

(d = 2,6 m) ein Fördertrum von durchgehend etwa 1,8 m Breite frei blieb. Wir werden zeigen, dass dieser Gerüstanordnung auch noch eine andere Bedeutung zukam.

Und zum rd. 95 m tiefen Brunnen der Burg **Lemberg** [4] heißt es: *Bis in diese Tiefe [>73,39 m] befinden sich in der Schachtwand in 1,5 bis 2 m Abstand Aussparungen (Vertiefungen), die während der Bauzeit zur Aufnahme von Gerüstbalken dienten. Sie sind immer leicht versetzt in der Südhälfte des Schachtes angeordnet und lassen die Nordseite als Förderstrecke für das Ausbruchsmaterial frei.*[175]

Abschließend stellt sich die Frage, warum die Bergleute statt des anstrengenden Kletterns nicht die bequemere Seilfahrt auf dem Knebel bevorzugten. Die Angst, vom Seil abzustürzen, war es wohl kaum. Bedenken, nach einem Seilbruch im Schacht gefangen zu sitzen, können auch nicht der Grund gewesen sein, denn ein Ersatzseil gehörte – anders als später bei der Wasserförderung – zur Grundausstattung einer solchen Baustelle. Aus einem Inventar von 1614 geht hervor, dass nach Abschluss der Baustelle auf der Burg **Homberg** [12] noch insgesamt sieben Seile mit Längen zwischen 150 und 225 m vorhanden waren.[176] Den Ausschlag gegeben haben wird wohl die Überlegung, dass die Bergleute bei Gefahr an einem Gerüst praktisch gleichzeitig aus dem Schacht nach oben klettern konnten.

Die Sicherheit der Bergleute ist ein Thema, zu dem nur ganz wenige Belege existieren. Der Schosser (Steuereinnehmer) der **Leuchtenburg** [6] hat einen Unfall wie folgt dokumentiert: *… Mittwoch nach Allerheiligentagk, anno domini 1552, gegen dem abende sindt drey perckgesellen vom hause Leuchtenburgk zu mir … kommen, angezaigt, das einer irer gesellen … diesen nachmittagk in brunnen gefharen. Deme were ein schade zugestanden, also weil sie itzo alle tage perck* [Gestein] *und wasser auspharen müssen, were ein wenigk percks, der von wasser erweichet, abgeschossen* [ausgebrochen] *da von er beschedigt, das sie ime mit nodt heraus gebracht; wusten nicht wie es ime ergehen mochte.*[177] Die Bergleute drängten darauf, dass der Schacht zu ihrer Sicherheit ausgezimmert wurde.

Schutzvorrichtungen gegen herabfallendes Gestein, wie sie im Bergbau üblich waren, konnten nicht gebaut werden, da der Brunnenschacht zu eng war; Schutzmaßnahmen des Bergbaues konnte man also beim Brunnenbau nur übernehmen, soweit sie mit den Arbeitsabläufen vereinbar und technisch darstellbar waren.

---

175 Häfner, Fr. und Schulz, R.: Die Wasserversorgung der Lemburg, in: 800 Jahre Burg Lemberg, Hrsg. Gemeinde Lemberg, Lemberg 1999, S. 151

176 Breiding, a.a.O., S. 85

177 Thüring. HStA Weimar, EGA, Reg. 5, fol. 129 a, Nr. 35, Bl. 6 r

Abb. 39 Gerüstbau bei der Räumung des Kyffhäuser-Brunnens 1937/38

2.3 Der Brunnenbau auf Höhenburgen | 91

Abb. 40 Aus dem Schacht herausragende Wetterlutten

Agricola widmet große Teile seines Sechsten Buches dem Thema Sicherheit, schreibt über die Gefahren und Tücken des Bergbaues, die Gesundheitsgefährdung der Bergleute und lässt auch die Berggeister nicht aus, die durch Gebet und Fasten vertrieben werden. Es gehörte zum Selbstverständnis der Zunft der Bergleute, dass ihre Sicherheit nicht leichtfertig aufs Spiel gesetzt wurde. Sie wussten, was sie zu tun und zu lassen hatten, sobald das Bemühen um die Sicherheit und das Wohlergehen der Männer im Schacht mit dem Interesse am schnellen Fortgang der Arbeiten kollidierte.

An der Beschaffenheit des Gebirges entschied sich, ob der Brunnenschacht während des Abteufens in Teilen ausgemauert werden musste. Bei einer solchen Ausmauerung wurden Steinformate verwendet, die – anders als bei der Aufmauerung eines kompletten Schachtes – vom Maurer allein verbaut werden konnten. Abschnittsweise Ausmauerungen finden sich z. B. im Brunnenschacht der **Wülzburg** [5] und der **Heidecksburg** [8]. Auf der **Leuchtenburg** [6] wurde nach den Erfahrungen des oben geschilderten Unfalles der untere Teil des Schachtes auf einer Höhe von ca. 20 m ausgemauert.

Mit zunehmender Tiefe des Schachtes kamen zwei Sicherheitsaspekte zum Tragen, die im Bergbau von entscheidender Bedeutung sind: Bewetterung und Wasserhaltung.

Die Bewetterung

Zu den besonderen Tätigkeiten des Brunnengräbers (Abb. 30) heißt es: *Die Reinigkeit der Lufft zu erkennen, laeßt er ein Licht in einer Laterne hinab; dann so dieses erlöscht, ist die Lufft unsicher; daher muß man Dampf-Loecher nächst dem Brunnen graben, damit der Unlust*

Abb. 41 Ein Blasebalg zur Bewetterung

[squalor] *heraus gehe.*[178] Auf **Königstein** [17] wie auch auf **Augustusburg** [15] wurde zu diesem Zweck ein sogenannter Schramm (Schlitz) in die Brunnenwand eingearbeitet und nachträglich so vermauert, dass er nur unten und oben offen blieb.

Da in der Tiefe des Schachtes mehrere Menschen im Schein offener Geleuchte arbeiteten, wurde ständig Kohlendioxyd erzeugt, das schwerer ist als Luft und den Männern gefährlich werden konnte, da es Atmung und Verbrennung behinderte. Agricola schreibt: *… denn die Dünste, die sowohl die Lampen als auch die Menschen von sich geben, machen die Wetter noch schlechter… Die Häuer können in solchen Grubenräumen die Arbeit nicht lange aushalten, … oder wenn sie es ertragen, so können sie nicht frei atmen und haben Kopfweh.*[179]

Die oben bereits erwähnten Wetterlutten mögen zum Einsatz gekommen sein, wie Agricola es beispielhaft in Abbildung 40 zeigt. Seine aufwendigen Wettermaschinen aber machen im Brunnenbau keinen Sinn. Im Falle der Burg **Homberg** [12] wird 1607 berichtet: *… so warten auch tag und nacht auf den plasbalk 2 Mann*[180]. Den Einsatz von Blasebalg und Lutte dürfen wie uns so vorstellen, wie Agricola ihn darstellt (Abb. 41) und beschreibt: *… wenn aber die Öffnung der Lutte sein Windloch umschließt, saugt er* [der Blasebalg] *noch aus einem Schachte von 120 Fuß Tiefe die schweren und schädlichen Wetter durch die Lutte.*[181] Da ein Fuß bei ihm 28,3 cm misst, ergäbe sich hier nur eine Wirksamkeit bis in 34 m Tiefe.

---

178 Orbis sensualium picti, 1769
179 Agricola, a.a.O., S. 91
180 Breiding, a.a.O., S. 82
181 Agricola, a.a.O., S. 179

Abb. 42 Das Wedeln mit dem Tuch

Oft aber ging es bei Bedarf auch einfacher. *Ebenso wie die … Maschine die schwere Luft eines Schachtes … verbessern kann, so geschieht dies auch in der alten Art und Weise der Wetterbeschaffung durch das fortgesetzte Wedeln mit Tüchern* [Abb. 42] *die schon Plinius beschrieben hat.*[182] Oder man behalf sich mit dem sogenannten Büscheln[183]. Tropfnasses Gebüsch wurde dabei im Schacht auf und niedergezogen und „reinigte" die Luft von den kohlensauren Gasen. Oder war es nur die Bewegung der Luft, die Besserung brachte?

Dass man sich beim Brunnenbau bis in die jüngere Zeit vorrangig einfachster Methoden bediente, belegen die Ausführungen eines Brunnenmeisters aus dem Jahre 1928. *Stürzt jemand in einen Brunnen, der Stickgase enthält, so ist sofort mit einer Gießkanne, die sicherlich überall vorhanden sein dürfte, künstlicher Regen (Berieselung) zu erzeugen, um die Gase zu zerstreuen und zu entfernen. Im Entfall können die Stickgase auch durch rasches Auf- und Abziehen eines Bundes Stroh oder locker zusammengebundener Kleider entfernt werden.*[184]

Die Erfahrungen bei der Räumung tiefer Brunnen (z. B. **Homberg**, **Otzberg**, **Pappenheim** und **Wülzburg**) haben zudem gelehrt, dass die Wärmeabgabe durch die Arbeiter sowie die elektrischen Lichtquellen einen spürbaren Wetterauftrieb mit Wetteraustausch zur Folge hatte, womit das Arbeiten im Schacht ohne Probleme möglich war.

---

182 wie vor, S. 182; Die entsprechende Stelle bei Plinius, Naturalis historia XXXI, 28 lautet: Wenn aber … wegen der großen Tiefe die Luft nachteilig zu wirken anfängt, so sucht man sie durch beständiges Wehen mit Tüchern zu verbessern.
183 Veith, H.: Deutsches Bergwörterbuch, Breslau 1871
184 Bösenkopf, F.: Der Brunnenbau, Wien 1928, S. 131

Auf der Burg **Berwartstein** will man 1982 einen sogenannten Wetterofen entdeckt haben, der beim Abteufen des angeblich 104 m tiefen Schachtes im Einsatz gewesen sein soll.[185] Dieser Hinweis kann hier nur unter Vorbehalt weitergegeben werden.

Agricola[186] nennt den Wetterofen im Jahre 1556 noch nicht. Auch bei Zedler[187] findet sich 1748 keine Erklärung. Der Wetterofen kam als Bewetterungsanlage für Bergwerke erst im 18. Jahrhundert vereinzelt zur Ausführung. Und so findet sich 1885 in einem Lexikon der Hinweis: *Wetteröfen erbaut man über Tage neben dem Schacht, aus welchem ein besonderer Kanal zum Ofen führt, welcher die Wetter aus dem Schacht zieht; zur Belebung des Zugs baut man über dem Ofen wohl auch noch einen Turm. Die Öfen sind gemauert, mit Gewölben und meist sehr großen Rostflächen versehen. Indem sie eine stark erhitzte Luftsäule schaffen, erzeugen sie einen lebhaften Zug in dem Schacht.*[188] In der Ausgabe von 1909 ist das Stichwort schon wieder verschwunden, weil man zwischenzeitlich bessere Techniken entwickelt hatte.

Die Wasserhaltung
Die Wasserhaltung ist im Bergbau ein extrem lästiges Dauerproblem. Agricola bietet für dessen Bewältigung gleich mehrere technisch höchst reizvolle Maschinen an. Da sich aber die Wasserhaltung während der Schlussphase des Baues der tiefen Brunnen zeitlich in überschaubaren Grenzen hielt, können wir davon ausgehen, dass hier Wasserknechte zum Einsatz kamen, die mit dem Haspel im Pendelbetrieb das Wasser fördern mussten.

Es ist aber bemerkenswert, dass man im Fugger'schen Erzbergwerk am Falkenstein in Tirol noch in der ersten Hälfte des 16. Jahrhunderts Wasserknechte einsetzte, die hier die Wasserhaltung mittels lederner Kübel erledigen sollten. *Die Wasserheber standen einer über dem anderen mit dem Rücken gegen die Fahrten gelehnt ... und beförderten, indem jeder Wasserheber den vollen Kübel seines tiefer stehenden Gesellen ergriff und seinem höher stehenden Gesellen hinaufreichte, auf diese Weise das Wasser aus dem Tiefbaue. Da diese Arbeit ebenso ungesund ... als beschwerlich war, mußten die Leute öfters ausgewechselt und auch gut bezahlt werden; die Kosten für die dort nötigen 600 Mann betrugen im Jahre die für jene Zeit geradezu riesige Summe von 20.000 fl. Eine eigene Ordnung für die Wasserheber trug Sorge, daß diese ... so wichtige Arbeit im beständigen Gange blieb, was aber trotzdem die Gesellen in der Erkenntnis ihrer Unentbehrlichkeit nicht selten verleitete, durch Androhung von Arbeitseinstellung noch höhere Löhne zu erpressen.*[189]

Wenn man also selbst beim gewinnbringenden Erzbergbau auf den Einsatz von teuren und störanfälligen Maschinen verzichtete, warum sollte man dann bei einem Einzelbauvorhaben wie einem Brunnenschacht einen besonderen Aufwand treiben? Von der **Leuchtenburg** [6] berichtet der Schosser: *So habe ich mich heut dato (sontags nach Simonis und Jude anno domini 1552) an den pergkgesellen, wie es umb das wasser gelegen, erfraget, berichten und sagen, das sie ... siebenundtdreissigk aymer außgezogen. Sindt der hoffnung, ehe sie die vier angedingten lachter ersungken, das sie das wasser zu nodtdorft beweldigen wollen.*[190]

---

185 Richter, B.-A. und Deibert, K.: Wetterofen auf Burg Berwartstein, in: Burgen und Schlösser, Zeitschrift der Deutschen Burgenvereinigung e.V., 1983/1, S. 56 f
186 Agricola, a.a.O., S. 171 ff
187 Zedler, a.a.O., Bd. 55, Leipzig/Halle 1748
188 Meyers Konversationslexikon, Bd. 2, 1885, S. 727
189 Wolfstrigl-Wolfskron, M.: Die Tiroler Erzbergbaue 1301–1665, Innsbruck 1902
190 Thüring. HStA Weimar, EGA, Reg. 5, fol. 129 a, Nr. 35, Bl. 5 v

Der Wasserandrang in der Schlussphase des Brunnenbaues war extrem hinderlich und erschwerte die Arbeiten zunehmend. Aber man durfte hoffen, dass man sich nicht umsonst geplagt hatte. Eine eindrucksvolle Schilderung dieser entscheidenden Phase des Brunnenbaues ergibt sich aus den Bauakten zu den Brunnen der **Leuchtenburg** [6] und von Schloss **Hellenstein** [11].

Der verantwortliche Bergmeister musste in dieser Phase entscheiden, ob der Zufluss ausreichend war oder nicht. Doch woher sollte er das sicher wissen? Es wird empfohlen, diese Frage im Zeitraum von August bis Oktober zu entscheiden, *denn findet man um diese Jahreszeit Wasser, so kann man sicher schliessen, dass auch zu jeder anderen welches vorhanden sein wird.*[191] Der Bergmeister musste aber auch zu anderen Zeiten entscheiden, konnte nicht warten.

Und „lebendiges Wasser" musste es sein, Quellwasser und kein „Trafer" oder Tropfwasser. Vitruv hatte eine einfache Prüfung vorgeschlagen: *Wenn … ein neuer Brunnenquell gegraben wurde, und das Wasser, welches man in ein Gefäß … von guter Bronze gespritzt hat, keine Flecken zurückläßt, so wird es sehr gut sein. Auch das Wasser ferner, von welchem man in einem ehernen Gefäß gekocht, es dann eine Zeit stehen gelassen und endlich abgegossen hat, ohne daß sich ein sandiger oder schlammiger Niederschlag am Boden des Gefäßes findet, wird vollkommen gebilligt werden können.*[192]

Wenn nach diesen oder anderen Kriterien Menge und Qualität des zufließenden Wassers für ausreichend gehalten wurden, musste man dennoch weiter abteufen, da man vom Berge aus selten auf artesisches (d. h. gespanntes) Wasser traf, das von unten in den Schacht drückte. Eine solche Ausnahme wird für den Brunnen der **Ronneburg** [13] vermutet. Vom Brunnen der Festung **Marienberg** (Würzburg) existiert ein Befahrungsprotokoll vom 14. Juli 1835, das einen Wasserzufluss durch zwei Quellen in der Sohle vermerkt.[193] Die Geologie des Berges, die geringe gemessene Zuflussmenge, der hohe Wasserstand im Brunnen sowie die Tiefe des Schachtes bis unterhalb des Mainspiegels lassen diese Feststellung aber eher als unwahrscheinlich erscheinen. (Abb. 43)

Im Normalfall musste man also ein Reservoir schaffen, in dem sich später das langsam zufließende Wasser sammeln konnte, um geschöpft werden zu können. Dieses Reservoir konnte aus der Sicht der Burgbewohner eigentlich gar nicht groß genug sein. Ob man so etwas wie Mindestwerte für das Fassungsvermögen dieses Schachtabschnittes hatte, wissen wir nicht.

Wahrscheinlich waren es wiederum ganz praktische Kriterien, die darüber entschieden, wie lange man weiterarbeiten musste bzw. konnte. Je geringer der Wasserzufluss war, desto größer sollte das notwendige Reservoir sein; und je stärker der Zufluss sich zeigte, desto schwerer war das Fortkommen. Je tiefer man den Schacht weiter absenkte, desto größer war die Wahrscheinlichkeit, dass man die abdichtende Schicht durchstieß und das Wasser aus dem Reservoir davonlief. Auf Erfahrung und Glück war man also in dieser letzten Phase des bergmännischen Abteufens besonders angewiesen.

Zur Verbesserung der Wasserfassung dienten Maßnahmen, wie sie im Folgenden beschrieben werden. Nischen und Stollen sind bauliche Besonderheiten, die ebenfalls behandelt werden müssen.

---

191 Chiolich-Löwensberg, a.a.O., S. 43
192 Vitruv, a.a.O., VIII 4, S. 281
193 Freeden, M.: Festung Marienberg. Mainfränkische Heimatkunde, Bd. 5, Würzburg 1952, S. 52 f

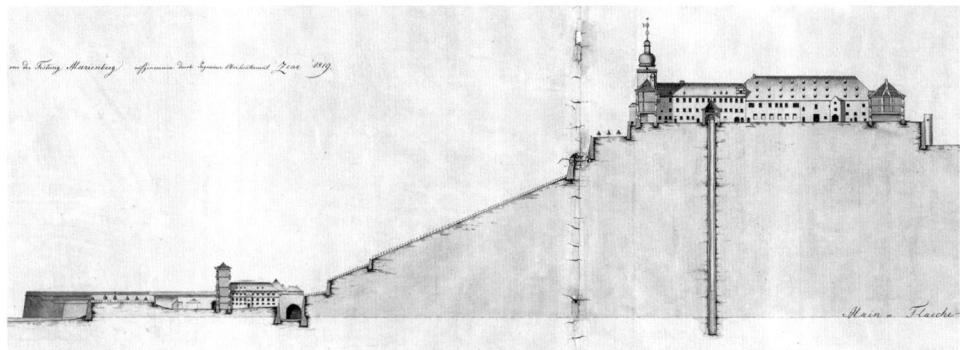

Abb. 43 Querschnitt mit Brunnen der Festung Marienberg, Würzburg, 1819

Die Wasserfassung

Wir wollen hier zunächst auf die Anmerkung im Kapitel 1.2.3 zurückkommen, wonach es Brunnen geben soll, die sich aus gespanntem Grundwasser speisen. Leonhard Christoph Sturm schrieb 1720 über *das Bronnen-Graben*. Und wenngleich es sich dabei, wie wir im Kapitel 2.1 über die Anfänge des Brunnenbaues erläutert haben, um eine Technik handelt, die auf Höhenburgen nicht zum Einsatz kam, könnten sich daraus Hinweise ergeben für ergänzende Maßnahmen der Wasserfassung auch bei bergmännisch erstellten Schächten.

Wenn die Brunnengräber 30 bis 40 Fuß tief gegraben hätten, ohne auf Wasser zu stoßen, gäbe es gemäß Sturms Anweisung dennoch die Möglichkeit, dass man *an solchen Orten die herrlichsten Bronnen von der Welt beköммt; denn wenn sie in dem Graben nur einen blauen oder röthlichen leymigten Grund antreffen, so legen sie auf solchen Boden einen grossen runden Stein als ein Mühlstein, und mauern darauf getrost einen runden Brunnen. Wenn derselbige fertig ist, bohren sie durch das runde Loch deß grossen Steins mit einem Erd-Bohrer, so lang biß sie durch den Leym durch, und aufs Wasser kommen, welches, so bald es also Luft beköммt, mit Macht durch das gemachte Loch herauf steigt, und den Bronnen auf etliche Fuß hoch anfüllet und also bleibet, man schöpfe so viel davon als man wolle, wie solches nach der Wahrheit bezeuget BLONDEL in seinem Cours d'Architecture Part. V. Livr. I. Cap. XII.*[194]

Bevor der so weit bergmännisch hergestellte Schacht seine Bestimmung als Brunnenschacht übernehmen konnte, beobachtete man zunächst einmal die Zuflussbedingungen. Spezielle bauliche Vorkehrungen zur Wasserfassung sind bei dieser Art von Schächten bisher nicht bekannt. Floss das Grundwasser über einer undurchlässigen Schicht dem Brunnen zu, dann ließ man das Wasser kommen, wie es kam – Hauptsache, es kam überhaupt. Warum man auf der Feste **Dilsberg** [9] zusätzlich eine umlaufende Hohlkehle in den Fels geschlagen hat, die heute unter Wasser im Reservoir liegt, ist nicht einsichtig.

Auf der Festung **Wülzburg** [5] bildete man in 105 m Tiefe beim Auftreffen auf eine erste größere Tonschicht eine bis zu 1 m breite Erweiterung des Schachtes aus, die mit einer Höhe von ca. 1,8 m einen umlaufend glockenförmigen Hohlraum bildet. Diese Maßnahme wird

---

194 Leonhard Christoph Sturms vollständige Anweisung, a.a.O., S. 15; Francois Blondel (1618–1686) war französische Baumeister und Ingenieur.

zum einen der Verbesserung des Zuflusses gedient haben. Zum anderen konnte man nach unten keinen Raum für ein Reservoir schaffen, da man sonst die Tonschicht hätte durchstoßen müssen. Die Tatsache, dass der Schacht danach noch wenigstens 30 m weiter abgeteuft werden musste, bezeugt, dass das Wasserdargebot nicht ausreichend war.

In 139 m Tiefe hat man im Brunnen der Festung **Königstein** [17] bei einer Befahrung im Jahre 1885 zwei ca. 8 m lange Strecken (2 m hoch, 0,8 m breit) dokumentiert, die vom Schacht aus in den Fels getrieben waren, um den Wasserzufluss durch das Anzapfen vermuteter Wasseradern zu erhöhen. (Abb. 183) Gemäß einem Befahrungsprotokoll aus dem Jahre 1651 befindet sich im **Augustusburg**er Brunnen [15] *ohngefehr 20 Ellen von grund* eine gut 10 m lange Strecke (ca. 1 m breit und 1,5 m hoch)[195], die den gleichen Zweck hatte.

Auf der Burg **Stolpen** [3] tritt das Wasser aus einer Vielzahl von Kluftspalten aus dem Gestein in den Brunnenschacht, in dessen unterem Teil es sich sammelt, ohne im klüftigen Basalt wieder zu versickern. Die Burg Stolpen ist auch insofern ein Sonderfall, als es hier den einzigen tiefen Brunnen gibt, dessen Schachtwand auf ganzer Höhe durch die anstehenden Basaltsäulen gebildet wird und daher einen charakteristisch unregelmäßigen Querschnitt aufweist. Es gibt keinerlei Ausmauerungen. Die Erklärung liegt in der Besonderheit des Stolpener Basalts, dessen Säulen extrem dicht stehen, sehr gleichförmig, eisenhart und nur alle 2–3 m gerissen sind.[196]

Nachdem man die Frage des Wasserzuflusses vorerst zufriedenstellend geklärt hatte, wurde der Brunnenschacht geräumt, da faulendes Holz die Wasserqualität beeinträchtigt hätte. Das Wasserziehen konnte eingestellt und der Wasserzufluss kritisch beobachtet werden. Sobald der Wasserspiegel nicht mehr stieg, wurde probeweise Wasser gefördert, um den Reinigungsprozess zu beschleunigen und die Ergiebigkeit zu testen. Letzte Klarheit aber brachte erst die Nutzung des Brunnens über einen längeren Zeitraum.

Die Schwierigkeiten bei der Einschätzung von Menge und Qualität des zufließenden Wassers machen die urkundlichen Belege zum **Betzensteiner** Brunnen deutlich. Hier zog sich der Prozess von April 1545 bis Juni 1549 hin. Zwischenzeitlich wurde der Brunnen nochmals um ca. 20 m vertieft.[197] Doch trotz aller Bemühungen wollte sich mancherorts keine gute Wasserqualität einstellen, da die geologischen Gegebenheiten dagegen sprachen. Wir verweisen hier auf die im Kapitel 1.2.3 erwähnten Beispiele der Burg **Lichtenberg** und der **Neuenburg**.

Nischen und Stollen, Teil 1
Wir können die Ausführungen zum bergmännischen Schachtbau nicht beenden, ohne die verschiedentlich zu beobachtenden Sonderbauteile zu erwähnen.

Da sind zum einen Brunnenstollen, die von außen bis an den Schacht vorgetrieben wurden. Im unteren Teil des Brunnenschachtes der Bergfeste **Dilsberg** [9] löste ein 86 m langer Stollen (Abb. 116) das Transportproblem für den ausgebrochenen Fels bei der Vertiefung des Brunnens. Dem Brunnenschacht der Burg **Windeck** [10], der wohl von Anfang an als Schachtzisterne angelegt war, wurde durch einen 50 m langen Stollen (Abb. 122) Wasser in einer Rohrleitung von außen zugeführt.

---

195 Sächs. HStA Dresden, 10036 Finanzarchiv Loc. 35801, Augustusburg Nr. 1, fol. 2 b

196 Scholle, Th. und Gaitzsch, J.: Der Basalt von Stolpen und der tiefe Burgbrunnen, Meißen 2007

197 Kolbmann, a.a.O., S. 86 ff

Auf der Burg **Lemberg** [4] mündet im Schacht in ca. 60 m Tiefe ein 117 m langer Stollen (Abb. 80), mit dem man (vergeblich) versuchte, Quellwasser in den Brunnen zu leiten, nachdem man in 95 m Tiefe immer noch nicht auf Grundwasser gestoßen war. Der Brunnenschacht sollte so wenigstens als Sammelbehälter, als Tiefzisterne Verwendung finden.

Andere Sonderbauteile sind Nischen in der Schachtwand, die allerdings – wie wir sehen werden – vermehrt in ausgemauerten Brunnenschächten anzutreffen sind. Der Brunnen von Schloss **Hellenstein** [11] weist im Bereich des 1982 gemessenen Wasserstandes eine Nische auf, die den Brunnenputzern als Unterstand diente.

Die Anlage einer Schutznische war nur dann sinnvoll, wenn längere Zeit auf einer Ebene im Schacht gearbeitet werden musste. Das betraf z. B. die Reinigung des Brunnens. In diesem Fall wurde die zugehörige Nische in der Nähe des Grundes eingeplant. Eine Schutznische weit oberhalb der Schachtsohle legt den Gedanken nahe, dass der Schacht in einem zweiten Bauabschnitt weiter abgeteuft worden ist und diese Nische vormals als Unterstand für den Brunnenputzer zum ersten Bauabschnitt gehört hat.

Ein Obersteiger beschreibt 1885 in seinem Befahrungsprotokoll des Brunnens der Festung **Königstein** [17] bei 58 m und bei 132 m Tiefe jeweils *wölbartige Aushiebe in den Felsen … ca. 0,75 m hoch … Diese schienen bei Herstellung des Brunnens als Haupt oder Schutzbusen benutzt worden zu sein.* (Abb. 43) Schutznischen von so geringer Höhe sind aber nur schwer vorstellbar. Und welchen Grund sollte es gehabt haben, an diesen Stellen Schutznischen im Schacht einzubauen? Denkbar wäre, dass die Bergleute vor Ort diesen besonderen Schutz brauchten, weil Materialtransporte für andere Gewerke im Schacht erforderlich wurden. Aber hätte man die Männer dann unter den gefährlich schwebenden Lasten weiterarbeiten lassen?

Zum Prinzip „Schacht aus dem Vollen" ist abschließend festzustellen, dass das Ergebnis der mehrjährigen Mühen der Bergleute im Idealfall ein kreisrunder, senkrechter Schacht hätte sein sollen, an dessen Sohle eine muldenförmige Vertiefung ausgearbeitet wurde wie z. B. auf der Burg **Lemberg** [4], der **Mühlburg** oder der Festung **Wülzburg** [5] (Abb. 86).

Trotz aller Bemühungen um Genauigkeit aber ergaben sich Abweichungen nicht nur von der Senkrechten, sondern auch solche vom runden Idealquerschnitt. Abweichungen von der Senkrechten wurden – soweit möglich – korrigiert, um Probleme beim Wasserziehen zu vermeiden. Abweichungen vom idealen Kreisquerschnitt sind i. d. R. bedingt durch die Eigenheiten des Felsgesteins.

Aus kaum mehr nachvollziehbaren Gründen weist der Brunnenschacht der **Heidecksburg** [8] mehrfache Wechsel zwischen runden und eckigen Querschnitten auf. (Abb. 110) Ein Beispiel besonderer Art ist der Brunnenschacht des heutigen Schlosses **Weesenstein** [2], bei dessen Bau man wohl weitgehend bereits vorhandenen Klüften folgte. (Abb. 70)

Bleibt noch zu erwähnen, dass der Brunnen erst für den täglichen Gebrauch genutzt werden konnte, nachdem Hilfsgerüste im Schacht zurückgebaut, die Wasserförderanlage installiert und das schützende Brunnenhaus errichtet worden waren. Das Beispiel **Stolpen** [3] lehrt, dass darüber sehr viel Zeit vergehen konnte.

2.3.2.2 Das Prinzip „Schacht im Schacht"

Wenn sich das Felsgestein als nicht durchgängig dicht und standfest erwies, mussten beim Abteufen aus Sicherheitsgründen Schachtgerüste erstellt werden. Außerdem wurde meist in

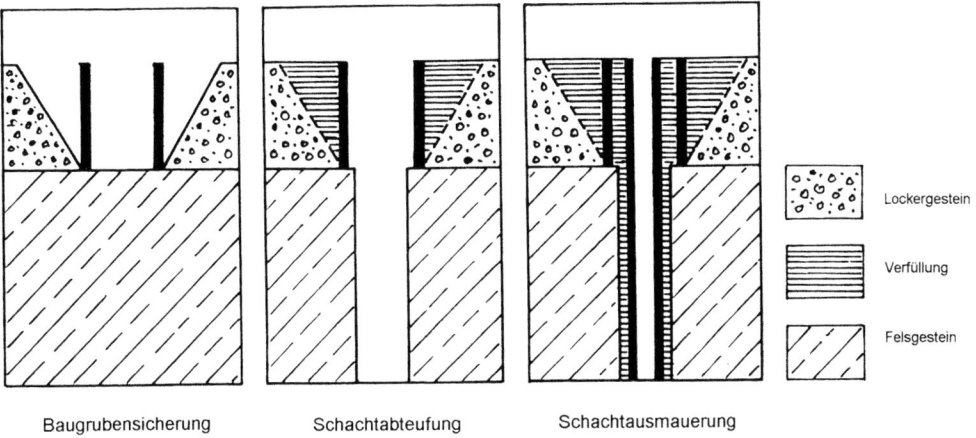

Abb. 44 Bauphasen „Schacht im Schacht"

Teilen eine Ausmauerung des bergmännischen Schachtes erforderlich. Wo dies auf der ganzen Tiefe des Brunnens notwendig war, musste ein runder Schacht in dem rechteckig hergestellten bergmännischen Schacht aufgemauert werden. Diese Bauweise bezeichnen wir als das Prinzip „Schacht im Schacht".

Der Bau eines tiefen Brunnens nach diesem Prinzip ist aus heutiger Sicht die sehr viel interessantere Bauaufgabe. Sie stellte hohe Anforderungen an die vorbereitende Planung, die Organisation und die handwerkliche Durchführung. Neben den Bergleuten hatten jetzt auch Zimmerleute, Steinbrucharbeiter, Steinmetze und Maurer als qualifizierte Fachkräfte wesentliche Gewerke zu übernehmen. Daraus ergibt sich, dass der Bau eines solchen Brunnens mit wesentlich höheren Kosten verbunden war. Sehr wenige Brunnen sind nach diesem aufwendigen Prinzip gebaut worden.

Der bergmännische Schacht
Die grundsätzlichen Aspekte des Abteufens, wie sie im Kapitel 2.3.2.1 behandelt wurden, gelten gleichermaßen auch für dieses Variante. Wir können uns im Folgenden also auf die Darstellung der wesentlichen Unterschiede beschränken.

Aus der bergmännischen Erfahrung heraus erkannte man sehr schnell, nach welchem Prinzip der Brunnenschacht in dem anstehenden Fels abzuteufen war. Umso mehr muss es erstaunen, dass dieser Klärungsprozess z. B. auf Schloss **Hellenstein** [11] zu einer mehrmonatigen Streitfrage eskalierte. Wenn das Herausarbeiten aus dem Vollen nicht möglich war, bediente man sich einer Technik des Schachtbaues, wie sie im Bergbau üblich war.

Zunächst aber musste man eine Grube ausheben, in der ein Schachtring aufgemauert werden konnte. Dieser Baugrubensicherung im Kopfbereich kam eine besondere Bedeutung zu, da man eine tragfähige Fläche am Rande der Baugrube benötigte, von der aus später die schweren Steine für die Ausmauerung abgesetzt werden konnten.

In der zweiten Phase begann man mit dem Abteufen des bergmännischen Schachtes. Der Querschnitt dieses Schachtes musste so ausgelegt sein, dass später der gemauerte Schacht ohne Nacharbeiten eingestellt werden konnte. In Abbildung 44 ist das dreistufige Bauverfahren schematisch dargestellt.

100 | 2. Brunnen als Wasserversorgungsanlagen

Abb. 45 Der Schachtverbau

Da das Gebirge nicht massiv anstand, ergab sich beim Abteufen in Abhängigkeit von dem jeweiligen Gesteinsgefüge ein Schacht von mehr oder weniger großer Unregelmäßigkeit, an dessen Wänden möglicherweise weiteres Lockergestein einzustürzen drohte. Man brauchte also einen Schachtverbau.

Da man diesen Verbau jedoch nicht rund herstellen konnte, führte das zu einer zusätzlichen Vergrößerung des erforderlichen Schachtquerschnittes. Das hieß z. B. für den Brunnen auf der Veste **Otzberg** [14], dass für den späteren Brunnenschacht mit einem Innendurchmesser von 1,82 m zunächst ein bergmännischer Schacht mit Seitenlängen von ca. 3,5 m abgeteuft werden musste. Das Prinzip „Schacht im Schacht" unterschied sich hier vom Aufwand her zum Prinzip „Schacht aus dem Vollen" fast genau um den Faktor 5. Für den oberen Schachtabschnitt auf der **Augustusburg** [15] werden die Baugrubenabmessungen mit 5 x 5 m angegeben; der Schachtdurchmesser beträgt heute 3,2 m.

Man benötigte ein Schachtgerüst, wie es in Abbildung 45 dargestellt ist, gebildet aus vier senkrechten Eckpfosten, die durch Querhölzer ausgesteift wurden. An den Außenseiten zur Schachtwand hin konnten zur Sicherheit Bohlen oder Schwarten eingezogen werden.

Von einer zusätzlichen Schutzvorrichtung gegen herabfallendes Gestein schreibt Agricola: *Damit aber auch den Anschlägern keine Gefahr von Steinen droht, die bei der Förderung aus dem tiefen Schacht wieder herunterfallen, wird ein wenig über dem Füllort eine Schutzbühne eingebaut, die den ganzen Querschnitt des Schachtes mit Ausnahme des Fahrtrums einnimmt. Jedoch hat die Schutzbühne ... eine Öffnung, durch welche die ... Kübel mittels des Haspels hochgezogen und die leeren wieder herabgelassen werden können.*[198] Dass ein solcher Schutz auch beim Brunnenbau zur Anwendung kam, ist durch die bisher gesichteten Bauakten nicht belegt.

Wir hatten bereits erläutert, dass der Schacht im Bergbau gewöhnlich geteilt wurde in ein Fördertrum und ein Fahrtentrum. Im Fahrtentrum hingen die Leitern für den Auf- und Abstieg der Arbeiter, Ruhebühnen ermöglichten eine Verschnaufpause. Der Abstand der Bühnen wird mit 7,5–9 m angegeben.[199] Die konsequente Trennung der Betriebsabläufe war in der zweiten Bauphase des Brunnenbaues nach dem Prinzip „Schacht im Schacht" zwingend geboten. Außer den Bergmännern kamen jetzt auch Zimmerleute zum Einsatz. Das von den Hauern gelöste Gestein musste aufgezogen, das Bauholz für die Zimmerleute herabgelassen werden. In der Schlussphase des Abteufens musste zusätzlich auch noch Wasser gefördert werden. Die Haspelknechte waren zeitweise rund um die Uhr im Einsatz. Im Schacht herrschte ein ständiges Auf und Ab.

Während der gesamten Dauer des Abteufens hatte das Gerüst keine Aufstandsfläche. Es musste seitlich im anstehenden Fels verkeilt und entsprechend dem Arbeitsfortschritt Zug um Zug nach unten verlängert werden. Für die horizontalen Tragebalken waren bei Bedarf Rüstlöcher seitlich in den Fels zu schlagen. Eingezogene Schutzbohlen mussten hinterfüllt werden.

Aus den urkundlichen Belegen zum Bau des 92 m tiefen **Betzenstein**er Brunnens[200] wissen wir, dass für den Schachtverbau über 115 Fuhren Holz verbraucht wurden. Da die einheimischen Fronpflichtigen für diese gewaltige Transportaufgabe nicht ausreichten, wurden zusätzliche Kräfte aus fremden Herrschaftsbereichen verpflichtet. Für die Erneuerung der Auszim-

---

198 Agricola, a.a.O., S. 93
199 Meyers Konversationslexikon, a.a.O., S. 727
200 Buchner, A.: Der „Tiefe Brunnen" von Betzenstein, Beiträge zur Heimatkunde, Heft. 13, 1980, S. 10; Der Betzensteiner Stadt-Brunnen (1543–1549), auf ganzer Höhe ausgemauert, eignet sich aufgrund der Baubelege gut zur vergleichsweisen Betrachtung.

merung des bergmännischen Schachtes der Burg **Homberg** [12] wurden in den Jahren 1609/10 über 400 Stämme benötigt. Ob das viele Holz beim Bau des **Stolpen**er Brunnens [3] sämtlich für das Feuersetzen verbraucht wurde oder zumindest teilweise auch dem Gerüstbau diente, wird wohl nicht mehr zu klären sein.

Das Aufmauern des Schachtes
Beginnen wollen wir den Abschnitt über die dritte Phase des Brunnenbaues nach dem Prinzip „Schacht im Schacht" – die Aufmauerung des Schachtes – mit einem kurzen Blick auf eine immer wieder auftauchende Streitfrage: Es geht um die sogenannte Schachtabsenkung, wie sie heute beim Brunnenbau mit Betonringen erfolgreich praktiziert wird. Auch einen Schacht aus Ziegelmauerwerk kann man herstellen, indem man einen Senkkranz in die Baugrube einbringt, auf den das Mauerwerk gestellt wird. Von innen wird der Senkkranz unten freigegraben und so aufgrund des Eigengewichtes mit dem Mauerwerk langsam nach unten gedrückt. Das Mauerwerk wird entsprechend dem Fortgang des Absenkens von oben nachgemauert. Das hört sich einfach an; in Wahrheit handelt es sich jedoch um ein sehr riskantes Verfahren, bei dem viel Erfahrung und eine glückliche Hand erforderlich sind, um den Schacht unbeschadet niederzubringen.

Nun gibt der Grabungsfund eines Brunnens in Köln[201] immer wieder Anlass zu der Vermutung, dieses Verfahren könnte schon von den Römern praktiziert worden sein. Der ausgegrabene, gemauerte Brunnenschacht weist eine bemerkenswerte Schrägstellung auf, in der eine verunglückte Schachtabsenkung vermutet wurde. Eine kurze Darstellung[202], mit der diese These widerlegt wurde, blieb weitgehend unbeachtet. Der Verfasser kam zu dem überzeugenden Schluss: *Seine charakteristische Form erhielt der Schacht durch ungleichförmige Setzung nach dem Zuschütten des Aushubtrichters.* Wir erinnern in diesem Zusammenhang an die im Kapitel 2.1 beschriebene Technik des Brunnengrabens.

Eine Anleitung aus dem Jahre 1720, die sich mit dem Brunnengraben befasst[203], enthält dann aber tatsächlich Hinweise zur Schachtabsenkung. Sie beziehen sich jedoch auf die Bauphase, wo man im Grabungstrichter bereits auf Wasser gestoßen war und nun einen gemauerten Schacht im wassergesättigten Erdreich um eine Quelle herum niederbringen wollte. Dass das Verfahren unter diesen Bedingungen erfolgreich sein kann, ist unbestritten.

Beim Brunnenbau im Felsgestein aber haben die Baumeister des Mittelalters das Verfahren der Schachtabsenkung wohl nicht einmal angedacht, da es sich aus bautechnischen Gründen von selbst verbot. Der Schacht hätte sich auch bei sorgsamster Vorgehensweise schon nach wenigen Metern im Fels verkeilt und aufgehängt.

Wir hatten eingangs bereits darauf hingewiesen, dass die Materialbeschaffung und die Verfügbarkeit geeigneter Arbeitskräfte das eigentliche Problem des mittelalterlichen Bauens darstellten. Aus der Lage der Höhenburgen und Bergvesten ergab sich, dass die erforderlichen Facharbeiter in der näheren Umgebung nicht oder nicht in ausreichender Anzahl verfügbar waren. Es würde zu weit führen, wenn wir hier der Frage nachgehen wollten, woher die erforderlichen Fachkräfte eigentlich kamen und wie sie zur Mitarbeit verpflichtet wurden.

---

201 Haberey, W.: Die römischen Wasserleitungen nach Köln, Bonn 1972
202 György, L.: Zur Technik des Brunnenbaues der Römer, in: bbr Fachmagazin für Brunnen und Leitungsbau, 8/80, S. 363 f
203 Sturm, L. Chr.: Vollständige Anweisung Wasser-Künste, Wasserleitungen, Brunnen und Cisternen wohl anzugeben, Augsburg 1720, S. 15

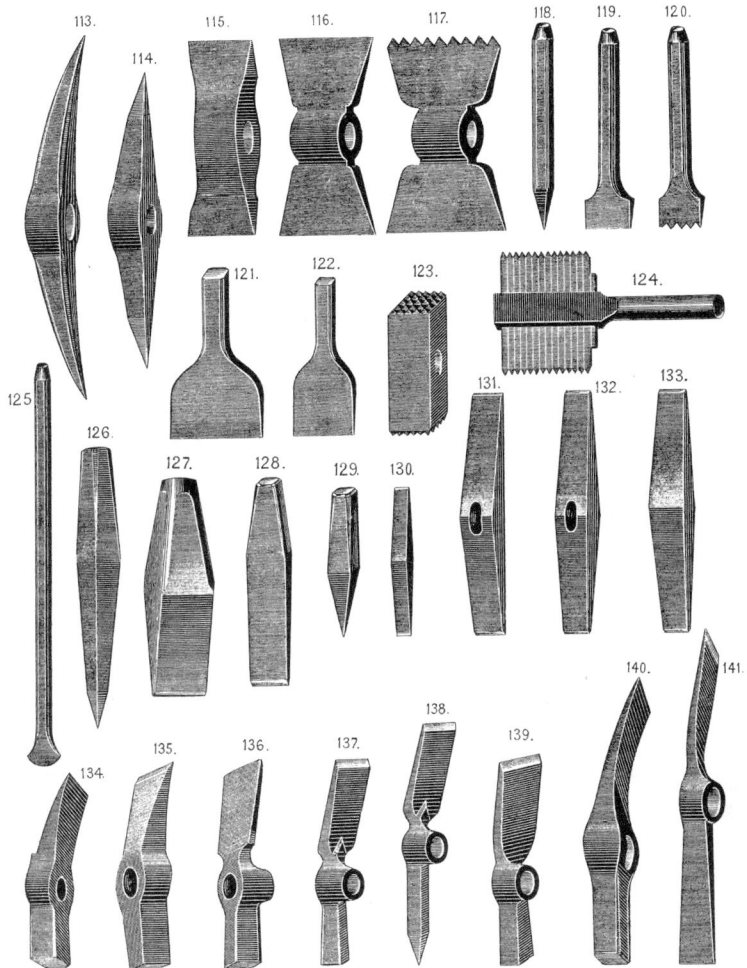

Abb. 46 Steinmetzwerkzeuge

Noch schwieriger als die Beschaffung der Arbeitskräfte aber war die Bereitstellung von geeignetem Baumaterial. Man musste einen Steinbruch finden mit einem Vorkommen in genügender Mächtigkeit und in möglichst günstiger Lage zur Burg. Gebraucht wurden vorrangig Sedimentgesteine wie Sand-, Kalk- oder Tuffstein. Das gebrochene Rohmaterial wurde gleich in der Nähe des Steinbruchs auf Format gearbeitet. Dadurch erleichterte sich der Transport. Und auf den Höhenburgen war zumeist ohnehin kein ausreichender Platz für die Steinbearbeitung verfügbar.

Bei schönem Wetter arbeiten die Steinhauer mit Vorliebe unter Gottes freiem Himmel, was in Hinsicht auf die Gesundheit der Vertreter eines an sich ungesunden Handwerkes nur zu billigen ist.[204] Gegen Sonne und Regen schützten leichte Überdachungen. *Des Steinstaubes wegen soll*

---

204 Krauth, T. und Meyer, F. S.: Die Bau- und Kunstarbeiten des Steinhauers, Leipzig 1896, S. 174

die Anlage thunlichst luftig sein. Ein Schmied sorgte für die Instandhaltung der Werkzeuge. Aus Untersuchungen mittelalterlicher Baustellen ist bekannt (Abb. 21), dass für die Handwerker einfache Unterkünfte in unmittelbarer Nähe zu ihrer Arbeitsstelle geschaffen wurden.[205]

In diesem Zusammenhang sind einige Anmerkungen zur Technik der Steinbearbeitung erforderlich. Die handwerkliche Bearbeitung des gebrochenen Steinmaterials sowie die dafür benutzten Werkzeuge sind von den Anfängen der Steinmetztechnik bis in die heutige Zeit grundsätzlich gleich geblieben. Zum rohen Behauen der Quader verwendete man den beidhändig geführten Zweispitz sowie verschieden große Schlag- und Spitzeisen, die mit dem eisernen Schlegel oder dem hölzernen Klöpfel geschlagen wurden. (Abb. 46)

Wenn ein sedimentäres, d. h. im Bruch geschichtetes Gestein zu Hausteinen verarbeitet werden soll, so ist die Annahme [d. h. die Wahl] der Bearbeitungsflächen nicht willkürlich. Soweit es immer angeht, soll jeder Stein am Bau so versetzt werden, wie er im Bruch gelegen hat, wie es seinem natürlichen Lager entspricht, und zwar deswegen, weil er auf diese Weise am meisten aushält.[206] Entsprechend dieser Regel wurden die Rohblöcke vorgerichtet.

Die traditionelle flächige Bearbeitung der Rohblöcke, das Anlegen des Randschlages und das Abarbeiten der Bossen, die Handhabung von Richtscheid und Winkel, werden in der Fachliteratur[207] eingehend beschrieben. Für die Zurichtung des vorderen Hauptes eines jeden Quaders wurde eine Schablone verwendet, die dem Innendurchmesser des Schachtes angepasst war; das hintere Haupt der Quader blieb unbearbeitet, so wie es aus dem Bruch kam. Die seitlichen Stoßflächen mussten streng radial zum Schachtmittelpunkt hin ausgerichtet werden, die rechtwinklig anschließenden Setz- und Lagerflächen sollten möglichst eben sein. Der passgenaue Fugenschluss entschied über die Standsicherheit der Aufmauerung. Wo doch Abweichungen vorhanden waren, mussten diese später beim Aufmauern mit Schieferplättchen ausgezwickt werden.

Der verantwortliche Baumeister hatte zu entscheiden, welche Quaderformate gefertigt werden sollten. Zunächst musste man sich natürlich daran orientieren, welches Rohmaterial aus dem Steinbruch gewonnen werden konnte. Für die Stabilität der Schachtausmauerung waren möglichst große Formate dienlich, die aber besondere technische Aufwendungen beim späteren Versetzen bedingten.

Voraussetzung war eine gleiche Höhe der Quader innerhalb einer jeden Ringlage. So sind im oberen Teil des Brunnens der Veste **Otzberg** [14], der um 1550 erneuert werden musste, rd. 75 % der Steinschichten 43 cm hoch. Jeweils sechs bis acht Quader bilden einen Ring; d. h. die Breiten der vorderen Häupter schwanken durchschnittlich zwischen 71 und 95 cm. Im unteren, älteren Schachtteil wurden schalenförmige Quader verwendet, deren Höhe um einen Faktor von ca. 1,5 größer ist als die Breite der Aufstandsflächen. Im neueren Schachtteil ist das Verhältnis gerade umgekehrt. Man wählte hier größere Auflagerflächen, da man eine höhere Standsicherheit erreichen wollte.

Die Urkunden zum **Betzensteiner** Brunnen[208] belegen, dass Steinmetze die bestbezahlten Handwerker auf den Brunnenbaustellen waren. Gemäß Vertrag von 1543 erhielt ein Meister 2 fl 30 kr pro Woche, sein Geselle 1 fl 30 kr. Der auf der Baustelle tätige Zimmermeister erhielt gerade mal 42 Pfennige täglich, d. h. bei fünf Arbeitstagen nur 2/3 der Entlohnung der

---

205 Batariuc, a.a.O. S. 149
206 Krauth und Meyer, a.a.O., S. 185
207 wie vor, S. 185 ff; Friederich, K.: Die Steinbearbeitung in ihrer Entwicklung vom 11. bis zum 18. Jahrhundert, Augsburg 1932
208 Buchner, a.a.O., S. 9

Steinmetzgesellen. Bei einem Grabarbeiter waren es gar nur 12 Pfennige pro Tag. In einem Jahr verdiente ein Betzensteiner Steinmetzmeister damit mehr als doppelt so viel wie sieben Jahre später der Frankfurter Stadtarzt.

Die Arbeit der Steinbrecher und Steinmetze im Steinbruch begann oft lange bevor das Abteufen des bergmännischen Schachtes beendet war. Der **Homberg**er Rentmeister berichtet im August 1607, der Brunnen auf der Burg [12] habe eine Tiefe von 48 Lachtern (ca. 85 m) erreicht, gleichzeitig hätten die Steinhauer *in fleißiger arbeit außer was auf dem Schloß schon vorhanden* [weitere] *300 Schuh aus 13 Circuly* [auf Vorrat gefertigt], *das also zu künftiger Notwendigkeit und schleuniger fortbringung des Bronnens kein Mangel sein wird.*[209] Die 300 Fuß entsprechen den laufenden Metern des Umfangs von 13 Steinlagen. Wie viel Material bereits auf Vorrat gefertigt worden war, wird nicht berichtet. Gleichwohl bleibt festzuhalten, dass hier auf volles Risiko gearbeitet wurde, denn bis zum Erreichen der endgültigen Schachttiefe fehlten zu diesem Zeitpunkt noch mehr als 60 m.

Die einzelnen Quader jeder Schicht wurden vor dem Abtransport auf die Baustelle i. d. R. zunächst auf dem Reißboden ausgelegt. Passgenau mussten alle Anschlussfugen gearbeitet sein, denn Mörtelfugen waren beim Aufsetzen der großen Quadersteine nicht angezeigt. Der Parlier (svw. Polier) prüfte die Arbeit. Ob der Steinmetz sein Zeichen oder ein Hinweiszeichen für den späteren Einbau in den bzw. die Quader schlug, hing von der Organisation der Baustelle ab. Die Steinmetzzeichen werden wir in einem gesonderten Abschnitt am Ende dieses Kapitels behandeln. Die Anordnung solcher Zeichen im Brunnen der **Marburg** deuten z. B. darauf hin, dass hier die relativ kleinformatigen Quader erst auf der Baustelle kurz vor dem Einbau zu geschlossenen Ringen zusammengestellt wurden.

Den Transport der Werkstücke auf die Baustelle mussten Frondienstleistende mit ihren Pferde- oder Ochsengespannen übernehmen, wobei der Streckenabschnitt den steilen Berg hinauf Mensch und Tier das Äußerste abverlangte. Im Brunnen auf **Otzberg** [14] wurden Steinquader verarbeitet, die bis zu 20 Zentner wogen. Um Transportschäden zu vermeiden, wurden die Werkstücke in Stroh verpackt.

Die Bergmaurer begannen ihre Arbeit im Schacht mit der Herstellung der Gründung. Beim Brunnen der Feste **Dilsberg** [9] reichte dafür ein ca. 20 cm hoher *Ring aus grob vermörtelten Ausgleichssteinen*[210], der auf den anstehenden Sandstein aufgelegt wurde. Auf der Veste **Otzberg** [14], wo der Schacht im unregelmäßigen Basalt gegründet ist, war eine aufwendige gemischte Konstruktion erforderlich. (Abb. 171) Der Schacht des Brunnens der Burg **Homberg** [12] durchstößt mit seiner Tiefe von 150 m den anstehenden Basalt und gründet auf Schichten des darunter liegenden Muschelkalks. Im Boden findet sich hier wie auch im Falle der Burg **Mühlburg** und der **Wülzburg** [5] eine muldenförmige Vertiefung als Sumpf.

Bei der Räumung des Brunnens auf Schloss **Marburg** wurde 1880 eine Ausbildung des Sumpfes, d. h. des unteren Endes des Schachtes, dokumentiert, die wohl erst im Rahmen der Reparaturarbeiten in den Jahren 1672–1675 entstanden ist (Abb. 47). *Der Sumpf* [so wird missverständlich kommentiert] *ist unten mit Steinplatten bedeckt, sodaß die hinabkommenden Schöpfeimer keinen Sand aufwirbelten.*[211] Ein Sumpf hatte jedoch gerade die Aufgabe, die Bodenablagerungen zu sammeln. Mit den Eimern wurde oberhalb des Sumpfes geschöpft und oberhalb des Sumpfes wurde auch in späteren Jahren das Wasser abgepumpt. Bemerkenswert

---

209 Breiding, a.a.O., S. 82
210 Dachroth und Wiltschko, a.a.O., S. 12
211 Justi, a.a.O., S. 102 f

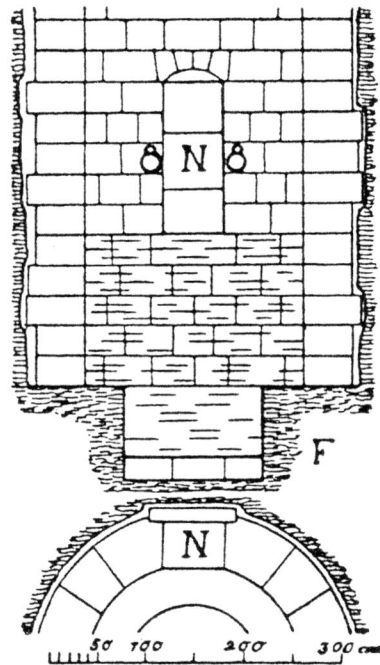

Abb. 47 Der Brunnensumpf der Marburg

ist in diesem Zusammenhang, dass das nutzbare Reservoir nur etwa 5 m³ beträgt. Die Platten am Boden des Sumpfes erleichterten die Reinigung des Brunnens.

Aus einer Urkunde von 1612 erfahren wir, dass es *ein altes herkommen* war, *im anfang des Brunnes aus zu mauren den grundt stein* zu legen. Da der Landgraf als Bauherr kaum geneigt war, diese Handlung im Brunnenschacht seiner Burg **Homberg** [12] persönlich vorzunehmen, teilt der Baumeister mit, habe *ich vor meine geringe vndt wenige persohn* den Grundstein für die Ausmauerung des Schachtes gelegt.[212]

Die ersten Meter, die auf die Gründungsebene aufgesetzt wurden, bildeten später das Reservoir des Brunnens. Sobald die Höhe dieses Schachtteiles den oberen Bereich der wasserstauenden Schicht erreicht hatte, stellte sich die Frage nach der Wasserfassung. Es liegt bisher nur ein Beispiel für eine konstruktive Ausbildung zur Fassung des zufließenden Wassers vor. Auf der Bergfeste **Dilsberg** [9], deren Brunnen nur in der oberen Hälfte gemauert ist, weil der Schacht später verlängert werden musste, befindet sich 3,5 m über dem Ende der Aufmauerung eine *bleyene Teichel nebst herum liegender Kandel, worauß daß quell wasser in bronnen fließet*.[213] (Abb. 115)

Im gemauerten Brunnenschacht der **Ronneburg** [13] gibt es keine Wasserfassung dieser oder ähnlicher Art. Hier soll es sich um einen sogenannten Quellschacht handeln, bei dem Wasser vom Grund her zutritt. Im Brunnen der Veste **Otzberg** [14] sickert das Kluftwasser unkontrolliert durch die offenen Fugen des Mauerwerks.

---

212 StA Marburg, Bestand 17 e, Homberg/Efze, Nr. 30   213 Kurpfälzisches Museum der Stadt Heidelberg, Planarchiv Nr. Z 2205

Es war Aufgabe der Maurer, aus den Quadern, wie sie von den Steinmetzen jeweils für einen kompletten Ring vorgefertigt worden waren, unter Einhaltung von waagerechten Lagerfugen ein lotrechtes Schachtbauwerk zu errichten. Die Quader wurden also nach dem Baukastenprinzip zusammen- und aufeinandergesetzt. *Ein schlechtes, unaufmerksames Versetzen der Bausteine rächt sich nicht selten dadurch, dass Steine abgedrückt werden, wenn der Bau längst vollendet ist. Es können dann leicht auch gut versetzte Partien in Mitleidenschaft gezogen werden; es können Risse entstehen, die sich auf mehrere Schichten … erstrecken.*[214]

Die Druckfestigkeit des Mauerwerkes war umso größer, je genauer die gedrückten Flächen gearbeitet wurden. Da das Material aber nicht gesägt und geschliffen werden konnte, waren geringe Maßtoleranzen nicht zu vermeiden. Die Kunst beim Versetzen bestand darin, den Druck in der Lagerfuge gleichmäßig zu verteilen. Ob man – wie zuweilen im Hochbau – bei Bedarf mit Zwischenlagern aus Bleiblech gearbeitet hat, ist nicht bekannt. Sichtbar sind heute vereinzelt dünne Schieferplättchen, mit denen man versuchte, die Unebenheiten in den Stoß- und Lagerfugen auszugleichen.

Da wir nun gerade die Einhaltung waagerechter Lagerfugen beim Versetzen der Quader hervorgehoben haben, darf der Hinweis auf eine abweichende Bauweise nicht fehlen, die uns aber nur von einem Beispiel her bekannt ist. Die Untersuchung des Brunnens auf dem Schlossberg von **Julbach** ergab[215], dass der *Aufbau der Brunnenmauerung spiralförmig gegen den Uhrzeigersinn nach unten* verläuft. Bei der Aufmauerung des Schachtes wurden hier die Steine demnach einer linksgängigen Helix folgend verlegt. Die Ausbildung einer solchen Schraubenlinie war nur mit Quadersteinen einheitlicher Höhe möglich. In diesem Fall betragen die Abmessungen h = 0,4 m bei einer Länge von 0,6 m. Einer Ganghöhe von 40 cm entspricht bei dem vorhandenen Schachtdurchmesser ein Steigungswinkel von 1 bis 2 Grad. Diese Bauweise hatte den Vorteil, dass die Steine – gleiche Höhe vorausgesetzt – nun fortlaufend verlegt werden konnten ohne den Zwangspunkt, sich in jeder einzelnen Ebene zu einem geschlossenen Ring ergänzen zu müssen. Damit vereinfachte sich die Herstellung der Quader und die Montage verlief zügiger.

Da aber für die Ausformung der Schraubenlinie übliche Quadersteine mit planparallelen Lagerflächen verwendet wurden, ergab es sich zwangsläufig, dass der Schachtdurchmesser nach oben hin langsam weiter wurde. Bezogen auf die derzeitige Tiefe von 20 m war das eine Veränderung von 1,6 m auf 1,8 m. Ob die Querschnittsverengung sich aufgrund dieser Art der Ausmauerung tatsächlich bis zu der vermuteten Tiefe von 57 m fortsetzt, kann erst nach vollständiger Räumung mit Bestimmtheit gesagt werden. Folgt man der Baugeschichte der Burg, dann ist dieses Konstruktionsprinzip wohl dem 14. Jahrhundert zuzurechnen. Der Versuch, einen neuen Weg bei der Schachtausmauerung zu gehen, konnte letztlich aber kaum überzeugen, weil die dafür geeigneten Bausteine fehlten.

Beim Versetzen der einzelnen Quader blieben im Normalfall die Anschlussfugen offen. Eine Ausnahme stellt diesbezüglich der etwa zur Hälfte ausgemauerte Brunnenschacht von Schloss **Hellenstein** [11] dar. Hier wurden Ende des 17. Jahrhunderts hart gebrannte Backsteine mit einem fetten Kalkmörtel vermauert.[216] Und bemerkenswert ist, dass man aus Kostengründen

---

214 Krauth und Meyer, a.a.O., S. 198
215 www.burgfreundejulbach.de/burgbrunnen.htm, Befahrung vom 18.03.2006
216 Heinzelmann und Jantschke, a.a.O., S. 241

im Brunnen von Schloss **Neuenburg** die *Stein von dem im Hoff stehenden großen runthen Thurm ... welcher ohne diß eingebrochen werden* sollte, zur Ausmauerung verwendet hat.[217]

Eine Ausmauerung mit kleinformatigen Natursteinen findet sich häufig im Kopfbereich der Brunnenschächte; so auf der Festung **Wülzburg** [5], der **Albrechtsburg** [18] und der Burg **Pappenheim**, wobei letztere noch die Besonderheit aufweist, dass der Schacht im Querschnitt hier nicht rund, sondern rechteckig ausgebildet ist. Schächte geringer Tiefe bestehen oftmals auf ganzer Länge aus nur roh behauenen, handlichen Natursteinen. Bemerkenswert innerhalb dieser Gruppe ist der Brunnenschacht der Burg **Sangershausen** (Altes Schloss). Er weist auf seiner gesamten Tiefe von 25 m einen elliptischen Querschnitt auf (Achsmaße 1,60/1,25 m), optimal abgestimmt auf die Randbedingungen bei der Wasserförderung.

Wahrscheinlich waren die Maurer auch für das Ausraumeln, also das Hinterfüllen und Auskeilen der Zwischenräume zum anstehenden Fels hin verantwortlich. Dieser Arbeitsgang war entscheidend für die Stabilität des Schachtes. Sobald sich einzelne Steine nach hinten aus dem Verband lösen konnten, bestand Gefahr für das Gesamtgefüge.

Die Frage, ob bzw. inwieweit der hölzerne Schachtverbau beim Aufmauern Zug um Zug wieder ausgebaut wurde, kann im konkreten Einzelfall nicht beantwortet werden, da wir nicht hinter die Steine sehen können. Aus bautechnischer Sicht wäre dies jedoch zwingend geboten gewesen, da das Holz langsam verfaulte, wodurch Hohlräume entstanden, so dass sich die Hinterfüllung lockern konnte. Andererseits aber ist zu bedenken, dass der Rückbau der Schachtauszimmerung eine lebensgefährliche Aufgabe gewesen wäre.

Und so heißt es auch in einer Abhandlung über den Brunnenbau aus dem Jahre 1792 zunächst: *Die Einschalung, Verschalung oder Verzimmerung eines solchen Brunnens ist ... in der Sprache der Bergleute gesprochen, nur eine verlorne Zimmerung.*[218] Wenn es dann um die Aufmauerung geht, lesen wir: *Ehe man aber erst dieses [erste] Stük Mauer aufführt: So reise man erst auf diese Höhe das Holz aus dem Brunnen, ... aber nur in dem Fall, wenn man nicht zu befürchten hat, daß das Gebirge, während dem, als man dieses Stük Mauer aufmauert, zusammenstürzet.*[219]

Versetzt wurden die – wie auf der Veste **Otzberg** [14] – bis zu 20 Zentner schweren Steine mit Hilfe von Lastkränen, deren Entwicklung während der Durchführung der großen Bauvorhaben der Gotik entscheidend vorangetrieben worden war. Vom einfachen Galgen mit Haspel bis hin zu Kränen mit Tretradantrieb sind aus dieser Zeit vielfältige Arten von Hebezeugen überliefert. (Abb. 48) Maschinen, die für das Heben schwerer Lasten geeignet waren, konnten im Prinzip auch für das Absenken solcher Lasten verwendet werden, wenn die Hebezeuge sich in den Bereichen schwenken ließen, wie es für das Aufsetzen des Mauerwerks im Schacht erforderlich war.

In erster Linie aber kam es beim Aufmauern eines Brunnenschachtes darauf an, dass die Steinlasten kontrolliert abgelassen, d. h. jederzeit sicher abgebremst werden konnten. Für Hebezeuge, die mit Hilfe eines Haspels betrieben wurden, ist eine solche Steuerung kaum vorstellbar. Ob beim Tretradantrieb allein der später beschriebene Bremsschuh (Abb. 58) ausreiche, darf bezweifelt werden. Andere Bremseinrichtungen sind hierfür nicht bekannt. Am ehesten noch wäre ein Gangspill geeignet gewesen, wie er als Fig. 1 in Abbildung 48 gezeigt

---

217 Landeshauptarchiv Magdeburg, Außenstelle Wernigerode, Rep. A 30c II, Nr. 429, Bl. 1 r – 2 v

218 Cancrin, F. L.: Abhandlung von der vorteilhaften Grabung, der guten Fassung und dem rechten Gebrauch der süsen Brunnen, Giesen 1792, S. 42

219 wie vor, S. 48

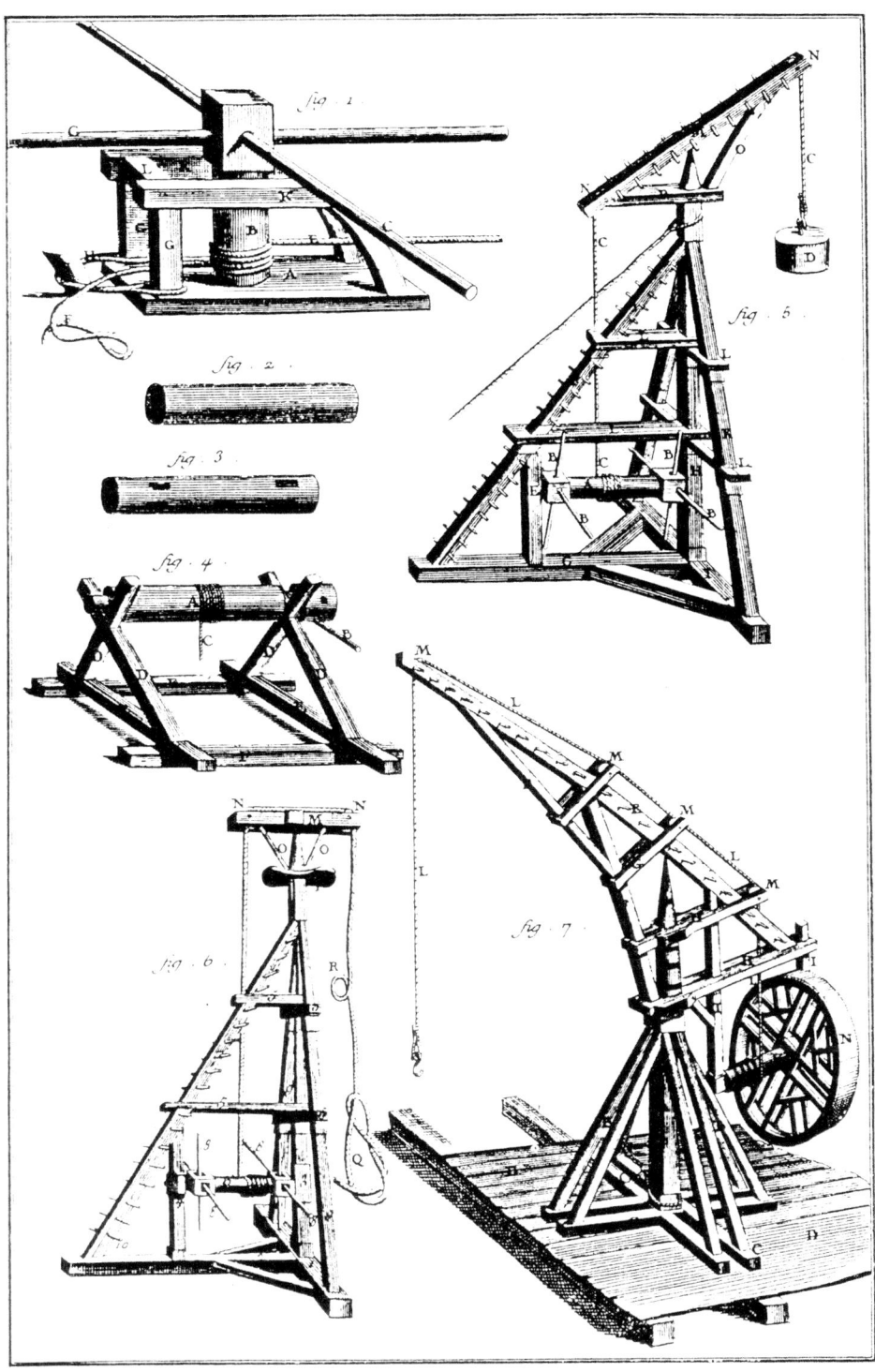

Abb. 48 Hebezeuge

wird. Eine eingespielte Mannschaft hätte das Ablassen mit entsprechend langen Spaken (Speichen) steuern können. Für die Kombination eines solchen Antriebes mit einem Kran kennen wir allerdings nur ein Beispiel als Konstruktionszeichnung.[220]

Den Maurern, die schutzlos unter den schwebenden Lasten arbeiten mussten, werden die Schwächen der verfügbaren Hebezeuge schmerzlich bewusst gewesen sein. Gottvertrauen war ihr einziger Trost. Aufschlussreich ist in diesem Zusammenhang ein Hinweis auf die noch bis ins 19. Jahrhundert für die Beladung von Schiffen üblichen großen hölzernen Turmdrehkräne, die über zwei Treträder verfügten, in denen jeweils bis zu vier Männer das Heben der schweren Lasten besorgten. *Allerdings gab es dabei nicht selten Unfälle, wenn die Arbeiter in den Trommeln die Last nicht mehr mit ihrem Gewicht zu halten vermochten und es versäumt hatten, rechtzeitig herauszuspringen. Sperrklinken gab es in diesen völlig aus Holz bestehenden Anlagen noch nicht.*[221]

Gehalten wurden die Steinquader an den Lastseilen mit Steinzangen, auch Hebeklauen oder Greifscheren genannt. Schon aus der Antike sind Steinzangen als Greifzeug bekannt. Die früheste bekannte Darstellung einer solchen Zange in unseren Breiten (Abb. 25) stammt aus der Zeit um 1280. Sie besteht aus zwei durch einen Gelenkbolzen verbundenen Greifarmen, durch deren Ösen am oberen Ende im einfachsten Fall ein am Lastseil befestigter Eisenring geführt wurde. (Abb. 49) Beim Heben schlossen sich die Greifarme und verkeilten sich in zwei Löchern, die erst auf der Baustelle von den Maurern in die Parallelseiten der Quader eingearbeitet wurden.

Die Anordnung der Zangenlöcher erfolgte so, dass der Quader beim Heben und Senken in stabiler Lage verblieb. Die Zangenlöcher konnte man später nur noch von der Schachtseite her sehen. Da aber auch Brunnenschächte bekannt sind, deren Quadermauerwerk keine Zangenlöcher aufweist, kann nicht ausgeschlossen werden, dass das Versetzen hier mit dem sogenannten Wolf erfolgte. Da die Wolflöcher in die Oberseite des zu hebenden Quaders eingearbeitet werden mussten, sind sie heute nicht mehr sichtbar.

Im Brunnenschacht waren Arbeitsbühnen neu zu installieren, von denen aus die notwendigen Handreichungen beim Einbau der großen Quader getätigt werden konnten. Umfängliche Auswertungen historischer Darstellungen von Hochbaumaßnahmen belegen: *Die gängige Konstruktionsweise, die seit der zweiten Hälfte des 12. Jahrhunderts abgebildet ist, sind die Auslegergerüste, insbesondere Auslegergerüste ohne Abstützung.*[222] *In diesem Fall gingen die Gerüststangen ganz durch die Mauer hindurch und wurden nach beendeter Arbeit einfach aus den Löchern herausgezogen und mit dem übrigen Arbeitsgerüst ein Stück höher erneut verwendet.*[223]

Wäre eine solche mitwandernde Gerüstkonstruktion bei der Schachtaufmauerung zum Einsatz gekommen, wären im Mauerwerk in regelmäßigen kurzen Abständen Rüstlöcher verblieben. Uns ist nur ein derartiger Fall bekannt: Es handelt sich um den 150 m tiefen Brunnen der Burg **Homberg** [12]. In Abständen von ca. 1 m sind hier jeweils vier Rüstlöcher, paarweise gegenüberliegend, vorhanden. Die Ausrichtung der Rüstlöcher ist über die ganze Tiefe des Schachtes gleich; d. h. die schmalen Rüstebenen, die nacheinander von unten nach oben

---

220 Bayerische Staatsbibliothek München, Cod. Lat. 197, fol. 38 v, anonymer Zeichner um 1430
221 Troitzsch, U.: Technischer Wandel in Staat und Gesellschaft zwischen 1600 und 1750, in: Propyläen Technikgeschichte, Bd. 3, Berlin 1997, S. 27
222 Binding, G. und Nussbaum, N.: Der mittelalterliche Baubetrieb nördlich der Alpen in zeitgenössischen Darstellungen, Darmstadt 1978
223 Fitchen, a.a.O., S. 106 f

2.3 Der Brunnenbau auf Höhenburgen | 111

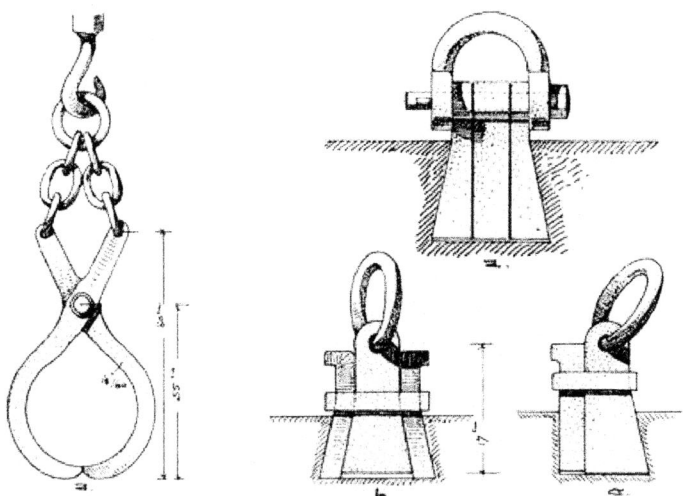

Abb. 49 Zange und Wolf zum Versetzen der Quadersteine

benutzt wurden, lagen in der Schachtmitte genau übereinander. Wir werden aber sehen, dass diese besondere Anordnung von Rüstlöchern auch noch einen anderen Hintersinn hatte.

Da in allen anderen bisher bekannten Schächten solche regelmäßigen Rüstlöcher fehlen, müssen wir davon ausgehen, dass man dort entweder Arbeitsgerüste verwendet hat, die frei in der runden Öffnung standen, oder dass von dem bereits gefertigten Schachtrand aus gearbeitet wurde, ggfs. unter Verwendung zusätzlicher Bohlen. Im Brunnenschacht der **Ronneburg** [13] sollen im Abstand von etwa 10 m jeweils acht *Balkenlöcher für ein Etagengerüst* vorhanden sein.[224] Genauere Angaben dazu fehlen.

Andererseits sind aber in der Höhe sehr weit auseinanderliegende, meist nur ca. 8/8 oder 10/10 cm große Rüstlöcher in vielen Schächten noch heute nachweisbar. Hierbei handelt es sich jedoch um Vorrichtungen für Hilfsgerüste, wie sie später z. B. für die Durchführung von Bergungsarbeiten erforderlich werden konnten, sobald das Brunnenseil gerissen war. Die Verbindungen zwischen den weit auseinanderliegenden Rüstebenen wurden dann durch Leitern hergestellt. Die Ausrichtung der Rüstlöcher ändert sich meist von Ebene zu Ebene, um das durchgängige Klettern zu erleichtern.

Die erwähnten Rüstlöcher wurden in der Regel vor Ort im Zuge des Einbaues der Quader von den Maurern hergestellt. In den erforderlichen Abständen wurden dazu auf dem **Otzberg** [14] in die Oberseite der dafür vorgesehenen liegenden Schicht U-förmige Aussparungen eingearbeitet. Mit der Überdeckung durch die nächste Schicht entstand so das Rüstloch. Auf Burg **Homberg** [12] wählte man den umgekehrten Weg. Die U-förmigen Aussparungen sind hier jeweils in die Unterseite der Decksteine eingelassen, mussten also bereits vor dem Einbau von den Steinmetzen eingearbeitet werden.

Der Einbau der Traghölzer während der Aufmauerung war kein Problem. Der Ausbau setzte ihre Zerstörung voraus. Wie aber brachte man später bei Bedarf wieder neue Traghölzer in

---

224 Dr. Walter Nieß, Büdingen, danke ich für das Befahrungsprotokoll vom 30.05.1984.

die Löcher ein, um sie für Klettergerüste nutzen zu können? Da deren Länge größer sein musste als der Schachtdurchmesser, gab es nur zwei Möglichkeiten: Eines der gegenüberliegenden Rüstlöcher wurde mit einer schräg nach oben zeigenden Nut zum Einschleifen des Holzes versehen. Das konnte bei einem „Schacht aus dem Vollen" mit Rüstlöchern im stehenden Fels ausreichen, da das Holz eingekeilt wurde. Bei den tieferen Rüstlöchern im Mauerwerk (Schacht im Schacht) aber brauchte man längere Traghölzer, um eine sichere Auflage zu gewährleisten. Das war nur möglich, in dem man zwei Hölzer verwendete, die ein wenig kürzer als der Durchmesser des Schachtes waren. Diese wurden jeweils tief in gegenüberliegende Rüstlöcher gesteckt und dann parallel verrödelt.

Für die Dauer der Arbeiten an der Aufmauerung liegen kaum verwendbare Aussagen vor. Wohl nicht ganz zu Unrecht mutmaßte Nieß[225] im Falle des Brunnens der **Ronneburg** [13], dass *die ganze Zeit* [die für das Abteufen benötigt wurde] *nochmals für die Aufmauerung des Schachtes* erforderlich war.

Wegen der Unzulänglichkeiten der Hebezeuge kam man i. d. R. nur langsam voran – und die Arbeit war extrem gefährlich. Quadersteine konnten vor dem Einbau ungebremst in den Schacht stürzen. Bereits fertiggestellte Teile des Schachtes wurden beschädigt, Gerüste zerstört, Arbeiter verletzt oder getötet. Bauunterbrechungen waren die Folge.

Dass es auch anders gehen konnte, belegt der Zeitablauf (Abb. 29) für den Brunnenbau der Burg **Homberg** [12]. Mit dem Bau wurde im Frühjahr 1605 begonnen. Legt man die wenigen Zeugnisse über den Baufortschritt zugrunde, dann hätte der bergmännische Schacht im Februar 1609 fertig sein können, was einer Gesamtzeit für das Abteufen von vier Jahren entsprochen hätte. Es kam dann aber zu Verzögerungen im Bauablauf. Erst vom April 1612 datiert der Bericht[226] über die Grundsteinlegung für das Schachtmauerwerk, von dem im Mai 1612 bereits 30 m aufgesetzt worden waren. Und da von einer Fertigstellung im Jahr 1613 ausgegangen werden kann, hat man hier also maximal 18 Monate für die Aufmauerung benötigt. Ausschlaggebend dafür war wohl – wie bereits erwähnt – die gute Arbeitsvorbereitung.

Sobald der Schacht die Höhe erreicht hatte, auf der die Wasserentnahme erfolgen sollte, wurde als Abschluss ein Brunnenkranz aufgesetzt. Diese Schachterhöhung macht zunächst keinen Sinn, da dadurch das Wasser höher als erforderlich gehoben werden musste. Aber es war – wie uns der Sachsenspiegel aus der Zeit um 1230 lehrt – alte Gewohnheit. Im zweiten Buch des Landrechts lesen wir dort: *Ein Mann soll für den Schaden, der anderen Leuten aufgrund seiner Unachtsamkeit widerfährt, aufkommen: sei es, daß er ihn verursacht durch einen Brand oder einen Brunnen, den er nicht kniehoch über der Erde eingehegt hat.*[227] Heute begegnen uns diese von alters her üblichen Brunnenkränze i. d. R. mit einer Höhe von knapp 1 m. Der Gesichtspunkt der Unfallverhütung (Abb. 50) war in der Vergangenheit sicher nicht zu trennen von der praktischen Überlegung, so einer möglichen Verschmutzung des Brunnenwassers vorzubeugen.

Nischen und Stollen, Teil 2
Wir hatten bei unseren Ausführungen zum Abteufen nach dem Prinzip „Schacht aus dem Vollen" bereits darauf verwiesen, dass Schutznischen in ausgemauerten Brunnenschächten

---

225 Nieß, P.: Die Ronneburg, Braubach a. Rh. 1936
226 StA Marburg, Bestand 17 e, Homberg/Efze Nr. 30
227 Eike von Repgow: Der Sachsenspiegel, Landrecht II, 37(38), Hrsg. C. Schott, Zürich 1991

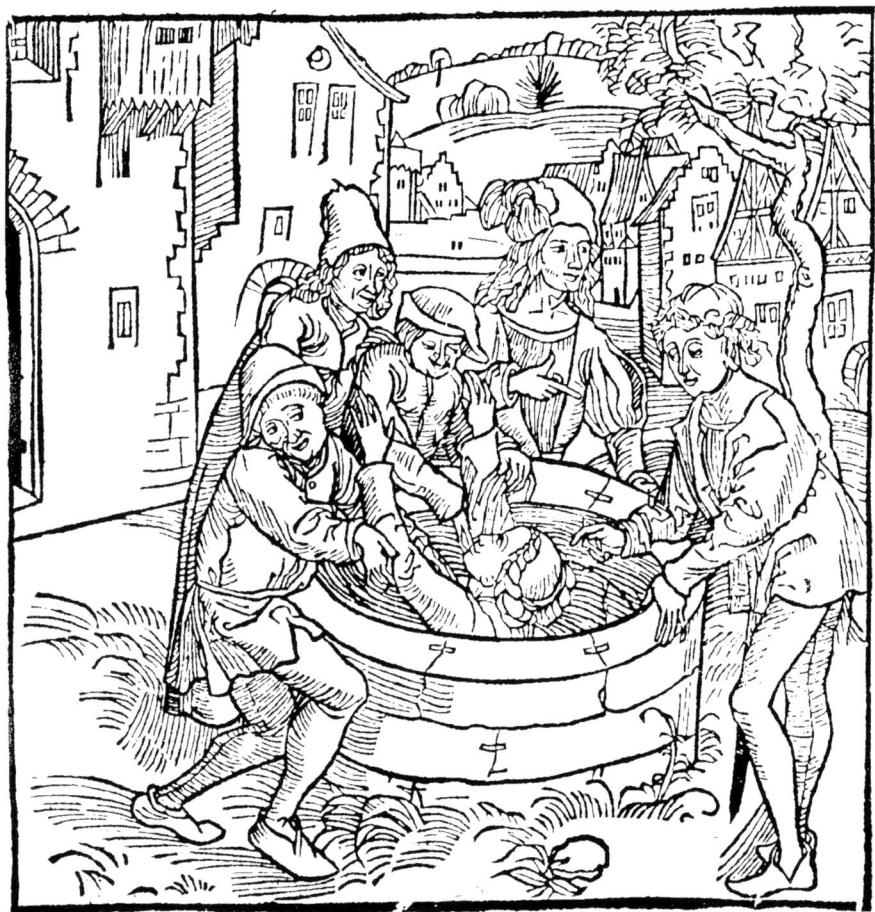

Abb. 50 Rettung aus dem Brunnen

häufiger anzutreffen sind. Auch hier dienten sie vorrangig als Unterstellmöglichkeit für den Brunnenputzer. In einer solchen Nische war er während des Aufziehens der Schmutzkübel vor herabstürzenden Teilen einigermaßen geschützt.

Bei der Räumung des Brunnens der Veste **Otzberg** [14] wurde 2006 eine Schutznische für den Brunnenputzer nahe der Schachtsohle entdeckt. (Abb. 170) Im oberen, ausgemauerten Schachtteil des **Dilsberg**er Brunnens [9] befindet sich eine Türöffnung als Teil der Wasserfassung (Abb. 115). Auch diese Nische wird dem Schutz der Brunnenputzer gedient haben, solange die Schachttiefe sich auf den ausgemauerten Teil beschränkte. In die Steine, die den zurückgesetzten Türrahmen bilden, ist zum Fels hin umlaufend ein Türeinschlag ausgearbeitet. Ob man hier plante, einen weiterführenden Stollen zu bauen, wird sich nicht mehr abschließend klären lassen. Zu beiden Seiten der Brunnenputzernische im **Marburg**er Brunnen (Abb. 47) sind Eisenringe angebracht, von denen sicher zu unrecht vermutet wird[228], der Mann im Unterstand habe sich daran festgehalten. Die Nische ist – anders als es die Abbil-

---

228 Justi, a.a.O., S. 103

dung ausweist – so tief, dass zwei Mann darin einstehen könnten. Auch ist sie schmaler (< 50 cm) und (mit fast 1,8 m) höher als dargestellt; die Steinteilungen von Einfassung und Rückwand sind korrekturbedürftig und die beiden Eisenringe sitzen deutlich tiefer.[229] Insoweit kann die Abbildung 47 hier nur als Prinzipskizze gelten.

Im 96 m tiefen Brunnen der **Ronneburg** [13] wurden drei „Mannlöcher" in der gemauerten Schachtwand festgestellt. Die Schutznische in etwa 40 m Tiefe gibt hinsichtlich ihrer Zweckbestimmung Rätsel auf. Die beiden anderen Nischen im Bereich des 1984 festgestellten Wasserstandes könnten Schutznischen für die Brunnenputzer gewesen sein. (Abb. 151)

Bei der Räumung des 150 m tiefen Brunnens der Burg **Homberg** [12] wurden im Bereich zwischen 86 m und 130 m unterhalb des Brunnenkranzes sechs Schutznischen festgestellt (Abb. 143), die man zunächst im Zusammenhang sehen könnte mit umfänglichen Reparaturen, die in den Jahren 1609 und 1610 notwendig wurden. Diese Arbeiten betrafen aber den oberen Teil des Schachtes, der noch nicht ausgemauert war. Sie hätten die darunter arbeitenden Maurer also gefährden können. Schutznischen brauchten jedoch aufgehendes Mauerwerk, um Schutz bieten zu können. Sie hätten demnach unterhalb der Arbeitsebene der Maurer liegen müssen. Das aber machte alles keinen Sinn. Und da die Ausmauerung ohnehin erst im Jahre 1612 begann, ergibt sich aus dieser großen Reparatur keine Erklärung für die sechs Nischen. Wir werden am konkreten Beispiel 12 unsere Auffassung begründen, dass die Nischen mit der speziellen Art der Wasserförderung aus diesem Brunnen im Zusammenhang stehen.

Ein Brunnenstollen konnte als Sonderbauteil in einem gemauerten Schacht bisher nur einmal nachgewiesen werden. Dieser Stollen, der aus dem ca. 10 m gemauerten Oberteil des Brunnens der Burg **Breuberg** [7] unter dem Burgtor hindurchführt, wurde angelegt, um den Abraum aus dem anschließenden bergmännischen Schacht in den Burggraben verfahren zu können, ohne das Burgtor für den Transport benutzen zu müssen.

Die wenigen Brunnen, die wir heute als komplett ausgemauerte kennen, befinden sich im Basalt der Burgberge der Burg **Homberg** [12] (150 m), der **Ronneburg** [13] (96 m) und der Veste **Otzberg** [14] (50 m) sowie im Muschelkalk unter der **Wachsenburg** (93 m) und der ehemaligen Festung **Grimmenstein** (45 m).

Die Steinmetzzeichen
Die Ausführungen zur Aufmauerung von Brunnenschächten wären unvollständig, wenn wir die Steinmetzzeichen unerwähnt lassen würden. Ganz allgemein verstehen wir unter Steinmetzzeichen die Kennzeichnungen von Werksteinen in Form von Zahlen, Buchstaben oder Symbolen. Inschriften bleiben hier außer Betracht.
Die Zeichen auf Werksteinen dienten verschiedenen Zwecken:
– zur Kennzeichnung von Steinen gleicher Höhe (Versetzzeichen)
– als Merkzeichen bei der Demontage für den späteren Wiederaufbau,
– als Erkennungszeichen des Herstellers (Urheberzeichen).

Versetzzeichen als Montagehilfen
Auf den Mauerquadern dreier elsässischer Burgen wurden neben Urheberzeichen besondere Kennzeichnungen dokumentiert, die – abgeleitet aus den römischen Zahlen – in Schichten

---

229 Die Befahrung am 28.03.2012 ermöglichte mir
   Dr. Glück.

gleicher Höhe wiederkehrend verwendet wurden.[230] In der Literatur werden diese Zeichen auf vorgefertigten Mauersteinen daher auch Schichthöhenzeichen genannt.

Beim Aufmauern von Brunnenschächten war die gleiche Höhe der Steinquader eines jeden Ringes bautechnische Grundvoraussetzung, die keiner besonderen Kennzeichnung bedurfte. Hier mussten jedoch alle Quader, die eine Ringlage bilden sollten, als zusammengehörig gekennzeichnet werden. Diese Zeichen sind heute nicht mehr sichtbar, sofern sie – was sich hinsichtlich der Handhabung beim Einbau anbot – auf der Lagerfläche angebracht waren.

Es sind aber auch Fälle bekannt, wo sich eine solche Kennzeichnung auf dem Vorderhaupt der Quader erhalten hat. Diese konnte z. B. in der Durchnummerierung der Ringlagen mit römischen Zahlen bestehen. Dass es heute zu Fehldeutungen solcher Zeichen kommen kann, werden wir später am Beispiel des **Heidenloch**es [1] zeigen. Auch arabische Ziffern wurden verwendet. Eine besondere Symbolik findet sich auf dem Mauerwerk des Brunnenschachtes der Ruine **Landskron**[231]. (Abb. 51) Im Schacht des **Otzberg**er Brunnens [14] kennzeichnen Urheberzeichen die Zusammengehörigkeit der Quader einer Ringlage.

Merkzeichen bei der Demontage von Bauteilen
Bei der Befahrung des Brunnens auf Schloss **Friedenstein** im Winter 2003/04 wurde auf den Quadern des oberen Teiles der Ausmauerung neben vereinzelten Urheberzeichen eine fast flächendeckende Anordnung von arabischen Zahlen (Abb. 52) dokumentiert.[232] Daraus wurde geschlossen, dass es sich bei diesen Zahlen um Versetzzeichen gehandelt habe, die nach Herstellung der Quader und vor deren Einbau angebracht wurden. Dem möchten wir widersprechen.

Wir wollen im Folgenden versuchen, kurz darzulegen, dass die Zahlen sowohl zu einem anderen Zeitpunkt als auch ursächlich aus einem anderen Grund aufgebracht wurden. Dazu muss zunächst ein Blick auf die Baugeschichte erlaubt sein, wie sie dem Bericht über die Brunnenbefahrung beigegeben ist.

Der Brunnen soll entstanden sein in den Jahren 1535/36 im Zuge des Umbaues der Burg **Grimmenstein** zu einem Schloss, das heute den Namen **Friedenstein** führt. Die Baubelege sind lückenhaft. Klar aber ist, dass der Schacht noch nach 1536 mehrfach vertieft wurde. Im Abschlussbericht wird eine Quelle[233] zitiert, in der es im Anschluss an die Fertigstellung der Ausmauerung im Jahre 1536 heißt: *Hierauf sind noch mehr Leute den Grund an dem Brunnen zugraben angeleget* [eingestellt] *worden / welche noch 6. Ellen tieffer gegraben.* Im Jahre 1669 wird die Tiefe des Brunnenschachtes vom Schlosshof aus mit 118 Schuh 8 Zoll (ca. 35 m) angegeben. Heute misst der Schacht rd. 47 m, dies allerdings ab dem Fußboden der unterirdischen Brunnenhalle, der gut 6 m unter dem derzeitigen Niveau des Schlosshofes liegt. Daraus ergibt sich eine Größenordnung für nachträgliche Vertiefungen von ca. 15 m.

Der Bericht erwähnt eine *Rechnung über den Brunnen-Bau unter dem Friedensteinisch Schloß-Hofe welcher in den Jahren 1798 und 1799 ausgebauet worden.* Eine Begründung für diese Schachtauswechslung wurde bisher nicht gefunden. Naheliegend aber ist, dass die vor

---

230 Kill, R.: Les signes lapidaires composés du château de Haut-Kœnigsbourg, in: Châteaux forts d'Alsace, 3/1999; Kill, R. und Haegel, B.: Doppelsteinmetzzeichen an elsässischen Burgen, in: Burgen und Schlösser, Zeitschrift der Deutschen Burgenvereinigung, II/1980

231 Schmid, B.: Die Ausgrabung des Brunnens in der Ruine Landskron, in: Denkmalpflege in Rheinland-Pfalz, Jg. 52–56, 1997–2001, S. 476 ff

232 Höhne, D. und Hopf, U.: Der Brunnen unter dem Gothaer Schlosshof und seine Versatzzeichen, in: Gothaisches Museums-Jahrbuch 2006, S. 41 ff

233 Rudolphi, Fr., Gotha Diplomatica, Teil 2, Frankfurt/Leipzig 1717

Abb. 51 Versetzzeichen im Brunnen der Ruine Landskron

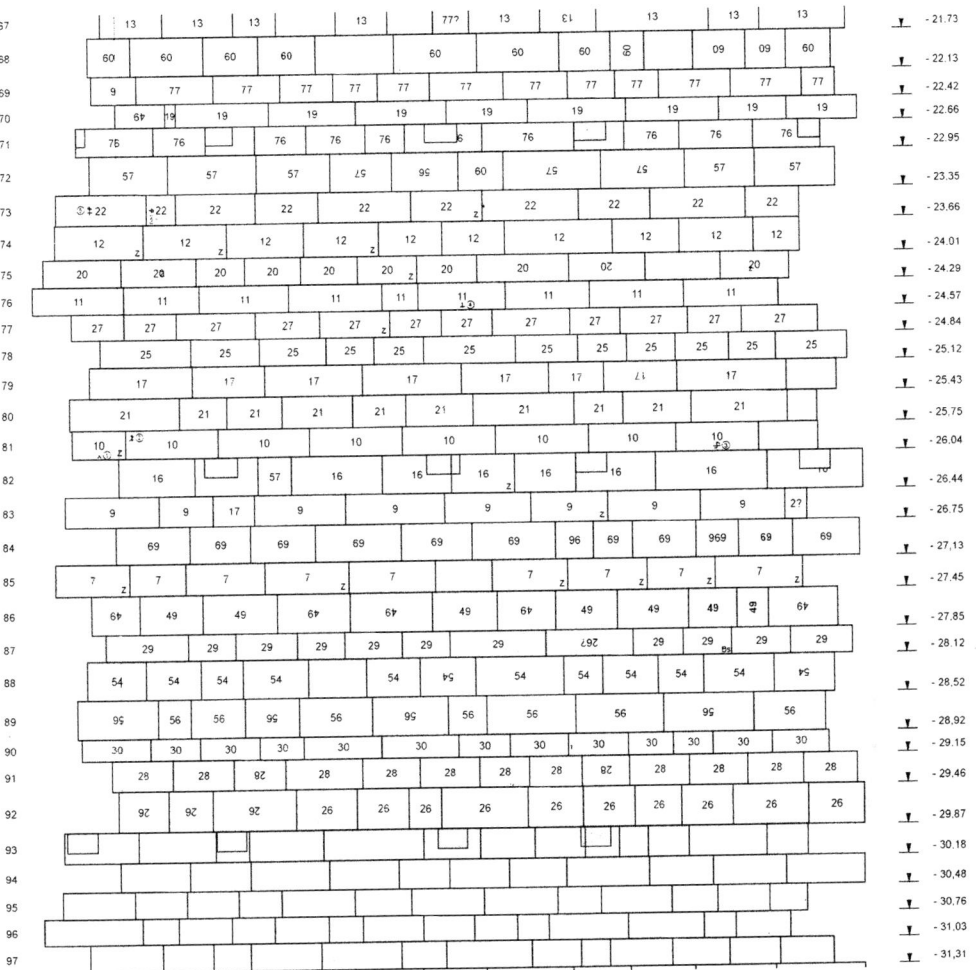

Abb. 52 Merkzeichen im Brunnen von Schloss Friedenstein

250 Jahren hergestellte Ausmauerung Schaden genommen hatte, wobei vor allem die nachträglichen Vertiefungen des Brunnens ihren Teil dazu beigetragen haben dürften.

Der Schaden aber beschränkte sich offensichtlich auf nur wenige Steinlagen, so dass man davon ausgehen konnte, das übrige ausgebaute Material wieder verwenden zu können. Aus diesem Grunde wurden die auszubauenden Schichten von unten nach oben fortlaufend nummeriert und die Quader entsprechend lagenweise mit der gleichen Zahl gekennzeichnet. So war sichergestellt, dass die Quader einer Lage später als zusammengehörig erkannt und problemlos wieder eingebaut werden konnten.

Die im Schacht dokumentierten Zahlen zeigen eine lagenweise Ordnung, sind in der Vertikalen aber völlig ungeordnet. (Abb. 52) Die Reihenfolge der Schichten konnte beim Wiedereinbau aufgrund ihrer Gleichförmigkeit beliebig sein. Auffallen muss, dass die Zahlenreihe von 4 bis 89 komplett ist. Bei den fehlenden Lagen 1 bis 3 dürfte es sich um das defekte Material handeln, das für die aufwendige Reparatur verantwortlich war. Zwischen den heutigen Schichten 1 und

92 finden sich sechs Steinlagen, deren Quader keine Kennzeichnung tragen. Sie waren als Ersatz und Ergänzung erforderlich. Die oben zitierte Rechnung spricht von insgesamt elf Schichten, die neu gefertigt werden mussten. Die fünf Schichten, die sich als Differenz ergeben, können sowohl oberhalb der Schicht 1 als auch unterhalb der Schicht 92 verbaut worden sein.

Der heutige Schacht wurde mit insgesamt 149 Lagen dokumentiert. Es fällt auf, dass die Schichthöhen unterhalb der Lage 92 deutlich gleichmäßiger sind als im Bereich darüber, wo man überwiegend das alte Material wiederverwendete. Der Abstand zwischen den Schichten 92 und 149 beträgt ca. 15 m, entspricht also der nachträglichen Verlängerung des Schachtes. Kennzeichnungen auf Quadern wurden in diesem Bereich nicht festgestellt.

Bei der Demontage eines Baukörpers, der später aus den gleichen Bauteilen wieder entstehen sollte, war es zwingend erforderlich, lagespezifische Zusammenhänge auf den Bauteilen vor der Demontage zu kennzeichnen. Diese Vorgehensweise entsprach der handwerklichen Praxis. Gewählt wurde hier das einfache System der fortlaufenden Nummerierung, was aber nicht verhindern konnte, dass es in einigen wenigen Fällen später auf der Baustelle doch zu Verwechslungen beim Wiedereinbau gekommen ist.

Als Überleitung zum nächsten Abschnitt sei erwähnt, dass sich neben den genannten Zahlen auf insgesamt 19 Quadern auch Urheberzeichen finden, die der Bauzeit von 1536 zuzuordnen sind und sich ursprünglich im Bereich zwischen den Schichten 6 und 48 befanden. Nicht unerwähnt bleiben darf, dass eines der Urheberzeichen auf einem Quader steht, der nicht zugleich mit einer Zahl gekennzeichnet ist. Dieser Umstand allein aber erscheint nicht hinreichend, um die obigen Darlegungen zu verwerfen.

Urheberzeichen des Herstellers

Urheberzeichen sind die Steinmetzzeichen im engeren Sinne. Ihnen kommt eine besondere Bedeutung zu, weil sie als ein Hilfsmittel bei der Datierung dienen können. Im Einzelfall geben sie möglicherweise sogar einen Hinweis auf eine konkrete Person als ausführenden Handwerker.

Mit dem Ende der Klosterbauschulen im 11. Jahrhundert tauchen an Hochbauten nördlich der Alpen die Steinmetzzeichen auf. Das Bauen ging in die Hände weltlicher Handwerker über. Diese „Laienmeister" schlossen sich alsbald zu Handwerksgilden in Form von Bruderschaften zusammen, die sich eigene Hüttenordnungen gaben. Die älteste überlieferte Hüttenordnung stammt aus dem Jahre 1397.

Die Torgauer Hüttenordnung zu Rochlitz von 1462 ist die erste bekannte, *welche von Zeichen spricht, die den Hüttenmitgliedern verliehen werden, und die Ehrenzeichen sind*. In Artikel 25 heißt es: *Und ob ein Meister oder geselle kemen die das Handwerck oder die Kunst kunden und begert eines Zeichens von einem Werckmeister, dem sol er seinen Willen darumb machen, und zu Gottesdienst geben, was Meyster und gesellen erkennen. Und soll das Zeichen zwiffelt schenken Meystern und gesellen.*[234]

Das Zeichen war also an die Person gebunden. Es durfte nicht verändert oder an Fremde verschenkt oder gar verkauft werden. Ob ein Zeichen vom Vater auf den Sohn übergehen konnte und inwieweit das Zeichen des Vaters innerhalb seiner Familie durch geringfügige

---

234 Ržiha, F.: Studien über Steinmetzzeichen, Wien 1883 (wenngleich neben den Meistern auch Gesellen das persönliche Zeichen verliehen werden konnte, sprechen wir um der Lesbarkeit des Textes willen grundsätzlich vom Steinmetzmeister)

2.3 Der Brunnenbau auf Höhenburgen | 119

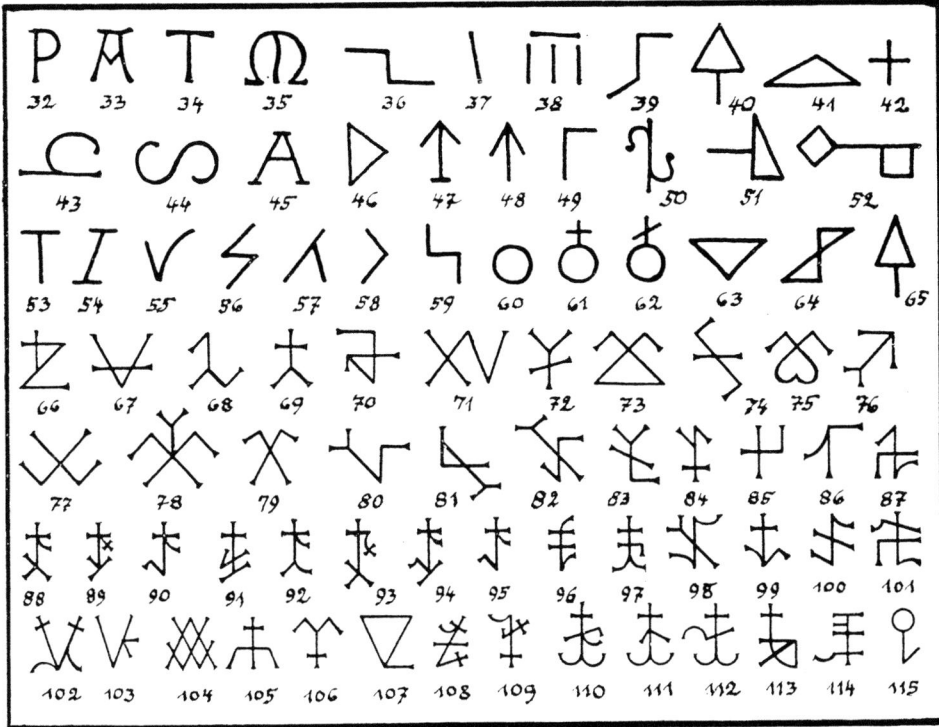

Abb. 53 Steinmetzzeichen vom Mittelalter bis zur Neuzeit

Veränderungen fortentwickelt wurde, kann anhand der wenigen namentlich bekannten Beispiele nicht mit letzter Sicherheit gesagt werden.

Die Steinmetzzeichen haben sich im Laufe der Zeit stilistisch verändert. Um die Vielfalt der Erscheinungsformen und deren gestalterische Fortentwicklung deutlich zu machen, sind in Abbildung 53 exemplarisch einige Steinmetzzeichen dargestellt, wie sie in verschiedenen Epochen üblich waren. So stehen Nr. 32–65 beispielhaft für das 11. bis 13. Jahrhundert, Nr. 66–87 für das 15. Jahrhundert, Nr. 88–101 für das 16. Jahrhundert und Nr. 102–115 für das 17. Jahrhundert bis zur Mitte des 18. Jahrhunderts.

Grundsätzlich sind Steinmetzzeichen, wie sie ab der Mitte des 12. Jahrhunderts auftreten, Zeichen eines Lohnverhältnisses, Hilfsmittel für die Abrechnung erbrachter Leistungen. Darüber hinaus dienten sie zur Dokumentation der individuellen Verantwortlichkeit für komplizierte Bauteile oder Konstruktionen und als „Signatur" auf künstlerisch besonders anspruchsvollen Werkstücken.

Während sich das Wesen der persönlichen Zeichen der Steinmetzmeister und -gesellen aus den Urkunden der Bauhütten erschließt, wissen wir bis heute nicht, nach welchem System man diese Zeichen entwickelte und wie man verhinderte, dass ein Zeichen mehrfach vergeben wurde. Auch können wir nur Vermutungen darüber anstellen, warum solche Zeichen im Hochbau nicht regelmäßig auf allen Werkstücken eines Steinmetzes angebracht wurden. Die Art des Vertragsverhältnisses dürfte hierbei eine Rolle gespielt haben. Bei der Aufmauerung von Brunnenschächten konnte man die Urheberzeichen als Versetzzeichen nutzen, wenn ein

Meister für jeweils eine komplette Ringlage verantwortlich war und alle Quader dieses Ringes gekennzeichnet wurden.

Am Beispiel des Brunnens der Veste **Otzberg** [14] werden wir zeigen, welche Ergebnisse bei systematischer Aufnahme und Auswertung von Steinmetzzeichen hinsichtlich der Entstehung der Aufmauerung zu erzielen sind.

2.4 Die Wasserförderung

Zu Beginn dieses Kapitels sei auf die Abbildung 125 verwiesen, auf der ein Eimer, ein Seil und eine Rolle die Wasserförderung darstellen. Am Beispiel der Burg **Windeck** [10] werden wir erfahren, dass diese einfache Form des Wasserziehens nur bei geringen Schachttiefen möglich war, da das Körpergewicht der ziehenden Person dabei Grenzen setzte. Nun hätte man sich bei größeren Tiefen natürlich behelfen können, indem man ein Pferd oder einen Ochsen an das Seil spannte. (Abb. 54) Dass man sich dieses etwas umständlichen Verfahrens auch auf Höhenburgen bedient hätte, ist wegen des Platzbedarfes aber eher unwahrscheinlich.

Der Haspel ist die Hebevorrichtung, mit der seit frühesten Zeiten das Wasser aus Schächten gefördert wurde. Seine Verwendung war um die Zeitenwende so selbstverständlich, dass Vitruv keine Bemerkung darauf verschwenden musste, als er die verschiedenen Arten des Wasserschöpfens beschrieb.[235] Wir lassen es an dieser Stelle bewenden mit einem Hinweis auf Abbildung 26, die zeigt, wie zwei Kübel gleichzeitig am gegenläufigen Seil bewegt werden; während der volle gehoben wird, senkt sich der leere ab.

Wir hatten bei der allgemeinen Beschreibung von Hebevorrichtungen (Kap. 2.2) bereits darauf hingewiesen, dass der Einsatz von handbetriebenen Haspeln nur begrenzt möglich war. Die Gewichte der Kübel hoben sich beim Pendelbetrieb zwar auf, aber neben dem Gewicht der geschöpften Wassermenge wurde mit zunehmender Schachttiefe auch das Gewicht des Seiles zu einem Problem. Das Gewicht der 3–4 cm starken Hanfseile lag bei wenigstens 2,5 Pfund pro laufenden Meter.[236] Das Gewicht wird in Pfund angegeben, da auch die Kosten der Seile danach abgerechnet wurden. Und so waren Schachttiefen von mehr als 40 m mit der Muskelkraft zweier Männer kaum mehr zu bewältigen.[237]

Für den Brunnen auf der Feste **Dilsberg** [9], der rd. 46 m tief ist, zeigt Abbildung 119 ein von einer Handkurbel betriebenes Schwungrad mit einem nachgeschalteten Getriebe als Untersetzung. Am Brunnen der **Sonnenburg** in Südtirol ist ein solches Schwungrad überliefert, bei dem am Radkranz kurze Griffstangen versetzt so angeordnet sind, dass die Drehbewegung durch einen zupackenden zweiten Mann verstärkt werden kann.

Das Wasserheben im Pendelbetrieb war aber auch aus ganz praktischen Gründen nur begrenzt möglich. Das Seil musste mehrfach nebeneinander liegend um den Wellbaum gelegt werden, um den vollen Kübel beim Heben über die Haftreibung zwischen Seil und Wellbaum halten zu können. Die notwendige Anzahl der Turns war abhängig von der zu hebenden Last, die neben der Größe der Kübel wesentlich von der Länge des Seiles – dem Seilgewicht – bestimmt wurde. Für den über 150 m tiefen Brunnen der Festung **Königstein** [17] erklärte der

---

235 Vitruv, a.a.O., X 4, S. 349 ff
236 Das ca. 160 m lange Seil für den 82 m tiefen Stolpener Brunnen soll nur 3,5 Zentner gewogen haben.

237 Ludwig, a.a.O., S. 50

Abb. 54 Wasserförderung mit Hilfe eines Pferdes

Brunnenmeister, *wenn weniger als achtzehn Schläge auf der Welle blieben, das Seil abschleuderte und nebst den Tonnen in den Brunnen falle.*[238] In Abbildung 26 aber erklärt sich die Vielzahl der Turns schon allein dadurch, dass die beiden Kübel bei dem geringen Durchmesser des Wellbaumes auf Abstand gehalten werden mussten, um den Pendelbetrieb überhaupt zu ermöglichen.

Beim Drehen des Haspels aber wanderten die Seillagen stets zu der Seite hin, an der das Seil aufgewickelt wurde. Ein Wellbaum von 20 cm Durchmesser musste rd. 64 Mal gedreht werden, bis der Kübel aus einer Tiefe von 40 m gehoben war. Dabei war das Seil auf der Welle um wenigstens 1,9 m gewandert. Wenn man jetzt noch die seitlichen Begrenzungen durch den Schachtdurchmesser hinzunimmt, wird deutlich, wie schnell die Einsatzgrenzen eines Haspels bei der Wasserförderung aus Brunnenschächten erreicht waren.

Man konnte nun versuchen, das Problem der Seilwanderung zu entschärfen, indem man den Durchmesser des Wellbaumes vergrößerte. Dadurch aber verringerte sich der verfügbare freie Bewegungsraum für die Kübel im Schacht. Gleichzeitig war auch zu beachten, dass der Kurbelradius möglichst größer blieb als der halbe Durchmesser des Wellbaumes, da sich anderenfalls das Verhältnis der Hebelarme zusätzlich laststeigernd ausgewirkt hätte. Da all diese Überlegungen von grundsätzlicher Bedeutung sind und im Prinzip auch bei den Tretradanlagen für tiefere Brunnen zum Tragen kommen, wollen wir näher darauf eingehen.

---

238 Sächs. HStA Dresden, 10026 Geheimes Kabinett
    Loc. 413/9, fol. 7 b

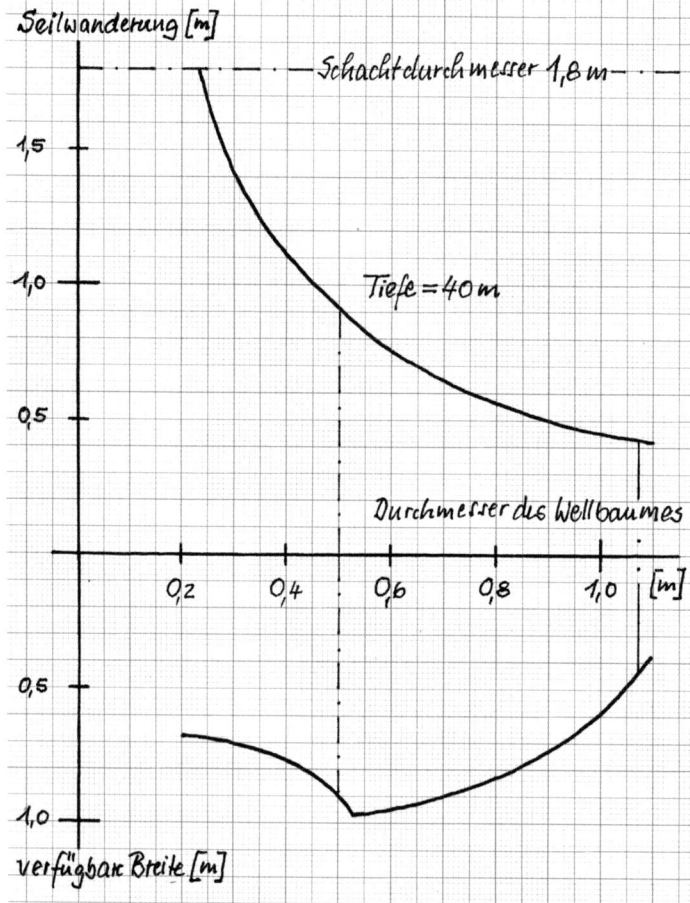

Abb. 55 Diagramm zur Seilwanderung auf dem Wellbaum

Wir haben zur Veranschaulichung der Zusammenhänge zwischen Tiefe und Durchmesser des Schachtes sowie dem Durchmesser des Wellbaumes in Abbildung 55 ein Diagramm entwickelt, aus dem sich die Einsatzgrenzen leicht ablesen lassen. Zugrunde gelegt wurde ein Schacht mit einer Weite von d = 1,8 m, aus dem Wasser mit zwei Kübeln zu 50 Liter aus einer Tiefe von 40 m gehoben werden soll. Jeder Kübel hat einen Durchmesser von 0,5 m. Zwischen den Kübeln bzw. zwischen Kübel und Schachtwand ist ein Sicherheitsabstand von jeweils 5 cm berücksichtigt. Bei der Berechnung der Seilwanderung wurde eine Dicke des Hanfseiles von 3,5 cm zugrunde gelegt, da nicht davon ausgegangen werden kann, dass ein 3 cm dickes Seil press aufgewickelt werden konnte.

Bei einem Wellbaumdurchmesser von 0,4 m ergibt sich in unserem Fall eine Breite der Seilwanderung von 1,1 m. Wegen der Weite der Schachtöffnung von 1,8 m ist aber nur eine Breite von 0,77 m auf dem Wellbaum verfügbar, so dass der Betrieb nicht möglich ist. Erst ab einem Wellbaum von d = 0,5 m ist die verfügbare Breite für die Seilwanderung ausreichend. Die theoretische Obergrenze liegt bei d = 1,07 m. In diesem Zusammenhang sei aber an die Abhängigkeit zwischen Kurbelradius und Durchmesser des Wellbaumes erinnert.

Der unstete Kurvenverlauf der jeweils verfügbaren Breite erklärt sich aus dem Abstand, der zwischen den Kübeln einzuhalten ist. Je geringer der Wellbaumdurchmesser, desto mehr Seilturns sind erforderlich, um die Kübel auf Abstand zu halten. Erst ab d = 0,55 m ist der Abstand der Kübel untereinander so groß, dass man mit den in Hinblick auf die Haftreibung notwendigen Turns auskommt.

Man konnte grundsätzlich Abhilfe schaffen, indem man den Seillauf seitlich begrenzte. In der praktischen Umsetzung bedeutete das die Anordnung von z. B. drei Sprossensternen auf dem Wellbaum, in deren beiden Zwischenräumen sich nun zwei Seile getrennt voneinander bewegen konnten. Das erhöhte die Kosten wegen der doppelten Seillänge und förderte den Verschleiß, da das Aufwickeln nun zwangsläufig in mehreren Lagen übereinander erfolgte. Das Auf- und Abwickeln der Seilpakete führte zum unrunden Lauf der Anlage und förderte auch deren vorzeitigen Verschleiß. Das Prinzip des begrenzten Seillaufes, das bei größeren Schachttiefen unabdingbar wurde, ist heute noch an der Wasserförderanlage der Festung **Wülzburg** [5] zu besichtigen. (Abb. 94, 95)

Das Wasser wurde mittels Ledersäcken oder Kübeln aus dem Brunnen gezogen (Abb. 56). Die Ledersäcke haben in einigen Brunnenschächten Spuren hinterlassen. Die Quader sind an der Stelle, wo der Sack herausgezogen wurde, deutlich glatt geschliffen. Die Kübel durften auf keinen Fall an der Schachtwand entlang schrammen. Die von Agricola beschriebene Ausführung der Holzkübel[239] mit ihren charakteristischen Eisenbeschlägen hat sich im Prinzip gehalten, solange die tiefen Brunnen genutzt wurden. Die von ihm speziell für den Wassertransport im Bergbau empfohlenen Kübel, die *oben enger sind, und zwar deshalb, damit das Wasser nicht verschüttet wird, wenn sie … an den Ausbau anstoßen*[240], waren für die Wasserförderung aus Brunnen jedoch nicht brauchbar.

Hier kam es wesentlich darauf an, dass der Kübel beim Auftreffen auf die Wasseroberfläche von allein umfiel. Dazu musste er oben weiter als unten und deutlich höher als breit sein. Nur so konnte er sich selbsttätig mit Wasser füllen. Hilfreich dabei waren die schweren eisernen Bügel, die beim Aufsetzen umschlugen und den Kübel umkippten. Und damit die Seile, an denen die Kübel hingen, nicht ständig nass waren und dadurch schneller verrotteten, fügte man kurze Eisenketten zwischen Seil und Bügel ein, die zusätzlich das Kippen beschleunigten.

Die Frage, von welcher Größe die Kübel waren, beantwortet sich aus der Größe der Schächte. Da die Kübel beim Pendelbetrieb im Schacht aneinander vorbeigeführt werden mussten, setzte der Schachtdurchmesser die Grenze. Im Normalfall begegnen wir Gefäßen von 50 bis 60 Liter Fassungsvermögen. Größere Behältnisse setzten nicht nur größere Schachtdurchmesser voraus, sondern auch wirksamere Fördereinrichtungen wie z. B. die Tretradanlagen.

Wir haben im Rahmen unserer Untersuchungen bisher keinen Beleg dafür gefunden, dass bereits vor dem 15. Jahrhundert Tretradanlagen benutzt wurden. Aber – und hier knüpfen wir an unsere Überlegungen zu den Baukränen im Kapitel 2.2 an – so, wie man den Brunnen auf der Burg **Kyffhausen**, der vermutlich bereits im 12. Jahrhundert entstand, nur mit Hilfe eines Tretradkranes hätte bauen können, bedurfte es einer Tretradanlage, um dessen Wasser aus gut 170 m Tiefe zu fördern.

Die Trettrommeln waren schon lange vor Beginn unserer Zeitrechnung gebräuchlich. Ein Relief im Grab der Haterier[241] aus der zweiten Hälfte des 1. Jahrhunderts zeigt mit großer

---

239 Agricola, a.a.O., S. 123 f
240 wie vor, S. 127 f

241 Vatikan, Museo Gregoriano Profano

Abb. 56 Kübel und Ledersäcke zum Wasserziehen

Genauigkeit im Detail einen Kran mit großem Tretrad, in dem fünf Männer gehen, die von zwei außen stehenden unterstützt werden. Von Vitruvs bedeutendem Werk, den zehn Büchern „De Architectura", das nicht nur solche Treträder beschreibt[242], sondern auch die komplizierteren Schöpfbecherwerke, sind einige Dutzend Abschriften in mittelalterlichen Klosterbibliotheken überliefert, deren älteste aus der Zeit um 800 stammt. Wer sich die Mühe des Abschreibens machte, wendete die beschriebenen Techniken auch an. Das heißt aber nicht, dass darüber dann auch Buch geführt wurde.

Taccolas Bücher aus der ersten Hälfte des 15. Jahrhunderts[243] belegen, dass alle Arten der Wasserförderung, die uns 100 Jahre später bei Agricola begegnen werden, in dieser Zeit

---

242 Vitruv, a.a.O., X 2, S. 339

243 Mariano di Jacopo detto Taccola (1382–1453), De ingeneis I–IV (1433), De machinis (1449)

bekannt und gebräuchlich waren. Wir gehen daher davon aus, dass es die oft vermutete Lücke im technischen Wissen so nicht gegeben hat. Wenn es die Bauaufgaben erforderten, wurden die altbekannten Techniken angewendet. Das Fehlen von Überlieferungen für den Einsatz von Tretradanlagen zur Wasserförderung auf Höhenburgen darf nicht irritieren, da es hier auch zu anderen, für deren Bewohner weit bedeutsameren Sachverhalten ebenfalls keine schriftlichen oder bildlichen Belege gibt.

Die Vergrößerung des nutzbaren Hebelarmes und der Einsatz des Köpergewichtes sowie das Ausnutzen der Schwungkraft der riesigen Holzräder waren so überzeugend, dass man auf diese bewährte Technik wohl zu keiner Zeit verzichtet hat. Noch im Jahre 1724 plädiert Jacob Leupold[244] in seinem Werk über die Maschinen für die Ausnutzung der *gantzen Schwehre des Leibes* an einem optimalen Hebelarm im *perpendiculären Rad*, d. h. im Tretrad mit horizontaler Achse.

Angetrieben wurde eine solche Maschine laut Agricola[245] durch ein *Rad, welches von zwei Leuten getreten wird; es ist 23 Fuß hoch und 4 Fuß breit, damit beide Arbeiter nebeneinander arbeiten können; … Die das Rad tretenden Arbeiter ergreifen, damit sie nicht fallen, Stangen, die an der Innenseite des Rades angebracht sind.* Diese Stangen sind auf der zugehörigen Abbildung zwar nicht dargestellt; aufschlussreich aber erscheint der Hinweis, dass für zwei nebeneinander gehende Männer eine Breite von 4 Fuß (entspr. ca. 1,10 m) ausreichen soll. Wir haben das im Tretrad zum Brunnen der Veste **Otzberg** [14] ausprobiert: Es geht tatsächlich.

Treträder von 23 Fuß (ca. 6,50 m) Durchmesser, wie sie Agricola für Bergwerke empfiehlt, findet man zur Wasserförderung an Brunnen nicht mehr. Das abgegangene Tretrad auf der Festung **Königstein** [17] aber soll 7 m Durchmesser gehabt haben. Abbildung 190 zeigt vier Männer im Rad. Die heute noch vorhandenen Treträder messen zwischen 3,8 m und 4,9 m. (Tab. 3)

Brunnen der Burganlage	Öffnung / Tiefe [m]	Antrieb des Windwerkes
Augustusburg / Sachsen	3,20 / 130	Göpelwerk, durch 2 Ochsen betrieben
Breuberg / Hessen	1,75 / >83	Tretrad (D = 3,80 / Li = 1,40 m) mit Getriebe
Königstein / Sachsen	3,50 / 154	Göpelwerk; ab 1586 Tretrad (D = 7 m?)
Kufstein / Tirol	2,10 / 57,6	Tretrad (D = 4,45 / Li = 1,65 m) mit Getriebe
Otzberg / Hessen	1,82 / 50	Tretrad (D = 4,40 / Li = 1,10 m) ohne Getriebe
Ronneburg / Hessen	1,80 / 96	Tretrad (D = 4,80 / Li = 0,95 m) ohne Getriebe
Salzburg / Bayern	1,70 / 75	Tretrad (D = 4,46 / Li = 0,88 m) ohne Getriebe
Wülzburg / Bayern	2,25 / 143	Tretrad (D = 4,90 / Li = 1,40 m) ohne Getriebe

D = Außendurchmesser, Li = Laufbreite innen

Tab. 3 Wasserförderanlagen an Burgbrunnen

244 Leupold, J.: Theatrum Machinarum Generale oder Schauplatz des Grundes Mechanischer Wissenschaften, Leipzig 1724

245 Agricola, a.a.O., S. 167 f

Die Konstruktion der Treträder stellte hohe Anforderungen an das Können der Zimmerleute bzw. der Wagner und der Schmiede. Die beiden Radscheiben, die über die Lauffläche miteinander verbunden waren, sind mit vier oder acht Speichen überliefert, die in die Drehachse eingelassen sind. In anderen Fällen wurden vier Doppelspeichen paarweise jeweils links und rechts an der Achse vorbeigeführt. (Abb. 57) Das sah klobiger aus, die Achse aber wurde so nicht geschwächt. Diese stabile Ausführung scheint im Bergbau üblich gewesen zu sein. In die Enden der Achse bzw. des Wellbaumes wurden schmiedeeiserne Zapfen eingelassen, die sich in geschmiedeten Lagerschalen drehen konnten. Schwieriger als die Herstellung dieser Gleitlager war die Halterung der Zapfen am Ende der hölzernen Achse. Mehrere schmiedeeiserne Spannringe mussten für den sicheren Sitz sorgen.

Wichtig für einen geregelten Betrieb der großen Holzräder war eine wirksame Bremse, da die Männer im Rad die Hubgeschwindigkeit nur schwer steuern konnten. Auf der **Ronneburg** [13] ist eine einfache Vorrichtung erhalten, wie sie Agricola im Jahre 1550 als Stand der Technik dokumentiert hat. (Abb. 58) Ein Holzbalken wurde mittels eines zweiarmigen Hebels angehoben und von unten gegen einen der Radkränze gedrückt. So bremste er die Bewegung über die Reibung ab. War der Bremsklotz verschlissen, konnte er leicht ausgewechselt werden. Den Radkranz aber musste man durch einen Metallreif gegen Verschleiß schützen.

Von der Burg **Homberg** [12] ist überliefert, dass es hier speziell ausgebildete Esel waren, *so das Bronnenrad aufm Schloß tretten*,[246] d. h. im Tretrad liefen. Der Pförtner von der Burg **Spangenberg** soll zwei Esel *daselbst abgerichtet anhiro geliefert und im Bronnenrad angeführt* haben. Über die Art der Wasserförderung liegen keine weiteren Informationen vor. Die Burg Spangenberg – so lesen wir bei Merian[247] – *hat auch einen stattlichen vber 60. Klafftern tieff durch den Felsen gebrochenen Brunnen, welcher durch Esel in einem grossen Rade auffgezogen wird, dardurch in wenig Zeit die Cisternen, so eine grosse menge Wassers erhalten, erfüllet werden können.*

Der Hinweis auf den Wasserzufluss muss aufhorchen lassen. Nimmt man die Ausbildung des maßgeschneiderten unterirdischen Gewölbes hinzu, in das der Brunnen nachträglich im 15. Jahrhundert tiefer gelegt wurde, dann steht zu vermuten, dass auf **Spangenberg** ein Schöpfbecherwerk im Einsatz war, wie wir es am Beispiel der Burg **Breuberg** [7] kennenlernen werden. (Abb. 108) Nur weil bei dieser Art der Wasserförderung die Drehrichtung des Laufrades ständig beibehalten werden musste, konnte der Antrieb durch Esel erfolgen. Im Pendelbetrieb hätte man die Esel nach jedem Hub umdrehen müssen, was in der Praxis kaum durchführbar gewesen wäre.

Demnach könnte es auch auf der Burg **Homberg** [12] ein Schöpfbecherwerk gegeben haben. Wir werden im Kapitel 3.12 darauf zurückkommen.

Um den Wasserknechten die Arbeit zu erleichtern, konnte man ein Getriebe (Untersetzung) zwischen Tretrad und Wellbaum einbauen. Getreu dem Prinzip, wonach Arbeit das Produkt aus Kraft mal Weg ist, mussten dann aber längere Wege billigend in Kauf genommen werden.

Um welche Wege es sich handeln konnte, hat Ruckdeschel[248] beispielhaft durchgerechnet. Das Wasser aus dem 143 m tiefen Brunnen der Festung **Wülzburg** [5] wurde mit einem einfachen Tretrad (D_i = 4,5 m) ohne Getriebe gehoben. Die Wasserknechte mussten dazu 55 Runden im Radkäfig gehen und legten dabei 800 m zurück. Das Wasser aus dem knapp halb so tiefen

---

246 Breiding, a.a.O., S. 86
247 Merian: Topographia Hassiae et Regionum Vicinarum, Hrsg. Merianische Erben, Frankfurt 1655, S. 131
248 Ruckdeschel, W.: Historische Wasserförderung auf Burgen und Schlössern, in: Frontinus-Schriftenreihe, Bd. 18, 1993

2.4 Die Wasserförderung | 127

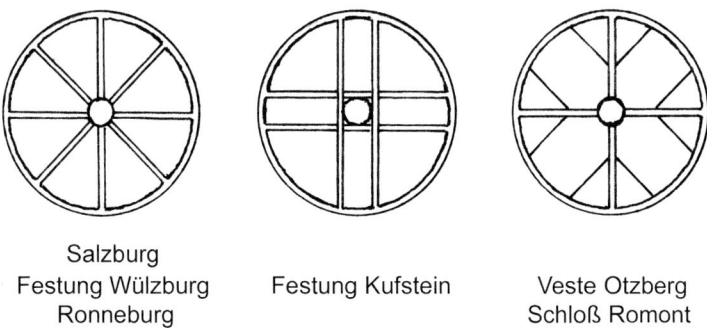

Abb. 57 Konstruktionsprinzip der Radscheiben

Brunnen der Festung **Kufstein** wurde mit einem Tretrad (D_i = 4,1 m) gehoben, dem eine Getriebeuntersetzung nachgeschaltet war. Dadurch mussten die Wasserknechte zwar weniger Kraft aufwenden, für einen Hub aber 100 Runden im Radkäfig laufen und dabei 1.300 m zurücklegen.

Man darf nun aber nicht meinen, die Wasserknechte im Rad hätten sich im Laufschritt bewegt. Zum einen war dies nicht angezeigt, weil die träge Masse des schweren Holzrades im Bedarfsfall dann kaum beherrschbar gewesen wäre. Zum anderen setzte den Männern ihre Dauerleistungsfähigkeit Grenzen, so dass man sich das Laufen eher als ein Schreiten vorstellen muss. Und so kann es nicht verwundern, dass die Förderzeiten im tiefen Brunnen der **Wülzburg** [5] fast 45 Minuten je Hub betragen haben. Aus dem Reglement der Festung **Regenstein** ist aber bekannt[249], dass ohnehin nur drei Mal am Tag Wasser gezogen wurde und so die langen Förderzeiten letztlich nicht ins Gewicht fielen. Auf der Festung **Königstein** [17] ist *bey gewöhnlicher Garnison [nur] 3–4 mal wöchentlich gezogen worden.*[250]

Jetzt aber konnte sich auszahlen, dass man beim Abteufen des Schachtes den Mehraufwand für Durchmesser von über 3 m nicht gescheut hatte. Man konnte größerer Kübel als in den bergmännischen Standardschächten üblich einsetzen; d. h. je Hub konnte – genügend Wasser vorausgesetzt – mehr Wasser gefördert werden.

Da in Veröffentlichungen über tiefe Brunnen häufig sehr spielerisch umgegangen wird mit extrem großen Wasserkübeln, die aus sehr großen Tiefen gehoben worden sein sollen, muss an dieser Stelle ein Hinweis auf die Belastbarkeit der Förderseile erlaubt sein. Aus der praktischen Erfahrung wusste man, dass es einen Zusammenhang geben musste zwischen der Länge eines Seiles und der Last, die an diesem Seil hängen konnte. Erst Leonardo da Vinci (1452–1519) erkannte, dass ein Seil bei genügender Länge durch sein eigenes Gewicht reißt. Und er bewies, dass ein gleichmäßig starkes Seil an seinem oberen Befestigungspunkt bricht (reißt), da hier das Gewicht am größten ist.

Damit erklärt sich der Zusammenhang zwischen Totlast (Seilgewicht) und Nutzlast: Je länger das Seil ist, desto geringer wird die zulässige Nutzlast. Fördertiefe und Größe der Wasserkübel ließen sich also nicht gleichzeitig beliebig steigern. Die Zunahme der Fördertiefe bedingte automatisch einen Verzicht auf Nutzlast. An diesem Zusammenhang änderte auch der Einsatz besserer Hebezeuge nichts.

---

249 Behrens und Reimann, a.a.O., S. 44

250 Sächs. HStA Dresden, 10026 Geheimes Kabinett Loc. 413/9, fol. 9 b

128 | 2. Brunnen als Wasserversorgungsanlagen

Abb. 58 Der Bremsschuh

Die eingangs beschriebene Problematik der Seilwanderung bei der Wasserförderung mit zwei gegenläufigen Kübeln hat man wohl auch dadurch zu umgehen versucht, dass man auf dem Wellbaum eine Radscheibe (d > 1 m) fest montiert hat, deren Laufkranz ähnlich einer Fahrradfelge ausgebildet war. In der umlaufend rinnenförmigen Vertiefung wurde das Seil geführt. Da bei einem einfach aufgelegten Seil die Haftreibung nicht ausgereicht hätte, um einen vollen Kübel heben zu können, musste die umlaufende Rinne so breit sein, dass ein umgeschlagenes Seil, d. h. zwei oder mehr Lagen nebeneinander Platz hatten. Auf der **Madenburg** bei Eschbach war eine solche Anlage noch bis Mitte des letzten Jahrhunderts im Betrieb.[251] Sie brannte 1987 ab.

Eine Ideenskizze des Heinrich Schickhardt[252] macht deutlich, wie das vorindustrielle Maschinenbauwesen (um 1620) nach Arbeitserleichterungen bei der Wasserförderung suchte. Seine für die Festung **Wülzburg** [5] entworfene Maschine (Abb. 59.1) kam aber nicht zur Ausführung. Auch feinsinnige Varianten der bewährten Antriebstechniken, wie in Abbildung 59.2 dargestellt, wurden nicht realisiert, da sie zu störanfällig waren. Es blieb beim klassischen Tretrad, getreu der Feststellung des Jacob Leupold, *daß die einfältigsten Arthen bey Maschinen die besten und sichersten sind.*[253]

Mehrfach haben wir bereits den Brunnen der **Augustusburg** [15] beispielhaft zitiert. Zum Heben des Wassers wurde hier seit 1579 ein Göpelwerk verwendet, bei dem der senkrecht

---

251 Burgwirt Paul Buchwald erklärte dem Verfasser, sein Vater habe als Vorpächter noch mit dieser Anlage Wasser gefördert. Dazu auch: Lamberth, B. und W.: Zur Wasserversorgung pfälzer Burgen – Madenburg und Burg Lemberg, in: Pfälzer Heimat 2/2009, S. 64-66
252 HStA Stuttgart, Nachlaß Schickhardt, N 220, T 20
253 Leupold, a.a.O.

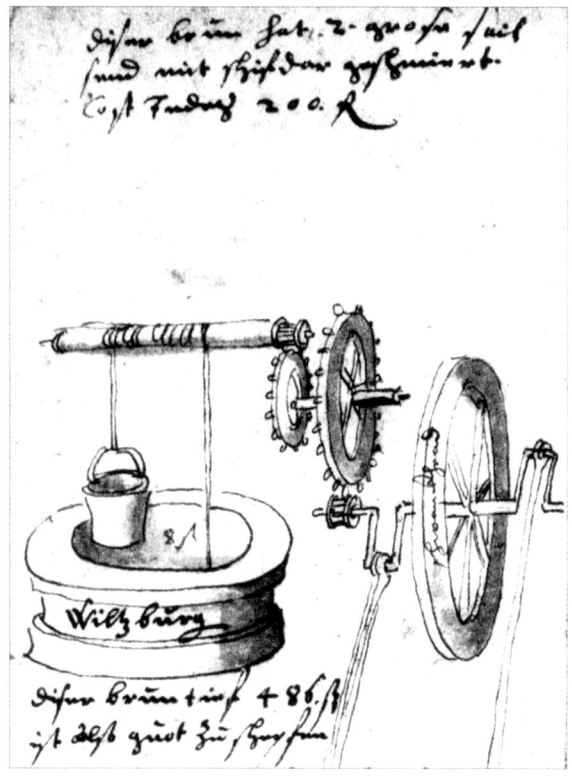

Abb. 59.1 Wasserförderung nach Schickhardt, um 1620

stehende, 6 m hohe Göpelbaum mit seinem überdimensionalen Zahnkranz (D = 7,5 m) von einem umlaufenden Ochsengespann gedreht wurde. (Abb. 175) Die Zugtiere mussten nach jedem Hub umgespannt werden, um sodann in die entgegengesetzte Richtung zu laufen. Agricola hat einen solchen Göpel detailliert beschrieben.[254]

Der für den Brunnenbau auf Augustusburg verantwortliche Bergmeister Planer hatte seine Erfahrungen aus dem Freiberger Bergbau eingebracht. Auch auf dem **Königstein** [17] hatte Planer bereits 10 Jahre früher ein solches Göpelwerk bauen lassen, das jedoch wegen unsachgemäßer Handhabung schon nach vier Jahren nicht mehr funktionsfähig war und deshalb – nach langjährigen, vergeblichen Versuchen mit einem Pumpensystem – im Jahre 1586 durch ein Tretrad ersetzt wurde. Mit einem Pumpwerk wurde auch auf dem Schloss **Hellenstein** [11] experimentiert.

Nicht unerwähnt bleiben darf hier der tiefe Brunnen der Stadtburg von **Orvieto** [16], aus dem das Wasser ohne den Einsatz mechanischer Fördereinrichtungen gehoben wurde. Um den eigentlichen Brunnenschacht herum hatte man zwei ineinandergeschobene gewendelte Treppen im Fels angelegt, so dass Esel in ununterbrochener Folge das Wasser aus der Tiefe herauf transportieren konnten. (Abb. 178)

---

254 Agricola, a.a.O., S. 134 ff

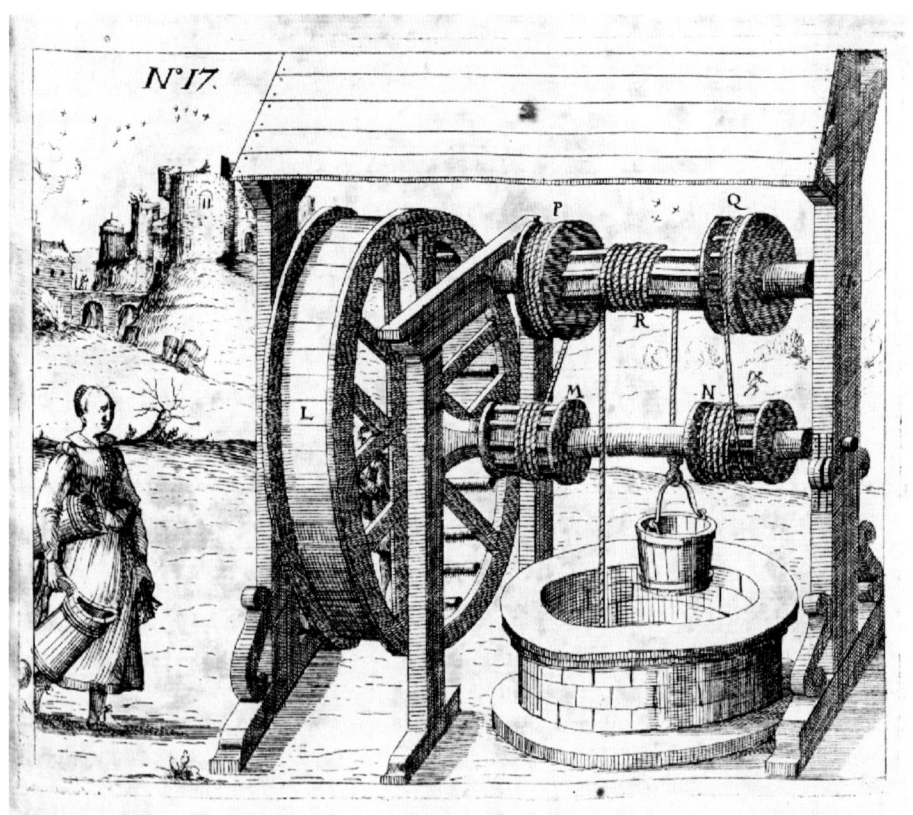

Abb. 59.2 Wasserförderung nach Zeising, 1613

Wir haben bereits mehrfach darauf hingewiesen, dass Brunnenwasser entgegen allgemeiner Auffassung nur auf wenigen Burgen zur Deckung des täglichen Wasserbedarfs genutzt wurde. Und gerade weil die Brunnen in den meisten Fällen nur als Reserve dienten für den seltenen Fall einer Belagerung, war die ständige Erhaltung der Betriebsbereitschaft oberstes Gebot. Das betraf nicht nur die Funktionsfähigkeit der Fördereinrichtungen, sondern auch die Erhaltung der Qualität des Wassers. Die Brunnen mussten also regelmäßig auch dann gezogen werden, wenn man das Wasser eigentlich nicht brauchte.

Da das Wasser, wenn es ohne Bewegung ist, und still stehet, faul, ia auch die Luft in dem Brunnen erstikkend wird: So ist dann auch nötig, daß ein Brunnen oft genug gebraucht werde, wenn er ein gesundes Wasser geben soll, das ist, man darf einen Brunnen nicht lange still stehen lassen.[255] Und an anderer Stelle lesen wir: *Auch das Wasser aus solchen Brunnen, die keinen stets währenden Abfluß haben, und allzu wohl verwahrt sind, ist, wenn davon getrunken wird, gefährlich; … Man sollte daher billig das aus verschlossenen Brunnen gezogene Wasser nicht eher zu Speisen gebrauchen, als bis es eine Zeitlang an freier Luft gestanden hat; und darum ist die Veranstaltung … zu rühmen, daß bei den [Brunnen] Tröge angelegt sind, worinn das Wasser erst eine Zeitlang stehen kann, ehe es gebraucht wird.*[256]

255 Cancrin, a.a.O., S. 62

256 Krünitz, a.a.O., Bd. 7, 1776, S. 107

Abb. 60 Brunnenkranz der Festung Marienberg

Solche Überlegungen könnte man hinter der bemerkenswerten Form des Brunnenkranzes auf der Festung **Marienberg** in Würzburg (Abb. 60) vermuten. Wir gehen aber davon aus, dass diese Sonderform in direktem Zusammenhang steht mit der um 1600 vorgenommenen Modernisierung der Wasserförderung durch den Einbau eines Pumpwerkes.

Über jedem Brunnen, soweit er nicht ohnehin innerhalb eines Gebäudes erbaut worden war, wurde ein Brunnenhaus, zumindest aber ein Schutzdach errichtet. *Man gibt einem solchen Bau über den Brunnen allerhand zierliche Gestalten, die ich hier ganz übergehe, weil sie die Sache eines jeden Baumeisters sind.*[257] Die Überdachung sollte Verschmutzungen des Wassers vorbeugen, die Fördereinrichtung vor Verwitterung und die Wasserknechte vor den Unbilden der Witterung schützen. Nachdem die Brunnen nicht mehr gebraucht wurden, verfielen die Brunnenhäuser, die zumeist nur aus Holz errichtet worden waren. Wo sich ein steinerner Brunnenkranz erhalten hatte, ließ man ihn fortan frei stehen als dekoratives Element des Burghofes.

Abschließend muss noch eine Sonderbauweise erwähnt werden, die nach dem Aufkommen der Feuerwaffen einer möglichen Ruinierung des Brunnens durch Artilleriebeschuss – d. h. insbesondere Mörsergranaten – vorbeugen sollte. Im Brunnenhaus der Festung **Königstein** [17] schützte ein im Scheitel 4 m dickes Gewölbe ab 1735 den Raum, in dem das Wasser gezogen wurde. (Abb. 187) Und das Brunnenhaus der Festung **Marienberg** hatte man 1761 versucht, *mit einer Erddecke von 3 Fuß Dicke … bombensicher zu machen.*[258] Dazu war um den kunstvollen Renaissancebau eine derbe Ummauerung herumgelegt und bis über das Flachdach hochgezogen worden. Die Entwässerung des „Sandkastens" sollten vorhandene Wasserspeier übernehmen, die aus der Ummantelung seitlich herausragten. Nachdem diese Konstruktion 1814 *als eine sehr nachteilige und zweckwidrige* erkannt worden war, setzte man oben auf die Ummauerung ein Ziegeldach. Bei dieser

---

257 Cancrin, a.a.O., S. 57

258 Seberich, F.: Die Wasserversorgung der Festung Marienberg zu Würzburg, in: Die Mainlande – Geschichte und Gegenwart, 10. Jg. 1959, S. 29 f

132 | 2. Brunnen als Wasserversorgungsanlagen

Abb. 61 Freilegung des Brunnenhauses der Festung Marienberg

Gelegenheit wurde wohl auch die Sandschicht wieder abgetragen. Bei der Freilegung im Jahre 1938 war der Dachraum leer. (Abb. 61)

Aus dem Grundriss, den Wilhelm Dilich 1613 von der Burg **Homberg** [12] fertigte (Abb. 136), ergibt sich, dass der Brunnen unterhalb des Schlosshofes lag. Ein starkes Gewölbe schützte den Raum, der neben dem Brunnen auch noch zwei große Zisternen beherbergte. Das Mundloch des Brunnens der Burg **Spangenberg** wurde bereits im 15. Jahrhundert um rund 5 m tiefer gelegt und verschwand so in einem sicher gewölbten Raum unterhalb der Hoffläche.

Ob der Brunnen der Festung **Grimmenstein** bereits 1536 tiefer gelegt in einem Gewölbe unterhalb des Schlosshofes endete, ist unklar. Belegt ist aber, dass nach dem Umbau zum Schloss **Friedenstein** sowohl im Gewölbe unterhalb des Hofes als auch direkt vom Schlosshof aus Wasser aus dem Brunnen gezogen werden konnte. 1669 hatte man verfügt, *oberhalb dem Gewölbe dieses Brunnen noch ein Rath zu setzen, mit der wellen Creutzweise daß 4 Eymer gehen können.*[259] Zwei Tretradanlagen übereinander mit um 90° versetzten Wellbäumen hat es wohl an keinem anderen Brunnen gegeben. Brunnenschächte mit zwei übereinander liegenden Entnahmestellen, die sich auf nur eine Förderanlage stützten, gab es allerdings auch anderenorts z. B. auf der **Albrechtsburg** [18] und der Burg **Hilpoltstein**.

Eine ähnliche Situation wie am Brunnen von Schloss **Friedenstein** ergab sich auf der **Dillenburg** nach dem Umbau zum befestigten Bergschloss. Der einstmals wohl 62 m tiefe Brunnenschacht wurde durch den bergmännischen Vortrieb eines langgestreckten Gewölbekellers durchschnitten. Danach gab es einen Schachtteil oberhalb des Gewölbes und einen 49 m tiefen unteren Schachtteil. Ob in beiden Ebenen Wasser gezogen wurde, ist nicht überliefert.

2.5 Bau- und Betriebskosten

Bevor wir den allgemeinen Teil der Ausführungen zum Brunnenbau auf Höhenburgen und Bergvesten abschließen, wollen wir noch einmal zurückkommen auf die eingangs zitierte Aussage[260], wonach einige der tiefen Brunnen gemäß der Überlieferung *ebensoviel gekostet haben wie der ganze übrige Burgbau*. Bei nur oberflächlicher Betrachtung mag eine solche Aussage plausibel erscheinen. Wer aber versucht, der Sache auf den Grund zu gehen, wird schnell feststellen, dass sich im konkreten Fall weder die Kosten der „ganzen Burg" noch die ihres tiefen Brunnens exakt feststellen lassen.

Dass der Bau tiefer Brunnen teuer war, ist unbestritten. Für den einen oder anderen Brunnen werden Kostensummen ohne Quellenangaben genannt. Wo Kostenaufstellungen überliefert sind, muss geprüft werden, ob es tatsächlich die Gesamtkosten des Bauvorhabens sind. Die Belege betreffen häufig nur Vereinbarungen zu einzelnen Gewerken, beinhalten meist allein den Lohn des Meisters, selten den seiner Gehilfen, zumeist nicht die Baustelleneinrichtung, die Werkzeuge und Hebezeuge und schon gar nicht das Baumaterial. Zudem darf nicht außer Acht gelassen werden, dass Handlangerdienste und Transportleistungen als Frondienste erbracht wurden.

Besonders deutlich wird dieser Sachverhalt an den überlieferten Abrechnungen zum Bau des Brunnens auf der Bauernburg **Rosenau** im Burzenland.[261] Neben 25 fl für einige wenige Werkzeuge und 21 fl für Wein enthalten die verbliebenen Unterlagen ausschließlich Lohnzahlungen an die zwei *Brunnenmacher*. Ungeachtet der Tatsache, dass die Protokolle zum Brunnenbau zudem erkennbar lückenhaft sind, bildeten sie gleichwohl die Grundlage für die Aussage, die „Gesamtkosten" hätten bei „über 2.000 fl" gelegen. Das ist zwar nicht falsch, führt aber nicht weiter, solange man nicht weiß, welchen Anteil die Lohnkosten der Bergleute an den Gesamtkosten ausmachten.

---

259 Höhne und Hopf, a.a.O., S. 44
260 Piper, a.a.O., S. 506

261 Gross und Kühlbrandt, a.a.O., S. 27 und 67 ff

Anlage	Bauzeit	Tiefe	Durchmesser	Aufmauerung	Kosten	[Q]
Königstein	1566–1569	154 m	3,5 m	–	ca. 6.600 fl	1
Homberg	1605–1613	150 m	2,3 m	150 m	ca. 11.000 fl	2
Augustusburg	1568–1579	130,6 m	3,2 m	–	75.000 fl (?)	3
Betzenstein	1543–1548	92 m	2 > 1,5 m	70 m	3.620 / 5.430 fl	4
Stolpen	1607–1632	84 m	ca. 4 m	–	ca. 11.000 fl	5
Hellenstein	1666–1670	77,5 m	2,6 m	37 m	6.750 fl	6
Grimmenstein	1535–1536	bis 30 m	2,5 m	ca. 30 m	1.225 / 1.850 fl	7

[Quellen] 1) 2) und 5) Kalkulation des Verfassers; 3) Ruckdeschel; 4) Kolbmann;
6) HStA Stuttgart, A 249, Bü 963; 7) Höhne/Hopf

Tab. 4 Baukostenangaben zu tiefen Brunnen

Die Kostenangaben (fl = Gulden) der Tabelle 4 betreffen Brunnenbauten aus dem Zeitraum zwischen 1535 und 1670. Der Brunnen der Stadt **Betzenstein** wurde zu Vergleichszwecken mit herangezogen, da die vorhandenen Belege die tatsächlichen Kosten umfänglich abdecken. Zusammen mit **Hellenstein** [11] sind dies die verlässlichsten Kostenangaben, die sogar eine Aufschlüsselung auf Einzelgewerke ermöglichen. Die Reihenfolge der Brunnen innerhalb der Tabelle wurde nach der Schachttiefe festgelegt. Kostenrelevante Größen sind zudem der Durchmesser des Schachtes und der Anteil der Ausmauerung.

Innerhalb des Zeitraumes zwischen 1535 und 1670 hat sich natürlich auch der Geldwert verändert. Bis zum Ende des 16. Jahrhunderts waren Gulden und Thaler dem Wert nach etwa gleich. Seit dem Dreißigjährigen Krieg bis 1740 entsprach 1 Thaler rd. 1,5 Gulden. Die Kosten der Brunnen **Betzenstein** und **Grimmenstein** wurden auf dieser Basis umgerechnet.

Es zeigt sich, dass die angegebenen Kosten ganz offensichtlich selbst dann nicht durchgängig vergleichbar sind, wenn man die unterschiedlichen Schwierigkeitsgrade des jeweiligen Felsgesteins mit berücksichtigt. Die Angabe zum Brunnen der **Augustusburg** ist mit einem großen Fragezeichen zu versehen, solange urkundliche Belege hierzu fehlen. Der Versuch, die Kosten über die Bauzeit zurückzurechnen, muss fehlschlagen, da wir nicht wissen, wie viel Personal im Einzelfall zur Verfügung stand und welche Stillstandszeiten durch Unfälle bzw. Schäden im Bauablauf aufgetreten sind. Stillstand kostete damals wie heute Geld.

Das Verhältnis zwischen den Lohnkosten, den Materialkosten sowie dem Umfang der Hand- und Spanndienste ist naturgemäß bei einer „Großbaustelle Burg" grundverschieden von der einer „Spezialbaumaßnahme Brunnen". Und da sich eine verlässliche Basis für die Ermittlung der Kosten für eine Burg schlicht nicht finden lässt, erscheint die eingangs zitierte Behauptung, mancher Brunnen sei teurer gewesen als die zugehörige Burg, mehr als gewagt. Es wurde nicht überprüft, inwieweit z. B. Angaben aus Inventarverzeichnissen für eine solche Betrachtung verwertbar sind. So wird der Wert der Burg **Lemberg** [4] im Jahre 1626 von Baufachleuten auf 29.000 Gulden geschätzt.[262] Wie man zu dieser Angabe gekommen ist, ist

---

262 StA Darmstadt, Bestand D 21, B 3, Nr. 12

2.5 Bau- und Betriebskosten | 135

nicht nachvollziehbar. Als Brandversicherungskapital werden im Jahre 1809 für die **Veste Otzberg** 31.980 fl festgesetzt.[263]

Der Bauherr mochte zunächst nur die Gestehungskosten seines Brunnens im Auge haben. Die nicht unbeträchtlichen Folgekosten aber belasteten ihn und seine Nachfolger, solange der Brunnen in Betrieb gehalten wurde. Dazu musste Personal vorgehalten werden. Ein Wasserknecht erhielt im Jahre 1794 auf den pfälzischen Vesten **Otzberg** [14] und **Dilsberg** [9] für das tägliche „Wassertreten" 4 fl pro Monat. Sein Jahreslohn entsprach damit dem Gegenwert eines Pferdes. Wenn Burgführer heute noch erzählen, für diese Arbeiten seien Strafgefangene eingesetzt worden, so gehört das in aller Regel ebenso zu den Legenden, wie deren Einsatz beim Brunnenbau.

Am wenigsten kalkulierbar waren die Kosten für die bauliche Instandhaltung des Schachtes. Wir haben im Abschnitt über die Steinmetzzeichen (Kap. 2.3.2.2) den Brunnen auf Schloss **Grimmenstein** erwähnt, dessen Schachtausmauerung nach 250 Jahren auf ca. 30 m aus- und neu eingebaut werden musste. Die Kosten hierfür werden im Jahre 1804 mit 4.113 Reichsthalern (entspr. ca. 8.000 fl) angegeben.[264] Die Veste **Otzberg** [14] ist hierzu ein weiteres Beispiel. Am Beispiel der **Wülzburg** [5] werden wir erfahren, dass nachträgliche Ausmauerungen eines Schachtes erforderlich werden konnten, der aus dem anstehenden Fels herausgearbeitet worden war.

Ein besonderes Problem für die Erhaltung der Betriebsbereitschaft konnte sich bei Brunnen in Sandsteinformationen ergeben, wenn die Schachtwandung absandete. Der **Marburg**er Brunnen, der 1880 komplett geräumt worden war, wies bei der Nachmessung im Jahre 2007 Einlagerungen von fast 10 m Höhe auf, die – abgesehen von Konstruktionsteilen der bis 1893 in Betrieb befindlichen Pumpanlage – zumeist aus feinkörnigem Sandmaterial bestanden.[265] Beim Einblick in den Schacht ist deutlich erkennbar, dass die 4 m hohe Ausmauerung im Kopfbereich, die ursprünglich mit der anschließenden Schachtwand bündig war, heute bis zu 10 cm auskragt.

Die überlieferten Unterlagen zu den Brunnenreparaturen zeigen, welche Aufwendungen im 17. Jahrhundert erforderlich waren, um diesen Brunnen betriebsbereit zu erhalten.[266] Inwieweit sich die Absandung auch noch auf die Standfestigkeit des Mauerwerkes am unteren Ende des Schachtes ausgewirkt hat, ist heute nicht mehr genau nachvollziehbar. Im 17. Jahrhundert wurden umfangreiche Reparaturarbeiten ausgeführt. Dieser Vorgang war es dann wert, auf einem 1,2 m hohen und 0,7 m breiten kunstvoll gearbeiteten Gedenkstein festgehalten zu werden. Die lateinische Inschrift darauf lautet in der Übersetzung: *Der Erlauchteste und Erhabenste Fürst und Herr, die Herrin Hedwig Sophia, geborene Fürstin von Brandenburg, Hessische Landgräfin, Vormund und Mutter des Landgrafen, hat an diesem Brunnen von ebenso gewaltiger Tiefe wie Nutzen ab dem Jahre 1673 Reparaturen ausgeführt und im Jahre 1675 vollendet.* Über die Kosten ist nichts bekannt. Das Problem der Absandung auf der freiliegenden Schachtwand war damit aber nicht behoben. Fraglich ist daher, wie lange die Ausmauerung am Schachtmund noch stehenbleiben wird.

Wir haben im Kapitel 2.4 ausgeführt, dass die Brunnen auch dann gezogen werden mussten, wenn kein unmittelbarer Bedarf an Wasser bestand. Das Erhalten der Betriebsbereit-

---

263 Gemeindearchiv Otzberg, Hering XV 7 b, Konv. 90/3
264 Thür. StA Gotha, Geheime Kanzlei YY VIII, Nr. 52
265 Räumung durch Dr. Glück von Oktober 2011 bis März 2012
266 Justi, a.a.O. S. 102 f

schaft erforderte Personal und ging zu Lasten des Materials der Förderanlage. Vor allem aber musste der tiefe Brunnen regelmäßig gereinigt werden, wenn die Trinkwasserqualität nicht zu sehr verkommen sollte. Für die Reinigung des tiefen Brunnens der Burg **Breuberg** [7] liegt aus dem Jahr 1781 ein Kostenvoranschlag über 150 fl vor.[267] Was die Reinigung letztlich wirklich kostete, wissen wir nicht. Belegt aber ist, dass der Brunnen danach kein Wasser mehr führte. Für die Brunnenreinigung auf der Veste **Otzberg** [14] verlangte ein Brunnengräber 1813 die stolze Summe von 300 fl.[268] Da der Betrag nicht genehmigt wurde, erklärte sich einer der gemeinen Soldaten schließlich bereit, die gefährliche Arbeit für 60 fl auszuführen.

Es gibt viele Belege dafür, dass die Brunnenreinigung vernachlässigt wurde. Wie groß das Missverhältnis zwischen den notwendigen und den tatsächlichen Reinigungsintervallen werden konnte, zeigt sich am deutlichsten am Beispiel **Stolpen** [3]. Ende 1682 wird angemahnt, *daß der Daselbst befindl. Brunnen … weil es ganze 20 Jahre nicht geschehen, einmahl wieder bestiegen undt zusumpfe gezogen werde.*[269] In einer Abhandlung über den rechten Gebrauch der Brunnen heißt es 1792: *Weil die Brunnen durch allerhand Dinge, welche unversehens hineinfallen, ia auch selbst von der Erde, die sich durch die Fassung ausspület, und dann von dem Bodensatze des Wassers selbst verunreinigt werden: So müssen dann auch solche von allem diesem Unrath des Jahres ein- zwei- drei- wohl auch viermal gesäubert werden.*[270]

Zur Abbildung 62, die den Brunnenmeister im Jahre 1769 bei der Brunnenreinigung zeigt, gehört folgender Text: *Es geschicht oft, daß boese oder muthwillige Leute allerhand Sachen, auch Katzen und Hunde in die Brunnen werfen: damit nun dieser wieder zum allgemeinen Gebrauch diene, wird selbiger gefegt, und gar ausgeschoepfft; worauf der Brunnen-Meister in dem grossen Eymer hinab faehrt, den Grund aussaeubert, nach der Brunnen-Stuben siehet, hernach die Eymer zusammenbindet, oder den Brunnen-Deckel zuschließt, bis man wieder schoepffen koenne.*

Nach der Säuberung des Schachtes musste also zunächst abgewartet werden, bis wieder ausreichend Wasser nachgelaufen war, dem sodann Salz zugegeben wurde. Erst danach konnte erneut Wasser aus dem Brunnen gezogen werden. *Weitere Salzzugaben haben bis zu 3mal im Jahr stattgefunden. Es wurde dann jeweils 1 Simmer Salz [entspricht einem Hohlmaß von 32 Litern] in den Brunnen geschüttet. … Der Salzgehalt lag also zeitweise deutlich über der Geschmacksgrenze. … Offensichtlich lag bereits im 18. Jahrhundert die Erkenntnis vor, daß Salz auch in geringer Konzentration eine keimtötende Wirkung besitzt. Eine Keimfreiheit nach unseren heutigen Vorstellungen konnte damit nicht erzielt werden.*[271]

Ein Brunnenmeister gibt zu bedenken: *Steinsalz ist von alters her für die Reinigung des Wassers und zu seiner Verbesserung verwendet worden. Steinsalz aber in das Wasser selbst zu geben, ist ein Unfug. … Nicht nur, daß das Trinkwasser übersalzen ist, hat es noch den Nachteil, daß das Wasser mit Eisenoxydul- oder Inoxydulgehalt sofort rot gefärbt und die Ablagerungen nach diesem Prozess schwarz wird, in weiterer Folge nach einigen Tagen das ganze Wasser eine bleigraue Färbung annimmt und damit erst recht unbrauchbar geworden ist.*[272] Er empfiehlt, das Salz oberhalb des Wasserspiegels auf eine durchlöcherte Platte zu legen, wo es sich von selbst nach und nach verflüssigt und in das Wasser tropft.

---

267 StA Wertheim, R-Rep. 5 b, Nr. 82
268 StA Darmstadt, E 8, B 42
269 Sächs. HStA Dresden, 10077 Kollektion Schmid, Amt Stolpen, Vol. IV, Nr. 34
270 Cancrin, a.a.O., S. 61
271 Dachroth, Wiltschko, a.a.O., S. 42 f
272 Bösenkopf, a.a.O., S. 122 f

2.5 Bau- und Betriebskosten | 137

Wir gehen jedoch davon aus, dass man in dieser Frage eher einer Empfehlung aus dem Jahre 1792 folgte: *Man salzet … die Brunnen, indem man in sie in einem Sakke, worinn sich das Salz länger hält, und nicht so bald mit dem Wasser herausgezogen wird, ½ bis 1 Centner Küchensalz wirft, welches dann das Wasser vor der Fäulniß bewahrt.*[273]

Diese Ausführungen dürfen nicht darüber hinwegtäuschen, dass mangelnde Wasserqualität ein Dauerproblem war und blieb. *Auch wenn man das Wasser vor dem Genuß durch Leinentücher siehte, ließ seine Qualität in vielen Fällen zu wünschen übrig und verursachte oft genug schwere Erkrankungen.*[274]

Die Mehrzahl der Belege, die zu den Unterhaltskosten für die Brunnen überliefert sind, betreffen die Wasserförderanlagen. Und hier sind es in erster Linie Kübel und Seile, die verschlissen oder abgestürzt waren. *Je nach Qualität hielt das Brunnenseil zwischen 2 und 6 Jahren. … Etwas teurer aber auch langlebiger erwiesen sich die Seile aus Straßburger Schleißhanf. Die Kosten für das Seil berechneten sich* [im Falle **Dilsberg**] *auf eine Länge von 45 Klaftern oder 270 Schuh. … Das Gewicht des Seiles lag bei 190 bis 192 Pfund. Das Pfund Hanfseil lag* [in der Zeit von 1712 bis 1769 bei 12 Kreuzern] *1782 bei 18 Kreuzern, 1785 bei 20 Kreuzern und 1797 bei 30 Kreuzern.*[275]

Durch die besondere Pflege des Seiles konnte die Nutzungszeit verlängert werden. Aber welche Möglichkeiten hatte man? Zunächst einmal musste das Seil möglichst trocken gehalten werden. Der Brunnenmeister der Festung **Königstein** [17] beklagt, dass *drey hohe, in das Brunnenhaus gehende Fenster, durch welche die Sonne auf die welle und das Seil fallen können, bis auf kleine Luftlöcher zugesezet worden, um den Brunnen und die Maschine im Falle eines Bombardements sicher zu stellen. So lange nun diese Fenster nicht wiederum eröfnet würden, müße der verminderte Zug und die Versperrung eines Theils des Sonnenlichtes, welches durch die übrigen Fenster doch nicht mit dem Effecte würken könne, auf das Seil einen wiedrigen Einfluß haben, und das frühere Verstocken deßelben, besonders der Enden, veranlaßen.*[276]

Die Enden des Seiles, die regelmäßig ins Wasser tauchten, mussten deshalb von Zeit zu Zeit abgeschnitten werden; und so wurde das Seil nach und nach kürzer. Dafür war Vorsorge zu tragen. Der oben erwähnte Brunnenmeister berichtet: *Wenn die zeitherigen Seile aufgelegt worden, hätten selbige vier bis fünf und zwantzig Schläge auf der Welle betragen, und könnten so lange an den Enden gekappt werden, bis nur noch achtzehn Schläge auf der Welle wären.*[277] Die Zugabe betrug also ca. 10 m.

Auf die Frage, ob man Brunnenseile, die in der Mitte schadhaft geworden waren, ausbessern könne, gibt der Brunnenmeister aufgrund seiner 30-jährigen Berufserfahrung zu Protokoll: *So viel ihm nun von der Fertigung und Einrichtung der Brunnenseile bekannt sey, müße er ebenfalls verneinen, daß eine Ausbeßerung an denselben stattfinden könne.*

Es sei unmöglich, daß einzelne schadhafte Fäden eines Seiles ausgebeßert oder durch neue ersetzt werden könnten, und man könne sich nur damit helfen, daß schadhafte Stellen ausgehauen und die Enden wiederum zusammen gespießet [gespleißt] würden. Dies Anspießen sey aber bei dem Brunnenseile auch nicht anwendbar a) weil das Seil, wo es zusammen gespießet worden, weit stärker werde, sonach einen ungleichen Schlag auf der Welle mache, und eine Irregualirität

---

273 Cancrin, a.a.O., S. 61
274 Schmidtchen, a.a.O., S. 412
275 Dachroth, Wiltschko, a.a.O., S. 38 ff

276 Sächs. HStA Dresden, 10026 Geheimes Kabinett Loc. 413/9, fol. 10 a
277 wie vor, fol. 7 a

Abb. 62 Der Brunnenmeister bei der Brunnenreinigung, 1769

im Gewinde, und einen ungleichen ruckenden Gang der Tonnen und der Maschine verursache; besonders aber könne es um deswillen nicht geschehen, b) weil es nicht hielte. Beydes sei durch die Erfahrung bewiesen[278].

Der Baumeister Schickhardt notiert auf seiner um 1620 entstandenen Ideenskizze (Abb. 59.1) für eine Wasserförderanlage zum 143 m tiefen Brunnen der **Wülzburg** [5]: *Dieser bruň hat 2 grose seil / sind mit schifdor geschmiert / Kost jedes 200 fl.*[279] Das Einschmieren der Brunnenseile mit Schiffsteer gehörte wohl mit zur neuen Idee. Im Jahre 1716 wird beim **Stolpen**er Amtsschreiber wegen des Seiles angefragt, *ob es nicht dienlich umb beßren bestandes Willen, das man es mit öhl tränckte, ob es ihm nützlich oder schädlich.*[280] Die Antwort – so sollte man meinen – dürfte wohl schon mit Rücksicht auf die Qualität des Wassers negativ ausgefallen sein. Ein halbes Jahr später aber berichtet der Fragesteller, dass er das Seil, *soweit solches ins Waßer kömmet, mit Öhl tüchtig verwahren will, daß es noch halb solange mehr als sonsten halten soll.*

Eine klare Aussage zur Frage einer möglichen Konservierung des Brunnenseiles erhalten wir wiederum aus dem Protokoll des Brunnenmeisters der Festung **Königstein** [17]. Gegen das Teeren des Seils führt er nicht nur die Verunreinigung des Wassers an. Er erklärt glaubhaft, dass das Seil, *wenn es getheeret wäre, sich und die Welle mehr reiben und diese vermehrte Friction würde nicht nur der Welle und den übrigen Theilen der Maschine höchst nachtheilig seyn, sondern auch das Seil selbst weit früher ruiniren, als dies gegenwärtig geschehe.*

Außerdem *würde das Seil durch das Theeren um etwas bedeutendes stärker, und ein Seil, welches von der Stärke und länge gefertiget sey, wie die bisherigen, würde, wenn es getheeret*

---

278 wie vor, fol. 8 b
279 HStA Stuttgart, Nachlaß Schickhardt, N 220, T 20
280 Sächs. HStA Dresden, 10069 Rentamt Stolpen, LFVW Nr. 212

Abb. 63 Der Seiler oder Reepschläger, 1782

würde, nicht auf die Welle und Maschinen gehen, weil dies der Spielraum zwischen den Kammrade und der Hauptmauer des Brunnengewölbes nicht leide.[281] Er spricht damit eine Besonderheit seines Brunnens an, bei dem der Wellbaum dicht unter dem Schutzgewölbe angeordnet ist. Da durch die seitliche Laufbegrenzung das Seilpaket dicker geworden wäre, hätte es sich am Gewölbe gerieben.

Wir erfahren weiter, *daß die brunnenseile seit den ältesten Zeiten her nie getheeret worden wären, sondern daß man sich statt des theeres zur Conservation der Seile einer aus Wachs und Leinöhl gefertigten Schmiere, mit welcher die Seile von Zeit zu Zeit eingeschmiert würden, bediene. Diese Schmiere sey dem Theere weit vorzuziehen, weil sie a) nicht so auftrage wie der Theer, b) das Seil geschmeidig und glatt mache, dagegen daßelbe durch den Theer starr und klebrig werde, c) reinlich sey und im Waßer nichts absetze, und d) das Einschmieren damit auf der Welle selbst wiederhohlt werden könne, auch e) das Seil weit mehr conservire, als der Theer, und bey weiten nicht so kostspielig sey als jener.*[282]

Wenn das Brunnenseil gerissen war, versuchte man, den abgestürzten Teil über die leichten Klettergerüste zu bergen, um das Seil danach wenigstens notdürftig reparieren zu können. Ein Reserveseil wurde i. d. R. nicht vorgehalten. Also musste man sich zunächst mit einem Provisorium behelfen. Die Beschaffung eines neuen Seiles war zeitaufwendig und teuer.

Der **Betzenstein**er Brunnen erhielt nach der Fertigstellung 1549 eine Hebevorrichtung mit einer Kette statt eines Seiles. Als die Kette 1631 nach vielen teuren Reparaturen für 159 fl erneuert wurde, *verhängte sie sich beim Einziehen so, daß sie weder auf- noch abwärts gezogen werden konnte.*[283]

Auch die hölzerne Tretradanlage, die einem hohen Verschleiß unterlag, musste ausgebessert und repariert werden. Auf der Veste **Otzberg** [14] wurde sie letztmalig im Jahre 1788 komplett erneuert. Kosten für die Zimmermanns- und Schmiedearbeiten sind leider nicht überliefert. Laufende Instandhaltungskosten fielen zudem für das Brunnenhaus an.

---

281 wie vor, fol. 6 b
282 wie vor, fol. 7 b
283 Kolbmann, a.a.O., S. 88 f

2.6 Eine abschließende Bemerkung

Die bisherigen Ausführungen mögen einen Eindruck davon vermittelt haben, dass man in früheren Zeiten weder Kosten noch Mühen gescheut hat, um die Wasserversorgung auf einer Höhenburg sicherzustellen. Wenn die Wasserversorgung ausfiel, war die aufwendige Immobilie nutzlos. Unsere detaillierten Ausführungen zum Brunnenbau dürfen aber nicht darüber hinwegtäuschen, dass die tiefen Brunnen in aller Regel keinen Beitrag zur Deckung des täglichen Wasserbedarfes leisten mussten. Mit dem Bau eines Brunnens konnte man erst beginnen, nachdem die Burg bezogen war. Eine ausreichende Wasserversorgung aber musste dann bereits vorhanden sein, da ja nicht absehbar war, ob bzw. wann man auf Grundwasser stoßen würde.

Die Burgbewohner trachteten, sich mit möglichst frischem Wasser zu versorgen. War die Beischaffung von Frischwasser mit Tragtieren die zumeist einzige überhaupt mögliche Form der Erstversorgung gewesen, so wurde diese auch später oft beibehalten, wenn interne Versorgungsmöglichkeiten wie Zisternen und Brunnen hinzugekommen waren. Eine Wasserleitung war von Anbeginn eine erstrebenswerte Variante, ließ sich aber nicht in allen Fällen realisieren.

Wir hatten eingangs (Kap. 1.3) darauf verwiesen, dass im 16./17. Jahrhundert eine Vielzahl besonders tiefer Brunnen gebaut wurde. Die Zusammenstellung im Kapitel 3.19 kann als Beleg dafür dienen. Die tiefen Brunnen wurden demnach mehrheitlich gebaut in einer Zeit, als der Aus- und Umbau der mittelalterlichen Burgen schon weitgehend abgeschlossen war und ein dafür ausreichendes Versorgungssystem bereits bestand. Für den täglichen Bedarf der Bewohner waren die Brunnen auch jetzt also nicht zwingend notwendig. Und daraus mag sich erklären, dass der Brunnenbau in dieser Zeit vielerorts nicht mit besonderem Nachdruck betrieben wurde. Die Burg **Stolpen** [3] ist ein anschauliches Beispiel dafür. Auf Schloss **Neuenburg** war ein Schacht innerhalb von sechs Jahren bis auf 84 m abgeteuft worden, als ein Felsabsturz 1665 zu einer Bauunterbrechung führte.[284] Das erste Wasser aus 95 m Tiefe aber konnte man erst 1677 ziehen. Der Weiterbau des Brunnens musste zurückstehen, weil in der jungen kursächsischen Sekundogenitur Sachsen-Weißenfels alle verfügbaren Mittel zur schnellen Prachtentfaltung benötigt wurden.

Bemerkenswert ist auch, dass kaum einer der tiefen Brunnen unter Beweis stellen musste, den täglichen Bedarf der Bewohner auch tatsächlich längerfristig decken zu können. Wir gehen davon aus, dass dem Bau tiefer Brunnen primär der Gedanke einer (un)gewissen Rückversicherung zugrunde lag. Sie waren die einzige Möglichkeit, für einen Fall Vorsorge zu treffen, von dem man hoffen konnte, dass er nie eintreten würde. Man investierte viel Zeit und Geld in den Brunnenbau, nutzte das Brunnenwasser aber möglichst nicht. Und man konnte sich in dieser Haltung bestätigt fühlen, weil viele andere Burgherren es genauso machten.

---

284 LHA Sachsen-Anhalt, MD, A30cII, Nr. 429, fol. 2 v

3. Burgen und ihre Brunnen

Wir werden in den Kapiteln 3.01 bis 3.18 einige ausgewählte Brunnenbauten im Detail behandeln. Dabei sollen zeitgemäße Informationen aus überlieferten Bauakten vermittelt werden. Zum anderen geht es uns um bemerkenswerte bauliche Besonderheiten und die unterschiedlichsten Lösungen bei der Wasserförderung. Und es werden Untersuchungen beschrieben, die in einzelnen tiefen Brunnen durchgeführt wurden.

Es gibt keine zwei gleichen Brunnen. Das ist das Ergebnis, nachdem wir eine Vielzahl von Anlagen – so gut es möglich war – untersucht haben. Insoweit haben unsere allgemeinen Ausführungen zum Brunnenbau auf Höhenburgen und Bergvesten zwar nach wie vor ihre Berechtigung. Sie stehen aber immer unter dem Vorbehalt, dass es im Einzelfall durchaus auch anders gewesen sein kann.

Die Beispiele sollen zeigen, dass beim Brunnenbau unter erschwerten Standortbedingungen für spezielle Gegebenheiten immer auch spezielle Lösungen entwickelt wurden. Und dabei muss erstaunen, welche Leistungen bei der Planung und Bauausführung vollbracht wurden, obwohl aus heutiger Sicht nur einfachste Mittel zur Verfügung standen.

Die Beispiele sollen aber nicht nur möglichst umfassend über einzelne Brunnenbauten auf Höhenburgen und Bergvesten informieren. Sie sollen dem interessierten Leser auch helfen, in Verbindung mit den allgemeinen Ausführungen eigene Untersuchungsergebnisse zu interpretieren, und sie sollen Anregung sein für die Untersuchung all der Burgbrunnen, die bisher noch nicht erforscht werden konnten. Eine Übersicht im Kapitel 3.20 führt dazu zahlreiche Beispiele an. Und sofern sich daraus neue Erkenntnisse ergeben, werden diese hoffentlich dazu beitragen, den Wissensstand über diese bemerkenswerten Tiefbauvorhaben abzurunden.

Im Kapitel 3.19 schließlich geht es um die Gruppe der besonders tiefen Brunnen. Bei aller Begeisterung aber für die Leistungen, die beim Brunnenbau vollbracht worden sind, sollte nicht übersehen werden, welch geringe Rolle Burgbrunnen in den meisten Fällen als Teil des jeweiligen Wasserversorgungssystems tatsächlich gespielt haben.

3.1 Der Heiligenberg bei Heidelberg

Der Heiligenberg bei Heidelberg passt eigentlich so gar nicht in die Reihe der Burgen und Bergvesten, die hier beispielhaft die vorangegangenen allgemeinen Ausführungen zum Brunnenbau ergänzen sollen. Und dennoch wäre das Thema nur unvollständig behandelt, wenn das sogenannte Heidenloch unerwähnt bleiben würde.

Überlieferungen
Unter dem Titel „Die ersten germanischen Verteidigungsburgen am Oberrhein" wurde in den Bonner Jahrbüchern 1882 auch über die Bedeutung der Ringwälle auf dem Heiligenberg spekuliert. Die Grabungsergebnisse der folgenden Jahre belegten, dass die kleine Kuppe, die sich noch einmal um ca. 50 m über den 370 m hohen Bergrücken erhebt, bereits seit der jüngeren Steinzeit als Siedlungsplatz genutzt wurde. Während der Urnenfelderzeit (1200–750 v. Chr.)

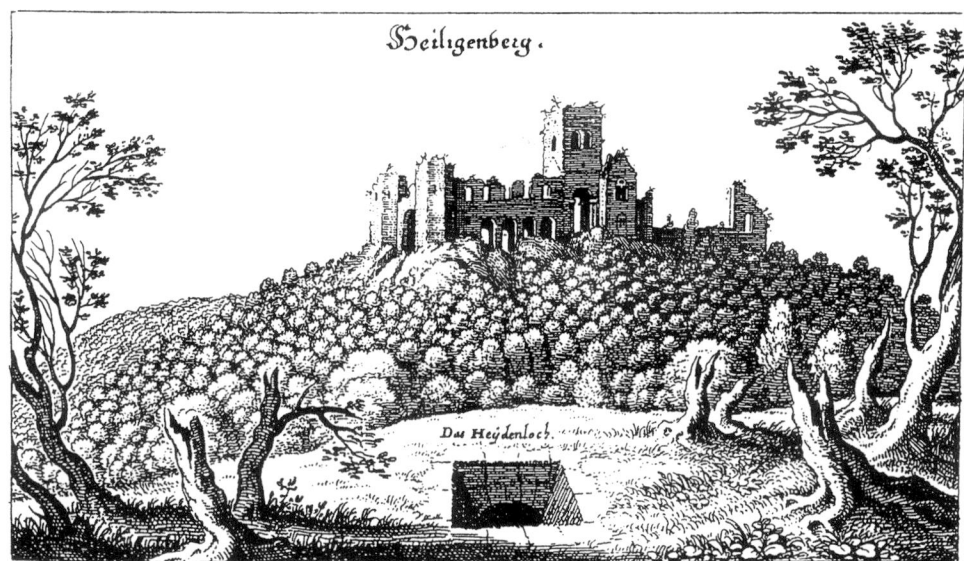

Abb. 64 Ansicht Heiligenberg, 1645

wurde dieser Bereich mit einem kreisförmigen Steinwall geschützt. Besiedelt aber war zu dieser Zeit bereits der gesamte Bergrücken. Die Steinwälle zum Schutz dieser Fläche stammen wohl aus der Latènezeit (450–15 v. Chr).

Und so finden wir heute Reste eines Steinwalles auf dem Bergrücken, umlaufend um „Kernburg" und „Vorburg" in einer Gesamtlänge von ca. 1.960 m, sowie Reste eines äußeren zweiten, am Hang verlaufenden Walles, der mit ca. 2.900 m Länge den gesamten Bergrücken wie eine Zwingermauer umschließt. (Abb. 65) Die Römer, die den Kelten um 100 n. Chr. nachfolgten, erbauten auf der höchsten Stelle einen Tempel, und fränkische Klosterbrüder gründeten um 1.000 n. Chr. innerhalb der Wälle nacheinander zwei Klöster.

Die Antwort auf die Frage, wie sich die Menschen auf dem Heiligenberg mit Trinkwasser versorgen konnten, ist nicht unstrittig. Da sind zum einen die Quellen außerhalb der Wälle am Berg, und da ist noch das sogenannnte Heidenloch[285], das Merian 1645 dargestellt hat. (Abb. 64) Es liegt ganz am südlichen Ende der langgestreckten inneren Umwallung. Der nahezu quadratische Schacht mit Seitenlängen zwischen drei und vier Metern und entsprechend unregelmäßigem Profil von 56 m Tiefe ist heute trocken.

Untersuchungen

Die Darstellung von Merian zeigt die gemauerte Einwölbung des Schachtes mit quadratischer Öffnung zum Wasserziehen. Im Jahre 1936 begann Stemmermann[286] mit der Räumung des Schachtes. Er berichtet: *Die Wände des gewaltigen Schachtes ... benützen soweit dies möglich war, die natürliche Klüftung des hier anstehenden Pseudomorphosen-Sandsteins. Wo solche nicht vorhanden war, sind die Wände mit dem Spitzmeißel abgearbeitet. Die Besonderheiten*

---

285 Der Zusatz „Heide" ist ein volkstümlicher Hinweis auf einen Ursprung in vorchristlicher Zeit.

286 Stemmermann, P. H.: Der Heilige Berg bei Heidelberg, Badische Fundberichte, Jg. 16, 1940

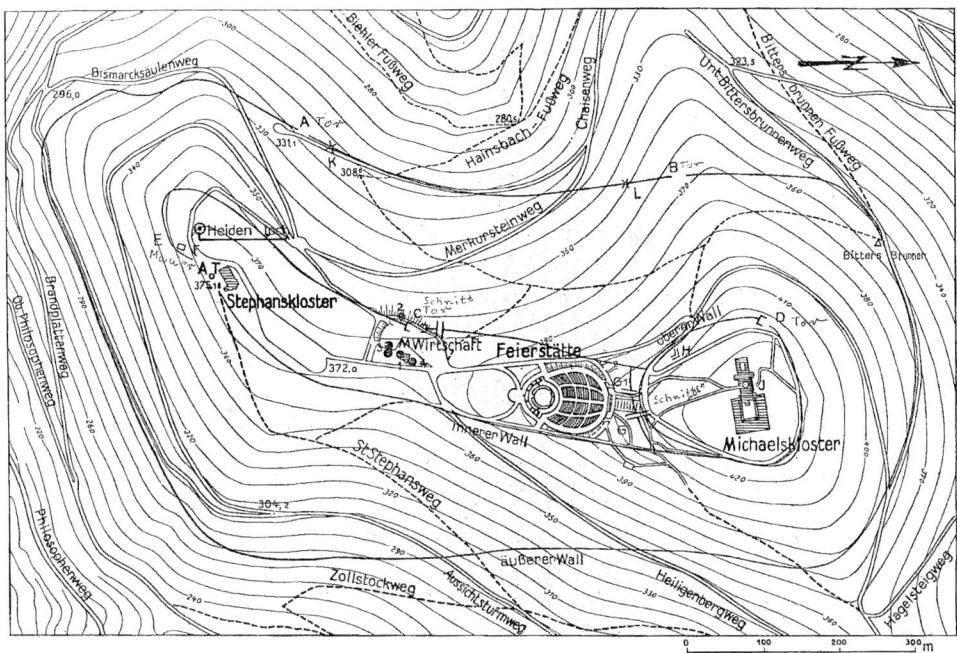

Abb. 65 Lageplan Heiligenberg

dieser geologischen Formation, die hier bis zu 120 m stark ansteht, ermöglichten wohl überhaupt erst den Bau des Schachtes.

In 52,25 m Tiefe stieß man auf eine Ausmauerung, *einen aus sauber behauenen Steinen gefügten Brunnenmantel von 2,10 m lichter Tiefe und einem lichten Randdurchmesser von 1,28 m. Die Wände dieses Mantels waren leicht abgeschrägt, so daß der Bodendurchmesser nur noch 1,08 m betrug. Den Boden schloß eine Steinplatte ab. Der zwischen den Quadern des Brunnenmantels und den Wänden des Schachtes freibleibende Raum war mittels einer Steinfüllung geschlossen. Eine solche befand sich – wie sich später zeigte – in dem unter der Bodenplatte liegenden Hohlraum. Die Seitenpackung überragte leicht abgeschrägt den Mantel, so daß sie eine trichterförmige Erweiterung des Brunnenrandes bildete, die alles an den Schachtwänden herabfließende Sickerwasser dem Brunnen zuleitete.*

Mit seiner detaillierten Schnittzeichnung (Abb. 66) ergänzte Stemmermann die Ausführungen um den wichtigen Hinweis, dass die seitliche Hinterfüllung eine *Stein- und Lehmpackung* gewesen ist. In seinem Bericht fährt er fort: *Die Quader des Brunnenmantels zeigten auf ihrer Innenseite einen feinen Randschlag und fast glatten Spiegel, ... womit dieser Teil der Anlage in die Zeit um 1000 datiert wird. Damit stellt sich der Einbau zeitlich gleich mit dem Stephanskloster* [neben dem Heidenloch].

Um festzustellen, wie der Brunnen gegründet war, entschloss man sich im August 1937, den sogenannten Brunnenmantel auszubauen. In diesem Zusammenhang *erwies es sich als notwendig, die Überwölbung über dem Schachtmund zu entfernen. ... Nachdem es gezeichnet und vermessen war, wurde das Gewölbe entfernt. Als schließlich noch ... restlicher Schutt aus dem Loch geräumt war, konnte das Ausbrechen des Brunnenmantels beginnen. Die*

144 | 3. Burgen und ihre Brunnen

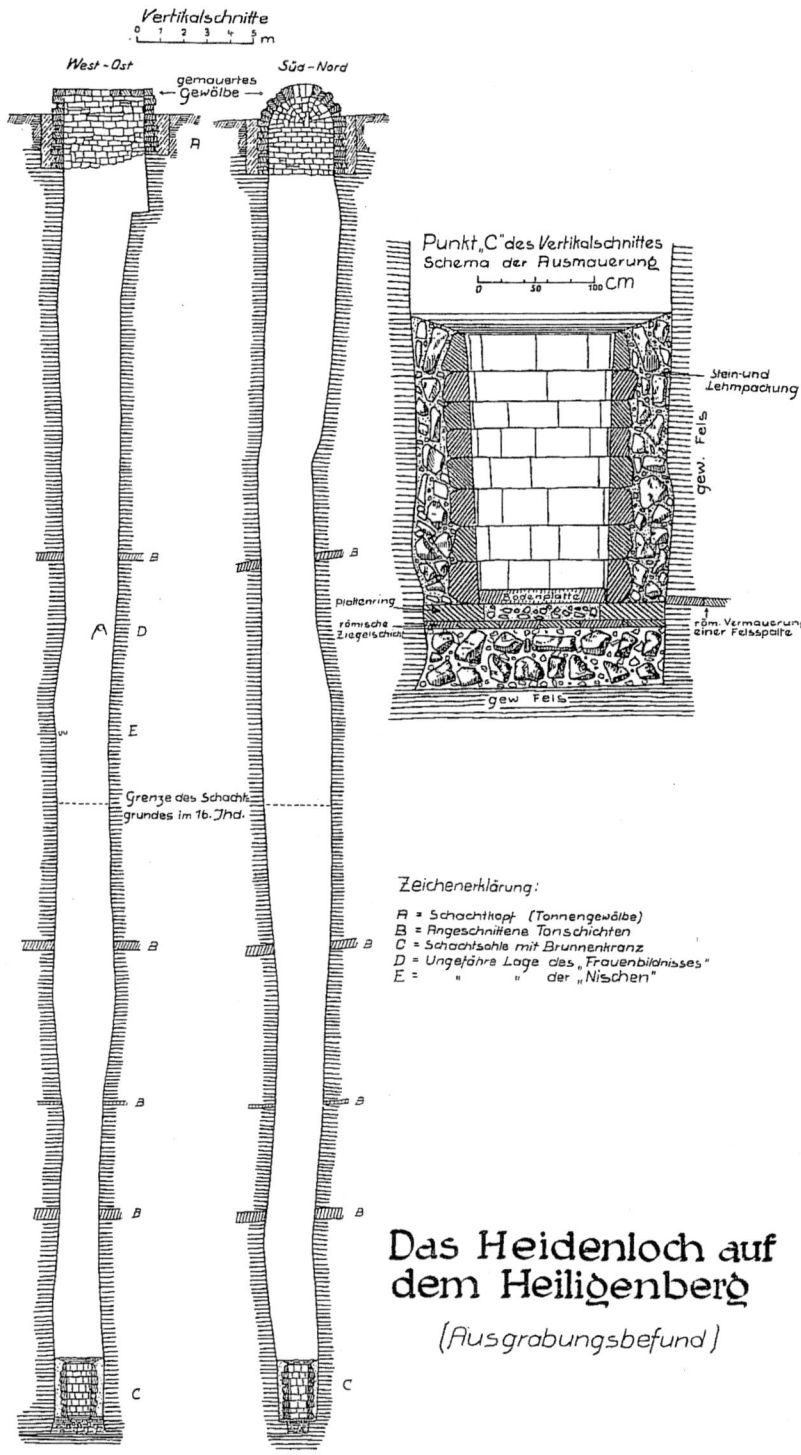

Abb. 66 Schachtquerschnitt des Heidenloches

Steine wurden bezeichnet, so daß es möglich ist, den Brunnen später einmal wieder zusammenzufügen.

An dieser Stelle müssen wir uns zurückerinnern an den Hinweis, dass römische Zahlen als Versetzzeichen im Falle des Heidenloches zu Fehldeutungen geführt haben. Kill[287] hatte sie in Unkenntnis des ausführlichen Grabungsberichtes von Stemmermann als Einbauhilfen aus der Zeit der Erbauung interpretiert, nachdem in einer Untersuchung des Heidenlochs aus dem Jahre 1987 zu den wiederentdeckten Quadern bemerkt worden war[288], *sie zeigten einige Merkmale, die nun eindeutig die mittelalterliche Herkunft dieses wohl um 1100 gefertigten Brunnenmantels belegen. Dies läßt sich nicht nur aus der typisch romanischen Bearbeitungstechnik der Steininnenflächen ersehen, sondern vor allem aus der lateinischen Numerierung von I–IX, mit der die Außenflächen der Steine vermutlich schon bei der Anfertigung durch den Steinmetzen markiert worden waren.*

Der Abbruch des „Brunnenmantels", in dessen Zusammenhang 1937 die römischen Zahlen angebracht worden waren, brachte neue Erkenntnisse. *Unter dem mittelalterlichen Brunnen, der mittels eines weißen, kieseldurchsetzten Kalkes aufgemauert war, kam eine zweite Sohle zum Vorschein, die mit in Mörtel gebetteten Ziegeln römischer Art belegt war. Dieser Mörtel aber ist bräunlich und in römischer Weise mit Ziegelkleinschlag durchsetzt. Auch einige in dieser Tiefe seitlich wegführende Spalten des Gesteins waren mit derselben Ziegel-Mörtelschicht ausgefüllt.*[289]

Die Datierung des Schachtes ist trotz mehrfacher Untersuchungen ungewiss. *Als älteste datierte Einbauten findet sich darin die einwandfrei römische Boden- und Spaltenvermauerung, auf welcher dann der Boden des ins 12. Jahrhundert datierbaren … Steinmantels, zu dem zeitlich zweifellos auch das Tonnengewölbe am Schachtkopf zu stellen ist, aufsitzt. Irgendwelche – auch noch so geringe – vorgeschichtlichen Reste kamen bei der ganzen Arbeit nicht zutage, so daß eine vorrömische Datierung der Anlage wohl niemals exakt beweisbar sein wird. … Und trotzdem glaube ich, auf Grund allgemeiner Erwägungen eine so frühe Datierung vornehmen zu müssen. … Sinn hatte ein solcher Brunnen nur dann …, wenn ihm militärische Bedeutung zukam. Damit aber muß man ihn zwangsläufig zu den beiden Ringwällen - oder richtiger zum inneren Ringwall, der ihn umschließt, in Beziehung setzen.*[290]

Da der Schacht heute trocken ist und Spuren einstiger Wasserstände fehlen sollen, taucht immer wieder die Deutung als keltischer Ritual- oder Kultschacht auf.[291] Was Bewohner dieses Berges dazu treiben sollte, einen 56 m tiefen Schacht zu erstellen, ohne die ernste Absicht, Wasser zu finden, mag anderenorts diskutiert werden. Auffallen muss, dass der Schacht innerhalb des Ringwalles an der tiefsten Stelle gebaut wurde. Ein solcher Standort entsprach – wie wir gesehen haben – dem praktischen Denken der Brunnenbauer und hat nur wenig gemein mit einer Position, die man für einen Ritualschacht auswählen würde.

Unabhängig davon, ob keltischer Opferschacht oder Brunnen: Die Tatsache, dass der tiefe Schacht vorhanden ist, bedeutet, dass wir den Erbauern, denen man erstaunliche Kunstfertigkeiten zuschreibt, auch technische Kenntnisse und Fähigkeiten zubilligen müssen, die

---

287 Kill, R.: Les signes lapidaires utilitaires des puits et citernes, in: Châteaux forts d'Alsace, 1/1996, S. 55 f

288 Heukemes, B.: Erneute Untersuchung des Heidenlochs auf dem Heiligenberg bei Heidelberg, in: Archäologische Ausgrabungen in Baden-Württemberg 1987, Hrsg. vom Landesdenkmalamt Baden-Württemberg u. a., Stuttgart 1988, S. 195

289 Stemmermann, a.a.O., S. 60

290 wie vor, S. 62

291 Holl, H.: Die Keltenstadt auf dem Heiligenberg, Jahrbuch 1999, Hrsg. Stadtteilverein Handschuhsheim e.V., S. 47

Abb. 67 Tretrad nach Taccola, 1449

gemeinhin in unserem Raum erst den Menschen späterer Jahrhunderte zugerechnet werden. Und wenn der Schacht – wovon wir ausgehen – ein Brunnen war, dann stellt sich die Frage, wie man daraus Wasser für den täglichen Bedarf gezogen hat; denn in diesem Fall handelte es sich – anders als bei den meisten tiefen Brunnen auf den späteren Höhenburgen – mit Sicherheit nicht um eine Rückversicherungsmaßnahme für den Belagerungsfall.

Kannte man also Haspel mit entsprechenden Zusatzeinrichtungen, die es erlaubten, während der Bauphase Material und Abraum aus mehr als 50 m Tiefe zu ziehen? Bediente man sich beim Wasserziehen der einfachen Urform des Tretrades (Abb. 67), bei dem ein Mann außen auf dem Rad ging? Wenn der Brunnen nicht nutzbar gewesen wäre, hätte man ihn sich selbst überlassen und der Schacht wäre nach und nach zugefallen. So aber blieb er den Römern und den Mönchen zum weiteren Gebrauch.

Die Ausmörtelung zu römischer Zeit ist ein Indiz dafür, dass der Brunnen drohte, trocken zu fallen bzw. trocken gefallen war. Als dann die Mönche den Heiligenberg übernahmen, versuchten sie, den trockenen Schacht als Zisterne zu nutzen, indem sie an seinem Grunde eine Ausmauerung mit dahinter liegender Lehmdichtung einbauten. Gut zwei Kubikmeter Wasser hätten sie darin speichern können.

Wieviel Wasser der Brunnen in der Vorzeit geliefert hat, wissen wir nicht. Ob die Versuche der Römer sowie der fränkischen Mönche erfolgreich waren, ist nicht überliefert. Klar aber ist, dass das Heidenloch mit seiner Tiefe und seinem Querschnitt eine technische Leistung darstellt, die bei der Betrachtung des Baues tiefer Brunnen nicht unbeachtet bleiben darf.

3.2 Schloss Weesenstein im Müglitztal

Schloss Weesenstein liegt wenige Kilometer südöstlich von Dresden im engen Tal der Müglitz auf einem Felsvorsprung aus Knotenglimmerschiefer. Die weißen Quarzeinlagerungen dieses Gesteins gaben der Burg ihren Namen. Im Jahre 1318 wird sie erstmals als *Weysinberg* urkundlich erwähnt als Besitz der Burggrafen zu Dohna.

Nach 1406 wurde die Felsenburg ausgebaut zum ständigen Wohnsitz derer von Bünau, um 1575 folgte der Bau des Unterschlosses. Heute ist Schloss Weesenstein ein achtgeschossiger Bau, dessen Besonderheit darin besteht, dass er zu einem großen Teil von oben nach unten ausgebaut und erweitert worden ist. So liegen die alten Felsenkeller heute im fünften Geschoss.[292]

Auf einer vorspringenden Felsnase außerhalb der Ummauerung findet sich heute ein etwa 24 m tiefer Brunnenschacht, der bis unter das Niveau der Müglitz reicht. (Abb. 68 und 69) Wann dieser Brunnen abgeteuft wurde, ist nicht belegt. Ein Hinweis findet sich erst für das Jahr 1639. Als die Schweden am 23. April in das Schloss eindrangen, soll sich die Tochter des Pfarrers in den Schlossbrunnen gestürzt haben, um den Nachstellungen der Soldaten zu entgehen.[293]

Dass der Brunnen bereits Teil der Wasserversorgung der alten Burg gewesen ist, wäre grundsätzlich denkbar, da er auch im Belagerungsfalle nutzbar gewesen wäre. Aber hätte man dann nicht einfacher den Schacht unmittelbar am Fuße des senkrecht aufsteigenden Felsens nur 9–10 m abteufen und durch einen 10–15 m hohen Brunnenturm schützen können?

Nach dem Umbau der Burg zum Schloss im 16. Jahrhundert kann der Brunnen ebenfalls kein notwendiger Bestandteil der Wasserversorgung gewesen sein. Zum einen wäre er jetzt infolge geänderter Waffentechnik durch Beschuss leicht auszuschalten gewesen, zum anderen fehlte aufgrund der isolierten Lage die enge Zuordnung zur Küche und sonstigen Wirtschaftsräumen.

Untersuchungen

Die Schachtzeichnung (Abb. 70) ist das Ergebnis einer Befahrung aus dem Jahre 1993, bei der vorab das Wasser abgepumpt wurde. Daher ist kein Wasserstand verzeichnet. Auf Anfrage wurde mitgeteilt, dass die Wassertiefe nach wie vor ca. 3 m misst.[294] Der bergmännische Schacht spiegelt mit seiner extremen Unregelmäßigkeit im Querschnitt wie in der Senkrechten die Eigenschaften des anstehenden Felsens wider, wie sie auch an den Wänden

---

292 Klecker, Chr., Schloss Weesenstein, Hrsg. Schlossverwaltung Weesenstein, 1993
293 Meiche, a.a.O., S. 97
294 Schreiben Lutz Hennig, Kustos von Schloss Weesenstein, vom 19.02.2007

148 | 3. Burgen und ihre Brunnen

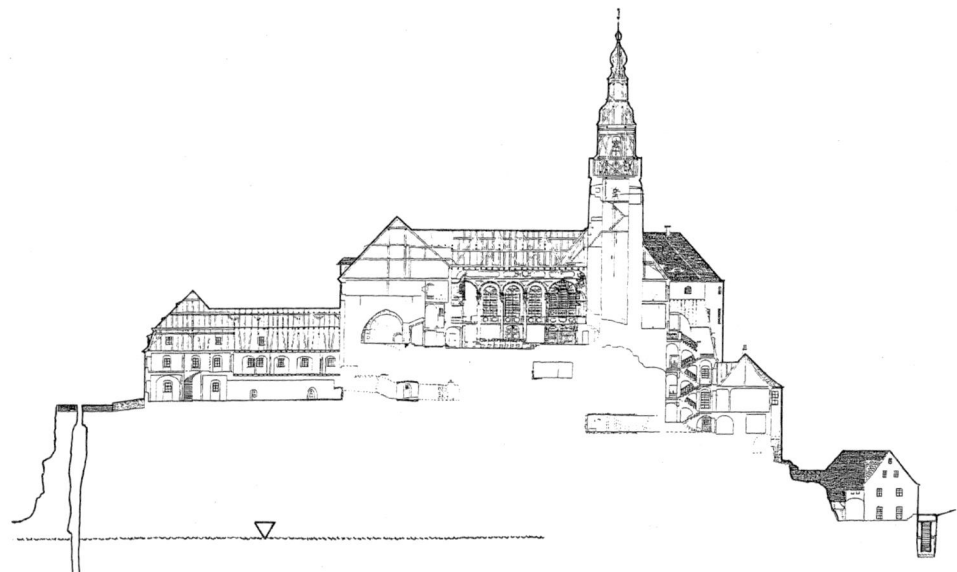

Abb. 68 Schloss Weesenstein, Schnittzeichnung

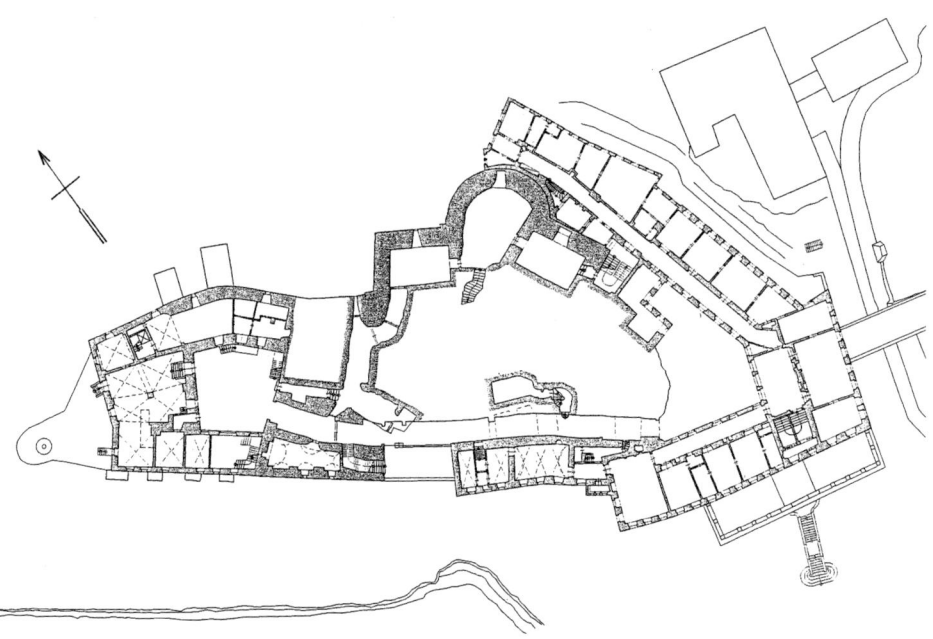

Abb. 69 Schloss Weesenstein, Grundriss

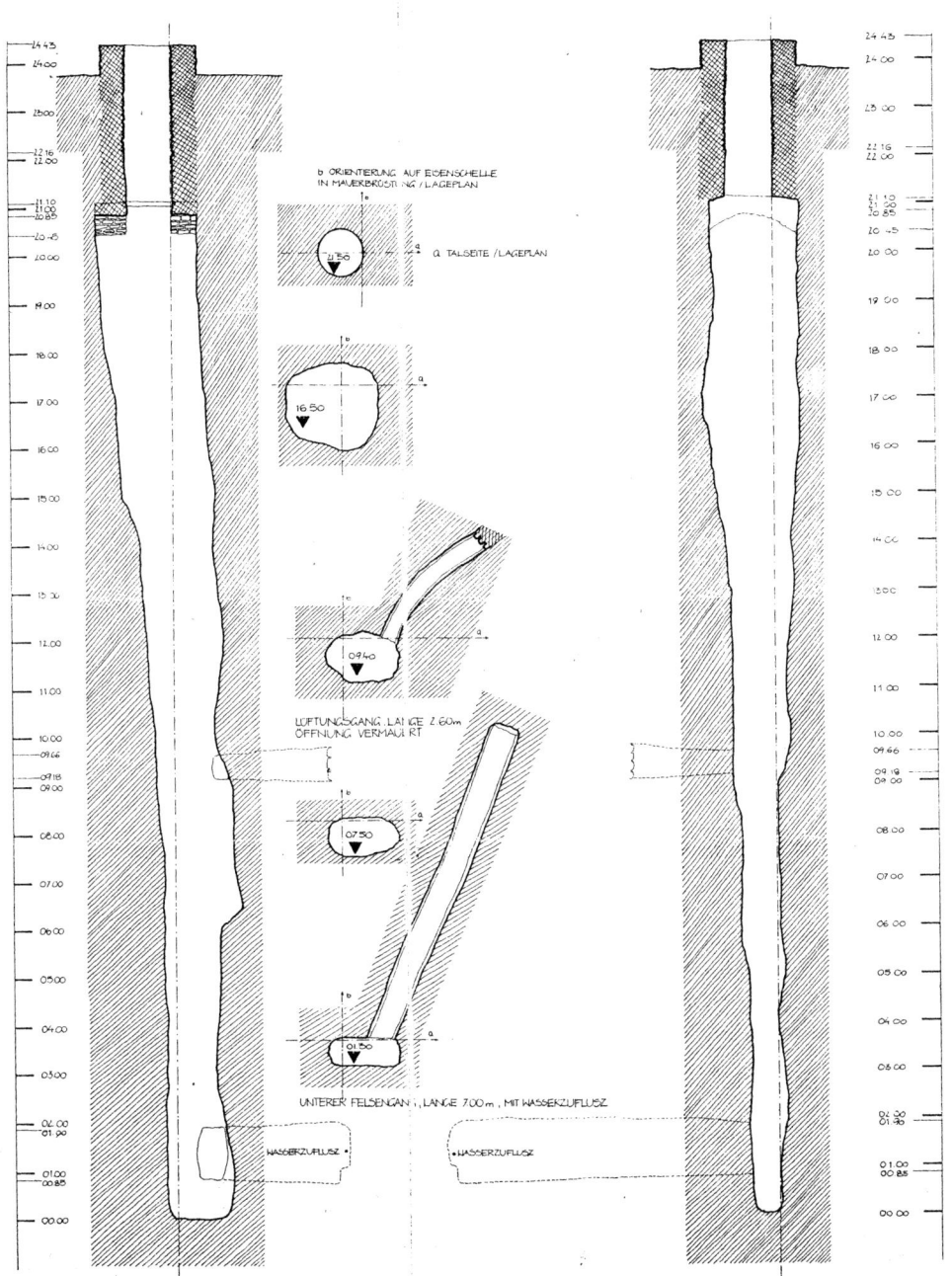

Abb. 70 Weesenstein, Querschnitte des Brunnens

Abb. 71 Wassersammler des Brunnens

der Felsenkeller zu beobachten sind. Hier ließ sich ein kreisrunder Querschnitt durchgängig kaum herstellen.

In ca. 15 m Tiefe zweigt zur Talseite hin ein Stollen ab mit einer Mundöffnung von nur 0,5 auf 0,5 m, der heute nach ca. 2,5 m zugemauert ist. Aus der Lage des Brunnens ergibt sich, dass dieser Stollen früher nach ca. 3 m an der Felswand ins Freie trat. Der Vermutung, er habe der Belüftung während des Baues gedient, muss widersprochen werden. Für den Bau dieses kleinen Brunnens war eine solche Maßnahme nicht erforderlich.

Etwa 1 m über Grund zweigt aus dem Schacht eine 7 m lange und etwa 1 m hohe Strecke als Wassersammler ab (Abb. 71), die erstaunlich sorgfältig aus dem Fels herausgearbeitet ist. In ihr wurde nach dem Abpumpen geringer Wasserzufluss festgestellt. Bei einem Wasserstand von 3 m wäre diese Strecke komplett und dauerhaft geflutet. Es steht zu vermuten, dass der Wasserstand im Schacht mit dem Wasserstand der Müglitz korrespondiert. Stollen und Strecke weisen in die gleiche Richtung. Es ist kaum anzunehmen, dass bei derart übersichtlichen Gegebenheiten der ca. 9 m höher liegende kurze Stollen zur Orientierung geschlagen wurde.

Der Brunnenschacht verjüngt sich nach unten und weist gleichzeitig nach etwa 9 m erhebliche einseitige Abweichungen von der Senkrechten auf, wodurch sich ungünstige Voraussetzungen für das Wasserziehen ergeben. Die jetzige Situation legt den Schluss nahe, dass aus dem Brunnen wohl niemals Wasser mit Kübeln (am Seil im Pendelbetrieb) gefördert worden ist. Dafür wären Korrekturen im Schacht erforderlich gewesen.

Vielmehr wird man das Wasser gepumpt haben, was technisch kein Problem war. Agricola beschreibt bereits im Jahre 1556 eine Vielzahl von hölzernen Pumpen[295], die nach seiner Aussage das Wasser bis zu 24 Fuß (ca. 7 m) heben konnten. Daraus ergäbe sich auch eine Erklärung für den oberen Stollen, der mit seinem geringen Querschnitt nur 6 m über dem jetzigen Wasserstand liegt. Möglicherweise leitete man hier das gehobene Wasser ab, um es an der Außenwand des Felsens weiter heben zu können.

Für diese Annahme sprechen die Reste einer hölzernen Pumpe, die als Ausstellungsstücke gezeigt werden. Es wäre also möglich, dass der Schacht für die im 17./18. Jahrhundert erweiterte Brauerei gebaut wurde und als Entnahmestelle für uferfiltriertes Wasser diente. Doch auch hier bleibt die Frage, warum der Brunnen nicht einfach am Fuße des Felsens hergestellt wurde. Da weder der Schacht noch die Stollen verwertbare Datierungsmerkmale zeigen, bleibt weiterhin offen, wann und zu welchem Zweck dieser Brunnen entstanden ist.

3.3 Die Burg Stolpen in Sachsen

Die Burg Stolpen liegt auf einem Basaltkegel oberhalb der gleichnamigen Stadt in Sachsen. Ihre erste urkundlich gesicherte Erwähnung datiert aus dem Jahre 1222. Die Burg diente den Meißener Bischöfen als Grenzbefestigung gegen das expandierende Königreich Böhmen. Nachdem Burg und Stadt Stolpen im Jahre 1559 in den Besitz des Kurfürsten von Sachsen übergegangen waren, wurde aus der kleinen Burg durch umfangreiche Um- und Erweiterungsbauten eine langgestreckte Bergfestung.

Die Wasserversorgung der Burg stützte sich auf mehrere Zisternen. Zudem waren die Bauern aus den Amtsdörfern Lauterbach und Langenwolmsdorf nach altem Dienstrecht zu Wasserfuhren auf die Burg verpflichtet.[296] Ein Versuch, Quellwasser von den östlichen Höhen durch Röhren auf die Burg zu leiten, scheiterte 1550.[297] Im Jahre 1562 gab Kurfürst August (1553–1586) Befehl, mit Hilfe einer Wasserkunst Wasser aus dem Letzschbach zur Burg zu pumpen. Planung und Bauausführung übernahm ein Kunstmeister namens Hans Süßfleisch.[298] Der Bergmeister Martin Planer (1510–1582) musste das Werk im Jahre 1565 nachbessern. Bis 1756 war diese Wasserkunst (Abb. 73) fortan mit mehreren kurzzeitigen Unterbrechungen in Betrieb.[299]

Überlieferungen zum Brunnenbau

Im Vorfeld des Dreißigjährigen Krieges wurde im Jahre 1607 unter Kurfürst Christian II. (1601–1611) mit den Vorbereitungen zum Bau eines tiefen Brunnens begonnen. Ob dieses

---

295 Agricola, a.a.O., S. 147 ff
296 Sächs. HStA Dresden, Loc. 40097, Nr. 80 a, b (Langenwolmsdorf); Amtserbbuch des Amtes Stolpen, 1559
297 Sächs. HStA Dresden, 10004 Kopial Nr. 301, fol. 222 b
298 Sächs. HStA Dresden, 10004 Kopial Nr. 313, fol. 235 a
299 Meiche, a.a.O., S. 331 f

152 | 3. Burgen und ihre Brunnen

Abb. 72 Ansicht der Burg Stolpen um 1710

Vorhaben im Hinblick auf die damals bereits absehbaren kriegerischen Auseinandersetzungen eingeleitet wurde, ist nicht belegt.

Wie anderenorts auch, sind nur wenige Bauunterlagen zum Stolpener Brunnen verblieben. Der Zeitraum für den Bau erschließt sich aus einem Schreiben des Brunnensteigers Zacharias Wolff[300] vom 19. November 1682. Er berichtet, *das derselbe angefangen worden im Jahr Christi 1608 und ist daran gebauet worden bis Ao. 1630 da das Waßer angetroffen worden. Ao. 32 ist er genzlich Stehen blieben, da den das Waßer 16 eln hoch stehet.* Das gleiche Konvolut enthält eine Kostenaufstellung aus dem Jahre 1617, die zeitnah belegt, dass mit dem Bau in der ersten Hälfte des Jahres 1608 begonnen wurde. Das Ende der Baumaßnahme muss allerdings – wie wir später sehen werden – auf Ende des Jahres 1630 korrigiert werden. Demnach wären also insgesamt fast 24 Jahre bis zur Fertigstellung vergangen. Es wird zu klären sein, welche Gründe für diese extrem lange Bauzeit (Abb. 29) ausschlaggebend gewesen sind.

Als Standort für den Brunnen bot sich die Gebäudeecke zwischen der Burgkapelle und dem Herrschaftshaus an. So reduzierte sich der Eingriff in die Hoffläche auf ein Minimum und die Wege zur Küche waren kurz. Vor allem aber lag der Brunnen somit im vierten Hof, dem letzten, wenn es zur abschnittsweisen Verteidigung gekommen wäre. (Abb. 74)

Man begann mit den Arbeiten, ohne zu wissen ob bzw. wann man auf Wasser treffen würde. Über die zu erwartenden Schwierigkeiten beim Abteufen werden sich die Bergleute keine Illusionen gemacht haben, trat doch der Stolpener Basalt innerhalb wie außerhalb der Burg

---

300 Sächs. HStA Dresden, 10077 Kollektion Schmid, Amt Stolpen, Vol. IV, Nr. 34

Abb. 73 Wasserkunst der Burg Stolpen

an mehreren Stellen offen zutage. Auch das sächsische Herrscherhaus muss gewusst haben, dass der Bau schwierig werden würde. Schon 1520 hatte Karl von Miltiz dem Kurfürsten Friedrich III. (1486–1525) *des steyns eyn stugk der zum Stolppen wech[st]* zur Prüfung zugeschickt.[301] Und in seinem Buch *De natura fossilium*, welches Agricola im Jahre 1546 Herzog Moritz (1541–1547) gewidmet hatte, stand zu lesen, dieser Basalt sei so fest, dass sich die Schmiede seiner als Amboss bedienten. Schon durch die Beschaffenheit des Stolpener Basaltes war also eine lange Bauzeit vorgezeichnet.

Andererseits blieben die Kosten – wie wir sie in Tabelle 5 angegeben haben – mit etwa 11.000 Gulden dennoch durchaus im Rahmen. Für die unverhältnismäßig lange Bauzeit von fast 24 Jahren (Abb. 29) können also nicht allein die Schwierigkeiten im Umgang mit dem anstehenden Basalt verantwortlich gewesen sein. Hinzu kam die innenpolitische Situation Sachsens.

Kurfürst August (1553–1586) hatte Um- und Ausbau der Burg Stolpen seit 1559 tatkräftig gelenkt und gefördert. Nach seinem Tode trieben die Nachwehen der Reformation das Land unter seinem Sohn Christian I. (1586–1591) in eine Führungskrise – mit dem Kanzler Nicolaus Crell[302] als Schlüsselfigur. Als Kurfürst folgte ab 1591 der damals erst achtjährige Christian II., der noch bis 1601 unter Vormundschaft stand. *Von herculischem Körper, aber geringen Geistesgaben, den Vergnügungen des Hoflebens, ... besonders aber dem Trunke im Übermaß ergeben, ohne Thatkraft*[303] *...* so wird er charakterisiert. Ihm folgt sein Bruder Johann Georg I. (1611–1656). *Im 30jährigen Kriege bietet Sachsen unter Johann Georg I. ein Bild schwerfälligster Staatsverwaltung und kläglicher Hilflosigkeit.*[304] Dem Kurfürsten, der nicht von ungefähr

---

301 Forschungsbibliothek Gotha, Chart. A. 337, Bl. 22 a sowie A 338, Bl. 116 a; Karl von Miltiz (1490–1529) war Vertreter der sächsischen Fürsten in Rom und päpstlicher Kammerherr. Er verhandelte 1518 erfolglos im Auftrag des Papstes mit dem Kurfürsten über die Auslieferung Luthers; er ertrank am 20.11.1529 im Main.

302 Nikolaus Crell (1550–1601), seit 1586 Geheimer Rat des sächs. Kurfürsten, ab 1589 sächs. Kanzler mit nahezu unumschränkten Vollmachten. Er versuchte, das strenge Luthertum zugunsten eines Kryptocalvinismus zurückzudrängen und erregte damit die Empörung des Volkes. Die Stände setzten ihn 1591 auf dem Königstein in Haft. Nach 10-jährigem Prozess wurde er 1601 in Dresden enthauptet.

303 Flathe, H. T.: Christian II., Kurfürst von Sachsen. In: Allgemeine Deutsche Biographie, Hrsg Historische Kommission bei der Bayerischen Akademie der Wissenschaften, Bd. 4, 1876, S. 172

304 Schmidt, O. E.: Die Entwicklung der sächsischen Kultur, in: Bildatlas zur sächsischen Geschichte, Dresden 1909, S. 9 (Prof. Dr. Schmidt war Rektor des Königlichen Gymnasiums in Wurzen.)

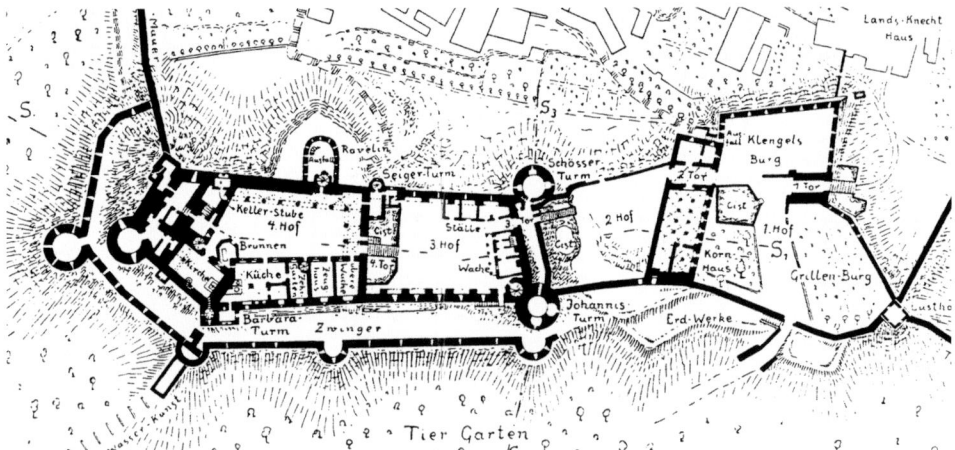

Abb. 74 Grundriss der Burg Stolpen

den Spottnamen „Bierjörge" trug, mangelte es nicht nur an Weitsicht, sondern auch an Entschlussfreudigkeit. So wird der Bau des Brunnens auf der Burg Stolpen – kaum begonnen – unter seiner Regentschaft zur Nebensächlichkeit verkommen sein.

Das Abteufen des Schachtes war Schwerstarbeit für die Bergleute. Verwundern muss daher, dass ein annähernd viereckiger Schachtquerschnitt mit Seitenlängen von rd. 4 m entstand. Die Erklärung für eine so große Öffnung wird darin zu suchen sein, dass man zunächst einen Schacht kleineren Durchmessers so weit abteufte, bis man die dann freigelegten Basaltsäulen an den Seiten herausbrechen konnte. Dafür spricht auch die Unregelmäßigkeit des Schachtquerschnittes insgesamt.

Mit Hilfe des im allgemeinen Teil beschriebenen Feuersetzens hat man versucht, sich die Arbeit ein wenig zu erleichtern. Ein erster zeitgerechter Beleg dafür könnte der Bericht über die Inaugenscheinnahme[305] der Baustelle durch fünf *Bergkbeambte* vom 07. März 1617 sein. Der Brunnen war *albereit vber 23 lachter von tage oder hengbangk nieder abgeteuffet worden*. (Die Hängbangk war der Balken zum Aufsetzen der herausgezogenen Kübel über der Schachtmündung.) Da wohl nach dem Freiberger Lachter gemessen wurde (1 L = 1,942 m), hatte der Schacht also von seiner Mündung aus zu dieser Zeit ca. 45 m Tiefe.

Für unsere abschließende Kostenschätzung ist der Eintrag bemerkenswert, dass von 1607 bis Ostern 1617 *an geldt Kosten* insgesamt 2.880 Gulden aufgewendet wurden. Da die einzelnen Jahressummen jeweils den Zeitraum von Michaelis (29.09) bis Michaelis betreffen, belegt die Zusammenstellung, dass tatsächlich erst im Verlaufe des Jahres 1608 mit dem Bau begonnen worden war.

Die Sachverständigen gaben 1617 zu bedenken, *das inn solchen vffstehenten felsigen festen Stocke, daran weder Stahl noch eisen hafften thut, sondern nur mit feuer darinnen nieder gebrannt werden muß, schwerlich wasser zu ersincken* sein würde. Ein indirekter Hinweis also auf das Feuersetzen, der aber einzig dazu diente, ihren Vorschlag zu begründen, wie man leichter an das Wasser herankommen könnte. *Auß vernunfftigen vnd Bergkverstendigen*

---

305 Sächs. HStA Dresden, 10077 Kollektion Schmid, Amt Stolpen, Vol. IV, Nr. 34

Vrsachen sei ihrer Auffassung nach kein Wasser zu erwarten, *weil am ganzen Schloßberge da an Vnterschiedlichen orten solcher felß zu tage außstehet keine Offenen, streichenten Klüffte, fleiz oder genge zu ersehen noch zu spüren sein, vff welchen sich wasser durch solchen Stock in bemelten Brunnen ziehen oder finden könnte.*

… damit aber gleichwohl solch bißhero beschehenes Brunnen sincken vnd abteuffen nicht gar vmbsonst noch vergeblich sein möchten, So wehre vnser einfeltig Bergkwergsübliches vnd dabey erfahren bedencken, das ausserhalb bemelt festen Stocks oder felßes ein kleiner Schacht bis zum Wasser zu graben sei, *vnnd hernach mit einem lengart* [Läng-Ort] *oder wasserstrecken die wasser* in den Brunnen der Festung geleitet werden sollten.

Sie begründen diesen Vorschlag damit, *das alzeit wohl eher 100 lachter auß zu lengen als 10 lachter in Brunnen zu sincken vnd abzuteuffen sein möchten.* Sofern auf diese Weise nicht genügend Wasser für die Burg zu erschließen sei, *so könnte aus solchen schächtlein weitter vnd ferner dem gebürge Jedoch ausserhalb des felßes entgegen gelengt werden, … dann wie erfahrne Bergkleute wissen,* [könne] *durch stöllen vnd strecken eben so wohl als durch gesencke wasser* erschlossen werden.

Dem möglichen Einwand, der Burg könne dann das Wasser abgegraben werden, begegnen sie mit dem Hinweis, dass der kleine Schacht wie der Stollen *wieder zugewelbet, darauf tichte vnd eben außgesturzet, die hallen wegk gefuhrt vnd alles wieder eben gemachtt werden müßte, auff das es mit solchen wasserlaufft ein verborgen vnd bestendig Werck sein vnd bleiben könte.*

Auch hier kam also der Gedanke auf, den Brunnenschacht als Zisterne zu nutzen; allerdings mit dem Unterschied, dass nicht – wie im Falle der Burg **Lemberg** [4] – das Wasser einer Quelle eingeleitet werden sollte, sondern das Wasser aus einem anderen Brunnen. Da man dem Anraten der Sachverständigen nicht folgte, bleibt offen, ob der Vorschlag zum Erfolg geführt hätte. Aus Gründen, die leider nicht überliefert sind, wurde der Brunnenbau in der begonnen Art fortgesetzt.

Einer der Bergsachverständigen, die im Jahre 1617 den Brunnenbau auf der Burg Stolpen als aussichtslos bewerteten, war Christoff Meischell, Bergmeister zu Berggießhübel. Er ist oder wird – wie spätere Urkunden belegen – der Bauleiter des Vorhabens. Es ist kein gutes Omen, wenn der Verantwortliche nicht an den Erfolg glaubt.

Ein erster Beleg dafür, dass man tatsächlich versucht hat, den Basalt mit Feuer gebrech zu machen, stammt aus der Jahresrechnung 1627/28, in der es heißt: *105 Klafftern* [3 Ellen] *lang Holz ist dis Jahr in Churf. Brunnen verbrandt worden.*[306] Die genannte Menge entspräche einem Verbrauch von rd. zwei Raummetern pro Arbeitstag.

Zunächst einmal musste das Brennmaterial in den Schacht eingebracht werden. Wegen der im Schacht vorhandenen Hilfen für das Ein- und Ausfahren wird man das Holz nicht einfach abgekippt haben. Sodann galt es, die Scheite in der Tiefe des Schachtes mit sogenannten Bärten zu entzünden, *die leicht das Feuer annehmen und an das übrige noch nicht brennende Holz weitergeben*[307]. Jetzt musste der Schacht möglichst schnell verlassen werden. Sobald das frisch geschlagene Holz brannte, stieg dichter Rauch auf. Wie lange dauerte es, bis zwei Raummeter vollständig abgebrannt waren? Erst wenn die Schwaden sich verzogen hatten, konnten die Bergleute einfahren und mit ihrer eigentlichen Arbeit beginnen. Wie

---

306 Sächs. HStA Dresden, 10069 Amt Stolpen, Intradenrechnungen 1627/28, fol. 401 b

307 Agricola, a.a.O., S. 89; Bärte sind ringsum angeschälte Hölzer, die von den mit einem Ende anhaftenden Spänen kräuselnd umgeben sind.

viel Zeit blieb da effektiv pro Tag für das Ausbrechen des Basaltes und den Abtransport des Abraumes?

Im Jahre 1638 werden auf Anordnung des Berg- und Amtshauptmanns zu Freiberg die Lotten, *durch welche das Wetter in den Brunnen geführt, damit das feuer heben können* [entfernt], *weill an dem Brunnen zue erlangung mehr waßers förder nicht mehr abgeteuffet werden soll.*[308]

Im Zusammenhang mit einer Brunnenreinigung wird noch im Jahre 1682 berichtet, dass sich *in den Klufften zimlich viel Ruß befindet*. Auch wird erwähnt, dass *der Brunnen nun mehro uber 20 Jahr nicht zu Sumpffe gezogen worden* sei. Die langen Zeiträume zwischen den Brunnenreinigungen sowie die Tatsache, dass sich 50 Jahre nach Fertigstellung des Brunnens immer noch Ruß vom einstigen Feuersetzen im Schacht befunden haben soll, deuten darauf hin, dass der Brunnen bis zu diesem Zeitpunkt kaum in Betrieb gewesen sein kann. Der Kostenvoranschlag für die Brunnenreinigung belief sich übrigens auf 67 Gulden ohne die notwendigen sieben Stämme Bauholz und 30 Gerüststangen.

Aus einer Kostenaufstellung[309] vom Jahre 1791 geht hervor, dass über die dort genannten Ausgaben an Geld hinaus noch *1800 ¾ Clafftern an Holtze* für den Brunnenbau verbraucht wurden. Der angegebene Wert entspricht etwa 9.000 Raummetern, die man – wie bisher angenommen wurde – allein für das Feuersetzen verbrauchte. Nun haftet aber dieser späten Urkunde der Mangel an, dass die Angaben zur Bauzeit, zu Baukosten und zum Bauherren falsch sind, so dass sich natürlich auch die Frage nach der Glaubwürdigkeit der darin angegebenen Holzmenge stellt. Rechnet man allerdings den Verbrauch von 1627/28 auf nur 20 Jahre hoch, dann würde diese schon unvorstellbare Menge noch einmal um 1.500 Raummeter größer. Der Wert des Holzes ist in den amtlichen Angaben zu den Gesamtkosten nicht enthalten.

Die Bauunterlagen zum Stolpener Brunnen geben auch Aufschluss über die Entlohnung der vier Bergleute. Und in der Art der Entlohnung liegt u. E. eine weitere Ursache für die extrem lange Bauzeit; denn abweichend von den sonst allgemein üblichen Gepflogenheiten wurde kein Lohn nach Arbeitsfortschritt gezahlt, sondern ein Wochenlohn. Diese Art der Entlohnung führte – wie wir gesehen haben – auch beim Brunnenbau auf der Burg **Rosenau** nicht zum gewünschten Erfolg.

Ende des Jahres 1622 erhielt jeder der vier Bergleute 36 Groschen pro Woche (1 Gulden = 21 Groschen). Darüber hinaus hatte der Schösser Hanß Großmann jedem seit Michaelis (29. September) 1621 bereits sechs Scheffel Brotgetreide als Naturalzulage gegeben, *das sie nur zue eßen gehabt,* [damit sie] *diese swere vndt gefehrliche arbeit vorrichten können*. Es war Krieg, die Ernten fielen schlecht aus, die Getreidepreise zogen an. Im Februar 1623 wurden *dan iedem, vber die sechsvnddreißig groschen wöchentlichen noch zwene gülden, doch biß auf wieder ruffen bewilligt*. Der Kurfürst maß dieser Entscheidung offensichtlich große Bedeutung bei, da er die Verfügung eigenhändig unterschrieb. Die Naturalzulagen waren entfallen.

Aus Rechnungen des Amtes Stolpen[310] ergibt sich, dass der Brunnen im Jahre 1628 eine Tiefe von 39 Berglachtern hatte und zwischenzeitlich Kosten von 8.552 Gulden aufgelaufen waren. Unter Berücksichtigung der entsprechenden Angaben für das Jahr 1617 haben wir

---

308 Sächs. HStA Dresden, 10024 Geheimer Rat, Loc. 4449/17, fol. 295 r

309 Sächs. HStA Dresden, 10069 Rentamt Stolpen, LFVW Nr. 226, fol. 3 a

310 Sächs. HStA Dresden, 10069 Amt Stolpen, Intradenrechnungen 1627/28, fol. 223 ff

daraus, bezogen auf das Fertigstellungsjahr, Gesamtkosten von rd. 11.000 Gulden ermittelt. Die Kosten für die Unmengen an Brennholz sind darin nicht enthalten.

Zum Jahreswechsel 1627/28 war man entgegen der Vorhersage der Bergsachverständigen erstmals auf Wasser gestoßen. In den ersten Januartagen überbringt der Bergmeister persönlich die freudige Botschaft seinem Kurfürsten in Dresden. Die Erleichterung nach 20 Jahren der Ungewissheit ist groß. Am 1. Februar 1628 wird der Brunnen *in Unseres gnedigsten Hern Anwesenheit befahren*.

Laut Jahresrechnung wurden *der Geistlichkeit zum Stolpen Bergk ... [4 Gulden 12 Groschen] pro honorario gegeben vf 2 Jahr, das sie den Brunnen baw pro concione in gebet verinnert*[311]. Fürbitten für den Erfolg des Brunnenbaues bei gleicher Bezahlung dürfen wir auch für die folgenden beiden Jahre voraussetzen. Und wie bestellt wird zwei Jahre später in einer Tiefe von 43 Lachtern (entspr. 83,5 m) genügend Wasser angetroffen. Erst im Jahre 1632 aber ist der Brunnenbau *genzlich Stehen blieben, da den das Waßer 16 eln hoch stehet*.[312] Was zwischen 1630 und 1632 geschehen ist, wissen wir nicht. Auch für die Zeit danach gibt es keine Überlieferungen. Im Jahre 1638 wird endgültig entschieden[313], den Brunnen nicht weiter zu vertiefen.

An dieser Stelle darf nicht unerwähnt bleiben, dass berichtet wird[314], bei einem Überfall habe man am 1. August 1632 größere Brandschäden auf der Burg nur durch die *Arbeit der muntern Weiber, die aus dem tiefen Brunnen Wasser zum Löschen trugen*, verhindern können. Ungeachtet der Tatsache, dass zu diesem Zeitpunkt die technischen Voraussetzungen für einen solchen Betrieb noch gar nicht gegeben waren, hätte ein fast 85 m tiefer Brunnen wegen der langen Förderzeiten keinen wirksamen Beitrag zur Brandbekämpfung leisten können. Erst im Jahre 1635 erfahren wir von den Arbeiten *zue einen Schwangk Rade, welches Bergkmeister Christoff Meischell zue Leuchter erhebung des waßers außn Brunnen ann den wellen baum* [hat] *fertigenn laßenn*[315]. Bis das Schwungrad dazukam, hatte es nur einen Haspel über dem Brunnenschacht gegeben, zu dessen Betätigung in der Schlussphase des Brunnenbaues – wie auch danach zum Wasserziehen – jeweils drei bis vier Mann erforderlich waren.

Ab 1632 wird man zunächst den Wasserzufluss und die Wasserqualität im Brunnenschacht beobachtet haben. Den Intradenrechnungen von 1634/35 entnehmen wir, dass *vermöge Churf. S: gnedigsten beuehlichs alle tage 3 oder 4 Persohnen zum Waßerziehenn den Bergkleuten zugeordnet* waren. Für das Rechnungsjahr werden 1.244 Amtsfröner genannt. Ausdrücklich erwähnt wird, dass seit *daß Schwangk Rad verfertiget von andern Augusto deß tages nur 2 Persohnen* zusätzlich erforderlich waren. Zu den Bergleuten wird angemerkt, dass diese das Wasserziehen *bey ihren wochen Lohn verrichten müßenn*.

Art und Umfang des Einsatzes der *Fröhner zum Churfl. Brunnen Baw* ergeben sich aus der Rechnung für 1627/28. Die notwendigen Fuhrwerke wurden zumeist aus den umliegenden Amtsdörfern[316] angefordert, die Arbeitskräfte kamen überwiegend (65%) aus der Stolpener Altstadt.

---

311 wie vor, fol. 231 a
312 Sächs. HStA Dresden, 10077 Kollektion Schmid, Amt Stolpen, Vol. IV, Nr. 34
313 Sächs. HStA Dresden, 10069 Amt Stolpen Nr. 1279, fol. 3 a
314 Gercken, C. Chr.: Historie der Stadt und Bergvestung Stolpen, Dresden 1764, S. 391
315 Sächs. HStA Dresden, 10069 Amt Stolpen, Intradenrechnungen 1634/35, fol. 181 b
316 Genannt werden entgegen dem Uhrzeigersinn: Langenwolmsdorf, Rückersdorf, Lauterbach, Großdrebnitz, Belmsdorf, Rennersdorf, Schmiedefeld, Wilschdorf, Helmsdorf.

Im Jahre 1638 sind die Bergleute immer noch vor Ort. Sie bauen die Wetter-Lotten aus.[317] Da sie gleichzeitig *angehalten werden, alle tage ein Stunden 7 oder 8 Waßer zu ziehen, auf das der Brunnen sauber vnd rein gehalten*, müssen wir davon ausgehen, dass der Brunnen bis dahin immer noch nicht für die Wasserversorgung der Burg genutzt wurde.

Die örtlich Verantwortlichen hielten es aber *vor nötigk vnd rahtsam, das ein sonderbahrer Kasten zue fertigen vnd mitten auff den Schloßhoff zue setzen sey, darinnen die teglichen gehobenen waßer zu halten, damit man sich derer vff alle fälle zu erhelen*. Offensichtlich war das Wasser zu kostbar, um es einfach wegzuschütten. Der Kostenanschlag für diesen *Röhrkasten* beinhaltet auch *ein neues Brunnheusel, weill es gegen den alten in etwas erhöhet werden muß*. Dass die Erhöhung im Zusammenhang steht mit einer erneuten Änderung der Wasserförderanlage, ist kaum vorstellbar, da Aussagen hierzu erst im Jahre 1722 in den Akten auftauchen.

Ab wann der Brunnen dann tatsächlich der Trinkwasserversorgung gedient hat, lässt sich aus den vorliegenden Unterlagen nicht genau belegen. Auffallend ist aber, dass im Jahre 1691 im *Inventar über das Schloss Stolpen*[318] … im *Brunnen Hauße* für die Wasserförderung nur genannt werden: *Eine Winde samt einem Seyl* sowie *zwey Waßer Eymer*. Das verzeichnete Inventar *Vor dem Brunnen Hause* spricht für sich: *Ein Waßertrog von eichenen Pfosten, Ein alter steinerner Waßertrog mit einer hölzernen Stirne, so aber kein Waßer hält*. Es steht zu vermuten, dass dies immer noch die Grundausrüstung aus der Zeit von 1638 war.

Ganz anders liest sich das Inventar[319] vom Jahre 1722. Im Brunnenhause befinden sich: *Eine liegende Welle, woran das Brunnen Seyl gehet, mit einem getriebe, woran: vier Ringe, zwey Zapffen, eine Pfanne, zwey Einfall Klincken zum vorschützen; Ein altes Brunnen Seyl, … Ein neues Brunnen Seyl, so ao: 1719 angeschafft … Zwey Waßer Eymer mit eisern Reiffen Biegel, und Ketten, Zwey Waßer Trog zum ausgießen, Eine hölzerne Rinne durch die Wandt* sowie eine umfangreiche Zusatzausrüstung für den Betrieb. Es gibt jetzt *ein hölzern Geländer um die Öffnung des Brunnens* und *Vor dem Brunnenhauße zwey eichene gehauene Waßer Tröge, zwey neue Steinerne Waßer Tröge*. Diese Ausrüstung bezeugt, dass an dem Brunnen wesentliche Verbesserungen vorgenommen worden waren.

Um welche Art Antrieb der Wasserförderanlage es sich gehandelt hat, erschließt sich aus einem Anschlag für die Instandsetzung des Brunnens[320] nach der Ruinierung im Jahre 1756. Danach wurde mit Hilfe eines Schwungrades (mit seitlichen Griffstangen?) ein *Getriebe* gedreht – ein kleines Rad, aus zwei Scheiben bestehend, zwischen denen Triebstöcke eingezogen waren. In die Räume zwischen den Triebstöcken griffen die *Kämme* eines größeren Rades ein, welches auf dem Wellbaum saß. Diese Übersetzung von der schnellen Drehbewegung des Schwungrades in eine langsamere des Wellbaumes verringerte zwar den Kraftaufwand, erhöhte aber die Anzahl der notwendigen Umdrehungen.

Es darf nicht unerwähnt bleiben, dass in einem Grundriss[321] der Bergfestung Stolpen von 1719 ein Brunnenhaus dargestellt ist mit einer Eintragung, die auf ein Tretrad hindeuten könnte. Eine gleiche Darstellung findet sich in einem Plan von 1741.

Der Abgleich dieser Pläne mit aktuellen Messdaten machte eine Rekonstruktion (Abb. 75) des Bestandes zu Anfang des 18. Jahrhunderts möglich. Es ergibt sich ein sechseckiges

---

317 Sächs. HStA Dresden, 10024,2 Geheimer Rat (Geheimes Archiv), Loc. 4449/17, fol. 295 ff
318 Sächs. HStA Dresden, 10036 Finanzarchiv, Loc. 32467, Rep. XX Stolpen, Nr. 8, fol. 11 b
319 wie vor, Nr. 12, fol. 15 b, 16 a und b
320 Sächs. HStA Dresden, 10036 Finanzarchiv, Loc. 36033, Rep. VIII, Stolpen Nr. 15, fol. 114 b
321 Sächs. HStA Dresden, Rißschrank XXVI, Fach 95, Nr. 7

3.3 Die Burg Stolpen in Sachsen | 159

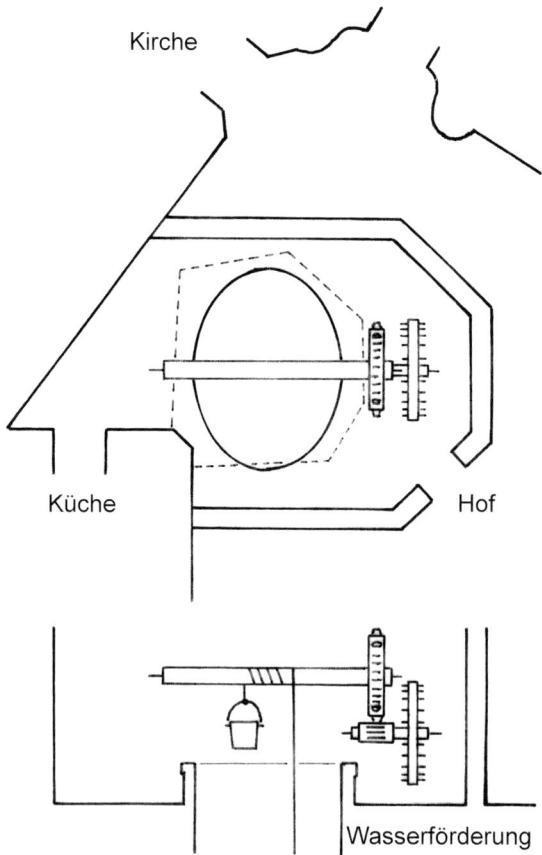

Abb. 75 Grundriss des Brunnenhauses mit Wasserförderanlage, Anfang 18. Jahrhundert

Gebäude (ca. 6 x 7m) mit einer Türöffnung zum Hof und einer inneren Verbindung zur Küche. Die Schachtöffnung entspricht den Angaben in Abbildung 76. Zur Orientierung ist zusätzlich die lichte Öffnung, wie sie heute durch die moderne Schachteinfassung gegeben ist, gestrichelt dargestellt.

Die Einbringung eines Tretrades ist bei diesen Abmessungen des Brunnenhauses nur über dem Schacht möglich. Das wäre zwar konstruktiv durchaus machbar, funktional aber nicht sinnvoll gewesen, da die Schachtöffnung aus vielerlei Gründen frei bleiben musste. Wir halten die Angaben des Inventars von 1722 und des Instandsetzungsanschlages von 1756 über die Art der Wasserförderung für realistisch und haben diese als Prinzipskizze in den Grundriss eingearbeitet.

Am 16. September 1756, zu Beginn des Siebenjährigen Krieges, *ließ der Rittmeister von Venediger den Brunnen auf der Vestungk durch seine Husaren und Bürger aus der Stadt ruinieren.*[322] Alles in der Festung befindliche Kriegsmaterial soll in den Brunnen geworfen

---

322 Sächs. HStA Dresden, 10069 Rentamt Stolpen, Forstrentamt Schandau, Abg. D 12

worden sein, dazu die Ausrüstung des Brunnenhauses. Bei dem in diesem Zusammenhang aufgeführten *Holtz werck von dem Brunnen Radt und Getriebe* handelt es sich – wie durch den weiteren Schriftverkehr belegt ist – um Übertreibungen des Berichterstatters: Kammrad und Getriebe wurden nur beschädigt, nicht aber in den Schacht geworfen.

Die Wasserhebeanlage der Burg Stolpen, die zunächst nur aus einem einfachen Haspel bestand, wurde 1635 um ein Schwungrad ergänzt. Wann zwischen 1691 und 1722 das Getriebe eingebaut wurde, ist nicht belegt. Danach müssen wir uns die Wasserhebeanlage wohl so vorstellen, wie sie in Abbildung 119 für den Brunnen der Feste **Dilsberg** [9] überliefert ist: als ein handbetriebenes Schwungrad mit einer Getriebeuntersetzung.

Zu den Unterhaltskosten enthalten die Unterlagen des Sächsischen Haupt-Staatsarchivs in Dresden eine Vielzahl von Details. Eine systematische Auswertung an dieser Stelle würde den gesetzten Rahmen unserer Darstellung sprengen.

Untersuchungen
Nach 1756 war der Brunnen unbenutzbar. Über *die intendirte Räumung des hiesigen tiefen Schloßbrunnens* wurden bis zum Jahre 1882 Stöße von Papier beschrieben. Dessen ungeachtet hatte man im Jahre 1817 zusätzlich noch Trümmer der Kapelle in den Brunnen gestoßen, womit der Brunnenschacht jetzt auf mehr als 50 m mit Schutt gefüllt war. Die Beräumung drohte an den Kosten zu scheitern. Die Initiative des königlich sächsischen Altertumsvereins aber bewirkte, dass *infolge der hohen Verordnung vom 19.ten April d.J.* [1883] *no. 518* endlich doch begonnen werden konnte. Nach 31 Wochen war der Schacht wieder frei. Bei 82 m hatte man die Sohle erreicht.

Wir halten an dieser Stelle fest, dass uns bezüglich der Tiefe des Brunnens bisher Werte zwischen 82 und 85 m begegnet sind. Während sich die Maße aus den Bauunterlagen auf die Hängbank, d. h. auf das Hofniveau bezogen, wurde nach dem Bau des Brunnenkranzes von dessen Oberkante aus gemessen. Daraus aber kann nur eine Differenz von etwa 1 m resultieren. Wir haben uns aufgrund persönlicher Einschätzung möglicher Ungenauigkeiten beim Aufmaß dafür entschieden, die Tiefe mit ca. 84 m anzugeben. Für die Würdigung eines Brunnens, der unter so extremen Verhältnissen gebaut werden musste, sollte die Ungewissheit um die letzten wahren Zentimeter jedoch nicht ausschlaggebend sein.

Vor Beginn der Räumung war der Obersteiger Eulitz wegen Ermittlung der Kosten mit der bergmännischen Untersuchung beauftragt worden. Ein ausführlicher Bericht[323] über die Räumung erschien im Jahre 1884. Diesem Bericht verdanken wir eine Schachtzeichnung (Abb. 76), die Eulitz bei seinen Befahrungen aufgenommen hatte. Die Angaben zur Form des Schachtes, zu der Neigung der Basaltsäulen und der Anordnung der Lettenschichten wurden bei einer Befahrung im Jahre 2004 in vollem Umfang bestätigt.[324]

Der Schacht im Stolpener Basalt ist – anders als bei den „Basalt-Brunnen" auf der Burg **Homberg**, der Veste **Otzberg** oder der **Ronneburg** – nicht ausgemauert. Im Jahre 1638 war noch berichtet worden, *weil der Brun von tage nieder 18 Ellen in Schrot gefaßet* [ausgezimmert] *ist, vnd 6 ellen ins geviertte hatt, so mus der Schrot so lange in Baw würden erhalten*

---

323 Theile, F.: Der Brunnen der Burg Stolpen, in: Ueber Berg und Thal, 7. Jg., 1884, S. 238–240
324 Scholle, Th. u. a.:, Die Befahrung des Brunnens auf der Burg im Stolpener Basalt vom 17./18.06.2004, in: Veröffentlichungen des Museums Westlausitz Kamenz, Nr. 25, 2004, S. 29–40

3.3 Die Burg Stolpen in Sachsen | 161

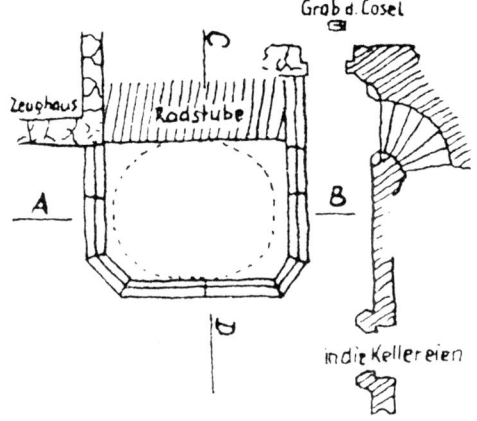
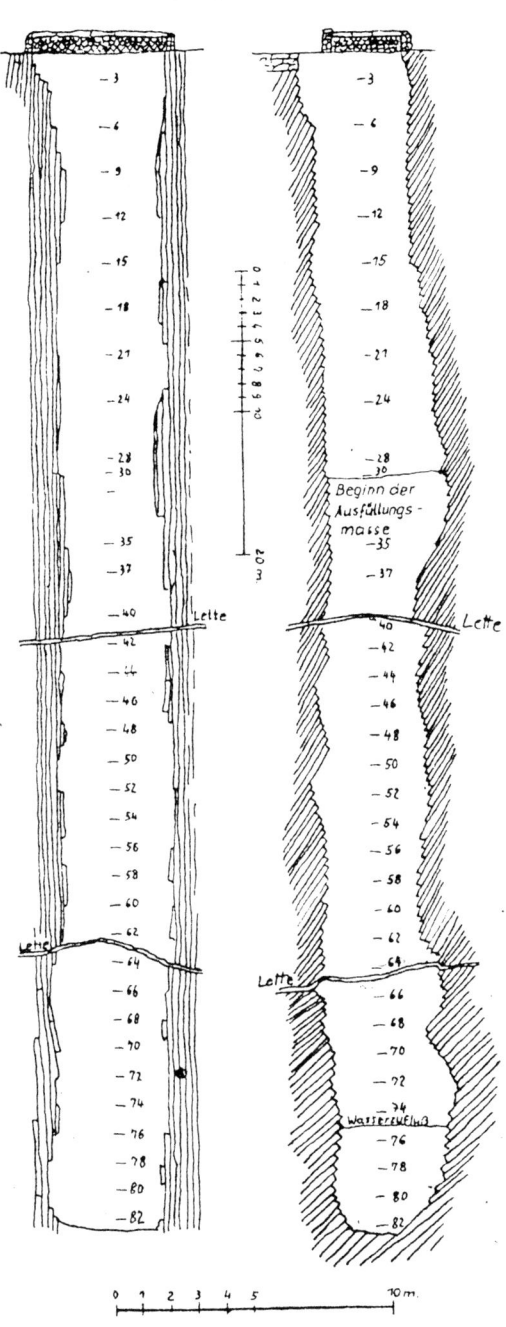

Abb. 76 Querschnitt des Brunnenschachtes der Burg Stolpen

werden, biß man denselben außmauern könne, welches, obs gleich was ziemliches Costete, doch ein bestendiges Werck were[325]. Im Jahre 1683 heißt es im gleichen Konvolut, *vor ezlichen Jahren* [sei der Schrot] *aber von dem Brunnensteiger, weiln die Verzimmerung ziemlich faul, auch ganz unnöthig, im Betracht, daß das Gesteine ganz fest ist, heraußgerißen worden.* Der bergmännische Schacht hat bis heute seine Standfestigkeit bewahrt.

Bei 71 m Tiefe war man bei den Räumungsarbeiten im Jahre 1883 auf Wasser gestoßen. Das entspricht einem Wasserstand von 11 m. Im Jahre 2004 wurden 16 m gemessen. Überliefert aus dem Jahr 1682 ist ein Wasserstand von 16 Ellen, was ca. 9 m entspräche, wenn der Freiberger Lachter zu 3 ½ Ellen zugrundegelegt wird.

Abschließend stellt sich natürlich die Frage, welche Bedeutung der tiefe Brunnen für die Wasserversorgung der Burg Stolpen gehabt hat. Schließlich hatte sich seine Bauzeit seit 1608 über fast 24 Jahre hingezogen. Erst 1638 war dann die Entscheidung gefallen, nicht noch tiefer zu graben. Man hatte es also nicht eilig mit der Inbetriebnahme. Reinigungen wurden danach nur in Abständen von ca. 20 Jahren (1660, 1682) durchgeführt. Wenigstens bis zum Jahre 1691 war der Brunnen nichts weiter als eine stille Reserve, um deren Instandhaltung man sich aber kaum kümmerte.

Da seit 1565 eine Wasserkunst in Betrieb gehalten wurde, können wir davon ausgehen, dass die Burgbesatzung in erster Linie auf das bessere Wasser aus dieser Zuleitung zurückgriff. Bereits im Jahre 1566 hatte der Kurfürst den Stolpener Bürgern zugestanden, dass sie das überschüssige Kunstwasser für ihre Zwecke verwenden durften. Auf diese Zusage baute die Wasserversorgung der Stadt. So kam der Wasserkunst doppelte Bedeutung zu. Sie wurde jeweils umgehend repariert, sobald sie durch Brand (1574, 1677) oder Kriegseinwirkung (1632, 1639, 1756) beschädigt worden war. Der Brunnen wurde vernachlässigt. Erst das Inventar von 1722 belegt, dass auch der Brunnen zwischenzeitlich fester Bestandteil der Wasserversorgung geworden war.

Dieser Bedeutungswandel hing wohl damit zusammen, dass Sachsen mit August dem Starken (1694–1733) unerwartet wieder einen Kurfürsten erhalten hatte, der innen- wie außenpolitisch klare Ziele verfolgte. Die düstere Festung Stolpen passte zwar nicht in die Vorstellungswelt dieses sächsischen Sonnenkönigs. Sie war seit 1699 auch nicht mehr Hauptfestung, sondern nur noch Landesfestung, die als Fluchtstätte für die Bewohner der Umgebung im Kriegsfalle bereitgehalten wurde, aber sie wurde gebraucht – nicht zuletzt auch dafür, hier ab 1716 die in Ungnade gefallene Mätresse des Kurfürsten, die Gräfin Cosel, festzusetzen. Die Gräfin erlebte 1756 die Zerstörung des Brunnens und der Wasserkunst.

Der umfangreiche Schriftwechsel um die Zerstörungen von 1756 belegt einmal mehr, dass der Brunnen auf der Burg gegenüber der Wasserkunst nur eine nachrangige Bedeutung hatte. Der Hof-Wasserinspektor Christlieb Wolf spricht es aus, indem er am 9. Dezember 1756 die Empfehlung abgibt[326], *die Brunnen Sache vorjezo wie sie ist beruhen, und darinnen befindl. brauchbahre Artillerie Effecten ... bis zu anderer dienlichen Zeit liegen, und hingegen die gemelten Kosten* [für Räumung und Instandsetzung] *... zur Kunst Wercks Reparatur mit anwenden zu laßen, als wodurch nicht allein die Vestung, sondern auch die Stadt so nach als vor mit dem höchstnöthigen Waßer wieder versorget* [wäre].

---

325 Sächs. HStA Dresden, 10069 Amt Stolpen, Nr. 1279, fol. 4 b

326 Sächs. HStA Dresden, 10036 Finanzarchiv, Loc. 36033, Rep. VIII Stolpen, Nr. 15, fol. 112 a

3.3 Die Burg Stolpen in Sachsen | 163

Abb. 77.1 Ansicht des Brunnens der Burg Stolpen, um 1900

Abb. 77.2 Ansicht des Brunnens der Burg Stolpen, 2008

3.4 Die Burg Lemberg im Pfälzerwald

Eine Ansicht der Burg Lemberg ist nicht überliefert. Südöstlich von Pirmasens liegen auf einem in zwei Stufen aufsteigenden Sandsteinmassiv die Reste der Anlage. Als *castrum Lewenberc* im Jahre 1230 das erste Mal urkundlich erwähnt, war die Grenzburg der Grafen von Zweibrücken gegen das Bistum Speyer im Osten und das Herzogtum Lothringen im Süden über einen langen Zeitraum eine reine Militärstation. Nach der Teilung der Grafschaft Zweibrücken im Jahre 1533 wurde die Burg für wenige Jahre zur Residenz der Linie Zweibrücken-Bitche. In die Zeit zwischen 1535 und 1541 fällt der Umbau der Burg zum Schloss.

Zur Baugeschichte von Burg und Schloss gibt es – wie in den meisten Fällen – praktisch keine urkundlichen Überlieferungen. Die Rekonstruktion des Baugeschehens kann sich allein auf die Ergebnisse der Grabungen und die Chronologie der Besitzverhältnisse stützen.[327]

Zur Versorgung der Felsenburg Lemberg wurde Wasser in Zisternen gesammelt, die noch heute erkennbar sind. (Abb. 78) Wahrscheinlich wurde zusätzliches Wasser durch Esel von einer nahen Quelle auf die Burg transportiert. Da mit dem Umbau der Burg zum Schloss diese Art der Wasserversorgung nicht mehr ausreichend war, begann man, vom oberen Felsplateau aus einen Brunnen zu bauen. Nachdem man eine Tiefe von knapp 60 m erreicht hatte, ohne auf Wasser zu treffen, wurden die Arbeiten eingestellt. Eine nahe Quelle mit ergiebiger Schüttung trat etwa in dieser Höhe aus dem Berg, die dazu gehörende wasserführende Schicht aber hatte man verfehlt.

Die Baustelle blieb liegen, zumal im Jahre 1541 die gräfliche Residenz nach Bitche verlegt wurde. Besonderer Erwähnung war es wert, als 1552 eine militärische Besatzung von 18 Mann auf die Burg verlegt wurde.[328]

In den folgenden Jahrzehnten ließ die wechselvolle Besitzgeschichte eine Fortsetzung der Arbeiten an der Schlossbaustelle nicht zu. Infolge von Erbstreitigkeiten hielt der Herzog von Lothringen Lemberg von 1572 bis 1599 besetzt. Nach 1606 endlich konnte der Graf von Hanau-Lichtenberg die Burg übernehmen und zum Amtssitz machen. In den Zeitraum von 1606 bis 1620 dürfte dann der zweite Versuch gefallen sein, durch weiteres Abteufen des Schachtes auf rd. 95 m doch noch Wasser zu finden. Doch auch dieses Mal hatte man kein Glück. Sehr schnell muss schließlich zu Beginn des großen Krieges die Entscheidung gefallen sein, das Wasser der nahen Quelle in den Schacht zu leiten, um ihn wenigstens als Zisterne nutzen zu können.

Zielgenau wurde ein fast 120 m langer Stollen zum Schacht vorgetrieben. (Abb. 79) Kurz vor Erreichen des Schachtes mag eine neue Vorstellung von der Einleitung des Wassers dazu geführt haben, dass man die Richtung korrigierte, um eine tangentiale Einmündung im Bereich des Schachtes zu erzielen. Ob dann tatsächlich noch Quellwasser in den Schacht geleitet wurde, ist nicht überliefert. Der Stand der Feinarbeiten am Gerinne in der Sohle des Stollenganges lässt vermuten, dass der Krieg die Burg Lemberg erreichte, kurz bevor das Werk vollendet werden konnte. Im Jahre 1636 brannte der angefangene Schlossbau bis auf die Grundmauern nieder. Der Brunnenschacht wurde in der Folgezeit verschüttet.

---

327 Guth, E.: Aus der Geschichte der Burg Lemberg, in: 800 Jahre Burg Lemberg, Hrsg. Gemeinde Lemberg 1999, S. 19 ff

328 LA Speyer, HL, Bestand C 20, Nr. 2883

3.4 Die Burg Lemberg im Pfälzerwald | 165

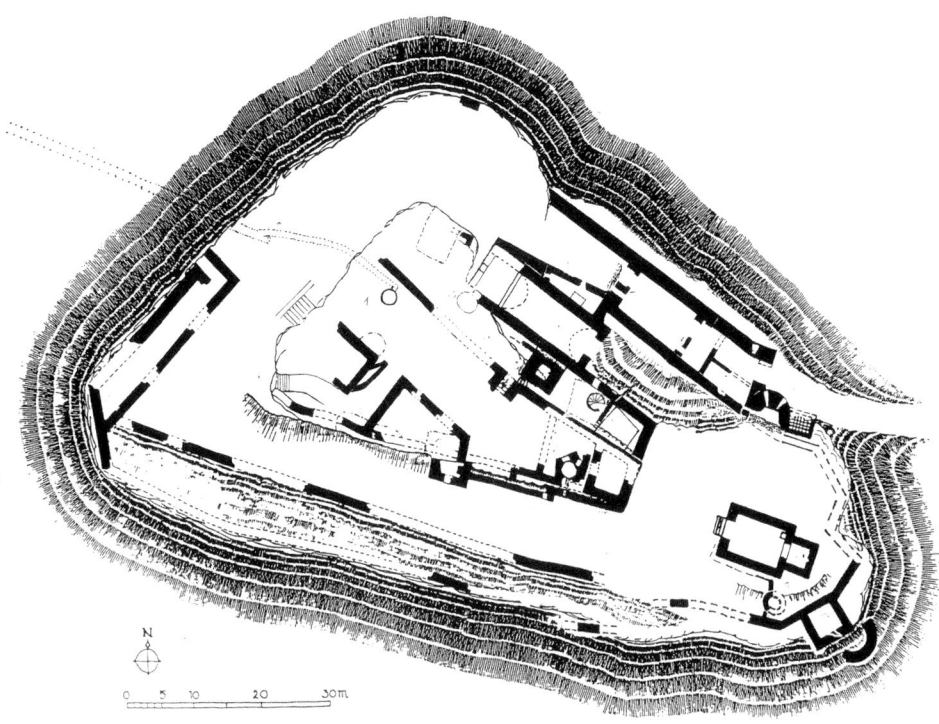

Abb. 78 Grundriss der Burg Lemberg

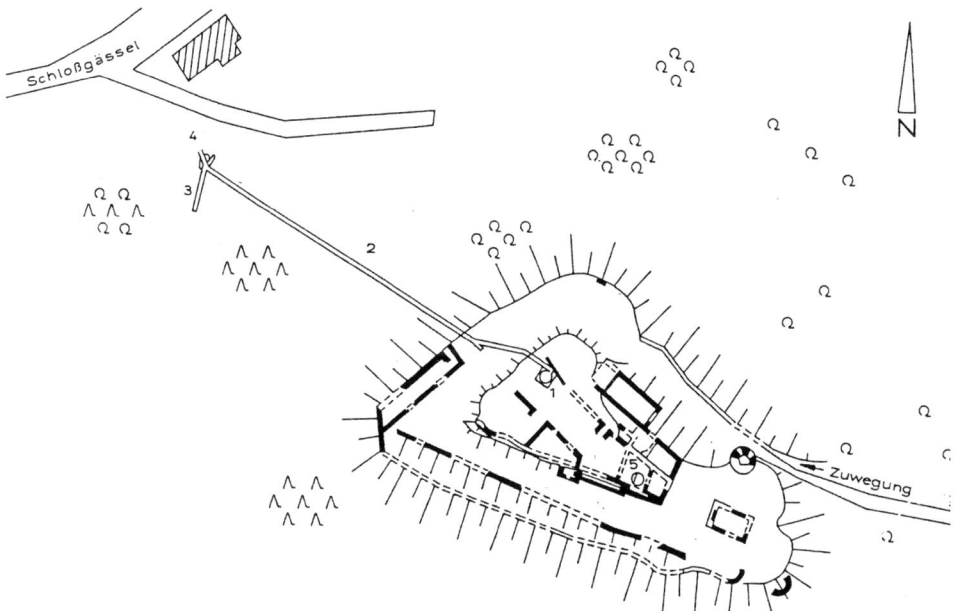

Abb. 79 Grundriss der Burg Lemberg mit Brunnenstollen

166 | 3. Burgen und ihre Brunnen

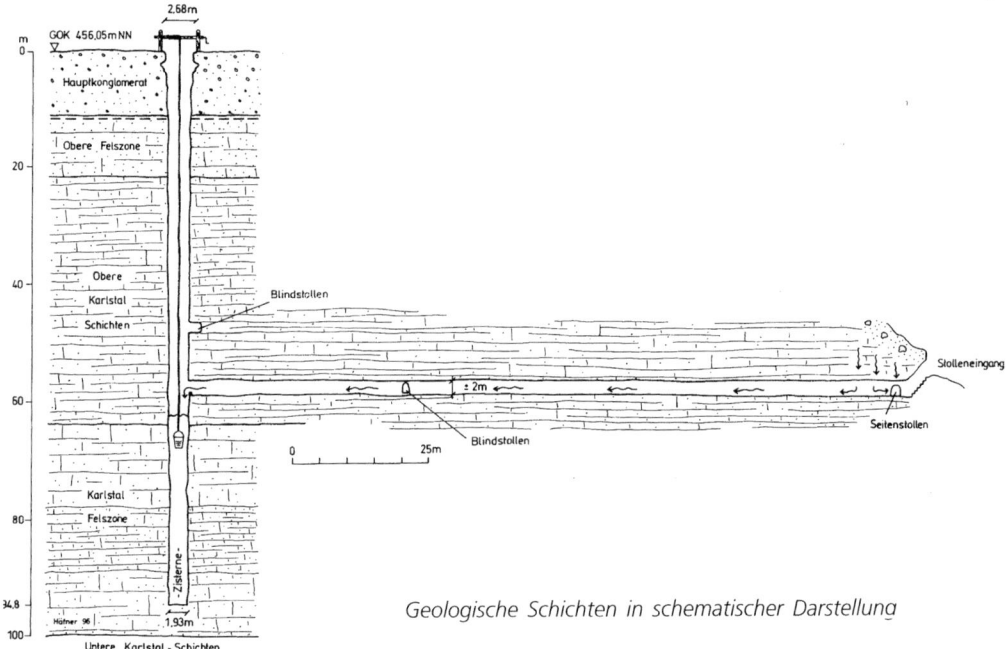

Abb. 80 Querschnitt des Brunnenschachtes der Burg Lemberg mit Wasserstollen

Untersuchungen

Die Räumung des Brunnens in den Jahren 1993 bis 1995 bestätigte, dass der Schacht in zwei Abschnitten abgeteuft worden ist. Im oberen Teil schwankt der Durchmesser zwischen 2 m und 2,5 m. Im folgenden Abschnitt ist der Durchmesser dann deutlich geringer; hier schwankt er zwischen 1,5 m und 2,2 m. (Abb. 80) Vor allem aber ist man bei dem zweiten Bauabschnitt offenbar technisch anders vorgegangen. Auffälligstes Zeichen dafür sind die Rüstlöcher, die sich nur hier finden. Auch haben in diesem Abschnitt die Bergleute Zeichen an der Schachtwand (Abb. 81) hinterlassen, deren Bedeutung allerdings bisher noch nicht geklärt werden konnte. Mit den Zeichen der Markscheider, die aus dem Bergbau bekannt sind[329], haben diese allerdings nichts gemein.

Dass der Brunnen bzw. die Schachtzisterne – wenn überhaupt –nicht lange in Betrieb gewesen sein kann, belegte die Inaugenscheinnahme nach der Räumung. Es fanden sich keine Reste des sonst üblichen schwärzlichen Schlammes am Grunde des Schachtes. Spuren von Wasserständen wurden an der Wand nicht entdeckt. So sauber konnte ein Brunnen selbst nach intensiver Reinigung nicht sein. Es spricht also einiges dafür, dass es nicht mehr zur Inbetriebnahme der Schachtzisterne gekommen ist.

Häfner und Schulz haben im Jahre 1999 den Brunnenschacht eingehend beschrieben.[330] Wir zitieren in Auszügen wie folgt:

---

329 Rösler, a.a.O., S. 34

330 Häfner und Schulz, a.a.O., S. 144 ff

Abb. 81 Zeichen der Bergleute

Der nahezu senkrechte und näherungsweise kreisförmige Schacht setzt auf dem Aufsatzfelsen der Oberburg auf einer Höhe von 456,05 m NN an und ist 94,8 m tief. Der Durchmesser beträgt am Ansatzpunkt 2,68 m [die ersten 4–5 m des Schachtes sind infolge Verwitterung zusätzlich geweitet], *an der Schachtsohle 1,93 m. In der Schachtstrecke finden sich mehrere wulstförmige Einschnürungen des Durchmessers; die engste Stelle liegt bei einer Tiefe von 74,52 m mit 1,50 m Weite. In einer Tiefe von 48,75 m wurde von der westlichen Schachtwand aus ein Blindstollen von 3,8 m Länge, 0,95 m Höhe, 0,52 m Sohlbreite und 0,23–0,46 m Firstbreite vorgetrieben. Die Funktion dieses Stollenansatzes ist bisher ungeklärt.* [Bemerkenswert ist, dass diese Strecke vom Schacht aus vorgetrieben wurde. Dies ist gemeinhin nur der Fall, wenn zusätzliche Wasservorkommen erschlossen werden sollen.]

Bei 59,45 m trifft die Sohle des Hauptstollens mit einer 0,45 m hohen Schwelle tangential auf den Schacht. Die Schachtsohle bei 94,8 m ist leicht zur Mitte hin vertieft. An den Schachtwänden finden sich durchgehend Bearbeitungsspuren in diagonaler Hiebführung mit wechselnder Richtung, so daß ein Fischgrät- oder Tannenzweigmuster entstand. In 68 m Tiefe ändert sich diese Technik zu einer senkrechten und groben Hiebführung, die nach der letzten Einschnürung bei 73,79 m Tiefe in eine regelrechte, feine Wandglättung übergeht.

Bis in diese Tiefe finden sich in der Schachtwand in 1,5 bis 2 m Abstand Aussparungen (Vertiefungen), die während der Bauzeit zur Aufnahme von Gerüstbalken dienten. Sie sind immer leicht versetzt in der Südhälfte des Schachtes angeordnet und lassen die Nordseite als Förderstrecke für das Abbruchmaterial frei.

Die Stollen beschreiben die Verfasser wie folgt:

Das Stollensystem besteht aus einem Hauptstollen … Von diesem Hauptstollen zweigen ein Seitenstollen und ein weiterer Blindstollen ab. [Abb. 79]

Der Seitenstollen wurde [vom] *Fuße der heutigen Eingangstreppe* [zum Hauptstollen] *in südwestlicher Richtung ca. 13 m weit vorgetrieben. Er hat einen asymmetrischen Querschnitt mit einer konkav gewölbten Stollenwand auf der Westseite und einer annähernd senkrechten Stol-*

lenwand auf der Ostseite, in die eine Rinne zur Wasserfassung und -ableitung eingearbeitet ist. Die Stollenhöhe schwankt zwischen 2,5 m im vorderen Abschnitt und ca. 2 m am Beginn der Querschnittsverengung im letzten Drittel. …

Der Hauptstollen besitzt ab Portal [der Eingangstreppe] *eine Länge von ca. 131 m* [genauer 117 m] *und verläuft auf etwa drei Viertel seiner Ausdehnung mehr oder weniger geradlinig in nordwest-südöstlicher Richtung. Er macht dann einen Knick um ca. 25 Grad nach Osten und beschreibt eine langgezogene Rechtskurve mit mehreren kleinen Richtungsänderungen bis zur* [tangentialen] *Einmündung in den Schacht. Vom Stolleneingang steigt die Sohle auf den ersten 60 m um ca. 0,3 m an und fällt dann bis zum Schacht um mehr als 0,8 m ab. Dieser Verlauf lässt wohl den Schluss zu, dass die Anlage nicht fertiggestellt wurde. Die Nacharbeiten zur Herstellung eines durchgängigen Gefälles von der Quelle bis zum Schacht wurden nicht mehr ausgeführt. Zudem hätte man im Endausbau sicher auf ganzer Länge eine Rinne in der Sohle des Stollens ausgebildet.*

In Höhe des vorbeschriebenen Knicks zweigt ein kurzer Blindstollen in südlicher Richtung vom Hauptstollen ab. Er besitzt nur eine Länge von ca. 1,2 m. Hier geht es offensichtlich um eine Richtungskorrektur.

… Die Querschnittsgestalt des [Haupt-] *Stollens wechselt von schlanker Trapezform mit gestreckten oder leicht konkav gewölbten Seitenwänden bis zu annähernder Rechteckform. Die Sohlbreiten liegen bei ca. 0,5–0,7 m, die Firstbreiten bei ca. 0,2–0,5 m.*

An der Einmündung des Hauptstollens in den Schacht ist eine Schwelle von 0,45 m Höhe im Fels ausgebildet. Die Stollenhöhe beträgt hier 1,85 m. [Die Schwelle dürfte gedacht gewesen sein als streichender Überlauf eines Absetzbeckens. Sie ist Beleg dafür, dass das Quellwasser im offenen Gerinne herangeführt werden sollte.] *(Abb. 82)*

Weitere Einzelheiten ergeben sich aus einer Arbeit der Höhlenforschergruppe Karlsruhe,[331] die im Vorfeld der Schachtberäumung das Stollensystem erkundet hatte.

Anknüpfend an den Gedanken, dass diese unterirdische Anlage – bestehend aus dem fast 95 m tiefen Schacht und dem ca. 120 m langen Stollen – die Nutzung als Schachtzisterne wohl nie erlebt hat, darf hier ein aufschlussreicher Versuch nicht unerwähnt bleiben.[332] Um die Frage zu klären, ob der Brunnenschacht ohne zusätzliche Abdichtung als Sammelbehälter hätte funktionieren können, wurden im Jahre 1997 in kurzer Zeit 80 m³ Wasser in den Schacht gepumpt. *Bei Versuchsbeginn ergab sich hierdurch eine Einstauhöhe (Füllhöhe) von 24,45 m über der Brunnensohle. Unter Mitwirkung der Gemeindeverwaltung wurde der durch Versickerung des Wassers über die Schachtwand und den Schachtboden sinkende Wasserstand meßtechnisch erfaßt. Nach 24 Tagen war die Wassersäule auf eine Resthöhe von 0,5 m abgesunken.* (Abb. 83)

Interessanter als die typische Abnahme des Wasserstandes in Abhängigkeit vom Druck der Wassersäule und der Durchlässigkeit des Gesteins sind die daraus errechneten Werte der Sickerverluste bei verschiedenen Füllhöhen. Anders als bei dem Auffüllversuch hätte sich der Schacht nach den Vorstellungen der Erbauer langsam durch den Zulauf aus dem Stollen füllen müssen. Ungeachtet der Tatsache, dass von Anfang an geringe Sickerverluste wirksam geworden wären, hätte sich bald ein Wasserspiegel im Schacht eingestellt, für den sich Zuflussmenge und Sickerverluste die Waage gehalten hätten.

---

331 Klose, H. und Knust, E.: Brunnen in Rheinhessen und der Pfalz, Mitteilungen der Höhlenforschergruppe Karlsruhe, Heft 18, 2004, S. 33 ff

332 Häfner und Schulz, a.a.O., S. 158 ff

Abb. 82 Der Hauptstollen in Richtung Eingang und Schacht

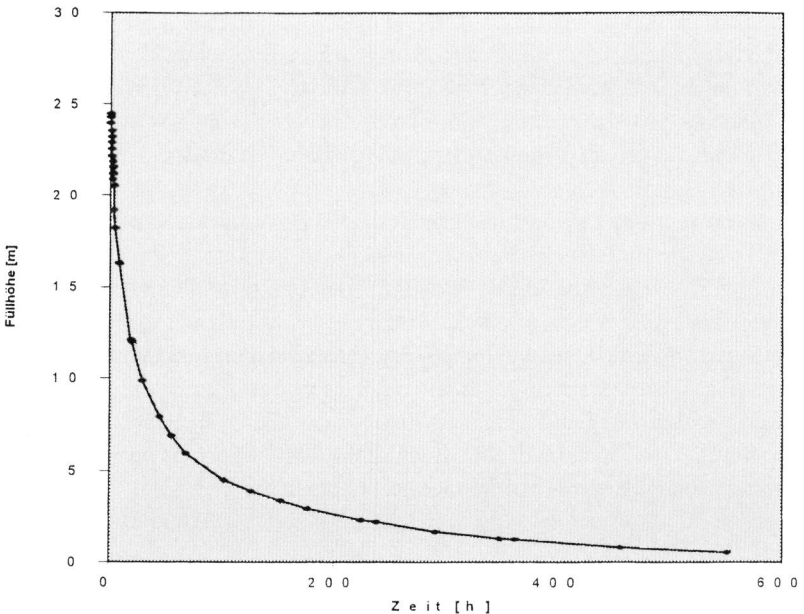

Abb. 83 Absenkung des Wasserspiegels beim Auffüllversuch 1997

Wenn der Zufluss 2 m³ pro Tag betragen hätte, wäre der Gleichgewichtszustand eingetreten, bevor der Wasserstand die 5-m-Marke erreicht hätte. Sobald sich die Zuflussmenge auf 1 m³ pro Tag halbiert hätte, wäre in diesem Fall auch der Wasserstand um gut die Hälfte gesunken. Aufgrund der heute bekannten Schüttung der Quelle, die für die Ableitung in den Schacht vorgesehen war, kann man schlussfolgern, dass ein Wasserstand in der Schachtzisterne in der aufgezeigten Größenordnung möglich gewesen wäre. Da man selbst bei einer 100-köpfigen Besatzung mit einer Entnahme von nur etwa 0,5 m³ pro Tag ausgekommen wäre, hätte es also funktionieren können. Selbst wenn der Zufluss sich auf nur 1 m³ pro Tag verringert hätte, wäre bei einer solchen Entnahme ein Wasserstand von ca. 1,5 m erhalten geblieben. Alles in allem aber wäre das, gemessen an dem enormen Aufwand, den man getrieben hatte, nur ein äußerst kümmerliches Ergebnis gewesen.

3.5 Die Festung Wülzburg bei Weißenburg in Bayern

Auf einer Anhöhe, rd. 200 m Meter oberhalb der heutigen Stadt Weißenburg, stand einst ein Benediktinerkloster, dessen Erbauung auf Karl den Großen zurückgehen soll. Diese Anlage wird auf einer Stadtansicht aus dem Jahre 1575 dargestellt als eine wehrhafte kleine Burg mit Ringmauer und Torturm sowie einem Kirchturm, der auch ein Burgturm sein könnte.

Infolge der Säkularisation war der Bau – wenn er denn so ausgesehen hat – nach dem Jahre 1537 zur Bedeutungslosigkeit verkommen und dem Verfall preisgegeben. Als 1588 auf dem Klosterareal die Baumaßnahmen für eine moderne, bastionierte Festung begannen, diente die alte Anlage als willkommener Steinbruch. Einzig der Kirchturm scheint einige Zeit überdauert zu haben. Auf einer Ansicht der Festung aus dem Jahre 1649 steht er noch als Solitär im Hof. (Abb. 84)

Die Entscheidung des Markgrafen Georg Friedrich I. von Brandenburg-Ansbach (1556–1603), eine solch große Festung auf der Anhöhe östlich der freien Reichsstadt Weißenburg zu erbauen, muss wohl in erster Linie als demonstrative Geste verstanden werden. Für Festungsbauten wählte man anderenorts zu dieser Zeit bereits sinnvollerweise das ebene Gelände. Strategisch machte der Neubau auf dem Berg – wie sich bald zeigen sollte – wenig Sinn. Vor allem aber wurde die Wasserversorgung, die für das kleine Kloster noch zu lösen war, für die große Festungsanlage zum Dauerproblem.

In diesem Zusammenhang darf ein Schriftsatz[333] nicht unerwähnt bleiben, der im Jahre 1588 im Streitverfahren des Markgrafen vor dem Reichskammergericht gefertigt wurde. Als Entgegnung auf die Forderung Kaiser Rudolfs II. zur Zerstörung der gerade begonnen Festungsbauten lieferte der Ansbachische Anwalt eine Sammlung von Gegenargumenten, die unter dem Punkt 27 den Hinweis enthält, Georg Friedrichs Eltern hätten hier schon vor langer Zeit einen Brunnen gebaut. Wir werden auf diesen Punkt zurückkommen, wenn wir die Inschrift aus Abbildung 92 behandeln. Welches Gewicht dieses Argument im Streitfall unter den insgesamt 74 Punkten hatte, ist heute nicht mehr nachvollziehbar.

Die Festung Wülzburg wurde in ihren wesentlichen Teilen in der Zeit zwischen 1588 und 1605 erbaut. Das nötige Wasser sollte ein tiefer Brunnen liefern. Über den Bau dieses Brun-

---

333 StA Nürnberg, Deutschorden, Ellingen, 454

3.5 Die Festung Wülzburg bei Weißenburg in Bayern | 171

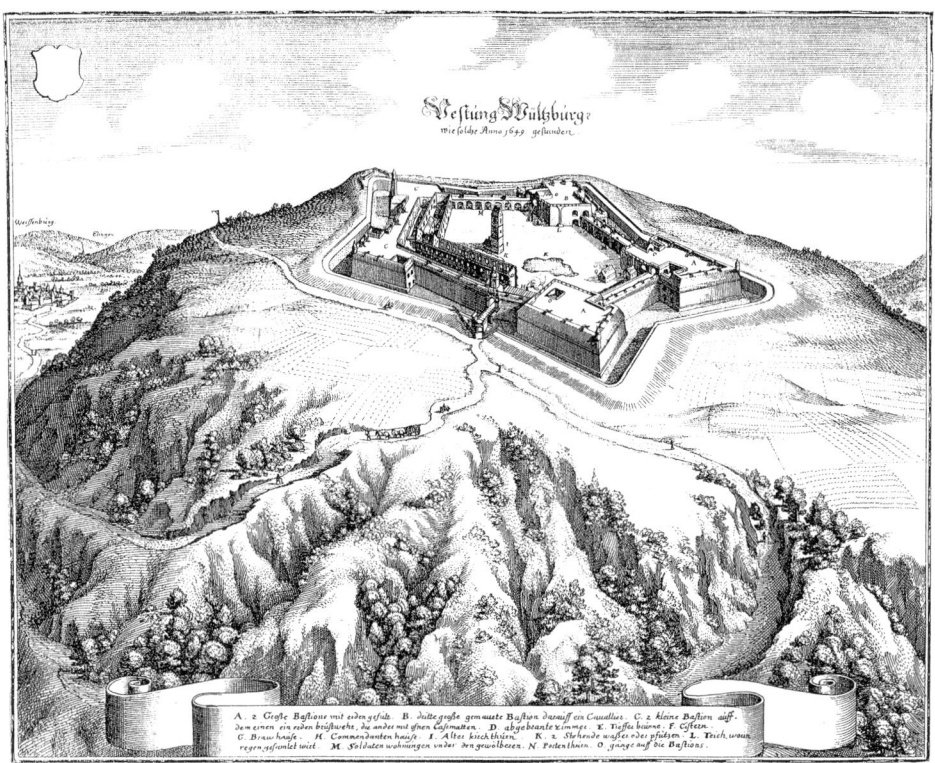

Abb. 84 Ansicht der Festung Wülzburg im Jahre 1649

nens gibt es bis zum heutigen Tag keine urkundlichen Belege, keine Pläne, Verträge mit Handwerkern oder Bauberichte. Selbst über die Bauzeit können nur Vermutungen angestellt werden. Man hat versucht, diesen Umstand mit der Geheimhaltung beim Bau der Festung zu begründen. Tatsächlich aber gab es für jeden Vorgang, der mit der Zahlung von Geld verbunden war, natürlich auch Belege. Und Bauberichte gehörten damals wie heute zu den Selbstverständlichkeiten einer Großbaustelle. Die Geheimhaltung wäre schon aufgrund der Vielzahl der am Bau Beteiligten ein untauglicher Versuch gewesen. Aber 400 Jahre sind eine lange Zeit. Da kann manches verloren gehen – zumal wenn die Bedeutung des Brunnens für die Trinkwasserversorgung nach und nach geringer wurde.

Untersuchungen
Auffallend beim Brunnen der Festung Wülzburg ist sein Standort. Er befindet sich im Westflügel der nur teilweise fertiggestellten Schlossanlage in einem Raum, der in seinen Abmessungen ursprünglich ganz auf die Wasserförderung, -bevorratung und -verteilung abgestimmt war. (Abb. 85) Umbauten in neuerer Zeit brachten zwar einige Veränderungen, es ist aber nach wie vor erkennbar, dass der Brunnen Teil eines fest vorgegebenen Raumkonzeptes dieses Gebäudeteiles war. Es wurde also nicht, wie z. B. bei der Festung **Königstein** [17], ein separates Brunnenhaus über einem isoliert stehenden Brunnen errichtet. Der Brunnen wurde vielmehr in einen eigens dafür vorgesehenen Raum eines größeren Gebäudekomplexes hin-

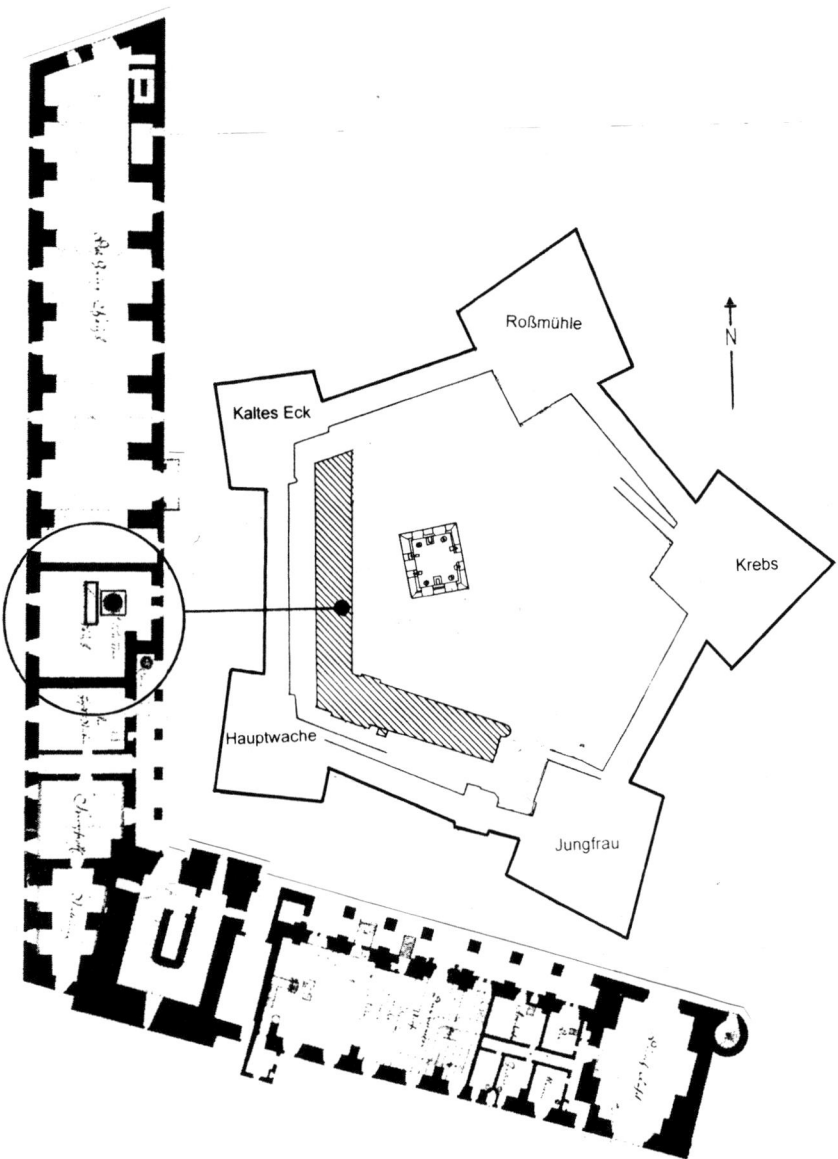

Abb. 85 Grundriss der Festung und Lage der Brunnenhalle

eingebaut. In Anlehnung an die Gegebenheiten auf der Burg **Breuberg** [7] nennen wir diesen Raum die Brunnenhalle. Wir folgen damit bewusst nicht der örtlichen Gepflogenheit, den Raum als „Brunnenstube" zu bezeichnen, da dieser Begriff für eine Quellfassung steht.

Wenn die Angaben aus dem oben erwähnten Schriftsatz von 1588 richtig sind, wonach für das burgähnliche Kloster als Vorgängerbau bereits ein Brunnen gebaut wurde, dann muss es verwundern, dass man diesen Brunnen nicht weiter genutzt hat. Einen funktionierenden Brunnen gab man nicht einfach auf, zumal der Wasserbedarf für die Festung absehbar groß werden würde. Oder hatte man seinerzeit zwar versucht, einen Brunnen zu bauen, war aber erfolglos geblieben?

Die Lage der Brunnenhalle widerspricht der gängigen Meinung, man habe Brunnen dort gebaut, wo man Wasser vermuten durfte. In Burgen war der Platz naturgemäß sehr beengt und für einen Brunnenstandort boten sich kaum echte Alternativen an. Bei der Festung war der Innenraum zwar größer, dafür aber unterlag die innere Organisation der Gesamtanlage strengen militärischen Regeln. Und diesem Ordnungsprinzip hatte sich auch die Lage der Brunnenhalle unterzuordnen. Von dem Schloss wurden nur zwei der einst geplanten fünf Flügel gebaut. Die ursprüngliche Zuordnung des Brunnens zu den Wirtschaftsräumen ist heute kaum noch ablesbar.

Da der Brunnen in den Westflügel des Schlossbaues eingeplant ist, steht also die Frage nach dessen Baubeginn in unmittelbarem Zusammenhang mit der Frage, wann man mit dem Bau des Schlosses anfangen konnte. Für das Jahr 1588 ist der Abriss, d. h. die Absteckung der Festungswerke belegt. Rieder[334] erwähnt, dass man im Jahre 1594 bereits *drei mächtige Bastionen auf dem Berg sehen konnte*, bei denen es sich gemäß Abbildung 85 um Krebs, Rossmühle und Jungfrau gehandelt haben dürfte. An den Bau des Westflügels aber war erst zu denken, nachdem die Bastionen Kaltes Eck und Hauptwache sowie die dazwischen verlaufende Kurtine halbwegs fertiggestellt waren. Nur bei einem solchen Bauablauf wurde der Zugang zur Baustelle dieser Verteidigungswerke nicht behindert.

Der Rohbau des Westflügels muss über das Erdgeschoss hinausgehend fertig gewesen sein, bevor mit dem Abteufen des Brunnens innerhalb des Gebäudes begonnen werden konnte. Denn auch hier galt, dass sich die Hochbauarbeiten am Schloss und die Tiefbaumaßnahme Brunnen nicht gegenseitig behindern durften, zumal die Dauer des Brunnenbaus zu diesem Zeitpunkt überhaupt noch nicht absehbar war. Niemand konnte genau vorhersagen, wann man in welcher Tiefe genügend Wasser finden würde.

Für die Fertigstellung des Brunnens kann mit ziemlicher Sicherheit das Jahr 1602 gelten.[335] Im April dieses Jahres berichtet der Baumeister Albrecht von Haberlandt, er habe einen böhmischen Meister befragt, ob er das Hebewerk für den 80 Klafter tiefen Brunnen der Wülzburg bauen könne. Der runde Wert von 80 Klaftern (ca. 140 m) muss stutzig machen. War er nur eine Größenordnung im Rahmen der Anfrage oder entsprach er tatsächlich der damals gemessenen Tiefe des Brunnens?

Aufgrund der Belege zum Baufortschritt des Westflügels und Rückrechnungen über die erforderliche Bauzeit vergleichbar tiefer Brunnen setzen wir den Baubeginn frühestens auf das Jahr 1596 an. Demnach brauchte man maximal sechs Jahre, wobei diese Zeit für das Abteufen im Jurakalk reichlich bemessen ist. Auf der Festung **Königstein** [17] hatte man nach knapp drei Jahren 154 m Tiefe erreicht bei einem weit größeren Schachtdurchmesser. Den Brunnen der Burg **Homberg** [12] teufte man 150 m in den sehr viel härteren Basalt ab, kleidete den Schacht auf ganzer Höhe mit Tuffsteinen aus, und benötigte dafür nur ganze acht Jahre. (Abb. 29)

Angaben zur Ergiebigkeit des Wülzburger Brunnens bzw. zum Wasserstand fehlen. Aber man war im Jahre 1602 wohl zufrieden mit dem Erreichten und kümmerte sich um ein Hebe-

---

334 Rieder, O.: Geschichte der ehemaligen Reichsstadt und Reichspflege Weissenburg am Nordgau, 1916, unveröff. Manuskript im Stadtarchiv Weißenburg

335 StA Nürnberg, Rep. 117 a, Bestallungsbriefe, 296/44

werk. Ob man ahnte, dass der Wasserzufluss keine gesicherte Größe war? Denn so, wie 1969 noch ein Wasserstand bei 126 m gemessen wurde, während der Spiegel 2005 unter 134 m abgesunken war, wird es auch damals schon bald deutliche Schwankungen gegeben haben.

Unabhängig von der Ergiebigkeit des Brunnens nutzte man von Anbeginn die befestigten Flächen, um das Regenwasser zu sammeln. Einen Hinweis darauf liefert der Merian-Stich (Abb. 84), der unter dem Buchstaben L an der Bastion Rossmühle einen *Teich, worin regen gesamlet wirt*, aufführt. Der Begriff Teich wird hier – im Sinne eines künstlich gestauten, stehenden Gewässers – auf den Sammelbehälter angewendet.

Eine kurze Bemerkung muss erlaubt sein zu den verschiedenen überlieferten Angaben über die Tiefe des Brunnenschachtes. Die im Jahre 1602 genannten 80 Klaftern entsprechen einer Tiefe von 140 m, wenn man das bayerische Maßsystem zugrundelegt. Rechnet man dagegen mit dem Ansbacher Fuß (1 Klafter = 6 Fuß) zu 30,5 cm, werden daraus schon 146,4 m. Schickhard[336] notiert 1620, der Brunnen sei 486 Schuh tief. Falls er dabei den ihm vertrauten Württembergischen Fuß zugrundegelegt hat, ergäbe das eine Tiefe von 139 m. Rechnet man den Fuß mit 30 cm, wären es 145,8 m. Der gleiche Wert ergibt sich, wenn man die Angabe aus dem Schuchhart'schen Plan[337] von 1739 nimmt, denn 478 Ansbacher Fuß entsprechen 145,8 m. Und wenn im Jahre 1815 die Tiefe mit 496 Bayerische Fuß angegeben wird[338], dann wären das 144,8 m, da die Maßeinheit zwischenzeitlich auf 29,186 cm vergrößert worden war.

Aber es ist müßig, darüber zu spekulieren, welche dieser Angaben richtig sein könnte; denn sehr viel schwerwiegender als die Ungewissheit über das tatsächlich zugrundeliegende Fuß-Maß sind die jeweiligen Ungenauigkeiten bei der Erfassung der Tiefe. So stellte sich z. B. 1804 bei der Abnahme des Brunnenschachtes auf dem Hainhaus (Vielbrunn) heraus, dass der ausführende Maurermeister vier Schuh (hier 1,2 m) zu wenig berechnet hatte.[339] Bezogen auf die Tiefe von nur 152 Schuh ergab dies bereits eine Abweichung von 2,6 %.

Im Jahre 2006 wurden die Räumungsarbeiten auf der Wülzburg in einer Tiefe von 133,5 m aufgenommen.[340] Am 17. Februar 2009 war bei 143 m die Schachtsohle (Abb. 86) erreicht.

Der Brunnenschacht ist im Kopfbereich in einer Höhe von rd. 5 m ausgemauert. Das Mauerwerk ist kleinteilig und findet sich in dieser Form auch in anderen Abschnitten des Schachtes. Der Durchmesser, der durch diese Aufmauerung vorgezeichnet ist, misst durchgehend bis zum Grund ca. 2,25 m.

Die Gesteinsschichten, durch die sich die Bergleute hindurcharbeiten mussten, sind in einer Schachtzeichnung[341] aus dem Jahre 1969 genau erfasst. Eine aktualisierte Fassung zeigt Abbildung 87. Die Bergleute trafen, nachdem der oberste Schachtabschnitt durch eine Ausmauerung stabilisiert worden war, zunächst auf den sogenannten Malm, der gemäß der Quenstedtschen Gliederung[342] bis in eine Tiefe von ca. 105 m in seinen verschiedenen

---

336 Heinrich Schickhardt (1558–1634), seit 1596 württembergischer Hof- und Landbaumeister, fertigt um 1620 eine Ideenskizze zur Wasserförderanlage der Wülzburg (s. Abb. 59.1).

337 Kriegsarchiv München, Pl. Wülzburg 1, aufgen. von Ingenieur und Artillerie-Lieutenant T. F. Schuchart, Anno 1739

338 Kriegsarchiv München, C I (199), Besichtigungsprotokoll 1815

339 StA Wertheim, R-Rep. 5 b, Nr. 115, fol. 11 f

340 Reinhard Winkler aus Weißenburg leitete die Räumung. Er ermöglichte dem Autor die Befahrungen.

341 Erich Meierhuber aus Weißenburg hat den Brunnen 1968/69 und 1976 befahren. Seine Schachtzeichnung wurde bisher leider nicht publiziert.

342 Die Juragesteine Süddeutschlands bilden die Schichtstufen (von unten nach oben) Lias, Dogger und Malm. Der Tübinger Geologe Friedrich August Quenstedt (1809–1889) unterteilte diese drei Hauptschichtstufen in jeweils sechs weitere Schichtstufen, die mit griechischen Buchstaben (unten mit α beginnend) bezeichnet werden.

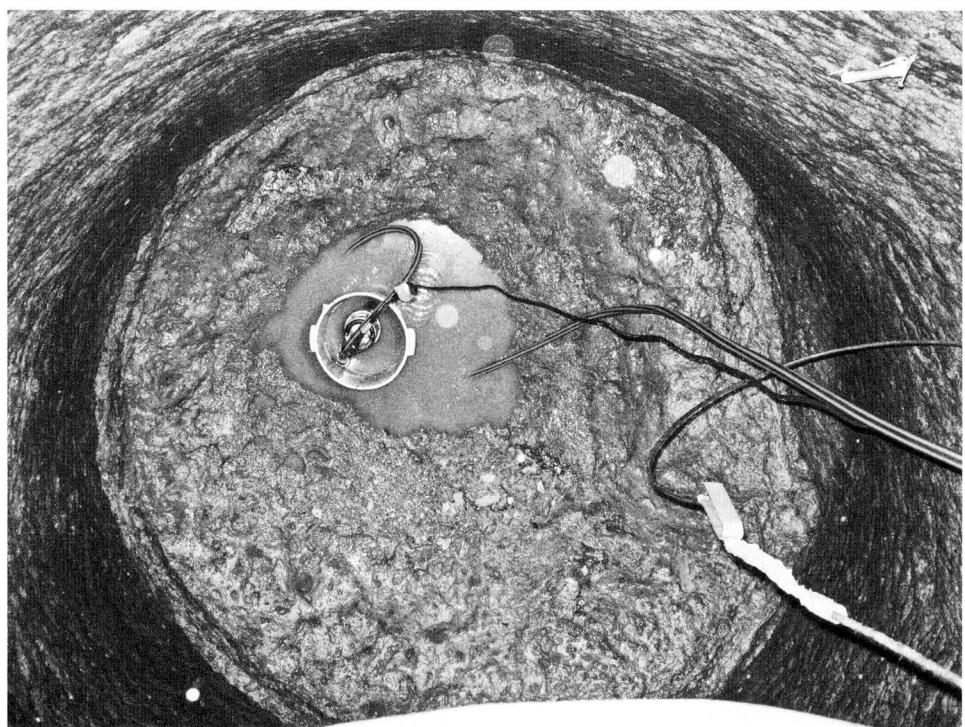

Abb. 86 Die muldenförmige Schachtsohle bei 143 m

Schichtstufen nachgewiesen wurde. Auffallend ist, dass die Schachtwand heute (wie auch wohl damals) ab etwa 30 m deutlich nass wird. Die Hoffnung, bald Wasser zu finden, erfüllte sich aber erst nach weiteren 75 Metern.

In einer Tiefe von 105 m erreichten die Bergleute nach etwa dreieinhalb Jahren eine Wasser stauende Schicht, den sogenannten Ornatenton. Wollte man diesen als Wasserstauer nutzen, durfte er auf keinen Fall durchstoßen werden. Offensichtlich war man zunächst mit dem Ergebnis zufrieden und bildete über der Tonschicht eine kreisförmige Kaverne aus, um die Fläche des Wasserzutritts zu vergrößern und ein Reservoirvolumen zu schaffen.

Der Durchmesser dieser Kaverne wurde 2007 – nachdem der aufliegende Schutt entfernt worden war – an der Grundfläche zu rund 6 m ermittelt. Die Kaverne ist gut 2 m hoch und liegt glockenförmig am Ende dieses Schachtabschnittes. Quer zur Ausrichtung der Abbildung 87 ist die Kaverne um wenigstens 1 m gegenüber der Schachtfortführung verschoben. Bei dem geräumten Material handelte es sich um kleine und kleinste Abplatzungen von der Wölbung der Kaverne. Der am Grunde des Schachtes lagernde Schutt wies oberflächig zunächst die gleiche Struktur auf. Bei der Befahrung des Schachtes wurde das Herabfallen solcher Kleinteile beobachtet.

Die Bauunterbrechung an dieser Stelle wird wohl der Grund für die insgesamt relativ lange Bauzeit von etwa sechs Jahren gewesen sein. Wir können davon ausgehen, dass man den Wasserzufluss in diesem Stadium über eine längere Zeit sehr aufmerksam beobachtet hat. Offensichtlich war das Ergebnis nicht befriedigend, so dass man sich gezwungen sah, noch

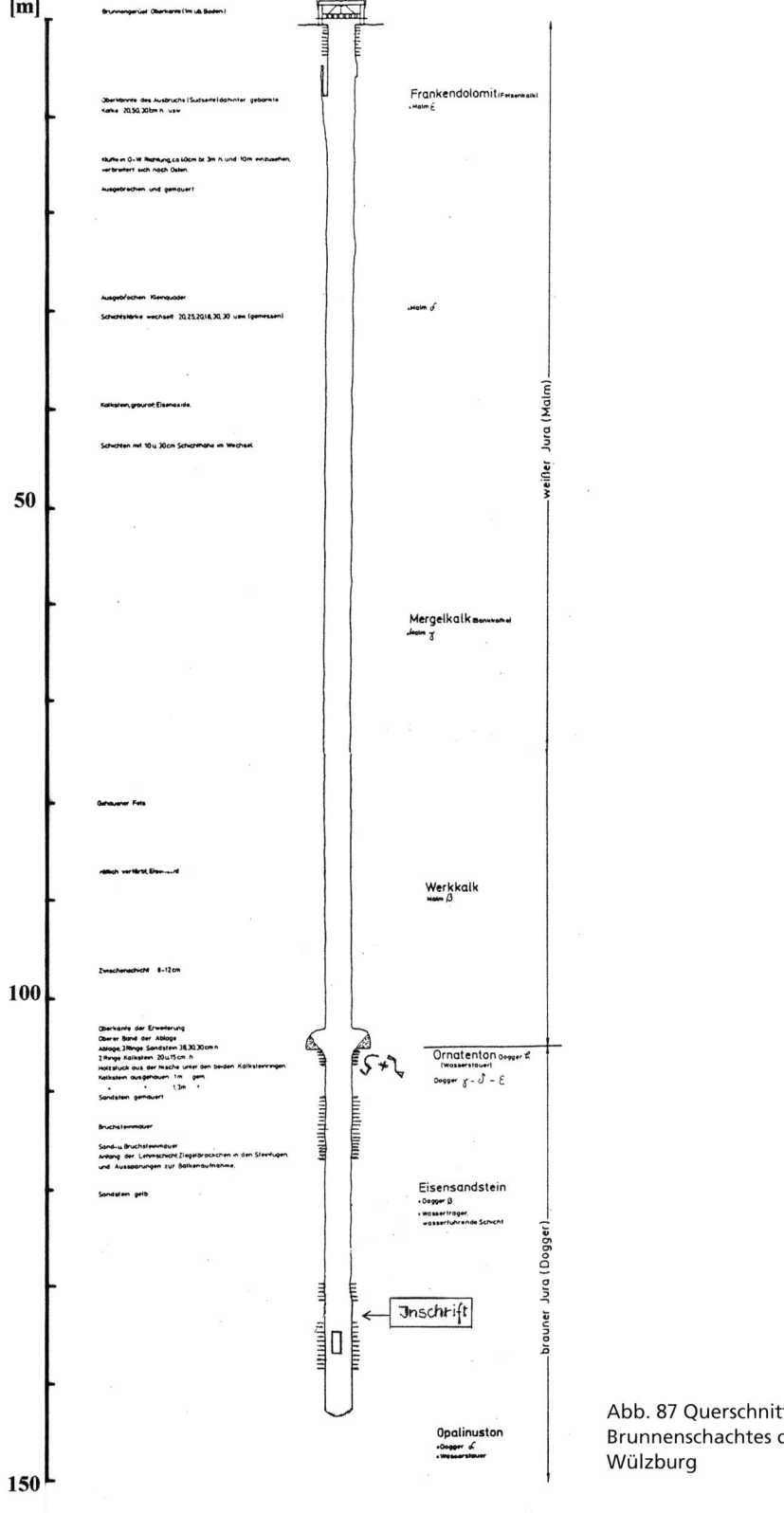

Abb. 87 Querschnitt des Brunnenschachtes der Festung Wülzburg

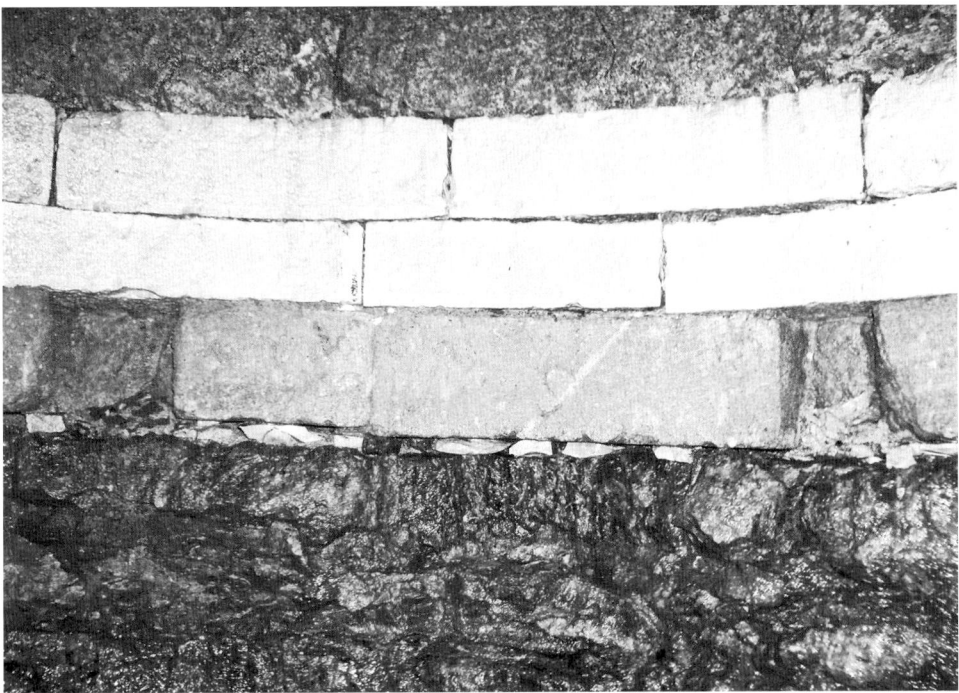
Abb. 88 Ausmauerung bei ca. 106 m

Abb. 89 Ausmauerung bei ca. 116 m

Abb. 90 Ausmauerung bei ca. 106 m

Abb. 91 Die Inschrift bei ca. 133 m

weiter abzuteufen. Die Beobachtungszeit, die Begutachtung durch mehrere Spezialisten, die Beschlussfassung und erneute Baustelleneinrichtung dürften sich über mehrere Monate, vielleicht gar ein Jahr hingezogen haben. Man durchstieß die Schicht des Ornatentons, bis man den Eisensandstein der Doggerschicht erreichte.

Um den Schacht im Bereich der nun frei anstehenden Tonschicht zu stabilisieren, war eine Schachtausmauerung erforderlich. Und so findet sich auf den nächsten ca. 10 m eine Ausmauerung, die teilweise aus Sandsteinquadern, überwiegend aber aus kleinformatigen Kalksteinen aufgesetzt wurde. Unterschiedliche Formate und wechselnde Steinqualitäten lassen vermuten, dass dieser Teil des Schachtes in Abschnitten nachgearbeitet werden musste. Außerdem finden sich bei ca. 106 m (Abb. 88) sowie am unteren Ende der Ausmauerung bei ca. 116 m (Abb. 89) jeweils vier Rüstlöcher als Auflager für Arbeitsgerüste. Diese Rüstlöcher sind Beleg dafür, dass man die Ausmauerung erst vorgenommen hat, nachdem man mit dem Abteufen schon weiter fortgeschritten war.

Die vier Rüstlöcher bei ca. 106 m sind in eine Schicht aus roten Sandsteinen eingearbeitet. Bemerkenswert an dieser Schicht ist ferner, dass in vier Steine Zeichen eingemeißelt sind. Es sind keine Steinmetzzeichen, wie sie für die Zeit der Spätrenaissance als individuelle Urheberzeichen von den Steinmetzen verwendet wurden. Sie stellen die Ziffern „5" (Abb. 88) und „2" (Abb. 90) dar, wobei die „5" insgesamt dreimal (in unterschiedlicher Stellung) auftritt und die „2" durch ein kleines Kreuz mit gleich langen Armen ergänzt wird. Der Sinn der Ziffern an dieser Stelle des Schachtes und in dieser Anordnung erschließt sich uns nicht. Das Zeichen, das im Aussehen der Ziffer „5" gleicht, findet sich im gemauerten oberen Schachtteil des tiefen Brunnens der Burg **Breuberg** [7], der Mitte des 16. Jahrhunderts entstanden ist. Eine anderweitige Zuordnung konnte bisher nicht erfolgen.

Ab einer Tiefe von ca. 130 m werden die Bergleute die Auswirkung der darunter liegenden Tonschicht, dem sogenannten Opalinuston, gespürt haben. Spätestens jetzt muss sich der seitliche Wasserzufluss bemerkbar gemacht haben. In welcher Tiefe das Wasserdargebot letztlich zusammen mit dem Zufluss aus der 40 m darüber liegenden Ornatenton-Schicht für ausreichend gehalten wurde, war erst nach der vollständigen Räumung des Schachtes klar.

Schon vor Beginn der Räumungsarbeiten war dicht über den Schutteinlagerungen eine Inschrift entdeckt worden. Inschriften in tiefen Brunnen sind häufig anzutreffen. So finden sich im Schacht auf der **Marburg** mehre Hinweise[343] auf Offiziere, unter deren Leitung Reparaturen an der Ausmauerung vorgenommen wurden. Anderenorts wie z. B. auf Schloss **Hellenstein**[344] oder der Festung **Königstein** (Abb. 183) sind es Hinterlassenschaften der Männer, die nach dem Bau für die Reinigung oder Inspektion des Schachtes verantwortlich waren und Inschriften in der Nähe der Schachtsohle anbrachten. Auf der Wülzburg dürfte es sich jedoch um die Namen zweier Bergleute handeln, die den Schacht einst abgeteuft hatten. Dies ergibt sich nicht nur daraus, dass die Inschrift weit über der Sohle angebracht ist. Die beiden Namen sind (15–20 cm hoch) zudem sorgsam in ein vorbereitend geglättetes Feld eingeritzt. (Abb. 91) Sie lesen sich „H : DERINƎK" und „A : SAX". Es darf nicht irritieren, dass der Großbuchstabe G spiegelverkehrt dargestellt ist. Über seinen eigenen Namen, der ihn als Zuwanderer aus dem Fürstbistum Ermland (heute Polen) ausweist, werden die Schreibkünste des H. Deringk

---

343 Freies Institut für Bauforschung und Dokumentation: Untersuchungsbericht Marburg Schloss, Juni 2012, Befund-Nr. 05

344 Heinzelmann und Jantschke, a.a.O., S. 242 f

Abb. 92 Die Schutznische 6,5 m oberhalb der Schachtsohle

kaum hinausgegangen sein. Der Familienname Sax stammt aus dem Landkreis Mühldorf am Inn. Ein Adam Sax aber zeigt am 19.04.1594 in Oberhochstatt – östlich unterhalb der Wülzburg – die Geburt eines Sohnes an.[345]

Im März 2008 wurde im Zuge der Räumungsarbeiten eine außergewöhnliche Schutznische freigelegt. (Abb. 92) Sie ist 1,6 m hoch und im Grundriss trapezförmig. Ihre Öffnung zum Schacht misst 0,65 m, erweitert sich aber bis in 1,4 m Tiefe auf 1,25 m. Die Nische liegt in einem ausgemauerten Schachtabschnitt. In der Nische finden sich Namensinschriften, die wohl im Zusammenhang stehen mit einer ebenso vermerkten „REN(ovatio) 1721".

In einen Quaderstein auf der der Schutznische gegenüberliegenden Seite des Schachtes sind die Buchstaben „G K" grob eingearbeitet. Der darunter liegende Stein trägt eine Jahreszahl, die sich zunächst als 1592 liest. (Abb. 93) Wenn diese Jahreszahl richtig sein sollte, hätte man mit dem Abteufen des Brunnenschachtes bereits ca. 1586 – also zwei Jahre, bevor das Festungswerk abgesteckt wurde – beginnen müssen, um diese Tiefe erreichen zu können.

345 Recherche Hertha Frank, Nürnberg

Abb. 93 Inschrift GK 1792 (?) gegenüber der Schutznische

Wenn aber Punkt 27 der Streitschrift von 1588, *das Ire F.D. Löblichen Eltern der maynung, doselbsten Ain hauß zubaun, Algereit einen bronnen, wie vor Augen, graben und rhaumen lassen*[346] richtig gewesen sein sollte, müsste man auch erwägen, ob der erste Bauabschnitt des Schachtes – bis zur Kaverne in 105 m Tiefe – bereits während der Regentschaft des Markgrafen Georg von Ansbach (1515–1543) begonnen worden sein könnte. Der Markgraf starb, als sein Sohn Georg Friedrich, der spätere Bauherr der Festung Wülzburg, erst fünf Jahre alt war. Von 1543 bis 1556 stand dieser unter der Vormundschaft seiner Mutter. Es müsste demnach schon bald nach dem Untergang des einstigen Klosters (1537) einen Plan für den Festungsausbau gegeben haben; denn es ist kaum glaublich, dass man sich später an dem Fixpunkt „Brunnen" orientierte, damit dieser genau mittig in der Brunnenhalle seinen Platz finden konnte. Da es nun aber für eine Planung aus diesem Zeitraum bisher keinerlei Anhaltspunkte gibt, gehen wir davon aus, dass die Jahreszahl in Abbildung 93 einen der nicht unüblichen Schreibfehler enthält und wohl eher auf das Jahr 1792 hinweisen soll.

Es darf in diesem Zusammenhang jedoch nicht unerwähnt bleiben, dass die Kirchenbücher von Wettelsheim bzw. Oberhochstatt folgende bemerkenswerte Eintragungen[347] enthalten:

– Am 18. Juli 1592 wird die Ehe des Schneiders Georg Eppelin *mit Anna, weiland Meister Hansen Rusen [Russ], Zimmermeisters, Meisters des Brunnens und Zinnenwarts auf Wülzburg hinterlassenen Wittib*, geschlossen.

– Am 12. Januar 1594 wird die Geburt eines Kindes von *Hannßen Meyer, Brunnenzieher auf Wülzburg*, registriert.

Diese Eintragungen könnten im Zusammenhang mit dem Bau des tiefen Brunnens gesehen werden, wenn es nicht Folgendes zu bedenken gäbe:

---

346 Biller, Th.: Die Wülzburg, Berlin 1996, S. 169 (StA Nürnberg, Deutschorden, Ellingen, 454)

347 Recherche von Hertha Frank, Nürnberg

Der Begriff „Brunnen" wurde – wie wir bereits eingangs des Kapitels 2 erläutert haben – zu damaliger Zeit verwendet für alles, was Wasser spendete; d. h. gleichermaßen für Quellen, Zisternen, Ziehbrunnen und Laufbrunnen.

Verwundern muss die Vielzahl der Tätigkeitsbezeichnungen bei Hans Russ. Wahrscheinlich war er gelernter Zimmermann. Dazu heißt es 1776, dass *sich auch dann und wann die Zimmerleute auf das Röhrenbohren, und den Röhren- und Brunnenbau überhaupt, zu legen pflegen, und solchen als ein Nebengeschäfte treiben.*[348] Bergmännischer Schachtbau aber schied für sie aus. Die Tätigkeit als *Zinnenwart* wird ein weiteres Zubrot gewesen sein. Die Bezeichnung findet sich zwar in keinem Wörterbuch, steht aber wohl für den Wachtdienst auf der seit 1588 im Bau befindlichen Festung.

Als *Zimmermeister* wird Hans Russ Mitglied einer Zunft gewesen sein. Aber der Begriff *Meister des Brunnens* steht wohl kaum im Zusammenhang mit einem erlernten Handwerk, sondern folgte dem Brauch, auch jene Meister zu nennen, die etwas besonders gut konnten oder für etwas verantwortlich waren. So wurde der Kaufmann Hieronymus Lotter stets als Baumeister bezeichnet, wenn ihm Bauleitungsaufgaben übertragen worden waren.

Wenn Hans Meyer *Brunnenzieher* genannt wird, so deutet das auf die Arbeit am Haspel hin, wobei sich die Frage stellt, ob er während des Baues Abraum aus einem Schacht gezogen hat oder aus einem Ziehschacht Wasser für den Bedarf auf der Baustelle bzw. den täglichen Gebrauch. Es war technisch kaum möglich, Wasser mit einem Haspel aus 140 m Tiefe zu ziehen. Außerdem ist belegt, dass erst 1602 der Bau einer Tretradanlage erwogen wurde. Der tiefe Brunnen kann hier also wohl nicht gemeint sein.

Daraus ergibt sich für uns, dass die Tätigkeitsbezeichnungen beider Kirchenbucheinträge nicht im Zusammenhang stehen mit dem tiefen Brunnen. Sie beziehen sich nach unserer Einschätzung auf Wasserversorgungseinrichtungen für den Betrieb der Festungs-Baustelle. Wir können also getrost daran festhalten, dass der tiefe Brunnen auf der Wülzburg zwischen 1596 und 1602 gebaut wurde.

Nachdem der Schachtbau im Jahre 1602 beendet war, stockte man den nur 30 cm hohen Brunnenkranz auf. Die Besonderheit des Wülzburger Brunnens liegt nun darin, dass man den vorhandenen runden Brunnenkranz nicht – wie es anderenorts die Regel ist – einfach erhöhte. Vielmehr ordnete man darüber eine 40 cm hohe, 30 cm breite Lage Sandsteine quadratisch so an, dass sie als Fundament für ein Balkengerüst dienen konnte, welches man als Auflager für die Wasserförderanlage benötigte. Die runde Schachtöffnung von 2,25 m ging so über in eine quadratische Öffnung mit lichten Seitenlängen von 2,25 m. (Abb. 94)

Im Jahre 1602 hatte man also – wie wir gesehen haben – nach einem Spezialisten für die Wasserförderung gesucht. Bei einer Tiefe von 143 m verbot sich das Heben der Kübel mittels eines einfachen Haspels von selbst. Man ließ eine hölzerne Tretradanlage bauen, die mit der heute vorhandenen baugleich gewesen sein dürfte, denn nach aller Erfahrung hat man an solchen Anlagen bei späteren Reparaturen und Ausbesserungen konstruktiv selten etwas ändern müssen, da es sich von Anbeginn um ausgereifte Bergwerkstechnik handelte.

Die Lagerung des horizontalen Wellbaumes machte, da die Anlage mitten im Raum stehen sollte, besondere konstruktive Aufwendungen erforderlich. Auf die nun 70 cm über den Fußboden aufragende steinerne Brunnenfassung stellte man ein schweres Balkengerüst in Form eines Käfigs zur Aufnahme des Lagers an der freien Seite des Wellbaumes. Das Schwellholz

---

348 Krünitz, a.a.O., Bd. 7, 1776, S. 113

3.5 Die Festung Wülzburg bei Weißenburg in Bayern | 183

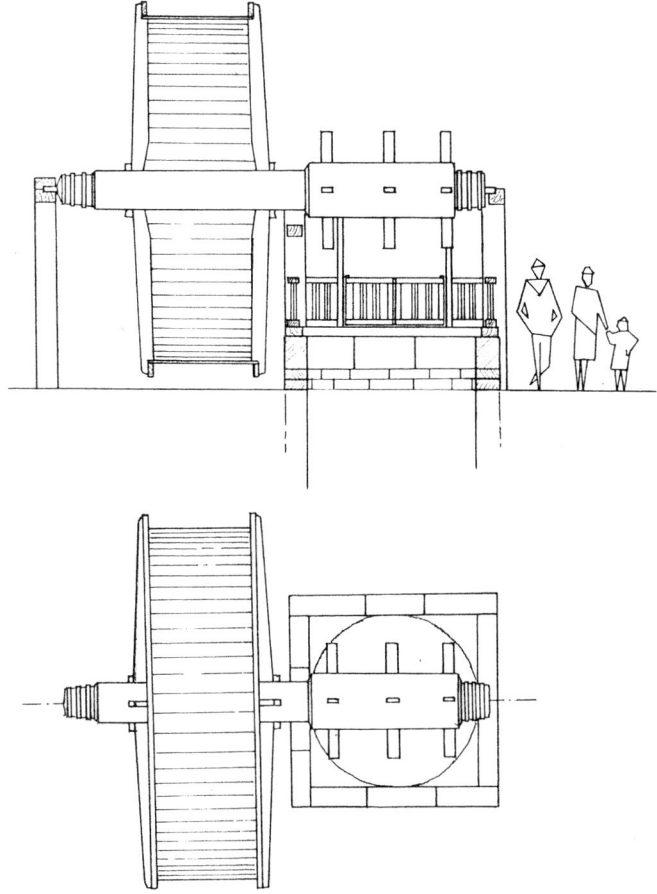

Abb. 94 Die Tretradanlage der Festung Wülzburg (Schnitt und Grundriss)

dieses Gerüstes vergrößerte die Absturzhöhe nochmals um 15 cm auf das allgemein übliche Mindestmaß von insgesamt 85 cm. Das zweite Auflager der horizontalen Welle musste neben der senkrechten Last zusätzlich die Unwucht aus den Drehbewegungen des schweren Tretrades aufnehmen. Die zugehörige Holzkonstruktion ist leider verloren. Sie wurde 1968 ersetzt durch einen zwischen Fußboden und Decke aufgemauerten schlanken Pfeiler.

Das achtspeichige Tretrad hat innen eine Lauffläche mit einer Breite von 1,50 m bei einem Innendurchmesser von 4,50 m. Zwei Wasserknechte konnten das Rad nebeneinander gehend durch den Einsatz ihres Körpergewichtes in Bewegung setzen. Die Drehbewegung des Tretrades wurde direkt, d. h. ohne ein zwischengeschaltetes Getriebe auf den Wellbaum übertragen. An zwei Seilen, die zwischen drei Sprossensternen kontrolliert geführt wurden, bewegten sich bei Drehung des Wellbaumes zwei Kübel im Pendelbetrieb auf und ab. Ruckdeschel[349] hat

---

349 Ruckdeschel, W.: Die Tretradbrunnenwinde auf der Wülzburg, in: Sanitär- und Heizungstechnik, Nr. 3, 1979

184 | 3. Burgen und ihre Brunnen

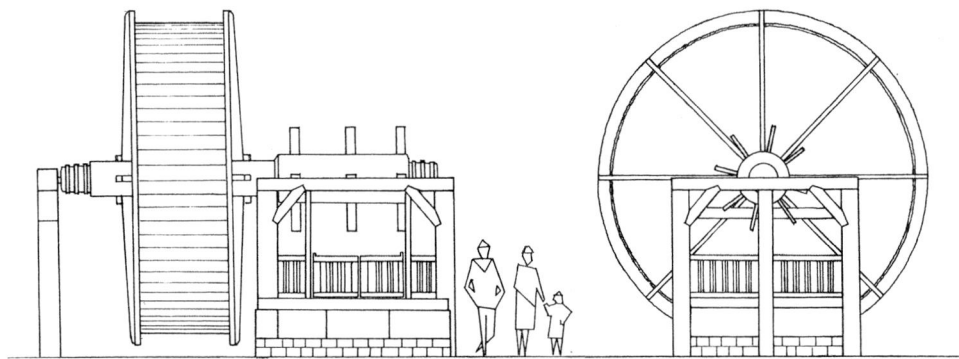

Abb. 95 Die Tretradanlage der Festung Wülzburg (Ansichten)

errechnet, dass 55 Umdrehungen des Wellbaumes erforderlich waren, um einen Kübel aus der Tiefe zu heben – wobei die Wasserknechte im Tretrad fast 800 m zurücklegen mussten. Auf Grundlage der von ihm getroffenen Annahmen soll der Vorgang kaum glaubliche 45 Minuten gedauert haben.

Wir müssen hier noch einmal auf das hölzerne Balkengerüst zurückkommen, das sich über dem Brunnenmund befindet. Entsprechend der Begrenzung, die die Sprossensterne für den seitlichen Seillauf bilden, wurden an den Parallelseiten zum Wellbaum Arbeitsöffnungen freigestellt, durch die die Kübel seitlich gestürzt (d. h. entleert) werden konnten. Über eine Rinne wurde das Wasser in Vorratsbehälter umgefüllt. (Der an der hofseitigen Innenwand aufgemauerte Wasserbehälter hat damit nichts zu tun.)

Da man aus Sicherheitsgründen zwischen die Gerüstpfosten umlaufend noch ein 58 cm hohes Geländer eingezogen hatte, waren jeweils zwei Doppeltürchen erforderlich, um an die Kübel zu gelangen. Hier stellt sich die Frage, warum man diese nun insgesamt 1,43 m hohe Einhegung des Brunnenschachtes für erforderlich hielt. Es ist gut möglich, dass in dem ehemals sehr viel größeren Raum der Brunnenhalle weitere Funktionen angesiedelt waren, so dass neben den Verantwortlichen für das Wasserziehen viele „Unbefugte" im Bereich des Brunnens geschäftig waren. Dadurch erhöhte sich das Risiko, dass jemand zu Schaden kam.

Man benutzte wegen der Tiefe des Brunnens und dem daraus resultierenden Seilgewicht Kübel, die nur 50–60 ltr fassten. Ein solcher Kübel ist mit aufgerichtetem Bügel gut 1 m hoch. Die Differenzhöhe von 1,40 m zwischen der Oberkante des Brunnenkranzes und der Unterkante des Wellbaumes ist gerade ausreichend, um mit einem solchen Gefäß hantieren zu können. Größere Kübel konnten hier also schon aus diesem Grunde nicht eingesetzt werden.

Wer heute die Brunnenhalle aufsucht, sollte wissen, was im Laufe der Zeit in diesem Raum gegenüber dem ursprünglichen Zustand verändert wurde. Nur so erhält man ein Bild davon, wie sich die Wasserförderanlage über dem tiefen Brunnen einst dargestellt hat. (Abb. 95)

Dem Raum wurde etwa 1/3 seiner Breite genommen, der Fußboden wurde um ca. 50 cm angehoben. Nach einer Bauaufnahme[350] aus dem Jahre 1915 lief das Tretrad frei über dem

---

350 Bauaufnahme des Stadtbauamtes Weißenburg durch Bauführer Ott: Diese Zeichnung zeigt auch noch ein hölzernes Auflager an der Seite des Tretrades, gibt den Brunnenkranz aber nur schematisch wieder.

Fußbodenniveau. Heute taucht das Rad in eine Mulde im Fußboden ein. Und da das hölzerne Auflagergerüst hinter dem Tretrad zudem ersetzt wurde durch einen schlanken Mauerpfeiler, kann man die ursprüngliche Schönheit und Größe der Anlage – passend zur gewaltigen Tiefe des Schachtes – heute kaum noch ermessen. Besuchertreppchen und Gitterrostauflage als unverzichtbare Zugeständnisse an die öffentliche Zugänglichkeit tragen das Ihre dazu bei. Zumindest bezüglich dieser Zugaben ist ein Rückbau geplant.

Bedeutung des Brunnens
Zweifel an der Wasserversorgung traten schon bald nach Fertigstellung der Festung auf. Die Wülzburg – so ein Offizier während der Belagerung im Jahre 1631 – sei zwar nicht auszuhungern, *aber Inn einen par tag wol außzudürsten,* [da sich gezeigt habe], *daß nit wol Waßer auff zween tag damit Menschen vnd Viehe auszuhalten,* gehoben werden können. Außerdem berichtet er, dass *der Bronn in verender traction verpollen, daß man über zween Schuch tieff nit waßer gefunden* usw.[351] D. h. vom vielen Wasserheben war der Wasserstand auf 60 cm abgesunken, das verbliebende Wasser wurde modderig.

Einen Löschwasservorrat scheint es – wie auf den meisten Burgen und Festungen in dieser Zeit – nicht gegeben zu haben. Der tiefe Brunnen war wegen der langen Förderzeiten im Brandfall nutzlos. Im Jahre 1634 brannte der Schlossbau während der Besetzung durch kaiserliche Truppen unter kuriosen Umständen ab.[352] Die hölzerne Tretradanlage aber im Erdgeschoss des Westflügels scheint den Feuersturm überstanden zu haben. Während die Besatzer vom Eigentümer die schnelle Reparatur des Gebäudes einforderten, monierten sie hinsichtlich des Brunnens nur, dass dieser gesäubert werden müsse.[353] Ansonsten scheint er funktionsfähig geblieben zu sein.

Auf einem Plan von 1739 sind neben dem Brunnen bereits insgesamt elf Zisternen verzeichnet. Dies ist zum einen Zeichen für den gestiegenen Wasserbedarf, dürfte seine Gründe aber auch in der nachlassenden Ergiebigkeit des Brunnens haben. Im Jahre 1815 schlug der Kommandant schließlich vor, den Brunnenschacht abzudichten und als großen Vorratsbehälter für Niederschlagswasser zu nutzen.[354]

Der Vorschlag, den Brunnenschacht in einen tiefen Vorratsbehälter umzuwandeln, kam nicht zur Ausführung. Stattdessen baute man in den folgenden Jahren weitere kleine Zisternen. Das Bemühen, die Wasserversorgung auf der Festung sicherzustellen und von den Beifuhren der Bauern unabhängig zu sein, mündete schließlich in den Bau einer Großzisterne. Der Brunnen hatte ausgedient und wir können froh sein, dass der Schacht nicht – wie anderenorts geschehen – ob seiner Nutzlosigkeit einfach verfüllt wurde. Bei den Einlagerungen, die von 2006 bis 2009 geräumt werden, handelte es sich überwiegend um Erosionsschutt. Auch nach dieser vollständigen Räumung werden sich also absehbar wieder Einlagerungen bilden.

Eine Antwort auf die Frage, warum der tiefe Brunnen der Wülzburg nach und nach immer weniger Wasser lieferte und schließlich nutzlos wurde, ergibt sich aus dem geologischen Profil (Abb. 96) der Juraformation[355], gezogen zwischen der Stadt Weißenburg und der Wülzburg. Es zeigt sich, dass die wasserstauenden Tonschichten nach Osten hin fallen. In der Folge starker Niederschläge wurden zwar am Westhang der Anhöhe einst gelegentlich kurzzeitige

---

351 StA Bamberg, C 48, 181
352 StA Nürnberg, Ansbach, OA-Akten, 2054
353 StA Nürnberg, Ansbach, OA-Akten, 2056
354 Burger, a.a.O., S. 11
355 Fröhlich, Fr.: Der Festungsbrunnen auf der Wülzburg, in: Der Bergfried, Nr. 9, 1960, S. 66

3. Burgen und ihre Brunnen

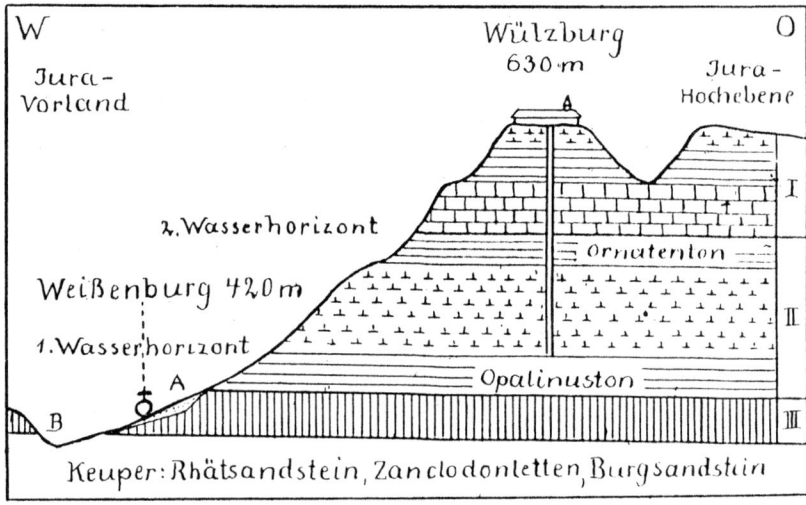

Abb. 96 Geologisches Profil des Wülzburger Berges

Quellaustritte beobachtet, in der Tendenz aber fließt das Grundwasser auf dem Opalinuston nach Osten hin ab. Im Wechsel der langfristigen Niederschlagsmengen kommt es so zu großen Schwankungen des Wasserstandes im Brunnen. Es wird interessant sein, dieses Wechselspiel in den folgenden Jahren zu beobachten.

3.6 Die Leuchtenburg am Saaletal

Die Leuchtenburg, auf dem Lichtenberg oberhalb von Seitenroda in Thüringen gelegen, wird im Jahre 1221 erstmals urkundlich erwähnt. Vermutlich waren es die Herren von Lobdeburg, die sich den steilen Bergkegel ausgesucht hatten, um hier zur Demonstration ihrer Herrschaft einen steinernen Wehrbau zu errichteten.

Der Lichtenberg ist einer von drei Muschelkalkbergen, die sich rechts der Saale markant aus dem sie umgebenden Buntsandsteingebirge erheben. Als *Leuchtenburgstörung* ist dies in der Geologie ein bekanntes Schulbeispiel für die Reliefumkehr. Zwischen dem wasserdurchlässigen Muschelkalk und dem oberen Buntsandstein liegt das tonhaltige, wasserstauende Röt.[356]

Im Jahre 1333 mussten die Herren zu Leuchtenburg notgedrungen ihre Burg an die Grafen von Schwarzburg verkaufen, die jedoch nach der Thüringer Grafenfehde 1345 an Einfluss verloren. Als 1373 die Burg bis auf den Turm und die Wehrmauern abbrannte, sollen die Schwarzburger noch im gleichen Jahr mit dem Wiederaufbau begonnen haben. Mit größerer

---

356 Haufschild, K.: Leuchtenburg, Hrsg. Kreisheimatmuseum Leuchtenburg, Seitenroda 1983, S. 4

Abb. 97 Ansicht der Leuchtenburg um 1830

Wahrscheinlichkeit aber dürften wesentliche Teile der Leuchtenburg erst nach dem Übergang an die Wettiner im Jahre 1396 neu erstanden sein. Damit fällt wohl auch der erste Bauabschnitt des Brunnens ins 15. Jahrhundert. Möglicherweise steht er in Zusammenhang mit dem Ausbau nach dem Sächsischen Bruderkrieg (1446–1451), der die fortifikatorischen Mängel der Burg offenbart hatte.

In diesem ersten Bauabschnitt wurde in der Vorburg (Abb. 98) ein Brunnenschacht von ca. 54 m Tiefe hergestellt. Aufgrund der geologischen Verhältnisse erscheint es heute wenig wahrscheinlich, dass der Brunnen Wasser liefern konnte. Und das war wohl auch der Grund dafür, dass man im Jahre 1552 zunächst einmal *allerley unflatt* ausräumen musste, der sich fast 8 m hoch im Schacht befand, bevor man daran gehen konnte, das Abteufen fortzusetzen.[357]

Der Anlass für diesen zweiten Bauabschnitt war wiederum eine schmerzlicher Erfahrung: Kurfürst Johann Friedrich (1532–47) hatte 1547 als Führer des Schmalkaldischen Bundes die Schlacht bei Mühlberg verloren und war in Gefangenschaft geraten. Seine Frau hatte sich mit

---

357 Die Ausführungen zum zweiten Bauabschnitt gründen sich auf Bauakten des Ernestinischen Gesamtarchivs im Thüring. HStA Weimar, EGA, Reg. 5, fol. 129 a, 130 b – 131 a.

3. Burgen und ihre Brunnen

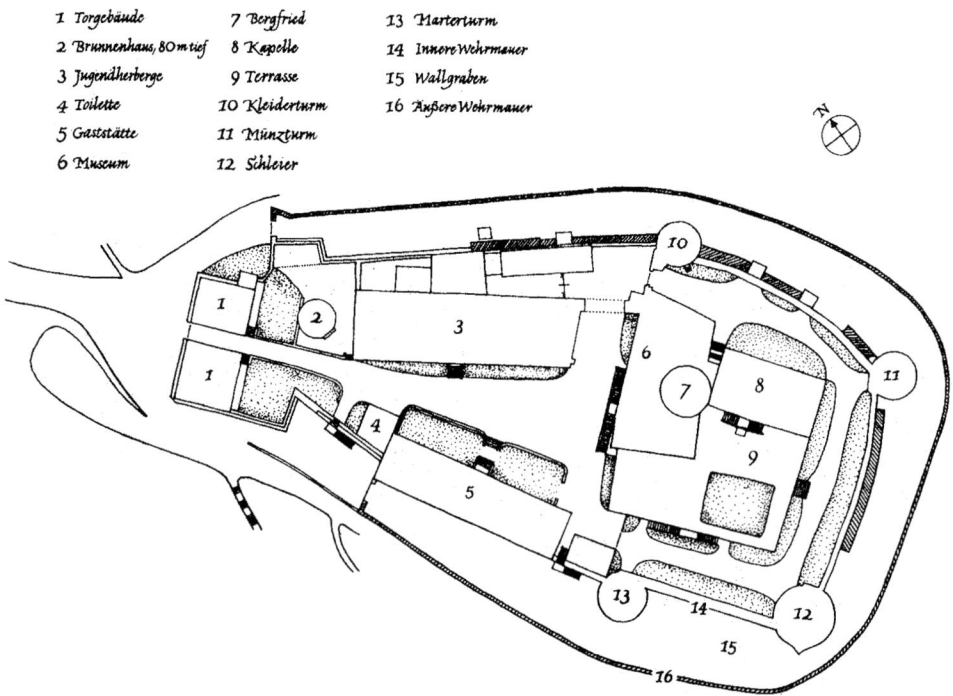

Abb. 98 Grundriss der Leuchtenburg

den Kindern auf die Leuchtenburg geflüchtet. Als Johann Friedrich endlich nach fünf Jahren aus der Gefangenschaft entlassen wurde – die Kurwürde und einen Teil seines Landes hatte man ihm zwischenzeitlich genommen – veranlasste er sogleich den weiteren Ausbau der Leuchtenburg.

Überlieferungen zum Brunnenbau
Im September 1552 berichten die Urkunden, dass vier Bergleute[358] damit beauftragt sind *uf der Lichtenwerck den porn ab zu stucken*. Bis zu diesem Zeitpunkt hatten sie nicht nur *bhiss in vir lachter allerley unflatt ausgeweltigt*. Der Bergmeister zu Salfeld hatte ihnen darüber hinaus zunächst *zwu lachter zu sincken vordyngt,* sodann *wider vir lachter,* und alles war zur Zufriedenheit verlaufen. Nachdem der Bergmeister weitere vier Lachter beauftragt hatte, waren die Bergleute bereits nach einem dreiviertel Lachter auf Wasser gestoßen, und hatten von *dem hern berckmeister begert, uns das geding ab zu nehmen, dieweil der gebrauch uf berckwerck, wenn man erz im geding antrifft, so ist das geding auf; hat sich der her berckmeister solliches beschwerdt und gleichwol uns das geding abgenhomen und wider 4 lachter verdingt. Nhun haben wir nach uf dem geding, danne wir wasser antroffen, noch 19 G[ulden] hinderstellig, in deme man beschwerung, uns dieselben rhaus zu geben und thut uns das vorwenden, wir haben nicht nach erz sondern nach wasser gearbet.*

---

358 Michel von Kunsperck, Hans Kolffhurer, Jorg Gerling und Oßwalt Weisser

Wie der Streit beigelegt wurde, ist nicht belegt. Wahrscheinlich haben sich die Bergleute entsprechend dem Kanzleivermerk mit den vorgeschlagenen 12 Gulden zufrieden geben müssen und weiter geschafft; denn schon vier Wochen später sind auch die zuletzt beauftragten vier Lachter aufgefahren. Am 21. Oktober 1552 kann der Bergmeister berichten, dass *der brun itzund 38 lachter ein virtelslachter tief gesuncken*. Damit ist zu diesem Zeitpunkt eine Tiefe von insgesamt 75,8 m erreicht, d. h. 21,3 m mehr gegenüber dem ersten Bauabschnitt. Wann mit dem zweiten Bauabschnitt begonnen wurde, ist nicht belegt. Legt man den Arbeitsfortschritt der letzten vier Lachter zugrunde, dürfte der Arbeitsbeginn ca. 11 Wochen vorher, d. h. Anfang August 1552 gelegen haben. Die Arbeiten wären damit unmittelbar nach der Entlassung des ehemaligen Kurfürsten Johann Friedrich aus der Gefangenschaft angelaufen.

Neben dieser Erfolgsmeldung enthält der Bericht des Bergmeisters Ilgen Wegner an den Hofmeister jedoch auch noch den Hinweis: *und mehrt sich das wasser, geht eine stunde 1 ½ zuber wassers zu*. Dieser Satz markiert den Beginn einer dramatischen Schilderung der letzten Phase des Brunnenbaues, wie sie anschaulicher nicht sein kann. Zur Darstellung der folgenden Ereignisse haben wir Auszüge aus den Bauakten[359] chronologisch aufgearbeitet.

21. Oktober 1552: Der Bergmeister an den Hofmeister:
Der Bergmeister vermutet, *das man im schlos im brunen noch 2 lachter und ein virtel lachter ungefehrlich noch hat zu sincken.*

Er stellt fest: *Das gestein ist unter sich nicht feste und will nicht stehen bleiben. Dieweil sich dan nuhn das wasser von tag zu tag wirdt mehren, so will von nöten sein, … das der brunnen untenrauf gefahst wirdt entzweder mit steinen oder holtz …* Er erwartet diesbezügliche Weisung und fährt fort: *Itzund muß man den brunen 8 lachter tief und was man fohrthin tiefer sincken wehrt mit holtz oder steinen vorwahren, sonst stehet das gesteine auf und auf bis gen tag.*

Der Bergmeister erbittet eine schnelle Entscheidung, *dan es will keinen vorzug ane schaden leiden.*

21. Oktober 1552: Der Bergmeister an den Schosser:
Der Bergmeister informiert, dass *die perkgesellen haben das geding aufgefahrn. … Der bruen ist itzundt 38 Lachter ein virtel eines lachter tief gesuncken.*

Für den Schosser heißt das, dass er den entsprechenden Lohn auszahlen muss.

Und weiter: *hab ihn[en] wider 4 lachter vordingt, do vohr gebe ich ihnen wider 25 G[ulden]; wi wol das gestein nicht fehst ist, so wirdt sie aber das wasser hindern, das es nicht so von stadt geht wie zu vohrn, auch von wegen der [ge]fehrlichen arbeit.*

Sie sollen fohrthien über feiertag fahrn, nicht den sontag vor mittag sollen sie stille halten, do mit man dorvohn ckompt; ich vorsehe mich [d. h. ich rechne damit], es sal sich mit diesem geding enden.

Über seine Vermutung, dass nur noch zweieinviertel Lachter abzuteufen sein werden, sagt er nichts.

Er befiehlt dem Schosser: *Fohrt hin werdet ihr einen [jedem Wasser-]cknecht 20 gr[oschen] zu lohn geben. Ob sich [d. h. wenn sich] das wasser würde, wi ich mich vorsehe [vermute],*

---

359 Die Datumsangaben nach dem Julianischen Kalender wurden von uns wie folgt vereinfacht: aus *freitag nach Moritij anno 1552* wird 22. Oktober 1552 (Mauritiustag), aus *sontags nach Simonis und Jude anno domini XV C LII* wird 28. Oktober 1552 (Simonstag) usw.

mehre, so hab ich dem Michel [von Kunsberg] *befohlen, das er noch zwen cknecht sol anlegen und das lohn theilen.*

Die hauern werdet ihr uf ihr geding [als Zulage] *iden eine woch 24 gr. geben über feiertag.*

Ob [d. h. wenn] *das gestein nicht stehn wolt, so wirdet ihr ufs Michels anzeige holz und zimmerleut bestellen* [für den Schachtverbau], *das die arbeiter nicht schaden nehmen.*

28. Oktober 1552: Der Schosser an den (ehem.) Kurfürsten:
Der Schosser informiert, dass weitere vier Lachter verdingt wurden. Weiter heißt es: *So habe ich mich heut dato an den pergkgesellen, wie es umb das wasser gelegen, erfraget, berichten und sagen, das sie am* [vergangenem] *freitag … siebenundtzwantzigk aymer und heut sontags siebenundtdreissigk aymer außgezogen. Seindt der hoffnung, ehe sie die vier angedingten lachtern ersungken, das sie das wasser zu nodtdorft beweldigen wollen.*

01. November 1552: Der Baumeister an den Sekretär:
Der Baumeister war selbst im Brunnen und fasst seine Einschätzung wie folgt zusammen:

– *das man den brunnen zue Leuchtenburg in die XXX eln hoch ausmauern mus, do zu* [be]*darf man in die XVC* [1.500] *quader-stück und will hofen, umb II G*[ulden] *zu brechen und hauen … *[um die Quader]* aus dem bruch ins schlos zu fürn, möchte ein hofgeschirr ein wochen zwei hundert stück hinaufführn.*

– *solche stein zu brechen sein noch nicht verdingt, dan man nicht weis, wie er zu brechen ist. Derhalben soln sie zu versuchen, ein wochen umb tagelon erb*[rechen].

– *die stein in den brunnen zu lossen, das mus mit einem kefferrade*[360] *geschen, welchs zu machen bestelt; ein groß keffer seil hat man* [auf Burg Grimmenstein] *zu Gotta, das man auch am brunnen gebraucht, im vorradt.*

– *die bergleudt haben am negsten* [letzten] *dinstag uf der sollen* [Sohle] *drei quellen troffen, das in tag und nacht I schock eimher* [60 Eimer] *zu gehen, die berglued wollen versuchen, ob sie noch ein lachter tiffer mögen sincken, wie wol es mit grosser* [Ge]*fahr mus geschen, dan das gebirge so faul, das es in den quellen gar schwimpt.*

01. November 1552: Der Schosser an den (ehem.) Kurfürsten:
… heut dato gegen dem abende seindt drey perckgesellen vom hause Leuchtenburgk zu mir … kommen, angezaigt, das einer irer gesellen, Michel von Kunßpergk genandt, diesen nachmittagk in brunnen gefharen. Deme were ein schade zugestanden, also weil sie itzo alle dage perck und wasser auspharen müssen, were ein wenigk percks, der vom wasser erweichet, abgeschossen, davon er beschedigt, das sie ime mit nodt heraus gebracht; wüsten nicht wie es ime ergehen mochte. Nhun wären sie arme gesellen, hätten kleine kinder, wüsten in solcher gefaher weyter nit zu arbeiten.

Die Baustelle steht still.

War der Schriftverkehr bis hierher ursprünglich sicher noch dichter, so ergibt sich jetzt ein Zeitfenster von gut drei Wochen, über das nichts überliefert ist. Die Arbeitsvorbereitungen für die Ausmauerung laufen langsam an. Auf der Baustelle kämpft man gegen das Wasser.

---

360 Krünitz, J.G.: Oeconomische Encyclopädie (1773–1858): Kefferrad, ein Hebezeug, welches durch ein Rad, das von Menschen getreten wird, seine Bewegung erhält

25. November 1552: Der Schosser an den (ehem.) Kurfürsten:
Die steinbrecher, mit denen der bauhemeister meines abwesens unterrede gehalten an de[m] steinbruch, der nahe under dem hause Leuchtenburgk gelegen, … haben hundert und achtzigk stück gebrochen, davon das tagelhon der person zwene groschen, welchs in summa sechs gulden nheun groschen macht.

Der bauhemeister hat auch … vier steinmez gesellen von Waymar anher geschickt und an die arbeit des steinhauens treten lassen, mit denen er … kein gedinge vom stück, wochen- oder tagelhon abgeredt. … von deme, der under inen ir maister ist [habe ich erfragt], *wievil ein ider des tages ungeferlichen stück hauen und zurichten* [könne. Der Meister] *hat darauf diesen bericht gegeben: Es kundte einer über zweij stück und doch nicht wol fertig machen, es würde auch kein steinmeze von einem solchen stück under XVIII d.* [Denar = Pfennig] *nicht nehmen.*

Der Schosser schlägt vor, dieweil iziger zeit der tagk am allerkürzesten, das mhan das steinbrechen und also die vorgezogene summa der quaderstück [endlich] *vordinget,* [egal] *ob mhan nhun gleich vom stück sieben oder acht pfennige geben müste … das also, ob gott will, das steinbrechen und hauen vorgangk haben würde.*

Diese Vorgehensweise des Schössers ist ungewöhnlich, zeigt aber, wie groß der Druck auf der Baustelle ist. Es muss endlich etwas geschehen, damit kein Unfall passiert.

Weiter informiert der Schosser, *das gestrigen tages der perckmeister zu Salveldt einen steiger alhier gehabt, der hat den perckgesellen noch ein lachter zu sinken, davon mhan inen zehen gulden geben soll, angedingt.*

Es wird also noch ein zusätzlicher Anreiz geboten für die schwere und gefährliche Arbeit auf den letzten Metern im ständigen Kampf gegen das nachdringende Wasser.

Wie die perckgesellen sagen und berichten, wollen sie mit götlicher hülfe die lachter zwischen hier [heute: sonntags] *und freitags ersincken und eine notturft wasser beweldigen.*

Ein *zymmermhan zur Naustadt* wurde aufgefordert, *das wasser radt zu vorfertigen.* Doch das wird den Bergleuten bei ihrer schweren Arbeit kaum helfen. Der Schösser bemüht sich, dass sie wenigstens ihren gerechten Lohn bekommen. Er schreibt:

Dieweil mhan dan zu dem steinbrechen, steinhauen, dem zymmermhan und vor die perckgesellen geldes bedürfende sein wirdet und von dem vorigen nichts mher vorhanden, so thu Euer churfürstlichen gnade ganz underthenigclichen bittende, wollen in derselbten rentherey gnediglichen schaffen lassen, das bey gegenwertigen [Stand] *mir nach ECfG gnedigs gefallen zu solchem bauhe eine Summa als sechtzigk Gulden überschickt werde.*

Mit der Bearbeitung lässt man sich Zeit. Der Kanzleivermerk datiert vom 3. Dezember 1552.

08. Dezember 1552: Der Rat der Stadt Kahla an den (ehem.) Kurfürsten:
Der Rat der Stadt war aufgefordert worden, *so lange man das bedorftig* die Spanndienste für den Transport der Steine zu übernehmen. Der Rat legt dar, dass das aus den verschiedensten Gründen nicht möglich sei. *Aber denselbten zu underthenigem gefallen wollen wir eine woche mit unserm geschirre zu bemelten bronnenbaue fharen lassen.*

Wie das Transportproblem letztlich gelöst wurde, ist nicht überliefert. Auch brechen mit diesem Datum die Bauberichte ab, so dass nicht klar ist, wann genau Anfang des Jahres 1553 die Arbeiten erfolgreich abgeschlossen werden konnten.

Im nächsten überlieferten Bericht des Schössers an seinen Herrn vom 08. Juni 1553 geht es bereits um das Wasserziehen, *dieweil der brun in ECfG hauß Leuchtenburgk nuhn mahls fertigk. Das Wasser, noch durch den Bau verunreinigt, war bereits ausgezogen worden. Jetzt galt es, durch regelmäßiges Wasserziehen den Brunnen sauber und rein zu halten. … Do mahn solchs nicht thun, dodurch das wasser ganz richende werden solte.* Genau so wird man später auf der Burg **Stolpen** [3] verfahren.

Der Eseltreiber solle *alle tage an der treibens stadt den brunen etzliche stunde zeihe und solch wasser, das er aus dem brunnen zeugt, solle er in gerynne, die [der Schosser] darzu solle machen lassen, von dem prunnen in die zysterne laufen lassen, bis dieselbige voller ist. Und do die Zeistern voll gemacht, doch nichts destewenigen den prunnen lassen zeihen und das wasser zum schlos hinaus, was mahn nicht bedarf, laufen … lassen.*

Die detaillierten Ausführungen zu den Arbeiten, die der Schosser in diesem Zusammenhang dem Zimmermann aufgibt, sollen hier nicht weiter verfolgt werden. Interessant aber ist folgender Hinweis: *So ist das wasser-zeihen einer person unmöglichen, müssen allewege zwene darzu gebraucht werden. … So werden auch vom thorwarther und dem eseltreiber alle tage etliche aymer wasser aus dem brun gezogen, wie ich dan heut dato vier und zwanzigk aymer habe außziehen lassen, ist reyn, klar und nicht richende, … do allein meister Paul der steynmetze den brunnen, wie er bericht hat, recht außgereiniget.*

Der Steinmetzmeister Paul Weismann aus Weimar war seit dem 25. November 1552 für die Ausmauerung in der Schlussphase des Brunnenbaues verantwortlich gewesen. Da die Ereignisse sich überschlagen hatten, war es zu Missverständnissen gekommen, über die noch bis zum 25. November 1553 reger Schriftverkehr geführt wird.

Unter dem 04. Juli 1553 berichtet der Schosser: *Diesem steinmetzen Paull Weyßmahnn sindt die Quaderstück zu brechen und zu hauen angedinget. Davon und vom hundert ist ime neuhn gulden zu gebene versprochen. So ist ime der brun zehn lachtern hoch aus zu mauern, zwischen dem gebirge und gemeuer mit wolgeschlagnen stahn aus zu raumeln, das er nach der seyten wasser hebet; gegen dem wasser ist ime die stück mit maße zu belegen und in der mitte in kulck zu mauern, den brun oben dreier lachtern hoch auszumauern, der krantz oben sieben virtel hoch zu hauen und zu setzen und klammern. … Darzu sal er seine aygene hülfe und handtraichung haben. Davon hat mahn ime neuhntzig gulden und ein malder korn zu geben zugesaget.* [Quader, Stein, Kalk etc. wurden gestellt.]

Hirauf hat der steynmetze elfe hundert drey undt dreisigk Quader-stück gebrochen und gehauen. Die habe ich ime aus dem steinbruch auf das haus Leuchtenburgk führen lassen. … hat vermüge seiner zedel [d. h. Verdingzettel] hundert neuhntzig gulden allenthalben von mir von dieser gethanen arbeit entpfangen. Darzu habe ich ime vier schefel kahlisch-maß korn gegeben. Daran ist mahn ime noch einen schefel schuldigk. – Die Annahme dieses Scheffels Korn hatte der Steinmetz verweigert, da er aufgrund seiner Herkunft davon ausgegangen war, dass Korn nach dem Weimarer Maß vereinbart worden war, wonach ihm noch zwei Scheffel zugestanden hätten.

Und er verlangte Entlohnung dafür, dass er – als Not am Manne war – befehlsgemäß beim Wasserziehen geholfen hatte. *Und ist wahr, das er auf der herren bevhel die vier zehn tage über neben den andern die tage und nacht das wasser getzogen … und letzlich do sie es beweldiget, hat er den brunnen gereiniget; ob er aber das holtz und reissigk [vom Verbau] sampt den schudt alles reyn herauser gebracht, das bin ich weiter nicht, dan wie er selbst gesaget, das es reyn sey, gewisse.*

Do nuhn ECfG ime die vier lachtern, die er über die angedingten zehen gleich denselben sollte verlohnen lassen, müste mahn ime noch sechsundtdreissigk gulden, one das er den brun gereini-

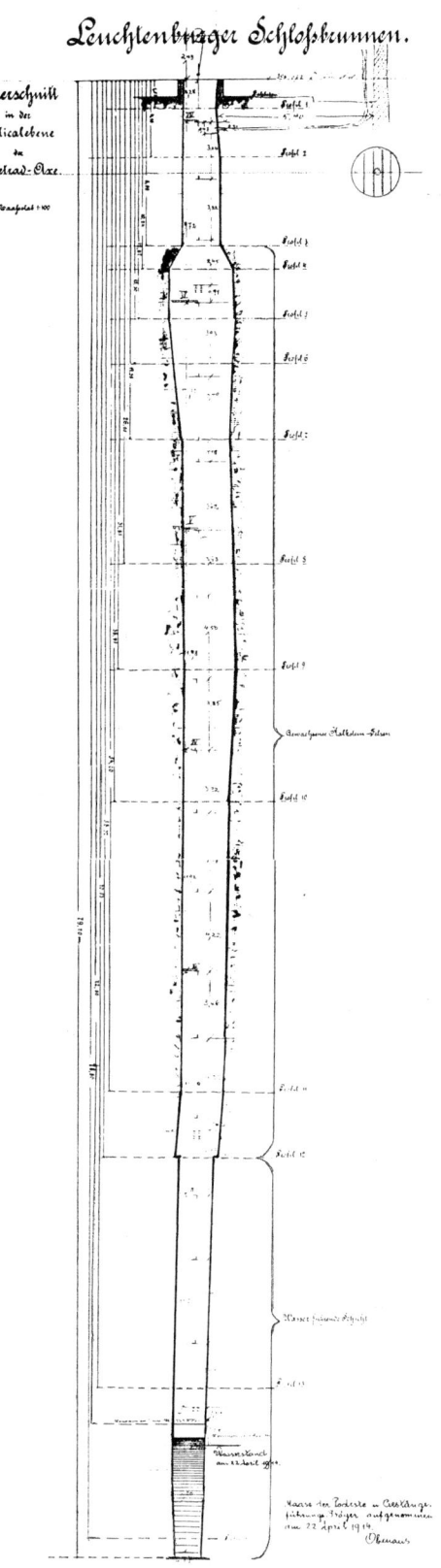

Abb. 99 Querschnitt des Brunnenschachtes der Leuchtenburg

get, geben. Ich achte aber meines einfeldigen bedengekens, wie woll er große sorgliche gefahr getragen, das er mit fünfzehen gulden zu[*frieden zu*] *stellen sein sollte.*

Der Steinmetz Paul Weißmann war sofort aus Weimar herübergekommen, als man ihn rief, weil man ihn dringend brauchte. Er hatte gute Arbeit geleistet und Leistungen weit über den vereinbarten Rahmen hinaus erbracht. Am Ende wurden ihm *zu einer vergleichung aller seiner forderung, auch des kornes halben, noch zehen gulden zu geben bewilliget.* [Unterzeichnet] *Von Gots gnaden Johans Friderich der Elder, herzog zu Sachsen und geporner Churfürst.* Die deutsche Geschichtsschreibung gab dem ehemaligen Kurfürsten den Beinamen „der Großmütige".

Abschließend wollen wir das Baugeschehen nochmals kurz anhand einer Schachtzeichnung aus dem Jahre 1914 (Abb. 99) zusammenfassen. Alle Angaben zur Tiefe beziehen sich dabei auf die Oberkante des Brunnenkranzes. Der obere, enge Teil bis zur Tiefe von gut 10 m wurde Anfang 1553 von Steinmetz Paul Weißmann aufgemauert. Der nachfolgende Abschnitt bis zur Tiefe von ca. 54 m stammt aus der ersten Bauphase, die wir im 15. Jahrhundert sehen. Als dann 1552 mit der Vertiefung begonnen wurde, geriet der Schacht aus dem Lot. Nach etwa 4 m zeigt sich ein Versprung im Querschnitt bei 58,32 m. Der bergmännische Schacht wurde unterhalb dieser Marke komplett ausgemauert. Auch die Ausmauerung steht nicht lotrecht, so dass sich der Schacht heute insgesamt einseitig gekrümmt darstellt. Im untersten Teil verengt sich der Durchmesser von 1,85 m auf 1,40 m. Aus den Jahren 1886 und 1914 sind Wasserstände zwischen 6,10 m und 7,20 m verzeichnet.

Mit der Wasserförderung scheint es zunächst Probleme gegeben zu haben. Schon Anfang 1554 erbittet der Schosser Hilfe vom Baumeister, wie der Brunnen *mit dem ausziehen in andere wege, weil das wasser radt schweher und an der wellen fast brüchigk, zu vorfertigen sein möchte.* Im September gleichen Jahres teilt er nach der Brunnenreinigung mit, da *es mit dem wasser-rade gantz beschwerlichen gewest, habe ich einen haspel setzen ... lassen.* Es hätten aber *viere am haspel gezogen.*

Nach 1724 diente die Leuchtenburg als Zucht-, Armen- und Irrenhaus. Statt des Haspels wurde nun ein Tretrad zur Wasserförderung installiert, dessen Reste sich heute noch im Wehrturm Schleier (Abb. 98, Nr. 12) befinden. Bis 1871 waren mehr als 5.000 Menschen auf der Leuchtenburg inhaftiert.[361] Seit 2002 kann der Besucher im Rahmen des Projektes „Museum Sträflingsbrunnen Leuchtenburg" im neuen Brunnenhaus in ein eigens zu diesem Zweck konstruiertes „Tretrad" steigen. *Hier vollzieht er, sich an einer Stange festhaltend, die quälenden Mühen der früheren Häftlinge nach und beobachtet gleichzeitig auf einem ... Bildschirm die Bewegung des Antriebsrades und das Ausleeren der Becher ... Erschöpft kann er sich anschließend auf einer Ruhebank ausruhen und sich durch ein Fernrohr die 12 km entfernte Stadt Jena anschauen – übrigens ohne zusätzlichen Obulus.*[362] Da man den Besuchern dann aber doch nicht zumuten wollte, erst nach 15 Minuten mühsamen Tretens den vollen Kübel am Brunnenrand auftauchen zu sehen, änderte man sowohl Förderprinzip wie auch Antriebstechnik, womit das Wasserziehen letztlich schneller und leichter möglich war. Soviel zur Museumspädagogik.

---

361 Haufschild, a.a.O., S. 62

362 Kalender der Bennert GmbH, 2003, Blatt September

3.7 Die Burg Breuberg im Odenwald

Die Ersterwähnung der Burg Breuberg im nördlichen Odenwald geht auf das Jahr 1222 zurück.[363] Mit dem Bau aber wurde wohl schon gut 50 Jahre früher begonnen auf einem Bergkegel des unteren Buntsandsteins (306 m ü. NN), der im Süden und Osten von der ca. 160 m tiefer liegenden Mümling umflossen wird.

Mit dem Aussterben der Breuberger begann nach 1323 die Zeit der Besitzaufsplitterung, die über die nächsten 100 Jahre weitergehende Bauaktivitäten verhinderte. Im 15. Jahrhundert wurde die Burg zum besseren Schutze des Tores um eine Vorburg erweitert. Wesentliche Änderungen hinsichtlich des Wasserbedarfs ergaben sich daraus aber nicht.

Erst nachdem Graf Michael II. von Wertheim Alleinherr von Burg und Herrschaft Breuberg geworden war, begann ab 1497 der große Umbau zu einer landesfürstlichen Festung und Residenz mit Hofhaltung. Im Jahre 1556 starben die Wertheimer im Mannesstamm aus. Die Burg wurde zwischen den Grafen von Erbach und denen von Stolberg-Königstein geteilt.

In einer Urkunde vom 11. Dezember 1556 ist *vmb guter richtigkeit willen* festgehalten, wie die neuen Herren *sich einer gründlichen abtheilung der baw und wohnungen bemelts schloss Preubergs gutlich vnd freundlich mit einander verglichen haben … damit ire gnaden vnd die iren dester ruewiger vnd friedlicher bey vnd neben einander wohnen mögen*.[364]

Von dieser Aufteilung wurde neben der Kirche ausdrücklich *ausgescheiden der brunnen, welcher gemein sein vnd pleiben soll*. Er befand sich gemäß der Urkunde im sogenannten Altbau am inneren Tor, dort, wo heute der tiefe Brunnen zu finden ist. (Abb. 101)

Ende des 16. Jahrhunderts übernahmen die Grafen von Löwenstein die Stolberger Anteile. Die Gemeinherrschaft der Erbacher und Löwensteiner währte bis zum Jahre 1806.

Überlieferungen zum Brunnenbau
Wenn in der Teilungsurkunde von 1556 von einem Brunnen gesprochen wird, so müssen wir uns vergegenwärtigen, dass dieser Begriff, der ursprünglich für eine Quelle stand, in der Folgezeit gleichermaßen verwendet wurde für den Ziehschacht einer Zisterne, in der man Oberflächenwasser sammelte, wie auch für einen tiefen Schachtbrunnen, der sich aus dem Grundwasser speiste. In der Teilungsurkunde werden keine Angaben zur Funktionsweise des Brunnens gemacht. Die wenigen Urkunden und Belege, die zum späteren Bau des tiefen Brunnens gefunden wurden, lassen aber den Schluss zu, dass es sich dabei nur um eine Schachtzisterne gehandelt haben kann.

Hinweise zum Bau des tiefen Brunnens ergeben sich aus einem schmalen Urkundenpaket, das im Staatsarchiv Darmstadt den Brand vom November 1944 auf wunderbare Weise überstanden hat.[365] Danach wurde im Jahre 1557 ein Brunnenmeister namens Eligius Knopf angestellt. Dieser erhielt für seine Dienste ein Gulden pro Woche, dazu vier Malter Dienstkorn (zwei Malter Hafer, ein Malter Gerste und ein Malter Erbsen). Der Brunnenmeister *hatt einen starcken buben, soll auch arbaytten*. Dafür erhielt dieser wöchentlich vier Batzen und freie Kost.[366]

---

363 Gleue, A. W.: Das Hohe Haus Breuberg und das Wasser für den täglichen Bedarf, a.a.O.
364 Aschbach, a.a.O. Nr. CCXXXVI, S. 377 ff
365 StA Darmstadt, F 21 B, Nr. 344/12
366 1 Gulden = 15 Batzen; 1 Malter sind ca. 128 Liter.

Abb. 100 Ansicht der Burg Breuberg, um 1648

Brunnenmeister Knopf fungierte darüber hinaus im heutigen Sinne als Generalunternehmer für einzelne Bauabschnitte des tiefen Brunnens. Ob er auch die Planungsverantwortung hatte, geht aus den wenigen verbliebenen Unterlagen nicht hervor. Zu den vorbereitenden Arbeiten gehörte zunächst die Erweiterung des Raumes, in dem sich die Schachtzisterne (der sogenannte Brunnen) befand. Dies ist ein Hinweis darauf, dass der Schacht einen gegenüber heute deutlich kleineren Durchmesser hatte, von geringer Tiefe gewesen sein muss und keiner aufwendigen Fördereinrichtung bedurfte, da Bau und Betrieb in dem Raum sonst nicht möglich gewesen wären.

Im Verdingzettel vom 17. November 1557 wird festgehalten, dass die Wand zum Nachbarraum bis auf einen noch tragenden Bogen abgebrochen werden sollte. Sodann waren eine neue Zugangstür und Fenster zu brechen; alles gegen einen festen Geldbetrag und diverse Naturalien. Da der Torweg vor den nun zusammengelegten Räumen im Gefälle liegt, musste der Fußboden wegen der neuen Zugangstür insgesamt um rund einen Meter abgesenkt werden. Dieses Gewerk ließen die gräflichen Bauherren von ihren Handfrönern erledigen.

Im Jahre 1558 entstand also die sogenannte Brunnenhalle, wie wir sie heute sehen. Mit dieser Erweiterung des Raumes war die Ära der Schachtzisterne zu Ende. Im Jahre 1559 wurde – wahrscheinlich auch unter der Regie von Meister Knopf – die Baugrube für den neuen Brunnen bis auf den anstehenden Fels ausgehoben, ein Loch (10–12 m tief) fast 4 m im Durchmesser mit weitgehend ungesicherter Wandung. Für diesen Bauabschnitt fehlt zwar ein urkundlicher Beleg, es gibt aber einen Vertrag für die nächste Bauphase.

Ein Verdingzettel vom 11. Mai 1560 regelt zunächst die Behebung der Schäden, die durch das unsachgemäße Absenken des Fußbodens entstanden waren. *Nach dem umb denn Brunnen herumb die mauer des alten Bauß darüber bloßgestelt und die notturfft erfordert, dieselbig widerumb zu underfangenn und dem Boden gleich, wie man vom hoff* [durch die neue Tür]

3.7 Die Burg Breuberg im Odenwald | 197

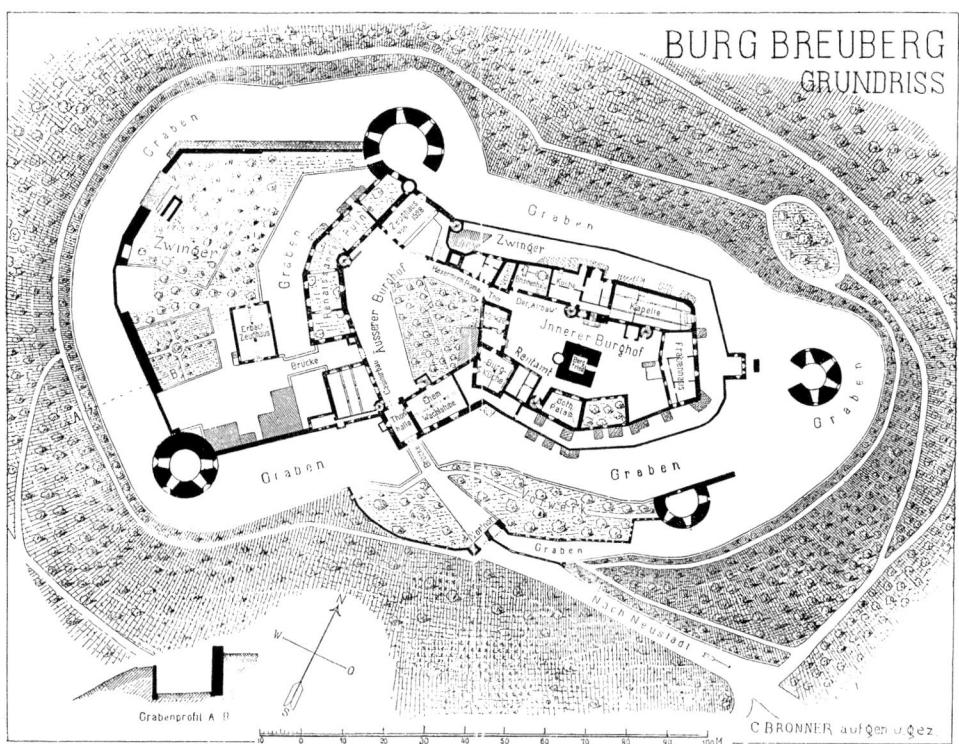

Abb. 101 Grundriss der Burg Breuberg

hinnein geht, zu [unter-]*fuedterenn, so ist mit obgedachtem Brunmeister gehandelt, Solches auch ufs best zu vermachen und zu versehhenn.* Er soll erhalten *von Jeder Rutten*[367] *zwantzig batzenn zu mauren und von den Steinen zu jeder Rutten zu brechen Sechs batzen … und Inn zehen Rutten allemall Ein malter Khorns.* Diese Art der Vereinbarung entspricht der heutigen Abrechnung nach Aufwand.

Sodann werden die Arbeiten vertraglich vereinbart, die den Aushub der Baugrube zum Abschluss bringen. Es geht um die Herstellung der Ausmauerung zur Baugrubensicherung. Die Grafen von Erbach und der Graf von Stolberg erteilen Meister Knopf den Auftrag, *den Brunnen uff Breuberg vollendts auszufertigen.*

Diese Formulierung hat in der Vergangenheit zu dem Schluss geführt, dass damit die Abschlussarbeiten am Brunnen gemeint gewesen seien. Die Beschreibung der geforderten Leistungen aber zeigt, dass der Brunnen, wie er sich heute darstellt, mit diesen Arbeiten erst am Anfang stand. *Nemlich soll Itzgedachter* [Knopf] *gedachten Brunnen mit gutten gehauenen grossen Stückenn In der Runde wie der Brunnen ist, dreissig zwen Schuh* [ca. 9,5 m] *hoch herauf maurenn, damit er dem Obern Bodenn gleich werde.*

Und da man von den Ausschachtungsarbeiten her wusste, dass der Fels unterhalb von etwa 9,5 m noch nicht massiv anstand, wird weiter geregelt: *Und dieweil unden der fels etwas murb*

---

367 1 Rute hier 3,77 m

ist, so soll er denselbigenn hinwegk zuhauen und dargegenn Neuwe gehauene Stück ann dieselbig Stat alles auf seinen Costen obgemelte 32 Schuhe hoch zu machen und zu fertigen schuldig sein.

Hier wird also der obere ausgemauerte Teil des Brunnenschachtes beschrieben, der als Baugrubensicherung hergestellt werden musste, bevor mit dem bergmännischen Abteufen des Schachtes begonnen werden konnte. Erstaunlich ist, dass in diesem Zusammenhang kein Wort über die zwingend notwendige Hinterfüllung des Schachtmauerwerkes gesagt wird. Es mag sein, dass man auch hierfür Hilfskräfte einsetzte, die sowieso verfügbar waren.

Zur Veranschaulichung der Ausführungen erscheint es hilfreich, mit Abbildung 102 bereits an dieser Stelle den Endzustand des Brunnens vorzustellen. Der Schacht reicht ca. 85 m tief in den anstehenden Buntsandstein hinunter. Der obere Teil des Schachtes ist aufgemauert. Der Durchmesser beträgt hier 2,75 m. Im Übergangsbereich zwischen dem gemauerten und dem bergmännischen Schacht ist der Sandstein deutlich klüftig und verwittert. Die Aufmauerung beginnt unten daher nicht mit einer vollen Schicht, sondern passt sich den Gegebenheiten des Felsens an. Der Durchmesser des bergmännischen Schachtes beträgt 2 m.

Im Vertrag von 1560 wird zudem ein Arbeitsschritt vergeben, der der Vorbereitung des bergmännischen Abteufens dient. *Zu dem soll er [Knopf] Innwenndig, Im brunnen In der hohe wie im getzaigt worden einen Bogenn acht Schue hoch und Sibenn Schue weith hauen und solchen auch dasselbig vier schuh In felsenn hinein welben, und dermassenn versehen, und vermachen, damit der Brunnen nichts destewennig seine Runde wie sonnst behalte. Und mann also und der [d. h. unter der] erden zu einem Eynganng Im Brunnen ein anfang und dhür habenn, welchs darnach zu gelegener Zeith volnfurt werden megte.*

Hier wird die Anlage eines Stollens vorbereitet. Die ersten 1,5 m sollen aus dem Fels gehauen und die zugehörige Öffnung im gemauerten Schacht fachgerecht ausgeformt und verwahrt werden. Der Weiterbau des Stollens soll und kann erst nach Fertigstellung der Ausmauerung erfolgen. Der Stollen wird später – unter dem Tor hindurch – bis in den alten Burggraben führen, den man mit dem Abraum verfüllen wollte, der beim weiteren Abteufen anfiel.

Die Baugrube endete im Jahre 1560 also auf dem massiven Sandstein, der Schacht hatte erst eine Tiefe von 10 bis 12 m erreicht.

Für die Durchführung der Arbeiten musste Meister Knopf sich diverser Subunternehmer bedienen, über die es keine Aufzeichnungen gibt. Überliefert aber sind auf den Quadern der Ausmauerung einige Steinmetzzeichen (Abb. 103), über die noch zu reden sein wird. Für die Durchführung seines Auftrages erhielt der Brunnenmeister an Geld 55 Gulden sowie an Naturalien 8 Malter Korn, 2 Malter Hafer und 2 Ohm Wein.[368]

Nach Fertigstellung der Baugrubensicherung wurde der begonnene Stollengang unter dem Burgtor hindurchgetrieben bis zum alten Burggraben. Erst danach begann man mit dem Abteufen des Brunnenschachtes in den Fels. Für diese Vorgehensweise sprachen mehrere ganz praktische Gründe. Zum einen vermied man, dass der Betrieb der Brunnenbaustelle zu Behinderungen im engen Torbereich führte. Zum anderen erschloss man sich so den kürzesten Weg für die Entsorgung des Abraumes. Der nutzlose Graben wurde verfüllt und man erhielt auf diese Art mehr Aufstellfläche in der Vorburg.

Weil man nicht voraussagen konnte, wie lange die Bergleute brauchen würden, bis sie Wasser fanden, konnte das Leben in der Burg unabhängig von den Arbeiten untertage weiter-

---

368 1 Ohm entspricht ca. 162 Liter.

3.7 Die Burg Breuberg im Odenwald | 199

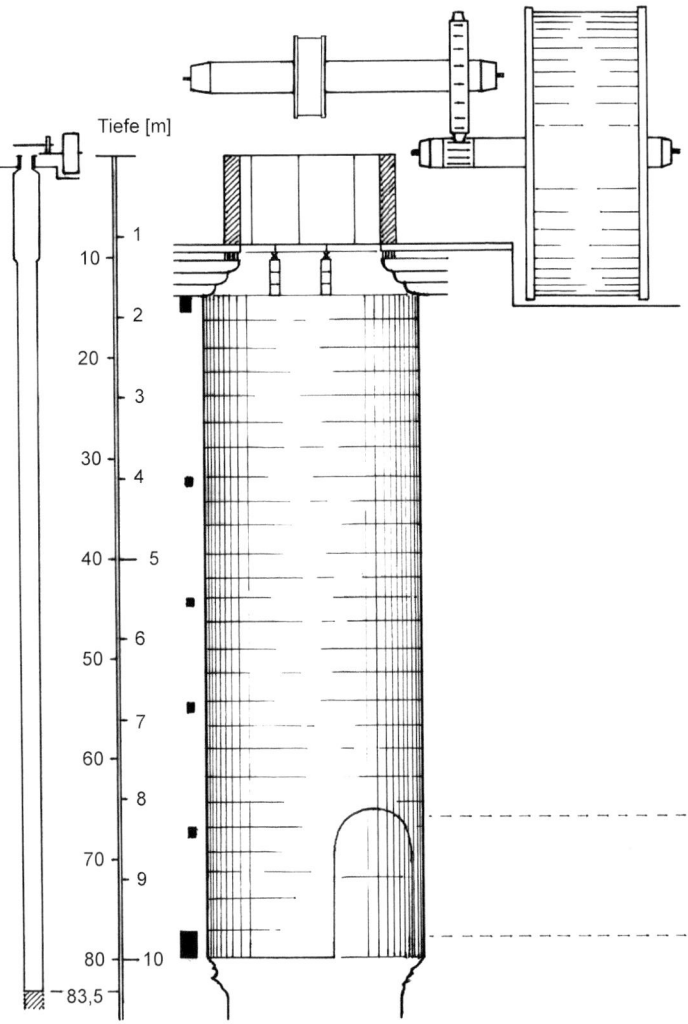

Abb. 102 Querschnitt des Brunnenschachtes der Burg Breuberg

gehen. Und da die Arbeiten dann tatsächlich noch mehrere Jahre dauern sollten, erwies sich diese Vorgehensweise im Nachhinein als klug und richtig. Die zusätzlichen Mühen und Kosten für den Stollen haben sich ganz sicher für alle Beteiligten ausgezahlt.

Wann und an wen die Arbeiten für das anschließende Abteufen des bergmännischen Schachtes vergeben wurden, ist nicht überliefert. Bezüglich der Gesamt-Bauzeit lässt sich gleichwohl eine plausible Rechnung aufmachen.

Wenn wir den Zeitrahmen für den Kellerumbau und das Herstellen der Baugrube zum Maßstab nehmen, wird die Ausführung des Bauauftrages vom Mai 1560 inklusive des nachfolgenden Stollenbaues wenigstens drei Jahre gedauert haben. Damit wären wir schon – sofern alles glatt lief – Mitte oder Ende des Jahres 1563 angelangt. Der Schacht aber war immer noch erst 10–12 m tief.

3. Burgen und ihre Brunnen

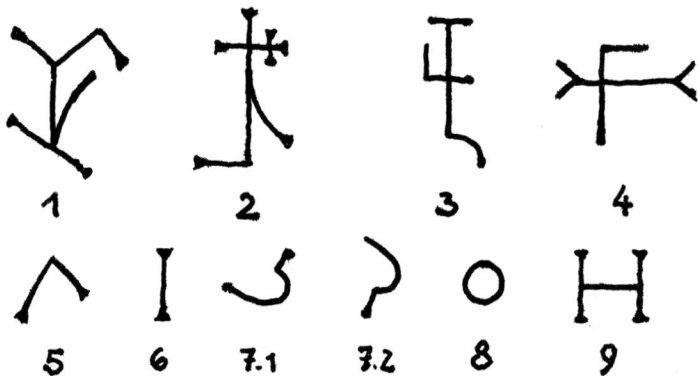

Abb. 103 Steinmetzzeichen am Brunnenkranz und im Schacht

Das bergmännische Abteufen der restlichen 73 m dauerte bei einer üblichen Arbeitsleistung von ca. 15 m pro Jahr noch einmal mindestens fünf Jahre. Die Arbeiten im Brunnenschacht wurden also frühestens Ende des Jahres 1568 beendet. Das würde auch zu der Meldung[369] aus dem folgenden Jahr passen, in der es heißt: *der Bronn zu Breuberg hat gestanden 10 Woch do nichts darin gearbeitet worden, do er wied geschöpth hatt sollen werden Ist er gemessen, hat gehatt 18 schuh* [ca. 5 m] *dieff Wasser.*

An anderer Stelle[370] wird ohne Quellenangabe behauptet, der achteckige Brunnenkranz als Abschluss des Bauwerkes stamme aus dem Jahre 1560. Solange kein entsprechender Beleg dazu gefunden wird, gehen wir davon aus, dass der Brunnenkranz nicht vor 1569 aufgestellt wurde, da sich die Bauzeit des tiefen Brunnens anhand der überlieferten Urkunden plausibel auf die Jahre von 1559 bis 1568 datieren lässt. Und im Übrigen spricht vieles dafür, dass besagter Brunnenkranz nicht speziell für den Brunnen der Burg Breuberg gefertigt wurde.

Die nächste Meldung über den Brunnen in dem spärlichen Urkundenbestand[371] datiert aus dem Jahre 1670 und belegt, dass der Löwensteinische Miteigentümer *daß Brunnenwerck alhir besichtiget, vnd es also befunden, daß es villeicht mit pohlirlichen vnotz / so wie die formalia seines schreibens lauten / zu erheben sein mögte, die nothurft aber erfordern wollte, daß man selbiges reparire ...* [Es sei gewiss,] *daß dieser brunnen ein ohn entbehrliches vnd höchst nöthiges pertinens dieses haußes ist, ohne welchem darauff nicht zu habsistiren.*[372] Auf die Verwendung des Begriffes „Brunnenwerk" werden wir im folgenden Abschnitt noch einmal zurückkommen.

Untersuchungen

Der Brunnenkranz, wie wir ihn heute sehen, ist in mehrfacher Hinsicht ein Kuriosum. Zum einen stellt er mit seiner ungewöhnlichen Höhe von 1,12 m eine Barriere dar, die für einen

---

369 Giess, a.a.O., S. 28; Giess datiert den Vertrag von 1560 fälschlich auf das Jahr 1550. Er weist demzufolge das Zitat dem Jahr 1559 zu. Da die zugehörige Urkunde aus dem Erbacher Archiv 1944 verbrannt ist, kann dieser Sachverhalt nicht mehr belegt werden.

370 Röder, A.: Ein baugeschichtlicher Rundgang, in: Burg Breuberg im Odenwald, Breuberg-Bund 1951, S. 94

371 StA Darmstadt, Bestand F 21 B, Nr. 344/12, Kopie eines Schreibens vom 14. November 1670

372 „habsistiren" als Kunstform aus *habitare* (wohnen) und *sisto* (bestehen bleiben)

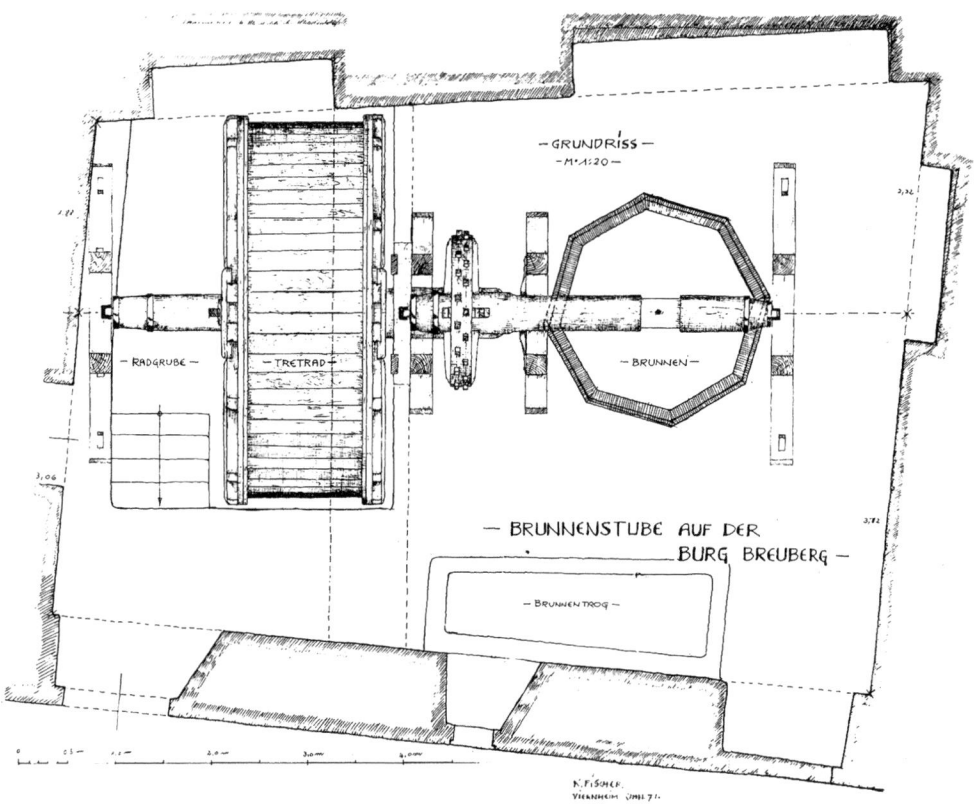

Abb. 104 Die Wasserförderanlage im Grundriss, 1971

normalen Arbeitsablauf des Wasserziehens mit Kübeln eher hinderlich gewesen sein muss. Zum zweiten geht es um den Innendurchmesser von nur 1,75 m. Da der darunter liegende, gemauerte Teil des Schachtes einen Durchmesser von 2,75 m hat (Abb. 102), war eine aufwendige Konsolkonstruktion erforderlich, um den Brunnenkranz überhaupt aufsetzen zu können. Der nach 1560 erstellte Schacht der Baugrubensicherung musste dazu um drei Lagen zurückgebaut werden. Die Zwischenräume zwischen den dreilagigen Konsolsteinen wurden mit Bruchsteinen ausgeflickt. Das ausgebaute Steinmaterial wurde nicht wieder verwendet.

Drittens muss verwundern, dass der achteckige Brunnenkranz schräg im Raume steht, also nicht auf den Wellbaum der Wasserhebeanlage ausgerichtet wurde. (Abb. 104) Seine sehr anspruchsvolle Gestaltung wird durch die Überschneidungen mit der Stützkonstruktion der Tretradanlage konterkariert. Welche Gründe letztlich ausschlaggebend waren für eine Anordnung der Stützkonsolen, die zu der schrägen Aufstellung des Brunnenkranzes führte, wird deutlich werden, sobald wir über die Art der Wasserförderung sprechen.

Es scheint also einiges dafür zu sprechen, dass der Brunnenkranz auf der Burg Breuberg nur seine Zweitverwendung gefunden hat. Einen Hinweis auf seine Entstehungszeit können möglicherweise die heute noch sichtbaren Steinmetzzeichen liefern. (Abb. 103) Fünf der acht Segmente tragen ein Urheberzeichen (Nr. 1), wie es sich auch auf einem kleinen Torbogen zur Kellerei in Michelstadt findet, der um die Mitte des 16. Jahrhunderts eingebaut wurde. Und da belegt ist, dass der Anstellungsvertrag mit dem Brunnenmeister Knopf im Jahre 1557 im Beisein des Michelstädter Amtmannes geschlossen wurde, kann eine Verbindung zum Bau der dortigen Kellerei nicht ausgeschlossen werden.

Das einzelne Steinmetzzeichen (Nr. 2) ist deutlich jüngeren Datums. Es ist dem Ende des 16. Jahrhunderts zuzuordnen und kann auf eine spätere Auswechslung hindeuten. Diese insgesamt sechs Zeichen sind jeweils an der gleichen Stelle der zugehörigen Segmente eingearbeitet. Für die beiden restlichen Segmente kann keine Aussage gemacht werden, da hier der entsprechende Bereich entweder großflächig ausgebessert wurde oder durch die Stützkonstruktion der Tretradanlage verdeckt ist.

Auch im gemauerten Teil des Schachtes finden sich verschiedene Steinmetzzeichen (Nr. 3–9). Sie sind vom Brunnenrand aus erkennbar. Eine Kamerabefahrung vom Februar 2007 bestätigte zwar den Befund, wegen der Problematik der Ausleuchtung aber gehen wir davon aus, dass die Steinmetzzeichen nach Art, Anzahl und Verteilung bisher nicht vollständig erfasst werden konnten.

Die Zeichen Nr. 5 und 9 wurden in dem Teil des Brunnenschachtes der Veste **Otzberg** [14] festgestellt, der nach 1550 erneuert werden musste. Das Zeichen Nr. 7.1 findet sich später im Brunnen der **Wülzburg** [5]. Parallelen zu Nr. 3 und 4 finden sich auf der **Ronneburg** an Gebäuden, die im Zeitraum 1571–1573 fertiggestellt wurden. Abschließende Aussagen zu den Steinmetzzeichen und ihrer Datierung können jedoch erst nach der vollständigen Dokumentation des gesamten Mauerwerks getroffen werden.

An dieser Stelle müssen wir noch einmal zurückkommen auf den Verdingzettel aus dem Jahre 1560, wonach die Ausmauerung 32 Schuh hoch sein sollte. Heute sind davon noch 26 Lagen mit einer Gesamthöhe von 7,75 m erhalten, woraus sich eine Höhe der einzelnen Lagen von im Mittel 30 cm ergibt. Da für den Einbau der Konsolkonstruktion drei Lagen zurückgebaut wurden, hätte die Höhe der Ausmauerung ursprünglich nur ca. 8,65 m betragen. Das entspräche einem Fußmaß von ca. 27 cm.

Gemessen an diesem Fußmaß ist die vorhanden Bogenöffnung zum unterirdischen Stollen, den man später fertigstellte, deutlich kleiner als der ausgeschriebene Stollenanfang; sie ist im Lichten nur ca. 1,3 m breit und ca. 1,8 m hoch. Eine Höhe von acht Schuh (2,16 m) und eine Breite von sieben Schuh (1,89 m) waren für die ersten 1,5 m des Stollens vereinbart. Die tatsächlichen Maße wären durch eine Befahrung zu überprüfen.

Es spricht einiges dafür, dass der Stollen, durch den der Abraum aus dem Brunnenschacht in den Burggraben verfahren wurde, nach Abschluss der Arbeiten nicht verfüllt worden ist. Am 14. Oktober 1968 brach er unter der Tordurchfahrt ein.[373] Man stellte fest, dass sich im Stollen Reste eines Abbruchs aus dem Jahre 1695 befanden. Es war also nicht der erste Einbruch. Im Jahre 1958 war beim Bau eines Löschwasserbehälters das Ende des Stollens im verfüllten Burggraben freigelegt worden. Die Befunde wurden nicht dokumentiert. Der Stollen ist heute mit Beton verfüllt.

In diesem Zusammenhang darf ein Romanfragment[374] nicht unerwähnt bleiben, das im Jahre 1793 auf Burg Breuberg entstanden ist. Hier wird ein unterirdischer Gang erwähnt, der

---

373 Breuberg-Rundbrief 22/1968; Spieß, H.: Vom Bauen auf Burg Breuberg; in: Der Odenwald, 3/1972, S. 91 f

374 Vogt, N.: Graf Michel auf Breuberg; in: Der Odenwald, 3/1962, S. 84 ff. Der Universitätsprofessor Nicolaus Vogt (1756–1836) verließ Mainz wegen der dortigen Jacobinerherrschaft und fand Zuflucht auf der Burg Breuberg.

Abb. 105 Einblick in den Brunnenschacht

vom Brunnenschacht ausgeht. Aufmerken lassen muss, dass es sich dabei nicht um einen geheimen Fluchtweg aus der Burg handelt, sondern um einen Gang, der seinen Zugang innerhalb der Burg hat, zum Brunnenschacht führt und als Kühlraum für Speisen und Fleisch dient.

Es wäre also durchaus denkbar, dass der Stollen bewusst nicht verfüllt wurde und nach dem Bau eine Zweitverwendung als Kühlkeller fand. Hieraus würde sich u. U. auch die Barriere erklären, die in die Einmündung des Stollens in den Schacht eingestellt ist. (Abb. 105) Sie spannt sich mit einer Höhe von ca. 1 m geradlinig in die Bogenöffnung und schneidet daher deutlich sichtbar in den Schacht ein.

Anknüpfend an die ursprüngliche Nutzung des Stollens für die Entsorgung des Abraumes aus dem bergmännischen Schacht geben diverse Rüstlöcher im gemauerten Teil (Abb. 102) Aufschluss über die dabei verwendete Baustelleneinrichtung. In der untersten Lage der Aufmauerung finden sich vier Aussparungen für die Aufnahme von zwei Tragebalken (b = 20 cm, h = 30 cm). Mit einer Bohlenabdeckung wurde hier die Arbeitsebene hergestellt, von der aus der Abraum aus den Kübeln in den Gang verbracht werden konnte. Das Hebezeug stand ca. 8 m darüber. In der heutigen ersten Lage unterhalb der Konsolsteine sind dafür insgesamt sechs Rüstlöcher gegenüberliegend so angeordnet, dass hier drei Balken (15/20 cm) als Tragekonstruktion quer zu den unteren eingebracht werden konnten. Zwischen diesen beiden Ebenen sind in Abständen von jeweils ca. 1,5 m Rüstlöcher für Hilfsgerüste vorhanden, die dem Ein- und Ausstieg der Arbeiter dienten. Die Aussparungen haben Abmessungen von ca. 10/10 cm.

Abb. 106 Zustand der Wasserförderanlage um 1938

Aufgrund der oben zitierten Meldung über den Wasserstand des Brunnens stellt sich natürlich die Frage, ob die Tretradanlage im Jahre 1569 bereits vorhanden war.[375] Das Wort *geschöpth* könnte ein Hinweis darauf sein, könnte sogar als Beleg für eine weitere Besonderheit des Brunnens der Burg Breuberg stehen.

Als man im Jahre 1781 den Brunnen wieder in Betrieb nehmen wollte, muss das Tretrad noch funktionsfähig gewesen sein, da nur über die Kosten für die Reinigung gesprochen wurde. Aus dem Jahre 1891 wird berichtet[376], *das alte Radwerk hat wenig gelitten*. Im Jahr 1924 heißt es: *In der Brunnenhalle ist der alte Radbrunnen noch erhalten*[377].

---

375 Die dendrochronologische Untersuchung der Achse ergab als Fälldatum das Jahr 1558. Die Achse ist also mit Sicherheit Teil eines Tretrades aus dem Jahre 1569.

376 Schaefer, G.: Kunstdenkmäler im Großherzogtum Hessen, Kreis Erbach, Darmstadt 1891, S. 29

377 Bronner, a.a.O., S. 40

Aus dem Jahre 1938 ist ein Foto (Abb. 106) überliefert, das deutlich macht, warum zu dieser Zeit nur noch von dem *Brunnen mit den Resten des alten Tretrades* [d. h. der alten Tretradanlage] gesprochen wird.[378] Vom Tretrad war nur noch die Achse vorhanden, dazu Reste des Getriebes, des Wellbaumes und der Stützkonstruktion.

Die Wasserförderanlage, wie sie der Burgbesucher heute vorfindet, ist ein Neubau aus dem Jahre 1971. Einziges originales Teil ist die Achse des Tretrades. Da alte Ansichten der Anlage fehlten, blieb die Neugestaltung der Fantasie der Verantwortlichen überlassen. Wie man zu der jetzt gezeigten Konstruktion kam, ist nicht mehr nachvollziehbar, da die einschlägigen Akten des Denkmalamtes unauffindbar sind. Augenfällig ist, dass das neue Tretrad im Vergleich zu alten, überlieferten Anlagen (z. B. **Kufstein**, **Otzberg**, **Romont**, **Ronneburg** und **Wülzburg**) insgesamt viel zu klobig ist. Mit einem solchen Rad wäre – wie wir gleich sehen werden – der praktische Betrieb nicht möglich gewesen.

Bezüglich der authentischen Bauteile der Anlage ist der geringe Abstand des Wellbaumes über der mit 1,12 m extrem hohen Brüstung des Brunnenkranzes bemerkenswert, der mit seinen 76 cm nicht ausreicht, um einen Kübel ziehen und stürzen zu können, ohne sichtbare Spuren am Rand der Fassung zu hinterlassen. Solche Gebrauchsspuren aber sind nicht vorhanden.

Weiter fällt die vierkantige Ausnehmung in der Mitte des Wellbaumes ins Auge. Eine solche Ausnehmung diente dazu, auf den runden Wellbaum eine zweiteilige Radscheibe in der Breite der Ausnehmung aufzusetzen.[379]

Diese Indizien sprechen dafür, dass auf der Burg Breuberg das Wasser nicht – wie sonst üblich – mit zwei Kübeln am Seil im Pendelbetrieb aus dem Brunnen gefördert wurde. Alles deutet vielmehr darauf hin, dass ein Schöpfwerk mit einer umlaufenden Eimerkette zum Einsatz gekommen ist. Und es wäre möglich, dass deshalb in der Meldung von 1569 betreffs des Wasserstandes bewusst das Wort *geschöpth* verwendet wurde.

Solch ein Schöpfbecherwerk beschrieb schon Vitruv[380]: *Wenn aber das Wasser an noch höhere Punkte geliefert werden soll, so schlingt man um die Welle eines solchen* [Tret-] *Rades ein Paar eiserne Ketten, welches so eingerichtet ist, daß es bis unter den Wasserspiegel hinabreicht, und hängende Bronzeeimer, die etwa einen Congius*[381] *fassen, trägt. So wird die Drehung des Rades dadurch, daß die Doppelkette sich um die Welle herumwindet, die Eimer nach oben bringen, diese aber werden, sobald sie über die Welle gehoben sind, notwendig gestürzt und müssen ihren Wasserinhalt in den Sammelkasten entleeren.*

Auch Agricola[382] bezieht sich auf Vitruv und hebt den Vorteil der kleinen Eimer (Kannen) hervor. Ausdrücklich erwähnt er die untere Trommel, um die die Kette herumgeführt werden muss (Abb. 107). Vom Stand der Technik her war die Wasserförderung mit einer sogenannten Kannenkunst also grundsätzlich kein Problem.

Zusammen mit einem Schöpfbecherwerk würde auch der Wasserkasten in der Brunnenhalle einen Sinn machen, in den das Wasser über eine Rinne geleitet werden musste, um die kleinen ankommenden Portionen sammeln zu können. Da bei dieser Verfahrensweise zwangsläufig Wasser verschüttet wurde, wären die im Übergabebereich in den Fußboden eingearbeiteten Abflussrinnen ein weiteres Indiz.

---

378 Möller, a.a.O., S. 41
379 Der Wellbaum der neu gebauten Anlage wurde achteckig gefertigt, die Ausnehmung bautechnisch falsch hergestellt. Die Gründe dafür sind nicht nachvollziehbar.
380 Vitruv, a.a.O., X 4, S. 351
381 1 Congius = 3,2825 Liter
382 Agricola, a.a.O., S. 145 f

Abb. 107 Schöpfbecherwerk nach Agricola

Die aus Abbildung 104 ersichtliche Schrägstellung des achteckigen Brunnenkranzes ist nach unserer Auffassung ein notwendiger Kompromiss, den man eingehen musste, nachdem man sich für eine Zweitverwendung dieses Bauteiles auf dem Breuberg entschieden hatte. Durch die leichte Drehung war es möglich, die vorgegebene maximal mögliche innere Weite zu nutzen. Nur so war ein reibungsloser Lauf der Eimerkette in der verengten oberen Öffnung gewährleistet.

Die Verwendung eines Schöpfbecherwerkes hatte den Vorteil, dass man das Tretrad fortlaufend in der immer gleichen Richtung betreiben konnte. Und da als lichter Abstand zwischen Lauffläche und Drehachse im Tretrad aufgrund der baulichen Randbedingungen maximal 1,5 m zur Verfügung standen, liegt es nahe, dass ein Esel den Antrieb besorgte. Bei dem neu gebauten Rad aber ist aufgrund der klobigen Bauweise nicht genügend Raum zwischen den Speichen, um einen Esel in den Radkäfig hinein- oder wieder herauszubringen.

Außerdem lässt die Abbildung 104 erkennen, dass die Radgrube, die heute nur noch als schmaler Schlitz im Fußboden existiert, ursprünglich viel breiter war. Der Grund dafür lag im Betriebsablauf. Durch die neue Tür der Brunnenhalle kommend, wurde der Esel die Treppe hinab in diese Grube geführt, so saß er parallel und fast niveaugleich zum Rad stand. Nachdem er in den Radkäfig hineinbugsiert worden war, versetzte man das Rad in Drehung. Der

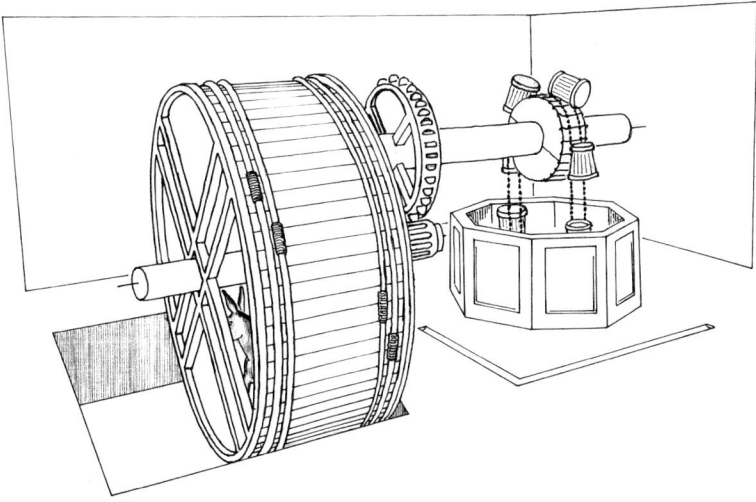

Abb. 108 Rekonstruktion des Schöpfbecherwerkes (ohne Stützkonstruktion)

Esel musste nun laufen, ob er wollte oder nicht. Wäre er stehen geblieben, hätte es ihn hinten hochgehoben und er wäre gefallen. Er lernte sehr schnell, dass es besser war zu laufen. Und da das Rad aufgrund seiner Masse wie ein Schwungrad wirkte, bedurfte es nur kleiner Impulse, um es in Bewegung zu halten.

Der Neubau der Tretradanlage im Jahre 1971 hat so viele Veränderungen mit sich gebracht, dass der ursprüngliche Ablauf des Wasserschöpfens heute kaum noch verständlich wird. Das ist umso bedauerlicher, als ein solches Brunnenschöpfwerk unseres Wissens nirgendwo sonst überdauert hat. Mit unserer Abbildung 108 liefern wir jetzt eine Rekonstruktion, die nach Bau- und Funktionsweise der ursprünglichen Wasserförderanlage entsprechen dürfte.

Die beiden parallel laufenden, jeweils ca. 170 m langen Ketten und die ca. 60 Kannen, die über diese Länge verteilt waren, ergaben zusammen mit dem Gewicht des gehobenen Wassers eine Nutzlast von rd. 650 kg. Der ca. 180 kg schwere Wellbaum hatte im Bereich der vierkantigen Ausnehmung zwar nur einen Querschnitt von 28/28 cm. Nach den heute gültigen Baunormen[383] aber ergibt sich dafür beim Spannungsnachweis noch eine mehr als vierfache Sicherheit gegen Biegung und eine neunfache Sicherheit auf Schub. Der verwendete Wellbaum war also weit überdimensioniert. Die kritischen Punkte im praktischen Betrieb waren die konstruktive Einbindung der geschmiedeten Drehbolzen in die hölzerne Welle und die Lagerschalen.

Da der Brunnenschacht im Jahre 1781 das letzte Mal gereinigt wurde und das Schöpfwerk zu diesem Zeitpunkt wohl noch intakt gewesen ist, könnten sich Reste der Ketten wie auch Spuren der unteren Trommel eventuell noch am Grunde des Schachtes finden lassen. Wenig über dem Niveau der derzeitigen Schutteinlagerungen wurden im Februar 2007 bei einer Kamerabefahrung zwei Kreuzzeichen entdeckt, die sich im Schacht genau gegenüberliegen. Nach Höhenlage und Ausrichtung könnten diese Markierungen mit der unteren Trommel im Zusammenhang stehen, die einst der Führung der Becherketten diente. Letzte Klarheit ließe sich aber nur durch eine Befahrung erzielen.

---

383 DIN 1052

Bedeutung des Brunnens

Abschließend muss noch die Frage beantwortet werden, welche Bedeutung der Brunnen für die Wasserversorgung der Burg Breuberg (Kap. 1.3.1) gehabt hat. Die Meldung über den Wasserstand aus dem Jahre 1569 sowie die Tatsache, dass man eine aufwendige Anlage zur Förderung baute, sind Belege für die positiven Erwartungen aller Beteiligten. Der Bau einer Wasserkunst nur 50 Jahre nach Fertigstellung des Brunnens muss nicht notwendig ein Zeichen dafür sein, dass sich diese Erwartungen nicht erfüllten. Wir sehen darin eher einen Ausdruck gehobener Ansprüche, verbunden mit dem Wunsch, einen dekorativen Laufbrunnen im Burghof zu betreiben.

Noch im Jahre 1670 war – wie wir gesehen haben – auf die Bedeutung des Brunnens für die Wasserversorgung der Burg hingewiesen worden. Ungeachtet dieser Einschätzung aber scheint der Brunnen gleich zu Anfang des 18. Jahrhunderts trocken gefallen zu sein. Schon fünf Jahrzehnte später war dann auch das Wissen um seine genaue Tiefe untergegangen.

Im Jahre 1754 schreibt der Leibarzt der Grafen von Erbach, der Brunnen sei *orgyas*[384] *quatuor et sexaginta, pedes binos* tief. Das wären mehr als 120 Meter. Weiter mutmaßt er, der Brunnen erhalte sein Wasser von der Mümling, die den Burgberg im Süden und Osten umfließt. Das Wasser des Brunnens aber habe er nicht untersuchen können, da der Schacht mit Steinen, Ziegeln und Erdklumpen verfüllt sei.[385]

Nachdem um das Jahr 1720 auch noch die Wasserkunst endgültig den Dienst versagt hatte, spitzte sich im Jahre 1781 die Versorgungslage auf der Burg Breuberg zu. *Durch die außerordentliche dürre Witterung, die fast ein gantzes Viertel Jahr hindurch angefallen, ist alles Waßer dahier gäntzlich ausgetrocknet ... Die Unterthanen weigern sich, täglich Waßer in der Frohnd anhero zu führen. ... Es wäre also nöthig, das entweder noch ein Waßer-Esel angeschaffet, oder, welches man am verträglichsten hielte, der hiesige tiefe Brunnen wider gereiniget und hergestellet würde.*[386]

Es wird entschieden: *Da kein tertium Expediens vorhanden, wonach dem dermaligen Waßer Mangel auch in Betracht der Zukunft schickl[ich] vorgebogen werden kann; So mögte wohl die vorgeschlagene Reinigung und Wiederherstellung des schon Lang verfallenen tiefen Schloß Bronnens auf der Veste B[reu]berg das dienlichste Mittel dazu seyn.*[387]

Die Räumung des Schachtes kostete 150 fl, aber der Versuch, den schon lange verfallenen Brunnen wieder in Betrieb zu nehmen, schlug fehl. Der Brunnen blieb auch fortan trocken.[388] Wir gehen davon aus, dass er nicht einmal 150 Jahre lang Wasser führte. Ob bzw. wie lange er einen nennenswerten Beitrag zur Wasserversorgung der Burg geliefert hat, lässt sich anhand der verbliebenen Aufzeichnungen nicht abschließend klären. Der Nachweis, dass der Brunnen bei einer Belagerung der Burg die Versorgung der Bewohner hätte sicherstellen können, musste nie erbracht werden.

Topographie und Geologie geben einen Hinweis darauf, warum der Brunnen langfristig versagen musste. Die Brunnensohle liegt nur wenige Meter oberhalb der Austrittshöhe einer Quelle, die nördlich der Burg auf der Brunnenwiese des Wolferhofes austritt. Ursächlich für diese auch heute noch ergiebige Quelle ist eine wasserundurchlässige Schicht aus Schiefer-

---

384 Orgya (griechisch) für Klafter
385 Klein, L. G: De aere, aquis et locis agri Erbacensis atque Breubergensis ..., Frankfurt 1754, S. 32
386 StA Wertheim, R-Rep. 5 b, Nr. 82, Schreiben des J. L. Gerner vom 9. Juni 1781
387 StA Wertheim, R-Rep. 5 b, Nr. 82, Resolution der Rentkammer vom 13. Juni 1781
388 Giess, a.a.O., schreibt 1893: *der Brunnen (jetzt noch ca. 350 Fuss tief, aber ohne Wasser)*

letten, die den Breuberg im unteren Buntsandstein durchzieht – mit Gefälle nach Norden hin. Diese Quelle entzog dem Brunnen über viele Jahrzehnte mehr Wasser, als von Süden nachfließen konnte, weil das Einzugsgebiet hier zu klein war. In der Folge senkte sich der Grundwasserhorizont allmählich ab. Der Wasserspiegel im Schacht folgte dieser Entwicklung, bis der Brunnen trocken fiel.

Eine Vertiefung des Brunnens, wie sie im Jahre 1781 auch überlegt worden war, wäre ein Versuch mit hohem Aufwand bei ungewissem Ausgang gewesen. Um diese Zeit aber hatte die Burg Breuberg ihre Bedeutung als herrschaftliche Residenz bereits verloren, so dass keine weiteren Anstrengungen mehr unternommen wurden.

3.8 Schloss Heidecksburg an der Saale

Auf einem Bergsporn liegt das Schloss Heidecksburg 60 m hoch über dem ehemaligen Residenzstädtchen Rudolstadt in Thüringen. Von der einstigen Burg der Grafen von Orlamünde, die hier im 13. Jahrhundert erbaut und schon 1345 im Thüringer Grafenkrieg wieder zerstört wurde, sind keine sichtbaren Überreste mehr vorhanden. In der zweiten Hälfte des 14. Jahrhunderts wurde ein Nachfolgebau im Bereich des heutigen Schlosses errichtet. An ihn erinnern nur noch im Kellerbereich erhaltene Mauer- und Gewölbereste. Nach 1573 war die Burg durch den dreiflügeligen Neubau eines Renaissanceschlosses überformt worden, aus dem nach dem Brand von 1735 die heutige barocke Anlage entstand.

Zu den ältesten noch erhaltenen Teilen der ehemaligen Burg gehört der tiefe Brunnen, der sich heute im Kellergeschoss des Nordflügels befindet. Steigt man die neun Stufen vom Hof aus hinab, so öffnet sich hinter einer Rundbogentür eine kleine Brunnenhalle mit einem ca. 3 m hohen Tonnengewölbe. Bergleute aus dem Könitzer Revier sollen den Schacht im 14. oder 15. Jahrhundert in den Zechstein abgeteuft habe. *Die ersten schriftlichen Nachrichten stammen aus dem Jahre 1512. 18 Groschen erhielt ein Zimmermann, der das „prunrade uf dem schlos" reparierte, 14 Groschen ein Schmied, der es frisch beschlug, und 54 Groschen mußte man aufwenden, um den hinabgefallenen Brunneneimer heraufzuholen, und zwar zweimal kurz hintereinander.*

Auch die Amtsrechnungen der folgenden Jahre enthalten immer wieder Ausgabeposten für die Erhaltung des Brunnens. 10 Groschen gab man Christoffel dem Dreßler [Drechsler], *denn er hatte „den born im schlos Rudolstadt gereyniget", und weil er den Brunnen „ausgemauret vnnd dye kethe mit beyden eymern gewonen", erhielt er 2 Maß Korn. ... recht oft war es nötig, Kette, Eimer und Balken aus dem Brunnenschacht heraufzuholen.*[389]

Der Brunnen kann nicht sehr ergiebig gewesen sein. *Man half sich mit Wasserfuhren aus dem Tale. Im Jahre 1528 besorgte man sich aus Schleusingen zwei Esel, damit das Wasser aus der Stadt „nach dem Schloß errauff gefuhrt" werden konnte. Im folgenden Jahr schuf man, wohl schon im Vorgriff auf den Umbau des Schlosses, eine Röhrenleitung von Mörla zur Heidecksburg. Der Brunnen aber wurde gleichwohl betriebsbereit gehalten.* Aus dem Jahre 1736 ist eine Notiz[390] überliefert, die besagt, dass aus dem 230 Schuh tiefen Brunnen eine 120 ¾ Ellen

---

389 Deubler, H.: Der Tiefe und der Schöne Brunnen des Schlosses Heidecksburg, in: Eine Brigade und ihr Partner, Chemiefaserkombinat Schwarza 1977, S. 14 f

390 LA Rudolstadt, Bestand CXXXIV 5 c, Nr. 7

210 | 3. Burgen und ihre Brunnen

Abb. 109 Ansicht von Schloss Heidecksburg, um 1830

lange eiserne Kette geborgen wurde. Nach dem Rudolstädter Fuß wäre der Brunnen also 64,9 m tief und die Kette 68,15 m lang gewesen.[391]

Im Jahre 1753 wird mit zwei Zimmerleuten ein Kontrakt geschlossen, für den *bey Hofe befindlichen tieffen Brunnen alhier ein Zugwerck zu leichter und comoder Herauf-Ziehung des Waßers* anzufertigen. Dieses Zugwerck sollte aus einem Zugrad, einem Stirnrad, einem Drehling und zwei Wellen bestehen und so gebaut sein, dass eine Person die gefüllten Eimer ohne fremde Hilfe herauf ziehen konnte. Dafür wurden 7 Reichsthaler gezahlt. Wir müssen uns diese Anlage zur Wasserförderung in dem engen Kellerraum wohl in etwa so vorstellen, wie sie in Abbildung 119 für die Feste **Dilsberg** [9] dargestellt ist. Die heutigen Aufbauten (Abb. 111) sind nach 1971 neu entstanden

Untersuchungen
Die letzte Reinigung des Brunnens ist für das Jahr 1790 belegt. Danach wird es still um den tiefen Brunnen, bis im Jahre 1969 eine Brigade des Chemiefaserkombinates Schwarza die Aufgabe übernahm, den Brunnen und den Kellerraum für Besucher des Schlosses zur Besichtigung herzurichten.[392] Bei einer ersten Befahrung wurde eine Tiefe von nur 56 m gemessen; die Räumung begann im August 1970. Als man im Mai 1971 die Sohle des Schachtes erreicht hatte, betrug die Tiefe dann 60 m. In der Endphase der Arbeiten trat Wasser auf.

Ergebnis der anschließenden Brunnenbefahrung ist eine Schachtzeichnung (Abb. 110), die auf eindrucksvolle Weise dokumentiert, mit welchen Schwierigkeiten die Bergleute beim

---

391 Sobe, G.: Die Brunnen der Heidecksburg, in: Rudolstädter Heimathefte 1955, S. 67

392 Neumann, K. und Fischer, P.: Die Restaurierung des „Tiefen Brunnens", in: Eine Brigade und ihr Partner, Chemiefaserkombinat Schwarza 1977, S. 18 f

3.8 Schloss Heidecksburg an der Saale

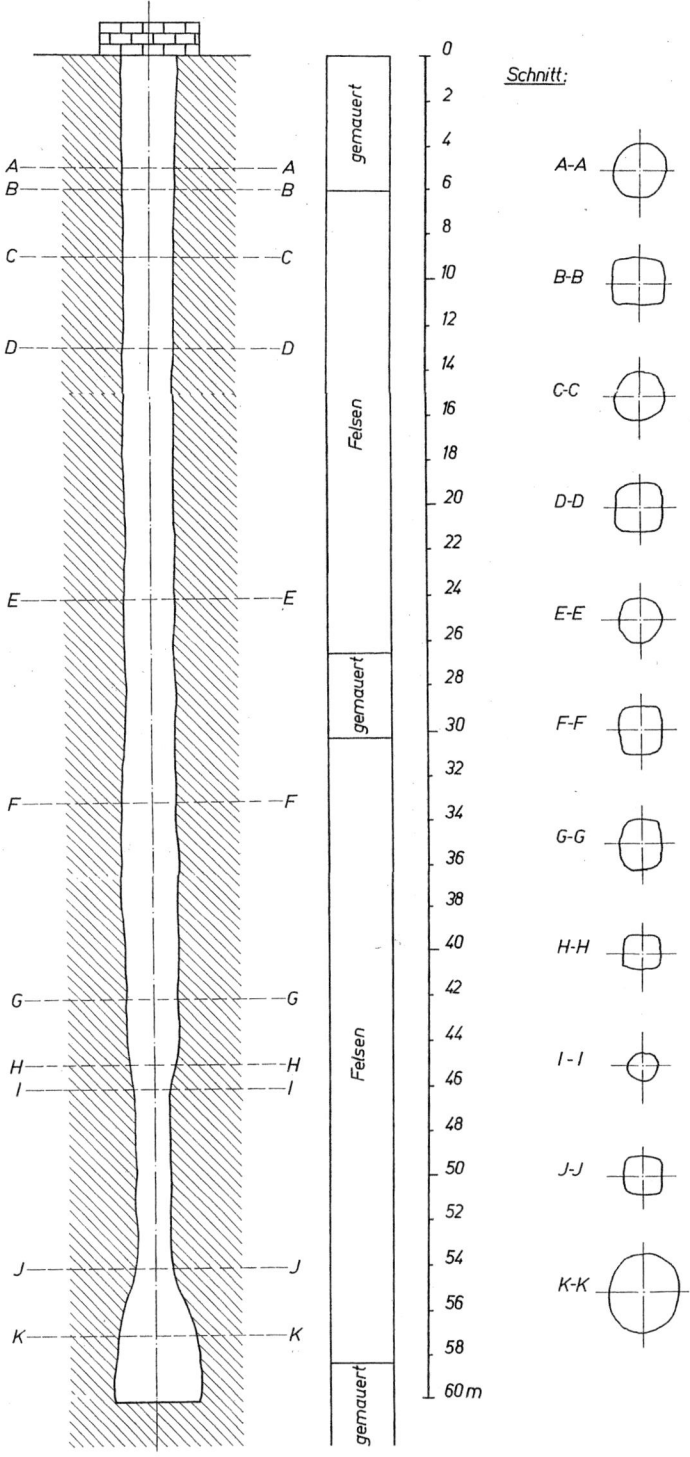

Abb. 110 Querschnitt des Brunnenschachtes der Heidecksburg

Abb. 111 Unterirdische Brunnenhalle mit neuzeitlichen Schachtaufbauten

Abteufen des Schachtes in den Zechstein zu kämpfen hatten. So mussten Teile des Schachtes ausgemauert werden, um mürbe Felspartien am Nachstürzen zu hindern. Die Wechsel zwischen runden und quadratischen Schachtquerschnitten lassen vermuten, dass für etliche Schachtabschnitte ein Verbau erforderlich war. Bemerkenswert ist die Einschnürung des Schachtes zwischen ca. 45 m und 54 m auf fast die Hälfte der sonst vorhandenen Weite sowie die Vergrößerung des Kammervolumens am Ende des Schachtes.

Diese Besonderheiten des Schachtquerschnittes werfen eine Reihe von Fragen auf, denen trotz mehrfacher Anläufe leider nicht nachgegangen werden konnte, da die Einsichtnahme in die im Jahre 1971 von der Brigade erstellte Fotodokumentation verweigert wurde. Verlässliche Aussagen zur Bautechnik sowie zur Wasserförderung lassen sich ohne eine erneute Befahrung des Brunnens nicht machen. Hilfreich wäre es, wenn zumindest eine Kamerabefahrung des Schachtes durchgeführt werden könnte.

3.9 Die Bergfeste Dilsberg am Neckar

Die Bergfeste[393] Dilsberg mit dem gleichnamigen Städtchen, kaum mehr als 15 km östlich von Heidelberg gelegen, thront gut 180 m über dem Neckar. (Abb. 112) Die Geschichte dieser Burg beschreibt Widder[394] im Jahre 1786 wie folgt. *Es ist gewiß, daß …Poppo* [Graf von Lauffen] *die Burg Dilighesberg schon im J. 1208 bewohnet habe. Diese Grafen von Lauffen waren ursprüngliche Dynasten von Düren oder Wald-Thüren in dem Kurmainzischen Amte Amorbach; bekamen die Burg Dilsberg von den Pfalzgrafen zu Lehen, von welcher sie endlich gar den Namen angenommen haben. Im Jahre 1261 bekannte Graf Poppo, daß er gegen empfangene*

---

393 Entgegen unserer Definition im Glossar verwenden wir hier ausnahmsweise die ortsübliche Schreibweise.

394 Widder, J. G.: Versuch einer vollständigen Geographisch-Historischen Beschreibung der Kurfürstl. Pfalz am Rheine, 1. Theil, Frankfurt 1786, S. 361 ff

Abb. 112 Ansicht der Bergfeste Dilsberg, 1847

100 Mark Silbers ... des Pfalzgrafen Ludwigs II Burgmann sey, und sein Lehen Dilsberg in der Burg Heidelberg vermannen wolle.

In der Rupertinischen Konstitution vom J. 1395 wird Dilsberg, Burg und Stadt, schon unter jene Schlösser gezählet, welche von der Pfalz ... auf keinerlei Weise getrennt werden sollen; wornach denn auch solche in der Theilung vom J. 1410 zum Kurtheile geschlagen worden.

Wenn und wie aber der nunmehrige Flecken dieser Burg angebauet worden, davon findet sich keine Spur. Es scheinet erst im XIII Jahrhunderte geschehen zu seyn. Im Zinsbuche [von 1369] wird bemerkt: „... Reidenbach und Reinbach, daz waren zwei Dörfer unter dem Berge gelegen, und die Armen Lute die darin sazen, die sint uf den Dilsperge in daz Stedelin gezogen."

In der Burg und Vestung Dilsberg ist das sogenannte Fürstengebäu, der Marstall und die Kaserne noch in gutem Stande, die leztere auch mit einer Besazung von Invaliden und einem Commandanten versehen. Die Kurfürstliche Hofkammer hat einen Theil des Schlosses zu Fruchtspeichern, wie auch zu wohl verwahrten Kerkern einrichten lassen.

Dilsberg teilte also – abgesehen von der Gründungsphase – weitgehend die Geschichte der pfälzischen Veste **Otzberg** [14]. Zum Zeitpunkt der obigen Beschreibung war Dilsberg Invalidengarnison und Unteramt zu Heidelberg. Die Urkundenlage zur Baugeschichte der Burg ist mehr als dürftig. Mit dem Wechsel vom 15. zum 16. Jahrhundert muss aber, wie die heute noch erhaltenen Reste eindrucksvoll belegen, eine rege Bautätigkeit eingesetzt haben. Aus der mittelalterlichen Burg wurde eine Bergfeste in den Umrissen wie sie Abbildung 113 zeigt.

Untersuchungen
Über die Art der Wasserversorgung der Burg gibt es keine Überlieferungen. Der Brunnen im Hof der Kernburg aber dürfte schon Bestandteil der ersten Ausbaustufe gewesen sein. Dafür

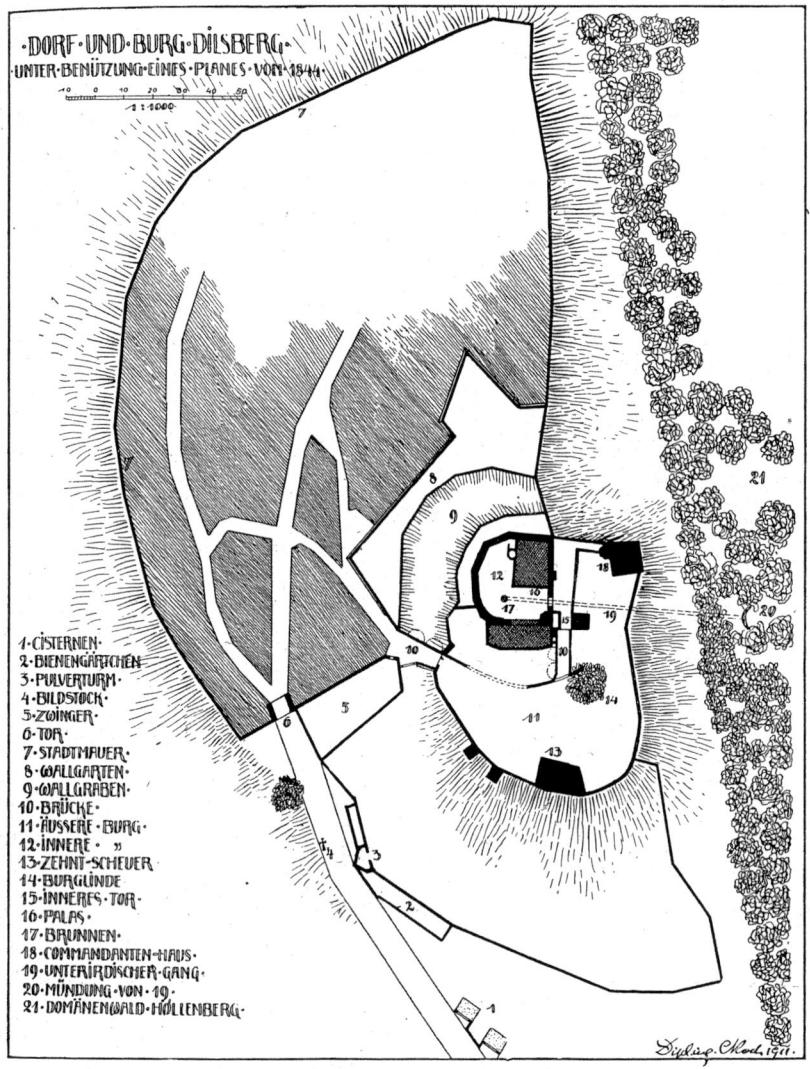

Abb. 113 Grundriss der Bergfeste Dilsberg

spricht nicht nur seine Lage, sondern auch die Tatsache, dass der Schacht in zwei zeitlich getrennten Abschnitten entstanden ist. (Abb. 114)

Der erste Bauabschnitt im oberen Buntsandstein war ca. 21,5 m tief. Aufgrund der Beschaffenheit der Formation musste der Schacht auf ganzer Höhe mit Sandsteinquadern aufgemauert werden (Prinzip „Schacht im Schacht"). Im zweiten Abschnitt konnten die nachfolgenden fast 25 m nach dem Prinzip „Schacht aus dem Vollen" abgeteuft werden. Der erhaltene Brunnenkranz (Abb. 118.2) hat einen Durchmesser von nur 1,35 m, der gemauerte Schacht darunter misst 1,7 m im Lichten. Die Sandsteinfassung ähnelt auffallend der auf der Veste **Otzberg** [14]. Eine Vielzahl von noch erhaltenen Aussparungen in den Segmenten deutet darauf hin, dass die technische Ausführung der Wasserförderanlage wohl mehrfach geändert wurde.

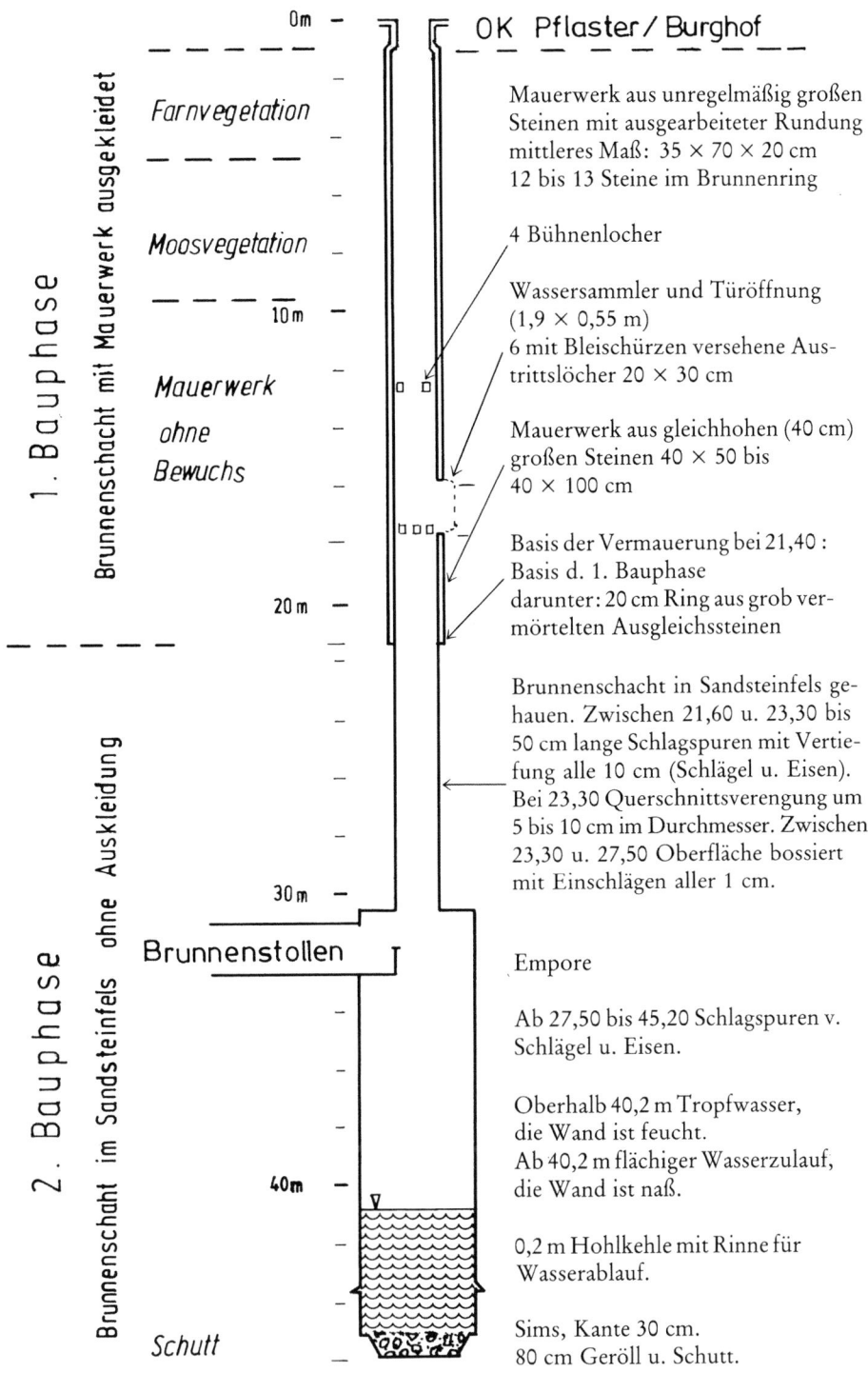

Abb. 114 Querschnitt des Brunnenschachtes der Bergfeste Dilsberg

Der Brunnen wurde im Jahre 1981 befahren. Dazu liegt eine umfangreiche Dokumentation vor.[395] Danach sollen die Quader schalenförmig sein, bei einer Dicke von 20 cm. Bezüglich der sichtbaren Maße der Quader sind die Aussagen widersprüchlich: Zum einen wird ein mittleres Maß von 35 x 70 cm angegeben, womit zumeist jeweils sieben Quader zu einer Lage gehören würden. Zum anderen heißt es, dass 12 bis 13 Steine einen Ring bilden. Damit wären die Quader im Mittel nur 40 statt 70 cm breit. Die veröffentlichten Fotos deuten auf ein mittleres Format von 35 x 40 cm hin. Selbst ein solcher Quader wiegt aber noch ca. 75 kg. Es muss daher erstaunen, dass auf keinem der Fotos Zangenlöcher zu sehen sind. Bei der angegebenen Dicke der Steine von nur 20 cm kann das Versetzen nicht mit dem Wolf (Abb. 49) erfolgt sein, da die dafür erforderlichen Aussparungen in die Schmalseiten nicht verlässlich hätten eingearbeitet werden können. Hier muss also eine andere Technik für Transport und Einbau der Quader verwendet worden sein.

Auffallend bei den veröffentlichten Fotos ist die Oberflächenbearbeitung des Mauerwerkes: Die Quader weisen keinen Randschlag auf, die Flächen sind glatt abgearbeitet. Diese Bearbeitungsmerkmale deuten auf das 13./14. Jahrhundert als Bauzeit hin. Dafür spricht auch, dass keine Steinmetzzeichen dokumentiert wurden.

In 18 m Tiefe findet sich der bereits im Kapitel 2.3.2.2 erwähnte Wassersammler. Unterhalb dieser Ebene ändern sich die Formate der Ausmauerung. Die Schichthöhen betragen hier 40 cm, die Breiten schwanken zwischen 50 und 100 cm. Und für diesen Bereich der größeren Formate wird dann auch von Zangenlöchern in den Steinen berichtet.

Der Wassersammler im ersten Bauabschnitt des Dilsberger Brunnens (Abb. 115) stellt eine Besonderheit dar. Dazu heißt es in der Dokumentation: *Im Bereich des Wassersammlers besteht der Brunnen aus einem Doppelring aus Sandsteinquadern. Der innere Ring enthält zehn Quader verschiedener Größe* [d. h. Breite]. *Zwischen diesen Sandsteinquadern sind sechs Lücken zwischen 14 und 18 cm breit und 30 cm hoch als Wasserzulauf offengelassen. ... Zwischen dem inneren und äußeren Steinring ist ein ca. 12 cm breiter offener Freiraum als umlaufende Rinne belassen. Diese umlaufende Rinne ist mit Bleiblech ausgeschlagen.*

Auf gleicher Höhe wie der Wassersammler setzt [eine] *Türöffnung mit ihrer Unterkante an. Diese Türöffnung mißt 0,55 x 1,90 m. Auf der äußeren, dem Fels zugewandten Seite, ist in die den Türrahmen bildenden Steine eine umlaufende Aussparung in den Maßen 10 x 8 cm als Türanschlag ausgearbeitet worden. ... Hinter diesem Türrahmen ist der Fels über die Höhe von 2,3 Meter, die Breite von ca. 1 Meter und die Tiefe von 0,5 Meter ausgebrochen, so daß eine Nische vorliegt, die ... während der Aufzugsarbeiten zum Einstehen* gedient haben könnte.

Ob hier die Absicht bestand, einen (geheimen?) Gang anzulegen, lässt sich nicht mehr klären. Die Öffnungsrichtung der Tür in einen solchen geplanten Gang hinein würde dafür sprechen. Fraglich ist aber, ob die begonnene Öffnung als Schutznische gedient haben könnte. Hier wäre zunächst an den Brunnenputzer zu denken. Da die Öffnung aber gut 3,5 m über dem zu säubernden Grund liegt, wäre sie dafür nicht brauchbar gewesen. Hätte man dagegen ursprünglich tatsächlich an den Bau eines Stollens gedacht, würde sich auch die auffällige Anordnung der sechs Öffnungen für den Wasserzutritt in Abbildung 115 erklären. Da sich jeweils drei von ihnen paarweise gegenüberliegen, wären die Öffnungen als Rüstlöcher für eine Plattform vor der Tür nutzbar gewesen.

---

395 Dachroth, Wiltschko, a.a.O.

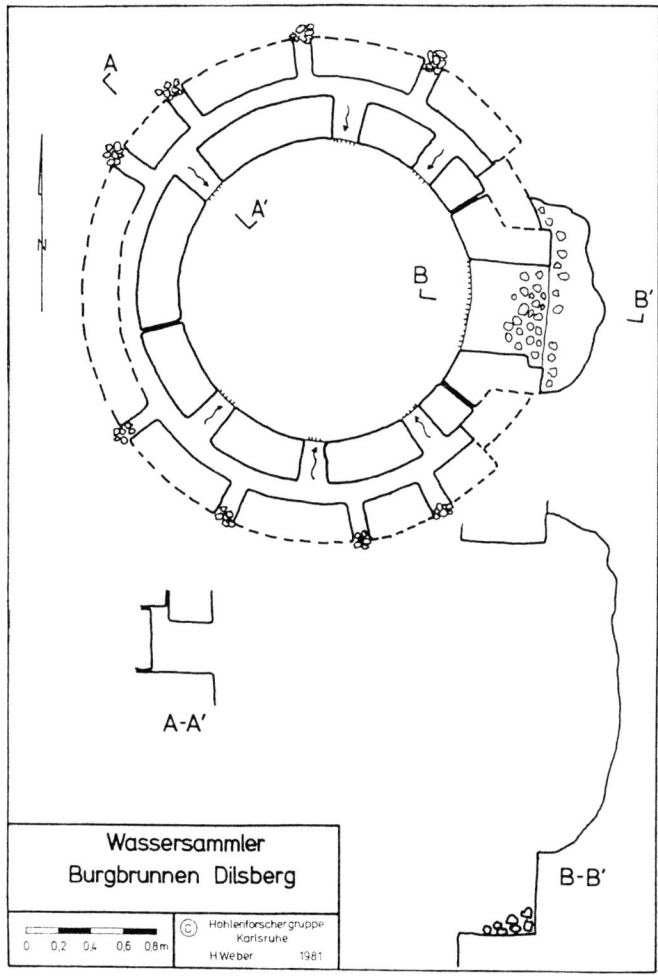

Abb. 115 Alter Wassersammler im oberen Teil des Brunnenschachtes

In diesem Lichte erklärt sich möglicherweise auch die Anordnung der vier Rüstlöcher in einer Tiefe von ca. 13 m. Da die Öffnungen Breiten zwischen 11 und 14 cm bzw. Höhen zwischen 11 und 18 cm aufweisen, war hier nur der Einbau eines Klettergerüstes möglich. Die Rüstlöcher sind übrigens durchgehend in die Quader eingearbeitet, so dass hier die Dicke der Steine gemessen werden konnte.

An dieser Stelle darf eine kurze Anmerkung zu den auf vielen Burgen vermuteten geheimen Gängen nicht fehlen, zumal – wie bereits Piper ausgeführt hat[396] – *der Brunnenschacht mit Vorliebe als Ausgangspunkt für unterirdische Gänge bezeichnet* wird. Wir haben dazu an anderer Stelle[397] ausführlicher Stellung genommen und halten hier fest: Ein Brunnenstollen als

---

396 Piper, a.a.O., S. 522
397 Gleue, A. W.: Geheime Gänge auf unseren Burgen. In: Odenwälder Jahrbuch für Kultur und Geschichte 2010, Hrsg. Kreisarchiv des Odenwaldkreises, Erbach 2009, S. 65–77

letzte Fluchtmöglichkeit aus einer belagerten Höhenburg ergab keinen rechten Sinn. Das Einfahren über den Schacht wäre nur für Teile der Burgbesatzung möglich gewesen. Einer der Fluchtwilligen hätte zudem den Stollenausgang ins Freie zunächst von innen (!) räumen müssen, da diese Stelle sorgsam verschüttet und getarnt war, um den Zugang zum Schacht wirksam zu verhindern. Um Einzelpersonen heimlich aus einer Burg zu schleusen, gab es einfachere Wege.

Der Aufwand für die Vorhaltung einer solchen Fluchtmöglichkeit wäre unverhältnismäßig hoch gewesen gegenüber dem praktischen Nutzen. Brunnenstollen wurden planmäßig nur angelegt während des Abteufens zur Entsorgung des Abraumes und nach dem Abteufen zur Einspeisung von Quellwasser in einen nicht ergiebigen Schacht. Gelegentlich gab es zudem Versuche von hartnäckigen Belagerern, die Wasserversorgung aus dem Brunnen durch den Vortrieb eines Stollens zu unterbinden.

Bleibt hinsichtlich des ersten Bauabschnittes abschließend festzuhalten, dass das Volumen des möglichen Reservoirs unterhalb des Wassersammlers maximal 8 m³ betrug. Bei einem entsprechenden Zufluss wäre dies ein auskömmlicher Wasservorrat gewesen. Andererseits wird wegen des kleinen Einzugsbereiches des nur 21,5 m tiefen Brunnens, vor allem aber wohl wegen der hohen Versickerungsraten im oberen Buntsandstein ein solcher Vorrat kaum dauerhaft zusammengekommen sein. Mit dem Ausbau der Burg zur Bergfeste musste daher im Hinblick auf den höheren Wasserbedarf die Vertiefung des Brunnens als zweiter Bauabschnitt folgen als Versuch, so eine brauchbare Alternative für den Belagerungsfall zu erschließen.

Unsere Datierung des zweiten Bauabschnittes in die Zeit um 1500 steht im Gegensatz zu der bisher veröffentlichten Meinung[398], die Vertiefung sei in der Zeit zwischen 1650 und 1680 durchgeführt worden. Wir begründen unsere abweichende Auffassung damit, dass Kurpfalz den Umbau und die Erweiterung der Burg zur Bergfeste im 16. Jahrhundert nicht in Angriff genommen hätte, wenn die Wasserversorgung ungenügend geblieben wäre. Die erfolgreiche Vertiefung des Brunnens war u. E. Voraussetzung für die umfangreichen Umbaumaßnahmen auf dem Dilsberg.

Darüber hinaus war Kurpfalz nach dem Ende des Dreißigjährigen Krieges mehrere Jahrzehnte lang wirtschaftlich gar nicht in der Lage, sich eine solche Maßnahme zur Verbesserung der Wasserversorgung in einer bestehenden Festung zu leisten. Ungeachtet der unmittelbaren Folgen nach der verlorenen Schlacht auf dem Weißen Berge von 1620 hatte die Pfalz im Westfälischen Frieden von 1648 zwar Teile ihres früheren Besitzes zurückerhalten, aber die Einkünfte aus diesen Landen waren mehr als kläglich, weil es an Arbeitskräften fehlte, um die heruntergekommenen Felder zu bewirtschaften. Pfälzische Bergfesten wie Dilsberg und **Otzberg** waren bis zum Ende des 17. Jahrhunderts regelmäßig nur mit acht bis zehn Mann unter der Führung eines Leutnants belegt.[399] Wozu also hätte man in dieser Zeit einen solchen Aufwand treiben sollen?

Die Vertiefung des Brunnens von ca. 21,5 m auf 46 m erfolgte also wohl um das Jahr 1500. Da der anstehende Sandstein sich als standfest und weitgehend kluftfrei erwies, teuften die Bergleute den Schacht zunächst um weitere 10 m mit dem fast gleichem Durchmesser von

---

398 Zuletzt Wiltschko, St.: Burg und Gemeinde Dilsberg, Dilsberg 1994, S. 19, der damit die Schlussfolgerung von Dachroth, a.a.O., aufnimmt

399 Bezzel, O.: Geschichte des Kurpfälzischen Heeres, Bd. 1, München 1925

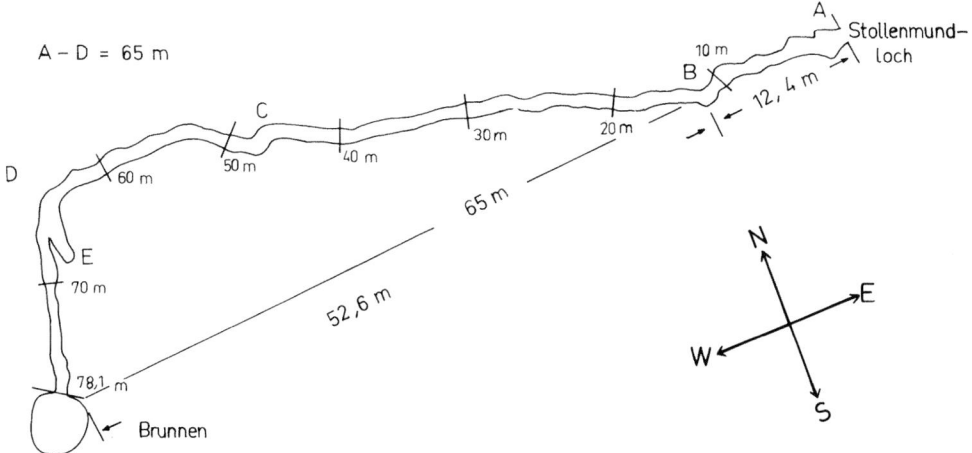

Abb. 116 Der Brunnenstollen im Grundriss

ca. 1,7 m ab. Eine Ausmauerung war hier nicht erforderlich. Warum aber fiel dann in dieser Tiefe die Entscheidung, den Querschnitt auf mehr als das Doppelte zu vergrößern?

Auslöser mag gewesen sein, dass in diesem Bereich Wasser auftrat, dessen Zufluss man – so wie man es auch auf der **Wülzburg** [5] versucht hatte – mit einer Aufweitung steigern wollte. Die Hoffnung auf einen ausreichenden Zufluss erfüllte sich dann aber erst 10 m tiefer, so dass wir heute im Dilsberg ein überdimensioniertes Kammervolumen vorfinden, bei dem nur etwa die letzten 5 m als Wasserreservoir dienen. Als die Entscheidung zum Weiterbau mit dem größeren Querschnitt gefallen war, weil der Erfolg sich abzeichnete, konnten die Hochbauarbeiten beginnen. Wegen der Enge des Burghofes aber wäre der ebenerdige Weiterbetrieb der Brunnenbaustelle und der Abtransport des Abraumes durch das Tor mehr als hinderlich gewesen. Der Baubetrieb wurde deshalb komplett unter die Erde verlegt. Dazu trieb man einen mannshohen Stollen von außen bis an den Schacht vor und konnte von nun an den noch anfallenden Abraum direkt am Berghang entsorgen. Am Ende wurden auf diesem Wege über 150 m³ Fels abtransportiert, dessen Volumen sich als Lockergestein tatsächlich noch einmal erheblich vergrößerte.

Es darf nicht unerwähnt bleiben, dass die Verfasser des Abschlussberichtes über die Befahrung von 1981 sehr umfänglich darlegen, es handele sich bei dem Tunnel um einen Wetterstollen, dessen Wirkung – analog zu dem eingangs beschriebenen Wetterofen – noch durch den gezielten Einsatz von Feuer verstärkt worden sei. Wir wissen aber aufgrund der Erfahrungen bei Arbeitseinsätzen in weit tieferen Brunnen, dass die in Veröffentlichungen gern heraufbeschworenen tödlichen Gefahren wegen schlechter oder mangelnder Atemluft übertrieben sind. Und wenn solche Gefahren für die Bergleute in diesem speziellen Fall tatsächlich bestanden haben sollten, muss man sich fragen, warum man einen im Idealfall 65 m langen Stollen allein zu diesem Zweck baute, wo doch der Brunnenschacht vorhanden war und senkrecht nach oben geführte Wetterlutten das Problem sehr viel einfacher gelöst hätten.

Die Legende zu einer frühen Brunnenzeichnung (Abb. 119) enthält unter Punkt H den Satz: *Der weite bronnen Canal, so theils gesprenget, theils gehauen ist.* Hieraus wurde gefolgert,

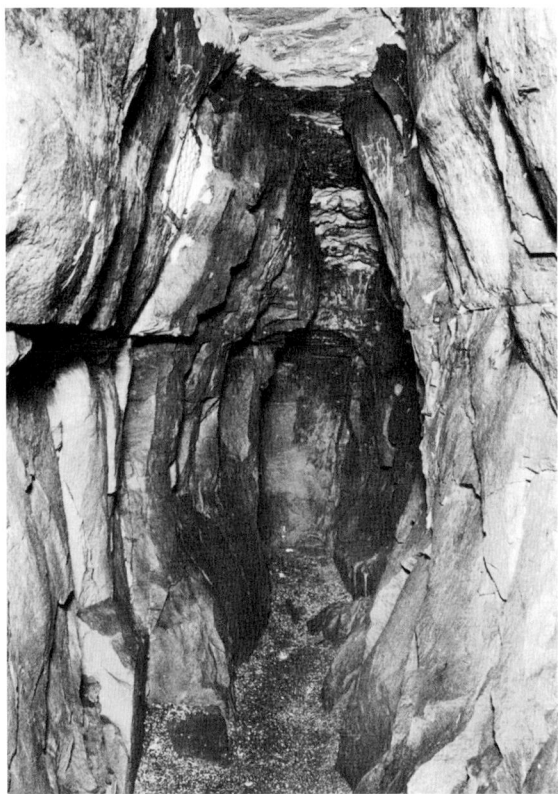

Abb. 117 Der Brunnenstollen

der Einsatz von Pulver beim Abteufen des unteren Schachtabschnittes sei ein zusätzlicher Grund für den Bau des „Wetterstollens" gewesen. Der Begriff *sprengen* verbindet sich zwar seit dem 17. Jahrhundert auch mit dem Einsatz von Pulver, seine ursprüngliche Bedeutung aber ist *springen machen* bzw. *bersten lassen, mit Gewalt auseinander treiben*. Mit dem aus der Legende zitierten Satz soll also u. E. nur zum Ausdruck kommen, dass beim Bau dieses Schachtabschnittes Steinbrecher zum Einsatz kamen. Zu den Techniken der Steinbrecher gehörte es, Holzkeile in Bohrungen einzutreiben, durch Wasser zum Quellen zu bringen, und so den Stein zu sprengen.

Beim Bau des Brunnenstollens wird dem Markscheider allerdings ein Fehler unterlaufen sein. Nur so ist zu erklären, dass der Gang statt 65 m am Ende fast 80 m lang wurde, da die Richtung mehrfach korrigiert werden musste. (Abb. 116) Die Breite des Stollens schwankt zwischen 0,7 m und 1,2 m, die Höhe zwischen 1,55 m und 2 m. Ungewollte Nachbrüche des Sandsteins haben teilweise zu größerer Deckenhöhe geführt. (Abb. 117)

Der Brunnenstollen führte zwangsläufig zu der Sage vom geheimen Gang, die in diesem Fall einiges bewirkte: Der Schriftsteller Mark Twain übernahm den Hinweis in sein 1906 erschienenes Buch „Rafting down the Neckar" und regte damit das Interesse des Deutsch-Amerikaners Fritz von Briesen an, durch dessen Initiative der Stollen im Jahre 1926 freigelegt und der Schacht bis auf eine Tiefe von 38 m geräumt wurde.

3.9 Die Bergfeste Dilsberg am Neckar | 221

Abb. 118.1 Wasserförderanlage nach Heinrich Zeising, 1613

Abb. 118.2 Der Brunnenkranz der Burg Dilsberg, 2009

Die Restberäumung erfolgte im Jahre 1956, so dass bei der Befahrung von 1981 nach dem Abpumpen des Wassers nur noch eine Schlammschicht von 0,8 m verblieb. Diese Reste wurden nicht entfernt. Die Ausformung des Schachtes an seinem Ende musste mit Sonden ertastet werden. Bei ca. 43,5 m wurde eine umlaufende Einkerbung von ca. 10 cm Tiefe dokumentiert, deren Sinn sich nicht erschließt, da sie ständig unterhalb des Wasserspiegels liegt.

Der Zufluss des Wassers wurde sodann über einen längeren Zeitraum beobachtet. (Abb. 11) Nach nur 1 ½ Monaten war der ursprüngliche Wasserstand bei 41 m wieder erreicht. Das entspricht einem gespeicherten Volumen von fast 60 m³ in 45 Tagen. Bei einer Belegung der Bergfeste mit z. B. 100 Mann wäre bei einem Tagesbedarf von fünf Litern pro Person nur ½ m³ pro Tag verbraucht worden. Damit wird deutlich, dass der Brunnen als Wasserspender mehr als ausreichend war, solange Dürreperioden ausblieben.

Bezüglich der Art der Wasserförderung ergeben sich Anhaltspunkte aus einer ansonsten eher wenig Vertrauen erweckenden alten Zeichnung. (Abb. 119) Anders als die Details in der Tiefe des Brunnens war die Förderanlage für den Zeichner sichtbar und wird damit der Wirklichkeit zumindest annähernd wiedergeben. Die Anlage bestand demnach aus einem Haspel mit großem Schwungrad und einem nachgeschalteten Getriebe. Sie dürfte in der technischen Ausführung wohl der Abbildung 118.1 entsprochen haben.

Bemerkenswert ist, dass in der Darstellung nur ein Kübel am Seil gezeigt wird. Handelt es sich um einen Fehler bzw. eine Vereinfachung des Zeichners, oder wurde auf Dilsberg das Wasser tatsächlich nicht – wie allgemein üblich – mit zwei Kübeln im Pendelbetrieb gefördert, weil die Öffnungsweite des Brunnenkranzes nur 1,35 m betrug und die Hubhöhe mit gut 40 m recht gering war?

Nach den einschlägigen Archivalien[400] verwendete man Seile, die mehr als doppelt so lang waren, wie sie im dargestellten Fall erforderlich gewesen wären. Das deutet darauf hin, dass das Wasser auch hier mit zwei Kübeln im Pendelbetrieb gefördert wurde. Dann aber muss es irgendeine Art von Laufbegrenzungen auf dem Wellbaum gegeben haben, um mit dem Problem der Seilwanderung fertig zu werden. Das Fehlen solcher Angaben zeigt, dass alte Zeichnungen, selbst wenn es sich um Konstruktionsvorlagen handelt, nicht in allen Details notwendige Angaben zur Funktionsweise liefern.

Es wurde hier also wohl tatsächlich ein Seil gebraucht, dessen Länge gut der zweifachen Schachttiefe entsprach. Die Vermutung[401], bei der Beschaffung „zu langer" Seile könnte es sich um betrügerische Machenschaften der Kommandantschaft gehandelt haben, können wir wohl schon allein aufgrund der Nähe zur kontrollierenden Hofkammer in Heidelberg ausschließen. Da aber die Öffnungsweite des Brunnenkranzes so gering war, müssen hier kleinere als die üblichen 50- bzw. 60-Liter-Kübel zum Einsatz gekommen sein.

Als weiteres Detail, welches aus dem praktischen Betrieb heraus bekannt und verständlich war, ist in der Abbildung eine Kette zwischen Seil und Kübel dargestellt. Diese Kette bewirkte das Umkippen des Kübels beim Befüllen und sollte zugleich verhindern, dass das Seilende ständig nass war und faulte.

Die eindrucksvolle Darstellung des Brunnens[402] aus der Mitte des 18. Jahrhunderts (Abb. 119) haben wir bewusst ans Ende unserer Ausführungen gestellt, da sie überwiegend

---

400 GLA Karlsruhe, Abt. 229/19 126 „Acta Den Dilsberger Bronnen, und die Anschaffung des Bronnen Sails Item Unterhaltung desselben betr."

401 Dachroth, Wiltschko, a.a.O., S. 42

402 Kurpfälzisches Museum der Stadt Heidelberg, Planarchiv Z 2205

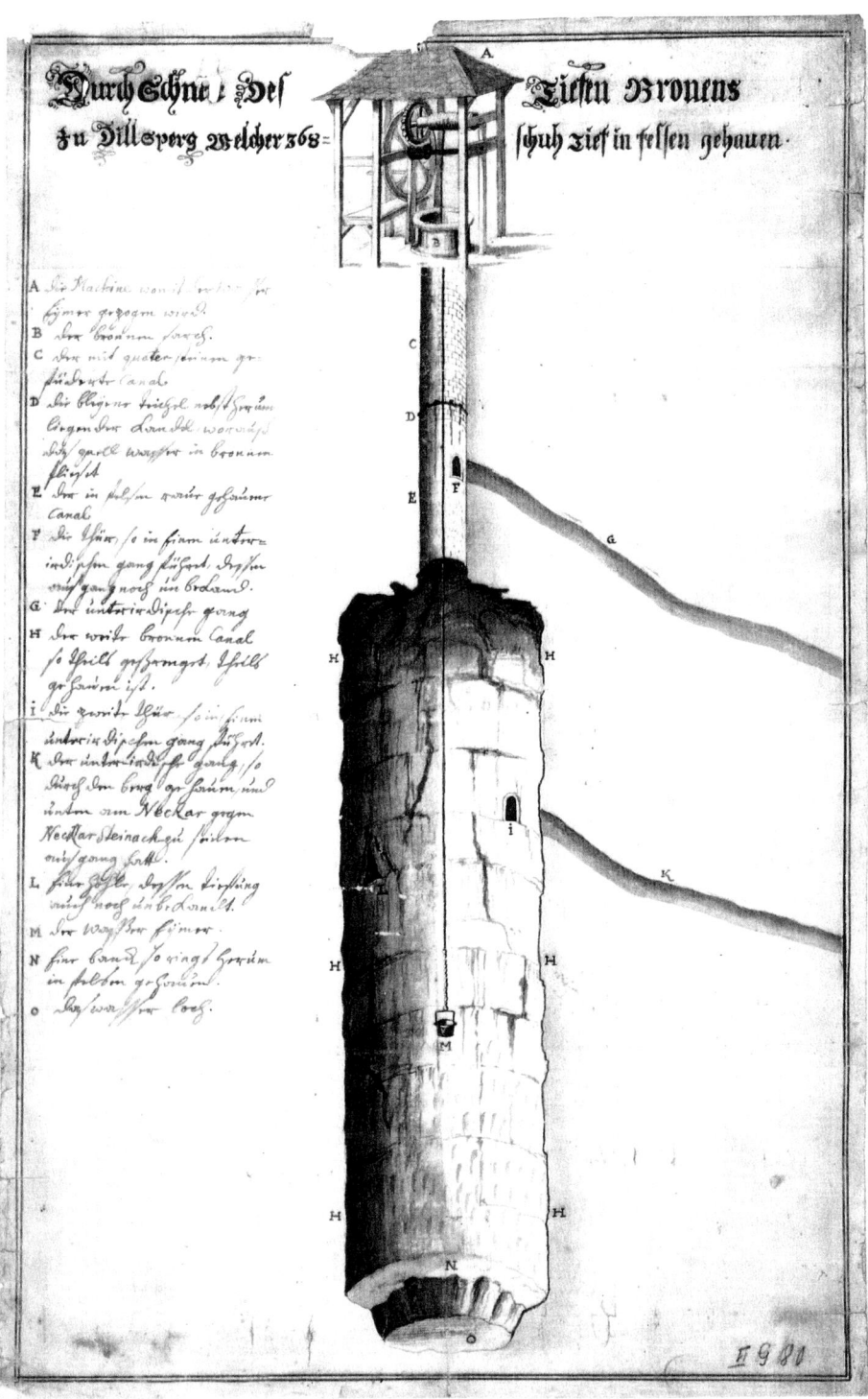

Abb. 119 Brunnenzeichnung, Mitte des 18. Jahrhunderts

vom Hörensagen geprägt ist und nur in Grundzügen die Realität widerspiegelt. Auch dies scheint uns ein Hinweis darauf zu sein, dass der Brunnen um das Jahr 1500 fertig wurde und die technischen Ausführungsdetails nach über 200 Jahren weitgehend in Vergessenheit geraten waren.

So werden gleich mehrere Stollengänge gezeigt, wobei es zu dem tatsächlich vorhandenen unter „K" heißt: *der unterirdische gang, so durch den berg gehauen, und unten am Neckar gegen Neckar Steinach zu seinen ausgang hatt.* Die Legende der Zeichnung gibt also bereits die Sage wieder, die sich bis heute im Volksmund erhalten hat – ungeachtet der Tatsache, dass der Stollen genau in die entgegengesetzte Richtung weist. Der zweite Gang „G" steht in keinem Zusammenhang mit der Nische im gemauerten Schachtabschnitt, da er unterhalb der Wasserfassung „D" ansetzt. Die Ausbildung des Schachtes am unteren Ende entspricht allerdings dem sondierten Ergebnis in Abbildung 114.

Besonders bemerkenswert ist, dass dem Brunnen im Titel der Zeichnung eine Tiefe von 368 Schuh (ca. 100 m) bescheinigt wird. Übertreibungen bei Tiefenangaben sind zwar häufig zu beobachten. Hier aber mag das Wissen um die Länge des Seiles, gepaart mit dem Unwissen über die Fördertechnik, den Zeichner zu einer solchen Überschrift verleitet haben.

3.10 Die Burg Windeck bei Weinheim

Anlass für den Bau der Burg Windeck war der Schutz des Lorscher Klosterbesitzes. Bereits kurz nach Baubeginn kam es im Jahre 1114 zur Schleifung der Mauern, da sie auf fremdem Grund errichtet worden waren. Nachdem sich die Grundstücksfragen im Jahre 1125 geklärt hatten, konnte das Kloster mit dem Neubau beginnen. Nach langwierigen Streitigkeiten um die Besitzverhältnisse kam die Burg Windeck 1344 an die Pfalz und wurde – wie die Feste **Dilsberg** [9] – im Jahre 1368 unlösbarer Bestandteil der Kurpfalz.

Während der Turm in seinen wesentlichen Teilen aus dem 12. Jahrhundert stammt, dürfte die Burganlage, wie sie Abbildung 121 zeigt, nach 1368 entstanden sein. Die Verteidigung oblag zunächst Burgmannen, die sich dem Pfalzgrafen verpflichtet hatten, und die später durch kleine Kontingente des sogenannten Ausschusses ersetzt wurden. Nur in Kriegszeiten leistete sich die Pfalz Soldtruppen.

Nach dem Dreißigjährigen Krieg war die Burg ruiniert. Die wirtschaftliche Lage der Kurpfalz ließ einen Wiederaufbau nicht zu, so dass die Anlage ab 1685 als unbewohnte Ruine geführt wurde, die 1803 an das Großherzogtum Baden fiel. Im Jahre 1900 erwarb Graf von Berckheim die Ruine und begann, den Bestand zu sichern.[403]

Interpretation neuerer Quellen
Die Darstellung des Grundrisses basiert auf einem Bestandsplan aus dem Jahre 1902.[404] Erstmals erscheint hier der Brunnen, der gerade erst entdeckt und freigelegt worden war. Vom Brunnenschacht aus führt ein begehbarer Stollen in nordöstliche Richtung. Auch dieser wurde bei den Instandsetzungsarbeiten gefunden. Über einen Brunnen hatte es bis dahin nur

---

403 Huth, H.: Die Kunstdenkmäler des Landkreises Mannheim, München 1967, S. 441 ff

404 RP Karlsruhe, Planarchiv Ref. 25 Denkmalpflege, Nr. 209/181

3.10 Die Burg Windeck bei Weinheim | 225

Abb. 120 Ansicht der Burg Windeck, vor 1648

Mutmaßungen gegeben. Die in einem kurz zuvor veröffentlichten Plan[405] angenommene Lage erwies sich aber als falsch.

Wir gehen davon aus, dass der Brunnenschacht bald nach 1368 hergestellt wurde. Zu dieser Zeit regierte Kurfürst Ruprecht I. (1353–1390), der der eigentliche Schöpfer und geniale Organisator des Territoriums Kurpfalz gewesen ist. Getreu dem Grundsatz „kein Ausbau ohne gesicherte Wasserversorgung", entspräche dies den Gepflogenheiten, wie sie bei all seinen Zuerwerbungen in dieser Zeit zu beobachten sind. Auch der Standort des Brunnens innerhalb der Anlage deutet auf ein frühes Baukonzept hin. Urkundliche Überlieferungen zum Brunnenbau gibt es nicht.

Aus dem Jahre 1906 existiert eine Bauaufnahme (Abb. 122) von Brunnen und Stollen mit exakter Vermaßung.[406] Die Tiefe des Schachtes wird mit 26 m angegeben. Ein Brunnenkranz war zu diesem Zeitpunkt nicht mehr vorhanden. Der Schachtmund hat auf einer Tiefe von 5 m nur eine Öffnungsweite von 90 cm. Darunter wird der Durchmesser des Schachtes mit 1,20 m angegeben. Bemerkenswert ist die Aufweitung des Schachtes mit zunehmender Tiefe von 1,2 m bis auf rd. 2 m. Am unteren Ende des Schachtes ist eine 2 m tiefe Kaverne bis zu 3 m weit ausgebildet mit einem Fassungsvermögen von ca. 7 m³. In der Mitte der Kaverne befindet sich ein 50 cm tiefer Sumpf.

---

405 Naeher, J.: Die Burgenkunde für das Südwestdeutsche Gebiet, München 1901, S. 120 ff

406 RP Karlsruhe, Planarchiv Ref. 25 Denkmalpflege, Nr. 209/187

226 | 3. Burgen und ihre Brunnen

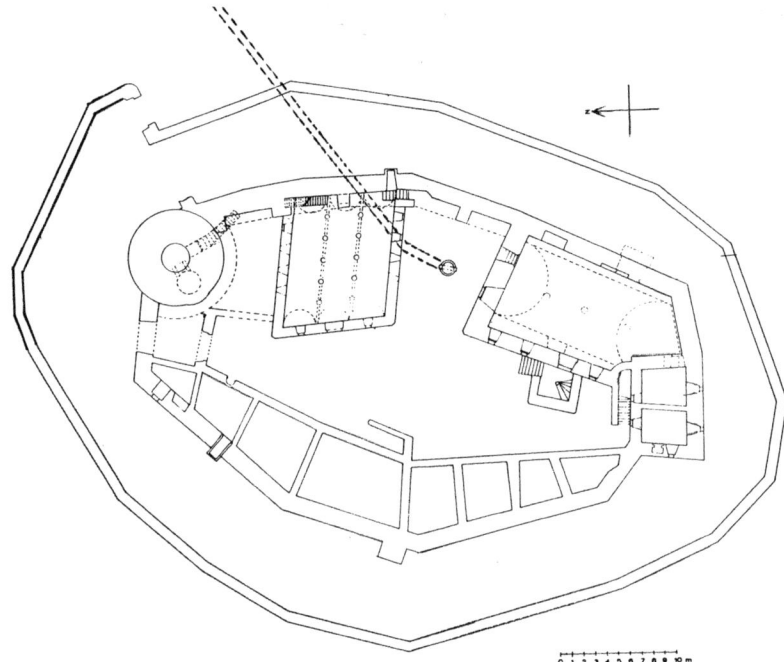

Abb. 121 Grundriss der Burg Windeck nach Aufmaß 1906

Bei einem Tagesbedarf von 5 Litern pro Mann war dies eine ausreichende Reserve für die Besatzung der mittelalterlichen Burg. Wie Abbildung 120 aus der Zeit zu Beginn des Dreißigjährigen Krieges eindrucksvoll belegt, hat die Burg Windeck einen festungsartigen Umbau, verbunden mit der Stationierung einer ständigen großen Garnison, nicht erlebt.

Der insgesamt 50 m lange Brunnenstollen ist durchgehend ca. 1,75 m hoch und zum Schacht hin leicht ansteigend. Seine Breite wurde mit rd. 75 cm gemessen. Er führt gradlinig auf den Schacht zu, mit einer minimalen Richtungskorrektur um ca. 10° auf den letzten 2,5 m.

Die Zeichnung (Abb. 122) ist im Zusammenhang zu sehen mit einem Antrag des Gräflichen Rentamtes vom 2. März 1905. Dort heißt es: *Wir beabsichtigen, die Windeck mit Wasser zu versorgen, u. zwar durch Wiederherstellung der alten Wasserversorgung, die von dem Grundstück des Herrn Münch oberhalb des „Hummel"-Weges ausgehend, in den in neuerer Zeit wieder ausgegrabenen Brunnenschacht auf der Windeck einmündet.*

Es handelt sich hier um ein Unternehmen, das an sich für die Allgemeinheit nützlich ist, wie es auch eine sonst selten vorkommende historische Merkwürdigkeit wieder entstehen läßt, insofern als es zeigen wird, wie die Wasserleitung zugleich als Notausgang benutzt worden ist.[407] Man beantragt wegen der Leitungsführung die Mitbenutzung des Gemeindeweges *bis zu der Stelle, wo vor einiger Zeit der Gang zum Brunnenschacht entdeckt wurde.*

Abbildung 123 zeigt, dass im Rahmen dieser Aktion am Ende des Stollens eine Schürze hergestellt wurde, um das Wasser höher aufstauen zu können. Zugleich wurde der bauchige

---

407 Stadtarchiv Wertheim, Reg. 15, Nr. 163/11

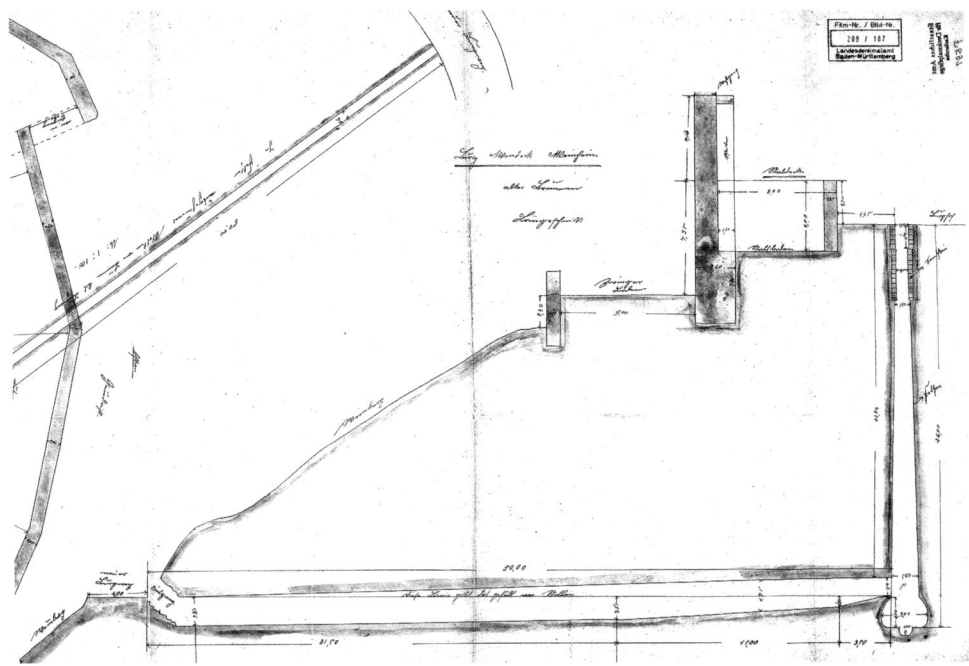

Abb. 122 Querschnitt des Brunnenschachtes der Burg Windeck mit Stollen

Sammelbehälter mit einer dicken Dichtungsschicht ausgekleidet, so dass sich heute die Brunnentiefe von der Oberkante eines zugekauften Brunnenkranzes aus zu 26,50 m ergibt.

Dem Antragsschreiben von 1905 liegt die Vermutung zugrunde, der Gang bzw. Stollen habe bereits in früherer Zeit der Wasserversorgung gedient. Möglicherweise hatte man bei der Freilegung des Stollenganges Reste von Holzrohren gefunden. Über derartige Funde im Rahmen von Wegebauarbeiten gibt es mündliche Überlieferungen.

Weiter heißt es in dem Antragsschreiben, der unterirdische Gang sei auch als Fluchtstollen genutzt worden. Diese Aussage entbehrt aber jeder Grundlage: Ein Fluchtstollen, der in die einzig mögliche Angriffsrichtung führt, die Nutzer also zwangsläufig in die Hände der Angreifer bzw. Belagerer treibt, wäre absurd.

Die Annahme, der Stollen sei angelegt worden, um dem Brunnenschacht von außen Wasser zuzuführen, ist plausibel. Aus der Topographie ergibt sich, dass dem nur 26 m tiefen Schacht ein potentielles Einzugsgebiet von maximal 7.000 m² zuzuordnen gewesen wäre. Da die befestigte Fläche der Burg gut 2.000 m² ausmachte, blieben somit nur knapp 5.000 m² im stark hängigen Gelände. Hier aber flossen Niederschläge überwiegend oberirdisch ab, so dass der Schacht zu keiner Zeit dauerhaft als Brunnen funktionieren konnte. Nur durch einen langsamen, aber stetigen Zulauf von außen konnte die Reserve in der Kaverne geschaffen und erhalten werden.

Die Quelle, die in dem Antragsschreiben des Gräflichen Rentamtes zitiert wird, wurde zwischenzeitlich gefunden. (Abb. 124) Sie befindet sich etwa 370 m nordöstlich der Burg und liegt mit ca. 220 m ü. NN etwa 20 Meter höher als der Schachtabschnitt, der als Kaverne ausgebildet ist.

Abb. 123 Einmündung des Brunnenstollens in den Schacht

Es stellt sich nun die Frage, ob das Abteufen des Schachtes nach 26 m eingestellt und die Zuleitung des Wassers von außen nur als Notlösung gewählt wurde, oder ob hier von Anfang an eine Schachtzisterne mit unterirdischem Zulauf geplant war, deren Tiefe sich aus der Möglichkeit der Wasserzuführung ergab. Wir neigen zu der zweiten Variante.

Schachttiefe, Stollenführung und Lage der Quelle scheinen optimal aufeinander abgestimmt zu sein. Der Schacht wurde gerade so weit abgeteuft, dass der Stollen aus dem Gelände heraus vorgetrieben werden konnte, womit die Voraussetzungen für die Heranführung einer gedeckten Wasserleitung gegeben waren. Die Eingangssituation zum Brunnenstollen wurde durch Wegebaumaßnahmen stark verändert. So beginnt der Stollen heute scheinbar viel zu hoch über dem Gelände.

Auffallend ist, dass der Stollen zum Schacht hin ansteigt und unmittelbar davor noch einmal deutlich anzieht. Bei einer Gefälleleitung würde man eher das Gegenteil erwarten. Hier aber lag die Quelle so hoch, dass man den Anstieg verkraften konnte. Es kam darauf an, das Speichervolumen des schon vorhandenen Schachtes nicht unnötig zu reduzieren bzw. weiteres Abteufen zu vermeiden.

Abb. 124 Brunnenstube für die Wasserleitung

Der Stollen der Burg Windeck unterscheidet sich zwar nicht in seiner Bauweise, wohl aber hinsichtlich seiner Funktion grundsätzlich von dem der Feste **Dilsberg** [9]. Mit der Ableitung von tödlichen Gasen haben beide nichts zu tun. Als Fluchtstollen konnten beide nicht benutzt werden, zumal sie zumindest teilweise wieder verbaut werden mussten, um möglichen Belagerern den unterirdischen Zugang zum Brunnen zu verwehren. Während aber der Stollen der Feste Dilsberg nur für die Bauphase des Brunnenschachtes benötigt wurde, war der Stollen der Burg Windeck langfristig für das Funktionieren des Brunnens als Schachtzisterne erforderlich.

Die Vorgeschichte der Burg Windeck lässt nicht erwarten, dass sich über dem Schacht ein gut erhaltener Brunnenkranz befindet. Bei genauerem Hinsehen wird man leicht feststellen, dass hier mehrere ursprünglich nicht zusammengehörige Sandsteinwerkstücke zu einer rechteckigen Fassung mit steinernem Joch neu zusammengebaut wurden. Dieser Zukauf ist Ergebnis der Instandsetzung des Grafen von Berckheim.[408]

---

408 Die Sandsteinteile wurden in Ottersweier und Ebersteinburg erworben und neu zusammengepasst. Deshalb sind der Wappenschild mit dem Eber und die Jahreszahlen 1600 bzw. 1727 hier irreführend.

Das steinerne Joch aber weist – gewollt oder ungewollt – darauf hin, dass das Wasser aus der Schachtzisterne nicht, wie sonst für Schächte dieser Tiefe üblich, mit einem Haspel gefördert werden konnte. Da der maßgebliche Durchmesser des oberen, gemauerten Schachtteiles nur 90 cm beträgt, wurde die Seilwanderung auf der Welle zum Problem. Eine kontrollierte Seilführung durch die enge Öffnung war aber mittels einer Rolle möglich, die an einem Joch oder Galgen über dem Schacht angebracht war (Abb. 125). So konnte man auch hier Wasser im Pendelbetrieb mit zwei Kübeln fördern, musste aber das Seil oder die Kette von Hand betätigen.

Wir wollen an dieser Stelle – wie angekündigt – auf diese scheinbar so einfache Art des Wasserziehens mit Seil und Rolle eingehen, da dieser Fall sehr anschaulich zeigt, welche Sachverhalte beim Heben von Lasten aus größerer Tiefe bedeutsam sind.

Nachdem der Brunnenbau auf dem Burg **Sonnenstein** oberhalb von Pirna nach 34 m erfolgreich beendet werden konnte, machte Johann Christoph Hulliger einen Vorschlag für die Wasserförderung. Sein Bericht aus dem Jahre 1654 wird nachfolgend in Auszügen[409] wiedergegeben:

Der brunnen ist acht und Fünfzig ellen tieff; so nun vor den Schranck[410] zwey ellen hoch gerechnet wirdt, so werden es sechßzig ellen [ca. 34 m]. Ist nun die frage, welcher gestalt der brunnen möchte zugerichtet werden, daß ein mensch alleine, so ofte alß es waßer bedarf, ohne ander hülffe waßer darauß haben könnte; Ob man gleich wollte sagen, man sollte eine Kethen mit zweyen eymern ober ein rath gehendt gebrauchen, ... daß müste man zuerst zum genauesten vberschlagen;

Ein erwachser mensch, auf eine schahlen vuer große wagen gesezt, kann nicht mehr erwegen und aufziehen, alß er selber schwehr ist; nun ist ein ding, er sizte oder trete auf die Schale oder henge sich mit den hendten an die Kethen oder stränge, an welcher die schale henget, gleich also ist es auch mit einem menschen, der mit einer Kethen, an welcher zwey eimer hengen, waßer auß einem brunnen ziehen will; er wirdt nicht mehr waßer herauß bringen, Alß er selber schwehr ist, und noch nicht so viel, weil allezeit der zihendte theil muß schwerer sein alß der steigende;

und weil der Eymer zweene sindt und ist einer dem andern an gewichte gleich wan sie ledig sein, und bringet keinem etwan ein vortheil an der schweer, ob er hoch oder niedrig henget, sondern stehet allewege einer mit dem andern in gleicher wage, darumb muß nicht bey solchem vberschlagen auf die schwere der Eymer gesezt werden, sondern allein auf die schwere des waßer und auf die verwandelung der schwere der Kethen; und mit der verheldt sichs also wie hernach folget:

weil daß theil Kethen an vollem Eymer allezeit viel lenger ist, und daher auch viel schwerer alß daß am ledigen Eymer und daß so lange, biß die halbe Kethe auf daß ledigen Eymers seyt gezogen wirdt; so stehet die Kethen mit ihr selbst auch in gleicher wage und hat der mensch nicht mehr als daß waßers schwere zu heben; doch nimt die schwere der Kethe am vollen Eymer noch immer ab, und die in ledigen immer zu, biß der volle ganz herauf ist;

Solches leßet sich in einem brunnen von 15 oder 18 biß 20 Ellen tief wohl practiciren. Wie aber in einem solchem tieffem brunnen, wollen mir auch erfahren:

Ein Kethen Gliedt von einem halben viertel pfundt eisen ist zimlich schwach, doch wollen mir es 1/8 eines pfundes sein laßen, und 12 glieder vor eine Elle ist auch vor eine brunnen Kethen nicht zu viel; Keme also auf ein Jdere elle 1 ½ pfundt eisen; die lenge der Kethe müste zum wenigsten halten 75 elen, davon kömmen 5 zum außgiessen, und die 70 auf der andern seiten rei-

---

409 Sächs. HStA Dresden, 11269 Hauptzeughaus, Loc. 14597, fol. 35 a–36 b
410 Brunnenkranz

Abb. 125 Dem Boten zur Erfrischung

chen biß aufs waßer; So nun 70 ellen von der Kethen im brunnen sindt, daß sind 105 pfundt oder gar ein C[e]nt[ner], so mag ein mensch von weniger pfundten die ledige Kethen nicht heraufziehen, weil wie gedacht, daß schwere daß leichte vberziehen muß, sonst stehen sie in gleicher wage;

Solche ardt erfordert gar ungleiche Krafft, weil die Kethen zuerst, wan der volle Eymer auß dem waßer erhoben wirdt, am schwersten ist, und wan sie wie schon gedacht gegen der seiten des ledigen Eymers gezogen wirdt, so nim daß theil am vollen Eymer von gliedt zu gliedt abe und kömbt die schwere auf die seite deß ledigen Eymers, daß auch, wan die Kethe einer großen länge ist, solches theil dem vollen Eymer vberwiegt und ihm ohne des menschen Hülffe heraufer bringt, dan es kann vber 30 oder 32 pfundt waßer nicht im eimem gemeinen Eymer sein, weil ein Pirnisch nößel[411] *ein (Pfund) waßer helt; so nun die Kethe 105 (Pfund) in brunnen hat, und den Eymer, der zuvor ledig war, schöpft nun 32 (Pfund) waßer, diß sol im anfange heraufgezogen werden, 105 aber und 32 machen 137 pfundt, daß würde nicht ein ieder mensch können anziehen oder heraufbringen; derwegen wird es sich in diesen brunnen mit der Kethe nicht wohl schicken;*

So man aber anstatt der Kethen ein Seil, daß von Lündenen Baste gesponnen ist, gebrauchen wolle, wie sie dan an vielen ordten gebräuchlich sindt, Solches, obgleich daß lange teil deß seils auch ein vbermaß der schwehre hat, ist es doch lange den an der Kethen am Schwehre nicht

---

411 Sächsisches Hohlmaß (1 Nösel = ca. 0,5 Liter)

gleich, aber sie mögen Den Kethen nicht gleich außtrauren [ausdauern], *ob sie schon an den enden, so weit sie ins waßer reichen, musten mit stücken oder enden Kethen versehen sein.*

Da also trotz der geringen Tiefe des Brunnens diese einfache Betriebsart nicht mehr möglich war, schlug Hulliger vor, im Brunnen auf **Sonnenstein** eine Doppelkolbenpumpe einzusetzen. Sein Bericht ist bezüglich der Ausführung dieser Konstruktion leider nicht mehr vollständig.

Macht man gemäß Hulligers Ausführungen die entsprechende Rechnung für den Brunnen der Burg Windeck auf, so zeigt sich, dass die Wasserförderung mit Seil bzw. Kette und Rolle hier gerade noch hätte funktionieren können. Erst zu Anfang des 20. Jahrhunderts wurde auf Burg Windeck eine Doppelkolbenpumpe in Betrieb genommen. Sie befindet sich noch heute im Schacht.

3.11 Schloss Hellenstein in Heidenheim an der Brenz

Für das Jahr 1096 ist zwar ein *Gozbert de Halensteine* urkundlich belegt[412], zu diesem Zeitpunkt aber gab es die Burg Hellenstein noch nicht. Sie wurde erst im 12. Jahrhundert von den Herren von Hälenstein auf dem Uferfelsen zwischen dem Zusammenlauf von Brenztal und Stubental gegründet. Dieser Massenkalkfelsen aus Weißjura erhebt sich heute ca. 70 m steil über die Stadt Heidenheim. Herzog Friedrich I. von Württemberg (1593–1608) ergänzte die stauferzeitliche Burg Hellenstein um einen Schlossbau, der noch vor Beginn des Dreißigjährigen Krieges fertiggestellt wurde. (Abb. 126)

War das Heidenloch auf dem **Heiligenberg** [1] ein Beispiel aus der Frühzeit, so ist Hellenstein ein Beispiel aus der Spätzeit des Brunnenbaues. Die Notwendigkeit für dieses Bauvorhaben ergab sich, nachdem im Dreißigjährigen Krieg die externe Wasserversorgung von Schloss Hellenstein[413] komplett zerstört worden war. Noch 1643 hatte es bei Merian geheißen: *Vnd wird mit einem grossen Rad das Wasser in das Schloß auß einer reichen Bronnquell wol achtzehenhundert Schuh hoch getrieben, davon drey eysine Kästen gefüllet werden; vnd wird durch deß Schloßbergs starcke Brunnenquell ins Stättlein durch Teichel genug gut Trinckwasser geführet vnd damit vier Röhrkästen gefüllet.*[414]

Da die Lage nach dem Westfälischen Frieden von 1648 keineswegs friedliche Zeiten versprach, war eine Wiederherstellung der Wasserleitung nicht angezeigt. So kam es zum Bau des tiefen Brunnens zwischen 1666 und 1670.

Überlieferungen zum Brunnenbau
Der Bau des Brunnens ist ausnahmsweise gut dokumentiert. Im Hauptstaatsarchiv Stuttgart sind Bauberichte des Factors[415] von Königsbronn in großem Umfang erhalten.[416] Diese Berichte, die 14-tägig abgegeben werden mussten, vermitteln einen Eindruck von der Situation

---

412 Oefele, E. v.: Geschichte der Grafen von Andechs, 1877, S. 225 f, Urkd.-Nr. 2

413 Im Jahre 1606 hatte Heinrich Schickhardt eine Druck-Wasserleitung von der Brunnenmühlquelle zum Schloss geplant, mit deren Bau noch im gleichen Jahr begonnen wurde.

414 Merian, M. (Hrsg.): Topographia Sveviae, Frankfurt 1643, S. 96

415 Factor (lat. Macher), Geschäftsführer der Eisenhütte Königsbronn

416 HStA Stuttgart, Bestand A 249, Bü 963, Baul. Reparatur am Schloß Hellenstein, insbes. Herstellung des tiefen Brunnens, 1666–1739

3.11 Schloss Hellenstein in Heidenheim an der Brenz | 233

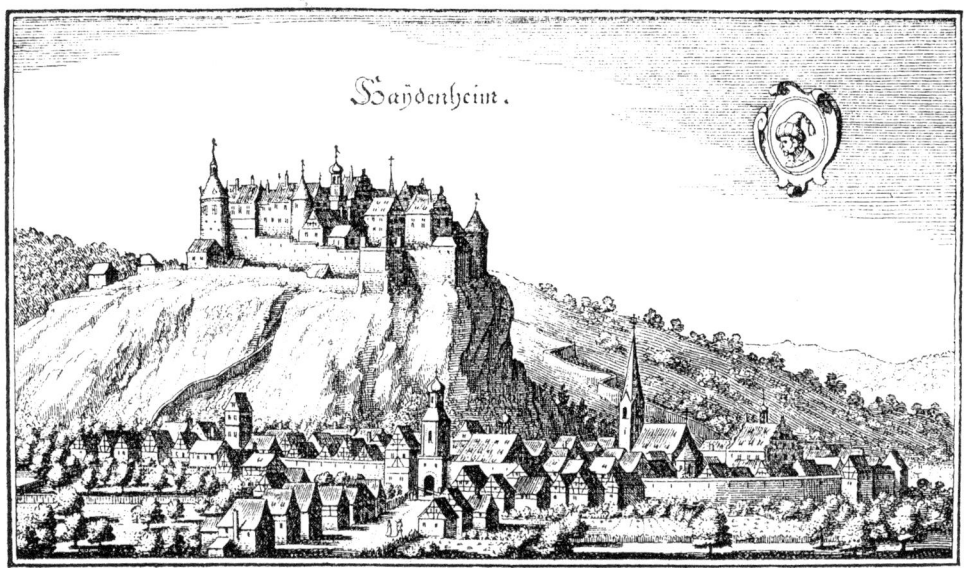

Abb. 126 Ansicht von Heidenheim mit dem Hellenstein, 1643

auf der Baustelle und liefern konkrete Angaben zum Baufortschritt sowie zu den Kosten. Daneben finden sich einige Handlungsanweisungen für den Factor. Das überlieferte Material enthält somit eine ganze Reihe von wertvollen Hinweisen zu organisatorischen und bautechnischen Fragen des Brunnenbaues und wird daher im Folgenden detailliert ausgewertet.

Am Anfang des Bauvorhabens stand ein ausführlicher Kostenvoranschlag vom 8. Februar 1666, den wir hier wegen seiner Einmaligkeit in voller Länge vorstellen. Bei der späteren Schilderung des Bauablaufes wird sich zeigen, wie lange die Annahmen dieses Anschlages der Wirklichkeit standgehalten haben.

Underthgst. Gehorsamste Relation und Unvorgreiflicher Baubericht
Waß ein Bronnen uf dem Schloß Hellenstein zuegraben vngefehrer Costen möchte
Mit beyfügung zweyer abriß Lit: A et B [Abb. 128 und 130]

Durchleüchtigster Herzog, Gnädigster Fürst und Herr
Uf E: Hochfürstl: durchlt: vnderm zweyten iez laufenden Monats februarij ertheilten mundlich gettan befehls, waß ein bronnen, vf dero Schloß Hellenstein durch denn felßen, vf dem Plaz [Abb. 127, e] *bey der Kuchen*[417]*, allwo bey anweßenheidt dero hoffstaathes, die gutschen zue stehen Pflegen, zue graben*
  1. vngefehrer Costen,
  2. ob solcher felß sich würde gewältigen laßen, und dann
  3. wer dieße arbeit zue verrichten sich vnderstehen möchte
meinen vnderth[änig]sten bericht vnd yberschlag zu erstattung.

---

417 Die Grundmauern des Küchenbaues sind im heutigen Brunnengarten erhalten; Hartmann. J.: Geschichte des Schlosses Hellenstein, Stuttgart 1892, nennt fälschlich einen Platz bei der Kirche.

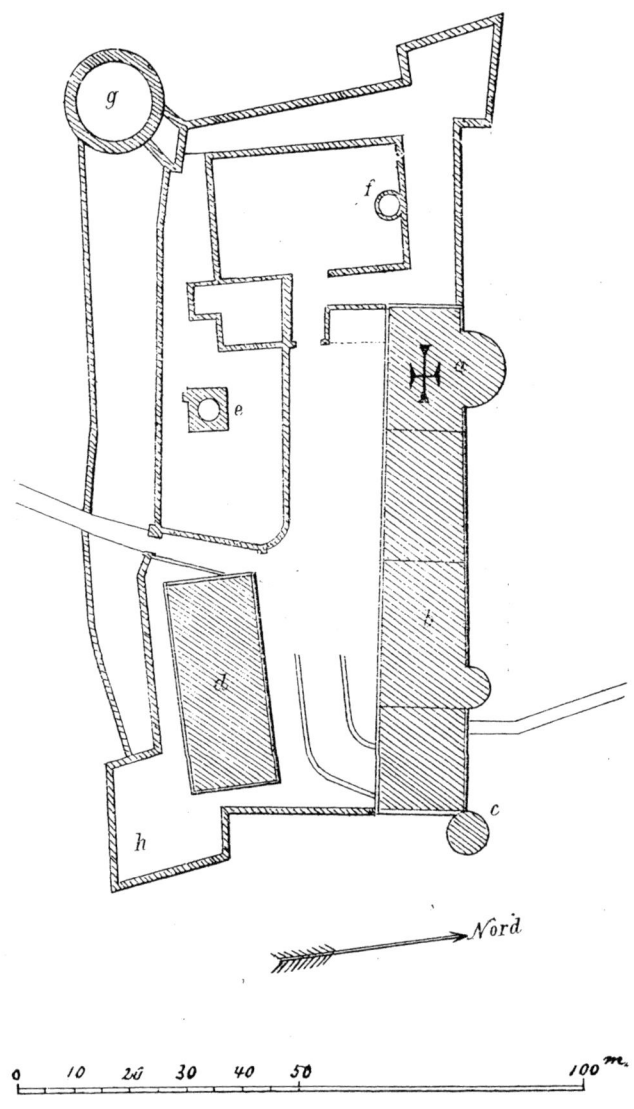

Abb. 127 Grundriss von Schloss Hellenstein

Solle deroselben Ich Pflichtschuldigst nicht pergen, daß zwar einig bequemere orth vf dero Schloß Hellenstein meines vnderth[änig]sten vnvorschreiblichen erachtens nicht ist, alß wo bey dero Hochfürstl: Hoffstaats anweßenheit die gutschen zue stehen pflegen, es ist aber darbey sowohlen die härtigkeit deß felßen, für welchen außer zweifel auch die allten sich gescheüet, alß höhe deß gebürges zue beobachten, und darbey nicht nur die erforderende mühe: sondern auch betragender Zeit ohnschwehr zuermeßen, wie dann im gegensaz, wann vf dieses schön vnd wohl fundirte hauß, einig lebendige quelle, auß der diefe geleitet: für freünd und feinden deßen versichert: benebens in stetiger nuznießung gebracht würde, das commodum ebenso bald zu appraehendiren.

Nun ist ohne sonderbahre weitleüftigkeit, daß das stättlein heydenheim in seinem grund voller bronnen-quellen: und die höhe deß Schloßes sich allein von 50 in 60 Lachter vngefehrl: erstrecket, bekannt, dannenhero die berechnung in gleiche tieffe zue richten, weder die vnmüglichkeit noch die costbarkeit ableinen möchte, ohnerachtet, ehender eine gute waßerquell in dem felßen an zu treffen, alß dem stättlein gleich zu graben, gute hoffnung abhanden.

Dießes bronnengebeü vorzuenemmen, habe ich mich zu gehorsamster vollg nach verstendigen leüthen beworben, auch dißer tagen, vnderm recommando deß obrist weiel wizens einen Steinhauer, Nahmens Caspar Rackhen, welcher sich zue Mergenthal[418] burgerlich: und zu weickhersheim in grävl: hohenloische[r] arbeit enthält, an hand gebracht, der nach besichtigung deß orthes, so beregte arbeit vorzunemmen sich zu vnderstehen anerbotten, dafern Ihme volgender lohn vnd beding geraicht würde.

Nemlichen

Vonn iedem werckhschuh dieff: und 8 schuh weit 3 fl oder von ieder lachter à 6 schuh dieff und 8 schuh weit, zue graben 18 fl, thut vf 50 lachter 900 fl.

6 Scheffel rockhen ins verding thut 15 fl

vnd dann ein logament zue 12 Personen

ferner müste auch alle benötigte zimmer: und schmid arbeit ohne seine Costen iedes mahlß wo nötig gefertigt, und irzo zum anfang gemacht werden

50 zweispiz, 6 schwehr Schlegel, 4 hebeisen, 24 Schrotmeißel, 2 geißfüeß, 300 stein: oder stoßkeidel, 12 schauflen, 6 breite hauen, und 6 starckhe bikkel,

sodann zue gruben lichtern

4 Centner unschlitt[419].

Ob nun wohlen Ich dießen Steinhauer ein mehreres herunder zu bringen einen Versuch gethan, so hatt Er doch im geringsten nicht abweichen wollen, der ursachen Ich thue auch biß auf ferner schreiben, hinweg gehen laßen.

Wann dann gnädigster fürst und herr, daß dieser steinhauer an lohn und geschürr all zu vihl gefordert, Ich in vnmaßgebl[iche]n: gedanckhen stehe,

Alß habe ich auch hierüber die mir gn[ädig]st: anvertraute bergleüth zur vernemmen nicht ermanglet, Ihnen vihlberegt Gn[ädig]ste intention eröffnet, und Ihre gedanckhen zu melden erfordert, worauf der Erste

Peter wiser, bergmann zu Rökert[420] und burger zu ahlen deponirt, Er hette zerschiden burgerliche güter daselbst im bestand, voher bey dergleichen durchschrottung der felßen nie geweßen, und könnte auch umb willen der Rökerter Örzgruben, stündlichen bau vnderworfen, mit nuzen nicht davon abgehen, Pitte Ihn dießer arbeit zu entlaßen, wolle hingegen desto mehrern fleiß in der Stueff örzgruben[421] anwenden,

Der andre, Simon Dörfling, bergmann im burgstall[422], meldet, Er hette 12 Jahr zue glaßthal am harz, in Silber bergwerckhen gearbeitet, woher der harten felßen schon gewohnt, und stünde sein vnderth[änig]ster fleiß zu dero gn[ädig]en Herrschafts gehorsamsten diensten,

---

418 Mergenthal (heute Bad Mergentheim), Oberamtsstadt im württembergischen Jagstkreis

419 Unschlitt (ahd.), auch Unselt, Inschelt oder Inselt, ist Rinder- oder Hammeltalg, wie er auch heute noch zur Herstellung von Kerzen verwendet wird.

420 Die Aalener Erzgrube „Röthardt" gehörte ehemals zum Kloster Königsbronn.

421 Stuefferz (Stuferz, Stufenerz), die abgeschlagenen Stücke Erz; im Aalener Revier ein oolithisches Eisenerz, das sich einst im Uferbereich des Jurameeres abgelagert hat.

422 Die Aalener Erzgrube „Burgstall" links des Kochers gehörte ehemals zum Kloster Königsbronn.

Der dritte, Hanß Christmann, bergmann im Ahlamer vellд, bedeütet, Er hab zu grenoble einen bronnen 50 lachter dief meist felßen: und die straßen yber das gebürg daselbst außhauen helfen, getraue auch mit göttl: hülfverleihung, einen bronnen nacher Hellenstein zue graben.

Diese beide bergleüth, Simon dörfling und hanß Christmann, offerieren diesen bronnenbau an die hand zue nemmen, und mit göttl: gnadensgebung zue vollführen, wann Ihnen
1. *alles geschürr, von dero gn[ädig]ster herrschaftl Eisen und stahl*[423]*, gemacht und erhalten:*
2. *Haspel, gestell, zug, trög, Kübel, sail und die fehrten [Fahrten] ebenmeßig gelüfert:*
3. *daß benötigte unschlit, tigel und Pulver nach nottdurft geraicht:*
4. *iedem wochentlich wie bißhero: also auch hinfüro, neben dem gn[ädig]st bewilligten Jährlichen warttgeltt*[424] *und früchten, 1 fl 30 kr Costgeltt: und denen gebrauchenen zwejen gehülfen der ordinari lohn, bekantlich iedem wochentlich 1 fl 48 kr gegeben:*
5. *beeden bergleüthen, iedem eine wohnung so lang dieße arbeit wehre, eingeraumet:*
6. *auch iedem gleich andern bedienten bey denn werckhen 4 Clafter brennhollz dahin gelüfert:*
7. *Ihre gruben ohnersezt indeßen gelaßen werd: dann*
8. *nach solch vollendenter arbeit, iedem eine ergözlichkeit, und nachlaß derer ohnedem, wegen all zu geringen lohnes gemachter bergwerckhes schulden, nach hochfürstl: gn[ädig] ster Clemenz, und Iherm alßdann erscheinenden verdienst, gedeyhen möchte.*

Erfordern zum anfang vollgenden Zeüg

Vom Zimmermann
Einen Zug mit doppelten Kurben, wohlversorgt,   abriß Lit: A [Abb. 128]
90 schuhe lang fährt oder Leitern,

Vom Schmid
2 handschlegel, 1 starckhen vorschlag[hammer], 1 hebeisen, 24 gelochte Stufeisen, 2 Krazen, 2 Keilhauen, 6 Steinspeidel, 6 bergtrög

Inn gemein
Ein starckhes Zugsail 100 Lachter lang,
zwen Centner unschlit zue bronnenlichtern,
zwen wohlbeschlagene aymer.

So vihl nun
1. die hergebung Eisen und Stahlß belanget, könnte selbiges ohne bezahlung von der vnderfactori Mörgelstetten[425] *gegeben: vnd von dem fürstl. Schmid zue Heidenheim, Hanß Jacob Jaustern, erhalten werden, welcher hierran seine noch vnbezahlte groneisische schuld verdienen, vnd vollgenden lohn acceptiren will, nemmlichen*

von 2 Kurben, 2 Radlen und Zungen am Zug --------------------------------------1 fl 30 kr
von einem Stueffeisen zu machen und zu stählen ---------------------------------8 kr
darvon zu spizen --1 kr
vom bickhel zu machen und an zuefaßen ---------------------------------------10 kr
Ein Schrotmeißel --6 kr
Ein Spizhammer --12 kr

---

423 Zedler, a.a.O., Bd. 39, 1744: *Stahl ist Eisen, welches geglühet und wieder abgelöscht, dannhero viel härter und dichter, geschmeidiger und feiner gemacht worden ist.*

424 Wartegeld wird für ein Anstellungsverhältnis gezahlt, das ständige Einsatzbereitschaft voraussetzt. Dahinter steht zunächst keine konkrete Leistung pro Zeiteinheit. Für die Betroffenen ist es ein geringes, aber sicheres Einkommen, das man so leicht nicht aufgibt.

425 Eisenhütte Mergelstetten, aus deren Überschüssen später das gesamte Brunnenbauwerk bezahlt wird.

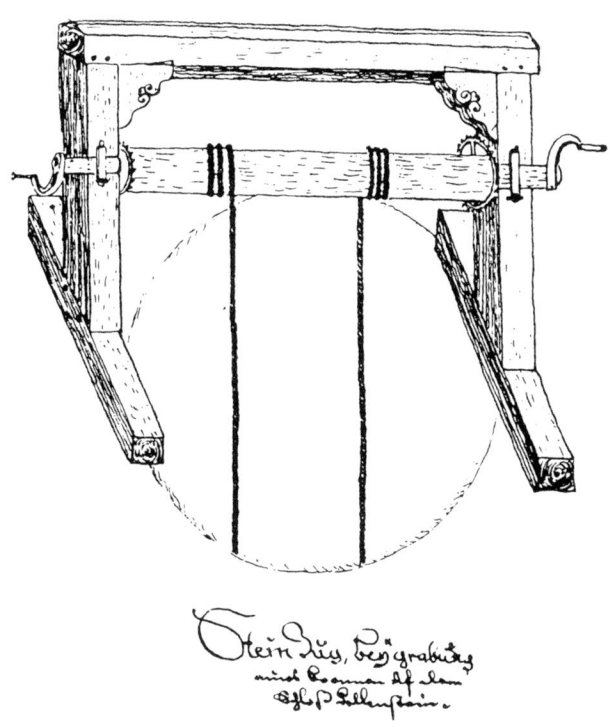

Abb. 128 Steinzug auf Hellenstein, 1666

Ein Schlegel, vf beden seithen gestählt ---24 kr
Ein Schaufel zue machen ---6 kr
Möchte disem nach deß Schmidts arbeit inner 50 wochen sich vngefehr belaufen ---95 fl
2. denn haspel, gestell, zug vnd die fährten, will von d[ero] gn[ädig]ster herrschafts hollz, der werckhmeister lüfern, vmb ---12 fl
100 lachter Sail, iedr 15 kr thut ---25 fl
2 Kübel ---1 fl
3. Zwen Centner unschlit ---28 fl
4 tigel ---40 kr
20 Pfund Pulver ---5 fl
4. beden bergleüthen iedem wochentlich 1 fl 30 kr Costgeltt thut
 in 50 wochen vngefehr ---150 fl
 beden gehülfen, iedem wochentlich 1 fl 48 kr thut in obiger Zeit ---180 fl
 der bergleüth warttgelt ---40 fl
 20 Scheffel besoldung frucht ---40 fl
5. die wohnung könnte in einem geringen orth bey der stell gegeben werden,
 so er Costet ---0
6. beden 8 Clafter hollz, betregt ---8 fl

*7. weilen genugsamer Stuefförz vorrath vf 2. in 3. Jahr Gottlob zugegen, können diße
beede gruben wohl im bau ohne arbeit erhalten werden.*
Den grund außzufürdern einem Karrenmann vf 25 wochen, iede 3 fl vngefehr --------------75 fl
Möchte demnach die bahrauflag vf 50 lachter ohne Eisen und Stahl vngefehrlich sich
erstrecken --**659 fl 40 kr.**
*8. Vnd wann auch denen bergleüthen doppelte belohnung (:ohne iedoch wenigste maßgab:) nach
erwisenem fleiß, an Ihren ohne dehm lebenslang zu bezahlen vnmüglich: und hinkünftig noch
jährlich zuenemmenden schulden, decortirt: auch iedem eine ergözligkeit gn[ädig]st bewilligt
würde, dörfte daß hierdurch beförderende commodum, daß in deßen erheischende incom-
modum, meines einfältigen erachtens, dannoch bey weitem ybertreffen, vornehmlichen aber dießes ansehenliche grenzhauß vieler gefahr enteüßern.
Falls dann schließlichen der bronnen gegraben: und mann der menge waßers in der tiefe verge-
wisert wehre, könnte neben zwejen durch den drellzug treibenden aymern auch eine Pomppen
neben angefügt, und mithin zum selbstlauf durch eine Kurben, ohne großen Costen leicht ange-
leitet: ………Abriß Lit: B* [Abb. 130]
*auch zeit solchen grab: und bauens dero vndervogten zu heidenheim hanß Jerg wochennauern
die einlaß: und logaments verschaffung: und dann dem Neübestellten vnderfactor zue Mergelstetten, hanß wolf dörner, die obsicht: und haltung ordenlicher wochen zettel, sambt der bauco-
stens Spezification anbefohlen werden.
Stelle iedoch E: hochfürstl: dhlt: vnd dero mehr bauverstendigen*[426], *alles vnvorschreiblich
vnderth[änig]st anheims, und thue dero zur Continuirenden hochfürstl: gnaden hulden mich
wie allwegen ganz gehorsamlichst ergeben,
d. 8. february 1666
Factor zu Königsbronn
Johann Ludwig Glaser*[427]

Fassen wir zusammen:
Der Factor der Eisenhütte Königsbronn geht davon aus, dass man das Wasser in einer Tiefe von ca. 85 m nach einer Bauzeit von 50 Wochen antreffen wird. Unter dieser Annahme rechnet er zwei Alternativen durch. Das Angebot eines freiberuflichen Steinhauers, der eine Entlohnung nach Arbeitsfortschritt verlangt, erscheint ihm zu teuer. Deshalb greift er auf drei Bergleute zurück, die in seinen Erzgruben angestellt sind. Da der Erzvorrat für zwei bis drei Jahre ausreicht, sind die Bergleute vorübergehend entbehrlich. Als „Landesbedienstete" können sie sich der Versetzung nur entziehen, sofern sie für diese spezielle Arbeit des Brunnenbaues ungeeignet sind. Einer der Befragten erklärt glaubhaft, dass er solche Arbeit noch nie gemacht habe, die beiden anderen willigen ein, da sie entsprechende Erfahrungen haben und sich von diesem Sondereinsatz Zulagen (Kostgeld, Wohnung und Brennholz) zu ihrem festen jährlichen Einkommen versprechen. Außerdem erwarten Sie, dass Ihnen Ihr Arbeitsplatz in der Erzgrube erhalten bleibt.

---

426 Dahinter verbirgt sich der Baumeister Matthias Weiss.
427 J. L. Glaser wird 1692 ein denkwürdiges Büchlein veröffentlichen mit dem Titel: Bergmännisches Monat-Blümlein Oder Eine auß viel-jähriger Practic, mit Bergwercks-Verständigen gepflogener Communication, und würcklich gut-befundener Observation gezogene Information, was bey Führung der Berg-Wercke von Monath zu Monathen zu beobachten sein möchte.

Die Vorstellung, es mit eigenen Leuten billiger machen zu können, zeigt sich auch bei der Kalkulation der Schmiedearbeiten. Das benötigte Eisen aus eigener Produktion bleibt bei dem Vergleich ohne die Angabe eines Geldwertes. Der Ansatz für die erforderlichen Geräte und Werkzeuge aber ist bei der favorisierten Lösung nach Anzahl und Lohnkosten mit Abstand zu gering. Dass die Schwierigkeiten beim Abteufen unterschätzt werden, zeigt der Ansatz für das Pulver, der – wenn man die geringe Menge betrachtet – wohl ohnehin nur als Eventualposition gedacht war. Der befragte Steinhauer hatte den Einsatz von Sprengmitteln überhaupt nicht vorgesehen.

Eine eventuelle Ausmauerung des Schachtes scheint in dieser Phase noch kein Thema zu sein. Bemerkenswert ist der abschließende Hinweis auf Lit. B (Abb. 130), wonach das Tretrad nicht nur zwei gegenläufige Kübel bewegt, sonder zusätzlich noch eine Pumpe betreiben soll.

Am **2. Februar 1666** war der Factor aufgefordert worden, die Durchführbarkeit des Bauvorhabens zu untersuchen, am **8. Februar** hatte er seinen Vorschlag eingereicht. Parallel dazu war eine detaillierte Kostenrechnung erarbeitet worden *wegen deren waßerkunst vff daß Schloß hellenstein, solches widerumb zu alten standt vnd Gang zu bringen*. Die dafür errechneten Gesamtkosten von 5.385 Gulden waren – gewollt oder ungewollt – sehr viel realistischer als der Voranschlag für einen 50 Lachter tiefen Brunnen, der *ohne Eisen vnd Stahl vngefehrlich* auf 659 Gulden 40 Kreuzer veranschlagt wurde. Auf dieser Grundlage gibt Herzog Eberhard III. (1628–1674) am **16. Februar 1666** den Befehl, mit dem Brunnenbau zu beginnen. Die Entscheidung war innerhalb von nur 14 Tagen nach der Aufforderung zur Untersuchung der Machbarkeit gefallen.

Bereits ab März laufen die Arbeiten. Am **11. März 1666** informiert der Faktor darüber, was er bezüglich der beiden Erzgruben veranlasst hat, von denen *Simon Dörfling vnd Hanß Christman sambt beeden heuern, Wolf Schneider und Adam lehner* [abgezogen und] *nacher Hellenstein überbracht* [wurden.] *Alß haben bißhero Sie allein 8 tag gearbeitet, den Haspelzug richten helfen, und bey heütiger visite* [wurde festgestellt], *daß sie 10 Schuhe dieff und so viel Schuhe weit*[428], *in die tieffe, halb felßen, halb Letten durchschrottet* haben.

Am **2. Mai** ist dann bereits eine Tiefe von fünf Lachtern (ca. 9,2 m) erreicht. Zum Felsgestein heißt es unter diesem Datum: *Ist zu geweltigen ganz fest, dahero die bergleüth zum schieß: oder sprengen geleitet werden, zu welchem ende sie dann fürdersamst einer thonnen guten Musqueten Pulvers benötigt*. Der Pulververbrauch wird mit großer Sorge verfolgt, da der Zentner mit 25 Gulden zu Buche schlägt und nur 20 Pfund im Voranschlag angesetzt waren.

Vorrangig aber beschäftigt sich dieser Bericht des Johann Ludwig Glaser, zwischenzeitlich Rat bei der Rentkammer, mit den *zwischen denen bergleüthen schwelenden mißhelligkeiten*. Strittig ist die Frage, ob der Schachtquerschnitt viereckig oder rund ausgeführt werden soll. Glaser empfiehlt, dass *zwar die angefangene weite observirt: iedoch in die Runde gebaut: und zu beßerm haft und beschleünigung der arbeit, gesambte vier Eckh ohnerbrochen sollten gelaßen werden*. Der runde bergmännische Schacht wird mit der erstaunlichen Weite von zwölf Schuh (ca. 3,40 m) abgeteuft.

Eine Begründung für einen so großen Durchmesser findet sich nicht. Der im Februar 1666 abgewiesene Mitbewerber hatte eine Weite von nur acht Schuh geboten. Vielleicht wusste Glaser jetzt schon, dass eine Ausmauerung erforderlich werden würde, und hoffte

---

428 Später wird die Weite mit 12 Schuh angegeben. Der Württembergische Schuh/Fuß entspricht 0,286 m.

zugleich, nach Fertigstellung des Brunnens mit größeren als den üblichen Gefäßen Wasser ziehen zu können.

Unter dem **5. Mai 1666** erfahren wir von Glasers Nachfolger[429], Hans Bernhardt Brodthagen, dass die Arbeit nicht vorangekommen ist, da sich die Bergleute nach wie vor uneins seien, *wie und welcher gestalten die durchschrott: und grabung deß bronnens fortgesetzet werden solle.* Am 19. Mai *continuiren sie auf ihrer Zwitträchtigen opinion noch immerfort.* Mit Datum **11. Juni 1666** ergeht dann endlich die schriftliche Weisung an den Factor, *du sollst denn ainen von solchen zweyen bergleuthen, der denn bronnen bißanhero in der Vierung gegraben, nunmehr darvon abzustehen befehlen und an seine vorige bergarbeitstelle zurückschicken.* Hans Christmann ist jetzt der verantwortliche Meister-Bergmann vor Ort.

Das Abteufen gestaltet sich zunehmend beschwerlicher. Bis zum **29. Juli** sind bereits 130 Pfund Pulver verbraucht, am **11. August** aber *noch nicht gar 10 clafter* erreicht, so dass der Meister unter dem **21. August 1666** resigniert feststellt, *daß vnder so vihlen bronnen, so ich durch stein vnd felßen gefaren, kein solcher harter, der Arbeit widerhaltender … gewesen.* Unter dem **10. November** ist vermerkt, *daß Hannß Christmann … im abfahren, wegen einer durch daß schießen zerschmetterte Poteste, in 2 clafftern hoch unglücklich hinabgestürtzet sei.*

Bis zum **27. Januar 1667** wird die Bergmannschaft verstärkt auf sechs Bergknappen, die jetzt *miniers* genannt werden. Zusammen mit vier Weibern und elf Kindern logieren sie auf dem Schloss. Hans Ernst Jäger wird dem Hans Christmann an die Seite gestellt. Die Arbeit geht nun schneller voran. Am **23. Februar** wird eine Tiefe von 17 Claftern gemessen. Man hat in vier Wochen drei Clafter geschafft, das entspricht ca. 20 cm pro Tag. Aber so wird es nicht weitergehen.

Unter dem **6. April 1667** teilt der Factor mit, *daß bey heüttiger visitation deß bronnbaws … selbiger mit gar 19 claftern tief außgegraben: … daß der felß nunmehr gantz, deß wegen der bergmann hannß Ernst Jäger vor nötig haltet, … vom felßen vf 2 Schue braith rings umbher stehen zu laßen, hernach deß Bronnens weite vf 9 Schue fürter abzusinkhen, und mit dem werckh also fort zufahren.* Da die Weite bisher mit zwölf Schuhen angegeben war, passt das zwar rechnerisch nicht ganz zusammen, aber die Tendenz ist klar: Es geht um den Sockel für die Aufmauerung im oberen Schachtbereich, deren Höhe später mit 20 ½ Claftern angegeben wird.

Am **4. Mai 1667** werden die Bergleute vorstellig, dass *zum Aufzug deß bergs und Kummers*[430] *noch 2 mann angestellt: vnd darauf in Einem Jahr 200 fl ohngefahrlich uncosten verwendet werden müßten.* Sie schlagen stattdessen vor, ein *Tretrad, so ohne daß vnd entlich gebauet werden muß, bejnahe dahin zu stellen und aufzubawen, nach gehendts auch weiter kein bergmann vonnöthen, vnd Einer von den vorhandenen im Rad 2 oder 3 mahl mehr schwereren last aufziehen: und bei aufmaurung deß bronnens hinabführen könnte, alß mit dem Haspel Ihre 4 zuwegen zu bringen vermögen.* Zu diesem Zeitpunkt ist der Schacht noch keine 35 m tief.

Die Diskussion um den Einsatz des Tretrades wird man noch zweieinhalb Jahre lang führen. Zum Einsatz während des Abteufens aber kommt ein solches Rad nicht. Mit Datum vom 8. Januar 1668 ist zwar ein Kostenvoranschlag dafür überliefert, aber im Juli gleichen Jahres

---

429 Das gespannte Verhältnis zwischen Glaser und Brodthagen wird beschrieben in: Thier, M.: Geschichte der Schwäbischen Hüttenwerke, Aalen/Stuttgart 1965, S. 152.

430 Berg steht für Abraum; Kummer, mhd. *kumber*, für Schutt, Müll, Belastung, Mühsal. Kummer in der Bedeutung „Schutt" ist noch im westlichen Mittel- und in Norddeutschland gebräuchlich.

Abb. 129 Das Schießzeug der Bergleute

wird angeordnet, mit dem Bau so lange zu warten, bis das Wasser erreicht sei. Und als man Anfang des folgenden Jahres dann tatsächlich fündig wird, zeigt sich, dass die Wasserkunst, bestehend aus Tretrad und Pumpe, nicht einsatzreif ist.

Bereits am 11. August 1666 hatten die Bergleute Klage geführt, es sei *keine feür noch licht in der Tiefe, so noch nicht gar 10 clafter ist, [zu] behalten und zur fortsezung ihrer arbeit* vorhanden. Am **22. Juni 1667** spitzt sich die Sache zu. Hans Ernst Jäger gibt zu Protokoll, *daß Er neben seinen mitarbeitenden knechten nicht mehr forthzuekhommen getrawe, es were gar zue kalt, vnd en dem boden wolle ihnen kein licht mehr brennen, vnd steige der dunst von dem springen, nicht über sich, sondern bleibe mehrentheils bey ihnen drunden warum die lichter ie länger ie mehrens abgelöscht würden, vnd da schon der windt [durch die Lutten] zue ihnen hineingeführt werde, so seye es doch nur ärger vnd werde vom boden vff nur kälter vnd die lichter hiervon vßgelöscht vnd gedämpff; bey tag vnd hübsch hellen wetter khönnen nicht mehr als ihrer vier arbeiten, bey nacht aber gar nicht.*

Durch das ständige Sprengen wurde die Luft immer schlechter. Wetterlutten, die erstmals am 8. Juni 1667 bei einer Tiefe von 35 m erwähnt werden, hatten keine Besserung gebracht. Drei der Bergleute – Hans Christmann, Hans Mayerhofer und Ruprecht Trenck – bitten, aus dem Dienst entlassen zu werden. Nur Adam Lehner und Wolf Schmidt wollen mit Hans Ernst Jäger weitermachen. Zunächst aber versuchen sie, das Zusammenspiel von Lutten und Blasebalg zu verbessern. Als vierter Bergmann kommt Jörg Kofler hinzu.

Ohne den Einsatz von Schwarzpulver kommen die Bergleute nicht voran. Laut Aufstellung vom 15. Oktober 1667 sind bis dato über elf Zentner Pulver verbraucht worden. Bei den Sprengungen fahren sie zur eigenen Sicherheit aus dem Schacht aus. Diese Vorgehensweise führt bei zunehmender Tiefe zu beträchtlichen Zeitverlusten. Unter dem **30. September 1667** – der Schacht ist 42 m tief – erfahren wir, dass die Bergleute *einen außstand, in welchem sie sich vorm miniren und schießen etwaß behenders alß mit dem auffahren salviren könden, außgehawen* haben. Diese Schutznische wurde 1988 gefunden und ist in Abbildung 134 dokumentiert. Weitere Schutzvorkehrungen leiten sich aus den auffälligen Rüstebenen ab, die in dieser Schachtzeichnung ebenfalls dargestellt sind. Wir werden am Ende unserer Ausführungen zum Hellenstein darauf zurückkommen.

Trotz all dieser Schutzvorkehrungen passieren Unfälle wegen mangelnder Erfahrung im Umgang mit dem Schwarzpulver. So teilt die Frau des Bergmanns Balthes am **6. Dezember 1667** mit, dass *mein mann seelig sein leben durch eine gesprungene mine erbärm: vnd elendiglich geendet vnd mich … vnd 3 ohnerzogne Kinder in höchster betrübnis, Kummer und Mangel verlaßen.*

Am **8. Januar 1668** übermittelt der Factor einen Voranschlag für die spätere Aufmauerung mit Sandsteinquadern. Aus Kostengründen wird diese Lösung verworfen. Und da man sich bereits im Oktober 1667 ausgerechnet hatte, dass noch zwei weitere Jahre erforderlich sein würden, um das Wasser zu erreichen, wird gleich weiter eingespart. Das liest sich dann wie folgt: *es sollen die orth, wo es kein gewachsenen felßen hatt, mit dem außgebrochenen gestein ausgemauert: und außen … allein ein geschell*[431] *verfertigt: und das Bronnenhauß vnderlaßen werden.*

Ein halbes Jahr später schiebt Baumeister Matthias Weiss einen überarbeiteten Vorschlag für die Aufmauerung mit Sandsteinquadern nach – ohne Erfolg. Am **13. Februar 1669** bemängelt der Factor, *daß mann dises so costbare und schwere Bronnenwerckh innwendig nur mit dem außgebrochenen gestein biß uf den gantzen felßen außmauren sollte, welches doch weder Berg: noch ander leüth immer mehr für Thunlich erachten könden, a[b]gesehen daß vnder allen außgebrochen und mit continuirlichem miniren zerspringten Stainen, nicht sovil der tüchtigen und bequemen vorhanden, daß man nur ein einige Clafter (:deren doch über 20. erfordert werden:) werschafftlich und sicher darmit aufführen: und mauren köndte.* Dieser Einwand bewirkt, dass Baumeister Weiss nun über Backsteine als kostengünstigere Alternative für die Ausmauerung nachdenkt.

Während der zwölf Monate des Jahres 1668 war es den Bergleuten gelungen, den Schacht um weitere 19 m auf nunmehr 70 m abzuteufen. Mitte des Jahres waren die Gesamtkosten bereits auf 2.728 Gulden angewachsen, *außer dem Inwendigen Bawholtz, und Frohnfuhren, so die haydenheimer verrichtet.* Insgesamt 17 Zentner Pulver hatte man verbraucht. Und der Factor machte bei 60 m Tiefe einen erneuten Vorstoß wegen des Tretrades, *weils solche Tieffe den Haspelzug täglich mehr beschwerlich macht; Alß werden in gnädigst befohlen längerer vnderlaßung deß Bronnenrad vnd Haußbawes, berits 6 Mann erfordert; Namblich den M[eister] Bergmann sambt 3 seiner gesellen vnd Einen Handlangern, neben dem ad op: publ: condemnirten Michel Hoffen*[432]*; Sintemahlen der Eine continuè den Blaßbalg vnd wetterlutten: der andere den Bergaymer fürdern: vnd die übrige entweder miniren: oder am Haspel ziehen müßen.*

Am **9. Januar 1669** berichtet der Factor, *daß daß gestein nunmehr in etlichen tagen her sich vihl härter alß vorhin erzaiget, in deme Sie Ein Schießloch*[433] *zu bohren 3 ½ Stund haben müßen, welches Sie vorher in 2 Stunden zu wegen bringen könden.* Gemäß Mitteilung vom 3. Januar 1667 musste man *5–6 Pfund pulver zu einer mine*[434] *haben.* Nimmt man das Er-

---

431 Geschell oder Geschähl steht für Brunnenkranz
432 Es handelt sich um den *auff ein iahrlang ad opus publicum contemnirten Schmiden*, dem am 8. März 1669 wegen seiner Mitarbeit *ein Monat hausgnaden darangeschenckht und nachgelassen* wird.
433 Schießloch, im Bergbau die Löcher, welche in das Gestein gebohrt und hernach mit Schießpulver geladen werden, wenn geschossen oder gesprengt werden soll; man bohrt sie mit einem eisernen, gestählten Bohrer 30 bis 42 Zoll tief in das Gestein. [Krünitz, J.G.: Oekonomische Encyklopädie, 1773–1858]
434 Zedler, a.a.O., Bd. 21, 1739: *Mine, Spreng-Grube, ein Graben, hohler Gang oder Untergrabung der Erde gegen ein feindliches Boll-Werck oder ander Werck, welches man durch das darin versperrte*

gebnis der Schlussrechnung vom 11. Juni 1671 vorweg, wonach für den Brunnenbau insgesamt *30 Centner 26 Pfund Pulver* verbraucht wurden, so ergibt sich, dass für die 65 m, die mit Hilfe des Sprengens abgeteuft wurden, im Mittel neun Minen pro laufenden Meter erforderlich waren.

Vom **30. Januar 1669** liegt die vorerst letzte Meldung über die aktuelle Schachttiefe vor. Man hatte 41 ½ Clafter (ca. 71,4 m) erreicht. Die Bergleute waren in den nächsten Tagen ausschließlich damit beschäftigt gewesen, den runden Querschnitt aus- und nachzuarbeiten. Als sie sich daran machen, weiter abzuteufen, passiert das lange Ersehnte. Unter dem **11. Februar 1669** lesen wir: *Vergangenen Montag aber hat sich daß erste mahl eine waßerader erzaiget und heütigen donnerstag, als die bergleüth neben dieser ader Ein Schießloch gebohrt vnd verferttiget … hat sich in selbigem gleichmäßig ein quellendes waßer ergeben.* Und so ist es nur zu verständlich, dass die folgenden Berichte von der Baustelle vorrangig von diesem Thema handeln.

Unter dem **13. Februar** ergänzt der Factor, *daß der allerhöchste daß Bronnenbaw weesen uf hellenstein nunmehr also gesegnet, daß die Bergleüth bey heütiger derselben ordinari visitation nicht allein gewißen bericht erstattet, wie sie bereits sowohl in größern Schmeer: als auch cleinern haar clüften völlig uffs waßer kommen, sondern haben auch mit außhebung viler Kübel voll, solch ihre wahrhaffte außag augenscheinlich erwüsen.*

Nun hat es die grundtliche beschaffenheit bey disem Bronnen, daß allein noch ohngefahrlich 8: oder höchst 10. wochen in demselben feür, licht vnd Tügel brennend bleibet; deßwegen Hannß Ernst Jäger Maister Bergmann, vmb von dem waßer nicht verhindert zu werden, sondern in iezt besagter Früelingszeit, darinnen Er noch gueth wetter, licht und Tügel brennent haben kann, die benöttigte Tiefe deß Bronnens im waßer zuwegen zu bringen, heütigen Tags noch 5. Mann anstellen laßen, also daß nunmehr sambt 2. delinquenten Ihrer 12. sind, die füraußs mit 8. stündiger Schicht: als 3. Bergmänner im Bronnen und 3. oben am [Haspel]zug, Tag und nacht arbeiten: vnd gnade Gott übermorgen am Montag den anfang also machen müeßen, soll anderst bey dem zusitzenden vihlen waßer (:vnderdeßen biß daß Bronnenrad vnd die benöttigte Pompwerckhs verferttiget:) etwaß fruchtbahrlicher außgerichtet werden.

Der Wettlauf gegen das Wasser scheint begonnen zu haben und deshalb stellt der Factor die verständliche Frage, *wie tieff dieser Bronnen [noch] ins waßer gesenckhet und außgegraben werden solle.* Eine Reaktion darauf ist nicht überliefert. Es steht aber zu vermuten, dass er keine brauchbare Antwort vom verantwortlichen Baumeister erhalten hat. Die überlieferten Urkunden vermitteln den Eindruck, dass in allen praktischen Fragen der Bauausführung die entscheidenden Anregungen von den Bergleuten auf der Baustelle ausgingen. Der Factor reichte sie als Bericht an die Rentkammer ein, mit der abschließenden Formel: *stelle iedoch Ewer hochfürstl: dhlt: vnd dero mehr bauverstendigen alles vnvorschreiblich vnderth*[änig]*st anheim.* Und wenn der Baumeister sich dann endlich einschaltete, machte er, wie am Beispiel der Ausmauerung belegt, keine überzeugende Figur.

Den Einbau der sonst üblichen Sandsteinquader hatte die Rentkammer – auch nach der Überarbeitung des Voranschlages durch den Baumeister – abgelehnt. Die Anweisung, das ausgebrochene Gestein für die Aufmauerung zu verwenden, wurde nicht vom Baumeister,

Pulver in die Höhe zu sprengen und nieder zu stürtzen Willens ist. … Eine Mine springen lassen, heisst dieselbige anzuzünden, oder ihr Feuer geben. (Der Begriff Mine wird hier im übertragenen Sinne verwendet.)

sondern durch den Einwand der Bergleute bzw. des Factors in Frage gestellt. Daraufhin schlug der Baumeister als kostengünstige Alternative Backsteine mit dem ungewöhnlichen Format 15 x 8 x 4 Zoll vor. Als die ersten der so bestellten 17.600 Ziegel auf die Baustelle geliefert wurden, stellte sich heraus, dass sehr viele zerbrochen und zerfallen waren.

Der Factor teilte daraufhin dem Baumeister Weiss mit, der Bergmann Jäger habe *in sorgen gestanden, diese Steine in so großer dickher form möchten nicht gnug getrucknet und außgebrändt werden könden, und dahero in dem warmen und feüchten Bronnendampff nicht gut thuen. Derowegen Meinen Hochgeehrten Herrn ich solches berichten: und darbej erkhundigen sollen, ob nicht diese Stein, zwar in der länge bleiben, an der Braite und dickhe aber geringert: und zu beßerer wehrschaffl bestelt: und gebrändt werden köndten.*

Der Baumeister zierte sich lange, gestand dann aber zu, *daß vmb beßerer sücherheit wüllen fürohin dieße gebackene stein in der Tückne 1 ½ vnd breitte 2 Zoll verringert, aber in der lenge 15 Zoll gelaßen* werden sollten. Zwei Monate später heißt es, dass der Schacht nun mit den vom Baumeister *wider de novo angegebenen 20.000 Backensteinen, lang 15 zoll, vornen 8: hinden brait in 13: und dickh 3 zoll aufzuführen und außmachen zu laßen* sei. Eingebaut aber wurden am Ende – wie die Untersuchung des Brunnens zeigen wird – Steine mit einem abermals geänderten Format.

Die bereits erwähnte mangelnde Einsatzfähigkeit der Wasserkunst ist nicht nur ein weiteres Zeugnis schlechter Arbeitsvorbereitung, sondern letztlich wohl auch entscheidend dafür, dass sich der Fortgang der Brunnenbauarbeiten im Jahre 1669 über Monate hin unnötig verzögerte. Andererseits wäre eine frühere Fertigstellung wegen des Durcheinanders mit den Backsteinen gar nicht möglich gewesen, so dass sich diese beiden Fehlleistungen ideal ergänzten.

Um die Frage beantworten zu können, warum die Wasserkunst in der entscheidenden Phase des Brunnenbaues zum Problem wurde, muss man die Technik dieser Anlage kennen. Es ist mehr als kurios, dass die entscheidenden Aussagen dazu von einem Apotheker, namens Georg Christoph Werner, aus Memmingen stammen, den man offensichtlich als Gutachter hinzugezogen hatte. Vom **11. Mai 1669** datiert sein *Memoriale den Schloßbronnen zu Hellenstein betr.*

1. *Derselbe ist nun mehrer fast in seiner perfection … so vil das schopfwerk belanget.*
2. *Indem auch bereits an Teücheln, Stangen, Kästen deren in allem Zehen sein, mit altgewohnlichen Schiffventilen, Rad und anderm fertig, vnd ich dermalen nicht sehen kann, etwas sonders ohne nachteil zu ändern …*
3. *Alß giengen meine vnterthänigste gedancken dahin, diß werck also wie es angefangen gnädigst fortsegen zu laßen.*

Den Voruntersuchungen des Johann Ludwig Glaser zur Durchführung des Brunnenbaues war als Lit. B eine Zeichnung (Abb. 130) beigegeben, die ein Tretrad ohne Getriebe zeigt, mit dem Wasser im Pendelbetrieb in Kübeln gefördert werden konnte. Auf dem Wellbaum sind dazu jedoch zwei getrennte Seile in jeweils starrer Führung über ein Rad dargestellt. Das Besondere dieser Zeichnung aber ist eine Pumpe, die ihr Wasser in eine Rinne abgibt.

Einer der Befehle, mit denen der Herzog den Brunnenbau in Gang setzte, begann wie folgt: *Demnach wir vf unser Schloß Hellenstein … einen Bomp: und Schöpfbronnen graben zu laßen gewillet …* Es war also von Anfang geplant, das Wasser nicht nur in Kübeln zu heben, sondern zusätzlich noch eine Pumpe durch das Tretrad anzutreiben. Die im Memoriale des Apothekers aufgeführten Bauteile erinnern an eine Pumpenkonstruktionen, die

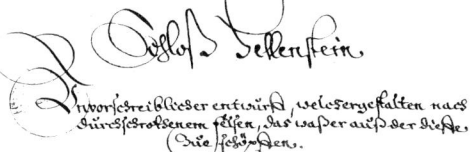

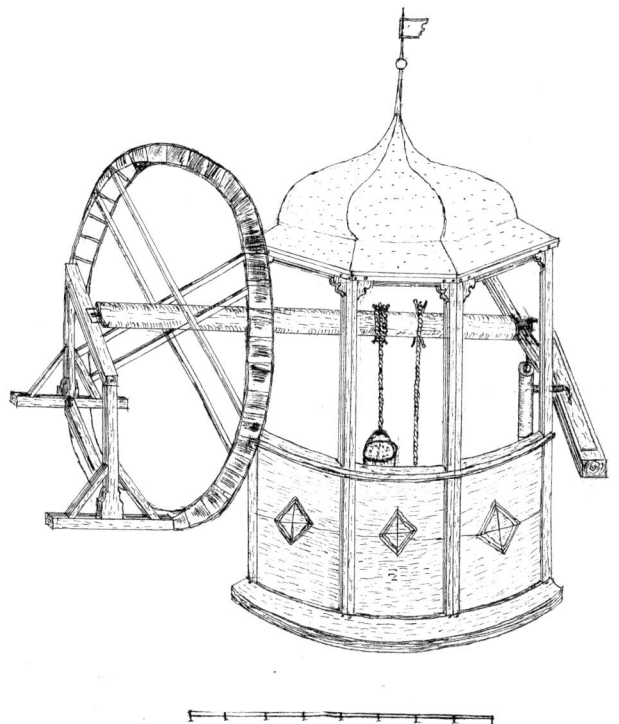

Abb. 130 Wasserförderanlage von 1666

von Agricola[435] überliefert ist. (Abb. 131) Er nennt sie die *neue Ehrenfriedersdorfer Radpumpe*, die *vor zehn Jahren erfunden* wurde. Sie dürfte also um 1545 beim dortigen Zinnbergbau eingesetzt worden sein und bestand aus mehreren Pumpensätzen, die – übereinandergestellt – das Wasser von Wasserkasten zu Wasserkasten hoben. Der Hinweis auf die insgesamt zehn Wasserkästen ergibt elf Pumpensätze, von denen jeder gemäß Agricola das Wasser 24 Fuß hoch heben konnte. Die Wasserkunst wäre danach auf gut 77 Meter Tiefe ausgelegt gewesen.

Diese Pumpenkonstruktion aber, die man ursprünglich schon einsetzen wollte, um den Bergleuten die Wasserhaltung zu erleichtern, wurde nicht rechtzeitig fertig. Unter dem **19. Juni 1669** lesen wir: [Was] *die waßerkunst belanget, gehet selbige in der iezigen manier sehr langsam und gemach; es solle aber biß solche zu gebrauchen nöthig, nach einer andern invention*[436] *getrach-*

---

435 Agricola, a.a.O., S. 154 ff

436 *inventio* (lat.), die Erfindung; hier: technische Lösung

Abb. 131 Die Ehrenfriedersdorfer Radpumpe

tet: und der sachen, ohne sondern vncosten, also geholffen werden, daß selbige zu erhebung deß ankommenden waßers sufficient und wohl dienlich sein würdt.

Gleichzeitig wird berichtet, *daß die Bergleüth … nunmehr mit all ihrem gebäw gantz fertig, den bißhero eingestürtzten Kummer und Berg völlig erhebt, und daß erstemahl wider mit 5 Schuß miniret, dabey Sie dann gewahr worden, daß die vorher erzaigte Quell so gar Truckhen sich gelegt, das anders nichts alß ein Steinfeüchte daran zu verspühren; dahero muthmaßen, daß man noch etliche Clafftern under sich graben müeße, biß die Quell wider erreichet werden möchte.* Bereits am **3. Juli 1669** *sind die Bergleüth vf Hellenstein mit miniren so weit under sich kommen, daß sie aller orthen unden im Bronnen, mit dem Schußboren, Waßer antreffen, also daß nunmehr bey dieser ohne daß sehr trockhenen Sommerszeit, an der völlig vorhandenen waßerquell kein Zweifel.*

Die Bergleute warten auf die Wasserkunst, *welche erster Tagen hoffentlich zur Perfection gebracht wird.* Sie stellen das Abteufen ein und arbeiten zunächst den Schacht in der Runde aus. Bis Ende August haben sie *so vil Wasser erlanget, daß Ihre Bergkübel sich im schöpffen mit Wasser selbsten anfüllen.*

Am **13. September 1669** heißt es, dass *die Wasserquell Im Bronnen vf Hellenstein sich biß dahero mit dem Zughaspel und Bergkübeln also erschöpfen laßen, daß die Bergleüth mit dem miniren ungehindert fürfahren mögen; So ist auch die wasserkunst nunmehr dergestalt verfertiget, daß selbige hoffentlich bey erlangender mehrer Tiefe deß Bronnen und zunehmenden wassers, denen Bergleüthen zu fortsezung Ihrer Arbeith zimblich befürderlich sein und zustatten kommen möchte.* Diese Hoffnung erfüllte sich nicht. Noch wenige Tage vor Abschluss der Arbeiten wird am **4. Dezember 1669** berichtet, dass *die quellen im Bronnen … sich so reich erzaigen, das die bergleüth nunmehr gezwungen sind, mit 18 Mann in allem, Tag und nacht, 8 stündigen Schichten, Sonn- und feyertag continuè zu arbeiten, damit sie vom waßer nicht gehindert werden.* Dieser Großeinsatz dauerte drei Wochen.

Unter dem **29. Dezember 1669** schreibt der Factor, *daß dieser tagen daß Bronnenbaw weesen uf Hellenstein also befunden worden,*
1. *Ist deßen völlige Tieffe, wie durch Eine abgesinckhte Bleyschnur erkundiget, 45 Claffter vnd 1 Schue, Thuet … 271 Schue;* [entspr. 77,5 m]
2. *Noch 2. Schue zu stuoffen und zuzuführen biß uf die Sohlen;*
3. *Von dem ersten zugeseßenen waßer, welches die Bergleüth im Februaris ao. 1669 angetroffen, biß uf die Sohlen 15. Schue.*

Und weiter heißt es: *Alß nun die feries herbey kommen, und 18 Laboranten*[437] *bey disem Bronnenbaw, beederley Religionen, ieder seinen Gottesdienst abzuwartten vorgenommen, habe ich und der Bergmann nöthig befunden, uncosten zu erspahren, außerhalb den Bergleüthen, die andern alle heimgehen: und daß werckh biß nach den feyertagen stehen zu laßen; Hat sich ergeben, daß daß waßer anizt 5 Schue weniger 1 Zoll in allem hochgestiegen.*

Man hatte also 77,5 m Tiefe erreicht. Der Versuch, den Schacht noch um weitere zwei Fuß abzuteufen, schlug fehl, da das Wasser unverhofft anstieg. Am **23. Januar 1670** heißt es: *Nachdem die Bergleüth uf Hellenstein in 14. Taglang, weilen Sie in der Tieffe vorm waßer weiter nicht miniren und schießen könden, von unden [h]in biß an die mitte zum Crantz oder Absatz, nicht allein die Ronde vollendts zugeführt, und gleich gemacht, sondern auch rings umbher die*

---
437 *Laborator* (lat.), Arbeiter, Tagwerker

Schmeer: oder lettenclütten best möglichst abgeschwemmt, gewaschen und gesäubert; hat sich durch so schnell und ohnverhofft angelassenes Regen: und Schneewaßer, auch daß waßern in solchem bronnen biß uf 12. Schuw tieff erhöhet, und auffgeschwellt; deroweg vor 2. Tagen die anstalt gemacht worden, mit 18. Mann und 6. stündigen Schichten Tag und nacht continuirlich zu schöpfen und zu trachten, wie daß waßer wider zu Sumpf: und so weit herauß gebracht werden möchte, damit die Bergleüth die verstopften 3. Schießlöcher … wider eröffnen: und die darinn erzaigte Quellen lauffen laßen köndten; Es haben aber … ohnerachtet, daß in vorgedachten 48. Stunden, ieder 18. Tonnen, zu 3. Imj[438] haltendt, und in allem berechnetermaßen 162 Eymer wasser herauff gezogen worden, mehr nit als 9. Zoll … sich gewalttigen und Erschöpffen laßen, also daß solcher Bronnen aniezt noch 11. Schue hoch mit wasser angefüllt steht.

Die Angabe hinsichtlich des geförderten Wassers ist erklärungsbedürftig. Im Klartext hieße das, dass je Stunde 18 Kübel zu 55 Liter gehoben wurden. Über 48 Stunden entspräche das dann dem Maß von 162 Württembergischen Eimern oder 47.628 Litern. Es erscheint aber mehr als zweifelhaft, dass man aus 70 m Tiefe 18 Kübel je Stunde ziehen konnte. Damit hätte man nur 3,3 Minuten pro Kübel gebraucht, was einer Hubgeschwindigkeit von 0,35 m/sec entsprochen hätte. Hier muss es sich um eine dramatische Übertreibung handeln.

Die 18 Laboranten werden am 23. Januar endgültig entlassen, da die Bergleute es für unmöglich halten, die Wasserhaltung zu bewerkstelligen. Damit war das Abteufen nach fast genau vier Jahren endgültig beendet. Der Brunnenschacht war – soweit möglich – gesäubert worden und der Absatz für die Aufmauerung vorbereitet. Den Auftrag für die Lieferung der Backsteine erteilte der Factor erst am **23. Februar 1670**, so dass die Maurer frühestens ab April mit ihrer Arbeit begonnen haben können. Für die folgenden neun Monate sind keine weiteren Berichte überliefert.

Unter dem **30. November 1670** teilt der Factor dann mit, *daß besagter Bronnenbaw vor etlichen Wochen schon … 21. Clafter oder 126 Schue hoch von dem gantzen felsen an, biß auf die eußerste höhe der Erden gleich, mit denen darzu absonderlich gemachten grossen Backensteinen aufgeführt und außgemauert: auch als die Maurer fertig: alle wasser und Bronnen dazumahlen sehr klein und seucht waren, noch dannach solcher Bronnen 6 Schue hoch und heutig tags … 9 ½ Schue tieff, mit gutem, schönen und clarem wasser befunden worden.*

Stark wechselnde Wasserstände waren also charakteristisch für den Brunnen auf Schloss Hellenstein. Besonders bemerkenswert aber ist, dass die ca. 36 m hohe Aufmauerung in etwa sieben Monaten hochgezogen werden konnte. In Abbildung 132 ist der Baufortschritt zusammenfassend noch einmal graphisch dargestellt. In der Zeit von März 1666 bis Januar 1669 erfolgte das Abteufen trotz aller Schwierigkeiten langsam aber stetig mit im Mittel ca. 1,25 m pro Monat. Für die letzten 4,5 m allerdings wurden nach dem Antreffen des ersten Wassers noch volle zwölf Monate gebraucht. Ein anschaulicher Vergleich des Baufortschrittes mit dem anderer Brunnenbauten ergibt sich aus Abbildung 29.

Die Baukosten, die sich zunächst recht gleichmäßig entwickelten, stiegen naturgemäß in der letzten Phase des Brunnenbaues überproportional an. Die Gesamtkosten, die mit rund 6.750 Gulden angegeben werden, sind dem Ende des Jahres 1670 zugeordnet, da der Aufbau des Brunnenkranzes und des kleinen Brunnenhauses sowie die Arbeiten an der Wasserkunst erst zu diesem Zeitpunkt abgeschlossen gewesen sein dürften. Erinnert sei an dieser Stelle an

---

438 Die Württembergische Maßeinheit von 1 Imi entspricht ca. 18,37 Liter.

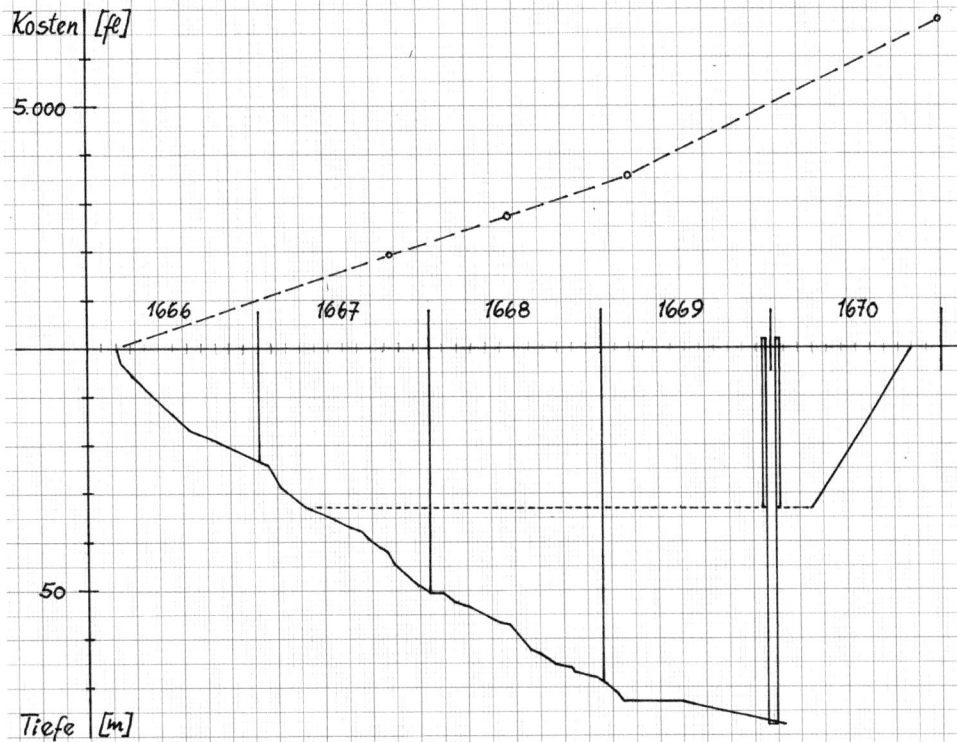

Abb. 132 Baufortschritt am Brunnen Hellenstein

den Kostenvoranschlag vom Februar 1666, der von rund 660 Gulden ohne Eisen und Stahl ausgegangen war.

Vom **11. Juni 1671** datiert eine *Specification, Waß ... bey der Underfactorei Margellstaten biß auf [dieses] Datum uf dem Schloß Hellenstein under handen habenden Bronnenbaw, sowohlen an Geldt alß auch Materialien, Außgeben und verwendet worden.* Die Aufschlüsselung der Gesamtkosten zeigt, dass der Lohn der Bergleute – wie nicht anders zu erwarten – mit 28,9 % den größten Anteil ausmacht. Rechnet man die Kosten für verbrauchtes Pulver (11,2 %), für Seile, Unschlitt und Lichte (3,6 %) sowie die Handlanger (7,3 %) hinzu, ergibt das zusammen 51 % der Gesamtkosten.

Der zweite große Kostenblock von 26,2 % setzt sich zusammen aus dem Lohn für die Schmiede (17,1 %) und Materialkosten für Eisen und Stahl (9,1 %). Vergleichsweise gering ist der Kostenanteil für Maurer, Ziegler und Steinbrecher, der mit nur 7,1 % auch die gelieferten Backsteine für die Ausmauerung beinhaltet. Auf Fuhrlöhne entfallen 4,1 %, und die Zimmerleute schlagen nur mit 3,4 % zu Buche. Die restlichen 8,3 % entfallen zur guten Hälfte auf eine Position *Umb geschirn vnd Zeug*, sodann auf Wartgeld, *Zehr: und Außloßungen* sowie Hauszins, Bretter, Latten und dergleichen.

Nicht unerwähnt bleiben darf, dass sich zwischen den Bauberichten ein zweiter, undatierter Entwurf für eine Wasserförderanlage (Abb. 133) befindet, der wohl erst nach Fertigstellung des Brunnens entstanden ist. Er zeigt ein Tretrad mit Schneckengetriebe, das senkrecht zum

Abb. 133 Wasserförderanlage mit endloser Schnecke

Wellbaum steht. Die endlose Schnecke war bereits aus vorchristlicher Zeit bekannt. Der Schneckenantrieb hatte zwar den Vorteil, selbsthemmend zu sein und große Untersetzungen zu ermöglichen, war aber mit hoher Gleitreibung verbunden, die bei ungenauer Fertigung und Lagerung zu vielfältigen Problemen führen musste. Der Vorteil dieser Konstruktion wird auch durch den mitgelieferten Randvermerk nicht erhellt, der unter anderem besagt: ... *die Spintlen ohne Endt ist zu dem Ende genaigt, damit das wasser in dem vf vnd abziehen leicht zue ziehen, vnnd nit zur Kurbel lauffen kann.*

Bereits im Jahre 1720 *ist an dem Tieffen Bronnen das Geschehl und alle rösch Thill*[439] *und wellen dergestalten vergangen und verfault, daß man alle Tag befahren muß, daß diß alles zusahmen ein: und in den Bronnen hinunder falle.* Die Wasserförderanlage war nach 50 Jahren unbrauchbar und der Brunnenkranz war – obwohl man den gelben Sandstein *mit öhltränkhung waßerbeständig* hatte machen lassen – nach dieser Zeit bereits vergangen. Ob die Wasserförderanlage mit der endlosen Schnecke danach zum Einsatz kam, ist nicht überliefert.

---

439 alle beweglichen Teile

3.11 Schloss Hellenstein in Heidenheim an der Brenz | 251

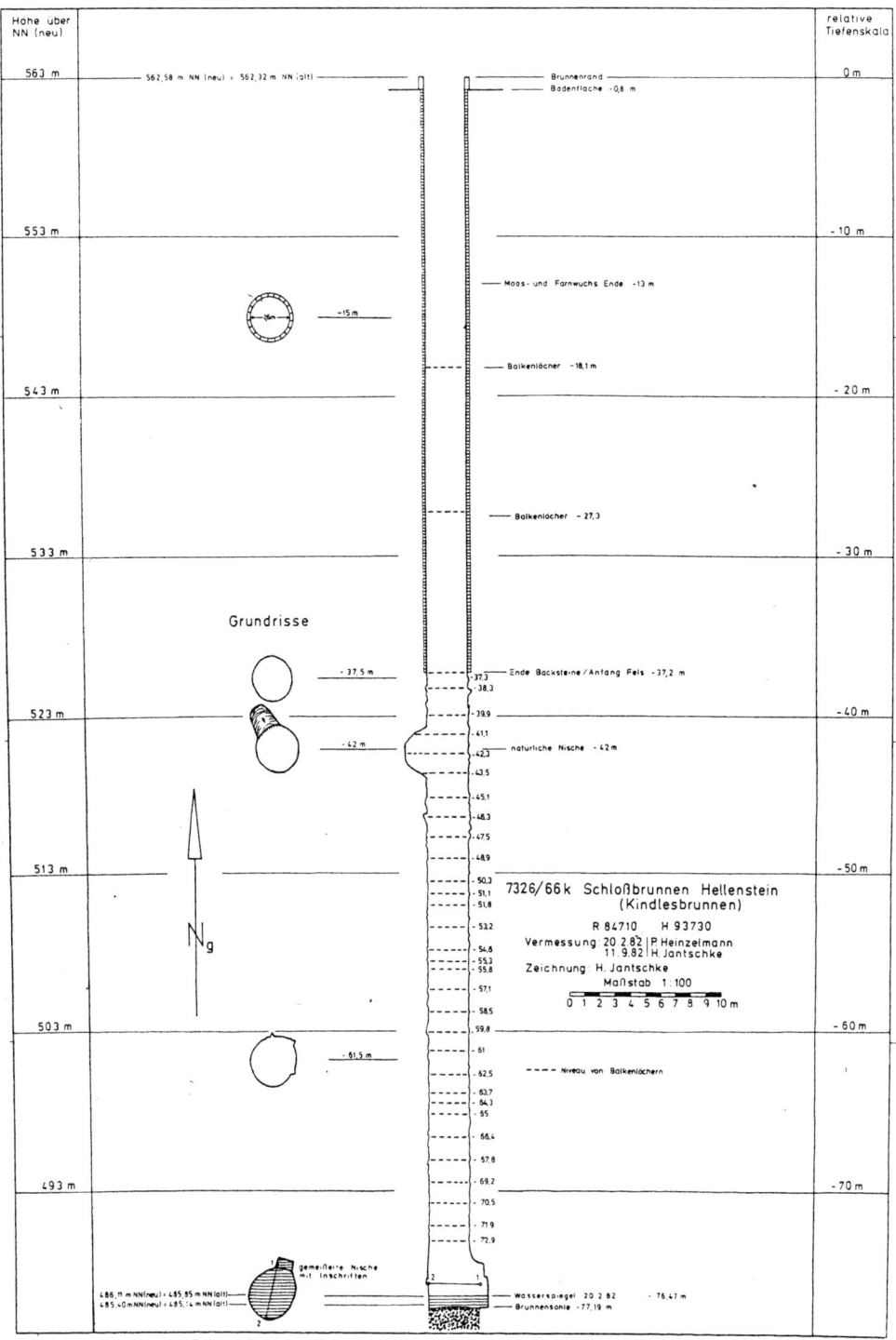

Abb. 134 Querschnitt des Brunnenschachtes von Schloss Hellenstein

Untersuchungen

Der Kindlesbrunnen, wie der Volksmund den Schlossbrunnen auf Hellenstein nennt, wurde in den Jahren 1982/1988 mehrfach durch Höhlenforscher befahren; die Ergebnisse sind in einem Untersuchungsbericht[440] dokumentiert. Wir wollen uns an dieser Stelle nicht mit den Interpretationen dieses Berichtes auseinandersetzen, da diese nach der oben stehenden ausführlichen Auswertung der Stuttgarter Urkunden weitgehend keinen Bestand mehr haben. Der veröffentlichte Schachtquerschnitt (Abb. 134) aber ist eine wertvolle Ergänzung zu den überlieferten Bauberichten.

Die Tiefe des Brunnenschachtes wurde mit 77,6 m gemessen. Da wegen des Wasserstandes bei 76,47 m darauf verzichtet wurde, die Dicke der Ab- bzw. Einlagerungen über der Sohle zu ermitteln, bleibt die ursprüngliche Tiefe nach wie vor offen. Nach der Aktenlage aber dürfte der Schacht nicht tiefer als 78 m sein.

Als Höhe der Aufmauerung im oberen Teil des Schachtes wurden 37,2 m ab der Oberkante des Brunnenkranzes gemessen. Auch dieser Wert stimmt mit den Aussagen der Urkunden gut überein. Die Differenz von ca. 1 m resultiert aus der Höhe des Brunnenkranzes. Eine gleich gute Übereinstimmung ergibt sich hinsichtlich des gemessenen Durchmessers von 2,60 m.

Von den weiteren Ergebnissen des Untersuchungsberichtes erscheinen uns die folgenden bemerkenswert:

1. Die Rüstlöcher

Während im oberen, aufgemauerten Abschnitt des Brunnenschachtes Rüstlöcher in den für Klettergerüste üblichen Abständen vorhanden sind, wurden unterhalb von 37 m insgesamt 31 Rüstebenen auf einer Länge von nur 35,6 m dokumentiert. Das System der in den Fels eingearbeiteten Rüstlöcher deutet auf jeweils zwei Lagerbalken hin, deren Ausrichtung und Abstand in allen Fällen gleich ist. (Abb. 38) Die geringen Abstände zwischen 1 m und 1,5 m ergaben sich wohl aus dem Arbeitsablauf, der erforderlichen Arbeitshöhe unter der jeweils letzten Gerüstlage und der Möglichkeit eines schnellen Aufstiegs in eine Höhe, in der man bei der Sprengung durch die Bohlenlagen auf den Lagerbalken einigermaßen geschützt war. Es scheint nicht ausgeschlossen, dass hinter der Aufmauerung im oberen Teil des Schachtes eine ähnliche Anordnung von Rüstlöchern vorhanden ist.

Da ständig Abraum aus dem Schacht gehoben werden musste, war es sinnvoll, die Balken der Rüstebenen jeweils annähernd parallel übereinander anzuordnen. Möglicherweise hat man die Rüstebenen auch wieder aktiviert, als in der letzten Bauphase versucht wurde, die Wasserhaltung mit hohem Personalaufwand zu bewerkstelligen.

2. Die angeblichen Bohrlöcher

Bei der Untersuchung im Jahre 1988 will man Reste von Bohrlöchern an der Schachtwand im unteren Teil gefunden haben. Das Sprengen aber hatte den Sinn, das Gestein im Umkreis des Bohrloches gebrech zu machen, um es danach leichter abbauen zu können. Die Anzahl der erforderlichen Bohrungen und deren Verteilung auf der Grundfläche ergaben sich aus den erfahrungsgemäß zu erwartenden Wirkbereichen um die Bohrlöcher. Es wäre demnach wi-

---
440 Heinzelmann und Jantschke, a.a.O.

dersinnig gewesen, Bohrlöcher am äußersten Rand anzulegen. Sie waren hier nicht nur extrem schwer herzustellen – bei einer Sprengung im Randbereich wäre gerade der Fels aufgelockert worden, der doch stehen bleiben sollte bzw. musste.

Die Nacharbeiten, d. h. das Ausbrechen des Gesteins, insbesondere aber das Abarbeiten der Schachtwand *in die Ronde* erfolgte grundsätzlich bergmännisch, wie auch die Berichte des Factors vom 11. Februar und 31. Juli 1669 sowie vom 23. Januar 1670 belegen. Man war froh, im unteren Abschnitt des Schachtes auf eine Ausmauerung verzichten zu können, weil der Fels dicht und standfest war. Niemand wäre hier auf die Idee gekommen, unmittelbar an der Schachtwand zu sprengen. Die *wenigen an der Schachtwand erhaltenen Reste*[441] von Bohrungen können also keine Reste von Bohrlöchern für Sprengungen gewesen sein.

3. Die Schutznische

Erwähnt wurde bereits die Nische für den Brunnenputzer am Ende des Schachtes. Im Bericht vom 9. Oktober 1669 hatte es geheißen, dass die Bergleute noch *Ein oder 2. benöttigte Außständt verfertigen müeßen; sich deren sowohl bey säuberung: alß auch under wehrendem völligen außmachen deß Bronnens, haben fueglich zu gebrauchen*. Wie üblich, ist es dann aber bei einer Nische geblieben, deren Abmessungen allerdings mit einer Höhe von ca. 3 m, einer Breite von ca. 1 m und einer Tiefe von ebenfalls ca. 1 m geradezu komfortabel sind. Wie hoch über der Sohle diese Schutznische angeordnet wurde, konnte wegen der unterlassenen Räumung nicht festgestellt werden. Zum Zeitpunkt des Aufmaßes lag die Schutznische teilweise im Wasser.

4. Die Aufmauerung

Eine Besonderheit des Hellensteiner Brunnens sind die im oberen Schachtabschnitt mit Kalkmörtel vermauerten Backsteine. Ihre Abmessungen werden im Untersuchungsbericht mit 27 x 13 x 7 cm angegeben.[442] Wie die Länge bzw. Tiefe von 27 cm festgestellt wurde, wird nicht gesagt. Ein zugehöriges Foto zeigt einen halbsteinigen Läuferverband mit dem Seitenverhältnis von 2 zu 1.

Gemäß der Vergabe vom 23. Februar 1670 sollten Steine *lang 15 Zoll, vornen 8: hinden braitt in 13: und dickh 3 Zoll* hergestellt werden. Demnach wären heute Sichtflächen im Verhältnis von 2,7 zu 1 zu erwarten gewesen.

Andererseits wird die Mauerstärke im Untersuchungsbericht mit 35–40 cm angegeben, was bei den angeblich festgestellten Steinformaten kaum plausibel erscheint. Mit der überlieferten Länge von 15 Zoll aber wäre eine solche Mauerdicke denkbar, auch wenn wir nicht wissen, ob der Normalfuß zu zehn Zoll oder der Werkfuß zu zwölf Zoll gemeint gewesen ist. Die Dicke könnte sich demnach zwischen 36 und 43 cm bewegen.

In den Bauberichten sind zwischen März 1669 und Februar 1670 drei verschiedene Vorgaben des Baumeisters bezüglich der Steinformate festgehalten. Da die Belege aber zum Ende der Bauzeit hin nur noch lückenhaft überliefert sind, können wir nicht ausschließen, dass er die Breite der Steine nach der Vergabe nochmals um zwei Zoll verringern ließ. Das Grundformat als Kreisringsegment aber wird man beibehalten haben. Insoweit ist die Formatangabe aus dem Untersuchungsbericht irreführend.

---

441 Heinzelmann und Jantschke, a.a.O., S. 236

442 Das zweite angegebene Maß 27 x 14 x 7 cm ändert an der Sachlage nichts.

3.12 Die Burg Homberg an der Efze

Die Burg Homberg, zuweilen auch Hohenburg genannt, erhebt sich auf einem Basaltkegel oberhalb der gleichnamigen hessischen Stadt an der Efze. Die Ersterwähnung der Burg im Jahre 1162 geht zurück auf einen Rentwich de Hohenberc.

Nach dem Übergang der Burg Homberg an den Landgrafen von Hessen begannen ab dem Jahr 1451 umfangreiche Umbauten und Ausbauarbeiten. Wie die Burg davor ausgesehen hat, ist nicht überliefert. Bekannt ist nur, dass der Turm bereits 1431 vom Blitz getroffen und danach nicht wieder aufgebaut wurde. Im Jahre 1472 fiel das Nutzungsrecht der Burg an den Bruder des Landgrafen, Erzbischof Hermann von Köln, der ab 1504 den Umbau der Anlage zu seinem schlossartigen Sitz veranlasste.

Mit dem Tode des Erzbischofs im Jahre 1508 fällt die Burg an den Landgrafen zurück. Die erste größere Baumaßnahme am „Hermann'schen Schlößchen" folgt knapp 100 Jahre später. In der Zeit zwischen 1605 und 1613 entsteht ein Brunnen, der hinsichtlich seiner Tiefe und seines technischen Anspruchs zu den herausragendsten Bauwerken für die Wasserversorgung einer Höhenburg zählt.

Die Antwort auf die Frage, warum der Bau eines solchen Brunnens erforderlich wurde, ergibt sich wohl aus der Persönlichkeit des Bauherrn. Landgraf Moritz (1592–1627), der mit 20 Jahren die Regentschaft übernommen hatte, war ein Mann von hoher Bildung; seine militärische Unfähigkeit und seine Verständnislosigkeit für die politische Realität aber sollten die Landgrafschaft Hessen-Kassel schon bald in eine wirtschaftliche Krise stürzen.[443] So ist der Bau des tiefen Brunnens auf dem befestigten Platz über der Stadt Homberg als eine der ergänzenden Maßnahme zu sehen bei dem Versuch, den Plan eines Landesdefensionswerkes wirksam umzusetzen.[444] Homberg war Standort des 4. Fähnleins mit 120 Defensionisten im Quartier an der Schwalm.

Schon zu Beginn des Dreißigjährigen Krieges hatte Moritz nicht nur das fürstliche Vermögen sowie den Kriegsschatz von 330.000 Gulden verschleudert, sondern darüber hinaus seinem Land eine Schuldenlast von einer Million Talern[445] aufgebürdet. Mit dem Einmarsch der Liga-Truppen unter Tilly zeigte sich dann das völlige Versagen der von ihm organisierten Landesverteidigung. Der Landgraf konnte fliehen, musste aber auf Drängen der Stände im Jahre 1627 abdanken. Als Sündenbock wurde sein Kanzleidirektor nach einem Schauprozess ein Jahr später öffentlich hingerichtet. Möglicherweise ist die horrende Summe von angeblich 25.000 Gulden, die für den Brunnenbau auf der Burg Homberg ausgegeben worden sein soll[446], im Lichte dieser Zusammenhänge zu sehen.

Den Ausbauzustand der Burg im Jahre 1613 zeigt Abbildung 136. Wir sehen keinen Turm, abgeräumte Gebäude an der Südseite, von denen nur noch die Keller vorhanden sind und ein Gewölbe (Nr. 20) tief unter der Erde, das neben dem Brunnen (Nr. 21) auch noch zwei große Zisternen (Nr. 22) enthält. Das Brunnengewölbe liegt unter einem weiträumigen Schlossplatz (Nr. 16), der nur im Norden und Osten von größeren Gebäuden begrenzt wird. Eine bescheidene Vorburg wurde noch rechtzeitig vor Beginn des Dreißigjährigen Krieges erstellt.

---

443 Demandt, K. E.: Geschichte des Landes Hessen, Kassel 1972, S. 245 ff
444 Thies, G.: Territorialstaat und Landesverteidigung. Das Landesdefensionswerk in Hessen-Kassel unter Landgraf Moritz, Quellen und Forschungen zur hessischen Geschichte Bd. 23, Hrsg. Historische Kommission für Hessen, 1973, S. 158 ff
445 Zu dieser Zeit entspricht dem ein Betrag von ca. 1,23 Millionen Gulden.
446 Landau, G.: Die hessischen Ritterburgen und ihre Besitzer, Bd. 4, Cassel 1839, S. 346

Abb. 135 Ansicht der Burg Homberg, 1605

Es ist die Ironie der Geschichte, dass die Burg bzw. das Schloss schon bald nach der Fertigstellung des tiefen Brunnens niedergebrannt wurde. Notdürftig wieder hergerichtet erfolgte im Jahre 1640 die völlige Zerstörung. Die ruinierte Burg aber diente kaiserlichen Truppenteilen weiterhin als Stützpunkt, weil der Brunnen unversehrt geblieben war. Während der Belagerung Anfang 1648 soll der Kommandant seine Lage wie folgt geschildert haben: *Kein Brunnenseil und die Soldaten leiden Mangel an allem. Ohne Hoffnung harren wir aus im Steinhaufen und sehen unserem Ende entgegen.*[447] Nachdem die Ruine für Hessen zurückerobert worden war, blieb sie ungenutzt. Der Brunnen wurde verschüttet.

Überlieferungen zum Brunnenbau
Die Urkundenlage über den Bau des Brunnens ist lückenhaft.[448] Der erste Bericht datiert vom 1. Januar 1606 und nennt eine erreichte Tiefe von 18 Lachtern.[449] Im Jahr 1606 werden noch 17½ Lachter zusätzlich abgeteuft. *Zu diesen 17 ½ Lachter haben die Bergleute 48 Wochen gearbeitet. Die anderen vier Wochen haben sie mit Hochzeiten, Kindtaufen und feierlichen Festzeiten zugebracht.* Diese Zahlenverhältnisse erlauben den Schluss, dass Anfang des Jahres 1605 mit den Arbeiten begonnen wurde.

Am 13. Juni 1607 berichtet Rentmeister Leuchter, dass 45 Lachter erreicht seien. *Wann dann solcher Bronnen Schacht durch Gottes hülff Und fleißige fortgetriebene arbeit bieß in die 45 Lachtern Tieff gpracht, Und sich itzo in den beiden Stößen, so nach dem HausBronnen senken, also anlasset, dass da selbst das wasser geffüret wirtt, … Und dahero zu hoffen, dass man gewißlich der Quelle nahe sein werde, im jetzigen auf -2 Lachtern getroffenen gedinge, so sie den 8. Mai … zu sinke angefangen, das Wasser fallents an Zutreffen …*

Wie bei der **Leuchtenburg** [6] findet sich also auch hier der Hinweis darauf, dass das Abteufen des Schachtes in relativ kurzen Abschnitten (hier zwei Lachter) vergeben wurde. In diesem Fall verbindet sich dieses Vorgehen zwar mit der Hoffnung des Auftraggebers, inner-

---

447 Hause, H.: Die Burgruine Hohenburg auf dem Homberger Schloßberg, Hrsg. Burgberggemeinde e.V. Homberg, 2001
448 Soweit nicht anders erwähnt, stützen wir uns hier auf die Aufzeichnungen von Dr. Georg Textor, Gründer der Burgberggemeinde, wie sie Eingang gefunden haben in den Beitrag von Oskar Breiding, a.a.O. Die Originale der zitierten Urkunden waren im StA Marburg nicht mehr auffindbar.
449 Der Lachter als Längenmaß im Bergbau schwankte regional zwischen 1,7 m und ca. 2 m. Es konnte nicht geklärt werden, welcher Berglachter dem konkreten Fall zugrundeliegt.

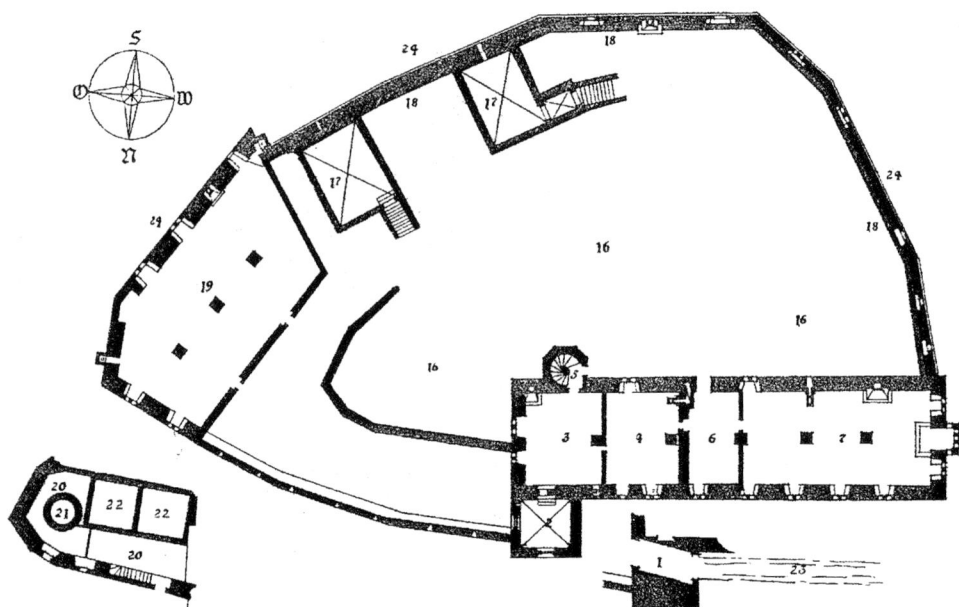

Abb. 136 Grundriss der Burg Homberg, 1613

halb dieser zwei Lachter auf Wasser zu stoßen; ansonsten aber war es bergmännische Praxis, da der Lohn jeweils anhängig gemacht wurde vom Schwierigkeitsgrad der Arbeit.

Der angesprochene Hausbronn, von dem die Bewohner der Burg ihr Frischwasser zu holen pflegten, ist als Bezugshöhe in einer Zeichnung (Abb. 137) von Wilhelm Dilich dargestellt, die auf den 7. Februar 1608 datiert ist und im Zusammenhang mit dem Arbeitsfortschritt zu diesem Zeitpunkt steht. Die Hoffnung, in der Quellebene des Hausbronns auf Wasser zu stoßen, erfüllte sich nicht.

Mit 45 Lachtern befinden sich die Bergleute also bereits in einer Tiefe von mehr als 75 m. Offensichtlich sind deshalb auf der Baustelle Maßnahmen zur Bewetterung des Schachtes eingeleitet worden. Rentmeister Leuchter berichtet, *so warten auch tag und nacht auf den plasbalck 2 Mann*. Acht Bergleute sollen in vier Schichten zu je sechs Stunden arbeiten. Am 12. August 1607 ist man bei diesem Einsatz bis auf eine Tiefe von 48 Lachtern gekommen. Nimmt man den Berglachter hier zu zwei Meter an, würde sich daraus ein täglicher Fortschritt von 11 bis 12 cm ergeben. Da der Querschnitt des bergmännischen Schachtes bei wenigstens 3 x 3 m gelegen haben dürfte, entspräche das einem abgebauten Volumen von einem Kubikmeter Basaltgestein pro Tag.

Bemerkenswert ist der Hinweis aus diesem Baubericht, die Steinhauer hätten *in fleißiger arbeit / außer was auf dem Schloss vorhanden / 300 Schuh aus 13 Circuly* [auf Vorrat gefertigt], *das also zu künfftiger Notwendigkeit und schleuniger fortbringung des Bronnens kein Mangel sein wird*. Es geht um das Material für die spätere Aufmauerung des Schachtes. Es ist nicht überliefert, wann man begonnen hatte, die Quader dafür auf Vorrat zu produzieren. Wir werden aber sehen, dass es noch lange dauern wird, bis diese Steine verwendet werden.

Vom 7. Februar 1608 datiert der nächste überlieferte Baubericht, zu dem die oben bereits erwähnte Zeichnung (Abb. 137) gehört. Man hat zwischenzeitlich eine Tiefe von 56 ½ Lach-

3.12 Die Burg Homberg an der Efze | 257

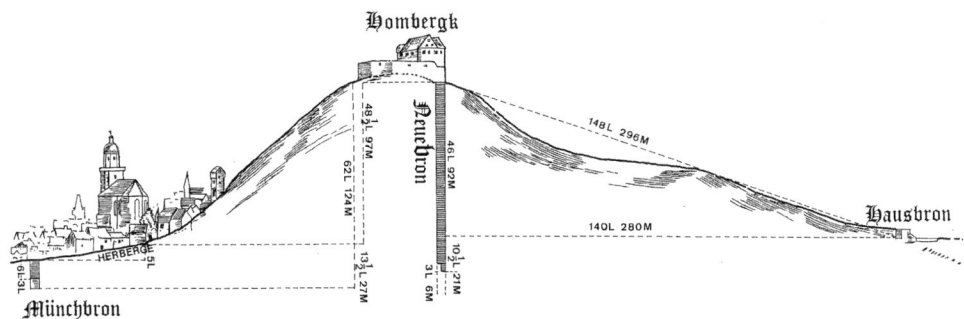

Abb. 137 Schnittzeichnung vom Burgberg

tern erreicht und immer noch kein Wasser gefunden. Aus der Zeichnung von Dilich geht hervor, dass man jetzt hoffnungsvoll auf das Niveau des Münchsbronn schaut. Dessen Schachtsohle aber liegt noch 19 Lachter tiefer. Beiläufig erwähnt der Rentmeister, dass es 100 Gulden und mehr kostet, einen Lachter abzuteufen. Mit *unbetrüglichem Lachtermaß*, d. h. mit geölter Schnur, wird am 17. April 1608 eine Tiefe von 56 Lachtern 2 ½ Schuh gemessen. Die Ausgaben bis dato werden mit 6.100 Reichstalern (ca. 7.500 Gulden) angegeben. Daraus ergibt sich, dass die eingangs genannten Gesamtkosten von 25.000 Gulden um mehr als das Doppelte zu hoch sein müssen.

Auffällig in den Stadtrechnungen[450] der Jahre 1608 bzw. 1609 sind Ausgabenposten, wonach der Stadtschmied Georg Waitz 3.700 bzw. 1.030 Spitzen gemacht hat, jeweils 100 zu 3 ½ Albus.[451] Es steht zu vermuten, dass es sich bei diesen Arbeiten um das Nachschärfen der Bergeisen für die Bergleute auf der Burg Homberg gehandelt hat.

Über den weiteren Bauablauf, soweit er das bergmännische Abteufen des Schachtes bis zur Endtiefe von 150 m betrifft, sind keine Bauberichte überliefert. Am 17. April 1608 stehen noch ca. 38 m aus, was – gemessen am bisherigen Fortgang – einer Bauzeit von wenigstens zwei weiteren Jahren entsprochen haben dürfte. Aber es scheint nicht alles planmäßig verlaufen zu sein. In der Homberger Amtsrechnung von 1609 werden 310 Stämme zur Beseitigung eines Brunnenschadens erwähnt. In der Rechnung von 1610 sind es 109 Stämme *zu Kragstempeln, als der Bronnen schaden genommen und oben vom tage herein von Neuem verzimmert und verbauet worden*. Fünf Jahre nach Beginn der Arbeiten muss es also eine Unterbrechung des Bauablaufes gegeben haben (Abb. 29), weil die Auszimmerung des bergmännischen Schachtes versagte. Wir vermuten daher, dass das Abteufen des Schachtes erst zu Anfang des Jahres 1612 beendet wurde.

Unter dem 2. April 1612 berichten *Hanns Muller* und *Hans Meürer* dem Landgrafen[452], *das wir diensttages morgenns, Ehe die Arbeitter ahn gefahren, die höe des Waßers gemeßen, weill den solches vom Osterabendt umb 12 uhr gestanden biß auf den diensttag umb 4 uhr, haben wir befunden, das Gott Lob das Waßer im Brunnen 1 ½ schus gewachsen, des Huhe altzeitt 8 schue*

---

450 StA Marburg, Bestand 330 Homberg, Verz. 1 Amtsbücher

451 Albus (Weißpfennig), ein Silbergroschen, seit 1362 geprägt, dessen Wert bis zum 17. Jh. auf ½ Batzen (2 Kreuzer) gefallen war.

452 StA Marburg, Bestand 17 e Homburg/Efze, Nr. 30

vndt 6 Zoll befunden worden, vndt stehen der hoffnung, wenn sich das Erdtrich vndt Klüfte mitt dem waßer erfüllen, das solcher Brunnen ahn waßer von tag zu tag zu nehmen solde, voraus.

Als Zweites wird indirekt mitgeteilt, dass mit dem Aufmauern des Schachtes begonnen wurde. Die Grundsteinlegung habe man selbst vorgenommen. *Wan dan auch … Im anfang des Brunnens aus zu mauern den grundt stein ahn stat vndt nahmen e[uer] f[ürstliche] g[naden], weil die selbe ahn solchen ortt selbestens parsohnlichen nicht kommen konnen, ich vor meine geringe vndt wenige persohn legen müßen vndt das die arbeiter deswegen … will ein altes herkommen vnderthenigk bitten, … Ihnen aus gnaden eine gnedige verehrung geben zu laßen.*

Vom Mai 1612 ist ein *Vertzeuchnis des Brunnenbaues zu Homburgk* überliefert, in dem es zum Wasserstand heißt: *Das waßer pleibet in seinem Stande, ob man schon die 2 großen donnen, ein jedes von 72 maßen* [rd. 75 Liter]*, ein Schicht gehen lest, das sein acht Stunden, so befindet man doch Nach vor fahrenn Schicht 8 schu 9 Zoll, das also das Waßer In seinem vollen Stande pleibet.*

Anknüpfend an die Mitteilung vom 2. April über die Grundsteinlegung heißt es jetzt: *Seindt mitt dem gemaurr aus dem Fundimendt auf gefahren – 15 Lachtern 2 schu.*[453] Wir hatten gesehen, dass man bereits im Jahre 1607 dabei war, Quader auf Vorrat zu fertigen. Diese gute Arbeitsvorbereitung hat dann wohl mit dazu beigetragen, dass in kaum zwei Monaten ca. 30 m Schachtmauerwerk aufgesetzt werden konnten. Setzt man ein weiterhin gleichbleibendes Arbeitstempo voraus, wäre der Abschluss der Maurerarbeiten schon im Frühjahr 1613 denkbar. (Abb.29)

In das Jahr 1612 fällt folgender Ausgabevermerk: *5 ¾ Wagen Schiebersteine seind diß jahr aufm schloß und zum Ausmauern des Bronnens zum Verzwicken gebraucht* [worden]. Unebenheiten der Steinquader wurden beim Versetzen mit dünnen Schieferplättchen ausgeglichen. Der größte Teil des Schiefers aber wurde in die Rückseite des Mauerwerkes eingearbeitet, um die Ringe zu stabilisieren.

Neben dem Brunnenbau muss bis zum Jahre 1614 auch noch das unterirdisch eingewölbte Brunnenhaus mit den beiden großen Zisternenbecken vollendet worden sein. Es existiert ein *Inventarium Etzlicher Bauw Materialien, so aufm Schloß Hombergk nach außgebawtem Bronnen, den beyden Cysternen, item des Bronnen Gewölbes, und darüber gefertigten Mauren … noch im Vorrath Anno Domini 1614.* Das, was Wilhelm Dilich im Jahre 1613 im Grundriss (Abb. 136) unterhalb des Schlossplatzes dargestellt hat, war also gerade erst fertig geworden bzw. stand unmittelbar vor der Fertigstellung.

Sieben Seile zwischen 73 und 113 Lachter Länge waren nach Abschluss der Arbeiten verblieben, daneben ein Blasebalg und 531 Satz Bergeisen. Aufhorchen lassen muss die Position *vier beschlagene Rollen zur Hängebühne, 4 eiserne Nägel in die Rollen.* Es ist aber kaum denkbar, dass das Aufmauern des Schachtes von einer Hängebühne aus erfolgte. Dies umso weniger, als im Zuge der Ausräumung des Schachtes in den Jahren 1997 bis 2001 Rüstlöcher in einer einmaligen Anordnung im Schachtmauerwerk dokumentiert wurden.

Untersuchungsergebnisse
Der Initiative der Homberger Burgberggemeinde ist es zu danken, dass der Brunnen in den Jahren 1997 bis 2001 wieder vollständig geräumt wurde. Von dieser Beräumung existiert ein

---

453 1 Berglachter zu 7 Schuh

Abb. 138 Der Brunnen und die Zisternen im Jahre 2006

Grabungsbuch[454] mit Handskizzen baulicher Details. Bei einer erneuten Befahrung im August 2008 konnten weitere Erkenntnisse gesammelt werden.

Nach Sanierungsmaßnahmen im Kopfbereich misst der Schacht heute eine Tiefe von 150 m. Er ist auf den untersten 10 m mit Sandsteinen aufgemauert. Für die darüber liegenden 140 m wurden Tuffsteinquader verwendet. Die Sandsteinformate sind deutlich kleiner als die der Tuffsteine. (Abb. 139) Der Grund dafür mag in der leichteren Handhabung liegen, die dem Arbeitsablauf im Bereich der Wasserhaltung zugutekam. Zangenlöcher sind an keinem der Quader im gesamten Schacht vorhanden. Für das Versetzen der Steine mit dem Wolf ist die Materialstärke von 20–25 cm zu gering. Es ist aber unwahrscheinlich, dass insbesondere die Tuffsteinquader von Hand versetzt werden konnten.

Der Innendurchmesser des Schachtes beträgt ca. 2,30 m. Die Ausmauerung steht trotz einiger Störungen des Gefüges (vornehmlich im Übergangsbereich zwischen Sand- und Tuff-

---

454 Grabungsbuch 1997–2001, geführt von Dr. Rainer Nier-Glück, Löffingen

Abb. 139 Materialwechsel bei der Schachtausmauerung

steinen) augenscheinlich absolut senkrecht. Die Störungen resultieren zum einen aus Qualitätsunterschieden des Steinmaterials und Schäden infolge des Setzungsdruckes. Zum anderen deuten aufgeweitete Fugen, verdrehte Steine und eine leichte örtliche Ausbeulung auf frühere Erdbewegungen hin. Im oberen Teil des Tuffstein-Mauerwerkes zeigen sich Beschädigungen, die wohl beim Abwurf von Materialien im Zuge der Verfüllung des Schachtes entstanden sind.

Die Ausmauerung ist im Muschelkalk flach gegründet. In der Mitte des Schachtbodens wurde eine muldenförmige Vertiefung von ca. 80 cm Durchmesser als Sumpf ausgearbeitet.

Bemerkenswert ist eine Stelle in etwa halber Tiefe, wo der anstehende Basalt Teil der Schachtwand wird und Zwischenräume zwischen der Tuffsteinausmauerung und dem Fels mit Ziegelsteinen zugesetzt wurden.

Wie vom Brunnenrand aus leicht einzusehen ist, liegen sich in der Schachtwand jeweils zwei Rüstlöcher im Abstand von 80 cm paarweise gegenüber. (Abb. 140) Und so weit das Auge reicht, sind sie im Abstand zweier Steinschichten in senkrechter Folge übereinander bis weit in den Schacht hinein angeordnet. Ausgebildet sind sie als Aussparungen von 10/10 bzw. 12/12 cm in der Unterseite der Decksteine. Gemäß dem Grabungsbuch wie auch der Inaugenscheinnahme bei der Befahrung von 2008 sind die Rüstlöcher auf ganzer Höhe der Ausmauerung vorhanden. Eine Unregelmäßigkeit stellt der Versatz um 40 cm in einer Tiefe von 43,30 m dar, ohne eine dazwischenliegende Steinschicht. (Abb. 141)

Die Ausnehmungen für die Rüstlöcher in der Unterseite der Decksteine mussten vor dem Einbau hergestellt werden. Die Anlage dieser Nuten erforderte eine vorausschauende Planung von höchster Genauigkeit, damit nach dem Einbau der Schichten im Verband der Quadersteine möglichst keine übereinanderliegenden Stoßfugen entstanden. Da aber die Quader keine einheitlichen Breiten aufweisen, muss es Einbauhilfen gegeben haben, d. h. Zeichen

3.12 Die Burg Homberg an der Efze | 261

Abb. 140 Einblick in den Brunnenschacht

oder Markierungen, die sicherstellten, dass jeder Stein an seinen vorbestimmten Platz kam. Wir müssen wohl davon ausgehen, dass sie jeweils auf der Oberseite der Quader angebracht waren und daher heute im eingebauten Zustand nicht mehr zu sehen sind.

Vereinzelt wurden auch auf den Sichtflächen der Quader Markierungen festgestellt, wie sie als Schichthöhenzeichen (Kap. 2.3.2.2, Steinmetzzeichen) typisch sind. Dabei handelt es sich zum einen um Zeichen analog den römischen Ziffern I, II, III und V, zum anderen um arabische Zahlzeichen 2, 3 und 4. Ein Zusammenhang dieser Zeichen mit bestimmten Schichthöhen oder der Ausrichtung der Rüstlöcher konnte aufgrund ihrer Anzahl und Verteilung nicht nachgewiesen werden und ist u. E. hier auszuschließen.

Die Rüstlöcher dienten der Aufnahme zweier Tragbalken für das Arbeitsgerüst der Maurer, ausgelegt auf das Körpergewicht der Männer, die die herabgelassenen Quader von dieser Ebene aus in die richtige Position zu bugsieren hatten. Da die Höhe der Quaderlagen mit jeweils ca. 0,5 m angegeben wird, heißt das, dass – abgesehen von der Stelle des Versatzes – eine Anpassung der Gerüsthöhen in Abständen von jeweils einem Meter vorgenommen wurde.

Offen bleibt zunächst die Frage, warum man auf die strenge vertikale Ausrichtung der Rüstlöcher übereinander Wert legte und wie der Versatz zustande kam. Eine vertikale Ausrichtung ließe sich nur im Zusammenhang mit der Freihaltung eines über alle Ebenen gleich großen Fördertrums erklären. Das aber war in der Phase des Aufmauerns nicht mehr erforderlich.

Für ein Hilfsgerüst, wie es später bei Bergungsarbeiten erforderlich werden konnte, hätten weit weniger Rüstebenen gereicht. Für den Einbau eines Arbeitsgerüstes aber war die Anordnung der Ausnehmungen in der Unterseite der Decksteine ideal. Der auf die Zwischenschicht aufgelegte Tragbalken konnte durch das Eigengewicht des aufgesetzten Quaders mit der vorgerichteten Nut problemlos und ausreichend fixiert werden.

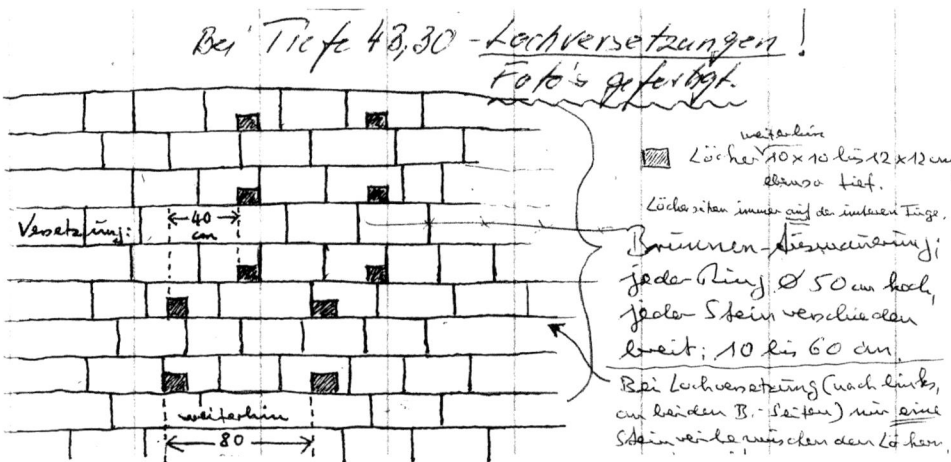

Abb. 141 Anordnung der Rüstlöcher gemäß Grabungsbuch

Aus dem Grabungsbuch (Abb. 142), bestätigt durch die eigene Befahrung am 18. August 2008, wissen wir, dass in der Tiefe zwischen 86 und 136 m insgesamt sechs, abwechselnd um ca. 180 Grad gegeneinander versetzte Nischen (Abb. 143) vorhanden sind. Mit ca. 2 m Höhe und jeweils 75 cm Breite bzw. Tiefe könnte es sich um Schutznischen handeln, zumal oben teilweise die Kopf-Schulter-Partien nachgeformt scheinen.

Anzahl und Anordnung der Nischen geben Rätsel auf. Die Unterste liegt viel zu hoch über der Schachtsohle und dem heutigen Wasserspiegel, als dass sie für die Brunnenreinigung einen praktischen Nutzen hätte haben können. Die These, wonach solche Schutznischen im Zusammenhang stehen könnten mit Bauunterbrechungen für Reparaturarbeiten, scheint hier zu versagen. Die Bauzeit für das Aufführen der Ausmauerung war dafür zu kurz. Aber ohne Not wird man sich nicht die Mühe gemacht haben, diese Nischen auszubilden, zumal die Statik der Schachtausmauerung dadurch empfindlich gestört wurde.

Möglicherweise aber stehen diese Schutznischen im Zusammenhang mit der besonderen Art der späteren Wasserförderung aus dem tiefen Brunnen. Überliefert ist nur, dass es hier speziell ausgebildete Esel waren, *so das Bronnenrad aufm Schloß tretten*[455], d. h. die im Tretrad liefen. Der Pförtner der Burg **Spangenberg** soll zwei Esel *daselbst abgerichtet, anhiro geliefert und im Bronnenrad angeführt* haben. Über die Bauart der Förderanlage ist sonst nichts bekannt. Der Hinweis in dem zitierten Verzeichnis vom Mai 1612, wonach das Wasser mit zwei großen Tonnen (im Pendelbetrieb) gezogen wurde, entspricht der üblichen Praxis während der Bauphase, wo man den Arbeitern körperlichen Einsatz abverlangte. Mit der Fertigstellung des Brunnens aber musste eine andere Anlage installiert werden, die eine regelmäßige Wasserförderung ohne größeren Anstrengungen ermöglichte.

Wie wir am Beispiel der Burg **Breuberg** [7] erläutert haben, war der Einsatz von Eseln beim Antrieb eines Tret- bzw. Laufrades nur dann sinnvoll und möglich, wenn das Rad beständig die gleiche Drehrichtung beibehalten konnte. Wer hätte das störrische Tier – wie beim

---

455 Breiding, a.a.O., S. 86

3.12 Die Burg Homberg an der Efze | 263

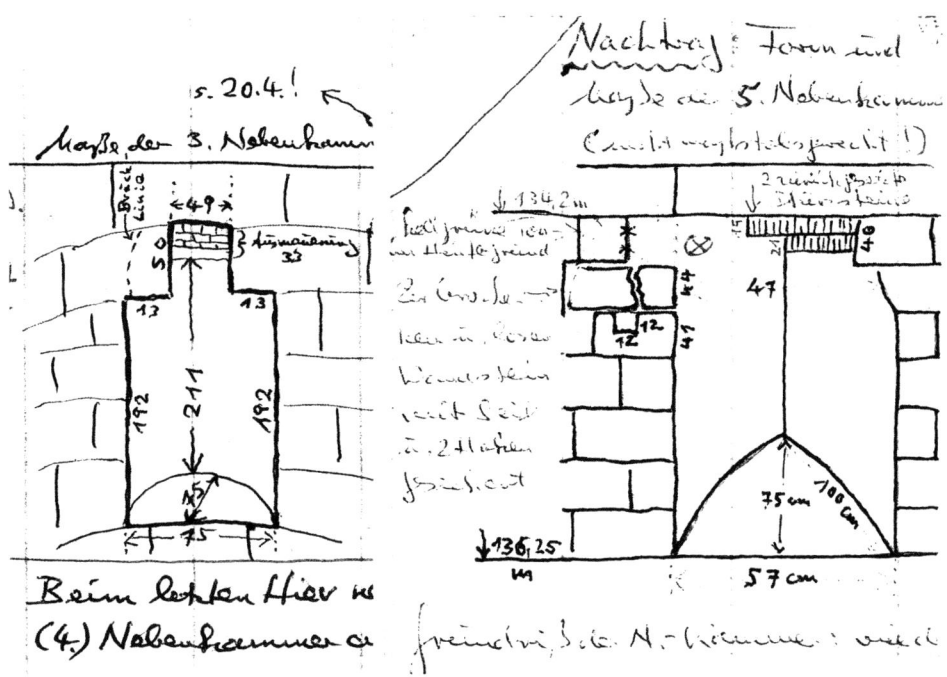

Abb. 142 Ausbildung der Nischen gemäß Grabungsbuch

Pendelbetrieb mit zwei Kübeln erforderlich – nach jedem Hub im Radkäfig umdrehen wollen? Wir gehen daher davon aus, dass auf der Burg Homberg – wie auch auf dem Breuberg – einstmals ein Schöpfbecherwerk zur Wasserförderung im Betrieb war, zumal auf der Burg **Spangenberg**, von der die dressierten Esel gekommen sein sollen, wohl gleichfalls auf diese Art Wasser gezogen wurde. Zudem legt auch die Bauzeit des Brunnens die Verwendung einer „modernen" Fördertechnik nahe.

Unter Berücksichtigung einer solchen Technik könnte die Vielzahl der Rüstebenen und die strenge Ausrichtung der Rüstlöcher einen zusätzlichen Sinn ergeben. Nachdem sie für die Hilfsgerüste beim Aufmauern nicht mehr benötigt wurden, ermöglichten die in den Rüstlöchern verbliebenen Stakhölzer die Herstellung eines Fördertrums aus senkrechten Brettern. Durch einen solchen Einbau in Schachtmitte konnte das seitliche Ausschwingen der Becherketten begrenzt werden. Und in dem Bereich, wo gemäß ihrer Erfahrung die größten Abnutzungen zu erwarten waren, legte man vorsorglich die sechs Schutznischen an im Hinblick auf die absehbar notwendigen Reparaturarbeiten an den hölzernen Einbauten.

Versuche an der Technischen Universität Graz[456] mit einem 15 m langen Kettenzug ergaben, dass die Kette durch den sogenannten Polygoneffekt ins Schwingen geriet und die Maximalwerte im Bereich zwischen ca. 8 m und 14 m lagen. Der Polygoneffekt tritt auf, da die Kettenglieder nicht kreisrund über das Antriebsrad ablaufen können. Es kommt vielmehr zu

---

456 Landschuetzer, Chr.: Analyse von Schwingungen an einsträngigen Elektrokettenzügen, Dissertation TU Graz, 2004

Abb. 143 Die sechs Schutznischen im Brunnenschacht

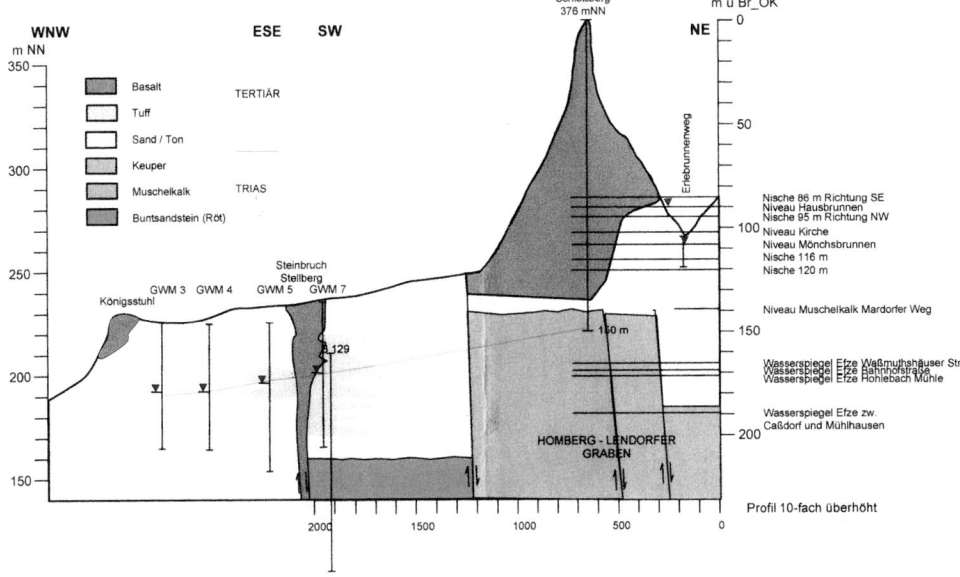

Abb. 144 Geologisches Profil des Homberger Schlossberges

ruckartigen Abwinkelungen. Daraus ergeben sich Erregungen in Längs- und Querrichtung der Kette, die zu Schwingungen führen.

Wir gehen davon aus, dass bei einem Schöpfbecherwerk die Impulse, die die Kette in Schwingungen versetzen, wegen des relativ großen Duchmessers des Kettenkorbes wohl weniger durch einen Polygoneffekt am oberen Ende des Kettenzuges entstehen, sondern durch die ruckartigen Verzögerungen beim Eintauchen und Füllen der Becher am unteren Ende – was letztlich aber zu einem gleichen Schwingungsverhalten führen dürfte. Damit wäre es also durchaus plausibel, dass die sechs Schutznischen zwischen 86 m und 136 m im Zusammenhang zu sehen sind mit dem in diesem Bereich zu erwartenden erhöhten Reparaturbedarf am Fördertrum.

Dies ist der Versuch einer Erklärung durch Analogieschluss. Urkundliche Belege dazu gibt es nicht. Der erwähnte Versatz der Rüstlöcher bei 43,3 m passt zugegebenermaßen nicht in das Gesamtbild, wäre aber auch belanglos, da die Verlängerung des Fördertrums bis in diese Höhe nicht zwingend gewesen wäre.

Es darf in diesem Zusammenhang auch nicht unerwähnt bleiben, dass im Bergbau hölzerne Einbauten im Förderschacht gebräuchlich waren, um auf- und abgehende Kübel sicher zu führen. So heißt es z. B.: *Es begiebet sich auch, daß bißweilen ein Kübel, als der ledige, der hinein soll, uff dem andern und vollen sitzen bleibet, und sich eine Länge mit herauff ziehen läst, und wenn er alsdenn wieder davon entlediget wird, suchet er die Teuffe mit solcher Ungestüme, daß er offtmahls das Seil darüber entzwey sprenget, und er auch selbst mit uff Stücken gehet. Diesem Ubel ist nun mit einer Scheid-Latten vorzukommen, welche mitten im Förder-Schacht uff die Tonn-Breter uffgeheffet wird, damit ein Kübel nicht zu dem andern kommen, und ein ieder Kübel seinen Gang vor sich haben kann.*[457]

---

457 Rösler, a.a.O., S. 56

Abschließend sei noch erwähnt, dass in Merians Topographia Germaniae[458] über die Burg Homberg zu lesen ist: *So hat Landgraff Moritz auff diesem Hause einen vberauß tieffen Brunnen durch den Felsen hawen vnnd von Grund auff vber 80 Klaffter [> 136 m] mit Quaderstucken außmawren lassen … Vnd helt man darfür, dieser Brunne seye tieffer als der Berg an sich selbst.*

Das geologische Profil (Abb. 144) zeigt einen Schnitt, der von ONO über den Burgberg nach WSW verläuft. Er macht deutlich, dass der Schacht auf ca. 135 m Länge durch Basalt abgeteuft werden musste, bevor er eine wasserführende Schicht im Muschelkalk erreichte. Dieser Grundwasserhorizont liegt noch fast 20 m über dem Wasserspiegel der südlich des Berges fließenden Efze. Der Verlauf des Grundwasserhorizontes in Richtung WSW ist angedeutet. Eingetragen sind vier der sechs Nischen, die sich nach dieser Darstellung alle im Bereich des Basaltes befinden.

3.13 Die Ronneburg im Main-Kinzig-Kreis

Die Ronneburg, wenige Kilometer südwestlich der Stadt Büdingen gelegen, wurde auf einer Sandsteinkuppe des Rotliegenden erbaut, auf der wie ein Deckel eine bis zu 12 m starke Basaltschicht liegt.

Hinsichtlich der Ersterwähnung beziehen sich manche Autoren auf eine Urkunde aus dem Jahre 1231. Danach könnte mit dem Bau der Ronneburg – ungeachtet möglicher früherer Befestigungen auf dem Berg – bereits Ende des 12. Jahrhunderts begonnen worden sein. Nun basiert das genannte Datum aber auf der Fehlinterpretation eines lateinischen Textes aus dem 18. Jahrhundert.[459] Der erste gesicherte Nachweis ergibt sich demnach aus dem Vertrag über einen Verkauf von Gütern in Dörnigheim im Jahre 1258, der einen *Cunradum militem de Roneburg* erwähnt[460], einen Burgmannen, der sich nach seinem Dienstort nennt. Bauherren aber waren wohl die Herren von Büdingen. Nach dem Aussterben dieser Familie im Mannesstamm (1247) gelangte die Burg in den Besitz derer von Hohenlohe.

Gottfried III. von Hohenlohe-Brauneck verkaufte sie 1313 an das Erzbistum Mainz für die Summe von 4.500 Pfund Heller. Ein Grund dafür, dass ein solcher Kaufpreis für die noch sehr kleine Anlage erzielbar war, könnte darin bestanden haben, dass der tiefe Brunnen zu dieser Zeit bereits vorhanden und damit eine gesicherte Wasserversorgung gegeben war. Die Burg wurde zwar zunächst von 1327 bis 1339 verpfändet. Danach aber erfolgten dann Aus- und Umbauten durch die Erzbischöflichen Eigentümer.

Abbildung 146 zeigt den heutigen Grundriss der Burg. Der Brunnen befindet sich in der Brunnenhalle, die Teil der Toranlage (Nr. 8) der alten Kernburg ist. Urkundliche Belege zum Bau des tiefen Brunnens wurden bisher nicht gefunden.

Interpretation neuerer Quellen
Die Diskussion um die Erbauungszeit des Brunnens hat bisher zu keinem abschließenden Ergebnis geführt. Nieß[461] hat die Steinmetzzeichen auf der Ausmauerung des Schachtes, die in

---

458 Topographia Hassiae, a.a.O., S. 92
459 Den Hinweis verdanken wir Dr. Klaus-Peter Decker, Büdingen.
460 Reimer, H.: Hessisches Urkundenbuch, 2. Abtlg., Urkundenbuch zur Geschichte der Herren von Hanau, 1. Bd., Leipzig 1891, Nr. 338
461 Nieß, a.a.O., S. 37 ff

3.13 Die Ronneburg im Main-Kinzig-Kreis | 267

Abb. 145 Ansicht der Ronneburg von 1627

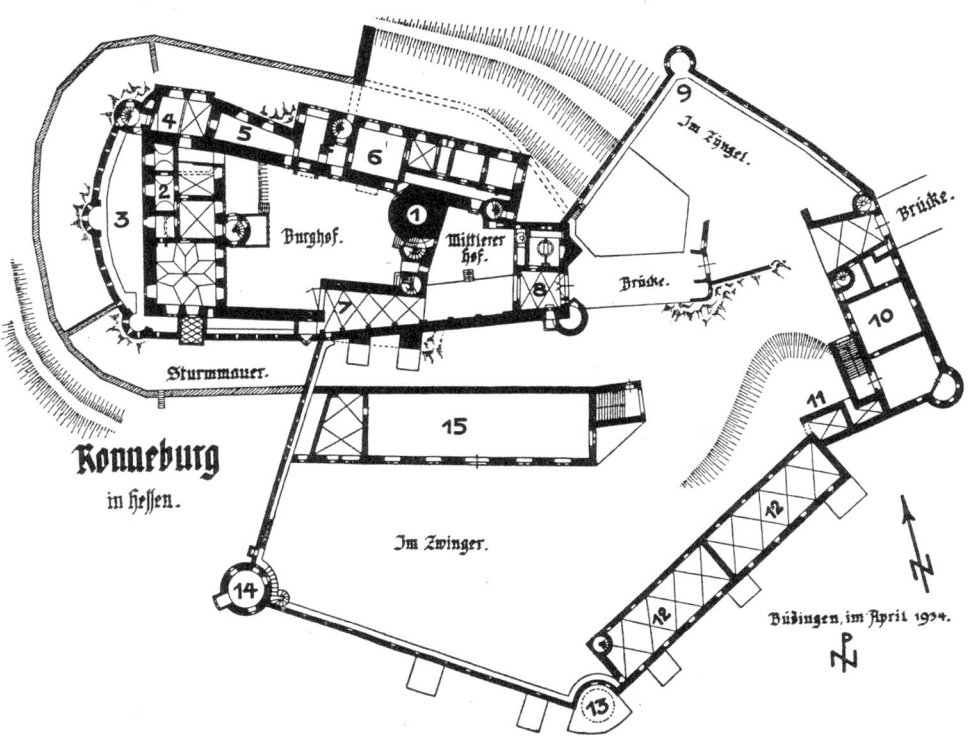

Abb. 146 Grundriss der Ronneburg

Abbildung 147 dargestellt sind, mit denen des Mainzer Domes abgeglichen und folgerte daraus, dass der Brunnen vor 1247 entstanden sein müsse, da der Zeitraum zwischen 1247 und 1313 aufgrund der Besitzverhältnisse dafür nicht in Frage kommen könne. *Trotzdem – so schreibt er – wirft sich aber für uns nunmehr die Frage auf, ob der Brunnen nicht erst im 14. Jahrhundert vollendet worden sein könnte.*

Seine Überlegungen stellt er wie folgt dar: *Wenn man mit einem hellen Licht das Quadermauerwerk des Brunnens genau ableuchtet, so wird man finden, daß das Mauerwerk des Brunnenschachtes eine nachträgliche Erhöhung [um etwa 1 m] erfahren hat. … Bei dieser Besichtigung wird uns ferner die merkwürdige Tatsache auffallen, daß die Quader des Brunnenmauerwerks am oberen ursprünglichen Rande, etwa nach Südosten hin, sehr stark ausgeschliffen sind.* [Abb. 147, links: ehemalige Form des Brunnens] *Diese Beschädigungen des alten oberen Brunnenrandes können nur in jahrzehntelanger Dauer durch die Reifen des Wassereimers verursacht worden sein, wenn man diesen nach der Seite hin herauszog, um ihn zu entleeren. Aus diesem Umstande müssen wir auf die Benutzung des Haspels schließen, denn bei einem Brunnenrad ist eine derartige mühevolle Entleerung, infolge des größeren Wellenabstandes vom Brunnenrande, unnötig. Endlich sei daran erinnert, daß die sogenannten „Treträder" in Deutschland erst im 14. Jahrhundert aufkamen.*

In diesem Punkt irrte Nieß. An der Pfarrkirche St. Marien in Volkmarsen findet sich die Ritzzeichnung eines Tretradkranes (Abb. 25), die aus der Zeit um 1280 stammt. Welche Schlussfolgerungen sich daraus für uns hinsichtlich der Verwendung solcher technischen Hilfsmittel ergeben, haben wir im Kapitel 2.2 dargelegt.

Weiter führt Nieß aus: *In Mainz ist der Rheinkran bereits 1383 urkundlich erwähnt, soll aber … viel älter sein. Es steht außer Zweifel, daß der Mainzer Kran in dieser Zeit sein Tretrad hatte. … Und was man in Mainz erprobt hatte, davon dürfen wir überzeugt sein, das kam auch auf der mainzischen Burg Ronneburg zur Anwendung, wenn es deren Sicherheit und Bequemlichkeit erforderte. …*

Wir kommen deshalb zu dem Schluß, daß vielleicht um die Mitte oder am Ende des 14. Jahrhunderts der Einbau des Tretrades erfolgte, wobei mit Rücksicht auf den Durchmesser des Rades das viel zu enge Brunnenhaus[462] gänzlich umgebaut werden mußte und der Boden der Brunnenstube die bereits erwähnte Erhöhung erfuhr.

Eine Erhöhung des Bodens wäre zur nachträglichen Unterbringung eines größeren Rades zwar nicht folgerichtig gewesen, die obige Beweiskette geht aber sicher zu Recht davon aus, dass die Abnutzungsspuren im oberen Schachtteil zeitlich vor dem Einbau eines Tretrades der heute vorhandenen Bauart entstanden sind.

Ungeklärt aber bleibt die Frage, warum das Wasser in genannter Richtung aus dem Schacht gezogen wurde. Unabhängig von der Art der Förderanlage hätte es sich damals wie heute vom Arbeitsablauf her angeboten, das Wasser zu der Seite hin aus dem Schacht zu heben, die dem Torweg am nächsten lag. Im Übrigen deuten die Abnutzungsspuren darauf hin, dass zu jener Zeit das Wasser nicht mit Kübeln, sondern mit Ledersäcken gezogen wurde. Aber diese Erkenntnis hilft in der Sache nicht weiter.

Die Wasserförderung aus einer Tiefe von gut 80 m war mit Hilfe eines einfachen Haspels technisch kaum möglich. Beim Heben eines 50 Liter Behältnisses hätte das Anfangsgewicht

---

462 Analog zur Burg Breuberg sprechen wir von der Brunnenhalle. Der im Zitat synonym verwendete Begriff Brunnenstube ist irreführend, da damit eine Quellfassung bezeichnet wird.

3.13 Die Ronneburg im Main-Kinzig-Kreis | 269

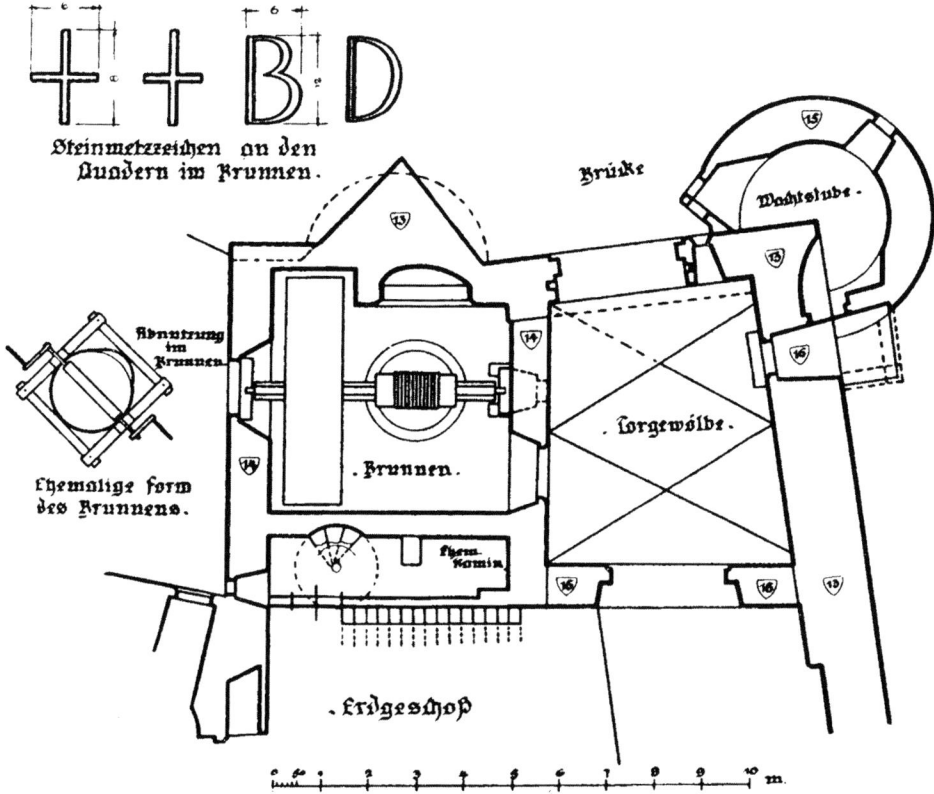

Abb. 147 Grundriss der Brunnenhalle

aufgrund der Seillänge ca. 150 kg betragen. Wir können daher nicht ausschließen, dass das Wasser anfänglich mit einer Wippmaschine (Abb. 148) gehoben wurde, die auf dem uralten Prinzip des Schwingbaumes basierte.

Dieses Hebezeug bestand aus einem drehbar gelagerten, doppelarmigen Hebel, mit dem Wasserbehälter an dem einen und einem Gegengewicht am anderen Ende. Normalerweise wurden Schwingbäume nur bei Ziehbrunnen von geringer Tiefe verwendet. Das Seil war am ausladenden Ende des Baumes befestigt. Dieses einfache Prinzip ließ sich sinnvoll ergänzen durch einen Haspel, indem das Seil am Ende des Hebelarmes über eine Rolle geführt wurde.[463] So konnte ein Behältnis auch aus tiefen Brunnen durch Wippvorgänge gehoben werden.

Nachteilig war, dass sich das Seil mit dem Behältnis dabei entsprechend der jeweiligen Ausladung des Schwingbaumes von einer Seite des Schachtes zur anderen bewegte. So konnte es zu Berührungen mit der Schachtwand kommen, vor allem beim Herausziehen des Behältnisses. Dieser Sachverhalt könnte die Abnutzungen am alten Schachtmund erklären. Aus der Aufstellung der Wippmaschine in der Brunnenhalle resultierte wohl auch die heute kaum

---

463 Mariano di Jacopo detto Taccola (1382–1453) hat eine solche Wippmaschine dargestellt in seinem Werk De ingeneis, Libri II; BSBM, Cod. Lat. Monacensis 197, fol. 96 r. (Abb. 148).

270 | 3. Burgen und ihre Brunnen

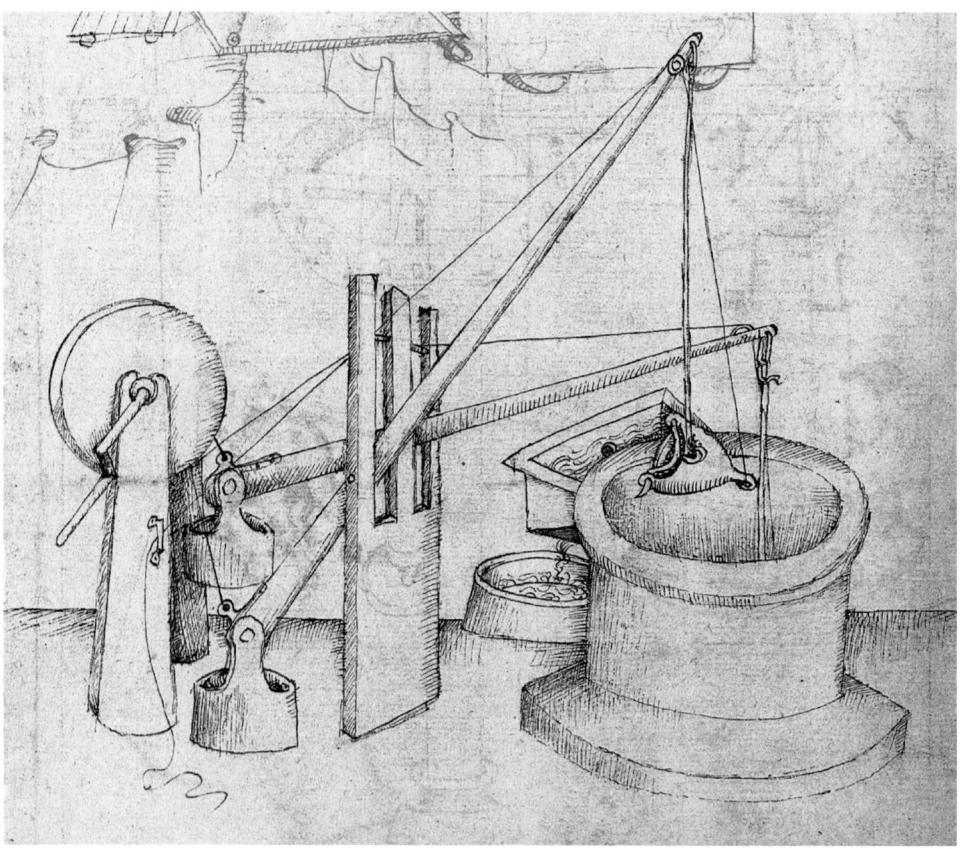

Abb. 148 Wippmaschine nach Taccola, 1433

noch verständliche Richtung, in der die Behältnisse über den Schachtrand herausgezogen werden mussten.

Wenn die Wasserförderung aus heute nicht mehr nachvollziehbaren Gründen zunächst nicht mit Hilfe einer Tretradanlage erfolgte, so müssen wir uns aber fragen, wie der Bau des Brunnens abgelaufen ist. Da alle Quader der Schachtaufmauerung Zangenlöcher aufweisen, muss ein Hebezeug mit einem für die Tiefe des Brunnens geeigneten Antrieb zum Einsatz gekommen sein. Dabei kann es sich aber wohl nur um einen Tretradkran gehandelt haben.

Die Frage der Wasserförderung eignet sich demnach nicht als Datierungshilfe. In einer neueren Publikation[464] bemüht man zur Datierung *Steinmetzzeichen, wie man sie etwa von der Burg Büdingen aus dem frühen 13. Jahrhundert kennt, anderseits auch Zangenlöcher, die erst in die zweite Jahrhunderthälfte gehören. Der Brunnen kann somit frühestens 1260/70 gegraben worden sein*. Der Bau und Einbau des großen Tretrades werden in dieser Publikation ins 16. Jahrhundert verlegt. Belege oder ergänzende Hinweise dazu aber fehlen.

---

464 Decker, P. und Großmann, G.U.: Die Ronneburg, Burgen, Schlösser und Wehrbauten in Mitteleuropa Bd. 6, Hrsg. Wartburg-Gesellschaft, Regensburg 2000

Abb. 149 Blick in die Brunnenhalle, 1934

Bei der Erfassung der Steinmetzzeichen war man im Jahre 1935 (Abb. 147) allein auf Beobachtungen vom Brunnenrand aus angewiesen. Und die zitierte Publikation konnte sich nur auf diese Angaben stützen, da die Ergebnisse einer Brunnenbefahrung[465] von 1984, bei der insgesamt sieben verschiedene Zeichen (Abb. 150) von den Quadern im Schacht ab- bzw. durchgezeichnet wurden, den Verfassern nicht zugänglich waren.

Augenscheinlich ähneln sie von der Typologie her spätromanischen bzw. frühgotischen Zeichen. Ein kompletter Abgleich ist bisher nicht versucht worden. Das einfache Kreuz ist dabei als typisches Kennzeichen kaum geeignet. Und auch der Buchstabe „B" scheidet aus, da er schon seit vorchristlicher Zeit in dieser oder ähnlicher Form verwendet wird. Beide Zeichen sind in dem fraglichen Zeitraum weit verbreitet. Abstrakte und weniger häufig auftretende Zeichen sind für eine Datierung geeigneter. Im Chor der Augustinerkirche in Würzburg, dessen Bauzeit mit 1266–1270 angegeben wird, tritt z. B. ein solches Zeichen (Abb. 150, oben Mitte) gleich mehrfach auf.[466] Und es wird gar vermutet, dass die entsprechenden Steine

---

[465] Die Aktennotiz vom 30.05.1984 über diese Aktion verdanken wir Dr. Walter Nieß, der die Arbeit seines Vaters Peter Nieß durch die Brunnenbefahrung ergänzt hat.

[466] Diesen Hinweis verdanken wir Herrn Elmar Hofmann, Würzburg.

272 | 3. Burgen und ihre Brunnen

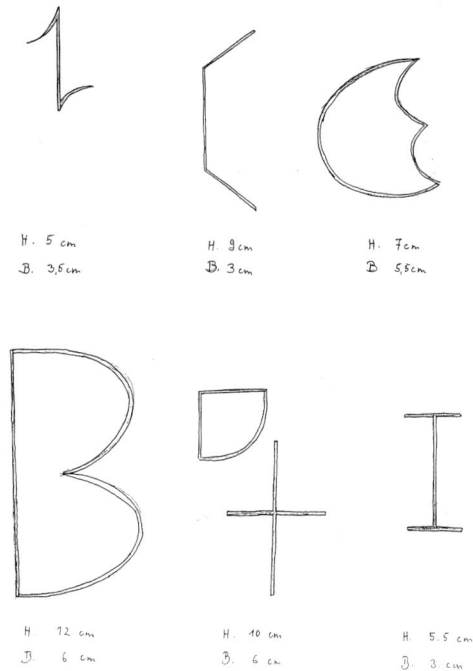

Abb. 150 Steinmetzzeichen gemäß Befahrung von 1984

hier eine sekundäre Verwendung gefunden haben. Ein Glücksfall wäre es, wenn es gelänge, das in Abbildung 150 rechts oben stehende Zeichen an einem Vergleichsobjekt zu finden. Dann wären wir in der Frage der Datierung sicher ein ganzes Stück weiter.

Die vorliegenden Aufnahmen der Büdinger Steinmetzzeichen[467] liefern keine hinreichenden Anhaltspunkt für die obige Aussage zum Alter des Brunnens. Und auch die Bemerkungen zu den Zangenlöchern und dem Tretrad sind so grundsätzlich sicher kaum vertretbar. Aber unabhängig davon, ob der Brunnen nun in der ersten oder zweiten Hälfte des 13. oder gar erst im 14. Jahrhundert entstanden ist, bleibt festzuhalten, dass wir es hier nach momentaner Erkenntnis mit dem ältesten der komplett aufgemauerten Brunnen einer Höhenburg zu tun haben. Die besondere Faszination dieses Bauwerkes wird noch dadurch erhöht, dass auch die Brunnenhalle mit der Tretradanlage (Abb. 149) funktionsfähig erhalten ist. Das hölzerne Tretrad weist mit seinen acht Speichen bei einem Außendurchmesser von 4,80 m eine selten leichte Bauart auf. Und sogar der Bremsschuh für dieses große Holzrad – eine einfache aber brauchbare Konstruktion – ist erhalten.

Ergebnis der Brunnenbefahrung von 1984, die mit einfachsten Mitteln durchgeführt wurde, war auch eine schematische Schachtzeichnung. (Abb. 151) Die genaue Tiefe des Brunnens konnte leider nicht geklärt werden. Sie wurde mit ca. 96 m angegeben, wobei nach 84 m ein Wasserstand von ca. 11 m ermittelt wurde. Genauere Angaben waren wegen einer Schlamm-

---

467 Nieß, W.: Romanische Steinmetzzeichen der Stauferburgen Büdingen und Gelnhausen, Büdingen 1988; dazu Unterlagen aus dem Nachlass.

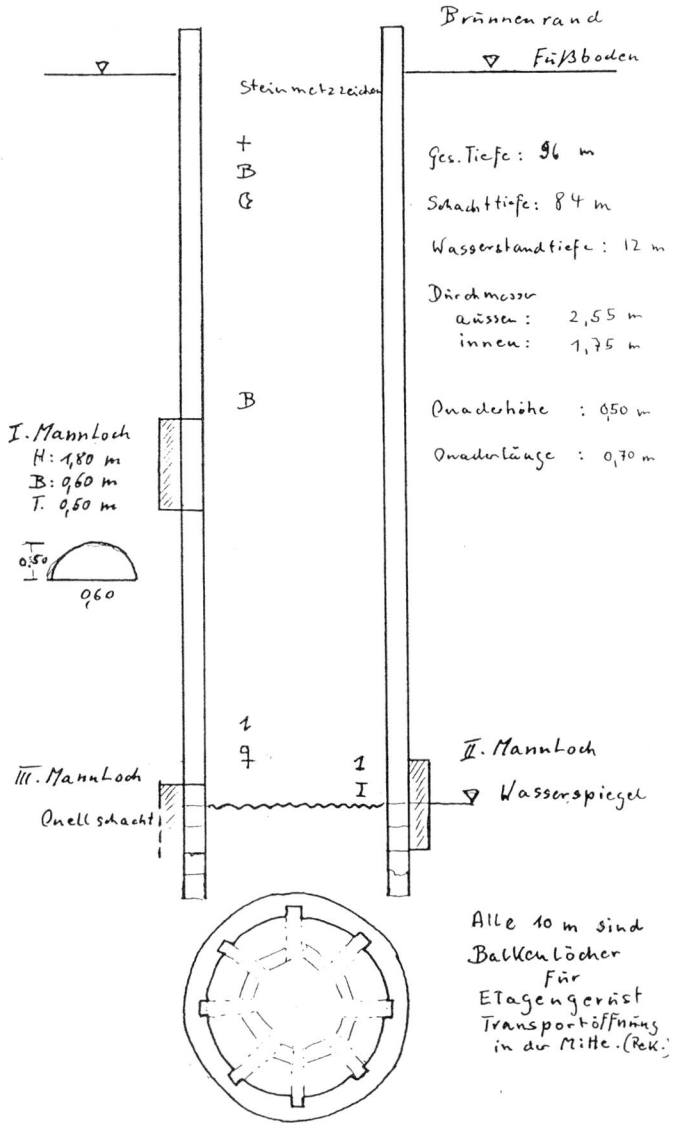

Abb. 151 Querschnitt des Brunnenschachtes der Ronneburg

schicht, über deren Dicke (ca. 3–4 m) nur Vermutungen angestellt wurden, nicht möglich. Beobachtungen des Wasserspiegels aber führten zu dem Schluss, dass es sich hier möglicherweise um einen Quellschacht handeln könnte.

Der Durchmesser des Schachtes wird im Bereich oberhalb des Wasserspiegels durchgängig mit ca. 1,8 m angegeben. Die Sandsteinquader der Ausmauerung weisen Höhen von ca. 40 cm auf, wobei i. d. R. acht Quadersteine eine Lage bilden. Die Sichtflächen der Steine haben Breiten zwischen 60 und 80 cm, auf allen sind Zangenlöcher vorhanden. Die Dicke der Ausmauerung konnte nicht festgestellt werden.

In acht Ebenen befinden sich jeweils acht Rüstlöcher in der Ausmauerung für den Einbau von „Etagengerüsten". Die Abmessungen der Rüstlöcher wurden nicht aufgenommen, die Lage der Rüsteebenen vereinfachend mit einem Abstand von ca. 10 m angegeben. In der Ausmauerung wurden zwei „Mannlöcher" festgestellt, die Funktion einer dritten Öffnung konnte wegen des Wasserstandes nicht geklärt werden. Die Abmessungen dieser Nischen wurden in der Höhe mit ca. 1,8 m sowie in der Breite mit ca. 0,6 m angegeben. Deren Einwölbung in den Fels soll ca. 0,5 m tief sein.

3.14 Die Veste Otzberg im Odenwald

Die Burg Otzberg[468], auf einem Basaltkegel am nördlichen Rande des Odenwaldes gelegen, wird im Jahre 1231 zwar als *castrum Othesberg*[469] erstmals erwähnt, besteht zu dieser Zeit aber – wie wir im Kapitel 1.3.3 gesehen haben – nur aus dem Turm und einer Umzäunung oder Ummauerung. Eine Vorburg war im Aufbau. Im Jahr darauf wird *Hartwicus de Otsberc* als Burgmann genannt.[470] Die Burg war Fluchtburg und militärischer Außenposten des Klosters Fulda, das sich Hartwicus und weitere Burgmannen zur Wahrung seiner Interessen vor Ort verpflichtet hatte.

Die wirtschaftlichen Verhältnisse des Klosters Fulda führten im 14. Jahrhundert dazu, dass die Burg und umliegende Dörfer verpfändet werden mussten. Für die Geschichte des Brunnenbaues bedeutsam ist die mehr als 30-jährige Pfandschaft, die im Jahre 1332 begann[471] und mit der Auflage verbunden war, 200 Pfund Heller an der Burg zu verbauen. Im Jahre 1390 verkaufte Fulda die Burg an den Kurfürsten Ruprecht von der Pfalz.[472] Kurpfalz war allerdings erst nach 1427 allein verfügungsberechtigt. Die Burg wurde zum pfälzischen Militärstützpunkt mit kleiner Garnison.

Ab 1507 begann die bauliche Anpassung an die Anforderungen der neuen Waffentechnik. Ein Kanonenwall – fälschlich als Zwinger bezeichnet – wurde um die Burg gelegt, im Burghof entstanden Kasernenbauten. Der Ausbau (Abb. 153), der um das Jahr 1607 beendet wurde, erhielt sich praktisch unverändert bis zum Ende der militärischen Nutzung im Jahre 1818.

Zu Anfang des Dreißigjährigen Krieges war die Veste Otzberg (vorübergehend) an Hessen-Darmstadt gefallen. Umgehend ließ der Landgraf untersuchen, ob der Umbau zu einer bastionierten Festung durchführbar wäre. Auf einem Plan[473] von 1624 wird erstmals der tiefe Brunnen erwähnt. *Dieser Brunnen ist 170 Schuhe tief und hatt im Junio 21 Schuhe hoch waßer gehalten.* Man hatte also eine Schachttiefe von ca. 50 m festgestellt und einen Wasserstand von ca. 6 m gemessen.

Das Brunnenhaus
Der Brunnen wurde – wohl wegen der Arbeitsersparnis beim Abteufen des Schachtes – an der tiefsten Stelle innerhalb der mittelalterlichen Kernburg angelegt. Darüber befindet sich

---

468 Gleue, A. W.: Die Burg Otzberg – Vom Höhenring zur Bergveste, Otzberg 2010
469 Koch, A. und Wille, J.: Regesten der Pfalzgrafen am Rhein, Bd. I, Nr. 344, Innsbruck 1894
470 Böhmer, J. Fr.: Urkundenbuch der Reichsstadt Frankfurt, Bd. 1, Nr. 98, Frankfurt 1901
471 StA Darmstadt, Bestand A1, 180/3
472 Koch und Wille, a.a.O., Nr. 5203
473 Hess. Landes- und Hochschulbibliothek Darmstadt, Mappe 155/16, Grundriß des Haußes Otzberg und wie solches zu befestigen sey, gefertigt d. 10te Augusti An. 1624

3.14 Die Veste Otzberg im Odenwald | 275

Abb. 152 Ansicht der Veste Otzberg, um 1850

heute ein Brunnenhaus, das aus dem späten 16. Jahrhundert stammen könnte. (Abb. 154) Es wird in seinem Innern dominiert von der hölzernen Tretradanlage, bestehend aus einem Laufrad von 4,40 m Durchmesser und dem über dem Brunnenkranz liegenden Wellbaum (d = 48 cm). Die Laufbreite von 1,10 m im Tretrad reicht bequem aus für einen Wasserknecht, der dieses Rad fortschreitend zu bewegen hatte. Die Laufläche ist fugendicht verbrettert und mit aufgenagelten Trittleisten versehen.

Der Wasserknecht musste im Radkäfig 30 Runden gehen, um einen vollen Kübel zu heben. Dabei legte er rd. 400 m zurück. Eine Umdrehung des Tretrades dauerte mehr als eine halbe Minute. Die Zeit für das Heben eines vollen Kübels summierte sich so auf etwa fünfzehn Minuten.

Auf dem Wellbaum ist im Trommelbereich, d. h. im Laufbereich des Seiles eine Schalung aus Hartholz-Brettern installiert. Diese Aufbretterung sollte die Abnutzung des Wellbaumes verhindern und konnte bei Bedarf erneuert werden. Gleichzeitig erhöhte sich dadurch der wirksame Durchmesser bzw. Umfang des Wellbaumes.

Die Konstruktion der äußeren Radscheiben des Tretrades ist insofern beachtenswert, als sie aus dem sonst üblichen Rahmen fällt. (Abb. 57) Sie basiert auf dem vierspeichigen Rad mit je zwei schrägen Aussteifungen innerhalb der Quadranten. Dieses Prinzip scheint sehr alt zu sein, da es schon in der Weltchronik des Rudolf von Ems aus dem Jahre 1365 gezeigt wird.[474] Auch im Château de **Romont** in der Schweiz ist ein derartiges Tretrad vorhanden.

---

474 Rudolf von Ems, Weltchronik-Donaueschingen 79,
Südwestdeutschland 1365, BLB [24] 11 v

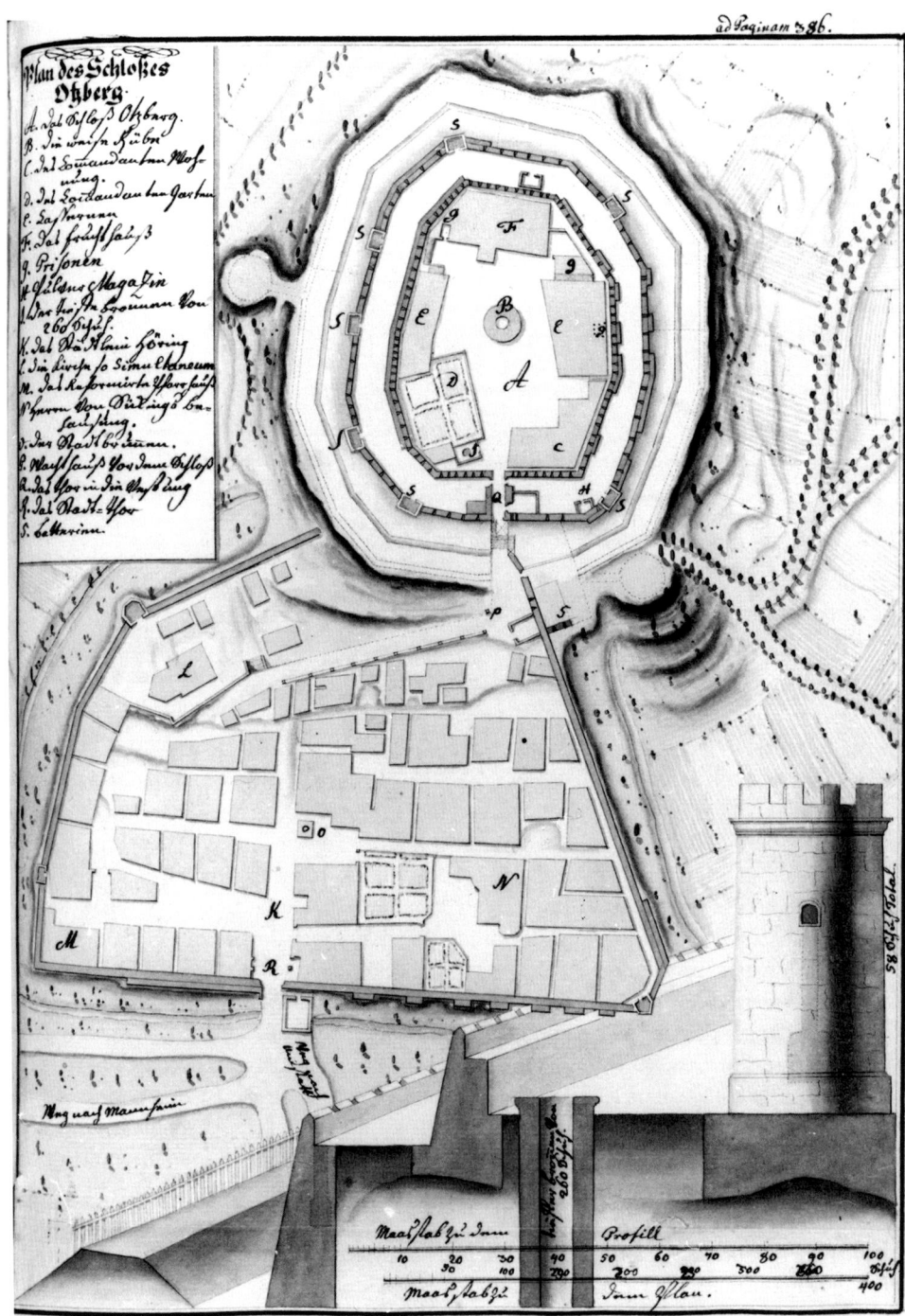

Abb. 153 Grundriss der Veste Otzberg von 1772 mit Profil

3.14 Die Veste Otzberg im Odenwald | 277

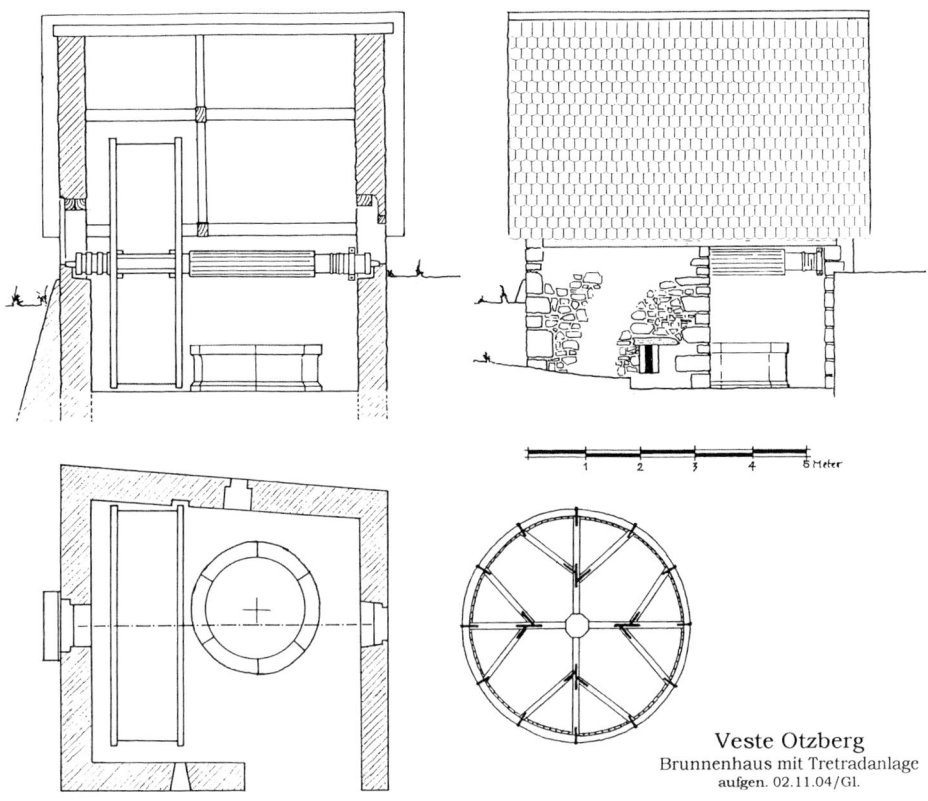

Veste Otzberg
Brunnenhaus mit Tretradanlage
aufgen. 02.11.04/Gl.

Abb. 154 Das Brunnenhaus

Zeugnisse darüber, wann die Tretradanlage erstmals erbaut wurde, gibt es nicht. Eine Inschrift auf der Radnabe belegt die Erneuerung im Jahre 1788 durch einen örtlichen Zimmermann. Dieser wird sich aller Erfahrung nach bei seinem Nachbau an die leichte und elegante alte Vorlage gehalten haben, zumal die speziellen schmiedeeisernen Beschläge sicher noch brauchbar waren.

Die Seilführung um den Wellbaum gemäß Abbildung 155 soll den gegenläufigen Betrieb mit zwei Kübeln veranschaulichen, ist in der Praxis so aber nicht funktionsfähig. Ein Hanfseil von 3 bis 4 cm Dicke, wie es früher verwendet wurde, wäre beim Heraufziehen eines Kübels um mehr als 90 cm seitlich auf dem Wellbaum gewandert. Da der Schacht aber nur 1,82 m weit ist, hätten die Kübel auf den letzten Metern entlang der Schachtwand schrammen müssen. Abnutzungsspuren aus dem Jahrhunderte währenden Betrieb sind jedoch nicht vorhanden. Man wird also dafür gesorgt haben, dass sich das Seil nur in einem genau begrenzten Bereich seitlich bewegen konnte. Noch sichtbare, abgesägte Eisendorne deuten darauf hin. Auf der **Wülzburg** [5] hatte man zu diesem Zweck große Sprossensterne installiert. Nachteilig war, dass damit die doppelte Seillänge erforderlich wurde. Vorteilhaft war nun zwar eine höhere Hubgeschwindigkeit, weil sich der Durchmesser der Seilpakete schnell vergrößerte. Da die Seile jedoch nicht press aufgewickelt werden konnten, erhöhte sich deren Abrieb im Seilpaket und es kam zum unrunden Lauf, der die Anlage insgesamt unnötig beanspruchte.

Abb. 155 Das Brunnenhaus, um 1900

Der Brunnenkranz, der die 1,82 m weite Brunnenöffnung nach oben hin fasst, ist 92 cm hoch. Er setzt sich zusammen aus sechs profilierten Sandstein-Segmenten von 28 cm Stärke. Besondere Aufmerksamkeit verdienen die Steinmetzzeichen, die auf vier von ihnen erhalten sind. (Abb. 156) Der rote Sandstein der beiden nicht gezeichneten Segmente zeigt auffallende Spuren der Verwitterung. Vermutlich sind dies ältere Teile des Brunnenkranzes.

Aus dem Jahre 1758 ist ein Plan des Ingenieurs Phister überliefert[475], der in einem Profil neben Turm und Mauern erstmals auch den Brunnen darstellt mit dem Zusatz: *die Tiefe des bronens ist 260 Schu und 6 Schu weith*. Da der Planmaßstab der rheinischen Schuh ist, entspräche dies einer Tiefe von ca. 80 m. Dieser Plan war 1772 Vorlage für Abbildung 153. In einem Plan des bayerischen Kriegsministeriums vom Ende des 18. Jahrhunderts[476] findet sich der Hinweis: *der brunnen, so 127 Schue tief bis auf das Wasser*. Das wären rd. 40 m bis zum Wasserspiegel. Eine daraus resultierende Wassertiefe von weiteren 40 m aber ist kaum vorstellbar.

475 Wehrkreisbücherei VII, München, Inv.-Nr. 4356   476 Wehrkreisbücherei VII, München, Inv.-Nr. 3212

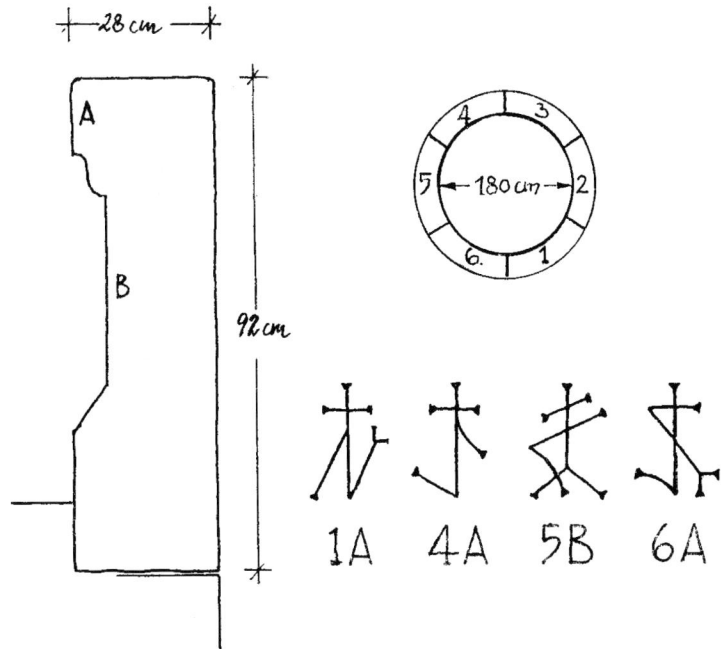

Abb. 156 Der Brunnenkranz und die Steinmetzzeichen

Im Jahre 1874 zitiert Kromm[477] aus den Notizen des Umstädter Rentamtmanns Sator wie folgt: *Der Brunnen ist 6 ½ Fuß weit, hat eine 3' hohe Brüstung, ist 171 Fuß tief und ganz von Quadern.* Wenn wir davon ausgehen, dass die mit 6 ½ Fuß angegebene Öffnung von jedem jederzeit leicht und sicher zu messen war und damit den vorhandenen 1,82 m entspricht, so liegt der Angabe des Rentamtmannes ein Fußmaß von 0,28 m zugrunde. Damit entsprächen dann 171 Fuß einer Tiefe von rd. 48 m.

Von Naeher[478] ist eine Bestandsaufnahme aus dem Jahre 1891 überliefert, in der die Tiefe des Brunnenschachtes wiederum mit ca. 80 m angegeben wird. Mit einer Veröffentlichung aus dem Jahre 1901 korrigiert er diesen Wert auf 60 m.

Im Jahre 1913 schreibt Schuster[479]: *Das größte Werk aber, das bei dem Ausbau der Veste geschaffen wurde, war die Anlage des Brunnens oberhalb des Torgebäudes. Bedenkt man, daß dieser Brunnenschacht von oben an durch Basaltfelsen getrieben werden mußte, und daß er 50 m tief durch die Steinmassen läuft bis zur Sohle des Berges … Der Eifer der Brunnenbauer wurde belohnt. Der Brunnen führt stets ein köstlich klares und frisches Wasser, das 10 m hoch im Schachte steht.* Und auch in neueren Veröffentlichungen schwanken die Angaben zur Brunnentiefe deutlich.

Die letzte Brunnenreinigung[480] datiert vom 9. Juli 1813. Im Jahre 1818 wurde die Garnison auf dem Otzberg aufgelöst, der Brunnen aber blieb in Betrieb. Aus dem Jahr 1826 exis-

477 Kromm, H.: Die Veste Otzberg und ihre Umgebung, Darmstadt 1874
478 Naeher, J.: Die Baudenkmäler der unteren Neckargegend und des Odenwaldes, Heidelberg 1891
479 Schuster, Fr.: Der Otzberg und seine Geschichte, in: Neue Heimat, 1913
480 StA Darmstadt, Bestand E 8, B 41/9

tiert eine Verfügung des Hessen-Darmstädtischen Finanzministeriums[481], wonach unter anderem das Brunnenhaus auf jeden Fall zu erhalten sei, während andere Gebäude der Burg zum Abbruch freigegeben waren. Das ehemalige Kommandantenhaus wurde zum Forsthaus, der Brunnen diente der Versorgung der Forstbediensteten noch bis in die Mitte des 20. Jahrhunderts.

Die Untersuchungen
Nach dem extrem trockenen Sommer des Jahres 2003 fiel der tiefe Brunnen im folgenden Jahr trocken; d. h genauer: der Wasserstand war unter das Niveau der Schutteinlagerungen abgesunken. Diese überraschend eingetretene Situation wurde spontan genutzt für eine breit angelegte Untersuchung, in deren Rahmen die tatsächliche Tiefe des Brunnens geklärt werden sollte.

Am 9. Juli 2004 wurde der Abstand zwischen der Oberkante der Brunnenfassung und der Schutteinlagerung mit 45,50 bis 45,70 m gemessen. Die Mächtigkeit dieser Einlagerungen konnte vom Brunnenrand aus nicht festgestellt werden. Es war also notwendig, den Brunnenschacht zu befahren. Eine Befahrung bot zugleich die einmalige Möglichkeit, Erkenntnisse über die Konstruktion des Schachtes zu sammeln und nach Hinweisen auf die Bauzeit des Brunnens zu suchen.

Untersuchungsphase 1: Grabungen
Begonnen wurden die Untersuchungen zunächst mit Grabungen am Brunnenkopf. Dahinter stand die Frage nach der Beschaffenheit der Außenseite des Brunnenschachtes. Soweit die räumlichen Verhältnisse im Brunnenhaus es zuließen, wurde etwa der halbe Schachtumfang Abschnitt für Abschnitt freigelegt. Die Befunde sind in Abbildung 157 dokumentiert und lassen sich wie folgt zusammenfassen:
– Die Quader Q1 bis Q5 der ersten Lage reichen deutlich (25–30 cm) über die Stärke des Brunnenkranzes mit seinen 28 cm hinaus. Da sie im rückwärtigen Bereich fest mit Basaltbrocken ausgeräumt sind, konnten tiefere Lagen ohne Störung des Gefüges nicht untersucht werden. Es ist aber davon auszugehen, dass über die ganze Höhe des Schachtes Steine im Überformat verwendet wurden. Der rückwärtige Überstand der Quader war – wie wir noch sehen werden – bautechnisch geboten und kam der ohnehin notwendigen Verfüllung der Zwischenräume bis zum anstehenden Fels entgegen. Exakt zugerichtet sind die Quader im Verlauf der Innenrundung und in den Fugen der vier Anschlussbereiche. Der Teil der Quader, der nach hinten über die Stärke des Brunnenkranzes hinausragt, ist nur grob zugerichtet.
– Dem Brunnendurchmesser von 1,82 m entspricht ein Umfang von fast 5,70 m. In den oberen fünf Lagen unterhalb des Brunnenkranzes bilden jeweils sechs bis sieben Quader einen Ring. Bei einer Schichthöhe von 43 cm sind im sechsteiligen Ring Steinformate von bis zu 1,50/0,60/0,43 m (entspr. ca. 0,4 m³) vorhanden. Ein solcher Quader aus Sandstein hat ein Gewicht von rd. 1.000 kp bzw. 1,0 t.
– Die senkrechten Anschlussfugen zwischen benachbarten Quadern sind von hinten mit Schieferplättchen verzwickt, d. h ausgekeilt.

---

481 StA Darmstadt, Bestand E 14, A 96/1

3.14 Die Veste Otzberg im Odenwald | 281

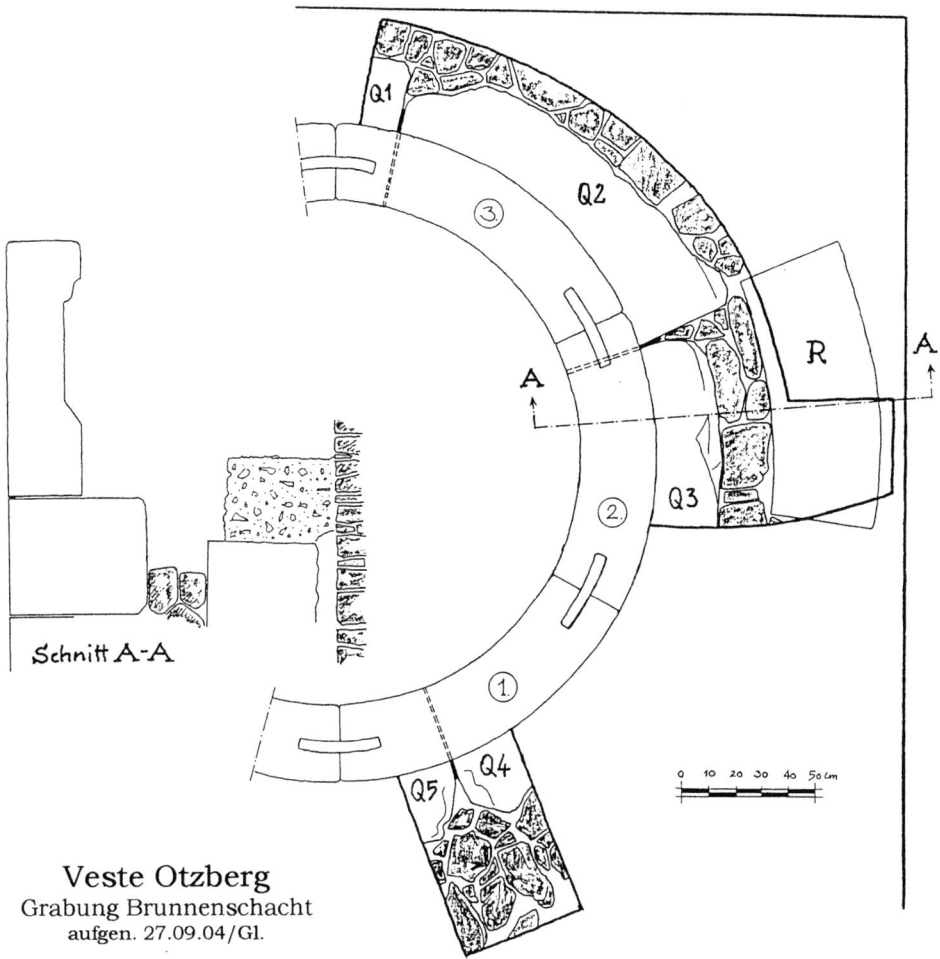

Abb. 157 Die Grabungsergebnisse

- Bei dem gefundenen Ringsegment R fällt auf, dass es genau ausgerichtet ist auf die Seelenachse des Schachtes und zu einem Ring von ca. 3,20 m Innendurchmesser zu gehören scheint. Die Zurichtung des Steines und seine Tiefe von ca. 40 cm deuten darauf hin, dass dies der Rest der ehemaligen Baugrubensicherung im Kopfbereich des Schachtes ist.
- Vor dem Brunnen ist die alte unregelmäßige Pflasterung erhalten, deren Höhe an der Oberkante der Steine der obersten Lage ansetzt und zum Torweg hin deutlich fällt.

Die Tiefe des Hilfsschachtes (Abb. 44), wie er hier als Baugrubensicherung gebaut wurde, kennen wir nicht. Als man später den gemauerten Brunnenschacht herstellte, verblieb die Hilfskonstruktion in der Erde. Der Zwischenraum zwischen dem Brunnenschacht und dem Hilfsschacht wurde mit Bruchsteinen ausgeraumelt. Gleiches geschah auch in den tieferen Bereichen mit dem Raum zwischen gemauertem Schacht und anstehendem Gebirge.

Untersuchungsphase 2: Kamera-Befahrung

Sinn und Zweck dieser Untersuchungsphase war zunächst die eingehende Erkundung des Brunnenschachtes im Hinblick auf seinen baulichen Zustand. Darüber hinaus sollte ein Überblick über die Gesamtsituation gewonnen werden zur Vorbereitung der weiteren Detailuntersuchungen, die nur durch persönliche Inaugenscheinnahme vor Ort erledigt werden konnten. Art und Umfang dieser weiteren Untersuchungen waren entscheidend für die Frage, mit welchen Hilfsmitteln der Einstieg in den Brunnen zu erfolgen hatte.[482]

Am 28.10. und am 18.12.2004 wurden mehrstündige Befahrungen mit Fernsehkameras durchgeführt. Dazu war ein spezielle Versuchsanordnung (Abb. 158) entwickelt worden, bei der von einer Plattform aus mit zwei Kameras, ausgerüstet mit Weitwinkelobjektiven von je 110°, bei entsprechender Überlappung jeweils die Hälfte der inneren Schachtwand erfasst werden konnte, während eine dritte Kamera ein Maßband zur Positionskontrolle fixierte. Ebenfalls an der Plattform installiert waren Beleuchtungskörper, deren Anordnung und Stärke während der Befahrungen mehrfach verändert werden musste. Das kontrollierte Ablassen und Heben der Kameraplattform erfolgte über einen Seilzug mit zwei Rollen. Bei der zweiten Befahrung wurde zusätzlich eine Vertikalkamera verwendet.

Die Daten der erfassten Bilder wurden per Kabel bzw. Funkstrecke direkt auf drei Monitore übertragen, so dass vom Brunnenrand aus das aktuelle Geschehen verfolgt werden konnte. Als besonders hilfreich erwies sich die Verwendung einer sogenannten Quadsplitanlage, die bei der zweiten Befahrung die vergleichende Betrachtung der vier Aufzeichnungsergebnisse auf einem Bildschirm ermöglichte. Die Aufzeichnungen der einzelnen Kameras wie auch der Quadsplit wurden auf Datenträgern gespeichert.[483]

Die Kamerabefahrungen führten zu folgenden Ergebnissen:

Ein Einstieg war aufgrund des guten baulichen Zustandes der Ausmauerung ohne zusätzliche Risiken möglich.

Bei der Untersuchung war auf eine Vielzahl konstruktiver und handwerklicher Details zu achten. Überraschend war vor allen die Vielzahl der Steinmetzzeichen.

Da anschließend eine Altersbestimmung versucht werden sollte, war eine lückenlose Dokumentation erforderlich, d. h. jeder Stein innerhalb des Schachtes musste einzeln untersucht und aufgenommen werden.

Wegen des zu erwartenden Dokumentationsumfanges musste der Plan, die Arbeiten vom hängenden Seil aus durchzuführen, aufgegeben werden. Die Untersuchungen waren nur von einer gesicherten Plattform aus zu erledigen.

Untersuchungsphase 3: Schachtbefahrung

Die Befahrung des Schachtes mit einer 2-Personen-Hebebühne (Abb. 159) fand statt in der Zeit vom 11. bis 18.04.2005. Die Tragekonstruktion bestand aus zwei A-Stützen, die – nach oben verlängert – durch eine Traverse verbunden wurden, an der zwei Seildurchlaufwinden sowie die Verankerungen der Sicherungsseile befestigt waren. (Abb. 161) Die Steuerung erfolgte per Funk durch das Personal der Hebebühne.

---

482 Die Genehmigung zur „Grabung im tiefen Brunnen auf der Veste Otzberg" war bereits am 4. Aug. 2004 von der Verwaltung der Staatlichen Schlösser und Gärten, Bad Homburg, erteilt worden.

483 Besonderer Dank gebührt Thilo Heine, Königstein, durch dessen Zutun die Kamerabefahrung die Ergebnisse lieferte, die für die weitere Untersuchung wegweisend waren.

Abb. 158 Vorbereitung der Kameraplattform BrunO II, 18.12.2004

Ziel der insgesamt sechstägigen Befahrung[484] war:
- Klärung der Höhe der Schutteinlagerung, ggfs. Räumung,
- Untersuchung und Dokumentation der konstruktiven Details des Schachtes,
- Vermessung des Brunnenschachtes im Querschnitt,
- Dokumentation der Steinmetzzeichen im Schacht.

Der Versuch, durch Handgrabung entlang der Schachtwand den Grund zu erreichen, musste abgebrochen werden. In einem zweiten Anlauf wurde ein handbetriebenes Sondiergerät eingesetzt. Wegen der Enge des Raumes konnten nur drei Sondierungen im Abstand von jeweils ca. 50 cm niedergebracht werden. Während ein Versuch bei ca. 1,60 m endete, wurde mit den beiden anderen eine Tiefe von ca. 3,95 m erreicht. Der helle Klang beim Aufsetzen des Gestänges gab zu der Vermutung Anlass, dass damit der Basalt auf der Sohle des Schachtes erreicht sein könnte. Beim Ziehen des Sondiergestänges wurde der Wasserstand im Schutt mit ca. 2 m festgestellt. Die Räumung musste auf einen späteren Zeitpunkt verschoben werden, da die zu erwartende Menge an Aushub eine Modifizierung der Hebebühne erforderte.

---

484 Je ½ Tag wurde für Montage und Demontage benötigt, am 16. und 17. April wurde nicht gefahren.

Abb. 159 Schachtbefahrung am 14. April 2005

Das Schachtbauwerk
Die Darstellung der weiteren Ergebnisse berücksichtigt bereits die Tatsache, dass der Schacht des tiefen Brunnens der Veste Otzberg aus zwei Abschnitten besteht, die deutlich unterschiedlichen Bauzeiten zuzurechnen sind.

Für die Dokumentation wurde die Nummerierung der Schichten der Aufmauerung von oben nach unten fortlaufend vorgenommen, da die Tiefe des Schachtes noch nicht bekannt war. So konnten die Ergebnisse nach der Räumung problemlos ergänzt werden.

Das Quadermauerwerk des oberen Schachtteiles besteht unterhalb des Brunnenkranzes aus 89 Schichten, wobei jeweils 6 bis 8 Sandsteinquader einen geschlossenen Ring bilden. Das Mauerwerk dieses Schachtteiles (Anlagen 14.1 bis 14.5) zeichnet sich aus durch
 – exakte Maßhaltigkeit der Quader (keine Höhenabweichungen innerhalb eines Ringes),
 – exakte Fugenausbildung horizontal wie vertikal (nur an drei Stellen wurde mit dünnen Schieferplättchen korrigiert),
 – gleichmäßige Oberflächenbehandlung (gespitzte Fläche mit umlaufendem Randschlag von 2 bis 3 cm Breite),
 – Steinmetzzeichen auf 92 % aller Quadersteine (von 583 Quadern sind nur 45 nicht gezeichnet),
 – Zangenlöcher auf allen Steinen (nur in fünf Fällen wurde ein zweites Zangenloch nachgearbeitet),
 – je vier Rüstlöcher in den fünf Ebenen zwischen den Schichten 1/2, 20/21, 39/40, 61/62 und 75/76,
 – eine auffallende Gleichförmigkeit der Schichthöhen (66 der 89 Schichten sind – unter Berücksichtigung ihrer Erfassung in vollen Zentimetern – 43 cm hoch. Die restlichen

Abb. 160 Detail des oberen Schachtteiles

Höhen betragen 2 mal 41 cm, 5 mal 40 cm, 5 mal 39 cm, 2 mal 36 cm, 4 mal 35 cm, 4 mal 34 cm und 1 mal 33 cm.). Die Antwort auf die Frage, wie es zu dem „Ideal-Maß" von 43 cm gekommen ist, gibt uns Agricola[485], der – ausgehend von der alten sächsischen Elle – den Lachter bzw. Klafter von 1,699 m zugrundelegt. Danach ergeben zwei Spannen den Wert von 0,4248 m. Die offenbar angestrebte Einheitlichkeit der Schichthöhen war, wie die weiteren Untersuchungsergebnisse zeigten, eine bautechnische Notwendigkeit.

Bezüglich der nicht sichtbaren Teile der Aufmauerung hatten die Grabungen 2004 ergeben, dass die einzelnen Schichten entgegen den Erwartungen nicht aus schalenförmigen Quadern bestehen, sondern eine Tiefe von stellenweise über 60 cm aufweisen. Diese extrem großen Auflageflächen und die gute Verzahnung mit dem anstehenden Basalt-Felsgestein waren ebenfalls bautechnisch gewollt.

In nur fünf Ebenen des oberen Schachtteiles sind Rüstlöcher vorhanden. Zu einer Rüstebene gehören jeweils vier annähernd quadratische Aussparungen (8/8 cm), die 15–20 cm weit in die oberen Fläche eines Quaders eingearbeitet sind und durch den darüber liegenden Quader gedeckt werden. (Abb. 160) Die Öffnungen der Rüstlöcher sind einseitig schräg aufgeweitet, da sich ihre Funktion aus der paarweisen Zuordnung gegenüberliegender Öffnungen ergibt. Die Rüstlöcher zwischen den Schichten 1/2 und 20/21 sind so angeordnet, dass die Tragkonstruktion in O-W-Richtung verläuft. In den folgenden drei Ebenen ändert sich deren Ausrichtung gegenüber der vorhergehenden jeweils um 90°.

---

485 Agricola, G.: De mensis, quibus intervalla metimur, Basel 1550; Danach: 1 passus (Lachter, Klafter) = 3 Ellen = 1,699 m; 1 cubitus (Elle) = 2 Fuß = 0,5664 m; 1 pes (Werkschuh, Fuß) = 1 1/3 Spanne = 0,2832 m; 1 dodrans (Spanne) = 0,21224 m.

Bei den Rüstlöchern handelt es sich aufgrund ihrer Abmessungen und des großen Abstandes, in dem die Ebenen untereinander angeordnet sind, um Vorrichtungen für leichte Klettergerüste, wie sie bei Wartungs- und Bergungsarbeiten verwendet wurden, die nicht mit Hilfe der Tretradanlage ausgeführt werden konnten. Für ein Baugerüst sind die Rüstlöcher mit ihrer Abmessung von 8/8 cm zu klein.

Bemerkenswert sind zwei umlaufende, etwas breitere horizontale Fugen zwischen Schicht 72 und 73 (1 cm) sowie zwischen Schicht 74 und 75 (1–3 cm). Beide Fugen sind sorgsam mit flachen gebrannten Steinen und Schieferplättchen ausgestopft und vermörtelt. Wir werden darauf zurückkommen. Die Trennfuge zwischen oberem und unterem Schachtteil (zwischen Schicht 89 und 90) ist als Ausgleichsschicht ausgebildet, mit der Differenzen von bis zu 3 cm gleichmäßig umlaufend korrigiert wurden. (Anlage 14.5)

Vom Quadermauerwerk des unteren Schachtteiles konnten zunächst nur 18 Schichten (90 bis 107) aufgenommen werden. (Anlage 14.6) Jeweils sieben bis neun Sandsteinquader bilden hier einen geschlossenen Ring. Die weitere Inaugenscheinnahme war durch den eingelagerten Bauschutt zunächst versperrt. Das Mauerwerk zeichnet sich aus durch (Abb. 162):
– ein insgesamt gestörtes Gefüge,
– geringere Maßhaltigkeit der Quader (Höhenabweichungen innerhalb eines Ringes),
– variierende vertikale Fugenbreiten zwischen der Quadern,
– auffallend glatte Oberflächen,
– das Fehlen jeglicher Steinmetzzeichen,
– Zangenlöcher auf allen Quadern,
– vier Rüstlöcher in der Ebene 102/103 (N-S-Ausrichtung),
– Schichthöhen zwischen 33 und 53 cm.

Besonders bemerkenswert ist die zwischen 5 und 13 cm breite Fuge zwischen den Schichten 91 und 92. Die in der Fuge liegenden flachen Formziegel gehören zu einer Ausmauerung, die nur noch an einer Stelle als solche steht. In allen anderen Bereichen dieser Fuge ist der Mörtel aufgelöst und ausgespült.

Die losen Formziegel lassen sich ohne Mühe herausnehmen und ermöglichen so einen guten Einblick in die Situation hinter den Quadersteinen. Es öffnen sich große Hohlräume, die nur (noch) unzureichend mit Basaltbruch gefüllt sind. Der notwendige Verbund mit dem anstehenden Felsgestein ist hier also zumindest teilweise verlorengegangen. Bei der breiten Fuge (zwischen Schicht 91 und 92) handelt es sich um einen Abriss bzw. Setzungsriss. Und man muss kein Bausachverständiger sein, um in Anlage 14.6 den diagonalen Riss zu erkennen, der sich über die ganze Höhe dieses Schachtteiles zieht.

Das im gesamten Bereich des unteren Schachtes gestörte Gefüge des Mauerwerks deutet auf Erdbewegungen hin, unter denen das Schachtbauwerk gelitten hat. Die Erdbewegungen, deren Auswirkungen im unteren Schachtteil ablesbar sind, werden im oberen Schacht zu noch größeren Schäden und letztendlich zum ganz oder teilweisen Einsturz geführt haben, so dass dieser Schachtteil neu aufgesetzt werden musste. Daraus resultiert also die markante Zweiteilung der Schachtausmauerung. In diesem Zusammenhang erklären sich auch die zwei Fugen im oberen Schachtteil (kleinere Setzungsrisse zwischen den Schichten 72 und 73 bzw. 74 und 75), die nach dem Aufsetzen des oberen Schachtteiles entstanden, als durch dessen Gewicht der untere Teil zusammengedrückt wurde und sich stabilisierte.

Die Quader des unteren Schachtteiles sind bei einer durch die Fugen gemessenen Dicke zwischen 25 und 30 cm erkennbar schalenförmig. Ihre Sichtmaße übertreffen also deutlich

Abb. 161 Lagebesprechung am Förderkorb

ihre Dicke, wodurch sie bei Erdbewegungen eine nur eingeschränkte Stabilität im Verbund der jeweiligen Schicht gehabt haben dürften. Mit Entstehen der rückwärtigen Hohlräume vergrößerte sich diese Instabilität naturgemäß noch mehr. Besonders deutlich wir das durch Quader, die aus ihrer ursprünglichen Lage herausgerückt wurden. Ein Quader der Schicht 100 ist wie eine Drehtür um seine vertikale Achse gedreht und ragt so um fast 10 cm in den Schacht hinein.

Auf der anderen Seite war die mangelnde Präzision in der Fugenausbildung im unteren Schachtteil offenbar gewollt, da durch die Fugen das Kluftwasser eintreten sollte. Dies stimmt überein mit den in der Vergangenheit beobachteten Wasserständen, die über den unteren Schachtbereich hinauf nicht bekannt sind. Wir haben oben die Inschrift eines Planes zitiert, wonach der Wasserstand Ende des 18. Jahrhunderts bei rd. 40 m unterhalb des Brunnenkranzes lag. Außerdem kennen wir Messergebnisse aus den letzten Jahrzehnten, die von 40 bis 42 m sprechen. Dass der Wasserstand starken Schwankungen unterworfen war, belegen Fugen unterschiedlicher Höhenlage, in denen Einspülungen von Holzstückchen, einem Kugelschreiber, Teilen von Kinderspielzeug und anderen Kleinteilen registriert werden konnten.

Die scheinbar gleichmäßig flächige Abnutzung der Quadersteine im gesamten Bereich des unteren Schachtes ist wohl ein sicheres Zeichen für das hohe Alter dieses Abschnittes. Friederich[486] weist in seinem Standardwerk über die Steinbearbeitung die Herstellung glatter Wandoberflächen am Beispiel des Straßburger Münsters gar dem 12. Jahrhundert zu. Er führt dazu aus: *Meistens ...ist das Ornament* [der Steinbearbeitung] *nur noch in schwachen Spuren*

486 Friederich, a.a.O., S. 29

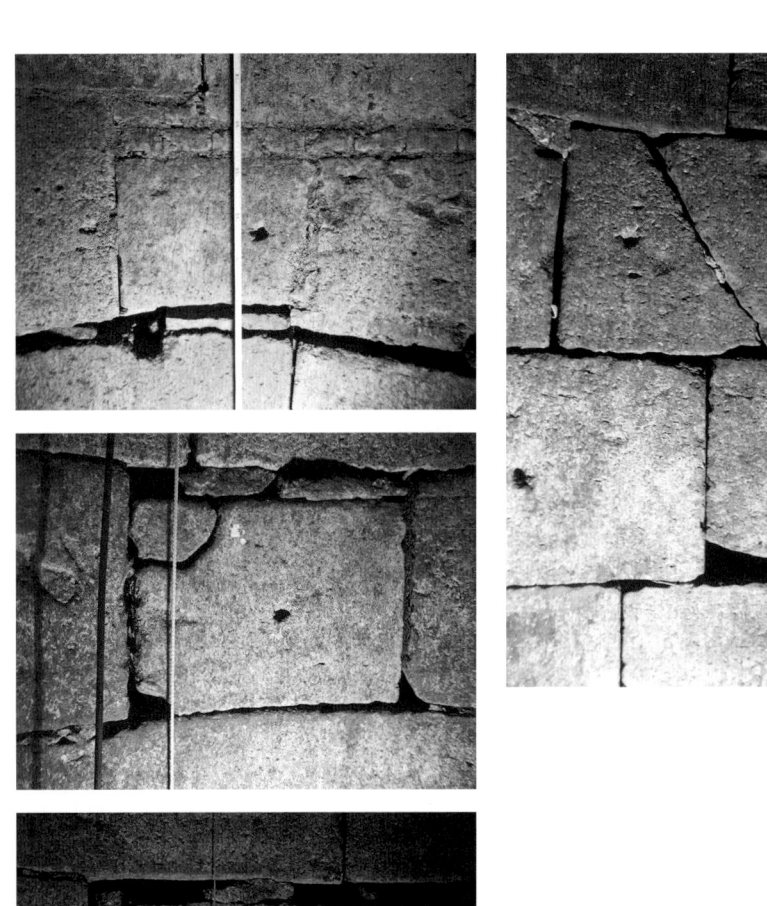

Abb. 162 Mauerwerkdetails des unteren Schachtteils

erkennbar, als sähe man es durch einen Schleier hindurch. ...Man wollte diese Verwischung schon als natürlichen Vorgang erklären, etwa so, als seien die vorstehenden Wulste im Laufe der Jahrhunderte durch die mit ihren Kleidern vorbeistreifenden Gläubigen allmählich abgerutscht und abgeschliffen worden. Wie die Betrachtung an Ort und Stelle überzeugend ergibt, ist die Glättung aber gewollt, und mittelst eines scharfen Werkzeugs erfolgt. ... Glücklicherweise erfolgte dieses Nacharbeiten nicht ganz gründlich, so daß die ursprüngliche Behandlung stellenweise immer noch leicht durchschimmert. ... Dieses nachträgliche Abarbeiten geschah mittelst eines neuen Werkzeuges, der glatten Fläche. Sie wurde genau wie der Zweispitz zweihändig geführt, trug aber an Stelle der Spitzen beilartige Schneiden.

Die Oberflächenbearbeitung mit der sogenannten glatten Fläche, die im Hochbau als eine vorübergehende Mode anzusehen ist, wurde ganz offenbar im Brunnenbau länger beibehalten, denn der untere Schachtteil des Otzberger Brunnens stammt – wie wir sehen werden – aus dem 14. Jahrhundert. Ausschlaggebend dafür wird die Zweckmäßigkeit solcher Oberflächen im Hinblick auf die Sauberhaltung gewesen sein. Gut möglich, dass die vielen im Laufe der Jahrhunderte durchgeführten intensiven Brunnenreinigungen, die sich ja in erster Linie auf diesen unteren Teil konzentrieren, ein Übriges dazu beigetragen haben, dass die Oberflächen der Quadersteine zunehmend glatter geworden sind.

Unabhängig davon wird die Vermutung, einst hier vorhandene Steinmetzzeichen könnten durch Abnutzung verschwunden sein, widerlegt durch die Tatsache, dass an einigen Quadern stellenweise noch Spuren des Randschlages zu finden sind. Steinmetzzeichen sind i. d. R. tiefer in den Stein eingeschlagen, so dass sich auch Spuren hätten erhalten müssen.

Wie aber ist der Umstand zu bewerten, dass im unteren Schachtteil des Otzberger Brunnens von Anbeginn an keine Steinmetzzeichen vorhanden waren? Ihr Fehlen ist nicht nur in der Tatsache begründet, dass hier die Schachtaufmauerung wesentlich älter ist als im oberen Abschnitt. Auch die Art der Arbeitsverträge könnte Steinmetzzeichen überflüssig gemacht haben. Im Gegensatz zum neueren Schachtteil war der alte wahrscheinlich im Werklohn vergeben worden. Somit war die Kennzeichnung einzelner Quader zur Abrechnung im Stücklohn nicht erforderlich.

Unerwähnt geblieben sind bisher die Veränderungen des Schachtdurchmessers, der am Kopf des Brunnens mit 1,82 m gemessen wurde. Bis hinunter zur Schicht 65 vergrößert sich die lichte Weite auf 1,84 m, wird aber mit Schicht 66 auf 1,80 m zurückgenommen (Versprung umlaufend gleichmäßig 2 cm). Das Gleiche wiederholt sich zwischen den Schichten 80 und 81. (Abb. 163)

Eine Schrägstellung der Schachtwände wurde auch im unteren Schachtteil festgestellt. Nach der breiten Fuge zwischen den Schichten 91 und 92 misst der Durchmesser 1,83 m, bei Schicht 105 bereits 1,89 m. Da das Gefüge der alten Ausmauerung nach unten hin deutlich gleichmäßiger wird (Anlage 14.6), ist eine nachträgliche Aufweitung durch Erdbewegungen auszuschließen. Wir müssen vielmehr davon ausgehen, dass die Schrägstellung der Schachtwände in den vier Abschnitten bewusst gesucht wurde, um eine höhere Stabilität zu erreichen. Zusammen mit der größeren Auflagerbreite der Quader im oberen Schacht und der Verankerung ihrer Auskragungen an den Rückseiten gegen den anstehenden Fels wurde eine gute Verzahnung bei möglichen weiteren Bewegungen erreicht.

Bleibt nachzutragen, dass die Verwitterungserscheinungen auf den beiden Segmenten des Brunnenkranzes, die nicht mit Steinmetzzeichen versehen sind, unter dem Aspekt der Ruinierung und Wiederherstellung des Schachtes verstärkt darauf hindeutet, dass es sich um Teile eines älteren Brunnenkranzes handelt.

Die Steinmetzzeichen
Voranstellen wollen wir die Frage, woher das Steinmaterial für die Schachtaufmauerung kam. Die Vermutung, dass die Steine für den oberen Teil des Brunnens im Steinbruch des Otzberger Weilers Zipfen gewonnen und bearbeitet wurden, liegt nahe, da dieser ehemals auch zum pfälzischen Amt gehörte. Alle anderen Brüche im ehemaligen Amtsbereich sind kleiner und jüngeren Datums. Ob die Quader des älteren Schachtteiles ebenfalls aus diesem Bruch stammen, könnte durch eine mineralogische Untersuchung geklärt werden.

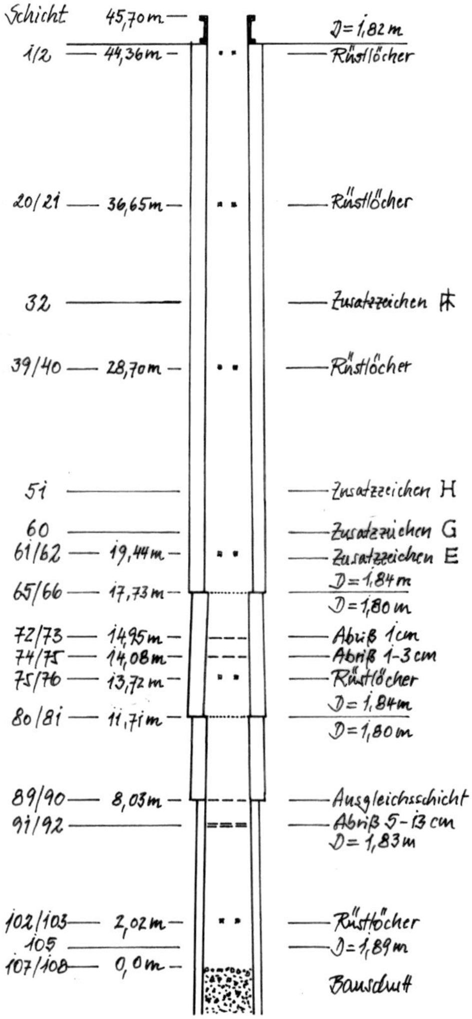

290 | 3. Burgen und ihre Brunnen

```
Schicht     45,70 m ─┐  ┌─              D = 1,82 m
 1/2   ── 44,36 m ─  ·· ──              Rüstlöcher


20/21  ── 36,65 m ─  ·· ──              Rüstlöcher


 32    ──       ──      ──              Zusatzzeichen ⟊

39/40  ── 28,70 m ─  ·· ──              Rüstlöcher


 51    ──       ──      ──              Zusatzzeichen H
 60    ──       ──      ──              Zusatzzeichen G
61/62  ── 19,44 m ─  ·· ──              Zusatzzeichen E
65/66  ── 17,73 m ─      ──              D = 1,84 m
                                         D = 1,80 m
72/73  ── 14,95 m ─  ---──              Abriß 1 cm
74/75  ── 14,08 m ─      ──              Abriß 1-3 cm
75/76  ── 13,72 m ─  ·· ──              Rüstlöcher
80/81  ── 11,71 m ─      ──              D = 1,84 m
                                         D = 1,80 m

89/90  ──  8,03 m ─      ──              Ausgleichsschicht
91/92  ──       ── ═══──              Abriß 5-13 cm
                                         D = 1,83 m

102/103 ──  2,02 m ─  ·· ──              Rüstlöcher
 105    ──       ──      ──              D = 1,89 m
107/108 ──  0,0 m  ─▓▓▓──              Bauschutt
```

Abb. 163 Konstruktionsprinzip des Brunnenschachtes

Im allgemeinen Teil haben wir ausgeführt, dass die Quader nahe am Steinbruch bearbeitet wurden. Jede fertiggestellte Schicht wurde hier zunächst auf dem Reißboden ausgelegt. Nur so konnte der Parlier prüfen, ob sie den Anforderungen für den Einbau genügte. Wenn die Werkstücke im Verband geprüft und für gut befunden worden waren, brachte der Steinmetzmeister sein persönliches Zeichen an. Dieses Zeichen nennen wir im Folgenden das Urheberzeichen.

Es ist wohl selbstverständlich, dass der Steinmetzmeister sein persönliches Zeichen aufrecht auf das Werkstück setzte. Danach wurden die Quader einzeln auf die Baustelle transportiert. Wenn wir heute also das eine oder andere auf dem Kopf stehende Urheberzeichen finden, so deutet das darauf hin, dass der Quader im Zuge des Einbaues von den Maurern gedreht wurde. Und so erklärt sich auch, warum wir vielfach solche Zeichen im Bereich der Zangenlöcher finden. Der Steinmetz hatte sein Zeichen im Steinbruch da angebracht, wo es

Abb. 164 Untersuchung im Schacht

ihm genehm war. Der Maurer musste das Zangenloch auf der Baustelle dort schlagen, wo es im Hinblick auf das Versetzen des Quaders am zweckmäßigsten war. Er konnte und durfte dabei keine Rücksicht auf ein bereits vorhandenes Urheberzeichen nehmen.

Steinmetzzeichen finden sich auf der Außenseite des Brunnenkranzes (Abb. 156) und im oberen Teil des Schachtes auf den Quadern der Schichten 1 bis 89. Dokumentiert wurden insgesamt 563 Zeichen, davon 559 auf Quadern im Schacht. Der obere Schachtteil besteht aus 583 Quadersteinen, von denen nur 45 ungezeichnet sind. Somit verteilen sich die 559 Zeichen auf nur 538 Quadersteine, weil 21 von ihnen doppelt gezeichnet sind. Neben dem Urheberzeichen wird auf diesen Quadern noch jeweils ein Zusatzzeichen verwendet. Wir kommen darauf zurück.

Die Anlagen 14.1 bis 14.5 enthalten die vollständige Dokumentation aller vorhandenen Steinmetzzeichen des oberen Schachtteiles. In diesem Zusammenhang sei nochmals darauf verwiesen, dass die Nummerierung der Schichten entgegen dem Bauablauf von oben nach unten festgelegt wurde, weil wegen der Schutteinlagerungen die tatsächliche Anzahl der Schichten zum Zeitpunkt dieser Untersuchung noch nicht bekannt war.

Die Urheberzeichen
Aus Gründen der Übersichtlichkeit wurde eine schematisierte Darstellung entwickelt, aus der Art und Anzahl der Steinmetzzeichen je Schicht ablesbar sind. (Abb. 165) Darin sind die Urheberzeichen entsprechend der Reihenfolge ihres zeitlichen Auftretens mit den Nummern 1 bis 14 versehen. Die Schicht mit dem Urheberzeichen Nr. 1 war die erste neue Schicht, die auf den alten Schachtteil aufgesetzt wurde.

Die Nummerierung der Schichten wird auf der linken Seite begleitet von Angaben zur Gesamtzahl der Elemente bzw. der Anzahl der Quader je Schicht. Für jede Schicht ist angegeben, wie oft sich hier ein bestimmtes Urheberzeichen findet. Aus dem Vergleich der Anzahl der Quader mit der Anzahl der Urheberzeichen ergibt sich so die Anzahl der gezeichneten bzw. nicht gezeichneten Quader jeder Schicht.

Urheberzeichen, die auf den Quadern einer Schicht gemeinsam mit einem Zusatzzeichen auftreten, sind in der jeweiligen Schicht mit den entsprechenden ergänzenden Hinweisen versehen. In der Schlusszeile sind die Einzelsummen für das Auftreten der verschiedenen Urheberzeichen gebildet. Und schließlich sind zu jedem Urheberzeichen die gefundenen Größenbereiche angegeben.

Von den oberen 89 Schichten sind
- in 70 Schichten alle Quader einer Schicht jeweils mit dem gleichen Urheberzeichen versehen,
- in 11 Schichten die Quader unvollständig, aber jeweils gleich gezeichnet,
- in 4 Schichten (Nr. 1, 30, 55 und 67) jeweils zwei verschiedene Urheberzeichen vorhanden, in einer (Nr. 48) drei und in einer weiteren (Nr. 44) gar vier,
- in nur 2 Schichten (Nr. 40 und 42) alle Quader ohne Steinmetzzeichen.

Insgesamt finden sich am Otzberger Brunnen die Urheberzeichen von 14 verschiedenen Steinmetzmeistern.[487] Die vier Steinmetzzeichen vom Brunnenkranz (Abb. 156) finden sich auch im Schacht bis hinunter zur Schicht 86, d. h. die vier „Meister des Brunnenkranzes" (Nr. 4, 5, 7 und 8) haben praktisch während der gesamten Bauzeit des neuen Schachtteiles mitgewirkt.

Rekonstruieren wir den Arbeitsablauf anhand der zeitlichen Reihenfolge, in der die Urheberzeichen auftreten, so stellen wir fest, dass für die Herstellung der Schachtringe zunächst nur fünf Steinmetze (Nr. 1 bis 5) verpflichtet worden waren, die dann bis zum Ende mitarbeiteten. Sie zeichneten insgesamt 355 der 538 gezeichneten Quader. Zwei von ihnen fertigten je ein Segment des Brunnenkranzes. Schon dies ist ein hinreichender Beleg dafür, dass dieser Teil des Brunnenschachtes in einem Zuge ohne Unterbrechungen erbaut wurde.

Nach zehn Schichten scheint der kontinuierliche Produktionsprozess gestört worden zu sein. Offensichtlich lieferte Nr. 3 nicht rechtzeitig. Zwei neue Steinmetze (Nr. 6 und 7) kamen hinzu. Auch diese blieben bis zum Abschluss der Baumaßnahme. Sie zeichneten zusammen 108 Quader. Die Nr. 7 fertigte ein Segment des Brunnenkranzes.

Mit der Schicht 62 taucht ein neuer Steinmetz (Nr. 8) auf, dessen Zeichen (nur) in dieser Schicht zusammen mit dem Zusatzzeichen E erscheint. Auch er blieb auf der Baustelle, zeichnete insgesamt 33 Quader und fertigte ein Segment des Brunnenkranzes.

Mit Schicht 60 erscheint ein weiterer Neuling (Nr. 9), dessen Zeichen sich in dieser seiner ersten Schicht mit dem Zusatzzeichen G verbindet. In seiner zweiten und letzten Schicht 51 steht sein Urheberzeichen gemeinsam mit dem Zusatzzeichen H. Die bunteste Mischung zeigt sich in Schicht 44, wo neben zwei Steinmetzen der Stammbelegschaft (Nr. 1 und 2) noch zwei „wandernde Gesellen" (Nr. 10 und 11) ihr Zeichen auf gerade mal drei Quadern hinterlassen.

Der Steinmetz Nr. 12 fertigt die Schicht 38, der mit der Nr. 13 die Schichten 36 und 34. Der letzte „wandernde Geselle" (Nr. 14) zeichnet in seiner Schicht 32 gemeinsam mit einem

---

[487] Beim Abgleich der Steinmetzzeichen werden wir sehen, dass Steinmetze unterschiedlicher Qualifizierung zum Schachtbauwerk beigetragen haben. Gleichwohl sprechen wir insgesamt von Steinmetzmeistern.

3.14 Die Veste Otzberg im Odenwald

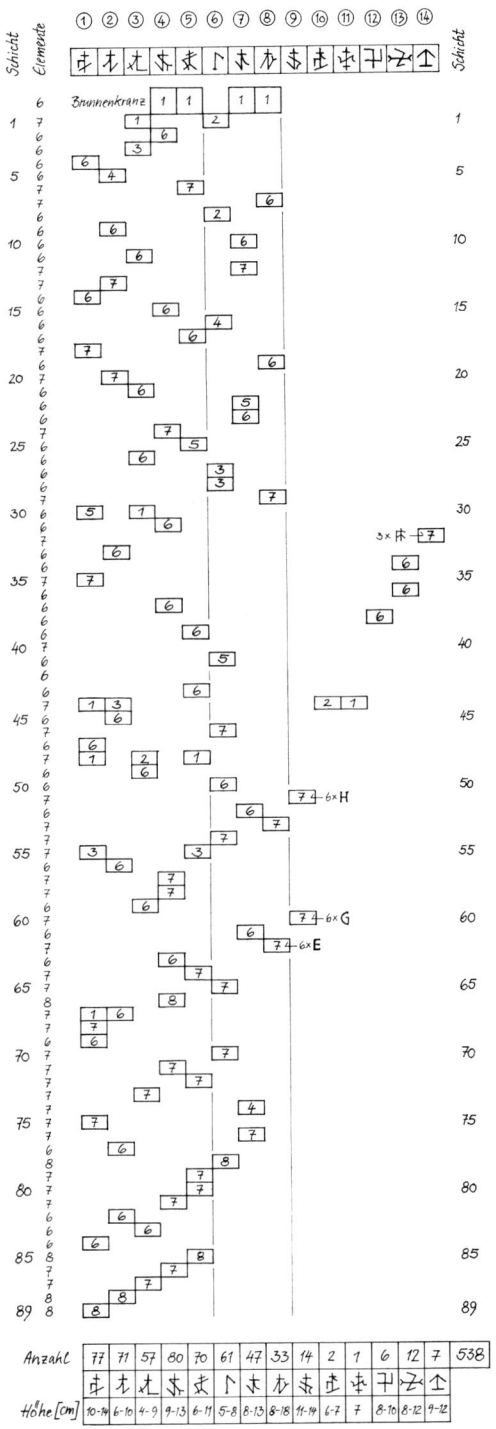

Abb. 165 Verteilung der Steinmetzzeichen im oberen Schachtteil

Zusatzzeichen, dessen Bedeutung sich nicht erschließt. Den Rest der Arbeit erledigen von da an die Steinmetzmeister Nr. 1 bis 8 in einem wieder deutlich ablesbaren kontinuierlichen Ablauf.

Warum, so müssen wir uns fragen, wurde die Stammbelegschaft der acht Steinmetzmeister (Nr. 1 bis 8) im Bereich der Schichten 60 bis 32 um weitere sechs Steinmetze (Nr. 9 bis 14) aufgestockt, wo diese doch letztlich keine sieben Schichten dazu beigetragen haben? Wir haben oben bereits auf „wandernde Gesellen" hingewiesen. Und tatsächlich findet sich das Urheberzeichen Nr. 11 mit eben dieser Zuweisung auch am Straßburger Münster wieder. Der dortige Baumeister Knauth[488] weist dieses Zeichen bei seiner Bestandsaufnahme gleich dreimal nach.

Es war also gute Sitte, wandernden Gesellen, sofern man sie nicht auf Dauer beschäftigen konnte oder wollte, zumindest kurzfristig Arbeit zu geben, damit sie sich genügend Geld verdienten, um weiterziehen zu können. Und in der Zeit der begrenzten Mitwirkung solcher Steinmetze treten dann im Schacht des Otzberger Brunnens auch die Zusatzzeichen auf, über die noch zu reden sein wird. War also der Steinmetz Nr. 8, der sich zusammen mit dem Zusatzzeichen E erstmals in Schicht 62 findet, ebenfalls einer der wandernden Gesellen und somit der einzige dieser Gruppe, der auf der Baustelle bis zum Abschluss der Arbeiten verbleiben konnte?

Steinmetzzeichen sind in der baugeschichtlichen Forschung seit Beginn des 20. Jahrhunderts ein Mittel, um einzelne Bauabschnitte großer Bauvorhaben voneinander zu trennen bzw. Aufschlüsse über zusammenhängende Bauteile zu erhalten. Sie können aber auch Aussagen liefern über Bauunterbrechungen, Nacharbeiten und Wiederherstellungen.

Wir hatten anhand der Abbildung 53 bereits erläutert, dass Art und Ausformung der individuellen Steinmetzzeichen über die Jahrhunderte ihres Auftretens hin deutlichen Veränderungen unterworfen waren. Da an großen Bauvorhaben wie z. B. dem Straßburger Münster über viele Jahrhunderte gebaut wurde, war hier die Zusammensetzung der Bauhütte einem ständigen natürlichen Wechsel unterworfen. Auf den Steinen des Münsters finden sich so alle Entwicklungsstufen der Steinmetzzeichen vom Beginn des 11. bis zum Ende des 18. Jahrhunderts.

In unserem Fall, wo die Aufmauerung des Brunnens in relativ kurzer Zeit in einem Zuge hergestellt wurde, konnte die zeittypische Erscheinungsform der Steinmetzzeichen genutzt werden, um den Zeitraum für den Wiederaufbau des oberen Schachtteiles einzugrenzen. Der Versuch der Datierung stützte sich auf den Abgleich mit anderen Bauwerken, deren Bauzeit bekannt ist.

Steinmetze haben selten ihre gesamte Lebensarbeitszeit am gleichen Ort verbracht. Sie mussten jeweils dorthin gehen, wo es Arbeit gab. Wurde der Bau unterbrochen oder war das Bauvorhaben beendet, suchten sie sich eine neue Anstellung. Dies ist der Grund dafür, dass sich gleiche Zeichen häufig an räumlich weit auseinanderliegenden Orten finden. Und ein solches Zeichen dürfte – wenn wir den Regeln der Hüttenordnungen glauben – auch nur innerhalb des Zeitraumes auftreten, während dessen der Steinmetz seine Profession ausübte. Dafür dürfen wir wohl kaum mehr als 40 Jahre ansetzen.

Auffallend ist, dass sehr einfache Zeichen über Zeiträume hin anzutreffen sind, die weit über das Wirken von zwei oder drei Generationen hinausgehen. Wenn diese Zeichen zudem

---

488 Knauth, J.: Die Steinmetzzeichen am Straßburger Münster, 1906; veröffentlicht in Friederich, a.a.O.

aus der zeittypischen Systematik herausfallen, könnte man dahinter Handwerker vermuten, die außerhalb der strengen Ordnung der Bauhütten standen.

Für den folgenden Abgleich der dokumentierten 14 Urheberzeichen (Abb. 166) wurden neben den eigenen Beständen an Steinmetzzeichen auch die im Verzeichnis verwendeter Literatur aufgeführte Sammlung Knauth zum Straßburger Münster sowie die Arbeiten von Koppelt für Ost-Unterfranken, von Hofmann für Würzburg und Nieß für die Grafschaft Büdingen ausgewertet.

Das Urheberzeichen Nr. 1 verbindet sich mit dem Steinmetzen, der den ersten Ring für die neue Schachtausmauerung gefertigt hatte. Er gehörte zum Kreis derer, die durchgängig am Bau des Schachtes beteiligt waren. Sein Zeichen nun findet sich wieder im Treppenturm des Schlosses Schönrain am Main, das Philipp III. von Rieneck auf dem Gelände eines Klosters aus dem 11. Jahrhundert für sich erbauen ließ. Die Fertigstellung dieses Neubaues ist mit der Jahreszahl 1556 am Portal des Treppenturmes bezeugt. Auf den Sandsteinelementen der Spindeltreppe in diesem Turm ist das Urheberzeichen Nr. 1 insgesamt sechs Mal vertreten. Dieser Nachweis ist von besonderer Bedeutung, weil – wie wir sehen werden – ein weiterer Kollege aus der Otzberger Stammbelegschaft hier ebenfalls mitgearbeitet hat.

Das Urheberzeichen Nr. 2 ist eines der einfachen Zeichen, das in dieser Grundform häufig zu finden ist, am Dom zu Regensburg schon für die Zeit 1430/40. In der Ausformung, die unser Steinmetz verwendet, ist das Zeichen vergleichbar dem am Torturm von Kitzingen-Etwashausen (1565), am Schloss Bundorf (1567), am katholischen Pfarrhaus in Wimpfen am Berg (1588) und dem Deutschherrnhof in Münnerstadt (1611–1621). Mit der Nr. 7 wird uns dessen spiegelbildliche Version begegnen.

Das Urheberzeichen Nr. 3 wurde im Schlossbrunnen **Grimmenstein** nachgewiesen.[489] Hier verbindet es sich mit der Bauzeit der Schachtausmauerung in den Jahren 1536 bis 1538. Die Tatsache, dass das Zeichen hier unter insgesamt 19 nur ein Mal auftaucht, mag mit dem Umstand zusammenhängen, dass die Schachtausmauerung in den Jahren 1798/99 zum Teil erneuert wurde. Die „Mode", das Ende des Schweifes zu einem kleinen Kreuz umzubilden, deutet grundsätzlich auf die zweite Hälfte des 16. Jahrhunderts. Und so findet sich dieses Urheberzeichen auch am Uhrgewölbe im südlichen Querschiff des Straßburger Münsters.

Der Nachweis des Urheberzeichens Nr. 4 gelang am Fürstenbau der Festung Marienberg[490] bei Würzburg, dessen Umbau unter Bischof Lorenz von Bibra (1495–1519) erfolgt sein soll. Die Arbeiten auf dem Otzberg – Schacht und Brunnenkranz – hat dieser Steinmetz erst mit größerem zeitlichem Abstand danach aufgenommen.

Das Urheberzeichen Nr. 5 gehört zu einem der Steinmetze, die nicht nur an der Fertigung der Quader von Anfang an beteiligt waren – er arbeitete auch am Brunnenkranz mit. Sein Zeichen, verbunden mit der Jahreszahl 1556, ist zwei Mal auf dem Eingangsportal zum Treppenturm des Schlosses Schönrain am Main erhalten.[491] Das Gewände, das er hier fertigte, zeigt neben der Jahreszahl die Wappen des Philipp III. von Rieneck und seiner Ehefrau, Margreta von Erbach, der das Schloss von 1559 bis 1574 als Witwensitz diente.

Auf den Sandsteinelementen der Spindeltreppe im Turm findet sich das Zeichen unseres Steinmetzen vier Mal. Er hat hier nachweislich mit dem Kollegen zusammengearbeitet, der

---

489 Höhne und Hopf, a.a.O., S. 57, Nr. 11
490 Hofmann, E.: Die Steinmetzzeichen an der Festung Marienberg, in: Würzburger Diözesan-Geschichtsblätter, Bd. 69, S. 439, Nr. 211
491 Diesen Hinweis verdanken wir Herrn Elmar Hofmann, Würzburg.

296 | 3. Burgen und ihre Brunnen

Abb. 166 Die Urheberzeichen im oberen Schachtteil

im Otzberger Brunnenschacht mit dem Urheberzeichen Nr. 1 verteten ist. Wir gehen davon aus, dass die beiden die Arbeiten auf Schloss Schönrain im Anschluss an ihre Tätigkeit auf dem Otzberg ausgeführt haben.

Beim Urheberzeichen Nr. 6 handelt es sich der Grundform nach um ein sehr altes Zeichen. Es erscheint für das 13. Jahrhundert auf der Ronneburg, aber auch für 1518 auf der Marienkapelle in Ebern. Im Brunnen der Burg Breuberg verbindet sich dieses Zeichen mit der Bauzeit 1560/61. Dieses Steinmetzzeichen liegt außerhalb der Systematik, wie sie von den Bauhütten bei der Zuteilung persönlicher Zeichen im 16. Jahrhundert üblich war.

Wir gestatten uns zudem den Hinweis, dass dieses Urheberzeichen der germanischen Rune gleicht, die für „Wasser" steht.[492] Dieser Hinweis soll nicht als Versuch verstanden werden, die alte Theorie neu zu beleben, wonach Steinmetzzeichen eine gemeinsame germanische Runenschrift zugrundeliegen soll. Es ist sicher unbestreitbar, dass den Zeichen eine gewisse symbolische Bedeutung anhaftet, der Streit über die Runentheorie aber ist ausgestanden. Im Zusammenhang mit einem Brunnen erschien der Hinweis dennoch im wahrsten Sinne des Wortes „bemerkenswert".

Das Urheberzeichen Nr. 7 tritt in seiner Grundform häufig auf. (Abb. 53, Nr. 84) Es sieht zunächst aus wie die spiegelbildliche Version des Zeichens Nr. 2. In der Fachliteratur wird

---

492 Jensen, H.: Die Schrift in Vergangenheit und Gegenwart, Berlin 1958

gemutmaßt, die seitenverkehrten Darstellungen eines Zeichens seien durch falsches Auflegen einer Schablone entstanden. Wir wollen und müssen hier nicht kommentieren, ob ein Steinmetz für das Stellen seines persönlichen Ehrenzeichens einer Schablone bedurfte. Arbeitsleistung und Arbeitstakt bei der Herstellung der Quader unseres Brunnenschachtes belegen aber zweifelsfrei, dass es sich hier um zwei verschiedene Steinmetze gehandelt hat. Zudem weist die jeweilige handwerkliche Ausarbeitung der Zeichen deutliche Unterschiede auf.

Das Urheberzeichen Nr. 7 ist am südlichen Torhaus des befestigten Schlosses Steinau an der Straße eingearbeitet, dessen Bauzeit mit 1551–1558 angegeben wird. Auf der Bergfeste Dilsberg sind Werksteine des Kommandantenhauses und eine der obersten Stufen des sechseckigen Turmes zum sogenannten Palas, beide im 16. Jahrhundert erbaut, mit diesem Zeichen versehen.

Das Urheberzeichen Nr. 8, das sich bei uns mit dem Zusatzzeichen E verbindet, konnte weder in reiner noch in vergleichbarer Ausformung an anderen Bauten ausgemacht werden.

Eine Variante des Urheberzeichens Nr. 9, bei der der Bogen am Ende des diagonalen Durchstrichs nach oben weist, findet sich am Gaibacher Schloss für die Zeit um 1600. Vergleichbare Formen auch auf der Festung Marienberg.

Für das Urheberzeichen Nr. 10 eines wandernden Gesellen konnte bisher kein Abgleich vorgenommen werden. Die Charakteristik aber spricht für die zweite Hälfte des 16. Jahrhunderts, wie vergleichbare Zeichen von der Festung Marienberg belegen.

Das Urheberzeichen Nr. 11 begegnet uns am Straßburger Münster gleich drei Mal. Die von Friederich[493] vorgenommene Zuweisung zum Zeitraum 1655–1749 allerdings entbehrt jeder nachvollziehbaren Grundlage. Am Erdgeschoss des Aschaffenburger Schlosses wurde dieses Zeichen bisher vier Mal festgestellt auf Werkstücken, die unmittelbar nach dem Jahr 1600 eingebaut wurden – davon drei am Portal zur Schlosskapelle. Wenn wir also davon ausgehen, dass man die Arbeiten am Otzberger Brunnen bald nach 1550 ausgeführt hat, entspräche der Zeitraum, innerhalb dessen dieses Urheberzeichen verwendet wurde, fast 50 Jahren.

Das Urheberzeichen Nr. 12 ist spiegelbildlich am Ulmer Münster auf einem Bauteil dokumentiert, das der Zeit um 1460 zugerechnet wird. Ergänzen müssen wir hier, dass dieses Zeichen in unserem Schacht auch einmal spiegelverkehrt auftaucht. Ein Nachweis für die Verwendung eines solchen Zeichens in jüngerer Zeit konnte nicht geführt werden. Für den Zeitraum des 16. Jahrhunderts aber liegt diese einfache Form außerhalb der Systematik, wie sie von den Bauhütten bei der Vergabe persönlicher Zeichen verwendet wurde.

Das Urheberzeichen Nr. 13 fällt ebenfalls aus dem üblichen Rahmen. Basierend auf der gleichen Grundform eines querliegenden, beidseitig verzweigten Stabes aber sind auf der Ronneburg Zeichen auf Bauteilen erhalten, die im Zeitraum 1570–1573 fertiggestellt wurden. Im Brunnen der Burg Breuberg [7], dessen Ausmauerung aus der Zeit 1560/61 stammt, gibt es eine verblüffend ähnliche Variante (Abb. 103)

Beim Urheberzeichen Nr. 14 handelt es sich um ein der Form nach sehr altes Zeichen. (Abb. 53, Nr. 47) Es findet sich am Ulmer Münster für die Bauzeit 1377–1420. In der Grafschaft Büdingen wurde das Zeichen in Hirzenhain (1437) und Friedberg (1484) nachgewiesen. Bei der Sebastians Kapelle von Englar (Südtirol) verbindet sich eine nur 3 cm hohe, geritzte Version mit dem Baujahr um 1450, bei der Marienkapelle in Würzburg möglicher-

---

493 Friederich, a.a.O., S. 95

weise mit der Jahreszahl 1480. Eine Verwendung dieses Zeichens in der zweiten Hälfte des 16. Jahrhunderts konnte anderenorts bisher nicht nachgewiesen werden. Wie die Urheberzeichen Nr. 6 und 12 liegt auch dieses außerhalb der im 16. Jahrhundert von Bauhütten benutzten Systematik.

Als Ergebnis halten wir fest, dass durch den Abgleich der 14 Urheberzeichen mit denen anderer Bauwerke insgesamt sechs Zeichen nach Form und Zeit bestätigt wurden. Für sechs weitere wurden nur vergleichbare Zeichen für den Zeitraum Mitte und zweite Hälfte des 16. Jahrhunderts nachgewiesen; drei dieser zwölf fanden sich in Brunnenschächten wieder. Nur für zwei unserer Urheberzeichen konnten keine vergleichbaren Fälle gefunden werden. Das muss angesichts der insgesamt hohen Trefferquote nicht irritieren, zumal ein anerkannter Grundsatz besagt: *Wenn ... auch im allgemeinen nur die Gesamtheit der vorkommenden Zeichen befragt werden darf, so vermag doch in vereinzelten Fällen schon ein einzelnes Zeichen besonderen Aufschluß zu geben.*[494]

Die Tatsache, dass im jüngeren Schachtteil des Otzberger Brunnens 45 Quader ohne Steinmetzzeichen vorhanden sind, kann nicht mit der Wiederverwendung alter Steine in Zusammenhang gebracht werden. Zum einen ergibt sich das aus der geänderten Bauweise, die deren Verwendung ausschloss, zum anderen aus der Tatsache, dass die Oberflächen bei allen Quadern des oberen Teiles gleichartig sind. Abnutzungsspuren, die zu einer teilweisen Glättung der Oberfläche ähnlich dem unteren Schachtteil führten, finden sich hier nur an einigen übereinanderstehenden Quadern der obersten Schichten. Steinmetzzeichen sind allerdings auch hier noch erkennbar. Die Abnutzungsspuren resultieren offensichtlich aus dem zeitweiligen Wasserziehen mit Ledersäcken.

Die Zusatzzeichen
Insgesamt vier verschiedene solcher Zeichen (Abb. 167) treten im Otzberger Brunnen getrennt in je einer Schicht auf. Das im Bauablauf erste Zusatzzeichen E verbindet sich in Schicht 62 mit dem ebenfalls erstmals auftretenden Urheberzeichen Nr. 8 eines der „Meister des Brunnenkranzes". Dieser Steinmetz hat, wie wir gesehen haben, von da an bis zum Abschluss der Baumaßnahme mitgewirkt.

Die drei anderen Zusatzzeichen treten im Folgenden zusammen mit den Urheberzeichen zweier Steinmetze (Nr. 9 und 14) auf, die nur kurz bei der Herstellung von Quadern mitgewirkt haben (Schicht 60 und 51 sowie 32). Das Urheberzeichen Nr. 9 wiederum verbindet sich jeweils mit zwei verschiedenen Zusatzzeichen: in Schicht 60 mit dem Zusatzzeichen G und in Schicht 51 mit dem Zusatzzeichen H.

Ergänzend zu den Angaben in Abbildung 165 sind hier noch die Größen der Zusatzzeichen nachzutragen: Der Buchstabe E misst 10 bis 13 cm, das G 10 bis 12 cm und das H 9 bis 12 cm in der Höhe; das Zusatzzeichen in Schicht 32 dagegen nur 6 bis 9 cm. Dieses Zeichen ist inhaltlich (Leiter, Galgen?) kaum zu deuten. Eine sehr ähnliche Form findet sich in einer Stichbogennische auf der Südseite des Langhauses der evangelischen Kirche in Wimpfen am Berg.

Zu den Zusatzzeichen in Form großer lateinischer Buchstaben (E, G und H) sei Folgendes angemerkt:

---

494 wie vor, S. 23 f

Abb. 167 Die Zusatzzeichen im oberen Schachtteil

- Große lateinische Buchstaben sind als Urheberzeichen z. B. aus der römischen Zeit bekannt. Mit der Entwicklung der Bauhütten und der in den Hüttenordnungen geregelten Vergabe individueller Zeichen treten Buchstaben als Urheberzeichen aber bald in den Hintergrund und sind nach dem ausgehenden 14. Jahrhundert zunächst nicht mehr zu finden. Friedrich weist zu Recht darauf hin, dass sich an Bauten bzw. Bauteilen aus der Zeit der Romanik und Gotik viele lateinische Buchstaben finden. Für den Dom zu Mainz wie auch für das Straßburger Münster verweist er insbesondere auf *den auch andererorts vielgebrauchten Buchstaben* E.[495] Gleiches gilt – wie die Knauthsche Sammlung zeigt – auch für den Buchstaben H. Nicht vertreten ist an diesen Bauten der Buchstabe G.
  Auf Mauerwerksquadern des Aschaffenburger Schlosses taucht u. a. der Buchstabe H um 1610 wieder auf.
- Naheliegend wäre eine Deutung der Buchstaben als Namenskürzel des Steinmetzes, dessen Urheberzeichen sich auf dem Stein befindet. Dann aber ist zu fragen, warum Urheber- und Zusatzzeichen auf einem Quader nicht immer beide aufrechtstehend verwendet werden. Außerdem tritt das gleiche Urheberzeichen (Nr. 9) in der Schicht 60 mit dem Zusatzzeichen G und in Schicht 51 mit dem Zusatzzeichen H auf.
  Hinweise auf ein gemeinsames Auftreten von Urheberzeichen und großen lateinischen Buchstaben finden sich nach Knauth am Straßburger Münster für die Zeit nach der

---

495 wie vor, S. 20

Gotik nur da, wo es sich um Meisterschilde handelt. Hier werden Urheberzeichen und Namenskürzel immer aufrecht nebeneinander gestellt.
- Große lateinische Buchstaben finden sich als Versetzzeichen z. B. auf den Konsolsteinen einer Bastion von Pfalzgrafenstein bei Kaub.[496] Die Bastion wurde in den Jahren 1605–1607 erstellt. Sämtliche Steine einer Lage tragen hier den gleichen Buchstaben. Die Bezeichnung der Lagen beginnt unten mit A und endet in der neunten Lage mit I. Da sich Zusatzzeichen in unserem Fall auf nebeneinanderliegenden Quadern beidseits der vertikalen Fuge finden, könnte es sich auch hier um Versetzzeichen handeln. Wie aber sind dann isoliert stehende Zusatzzeichen E, G und H zu erklären? Welche Bedeutung hätte dann z. B. der Buchstabe G, der auf der einen Seite der vertikalen Fuge aufrechtstehend, auf der anderen kopfstehend verwendet wird?

Eine Deutung als Versetzzeichen kann bei einem nach Schablone gearbeiteten und auf dem Reißboden geprüften Schachtring ausgeschlossen werden, zumal die Quader des oberen Schachtteiles so exakt zugerichtet sind, dass zusätzliche Einbauhinweise nicht erforderlich waren. In den 70 von 89 Fällen, wo alle Quader eines Ringes das gleiche Urheberzeichen tragen, kommt dem Urheberzeichen die Funktion eines Versetzzeichens zu, da es die Quader als zusammengehörend kennzeichnet.
- Kann aus alledem gefolgert werden, dass Urheberzeichen und Zusatzzeichen eines Quaders von unterschiedlichen Personen zu unterschiedlichen Zeiten eingeschlagen wurden? Dann fragt sich, welches Zeichen zuerst da war. Sicher scheint zunächst nur, dass die Zusatzzeichen wie die Urheberzeichen vor dem Einbau der Quader geschlagen wurden. Aus Schicht 62 ersehen wir, dass alle Urheberzeichen (Nr. 8) aufrecht stehen, während zwei der sechs Zusatzzeichen E auf dem Kopf stehen. In Schicht 60 stehen ebenfalls alle Urheberzeichen Nr. 9 aufrecht, während drei der sechs Zusatzzeichen G auf dem Kopf stehen. Beim Zusatzzeichen H kann nicht unterschieden werden zwischen einem aufrecht stehenden und einem kopfstehenden Buchstaben. Also müssen wir davon ausgehen, dass in der Schicht 51 Urheber- und Zusatzzeichen (zufällig?) gleichgerichtet sind. Die Ordnung in den Schichten 62 und 60 lässt darauf schließen, dass die Buchstaben E und G eingeschlagen wurden, bevor das Urheberzeichen hinzugesetzt wurde. Zu diesem Zeitpunkt aber war die gerundete Fläche, der schwierigste Teil der Arbeit am Quader, bereits fertiggestellt. Doch zu welchem Zweck wurden Zusatzzeichen vorab eingeschlagen und der Quader anschließend in dem einen oder anderen Fall nochmals gedreht? So etwas tat man nicht ohne Not.
- Die Zusatzzeichen könnten spezielle Phasen des Bauablaufes markieren. Im gemauerten Schachtteil des Brunnens der Burg **Breuberg** [7] findet sich auf 9 von 14 Quadern der obersten Schicht, auf die später die Konsolen zur Aufnahme des Brunnenkranzes aufgesetzt wurden, der lateinische Buchstabe H. Es könnte sich also um ein Zeichen für die Abnahme des Gewerkes bis zu dieser Höhe handeln – das dann möglicherweise sogar erst im Schacht geschlagen wurde. Für den Otzberger Brunnenschacht aber, bei dem die lateinischen Buchstaben E und G nicht einheitlich stehen, passt diese Theorie vom Zeugnis der Abnahme nicht. Oder wurde auf diese Weise nur die Arbeit wandernder Gesellen zur Kontrolle gekennzeichnet? Warum aber erfolgte diese Kontrolle dann nicht bei allen?

---

496 Höhne und Hopf, a.a.O., S. 66

- Könnte sich in den Zusatzzeichen etwa eine Gesamtverantwortung im Sinne einer Bauleitung widerspiegeln. Dann hätte im Rahmen der Wiederherstellung des Schachtes eine Person „E" die Verantwortung für den Abschnitt von Schicht 89 bis einschließlich Schicht 62 gehabt. Danach war „G" verantwortlich für Schicht 61 und 60, „H" für die Schichten 59–51. Das schwer zu deutende Zusatzzeichen würde eine Zuständigkeit für Schicht 50 bis einschließlich 32 bedeuten. Und wer zeichnete für die restlichen 31 Schichten verantwortlich?
  Das Auftreten von Zusatzzeichen allein im Zusammenhang mit Urheberzeichen der wandernden Gesellen schließt diese Version wohl aus.
- Warum schließlich wählte man gerade die lateinischen Buchstaben E, G und H? Warum nicht A, B und C oder eine andere Aufeinanderfolge von Buchstaben?
  Wir wissen, dass in der Romanik und Gothik, ja bis in die Renaissance hinein ein besonders breit entwickeltes System von Symbolen die Kunst und das Handwerk belebt hat. Und das Thema Symbolik prägt auch das Wesen der Bauhütten bis hin zu den Steinmetzzeichen. Es ist also nicht auszuschließen, dass die lateinischen Buchstaben E, G und H einen symbolischen Hintergrund haben.
  Es ist bekannt, dass den griechischen Buchstaben Zahlenwerte zugeordnet waren, da es spezielle Zahlen im Griechischen noch nicht gab. Diese Verbindung zwischen Buchstaben und Zahlen hatte sich bis ins 16. Jahrhundert erhalten und wurde von den Kabbalisten bis zur Perfektion verfeinert. Den Eingeweihten dieser Zeit waren die Zusammenhänge klar: E stand für 5, G für 3 und H für 8. Und in der Zahlensymbolik[497] wiederum stand 5 für den Menschen, 3 für das Christentum und 8 für die Ewigkeit.

Letzte Klarheit über die Bedeutung der Zusatzzeichen gibt es also nicht, solange nicht andere Schächte aufgetan werden, die eine ähnliche Dichte und Mischung von Urheber- und Zusatzzeichen aufweisen.

Nach der Räumung des Schlossbrunnens in **Marburg** wurden auf dem Mauerwerk, mit dem die unteren 50,3 m ausgekleidet sind, zahlreiche Steinmetzzeichen entdeckt.[498] Nur die oberen 123 Ringlagen sind für Vergleichszwecke geeignet. Von den in diesem Bereich dokumentierten 1.652 Steinmetzzeichen sind fast 30 % (487) lateinische Großbuchstaben wie A, B, H, (P/ᛑ), (R/Я) und (W/M), die allerdings hier wohl kaum als Zusatzzeichen ähnlich wie auf der Veste Otzberg gedient haben können. Aufgrund ihrer Vielzahl und ihrer Verteilung ordnen wir sie den Urheberzeichen zu. Sie werden ergänzt um Urheberzeichen in geometrischen Formen wie Dreieck, Kreis, Kreisabschnitt oder -bogen, Winkel und griechisches d. h. gleichschenkliges Kreuz. Neben Sonderformen, die z. B. dem kleinen Alpha, dem Ypsilon oder S ähneln, finden sich auffallend häufig noch ganz einfache Zeichen, bestehend aus zwei oder drei kurzen parallelen Linien, wie sie als Versetzzeichen in Form römischer Zahlensymbole bekannt sind. Hier aber treten in Schichten bei gleicher Höhe beide Zeichen auf, womit es sich nicht um Einbauhilfen handeln kann. Wir ordnen auch diese den Urheberzeichen zu. Alle Urheberzeichen finden sich sowohl allein auf den Quadern als auch zusammen mit anderen; dazu unten mehr.

---

497 Ifrah, G.: Universalgeschichte der Zahlen, Frankfurt 1991; Cooper, J. C.: Illustriertes Lexikon der traditionellen Symbole, London 1978; Heinz-Mohr, G.: Lexikon der Symbole, München 1998

498 Freies Institut für Bauforschung und Dokumentation: Untersuchungsbericht Schloss Marburg, Juni 2012, S. 23 f sowie Anhang: Dokumentation der Steinmetzzeichen, aufgenommen durch Dr. Nier-Glück

Abb. 168 Kombination von Urheber- und Zusatzzeichen

Die systematische Auswertung[499] ergab, dass die Gesamtheit der Steinmetzzeichen hier eine andere Organisation des Bauablaufes widerspiegelt, als wir sie für den Otzberger Brunnen dokumentiert finden. Die Herstellung von Steinen mit annähernd quadratischer Sichtfläche (Haupt) – überwiegend sind es 15 oder 16 pro Lage – in nur zwei Höhenklassen machte es möglich, die angelieferten Quader erst unmittelbar vor dem Einbau zu kompletten Lagen zusammenzustellen, wobei maximal einer geringfügig nachgearbeitet werden musste, um den Ring zu schließen. Diese Form der Standardisierung führte allerdings zu einem weniger festen Mauerwerksverband, ermöglichte aber einen schnelleren Baufortschritt.

Bemerkenswert ist außerdem, dass von den 1.922 Quadern der Lagen 1 bis 123 insgesamt 617 ungezeichnet sind. Dies rührt wesentlich her von späteren Reparaturen in den oberen 45 Lagen der Ausmauerung. Von den verbleibenden 1.305 Steinen sind 320 zweifach, 16 gar dreifach gezeichnet wie z. B. „M ∆ III" oder „R II +" Da alle Steinmetzzeichen erkennbar während des Produktionsprozesses der Quader aufgebracht wurden, können hinter diesen Mehrfachzeichnungen wohl nur abrechnungstechnische Gründe vermutet werden.

Eine Schlussfolgerung ganz anderer Art, die sich bereits nach der Brunnenbefahrung am 28.03.2012 ergeben hatte, soll hier nicht unerwähnt bleiben. Es geht um die Bauzeit, die wir im Kapitel 3.19 für den Marburger Brunnen mit 1473/1492 angegeben haben. Diese Datierung stützt sich auf eine Baugeschichte der Burg sowie vorsichtige Mutmaßungen von deren Verfasser zur Entstehungszeit der diversen Wasserversorgungsanlagen.[500] Zum Brunnenbau selbst sind bisher keine urkundlichen Belege gefunden worden.

Auf keinem der Quader im Marburger Brunnen aber findet sich auch nur eines der für das 15. Jahrhundert typischen Steinmetzzeichen. Die vorhandenen Zeichen gleichen jedoch in ihrer Gesamtheit typologisch denen, die für das 11. bis 13. Jahrhundert auf Kirchen- und Klosterbauten dokumentiert sind. Wir verweisen neben Abbildung 53 beispielhaft auf die Arbeiten von List[501] und Werling[502]. Folgt man nun dem zeitlichen Hinweis der Zeichen, die

---

499 Die Dokumentation wurde uns am 07.09.2012 zur Auswertung überlassen.
500 Justi, a.a.O., S. 37, 59
501 List, K.: Frühe Steinmetzzeichen am Oberrhein, Freiburger Diözesan-Archiv, Bd. 105, Freiburg 1985
502 Werling, M.: Die Baugeschichte der ehemaligen Abteikirche Otterberg unter besonderer Berücksichtigung ihrer Steinmetzzeichen, Kaiserslautern 1986

die Steinmetze hinterlassen haben, dann könnte die Ausmauerung bereits Ende des 13. bzw. Anfang des 14. Jahrhunderts entstanden sein. Der Bereich der Ausbesserungsarbeiten von 1673 bis 1675 (unterhalb der Lage 123) ist von dieser Betrachtung nicht berührt. Auf den nachgebesserten Quadern finden sich keine Steinmetzzeichen.

Da sich die Frage nach der Bauzeit des Marburger Brunnens wegen fehlender urkundlicher Belege nur anhand entsprechender Baubefunde vor Ort klären lässt, wäre eine kritische Prüfung der Ausführungen des Verfassers der oben erwähnten Baugeschichte zu den von ihm so benannten Bauperioden 2 und 3 angezeigt, die wir hier jedoch nur als Anregung weitergeben können.

Untersuchungsphase 4: Die Schachtberäumung
Nachdem am 11.04.2005 festgestellt worden war, dass die Höhe der Schutteinlagerungen im Schacht des Otzberger Brunnens mit wenigstens vier Metern veranschlagt werden musste, wurde nach Mitteln und Wegen gesucht, die Beräumung in einem zweiten Anlauf durchzuführen. Großzügige Unterstützung fand das Vorhaben durch die Verwaltung der Staatlichen Schlösser und Gärten in Bad Homburg. Ergänzt durch private Kostenbeiträge war so die Realisierung des Vorhabens im Februar 2006 gesichert.

Der Umbau der bereits im April 2005 verwendeten Hebebühne betraf im Wesentlichen die Anordnung der Traverse mit den Zugwinden. Sie wurde höhenmäßig so verändert, dass der Förderkorb über die Oberkante des Brunnenkranzes aufgefahren werden konnte. So war das Entladen durch seitliches Herausziehen der Schuttkübel leichter möglich.

Aufbau und Probefahrt der Anlage erfolgten am 14.03.2006. Die Räumung des Schachtes wurde an den folgenden fünf Tagen durchgeführt. Noch immer war der Wasserstand so weit abgesunken, dass mit den Arbeiten in 45,7 m Tiefe trockenen Fußes begonnen werden konnte. Die Dokumentation des freigelegten Schachtteiles fand am 20.03.2006 statt, so dass bereits am 21.03.2006 wieder abgebaut werden konnte.

Das Aufnehmen und Verladen des Schuttes war Handarbeit im wahrsten Sinne des Wortes, da wegen der Durchmischung mit Holz, Metallteilen, Dachziegeln und Bruchsteinen nicht geschaufelt werden konnte. Ein Mann füllte den Schutt von Hand in Eimer, die der zweite Mann im Korb in den Kübel umfüllte. Nach knapp einem Meter Aushub trat Wasser auf, das in seitlichen Gruben gesammelt und nach Bedarf ausgeschöpft werden konnte. Auf diese Weise wurden an fünf Tagen insgesamt rund 7 m³ Bauschutt, 2 m³ Holz, Schrott, Glas und Kunststoffteile sowie 5.200 ltr Wasser gehoben. Erforderlich dazu waren 80 Fahrten, die im Schnitt jeweils gut 30 Minuten dauerten. Die beiden Brunnenreiniger fuhren jedes Mal mit auf.

Die Räumung wurde durchgeführt, bis der gewachsene Otzberger Basalt erreicht war. Da sich aufgrund der Gesteinsstruktur die Brunnensohle als uneben und stark geklüftet erwies, wurde die mittlere Tiefe in diesem Bereich gemessen und mit 49,50 m als die Brunnentiefe des Otzberger Burgbrunnens definiert.

Wie oben bereits erwähnt, ist eine Brunnenreinigung aus dem Jahre 1813 dokumentiert. Dabei dürfte es sich um die letzte Maßnahme dieser Art gehandelt haben. Insoweit also waren bei der jetzigen Beräumung des Schachtes keine besonderen Funde zu erwarten. Geborgen wurden mehrere Münzen, die älteste mit Prägedatum 1936, sowie die Reste der Bockflinte des Försters Kauß, die dessen Sohn 1945 in dem Brunnen versenkt hatte.

Wesentlicher Fund sind drei Holzkübel (Abb. 169), die in der Vergangenheit zum Heben des Wassers verwendet worden waren. Einer dieser Kübel ist identisch mit dem auf einer

Abb. 169 Die geborgenen Holzkübel

Postkarte (Abb. 132) gezeigten aus der Zeit um 1900. Er besteht aus Weichholz und wird mit vier Spannreifen (b = 3 cm) zusammengehalten, die jeweils nur einfach vernietet sind. Der Kübel ist 50 cm hoch. Aus seinen Innenmaßen (h = 45 cm, d_{oben} = 46 cm, d_{unten} = 41 cm) ergibt sich ein Fassungsvermögen von max. 67 Litern. Der auf dem Foto erkennbare Sturzbügel wurde ebenfalls gefunden.

Nach Aussagen alter Heringer Bürger hat es nur einen solchen Kübel gegeben; was darauf schließen lässt, dass der Kübel nicht eigentlich der Wasserförderung, sondern vorrangig als Schauobjekt gedient hat. Dieser Kübel hatte durch das Abwerfen des Bauschuttes in den Schacht stark gelitten. Er ist deshalb sehr bald untergegangen und wurde demgemäß zuletzt tief unten im Schutt gefunden.

Die beiden anderen Kübel hingegen waren nur gut einen Meter von Schutt bedeckt. Sie sind baugleich aus Hartholz (Eiche) gefertigt und mit drei geschmiedeten Spannreifen (b = 4 cm) umgürtet, die jeweils zweifach vernietet sind. Beide Kübel sind 52 cm hoch. Aus ihren Innenmaßen (h = 45 cm, d_{oben} = 43 cm, d_{unten} = 37 cm) ergibt sich ein Fassungsvermögen von max. 57 ltr. Auffallend bei beiden ist ein fester Bügel quer zum beweglichen Henkel, der – anders als bei der Nachbildung von ca. 1900 – stark verformt scheint. Da diese Form aber bei beiden Exemplaren gleich ist, können wir davon ausgehen, dass die Form gewollt war und im Zusammenhang stand mit dem Stürzen der Kübel. In Verlängerung der Haltungen der Henkel und der Sturzbügel sind Stahlbänder unter dem Boden der Kübel kreuzweise durchgeführt.

Das Auffinden eines baugleichen Paares deutet darauf hin, dass diese beiden Kübel am gegenläufigen Seil beim täglichen Wasserziehen für die Garnison im Gebrauch waren. Nach dem Abzug der Garnison im Jahre 1818 war 1826 verfügt worden, das Brunnenhaus zu erhalten. Damals werden die Kübel also noch am Förderseil gehangen haben. Wann und von wem sie danach in den Brunnen geworfen wurden, lässt sich nicht mehr feststellen. Rekonstruieren aber lässt sich aufgrund der Gebrauchszeiten solcher Kübel im Allgemeinen und der Bauweise dieser Kübel im Besonderen, dass sie aus der Zeit um 1800 stammen, mithin wenigstens 200 Jahre alt sein müssen.

Henkel und Sturzbügel sind mit Schrauben und Muttern montiert. Befestigungsschrauben, bestehend aus einem Bolzen mit Rundkopf und Außengewinde sowie einer Mutter mit einem Innengewinde, sind seit der Mitte des 16. Jahrhunderts bekannt. Das Außengewinde wurde für jeden Bolzen einzeln auf hölzernen Drehbänken gefertigt. Das Gewinde wurde leicht konisch angelegt. Das entsprach der Herstellungstechnik und versprach besseren Halt im Gegenstück. Die Mutter wurde als Scheibe von einem Vierkantstab geschnitten und mittig vorgebohrt, das Innengewinde sodann mit dem Gewindebolzen in die Mutter kalt eingepresst. Jede Schraube war ein Einzelstück, selten passte die Mutter der einen Schraube auf eine andere.

Bei beiden Kübeln sind die Sturzbügel mit je vier Vierkantschrauben befestigt, die Seitenlängen zwischen 13 und 17 mm aufweisen. Die Henkel als die Bauteile, der der größten Belastung ausgesetzt waren, sind mit je vier Sechskantschrauben befestigt, die sämtlich der Normgröße 17 entsprechen. Da die Normung von Schrauben und Muttern erst nach 1800 aus England übernommen wurde, müssen diese Schraubverbindungen in der letzten Phase der Nutzung erneuert worden sein.

In Fortsetzung der Ausführungen zur baulichen Ausbildung des Schachtbauwerkes soll nun das freigelegte Schachtende unterhalb der Schicht 107 beschrieben werden. Dazu wird auf die Schachtabwicklung in Anlage 14.7 verwiesen. Auch hier zeigt das Mauerwerk die oben bereits beschriebenen Merkmale der Steinbearbeitung.

Mit der Schicht 110 wurde der Sturzbogen einer Nische sichtbar, die sich nach vollständiger Freilegung als Schutznische für den Brunnenputzer erwies. (Abb. 170) In der Höhe misst diese Nische ca. 160 cm, in der Breite ca. 50 cm und in der Tiefe mittig ca. 32 cm sowie seitlich jeweils ca. 23 cm. Auffallend ist die ausgetretene Schwelle der Schutznische.

Die Schicht 112 bildet in einer Tiefe von 47,78 m das Ende der umlaufenden Aufmauerung mit Sandsteinquadern. Damit besteht die Aufmauerung des Schachtes aus 89 Schichten mit insgesamt 583 Quadern aus der Zeit der Reparatur um die Mitte des 16. Jahrhunderts sowie 23 Schichten mit insgesamt 179 Quadern aus der ersten Hälfte des 14. Jahrhunderts.

Unterhalb der Schicht 112 beginnt ein Bereich, der bautechnisch besonders aufschlussreich ist. Der Frage, wie ein gemauerter Schacht im Basalt gegründet ist, konnte man bisher bei keiner der bekannten Brunnenuntersuchungen nachgehen. Von Schutt und Wasser befreit zeigte sich beim Otzberger Brunnen ein überraschendes Ergebnis. (Abb. 171)

Da die Basaltsäulen im Bereich des Schachtes unter etwa 60° geneigt sind, konnte man auf der einen Seite den Schacht auf die aufsteigenden Säulen gründen, während man auf der anderen Seite die zum Schacht einfallenden Säulen bis auf den Grund entfernen musste, um den Schachtquerschnitt in etwa beibehalten zu können. Die bei der Abtragung des Basaltes entstandene Lücke füllte man mit Sandsteinen verschiedenster Formate auf und passte sie entsprechend den Gegebenheiten an den anstehenden Basalt an. Bei einer genaueren Untersuchung erwiesen sich diese Steine teilweise nur als 12 cm starke Verblender. Dieser Bereich bot sich zudem an für die Ausbildung der Schutznische.

Da es auf der anderen Seite für die Gründung auf den freigelegten Köpfen der Basaltsäulen einer Ausgleichsschicht bedurfte, wurden zwei jeweils ca. 1,50 m lange, in der Rundung zugerichtete Eichenbalken (b = 30 cm, h = 20 cm) über den Basalt gelegt, die man mit einer Verblattung verbunden hatte. Die eigentliche Gründungsebene unterhalb der Schicht 112 ist also nur bedingt als eben zu bezeichnen. Die Gründung selbst ist eine Sonderkonstruktion aus Sandsteinen und Holzbalken auf dem anstehenden Basalt.

Abb. 170 Die Schutznische für den Brunnenputzer

So ganz konnte man diesem Flickwerk nicht trauen, zumal wegen der Schutznische auch in den darüber liegenden Schichten 111 und 112 die notwendige Gewölbewirkung durch noch so sorgfältiges Hinterfüllen nicht erreichbar war. Durch die Nische war ein Schlitz im Rund des Schachtes entstanden. Die Quader konnten sich nicht gegenseitig abstützen und es bestand die Gefahr, dass sie bei der geringsten Bewegung nach innen gedrückt würden.

Abb. 171 Die Gründung des Brunnenschachtes

Um den Zusammenhalt des Bauwerkes dennoch sicherzustellen, griff man zur Bauklammer, einem altbekannten Hilfsmittel. Insgesamt 46 solcher Klammern waren aus Sicht der für den Bau Verantwortlichen nötig, um ausreichend Stabilität zu schaffen. Bis auf wenige Ausnahmen, wo Bauklammern durch die Setzungen von Steinen abgerissen sind bzw. beim Abkippen des Bauschuttes abgeschlagen wurden, erfüllen die geschmiedeten Hilfsmittel noch heute ohne sichtbare Korrosionsschäden ihren Zweck.

Durch Erdbewegungen bzw. gerissene Klammern hat die Sandsteinverblendung stark gelitten. Mehrere Steine sind abgerutscht, so dass das Eichenbalkenlager teilweise in der Luft hängt. Und die Aufmauerung darüber steht trotzdem seit Jahrhunderten, weil der Schacht sich seitlich im Fels aufgehängt hat. Das Auflager hält, solange die Eichenbalken im Wasser liegen. Sollte der Brunnen dauerhaft trocken fallen, würde das Holz langsam verrotten, womit sich Stein um Stein allmählich nach unten verabschieden könnte.

Das Wasser, während der Räumung bis auf den Grund gehoben, war nach drei Wochen so weit angestiegen, dass die Eichenbalken wieder unter dem Wasserspiegel lagen und somit die Voraussetzungen für weitere Standfestigkeit gegeben sind – so lange kein neues Erdbeben die Struktur verändert.

An dieser Stelle muss die Frage des Wasserzutritts zum Brunnen noch einmal aufgegriffen werden. Bereits nach dem ersten Untersuchungsabschnitt war festgestellt worden, dass es eine ausgebildete Wasserfassung für den Otzberger Brunnenschacht nicht gibt. Daraus wurde gefolgert, dass das Wasser unkontrolliert durch die Klüfte des Basaltgesteins in den Schacht sickert.

Nachdem das Wasser im Zuge der Räumung vollständig gehoben worden war, konnte kein Wasserzutritt durch die Gesteinsfugen der Ausmauerung festgestellt werden. Auch von der Sohle nachquellendes Wasser wurde nicht beobachtet. Die Ausmauerung aber ist vom anstehenden Fels durch einen Zwischenraum getrennt, der mit Steinmaterial verfüllt wurde, um das Schachtgefüge zu stabilisieren. Das aus den Basaltklüften austretende Sickerwasser tröpfelt in diesem Zwischenraum nach unten und fließt dem Schacht in Höhe des jeweiligen Wasserspiegels zu. Die Oberfläche des im Gründungsbereich freiliegenden Basaltes blieb deshalb auch nach der Räumung ständig feucht.

Der Wasserzulauf vollzog sich ab dem 20.3.2006 sehr langsam. (Abb. 11) Innerhalb von 18 Tagen wurde nach der Räumung ein Anstieg des Wasserspiegels um nur 92 cm gemessen. Das sind durchschnittlich 5 cm in 24 Stunden bzw. 127 ltr pro Tag. In den folgenden 18 Tagen verlangsamte sich der Zulauf auf nur noch 42 ltr pro Tag. Eine so geringe Schüttung war sicher für die Wasserversorgung der Garnison nicht ausreichend. Da andererseits von einem Wassermangel nichts überliefert ist, müssen wir davon ausgehen, dass der Zulauf entweder durch äußere Einflüsse insgesamt deutlich zurückgegangen ist oder aber der langsame Zufluss nach der Räumung in unmittelbarem Zusammenhang steht mit einem Zeitintervall sehr geringer Niederschläge, das der Räumung vorausgegangen war.

Um dieser Frage genauer nachgehen zu können, wurde der Wasserstand noch bis Mitte des Jahres 2008 wöchentlich gemessen. Die daraus ermittelten Zu- und Abflussraten zeigten – bezogen auf den Schachtdurchmesser von 1,82 m – eine Schwankungsbreite zwischen plus 500 und minus 200 Litern pro Woche. Beim Abgleich dieser Daten mit entsprechenden Messreihen für die Niederschlagsmengen ergab sich, dass der Wasserstand im Brunnen mit einer Zeitverzögerung von 6–7 Monaten auf starke Veränderungen der Niederschlagsmenge reagierte. Bezogen auf die Tiefe von rd. 50 m entspräche das einer Sickergeschwindigkeit von ca. 30 cm/Tag.

Die Schlussfolgerungen

Ergebnis der Untersuchungen ist zunächst, dass der Brunnenschacht rd. 50 m tief ist und aus zwei Teilen besteht, die hinsichtlich ihrer Bauzeit weit auseinanderliegen. Schriftliche Belege zum Brunnenbau wurden bisher nicht gefunden.

Für die Beantwortung der Frage, wann der Brunnen gebaut wurde, liefern die älteren Schichten 90 bis 112 einen ersten Hinweis. Die Steinbearbeitung auf den Stirnflächen dieser Quader lässt eine Bauzeit ab dem 12. Jahrhundert möglich erscheinen. Aus der Baugeschichte der Burg sowie deren Besitz- und Pachtverhältnissen ergeben sich weitere Anhaltspunkte für eine genauere Datierung.

Bei ihrer Ersterwähnung im Jahre 1231 war die Burg im Besitz des Klosters Fulda. Sie diente als Fliehburg. Bewohnt war nur die Vorburg, da die Wasserversorgung hier durch Brunnen geringer Tiefe sichergestellt werden konnte. Da sich das Kloster bereits zu dieser Zeit in wirtschaftlichen Schwierigkeiten befand, musste die Burg schon bald darauf verpachtet werden. Eine längere Pachtzeit ist ab dem Jahre 1332 belegt.

Dieses Pachtverhältnis war verbunden mit der Auflage, eine Summe von 200 Pfund Silber an der Burg zu verbauen. Der Betrag war zu groß, um nur der Bauunterhaltung zu dienen. Er war aber groß genug, um ein Projekt wie den Bau eines Brunnens anzugehen. Und die Pfandschaft bestand insgesamt 30 Jahre, Zeit genug, um einen Brunnenbau erfolgreich durchzuführen.

Ein Baubeginn in der ersten Hälfte des 14. Jahrhunderts erscheint uns daher als eine realistische Annahme; dies umso mehr, als Kurpfalz 1390 beim Kauf der Burg einen Preis zu zahlen bereit war, der eine gesicherte Wasserversorgung durch einen tiefen Brunnen wohl zwingend voraussetzte.

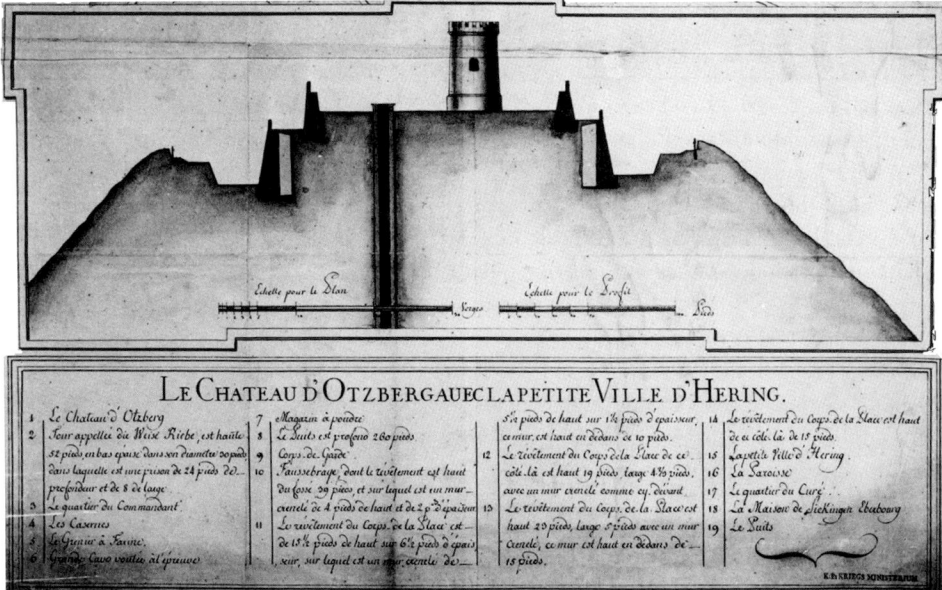

Abb. 172 Der tiefe Brunnen im Profil der Veste Otzberg, Ende 18. Jahrhundert

Die Pfalz hatte also die Burg mit einem funktionsfähigen Brunnen übernommen. Und die gesicherte Wasserversorgung durch diesen Brunnen war mit Sicherheit ein wesentlicher Grund für die Entscheidung, die kleine Burg ab dem Jahre 1507 in eine zeitgemäße Festung umzubauen. Dieser Umbau dauerte fast 100 Jahre. Die Schäden im Brunnenschacht müssen also während des Umbaues aufgetreten sein, zumal die Steinmetzzeichen auf den Quadern der obersten 89 Schichten eindeutig auf eine Bauzeit um die Mitte des 16. Jahrhunderts hinweisen.

Der Hessische Erdbebendienst (HED) im Landesamt für Umwelt und Geologie hat die Verteilung aller seit ca. 1000 n. Chr. beobachteten Erdbeben zusammengestellt. Danach konzentrieren sich die Erdbebenaktivitäten vor allem auf Südhessen. Ein besonders starkes Beben aus der Zeit um die Mitte des 16. Jahrhunderts ist zwar nicht verzeichnet; wir müssen aber wohl davon ausgehen, dass die Überlieferung solcher Beobachtungen zumal für Gebiete weitab der Städte mehr als lückenhaft ist. Der Oberrheingraben ist tektonisch auch heute noch nicht völlig zur Ruhe gekommen.

Ein sicheres Indiz dafür, dass in dieser Zeit ein Beben am Otzberg zu Bauschäden geführt hat, ist der Brunnen des Gans'schen Hauses in der ehemaligen Vorburg der Veste. Hier mussten die oberen vier Schichten der Ausmauerung und der Brunnenkranz erneuert werden. Auf dem Brunnenkranz aber findet sich ein Steinmetzzeichen, das sich im Gebäude mit der Jahreszahl 1549 verbindet.

Da der Brunnen des Gans'schen Hauses wie der der Veste lebensnotwendig war, wird man mit der Erneuerung des ruinierten Schachtteiles in beiden Fällen nicht unnötig lange gewartet haben, zumal eine provisorische Versorgung mit Wassereseln auf dem Otzberg ausschied. Der Schaden am Brunnen des Gans'schen Hauses war vergleichsweise gering und konnte zeitnah behoben werden. Der Erneuerung des Brunnenschachtes auf der Veste musste die zeitraubende und gefährliche Räumung bzw. Demontage vorausgehen.[503]

Es scheint also naheliegend, dass das Erdbeben, das zu den Schäden führte, am Ende der ersten Hälfte des 16. Jahrhunderts stattgefunden hat. Die Reparatur des Brunnenschachtes kam als nicht vorhersehbares Ereignis zu den laufenden Umbauarbeiten hinzu. Die Reparatur aber musste ausgeführt werden, da ansonsten der seit Jahrzehnten laufende Umbau der Burg zur Veste umsonst gewesen wäre. Die Reparaturarbeiten werden sich bis in die zweite Hälfte des 16. Jahrhunderts hingezogen haben.

Möglicherweise haben die Steinmetze mit der Herstellung der neuen Sandsteinquader schon vor Abschluss der Räumungsarbeiten begonnen, nachdem die Entscheidung gefallen war, die Reparatur des Brunnens durchzuführen. Eine ganz exakte Datierung war anhand ihrer Zeichen im Schacht trotz systematischer Auswertung umfangreichen Vergleichsmaterials bisher nicht möglich. Und die Personen, die hier als Handwerker tätig waren, bleiben auch weiterhin im Dunkeln.

Aus der Entstehungszeit um 1350 sind noch 179 Steinquader vorhanden. Der nach 1550 neu aufgebaute obere Teil des Schachtes besteht aus insgesamt 583 Quadersteinen. Da die geräumten Steine des alten Schachtes für den Neubau wegen geänderter Bauweise nicht wiederverwendet werden konnten, müssen wir davon ausgehen, dass insgesamt weit über 1.300 Steinquader für den Brunnen im Steinbruch auf dem Zipfen unterhalb des Otzberges geschlagen wurden. Die größten der 583 Sandsteinquader für den Wiederaufbau hatten ein Gewicht von bis zu 20 Zentnern. Mit Ochsengespannen mussten alle diese Steine von den Bewohnern im Frondienst auf die Burg geschafft werden. Vom Steinbruch bis zur Baustelle auf der Burg waren auf einer Wegstrecke von rd. 2,5 km gut 155 Höhenmeter zu überwinden.

---

503 Justi, a.a.O., S. 102 f, berichtet über die Räumung des Marburger Brunnens im Jahre 1672.

3.14 Die Veste Otzberg im Odenwald | 311

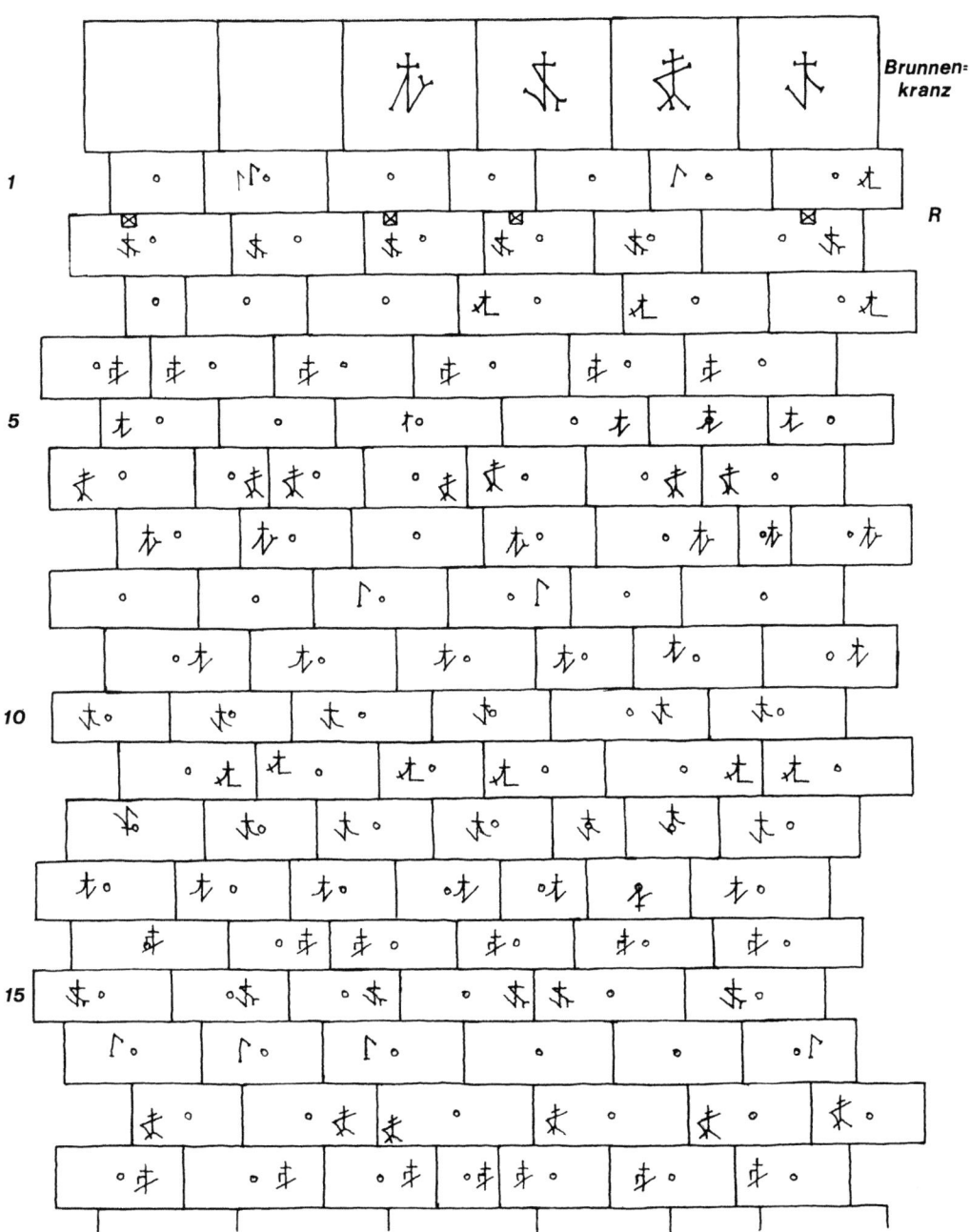

Anlage 14.1 Schachtabwicklung Schichten 1 bis 18

312 | 3. Burgen und ihre Brunnen

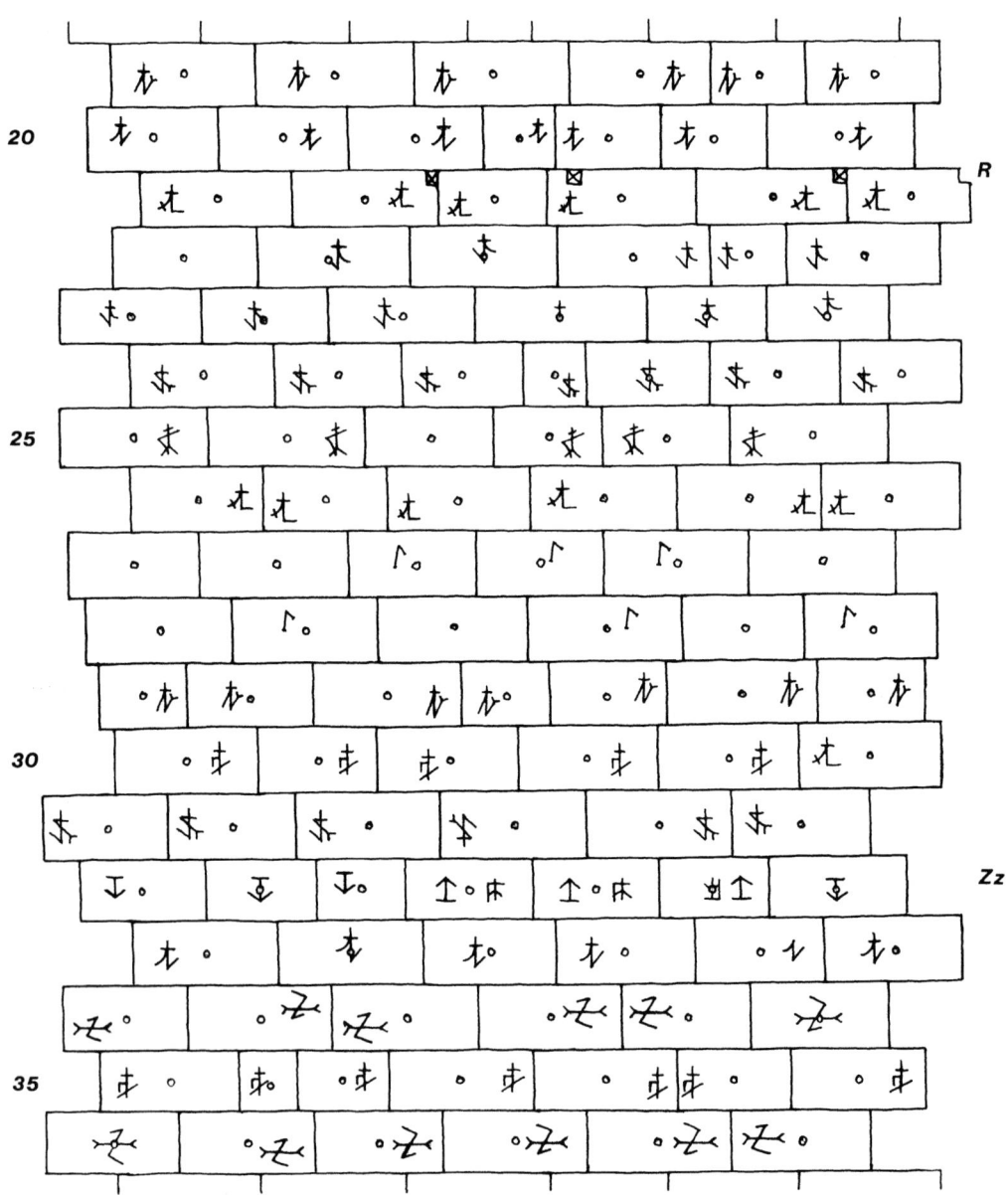

Anlage 14.2 Schachtabwicklung Schichten 19 bis 36

3.14 Die Veste Otzberg im Odenwald | 313

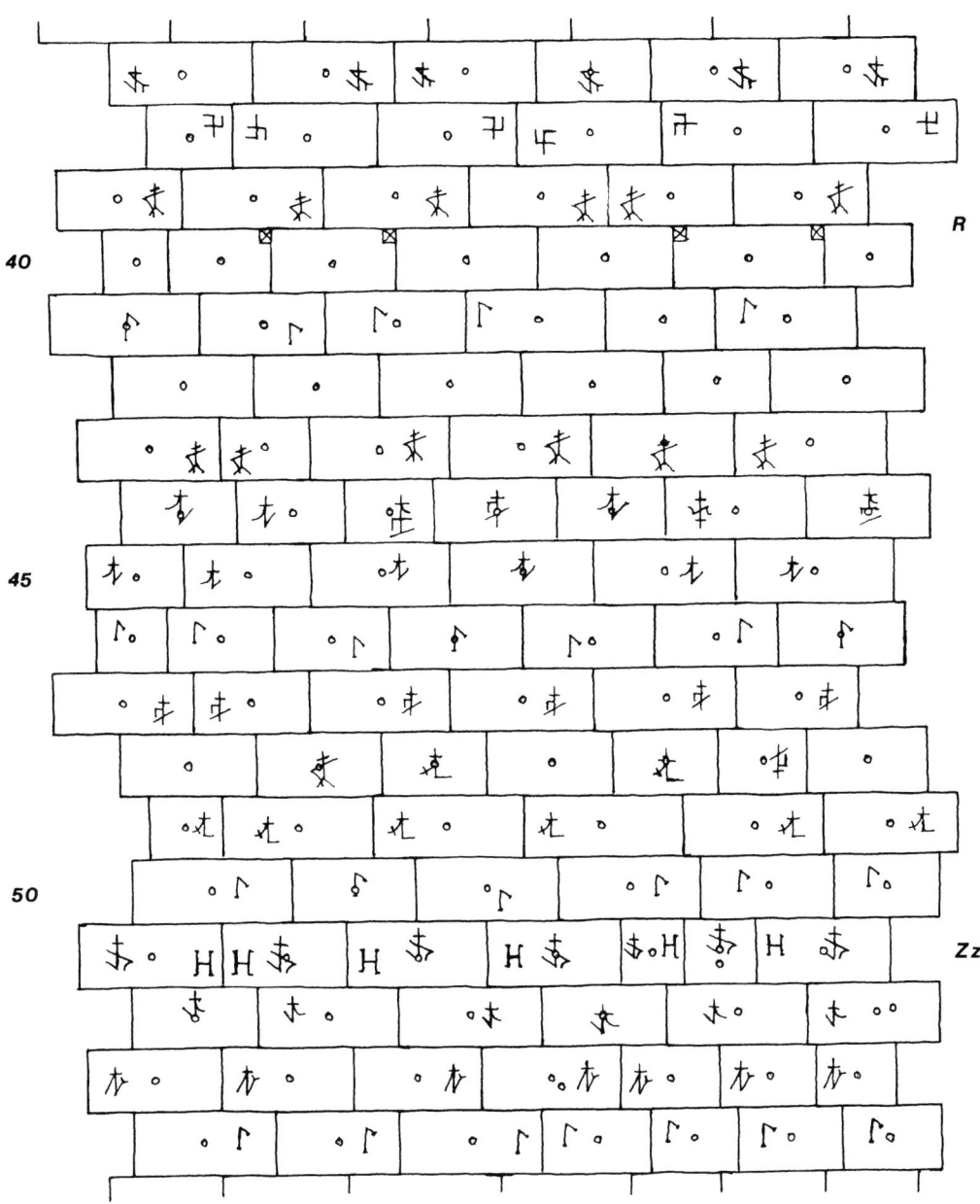

Anlage 14.3 Schachtabwicklung Schichten 37 bis 54

314 | 3. Burgen und ihre Brunnen

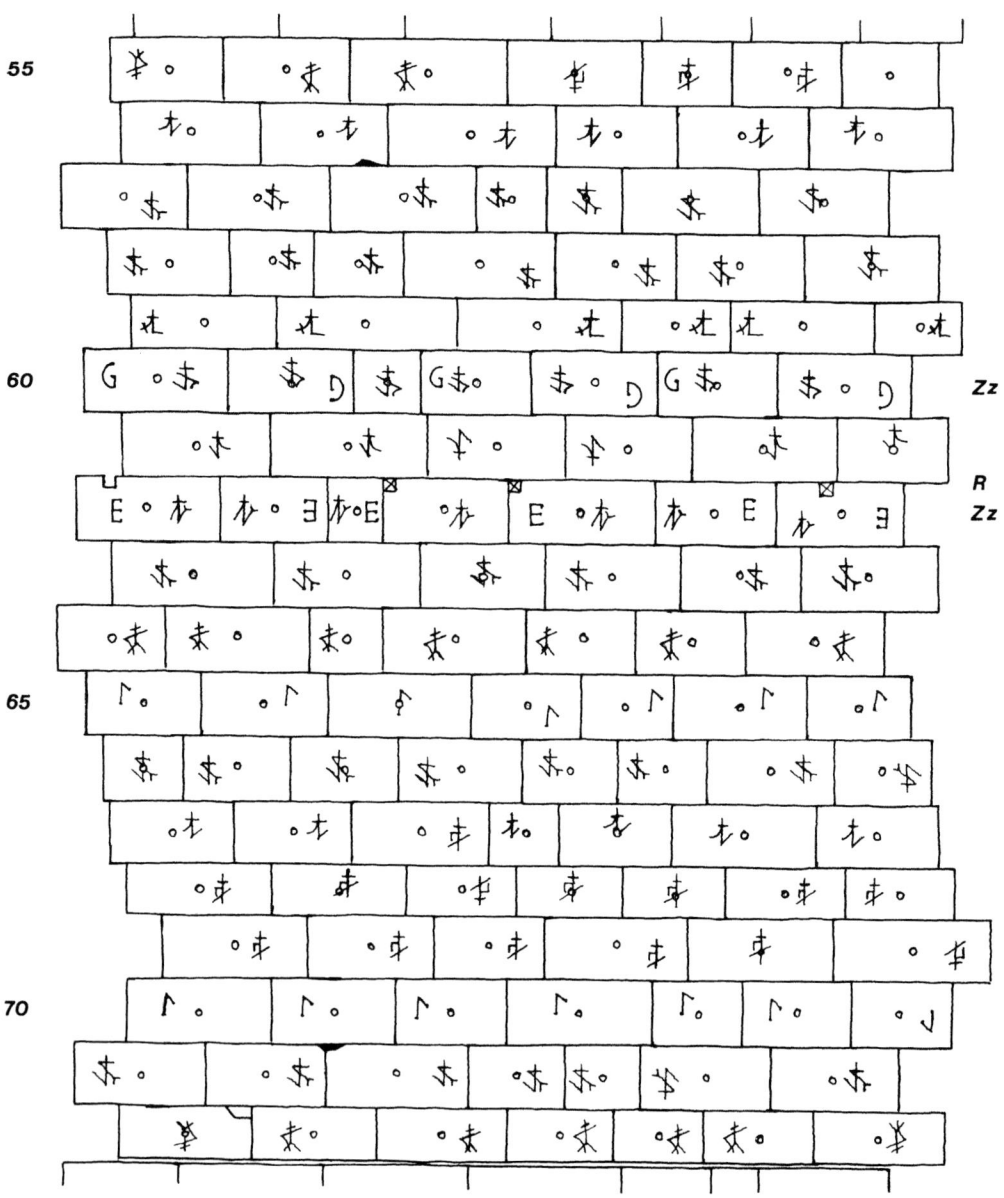

Anlage 14.4 Schachtabwicklung Schichten 55 bis 72

3.14 Die Veste Otzberg im Odenwald | 315

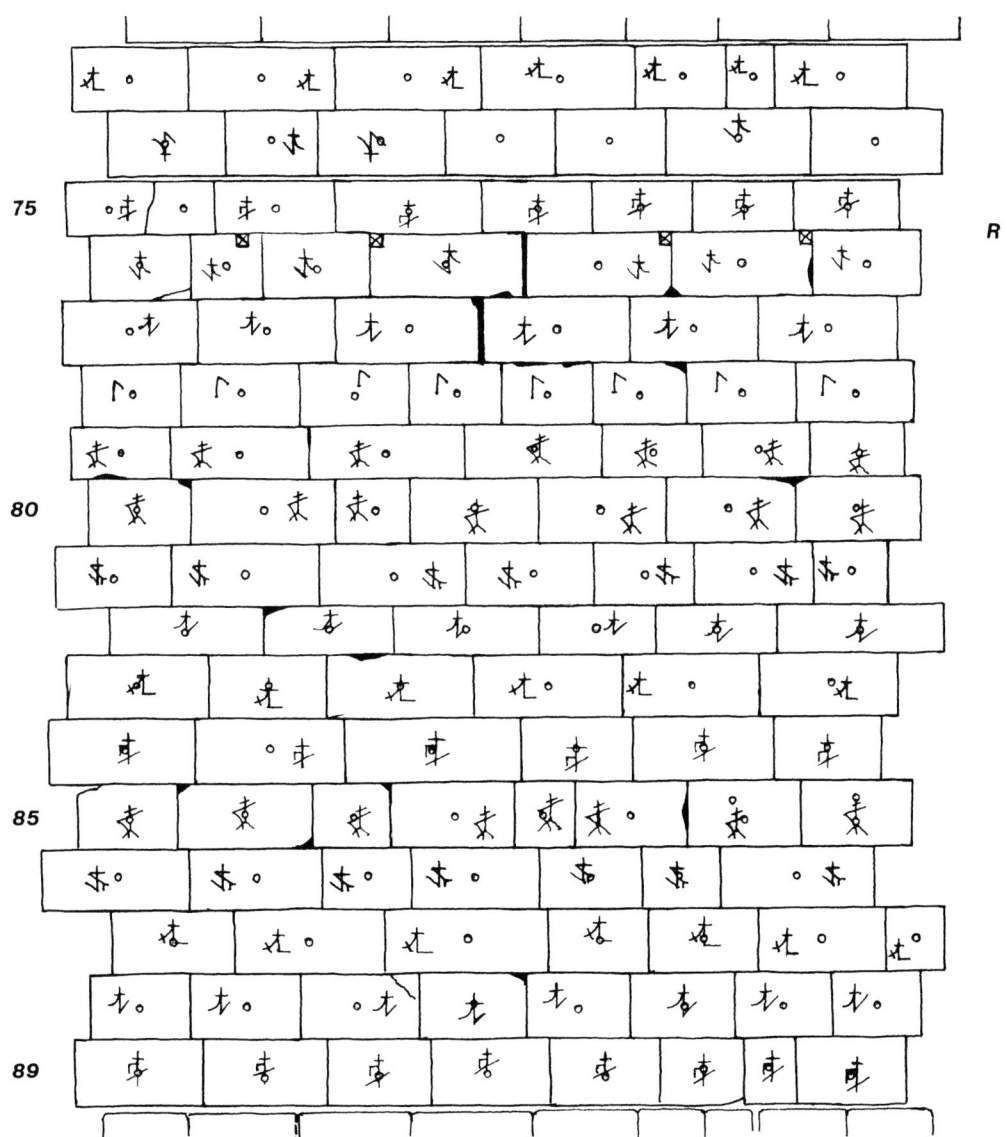

Anlage 14.5 Schachtabwicklung Schichten 73 bis 91

3. Burgen und ihre Brunnen

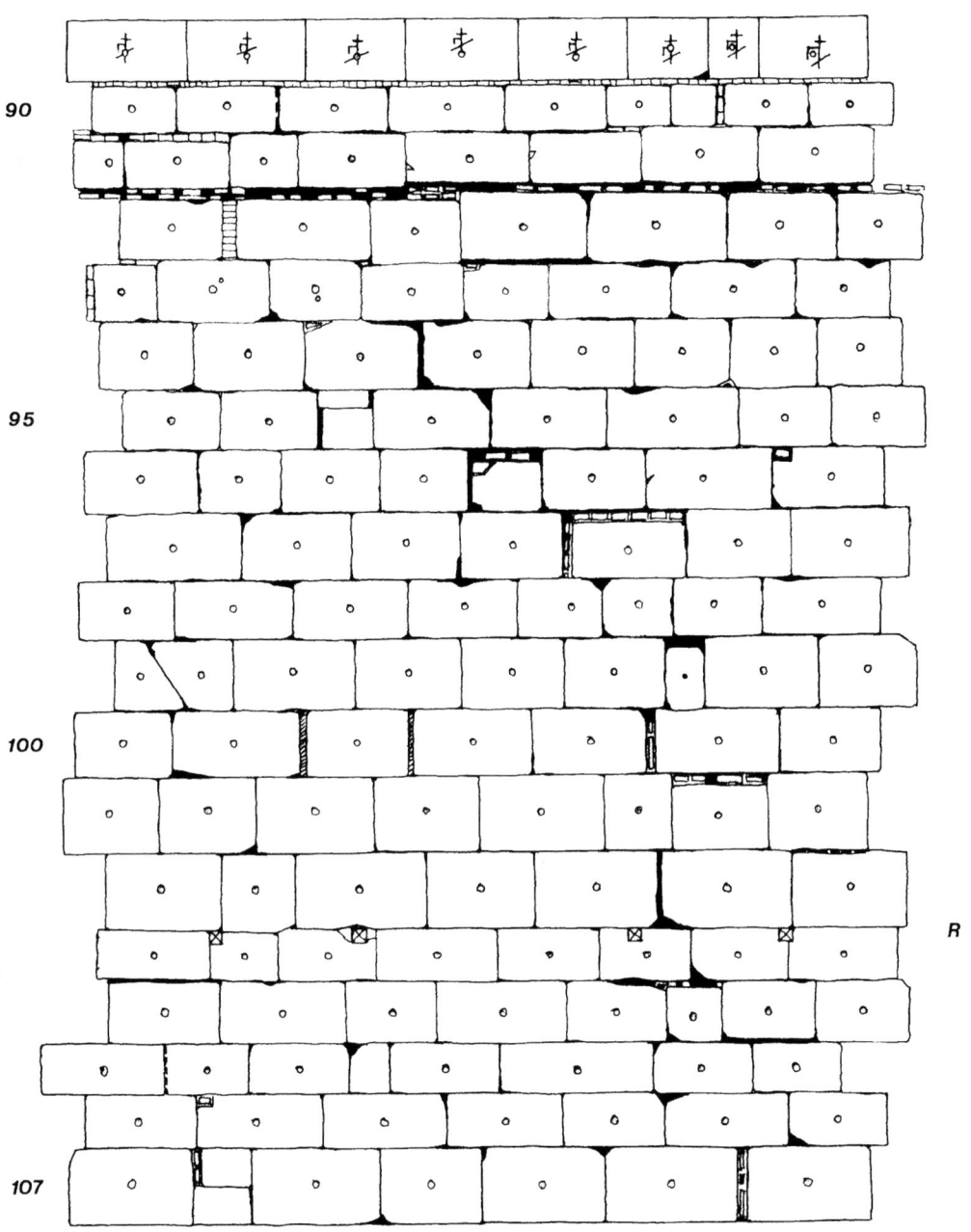

Anlage 14.6 Schachtabwicklung Schichten 89 bis 107

3.14 Die Veste Otzberg im Odenwald | 317

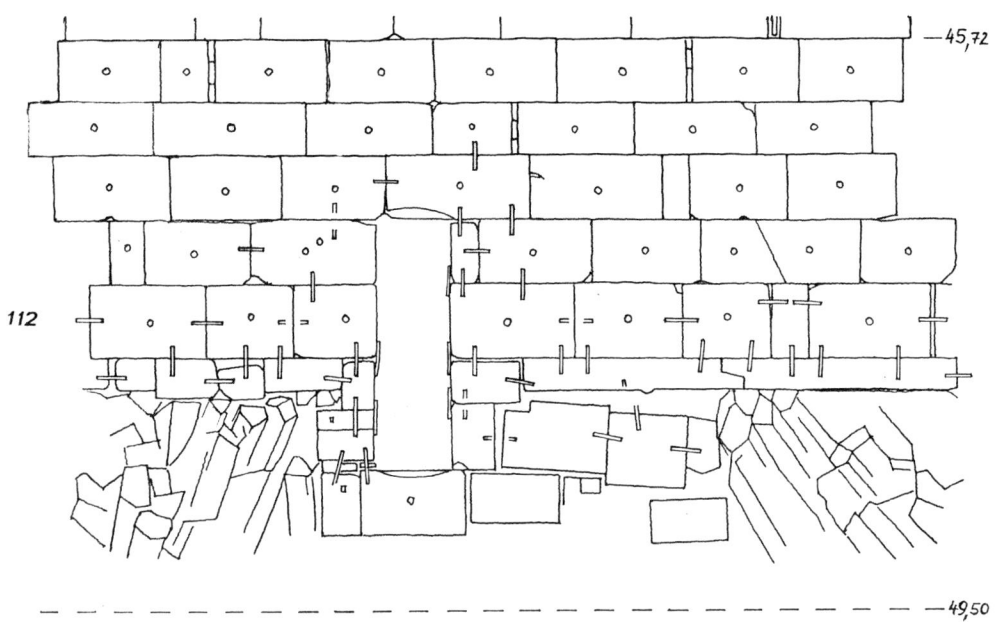

Anlage 14.7 Schachtabwicklung Schicht 108 bis zur Gründung

3.15 Schloss Augustusburg auf dem Schellenberg

Auf dem Schellenberg, etwa 15 km östlich von Chemnitz gelegen, entstand zu Anfang des 13. Jahrhunderts die gleichnamige Burg. Belegt sind für das Jahr 1206 *Wolframus et Petrus fratres de Shellenberc*.[504] Die Herren von Schellenberg sollen in späteren Jahren ihr Unwesen als Raubritter getrieben haben. Nach der sogenannten Schellenberger Fehde kam die Burg 1324 an die Wettiner, die sie nach und nach weiter ausbauten. Zu der Burg gehörte ein mächtiger Turm, der im Bereich des heutigen Hauptzugangs stand. Südlich davon, d. h. im jetzigen Schlosshof, entstand um 1400 ein „Brunnen".

Im Jahre 1528 brannte ein Teil der Burg nieder und 1547 soll die Anlage durch Blitzschlag und Brand ruiniert worden sein. Der Bericht über eine Begehung vom August 1567 lässt aber vermuten, dass die Burg zwar Schäden aufwies, gleichwohl aber noch bewohnbar gewesen wäre.

Dennoch gab Kurfürst August von Sachsen (1553–1586), im Hochgefühl seines Sieges in den Grumbach'schen Händeln, im April 1567 den Befehl, an der Stelle der Burg ein Jagdschloss zu bauen. Der Kurfürst, der in die Geschichte als „Vater August" einging, war zwar sachkundig in Baufragen. Aufgrund seines unnachgiebigen Wesens aber war seine Einmischung in das Baugeschehen gefürchtet. Den Charakter des strengen Lutheraners beschreiben Historiker als penibel und penetrant, raffgierig und rachsüchtig. Keinerlei Rücksicht kannte er vor allem gegenüber den Untertanen, die das fürstliche Jagdprivileg missachtet hatten.

Die Projektverantwortung übertrug der Kurfürst dem Hieronymus Lotter (1497–1580), einem erfolgreichen Kaufmann und mehrfachen Bürgermeister aus Leipzig, der bereits unter Herzog Moritz (1541–1547)[505] den Ausbau der dortigen Festungsanlagen geleitet hatte. *Lotter selbst hegte Bedenken gegen die Übernahme dieser Aufgabe. Die Gründe dafür waren sein hohes Alter [von 70 Jahren] und die Beanspruchung durch die Aufgaben und Verpflichtungen im Leipziger Rat … und bei der Leitung seines Bergwerkes in Geyer. Wenn er gewußt hätte, wieviel Belastung, Kummer, Schimpf und Schmach auf ihn zukommen würden, hätte er diesen kurfürstlichen Auftrag sicher nicht übernommen. Zudem handelte es sich um ein Ehrenamt ohne Besoldung.*[506] In der Vergangenheit waren ihm jedoch von den Landesherren im Gegenzug für seine Tätigkeit als Bauleiter durchaus wirtschaftliche Vergünstigungen gewährt worden.

Der Kurfürst hatte es eilig. Ohne den genauen Plan des Schlosses zu kennen, wurde Lotter im August 1567 auf die Burg Schellenberg geschickt, um sich mit der Örtlichkeit vertraut zu machen. Im September begann gemäß den Instruktionen des Kurfürsten der Abriss der Burg. Der Grundstein für den Schlossbau wurde bereits am 3. März 1568 gelegt und Ende 1569 stand der Rohbau des quadratischen Hauptgebäudes. Der Innenausbau sowie die Nebengebäude und Außenanlagen waren 1573 im Wesentlichen abgeschlossen. (Abb. 174)

Da die Bereitstellung der erforderlichen Gelder bald hinter dem Baugeschehen zurückblieb, trat Lotter mit seinem Privatvermögen in Vorlage. Gleichzeitig drohte der Kurfürst ihm *in einem Schreiben vom 15. August 1571 große Ungnade an, wenn der Bau nicht in der festgesetzten Zeit vollständig beendet würde*.[507] Ende des Jahres kam es zum Bruch zwischen

---

504 Gersdorf, E. G.: Codex diplomaticus Saxoniae II, Urkundenbuch des Hochstiftes Meißen, Bd. 1, Leipzig 1864, Urkunde 74
505 Herzog Moritz wurde in Folge des Schmalkaldischen Krieges Kurfürst von Sachsen (1547–1553).
506 Günther, B.: Schloss Augustusburg, Leipzig 2000, S. 16 f
507 wie vor, S. 26

3.15 Schloss Augustusburg auf dem Schellenberg | 319

Abb. 173 Ansicht von Schloss Augustusburg in der ersten Hälfte des 18. Jahrhunderts

Lotter und dem Kurfürsten. Vergeblich kämpfte Lotter bis zu seinem Tode am 24. Juli 1580 um die Rückzahlung der verauslagten Gelder.

Ab Januar 1572 hatte Rochus Graf zu Lynar (1525–1596) die Bauleitung auf Augustusburg übernommen. Bereits im Jahre 1569 war der italienische Festungsbaumeister in sächsische Dienste getreten. Schon kurz nach Fertigstellung von Schloss Augustusburg aber fiel auch er beim Kurfürsten in Ungnade. Er wechselte 1578 in die Dienste des Kurfürsten von Brandenburg, erhielt die Aufsicht über dessen Festungen und war u. a. 1589/90 für die Planung der Festung **Wülzburg** [5] verantwortlich.

Überlieferungen zum Brunnenbau
Die Entscheidung, das Schloss Augustburg als Beispiel zu behandeln, ergab sich für uns nicht nur wegen des bekannten tiefen Brunnens. Es waren vor allem die handelnden Personen, die uns dazu veranlasst haben, da sich so aufschlussreiche Querverbindungen zu anderen hier vorgestellten Bauvorhaben herstellen lassen.

Parallel zur Planung der Augustusburg hatte man sich schon frühzeitig Gedanken um deren Wasserversorgung gemacht. Dabei war es zwangsläufig zunächst in erster Linie um die Versorgung der Baustelle gegangen, auf der bereits 1568 bis zu eintausend Menschen arbeiten sollten. Freiberger Bergleute untersuchten die Ausbaufähigkeit des „Brunnens" der Burg Schellenberg, fanden ihn *mit dem Schrank*[508] nur 14 Ellen tief und den Fels zu hart, um ihn

---
508 Schrank oder Schranke bezeichnet den Brunnenkranz.

320 | 3. Burgen und ihre Brunnen

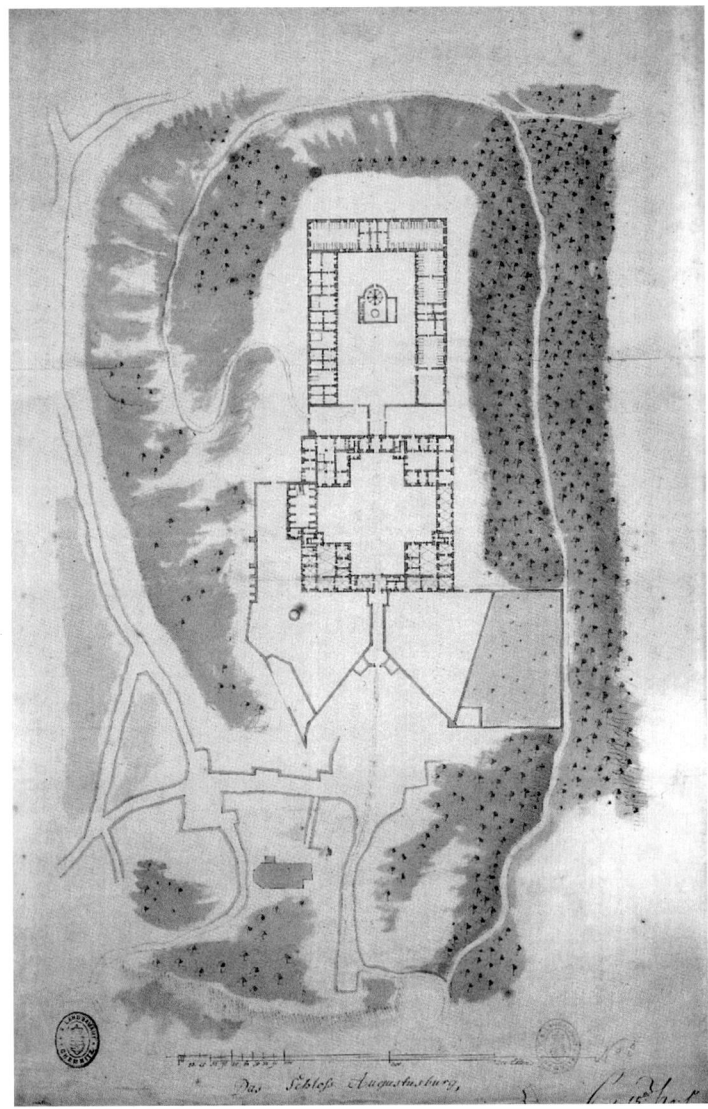

Abb. 174 Grundriss von Schloss Augustusburg im 17. Jahrhundert

weiter abzuteufen. *Überdies befand man, dass er von unten auf keine Quellen hatte und nur den Zufluss von demjenigen Wasser bekomme, was seithalben durch das Gemäuer hinein sinkt. Beim Umlegen des Turmes wurde der alte „Burgbrunnen", der eigentlich nur eine Zisterne war, dann versehentlich eingeschlagen.*[509]

Im Herbst 1567 hatte man begonnen, eine Wasserleitung von Waldkirchen her zu bauen. *Nachdeme die quelle vber waltkirchenn, welche herein Zu rohren angefangenn, 14 ellen hoher*

---

509 Harnisch, J.G.: Chronik Schellenberg-Augstburg, Schellenberg 1860

gelegenn dann der Schlosbergk Schellenbergk [war man einig geworden] *das es vornunfftick vnd kein Zweiffel, es sein solche quelle auf den Bergk Zu bringenn vnd Zu rohren; Das solches aber In dem vergangenen Herbst nicht geschehen, sein vhrsach, das die Erbet kegen dem winter vbereilet, Die Rohren vnvleissick krumb vnd Zu weith gebohret, eines theils vbel gebunden, Vnd der Rohrmeister des wergks so gar nicht erfarenn, Auch die Röhren das Wetter noch lufft nicht nehmen konnen, Welcher halb sie Zesprungen.*[510]

Diese Begründung entstammt einem Bericht vom 26. Januar 1568, den Bauleiter Lotter sowie Bartel Lauterbach und Martin Planer, beide Bergmeister zu Freiberg, zusammen mit acht ebenfalls anwesenden Rohrmeistern verfassten. Drei der Rohrmeister erhielten den Auftrag, die Leitung zu reparieren. Martin Planer sollte prüfen, wie das Wasser notfalls mit Hilfe einer Wasserkunst auf den Schellenberg hinaufgebracht werden konnte.

Martin Planer (1510–1582) hatte sich einen Namen gemacht durch den Auf- und Ausbau des wasserwirtschaftlichen Systems im Bergbaurevier Freiberg. Er hatte im Jahre 1565 die Wasserkunst der Burg **Stolpen** [3] funktionsfähig gemacht (Abb. 13), und war seit 1562 für Planung und Bau des tiefen Brunnens auf dem **Königstein** [17] verantwortlich, der erst 1569 fertig werden sollte. Seit Dezember 1567 leitete er nun – neben seiner Tätigkeit in Freiberg – dazu auch noch den Bau des Brunnens auf dem Schloss Augustusburg.

In dem Bericht vom 26. Januar 1568 heißt es weiter: *Der Brun vfm Berge, Im hinder schlos In der mittenn Ist Zwo lachter tief eingeschlagenn, vnd also ein kluftiger stein befunden, giebt auch guten Mauerstein, vnd ist bei weitem nicht so feste, wie der forder bergk do der alte brun gestanden, Vnd Acht Personen weiter Zwo lachter tief Zu sencken vnd Zu hauen vordinget, Vnd Jeder lachter 17 f.* [Gulden], *vnd darueber die Schmide Kost Zugebenn vorsprochen, Vnd sollen solche 9 ellen Ins gevierde hauen … Vnd weil des orts vermutlich kein gantzer fels, an dem berge auch hin vnd wieder quell, So hat man hofnung, des orts wasser antzutreff.*

Zu Beginn der Arbeiten hatte Planer also veranlasst, dass zunächst ein bergmännischer Schacht mit quadratischem Querschnitt von 5 auf 5 m abgeteuft werden sollte. In diesen Abschnitt, der am Ende gut 10 m maß, wurde später ein gemauerter Schacht eingestellt.

Unter dem 13. Februar 1568 berichtet Lotter an den Kurfürsten[511]: *So wirtt mitt d. Arbeitt In dem Ziheborn heftig Angehalten, das es Tag vndt nacht mitt gedinge fortgehett; Es wirt aber Jetzundt Zimblich vhester, Vngeachtet, Das An dem ortte Am bequembstenn nieder tzu kommen sein sollte. Es ist sich darauff auch nicht Zuuorlassen, Das dernach so balde Wasser gebenn mochtte, So hatt das Wasser, wan solchs gleich vfgefangen Vnndt In Cisternn* [d. h. Zisterne] *gebracht wirdett, Zue Notturft des baues keinen bestandt, Das also meines erachtens nuhmehr alle Tage will Tzeit sein, die Kunst vnndt wasserhebe Zubestellen, Damitt die gefertigt werde* [bevor der Bau beginnt]. Wenige Tage vor der Grundsteinlegung weist Lotter so vorsichtig auf das fehlende Brauchwasser für die Baustelle hin. Gleichzeitig dämpft er die Hoffnungen auf einen schnellen Erfolg beim Brunnenbau.

Über den Standort des Brunnens muss es Diskussionen mit dem Kurfürsten gegeben haben. Am 25. Februar 1568 schreibt Lotter: *Der Neue Angefangene Zihebuhrn gefellt mir nicht Vbel vnndt beruhe noch auf meinner meinungk, Das er besser Im hindern hofe Als im fordernn, Zue deme so hatt es forne bei der Kuchenn einen gantzen fels; an dem orte ist aber das Gesteine,*

---

510 Sächs. HStA Dresden, 10036 Finanzarchiv, Loc. 35801 Augustusburg Nr. 3, Copial des Neuen Schellenbergischen Schlossbaues, fol. 228

511 Sächs. HStA Dresden, 10036 Finanzarchiv, Loc. 35801 Augustusburg Nr. 3, fol. 256

Ob es wel Zimblich feste, doch gleichwoll kluftigk, vnndt ich kumbe mitt den Steinbrechern eher Vortt, als mit den bergkheuernn, Dan es gehoren gutte keilhauenn vnndt lange brechstangen Zue solchem Gesteine, Dieweill es so kluftig ist; Wan aber der fels gantz wehre, So muste der mitt feustel vnndt eisen wegkgestueft werdenn; Dartzue gehorten alsdan bergkheuer …

Der Bergkmeister Von Freybergk [Martin Planer] *hatt meines Abwesens Zwei lachter, Neun eln lang vnndt breitt In die Runden, vmb Vier Vndt Viertzig Guldenn* [im Januar noch 34 fl] *vordingt, Vnndt es brechenn Zimbliche Mauersteine mitt; Es hatt das gesteine an dem ortte … Denn Rechtten Nahmenn Schellenbergk; Gott vorleihe, Das es also kluftig stehen bleibe, So hoffe Ich, es soll wasser Zu erbauenn seinn …*

In einem Bericht Lotters an den Kurfürsten vom 20. März 1568 geht es nochmals um die angemahnte Wasserkunst. *Dem hern Landtrentmeister habe ich … bericht, Das ich Zwene wasser kunstmeister Brosius Lippoldt vnnd Jacob Pach von d. Platten mit dem alltten Obermeister Nicoll hoffman, vnangesehen das noch viel schnehes ihm feldt liegtt, vff den AugustusPergk geschickt hette, die gelegenheitt Zu besichtigen, ob auch durch ein kunst wasser hienauff Zu bringen wehre, Vnndt ist ihnen noch dartzu Meister Paull Widtman Steinmetzs, vndt Meister Fabian Werner Zimmerman Zugegebenn wordenn, die mit ihnen herumb gegangen; Vnndt nach solcher besichtigung sindt sie wied. hier Zukhommen vnndt Zeigen ahn, das des orts wohl wasser hienauff Zu bringen sey, vnndt bitten allein darumb, mahnn woltte mehr vorstendige meister fordern lassenn, die sie auch, wie sie den Baw antzustellen vormeindten, dorinna hören möchten; Vnndt do dieselben des Baues auch mit ihnen Einig, vnddt des beyfhal haben werden, ehrbeutt sich obbemeltter Brosius Lippoldt, d. sonst ihnn d. gleichenn wasserbaw sein Meisterschafft ahn mehr orttern beweist, vnndt itzundt denn Gewergken vff der KißZechen Zum Elderlein Taussent lachter lang ein gesteng kunst, wasser aus ihrer Zech Zu hebenn angibt, vnndt ehr will vmb Ehrentwillen, vngeacht das ehr sonstenn wohl Zu thun hette, des wasser baues ein meister sein …*

Bemerkenswert ist, dass in diesem Zusammenhang Martin Planer mit keinem Wort erwähnt wird. Die Forderung aber, weitere Meister um ihre Meinung zu fragen, bedeutet wohl nicht, dass sich die versammelten Fachleute ihrer Sache nicht sicher waren. Sie scheint vielmehr der Ausdruck des angespannten Verhältnisses der Fachleute zu ihrem Kurfürsten zu sein. Man wollte sich absichern. Nur wenn sich endlich alle einig wären, wollte Brosius Lippoldt die Wasserkunst *vmb Eherentwillen* bauen.[512]

Wir hatten eingangs bereits erwähnt, dass Kurfürst August die Wilderei mit unnachsichtiger Strenge bestrafte. In seiner Konstitution vom 21 April 1572 hieß es: *Würde jemand, wer der auch wäre, … in unseren oder unserer Lande Wild-Banen, Försten, Wildführen, Gehegen, Wälden und Gehöltzen, Wildprät, Hirsche, wilde schweine, Rehe oder was in hoher Wildfuhr gerechnet … schießen, schädigen oder fangen, der oder dieselbigen sollen mit Staupenschlägen ewig unseres Landes verwiesen, oder sechs Jahre lang auf Gallern* [Galeeren], *in Metalle und dergleichen stetswährende Arbeiten verdammet* [werden]. Und so waren Hieronymus Lotter bereits im Dezember 1567 gefangene Wilddiebe überstellt worden mit der Anweisung, dass er dieselben *zu stedter erbet winter vnd sommer Zeit Zu dem schellenbergischen brun anhalt*[en solle].

Im Mai 1568 sollen bereits zehn dieser Strafgefangenen beim Brunnenbau tätig gewesen sein. Sie waren *mit fesseln od*[er] *springern an beinen vnd halseisen mit hirschhörnern wohl versehen.* Der Bergmeister Planer äußerte *bedencken … die wildpratsbeschedig*[er] *In den*

---

512 wie vor, fol. 295 b, 296

bronnen vf d[er] Augusten burg Zu legen. Mangelnde Erfahrung, ihre Fesseln und die ständige Bewachung sprachen gegen den Einsatz der gefangenen Bauern.

Am 13. Juli 1568 antwortet der Kurfürst, er sehe keinen Grund, *das wir derhalben vnsern vorigen befelch verandern sollten; Dan obwohl nur 3 berckleute … vnter denselben sein, so konnen doch die Pawern [Bauern] der berckarbeit auch wohl vnterrichtet werden, vnnd einer Von Dem andern lernen; man darff sie auch nicht allzeit auf vnd [wieder] Zu schliessen Zum aus vnnd einfahren, Sondern man kann sie wohl an einem seihl vffm knebell hinein lassen Vnd wid. heraus Ziehen.* Und wenn man die obersten Fahrten, d. h. die Leitern im Schacht herausnähme, bräuchte der Steckenknecht nicht dabei zu stehen, da ohnehin keiner entlaufen könne.

Die Lernbereitschaft der Wilddiebe dürfte unter diesen Bedingungen nicht groß gewesen sein, wenngleich der Kurfürst meint: *Zudem werden sie desto vleissiger arbeit[en] In hoffnung, wo Inen Goth wasser bescheren wurde, Das sie Ihres gefencknus linderung od[er] erledigung erlangen möchtenn. Vber Diß alles aber konnen wir also mit Inen einen grossen Kosten ersparen – die – den was sonst auff der Berckleute geding werden musen.*[513]

Im August 1568 gelang drei der Gefangenen die Flucht. Der verantwortliche Steckenknecht wurde *andern Zu abschew Durch den Scharffrichter Im gefencknus mit scharffen rutten* ausgepeitscht und des Dienstes verwiesen. Die anderen Gefangenen mussten von da an *zu tag vnd nacht, fur vnd fur Im bronnen bleiben … vnnd Ire Zeug, essen trincken … vnd andre notturfft an haspeln auff vnnd abziehen* [lassen].[514] Bald darauf ist von Wilddieben beim Bau des Brunnens nichts mehr überliefert. Dessen ungeachtet wurde die Romanfigur des Bauern und Wilddiebs Brosius Utmann erfunden, der mit vielen seiner Schicksalsgenossen angeblich jahrelang im Brunnenschacht schuften musste.[515]

Der Einsatz von Strafgefangenen dürfte zum Baufortschritt kaum beigetragen haben. Und da er im Falle der Augustusburg als ein typischer Racheakt des Kurfürsten zu werten war, gehen wir davon aus, dass die Arbeiten anderenorts vernünftigerweise ausschließlich von erfahrenen Bergleuten und Steinbrechern ausgeführt wurden. Gleichwohl hat sich die Legende vom Einsatz Strafgefangener beim Brunnenbau bis heute gehalten.

Für die Zeit von 1569 bis 1571 sind keine Unterlagen zum Brunnenbau überliefert. Wir wissen nur, dass Martin Planer Anfang April 1569 die Wasserkunst für die Versorgung der Baustelle inspiziert hatte. Dem Kurfürsten konnte er berichten, dass sie *Got lob gar richtig gehet vnd am tag mehr wasser naufhebt, dann man iezt droben bedarf.*[516] Es wird berichtet, dass sich am 18. April 1571 ein Unglück beim Feuersetzen im Schacht ereignete[517], der zwischenzeitlich eine Tiefe von 25 Lachtern erreicht hatte. Ob man wegen zunehmender Härte des Gesteins regelmäßig gezwungen war, dieses Verfahren anzuwenden, ist nicht bekannt. Wahrscheinlich aber handelte es sich nur um Ausnahmefälle.

Die nächste Überlieferung dazu stammt vom 24. Juli 1572. *Dieser brunnen ist uff dato 32 Lachter deren Jedes 3 ½ Ellen die lenge hat*[518], *unter sich gesunken, gebauen und noch derzeit kein Wasser funden gewesen; Es hat aber einen festen Stein gehabt, welcher acht Lachter hoch gewehret, und noch von tag Zue tag erger und Vester worden; von solchen gestein … hat mann 56 f. [Gulden] Müntz 5 Arbeitern samt den Steiger, so denselben gesunken, und mit hülffe deß*

---

513 wie vor, fol. 192 b–193 b
514 Sächs. HStA Dresden, 10004 Kopial Nr. 345, fol. 222 a
515 Paust, I.: Ich sage dennoch, Berlin 1961; nach dem Beitrag von G. Wustmann, a.a.O.
516 Sächs. HStA Dresden, 10004 Kopial Nr. 345, fol. 252 b
517 Günther, a.a.O., S. 66
518 Der Freiberger Lachter zu 3 ½ Ellen maß zu dieser Zeit 1,96 m.

Feuers ein Lachter auffgefahren Zu lohn gegebenn; Sie haben an solchen Einem lachter Sieben Wochen gefahren, und darüber gearbeitet, ohne Feuer aber unmöglich mit Menschen henden fort Zu komen gewesen; Vber daß mann dennoch Feuer gebrauchen müßen, haben Zweene Arbeiter oder hauer inn 6 stunden 600 Stehlne Spitzen ... verschlagen.[519]

Die Tiefenangaben von 1568, 1571 und 1572 lassen den Schluss zu, dass beim Abteufen im Schnitt ein halber Lachter (entsprechend einem Meter) pro Monat geschafft wurde. Daraus ergibt sich eine durchschnittliche Tagesleistung von rund 3 cm für diesen Zeitraum. Dabei ist zu berücksichtigen, dass die abzuarbeitende Fläche, die zunächst etwa 25 m² betrug, sich im festen Fels auf ca. 8 m² verringert hatte. Der Arbeitsfortschritt der Steinbrecher war auf den ersten zehn Metern deutlich höher gewesen.

Da sich beim Brunnenbau auch ein Jahr später noch kein Wasser zeigte, stimmte der Kurfürst dem mehrfach vorgetragenen Vorschlag zu, eine Probegrabung an anderer Stelle vorzunehmen. Unter dem 5. Juni 1573 teilt er dem Schosser mit: *Nachdem du hofnung hast, Das bei der Kuchen vf vnserm Schloß Augustusburg lebendig wasser etwo eher alß In dem tiffen brunnen mitten Im hofe antzutreffenn sein mochte, Alß haben wir vnsern Bergsverwalter Zu Freiberg Martin Planer bevholen, an demselben Ort einen Monat lang Arbeiter antzulegen vnd Zu vorsuchen, ob man wasser ersuncken mochte.*[520] Der Versuch blieb ohne Erfolg.

Im Januar 1577 war es endlich so weit. Die Bergleute stießen auf eine offene Kluft *da quildt ein wasser ... so klar und rein wie ein brunnquell.*[521] Wir gehen davon aus, dass es sich um die Stelle handelt, an der der Brunnensteiger Georg Schultz im Jahre 1651 einen vom Schacht abgehenden Stollen vorfinden wird. Das Abteufen des Schachtes war aber mit dem Auftreten des Wassers noch nicht beendet.

Am 29. November 1579 suchte der Schosser Urban Schmidt um die Genehmigung nach, überschüssiges Wasser vom Schloss *in Lotters gewesenen Hoff*[522] leiten zu dürfen. Sein Gesuch beginnt mit den Worten: *Demnach der Almechtige auß Veterlicher Almacht vnd darwendung Euer Churf. G. mergklichen Kostens, vff derselben schloß Augustusburgk Im Ziehebronnen dermalleinß [1577] notturfftig Wasser bescheret vnnd derselbe bronnenbaw nuhmehr (Got lob) gefertiget ...*[523] Aus diesem Vorgang ist also ersichtlich, dass der Brunnenbau erst im Jahre 1579 beendet war.

Die oben geschilderten Schwierigkeiten beim Abteufen des Schachtes werden deutlich beim Vergleich mit dem Baufortschritt anderer Brunnen (Abb. 29). Selbst im Basalt benötigte man für vergleichbare Tiefen auf der Burg **Homberg** [12] nur ein Drittel der Zeit.

Zur Wasserförderung hatte Martin Planer in gewohnter Manier als Freiberger Bergmeister ein Göpelwerk entworfen. Auch dieses muss im Jahre 1579 funktionsfähig gewesen sein. Das heutige Brunnenhaus (Abb. 175) entstand nach dem Brand vom 27. Februar 1831. Wir gehen aber davon aus, dass das Göpelwerk, wie es sich heute darstellt, im Wesentlichen der ursprünglichen Konstruktion des Martin Planer entspricht, da die im Bergbau erprobten Maschinen erfahrungsgemäß über Jahrhunderte gleich blieben. Das dürfte auch auf die Holzkübel mit einem Inhalt von 125 Litern zutreffen.

---

519 Sächs. HStA Dresden, 10036 Finanzarchiv, Loc. 35801 Augustusburg Nr. 1, fol. 2

520 Sächs. HStA Dresden, 10036 Finanzarchiv, Loc. 35801 Augustusburg, Copial 376, fol. 81 b

521 Sächs. HStA Dresden, 10024 Geheimes Archiv Loc. 4450 Augustusburg, Schloßbau 1567–1579, fol. 319 a

522 Lotter war laut Instruktion vom 8. September 1567 verpflichtet, in der Nähe der Baustelle zu wohnen. Er erwarb daher in Schellenberg ein Grundstück und ließ sich vom Abbruch der Burg darauf ein Haus bauen.

523 Sächs. HStA Dresden, 10036 Finanzarchiv Rep. VIII Augustusburg

3.15 Schloss Augustusburg auf dem Schellenberg | 325

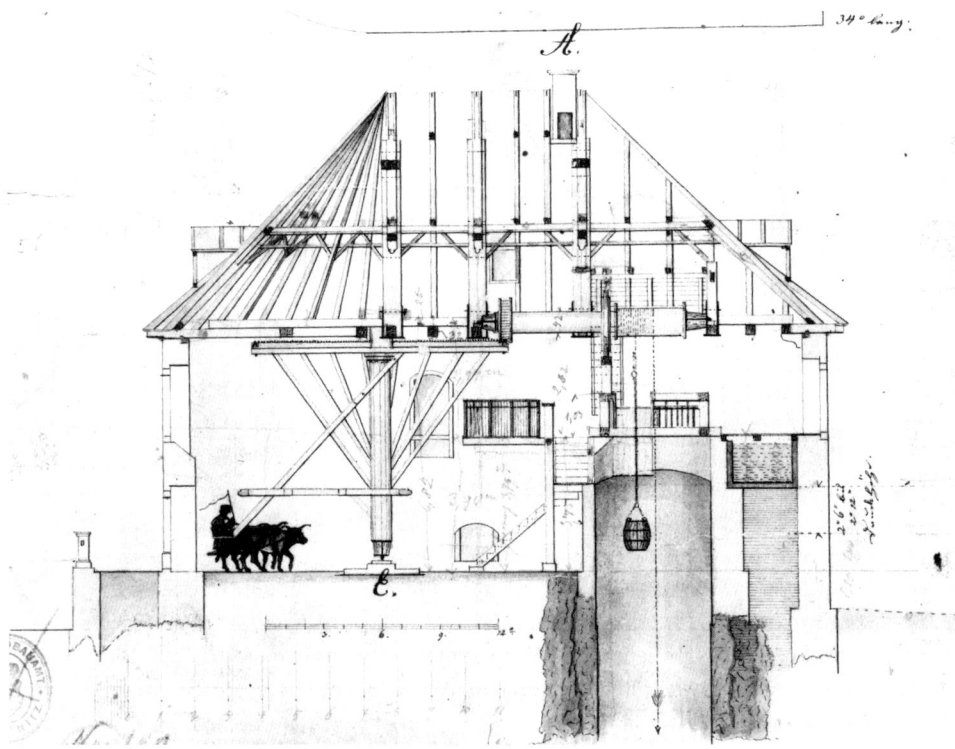

Abb. 175 Das Brunnenhaus mit Göpelwerk von 1832

Das Göpelwerk wurde von Ruckdeschel eingehend beschrieben.[524] Auf eine Wiederholung seiner aufschlussreichen Ausführungen zur Konstruktion kann daher an dieser Stelle verzichtet werden. Seine Berechnungen ergaben, dass es nur ca. fünf Minuten dauerte, um einen Kübel aus der Tiefe zu heben. Daraus wurde eine mögliche stündliche Förderleistung von 1.000 Litern hergeleitet. Nicht unerwähnt bleiben darf, dass er zudem Baukosten für den Brunnenbau in Höhe von 75.000 Gulden nennt, für die aber bis heute kein gesicherter Beleg gefunden werden konnte.

Eine Urkunde aus dem Jahre 1651 besagt, dass bei Anwesenheit des sächsischen Hofes und vieler Gäste vom 28. August bis zum 22. September *dieser brunnen, darinnen anfangs 35 Ellen hoch Waßer gewesen, täglich gebrauchet, und über die 2 ½ ßo [Schock] Eymer daraus geZogen worden, also das selbiges kaum noch 3 Ellen tief, und zwar meistes ann trüber Waßer darinnen gewesen.*[525]

Der genannte Ausgangswasserstand von 19,8 m entsprach einem gespeicherten Volumen von 158,4 m³. Eine tägliche Förderung von über 150 Kübeln ergab eine Entnahme von wenigstens 19 m³. Ohne Zufluss wäre der Brunnen schon nach acht Tagen trocken gewesen. Wenn aber nach fast vier Wochen ständiger Nutzung mit dem angegebenen Wasserstand von 1,7 m im Brunnen noch ein Restvolumen von 13,6 m³ vorhanden war, hätte der täglich geför-

524 Ruckdeschel, a.a.O., S. 48 ff

525 Sächs. HStA Dresden, 10036 Finanzarchiv, Loc. 35801 Augustusburg Nr. 1, fol. 2 b, 3

derten Menge einen mittlerer täglicher Zufluss in den Brunnen von 13,4 m³ entgegen stehen müssen. Dass eine solche Zuflussmenge realistisch war, müssen wir in diesem Fall zunächst einmal wohl einfach glauben, wenngleich der nachfolgende Bericht einen weit geringeren Zufluss nennt.

In dieser Situation hatte man sich nämlich entschlossen, den Brunnen vollends auszuziehen und zu reinigen. Danach war der Brunnensteiger Georg Schultz *zu dreyen unterschiedlichen mahlen hinunter gefahren*, [und hatte] *nachfolgenden Bericht gethan: Er hette den Brunnen 230 Ellen inn der tieffe, alß 20 Ellen gemauert und 210 Ellen inn felßen gehauen, inn der Weite aber durch und durch, in die Rundung 24 Ellen*[526] *befunden, darinnen Einen Stollen* [d. h. eine Strecke] *ohnegefehr 20 Ellen von grund, 2 ½ Elle hoch und 2 Ellen in der Weitte, auch so weit Er hintersehen können, und Ihme bedunkte 20 Ellen lang; Daß Waßer quelle uff allen seiten, hette auch sonsten Zufall* [Zufluss] *auß denen Steinklüfften, gegen der Mörbitz*[527] *aber ann aller sterckesten, und fast Sines fingers dick, und samlete Sich selbe tah und Nacht Einer Ellen hich* [d. h. 4,5 m³ pro 24 h], *oder so viel alß drey Mandel*[528] *Eymer außtrügen.*

In diesem Bericht stimmt zwar das Verhältnis zwischen angegebenem Zufluss und Anzahl der Kübel. Bemerkenswert aber ist die mehrfache Nennung von 20 Ellen bei den Schachtmaßen. Andererseits entsprechen die genannten 230 Ellen (ca. 131 m) erstaunlich gut dem Wert, der heute mit 130,6 m als Brunnentiefe angegeben wird. Es steht zu vermuten, dass sich beide Angaben auf die Oberkante des Brunnenkranzes beziehen. Nun wurde aber wegen des konstruktionsbedingt hoch liegenden Wellbaumes im Brunnenhaus ein Zwischengeschoss eingezogen und der Brunnenmund entsprechend bis dorthin hochgemauert. Genau genommen ist daher nach unserem Verständnis die Tiefe für den bergmännischen Brunnenschacht um ca. 4 m zu reduzieren.

Zu beachten ist in diesem Zusammenhang, dass sich die Angaben über den Baufortschritt von 1568, 1571 und 1572 natürlich auf den Teil des Schachtes beziehen, der von ebener Erde aus abgeteuft wurde. Und wenn wir noch einmal zurückkommen auf den Januar 1577, in dem man auf das Kluftwasser gestoßen war, so hieße das nach unserer Lesart, dass man sich bei einem durchschnittlichen Vortrieb von etwa 1 m pro Monat damals in einer Tiefe von etwa 115 m unter der Erde befunden hätte. Dies wiederum entspricht den Angaben des Steigers aus dem Jahre 1651, wonach der *Stollen* etwa 11 m oberhalb der Sohle liegt.

Bezugnehmend auf die Aussagen des oben zitierten Gesuches vom 29. November 1579 ergibt sich, dass zwischen dem ersten Auftreffen auf das Wasser und der Fertigstellung des Brunnens noch gut eineinhalb Jahre vergangen sein müssen. Ähnlich wie beim Brunnen auf **Hellenstein** [11] wird sich auch hier das Abteufen der letzten Meter im ständigen Kampf mit dem nachdrängenden Wasser dramatisch gestaltet haben. Und dann galt es noch, das Göpelwerk zu installieren, bis erstmals Wasser gezogen werden konnte.

Wenn man die Schachtzeichnung (Abb. 176) nach den Angaben des Brunnensteigers aus dem Jahre 1651 mit dem Brunnenschacht der Festung **Königstein** (Abb. 182) vergleicht, so ergibt sich ein fast gleiches Konstruktionsprinzip. In beiden Fällen wurde ein Schacht mit sehr großem Durchmesser abgeteuft, eine Strecke als Wassersammler vorgetrieben und darunter noch ein Reservoir von gut 10 m Tiefe geschaffen. In beiden Schächten wurde ein

---

526 Tatsächlich sind es nur 17 ½ Ellen = 10 m.
527 Bei der Mörbitz handelt es sich um das Waldgebiet zwischen Augustusburg und Waldkirchen.
528 Als Zählmaß beträgt 1 Mandel = 15 Stück.

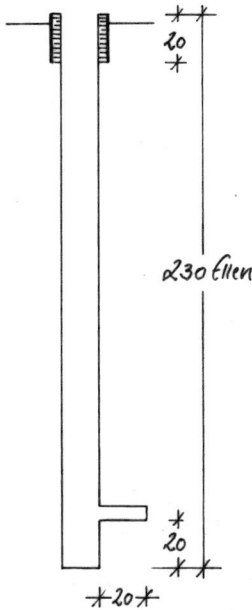

Abb. 176 Querschnitt des Brunnenschachtes der Augustusburg gemäß Befahrung von 1651

Entlüftungsschacht in die Wand eingearbeitet, der zum Schacht hin mit Mauerwerk zugesetzt ist. Und wenn man zudem noch weiß, dass auch auf dem Königstein zunächst ein Göpelwerk für die Wasserförderung benutzt wurde, so zeigt das mehr als deutlich die Handschrift des Martin Planer, die durch seine langjährigen Erfahrungen im Bergbaurevier geprägt war.

Der tiefe Brunnen war über mehr als 300 Jahre die einzige Wasserquelle auf dem Schloss Augustusburg. Im Jahre 1882 aber wurde der Anschluß an die örtliche Wasserversorgung hergestellt. Der Brunnen hatte ausgedient.

3.16 Orvieto, die Stadtburg des Papstes

An der Grenze zwischen den heutigen Regionen Umbria und Lazio, 90 km nordwestlich von Rom, erhebt sich ein markantes Felsplateau aus der Flussebene von Paglia und Chiani. Dieses Tuffsteinmassiv mit seinen 20 bis 50 Meter steil aufragenden Wänden bildet eine natürliche Bastion (Abb. 177), die schon in der Vorzeit von den Menschen als Rückzugsort genutzt wurde. Man vermutet, dass hier die etruskische Stadt Velzna gestanden hat, die 264 v. Chr. von den Römern erobert wurde.

Aus dem römischen Urbs vetus entwickelte sich Orvieto im Mittelalter als Hochburg der Guelfen, die sich hier aufgrund der strategisch günstigen Lage mehrfach erfolgreich gegen die Ghibellinen und die staufischen Kaiser verteidigen konnten. Der kleine aber wehrhafte Stadtstaat zerbrach schließlich an den Rivalitäten seiner adligen Familien. Die Pest von 1348 und die Unruhen im Kirchenstaat taten ein Übriges.

3. Burgen und ihre Brunnen

Abb. 177 Ansicht der Stadtburg Orvieto, 1625

Papst und Kurie hielten sich bereits seit dem 13. Jahrhundert häufig außerhalb Roms auf. Immer wieder suchten sie sicheren Aufenthalt in anderen Städten des Kirchenstaates, so auch in Orvieto. Die Landeshoheit der Päpste in diesem Staatsgebilde blieb bis zum Beginn des 16. Jahrhunderts zumeist nur bloßer Anspruch. Nur selten gelang es ihnen, sich dem örtlichen Adel gegenüber längerfristig durchzusetzen. Im Jahre 1304 verließ der Papst Rom und es folgte das fast 70-jährige Exil der Päpste in Avignon.

Im Jahre 1353 verpflichtete der Papst aus dem französischen Exil heraus einen spanischen Kardinal[529] und Kondottiere, die unbotmäßigen Burgherren in Umbrien zu unterwerfen. Am 10. Juni 1354 musste sich Orvieto ergeben. Zehn Jahre später wurde auf Befehl eben dieses Kardinals Orvieto auf dem Felsen zur Demonstration der neuen Machtverhältnisse zur befestigten Stadt ausgebaut.[530]

Im Mai 1527 kam es im Zuge des Krieges, den Kaiser Karl V. gegen Franz I. führte, zu einem folgenschweren Ereignis. Die kaiserlichen Truppen erstürmten Rom. Der Papst floh auf die Engelsburg, die Stadt wurde geplündert. Erst im Dezember kam Papst Clemens VII. nach erheblichen Geldzahlungen wieder frei. Im Anschluss an dieses als „Sacco di Roma" in die Geschichte eingegangene Ereignis zog sich der Papst zunächst für sechs Monate von Rom nach Orvieto zurück. Und er gab den Befehl, hier oben auf dem Felsplateau als Vorsorge für künftige Fälle eine gesicherte Trinkwasserversorgung zu schaffen.

Der Architekt und Festungsbaumeister Antonio da Sangallo d. J. (1483–1546)[531] erhielt den Auftrag, einen Brunnen zu bauen. Nach seinen Plänen wurde bereits im Jahre 1528 damit begonnen. Die Idee, die seiner Planung zugrundelag, war der Verzicht auf jedwede Art

---

529 Gil Álvarez Carillo de Albornoz (1310–1367), in Spanien in Ungnade gefallener Heerführer, flüchtete sich nach Avignon, wo er von Papst Clemens VI. zum Kardinal ernannt wurde. 1353 bestellte ihn Innozenz VI. zu seinem Legaten und Generalvikar im Kirchenstaat.

530 Ebhardt, B.: Der Wehrbau Europas im Mittelalter, Bd. II, 1958, S. 21(nennt Orvieto Stadtburg)

531 Eigentlich: Antonio Cordini, Neffe seiner berühmteren Onkel Guiliano und Antonio da Sangallo d. Ä.

Abb. 178 Der Pozzo di San Patrizio

mechanischer Einrichtung zur Förderung des Wassers aus dem absehbar tiefen Schacht. Esel sollten stattdessen den Transport in ununterbrochener Folge übernehmen, so dass eine kontinuierliche Förderung wie mit einem Schöpfwerk möglich war.

Er griff zurück auf ein geniales Detail, das Leonardo da Vinci (1452–1519) nach der Pestepedemie 1484/85 entwickelt hatte im Zusammenhang mit seinem Vorschlag einer Città ideale. In dieser idealen Stadt waren die fußläufigen Aufenthaltsbereiche vom Wirtschaftsverkehr und den Entsorgungseinrichtungen horizontal getrennt, um gesunde Lebensverhältnisse zu gewährleisten. Die Verbindung der beiden Ebenen sollte über doppelläufige Wendeltreppen erfolgen, bei denen die Auf- und Abgänge als jeweils eigene Wendel um eine gemeinsame senkrechte Achse herumgeführt wurden.[532]

Die Fertigstellung des Brunnens erlebte Papst Clemens VII. nicht mehr. Erst im Jahre 1537, während des Pontifikates von Paul III., wurde das tiefbautechnische Meisterwerk im Fels von Orvieto vollendet.[533] Dieser Papst, der dem Geschlecht der Farnese entstammte, ließ sein Familienwappen in den Stein der inneren und äußeren Schachtwand einmeißeln.

---

532 Paris, Bibliothèque de l'Institut de France, Ms. B 2173, fol. 69 r (gemeinhin wird dieses Detail in Verbindung gebracht mit Leonardos Entwurf zu einem Bordell, bei dem sich kommende und gehende Kunden nicht begegnen sollten)

533 Fast zeitgleich wurde im französischen Schloss Chambord (1519–1544) ein Treppenhaus nach dem gleichen Prinzip erbaut, dessen Entwurf wohl fälschlich Leonardo da Vinci zugeschrieben wird.

330 | 3. Burgen und ihre Brunnen

Abb. 179 Querschnitt des Brunnenschachtes und Darstellung der doppelten Wendeltreppe

3.16 Orvieto, die Stadtburg des Papstes | 331

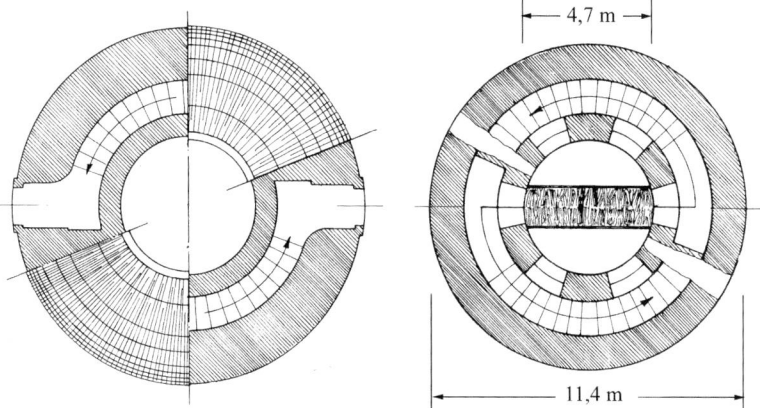

Abb. 180 Grundriss des Brunnenhauses und Schnitt über der Schachtsohle

Der sogenannte Pozzo di San Patrizio am nordöstlichen Felsrand der Stadt (Abb. 178) liegt direkt neben der Rocca, der alten Burg. Die Wasserförderung erfolgte durch eine Vielzahl von Eseln, die man nacheinander auf der einen Wendeltreppe hinab führte bis zu einer Brücke, die dicht über dem Wasserspiegel von einer Seite des Schachtes zur anderen reichte. Auf der Brücke wurden die Legeln oder Wasserschläuche gefüllt, worauf die Esel ihren Weg in der anderen Wendel fortsetzten bis hinauf zum Brunnenhaus, wo das Wasser übergeben wurde. In unendlicher Kette konnte der Vorgang beliebig fortgesetzt werden. Auch die Wasserhaltung in der Schlussphase des Abteufens wird man so bewerkstelligt haben.

Die Angaben über die Tiefe des Schachtes schwanken zwischen 53,7 und 62 m. Die Anzahl der Stufen vom Brunnenhaus bis zur Brücke über dem Wasserspiegel dagegen wird einheitlich mit 248 angegeben. Wir neigen hinsichtlich der Tiefe dem unteren Wert zu, der einer fachtechnischen Zeitschrift[534] entnommen ist und den bekannten Schachtzeichnungen entspricht.

In Abbildung 179 ist der Querschnitt des Brunnenschachtes dargestellt. Die ersten gut 37 m konnte der Schacht aus dem Vollen des standfesten Tuffsteinmassivs herausgearbeitet werden. Für die unteren ca. 26 m war eine Ausmauerung erforderlich. Hierfür ist die Zahl von 300.000 Backsteinen überliefert.

Zu der Gesamttiefe von 53,7 m gehört hier ein Wasserstand bei 50,95 m. Da der Schacht einen Innendurchmesser von 4,7 m hat, entspricht das einem schöpfbaren Wasservorrat von maximal 48 m³. Die feste Installation der Brücke ist ein sicheres Zeichen dafür, dass der Wasserstand im Schacht relativ konstant gewesen sein muss.

Der äußere Schachtdurchmesser soll im ausgemauerten Bereich 11,4 m betragen, die Breite der Lauffläche in den Wendeln wird mit 1,3 m angegeben. Zwischen den Laufflächen der Wendeln und dem inneren Schacht blieb eine fast 1 m dicke Schale stehen, in die in regelmäßigen Abständen 70 ganghohe Rundbogenöffnungen zur Belichtung und Belüftung der Wendeln geschlagen wurden. Folgerichtig blieb das fast 5 m hohe Brunnenhaus nach oben

---

[534] Ludwig, C.: Der Brunnen des Heiligen Patricius in Orvieto, in: bbr Fachmagazin für Brunnen und Leitungsbau, 1972, S. 326 ff

hin offen. Die überdachten Bereiche der Wendeln entwässern nach innen zum Schacht. (Abb. 180) Zum besseren Verständnis der Abbildungen sei darauf verwiesen, dass die Pfeile in den Wendeln der technischen Darstellung des Treppenlaufes entsprechen und nichts mit der Regelung der Laufrichtung in den Wendeln zu tun haben.

Sein Wasser erhielt der Brunnen aus der San Zeno Quelle nur wenige Meter unterhalb des höchsten Felsabsturzes. Es wird also wohl von guter Qualität gewesen sein. Über die im praktischen Betrieb geförderten Wassermengen, den Einsatz der Esel und die Sauberhaltung der Wendeln liegen keine Überlieferungen vor. Wie lange das Wasser bei einer Belagerung der Stadt tatsächlich ausgereicht hätte, musste in der Folgezeit nie praktisch erprobt werden.

Warum der Brunnen der Päpste unter das Patrozinium des irischen Apostels Patrick gestellt wurde, ist nicht überliefert. Denkbar aber wäre z. B., dass das geniale Bauwerk nach seiner Fertigstellung 1537 am Namenstag des Schutzheiligen (17. März) geweiht wurde, wobei zu berücksichtigen ist, dass die Reform, die zu unserem heutigen Kalender führte, erst im Jahre 1582 erfolgte.

3.17 Der Königstein in der Sächsischen Schweiz

Um die Besonderheiten des tiefen Brunnens auf der Festung Königstein richtig einordnen zu können, ist zunächst *lediglich jene Zeit ins Auge zu fassen, wo der Felsenkoloß des Königsteins eine schlichte Burg trug … bis zu dem Zeitpunkte ihrer Umwandlung zur Festung*[535]. Der Brunnen wurde gebaut, als die kleine Burg bereits verfallen war und es für eine Festung in ihren heutigen Ausmaßen noch keine konkrete Planung gab. Und bis zum heutigen Tag fehlen stichhaltige Belege dafür, dass sich der sächsische Kurfürst bei Beginn der Brunnenbauarbeiten auch nur mit dem Gedanken getragen hätte, die alte Burg später zu einer großen Festung auszubauen. Doch nicht nur das ist bemerkenswert an diesem Brunnen.

Am Anfang unserer Betrachtung soll die Entstehungsgeschichte der Sächsischen Schweiz stehen. Vor etwa 100 Millionen Jahren verschwanden weite Teile Mitteleuropas unter dem Kreidemeer. Als das Meer sich nach 7 Millionen Jahren zurückzog, blieben Ablagerungen zurück in einer Stärke von mehreren hundert Metern. Diese sandigen Sedimentschichten und ihre tonhaltigen Zwischenlagen verfestigten sich im Laufe der Zeit und bildeten eine zusammenhängende Sandsteinplatte.

Bei seiner ständigen Laufverlegung wurde das Flußsystem der Elbe über den tonhaltigen Zwischenschichten in der Tiefenerosion behindert. Als die Sandsteinplatte aber am Ende der Kreidezeit vom Rand her angehoben wurde, bildeten sich Risse und Spalten, in die sich die Elbe nun in engen Tälern einschneiden konnte. Und so wird heute die große Elbschleife zwischen Bad Schandau und Rathen flankiert durch die Tafelberge Lilienstein und Königstein (Abb. 181) als Zeugen dieser erdgeschichtlichen Entwicklung.

Vormals war der Königstein wohl ähnlich zerklüftet wie der benachbarte Lilienstein. Als Voraussetzung für den späteren Festungsbau wird man die Klüfte mit Mauerwerk zusetzen und verfüllen und auf diese Weise ein künstliches Plateau herstellen. Auch die Außenseiten

---

535 Pilk, G.: Königstein, in: Die Burgen und vorgeschichtlichen Wohnstätten der Sächsischen Schweiz, Hrsg. A. Meiche, Dresden 1907, S. 123

3.17 Der Königstein in der Sächsischen Schweiz | 333

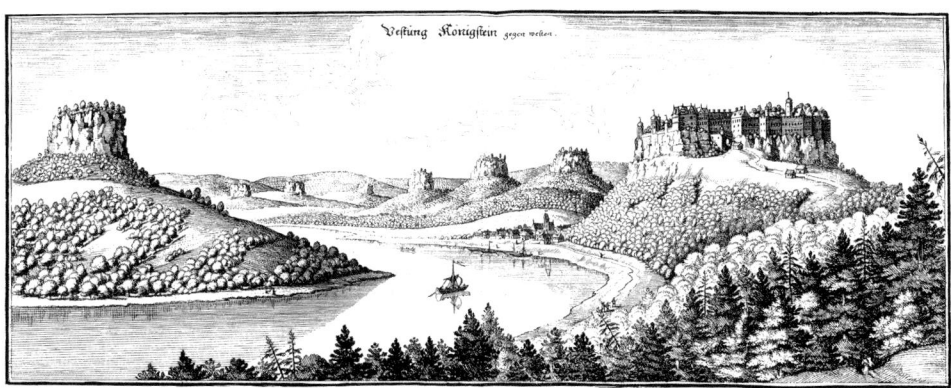

Abb. 181 Der Königstein um 1640

des Felsmassivs werden bearbeitet, um eine möglichst glatte, steile Wand als Barriere zu schaffen. Erst diese baulichen Veränderungen werden das Felsmassiv großflächig nutzbar machen als Bauplatz für eine Festung.

Im Jahre 1241 tritt der Königstein als Burgstelle erstmals aus dem Dunkel der Vorzeit. Der böhmische König Wenzel I. (1230–1253) setzt in einer Urkunde[536] *in Lapide regis* (auf dem *Kunigstayn*) die Grenze seines Reiches gegenüber dem Bistum Meißen fest. Auffallend ist, dass in den ältesten Urkunden nicht von einem *castrum*, sondern von dem *fortalitium*[537] gesprochen wird. Erst im Jahre 1289 wird der Platz als *castro Lapide* bezeichnet[538]. An anderer Stelle wird *castrum in lapide* zitiert.

Wir können also kaum davon ausgehen, dass um diese Zeit bereits eine steingebaute Burg auf dem Königstein vorhanden war. Es gab wohl nur eine bewohnbare Baulichkeit auf dem „Stein", wie das natürliche Bollwerk genannt wurde. Im Jahre 1285 tritt zwar ein Burggraf vom Königstein als Urkundenzeuge auf. Aber auch das kann in diesem speziellen Falle noch nicht als sicheres Indiz für das Vorhandensein einer Burg gelten.

Die zweiwöchige Anwesenheit Kaiser Karls IV. (1347–1378) auf dem Königstein im Jahre 1359 wird dann als Beleg dafür genommen, dass es zu dieser Zeit so etwas wie eine Burg gab. Wenige Jahre später brauchte dieser Kaiser gewaltige Summen Geldes, um die Wahl seines erst 13-jährigen Sohnes zum König und Nachfolger zu erkaufen. Das führte im Jahre 1379 zur Verpfändung des Königsteins. Der Wert dieser Pfandschaft lag in den Einnahmen aus dem Burgbezirk.[539] Noch für das Jahr 1404 ist eine Pfandschaft dokumentiert. Die Geschichte des Königsteins bis zu diesem Zeitpunkt deutet darauf hin, dass auf dem steil aufragenden Fels keine wesentlichen Anstrengungen unternommen worden waren, die Verteidigungsfähig-

---

536 Codex diplomaticus Saxoniae regiae II, 1, 111
537 Hager, G. (Hrsg.): Die Kunstdenkmäler von Oberpfalz & Regensburg, Bd. 12, Bezirksamt Beilngries, München 1908, S. 74: Bischof Albert (1429–1446) lässt den Zugang zur Burg Hirschberg mit einer dicken, hohen Mauer befestigen: *qui dictur fortalicium seu pallium castri*. Gemeint ist eine Art Bollwerk.

538 Pilk, a.a.O. verweist dazu auf Urkunden in der Abhandlung der böhmischen Gesellschaft der Wissenschaften, 1787 II, p. 72.
539 Ausdrücklich genannt werden in den Urkunden die Örtlichkeiten Cunnersdorf, Kleingießhübel, Krippen, Leupoldishain, Nikolsdorf, Reinhardsdorf, Schöna und Struppen. Die Abgaben aus diesen Orten werden durch Zolleinnahmen zu Wasser und zu Lande aufgebessert worden sein.

3. Burgen und ihre Brunnen

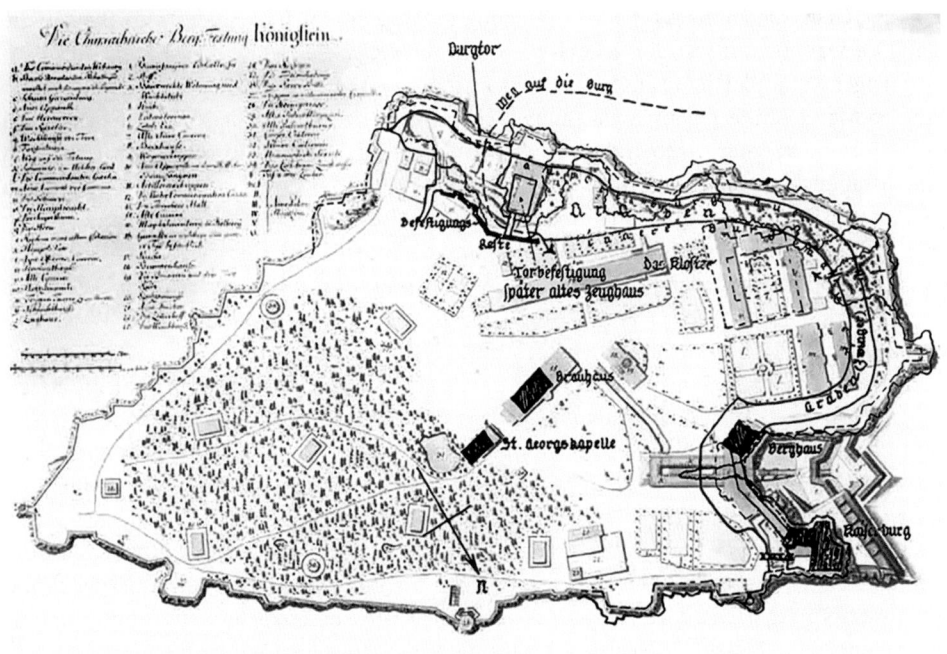

Abb. 182 Festungsplan mit Bestand des 15. Jahrhunderts

keit zu erhöhen. Vor allem der Mangel an Wasser und wohl auch an Vorräten sollte sich bald als verhängnisvoll erweisen.

Im Jahre 1406 gelang es den Truppen des Markgrafen Wilhelm von Meißen, den Königstein nach längerer Belagerung einzunehmen. Er ging wenig später zwar wieder verloren, blieb aber ab 1408 endgültig bei Meißen. Die einstige Anlage zur Sicherung der böhmischen Grenze diente von nun an der Abwehr böhmischer Territorialansprüche. Und wir können davon ausgehen, dass damit auch nach und nach der eigentliche Ausbau zur Burg in Angriff genommen wurde. Es mutet kurios an, dass im Jahre 1428 hoch auf dem Königstein bereits ein „Bräuhaus" bestand, wo doch das Bierbrauen gutes und vor allem ausreichendes Wasser voraussetzte. Mehr als eine Zisterne aber gab es zu dieser Zeit noch nicht. Im Jahre 1443 wird außer dem Brauhaus noch das Berghaus erwähnt. Die alte *Keyßerburg*[540] diente 1445 als Materiallager. Die Bewaffnung war bis zur Mitte des 15. Jahrhunderts mehr als mangelhaft.

Im Jahre 1453 wurde der Königstein auf Lebenszeit als Mannlehen an einen Gotsche Kertzsch vergeben. Ihm wurde auferlegt, die Burg *zu bauen, zu befestigen und zu bessern*, wofür er 250 Schock Groschen als Entschädigung erhalten sollte.[541] Die baulichen Aktivitäten konzentrierten sich auf einen schmalen Randbereich im Nordosten des Plateaus (Abb. 182), wo sich heute die Georgenburg erhebt. Das Problem dieser Randburg war und blieb ihre dürftige Wasserversorgung.

---

540 Bezeichnung für das Gebäude, das Karl IV. als Unterkunft gedient hatte

541 Pilk, a.a.O., S. 129

Herzog Georg der Bärtige (1500–1539) nahm anfangs des 16. Jahrhunderts die Burg in die eigene Verwaltung zurück, dies jedoch nicht mit dem Ziel, sie weiter auszubauen. Als glaubenseifriger Katholik stiftete er im Jahre 1515 auf dem Königstein das „Kloster des Lobes der Wunder Mariä". Eine regelmäßige militärische Besatzung sollte es nach seinem erklärten Willen hier nicht (mehr) geben. Die Grundsteinlegung im Jahre 1516 vollzog er persönlich – am Vorabend der Reformation. Zwölf Brüder vom Orden der Cölestiner aus Oybin bildeten den Konvent. Die ungenügende Dotierung und das Ausbleiben privater Vermächtnisse aber bewirkten, dass die Mönche schon bald nach und nach den Königstein wieder verließen. Im Jahre 1523 kehrte auch der Prior *dem Kloster Königstein für immer den Rücken, begab sich nach Wittenberg und wurde daselbst eine hervorragende Stütze reformatorischen Wirkens.*[542] Ein neuer achtgliederiger Konvent verschwand im Jahr darauf.

Das Kloster wurde geschlossen. Auf dem Königstein fristete von nun an eine kleine Besatzung ihr Dasein. Bauliche Unterhaltungsmaßnahmen unterblieben. Erst unter Kurfürst August (1553–1586) kam wieder Leben in die Burg – oder das, was an Baulichkeiten noch übrig war. Zunächst ließ er 1556 einen Stall errichten *vff das newe gemeuer, dohin das newe closter hat sollen gebawet werden.*[543]

Welche Vorstellungen den Kurfürsten hinsichtlich der weiteren baulichen Entwicklung der Burg leiteten, ist nicht überliefert. Klar aber muss für ihn gewesen sein, dass bezüglich der Wasserversorgung etwas Grundlegendes geschehen musste, bevor es sich lohnte, weitere Überlegungen bezüglich der Nutzung des Königsteins anzustellen.

Überlieferungen zum Brunnenbau
Als Beginn des Brunnenbaues wird häufig das Jahr 1563 angegeben[544]; eingeschränkt aber wird, dass die Hauptleistung in den Jahren 1567 bis 1569 vollbracht wurde[545]. Tatsächlich ergibt sich aus den wenigen erhaltenen Bauunterlagen, dass erst kurz vor Ende des Jahres 1566 mit den Arbeiten vor Ort begonnen wurde. Ein früherer Befehl des Kurfürsten zum Bau eines Brunnens aus dem Jahre 1563 blieb ohne Folgen. Wir vermuten, dass er zunächst einmal abwarten wollte, ob die Arbeiten an der Wasserkunst zur Versorgung seiner Burg **Stolpen** [3] erfolgreich abgeschlossen werden konnten.

Die Voruntersuchungen hatten dort im Jahre 1560 begonnen. Der Auftrag für die Anlage war zwei Jahre später vergeben worden. Aber das Werk wollte nicht gelingen. Daraufhin wurde im April 1565 der Bergmeister Martin Planer (1510–1582) als Gutachter eingeschaltet[546]. Und nachdem dieser umfangreiche Änderungen vorgenommen hatte, ging die Wasserkunst noch im gleichen Jahr in Betrieb.

Martin Planer, der im Freiberger Revier verantwortlich war für den Ausbau und den Betrieb des wasserwirtschaftlichen Systems, erschien dem Kurfürsten geeignet, nun auch für die Wasserversorgung des Königsteins eine Lösung zu schaffen. Wenn wir an dieser Stelle vorgreifen und uns die späteren Diskussionen zwischen dem Kurfürsten und seinem Baumeister vor Augen führen, dann könnten wir uns gut vorstellen, dass Martin Planer seinen Herrn zunächst in vielen Gesprächen und Schriftsätzen davon überzeugen musste, dass eine

---

542 wie vor, S. 133
543 Sächs. HStA Dresden, 10004 Kopiale, Nr. 276, Bl. 44
544 Pilk, a.a.O., S. 134; danach auch: Weber, D.: Festung Königstein, Leipzig 1969, S. 17; Taube, A.: Festung Königstein, Leipzig 2000, S. 23

545 Weber, a.a.O., S. 18
546 Sächs. HStA Dresden, 10036 Finanzarchiv, Loc. 36033, Rep. VIII Stolpen, Nr. 17, fol. 8 a

Wasserkunst für den Königstein technisch nicht zu realisieren war und nur ein Brunnenbau die Lösung sein konnte.

Von ersten Vertragsverhandlungen erfahren wir aus einem Schreiben des Kurfürsten an den Schosser zu Pirna Ende 1566. Danach hatte Bergmeister Martin Planer *das gestein an dem neu angefangenen Brunnen auffn Konigstein behauen vnd besichtiget vnd befunden, das dasselbige sich sehr hart mache.*[547] Den Hauern hatte er 20 Gulden für das Abteufen je Lachter zusagen müssen. Außerdem hatten die Bergleute eine eigene Schmiede auf dem Königstein gefordert, wo ihre Werkzeuge instand gehalten werden konnten. Der sparsame Kurfürst befahl daraufhin, die Schmiede in der angefangenen Klosterkirche einrichten zu lassen.

Bereits am 15. Januar 1567 stellten der Steiger und seine Bergleute die Arbeiten ein. Dem Bergmeister zeigten sie an, *das es [das Gestein] vnder sich so gar vest wurden ist, das sie vnder 40 ffl kein lachter fahren können.* Man einigte sich schließlich auf 30 Gulden. Planer gibt in seinem Bericht an den Kurfürsten zu bedenken: *Nun hat man erst 4 lachter gesunken. Nun besorg ich, wen es immer vehster vnder sich werden will, das man wol wirdt 40 ffl von einen lachter geben müssen.*[548]

Ohne besondere Anstrengungen waren die Freiberger Bergleute bis in eine Tiefe von knapp 8 m vorangekommen. Wenn man den weiteren Baufortschritt zugrundelegt, kann mit dem Abteufen erst im November 1566 begonnen worden sein. Aber nachdem die oberste Verwitterungszone durchstoßen war, wurde das Gestein deutlich fester. Da Martin Planer die Sparsamkeit des Kurfürsten kannte, hielt er es für ratsam, seinem Bericht folgenden Hinweis anzufügen: *Dan wan man 122 lachter*[549] *sinken soll, wie das so tieff vff die Elb Stuff, wird solcher Brun noch gar viel gelt kosten.*

Der Befehl zum Brunnenbau war in einer Zeit ergangen, als die Burg auf dem Königstein zur Bedeutungslosigkeit verkommen war. Der verantwortliche Bergmeister rechnete damit, dass man sich schlimmstenfalls bis auf das Niveau der Elbe würde in den Fels hineinarbeiten müssen. Einen konkreten Plan, was im Erfolgsfalle auf dem Königstein geschehen sollte, gab es – wie wir gesehen haben – noch nicht. Da stellt sich natürlich die Frage, wie es zur Wahl des Standortes für den Brunnen gekommen ist – fernab der alten Burg. Eine plausible Antwort darauf wurde bis heute nicht gefunden, mag aber wohl in den geologischen Gegebenheiten des Felsmassivs zu suchen sein.

Am 30. März 1567 berichtet Martin Planer seinem Kurfürsten, der Brunnenschacht sei nun sieben Lachter (ca. 13,50 m) tief. Der Fels habe sich nicht verändert, so dass er weiterhin 30 Gulden pro Lachter an die Bergleute gezahlt habe. Er gibt aber zu bedenken, *so es nhun Tieffer wird, so wird die furderung schwerer, so wird man auch von Lachter mher gebenn mussen … [zumal] der stein vnter sich nicht milder werden will.*[550]

In den Bauunterlagen tritt danach eine Lücke von fast zwei Jahren auf. Zwischenzeitlich war Martin Planer 1568 zum Bergvogt befördert worden. Die Arbeiten am Brunnen waren gut vorangekommen. Am 10. Januar 1569 kann Planer berichten, *das der Brunn nun 70 Lachter tieff ist, vnd habe ein fletz erfunden, das furt einen weissen Letten, vnd kommt gar schon rein wasser heraus, eine stundt 12 wasser Kandel.*[551] Gemeinhin steht der Begriff *Kandel* für die

---

547 Sächs. HStA Dresden, 10077 Kollektion Schmid, Amt Pirna Vol. VIII, Nr. 193, fol. 5, datiert 1566
548 Sächs. HStA Dresden, 10024 Geheimer Rat, Loc. 4454/14, fol. 1 a
549 Legt man den Freiberger Lachter zugrunde, so wäre das eine Tiefe von ca. 237 m.
550 Sächs. HStA Dresden, 10024 Geheimer Rat, Loc. 4454/14, fol. 2 a
551 wie vor, fol. 5 a

3.17 Der Königstein in der Sächsischen Schweiz | 337

hölzerne Rinne (Dachrinne). Hier aber ist das Hohlmaß „Kanne" gemeint. Damit wäre der Zufluss als gering zu bewerten, da eine Kanne in Sachsen zu 0,9356 Liter gerechnet wurde.

In einer Tiefe von umgerechnet 136 m war man nach nur 26 Monaten auf eine wasserführende Schicht gestoßen. Das war zum einen eine großartige bergmännische Leistung, zum anderen ein großer Glücksfall, weil die schlimmsten Befürchtungen Martin Planers ganz anders ausgesehen hatten. Sehr optimistisch klingt nun seine *vnterthenigst bedenken, das man noch 10 Lachter inn solchen Brunn het abgedeuft, ob man noch mehr fletz, die wasser bringen, ersinken mochte*. Mit dem Steiger sei er schon einig, *das ich i[h]m von den 10 Lachtern 340 fl geben soll, kumpt von einem Lachter 34 fl, dann er nur itzt mit wasser halten, des er vor nicht gedorfft* [bedurft], *so ist nun auch berk vnd wasser dieffer vnd schwerer zu ziehen dann zuuor*.

Unter dem 10. April 1569 berichtet Martin Planer, der nun Bergwerksvorsteher in Freiberg geworden ist, *das man vf dem flez, der wasser bracht, 8 lachter aufgelengt*[552], *vnd vermeint, das man mehr wasser verschroten möchte*.[553] Dieser Hinweis bezieht sich auf die beiden je 8 m (d. h. vier Lachter) langen Strecken, die bei der Befahrung im Jahre 1885 in 139 m Tiefe aufgenommen werden (Abb. 183). Wir verzichten darauf, an dieser Stelle erneut die Frage der Genauigkeit von Tiefenangaben zu stellen.

Planer ist nicht zufrieden mit dem Ergebnis, denn er fährt fort: *aber man hat mit dem auflengen kein wasser mehr verschroten können vnd hat noch immer ein wasser, ein stundt 38 wasser Kandeln wie zuuor*. Wodurch sich der Wasserzufluss gegenüber Januar von 12 auf 38 Kannen pro Stunde mehr als verdreifachte, wissen wir nicht. Aber Planer hatte sich offensichtlich mehr erwartet. Die Tiefe des Schachtes betrug jetzt 77 Lachter (rd. 150 m). Vorsichtig fragt Planer an, ob er mit dem Abteufen fortfahren solle, um möglicherweise den Wasserzufluss zu erhöhen. Den Bergleuten müsse er nun 40 Gulden pro Lachter zahlen.

Unter dem 15. April 1569 antwortet der Kurfürst: *So seint wir zufrieden vnd lassen vns gefallen, das man ferner Inn die teuffe, vngeachtet das man itz von der lachter 40 fl für alle Kosten geben muß, nider sinke*.[554]

Daraufhin erhält er bereits unter dem 8. Mai 1569 die erfreuliche Nachricht, *das mann aber ein fletz ersunkenn. Vnd wieder zehenn grosse wasser Kandel wasser* [mehr] *verschrotenn, das also iezt zugehet eine stundt 46 grosse wasser Kandel wasser, thut tag vnd nacht ein 20 pir vaß*[555] *voller standthafftig wasser, vnd können nimmer fort kommen, mussen immer wasser ziehen, vnd können keinen bergk vort bringenn, gehet alle woch inn die 22 fl drauff, vnd sinkt kein virtel lachter, dann der brun ist nun 80 Lachter tieff*.[556]

Wenn wir diese Angabe zunächst einmal als richtig annehmen, dann waren die Bergleute in einer Tiefe von 155,2 m (gemessen nach dem Freiberger Lachter), auf eine weitere wasserführende Schicht gestoßen. Der Wasserzufluss hatte sich gegenüber dem Januar um fast das vierfache vergrößert und war nun so stark, dass das weitere Abteufen schon allein aus Kostengründen sinnlos erschien. Die Tiefenangabe aber werden wir noch einmal zu prüfen haben.

---

552 Längen, auflängen im Bergbau: zur Herstellung eines horizontal geführten Grubenbaues (Stollen, Strecke) das Gestein auf einer gewissen Länge aushauen
553 Sächs. HStA Dresden, 10024 Geheimer Rat, Loc. 4454/14, fol. 11 a
554 Sächs. HStA Dresden, 10004 Kopial Nr. 345, fol. 252
555 Reinhard, A.: Drei Register Arithmetischer ahnfeng zur Practic, Leipzig 1599; Zu dem Hohlmaß „Bierfaß" schreibt der Schneeberger Rechenmeister: *Helt ein Vaß funff schock Kandeln*. Solche 300 Kandeln entsprächen rd. 280 Liter. Der rechnerische Zusammenhang mit den 1.104 Kandeln pro 24 Stunden ist nicht schlüssig. Verbirgt sich die Erklärung hinter dem Terminus *grosse wasser Kandel*?
556 Sächs. HStA Dresden, 10024 Geheimer Rat, Loc. 4454/14, fol. 12 b

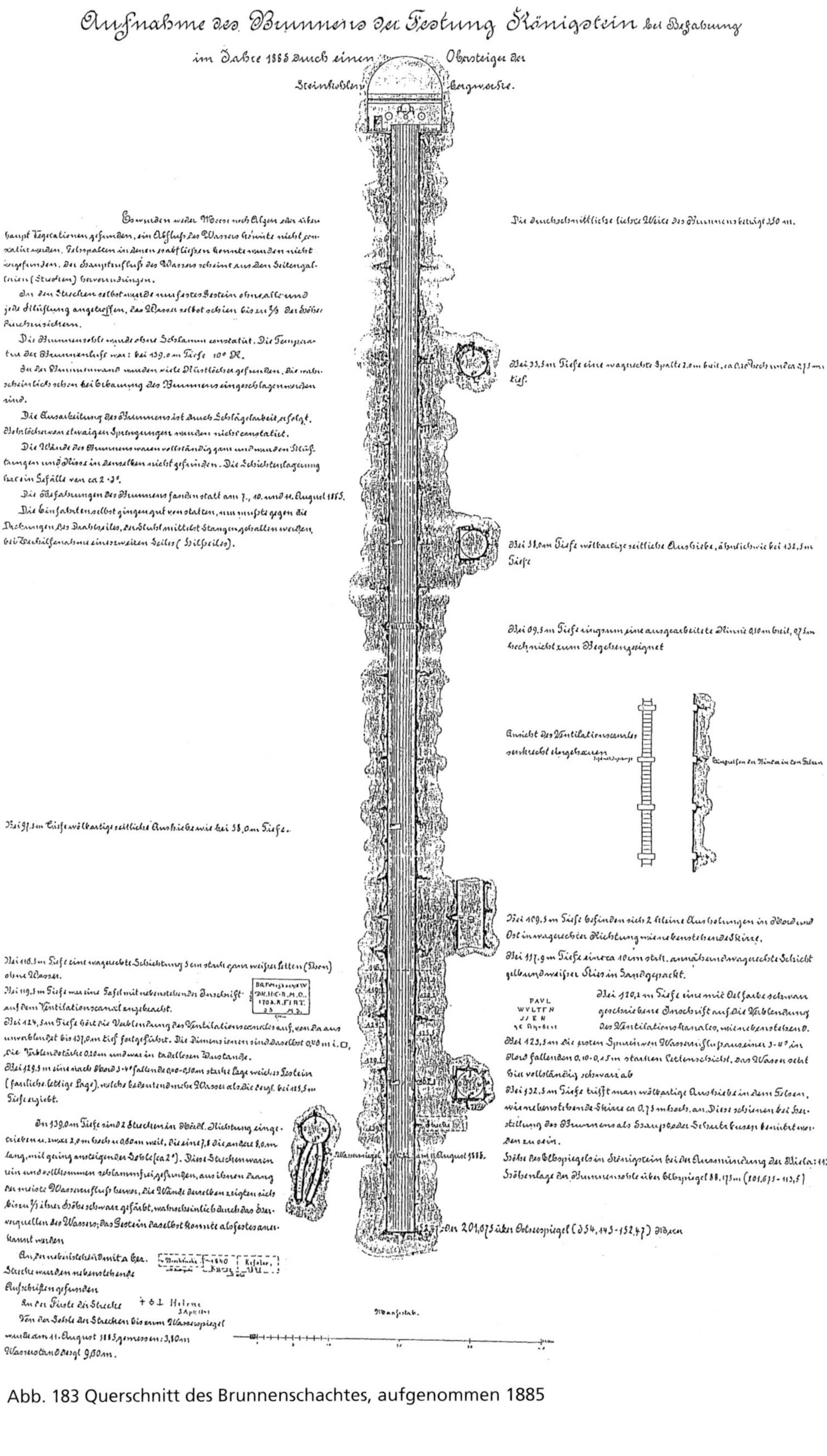

Abb. 183 Querschnitt des Brunnenschachtes, aufgenommen 1885

Planer teilt dem Kurfürsten mit: *weil dann nun ein solch gros vnd rein wasser verschroten vnd 24 elen* [entspr. rd. 13,5 m] *hoch auffgehet ehe es wieder wegfelt, vnd mann dergestalt weiter nicht mehr sinkenn vnd fortkommen kann ... were mein vnterthenigst bedenken, das es euer CFG*[557] *hetten nun mehr beruhen lassenn, weil es nun gar grosse vnkosten gebaren wurde.* Seine Einschätzung bezüglich des Wasservorrates fasste er in die Worte: *muste ein gros volck vnd pferd drobenn liegenn, sie hetten wasser genug.*

Da er davon ausging, dass der Kurfürst seine Empfehlung akzeptieren würde, machte er nun auch gleich Vorschläge für die notwendigen Abschlussarbeiten. Während des Abteufens hatte er *das wetter mit bretenn hinein furen lassen*. Er schreibt, die müsse er *wieder weg reissen, dann die bret wurden faul vnd stockenn, vnd das wasser dumpfig machen. So wolt ich dieselben bret fortenn vnd Holtz alles raus reissen lassen, vnd einen schram*[558] [hin-] *vnter von tag bis vfs wasser, einer ellen weid vnd tieff hauen lassen, vnd eines Ziegels dick denselben schram zumauernn lassen, das es werde wie ein lut, damit das wetter seinen Zug haben vnd das wasser nicht dumpffig werden möchte.*

So hat es auch mitten im brun ein feuhl, 1 ½ Lachter hoch, welches ich mit holtz hab verzimmern lassen, dasselbe must gemauert vnd das holtz rausgerissen werden, damit kein Holtz im brun blieb. Bei der *feuhl* handelt es sich um eine mürbe (faule) Gesteinsschicht im Schacht, die während des Abteufens provisorisch mit einer Holzauszimmerung gesichert worden war.

Aus der Antwort des Kurfürsten vom 12. Mai 1569 klingt die Erleichterung durch über den erfolgreichen Abschluss des Brunnenbaues. *So seint wir zufrieden vnd wollen den bronnen Im Nahmenn Gottes als bleiben Lassen; Wir lassen vns auch gefallen, das du alles holzwergk, so im Bronnen ist, außreumenn vnnd die feule, so mit holtz verzimmert, auffs sauberste mit hartten Sandtsteine vnd nicht mit Ziegel ausmauern lassest; Desgleichen gefallet vnns dein furschlag, das du anstadt der wetterschlotten einen schram, elenn weit vnd Tiff, Inn die Rundung des bronnens inns gestein vom tage biß vffs wasser hauenn, vnd denselbenn schram als eine Lutte wihder zumaurenn lassest.*[559]

Der Bauablauf lässt sich anhand des überlieferten Schriftverkehrs folgendermaßen zusammenfassen: Begonnen hatte man im November 1566. Am 12. Mai 1569 konnten die Arbeiten erfolgreich beendet werden. Der Fortschritt beim Abteufen war mit 80 Lachtern in nur 29 Monaten mehr als erstaunlich, zumal der Durchmesser des Schachtes mit 3,5 m ungewöhnlich groß war. Durchschnittlich arbeiteten sich die Hauer gut 5 m pro Monat bzw. fast 65 m pro Jahr in die Tiefe. Unterbrechungen kann es dabei nicht gegeben haben. Und die Vermutung, dass der große Schachtdurchmesser möglicherweise doch etwas mit dem Einsatz von Steinbrechern zu tun haben könnte, wird durch die überlieferten Unterlagen nicht belegt.

Um die außergewöhnlichen Leistungen Martin Planers und seiner Freiberger Bergleute zu verdeutlichen, haben wir in Abbildung 29 den Baufortschritt auf dem Königstein dem bei anderen Brunnen gegenübergestellt. Was mag die Männer angetrieben haben, den Schacht über 150 m tief in einer solch kurzen Zeit abzuteufen, wo doch eine Planung für das, was weiter auf dem Königstein entstehen sollte, noch gar nicht absehbar war?

Und wie stand es um die Baukosten? Die in den Schriftsätzen angegebenen Lohnkosten für die Hauer ergeben zusammenfassend folgendes Bild: Angefangen hatte man im Bereich der

---

557 C.F.G. = Kurfürstliche Gnaden
558 Schram, Schramm, das ist (ein Ritz, eine Felsspalte) ein enger Einhau ins Gestein. Mit Ziegeln vermauert, nur oben und unten offen, wirkt er als Wetterlutte.
559 Sächs. HStA Dresden, 10004 Kopial Nr. 345, fol. 265 b

obersten Verwitterungsschicht des Königsteins mit 20 Gulden pro Lachter. Als das Gestein in einer Tiefe von vier Lachtern härter wurde, hatten die Hauer zwar das Doppelte verlangt, erhielten aber für die folgenden Lachter nur jeweils 30 Gulden. Da das Fördern ab einer Tiefe von 70 Lachtern als eine Erschwernis anerkannt wurde, erhöhte sich ihr Lohn auf 34 Gulden, um schließlich in der Schlussphase der Wasserhaltung bei 40 Gulden zu enden. Daraus ergibt sich eine Lohnkostensumme von rd. 2.400 Gulden allein für die Hauer.

Bei dem nur halb so tiefen Brunnen auf Schloss **Hellenstein** [11] fallen 100 Jahre später für Bergleute und Handlanger fast die gleichen Lohnkosten an, was nicht nur an dem veränderten Geldwert, sondern auch an der deutlich längeren Bauzeit von vier Jahren gelegen haben wird. Die längere Bauzeit war hier nicht nur bedingt durch das härtere Juragestein. Mangelnde Erfahrung der Arbeiter und Querelen auf der Baustelle trugen das ihre dazu bei.

Legt man den Kostenschlüssel des Hellensteiner Brunnens zugrunde, dann könnten sich die Gesamtkosten für den Brunnen auf dem Königstein auf ca. 6.600 Gulden belaufen haben. Wie viele Personen über die Hauer hinaus am Bau beteiligt waren, lässt sich nicht sagen. Sicher aber ist, dass Fachpersonal hier überall dort zum Einsatz kam, wo Fachkenntnisse erforderlich und dem Bau förderlich waren. Nur so war diese Bauleistung überhaupt zu erbringen. Und sicher können wir auch davon ausgehen, dass hier – anders als auf Schloss **Augustusburg** [15] – Strafgefangene nicht mit am Werke waren, da sie eher hinderlich gewesen wären.

Wesentlich für den zügigen Baufortschritt war der Einsatz der Frondienstleistenden. Anders als in vielen Territorialstaaten dieser Zeit bestand die sächsische Landbevölkerung nicht aus Leibeigenen. Einerseits genossen die Menschen persönlich und hinsichtlich ihres Besitzes weitgehende Freiheiten. Andererseits aber wurden bezahlte Frondienste kaum als drückend empfunden. Beschwerden gab es nur dann, wenn Belastungen ungerecht auf die einzelnen Gemeinwesen verteilt wurden. Diesbezügliche Klagen der Königsteiner Amtsuntertanen sind dokumentiert.[560] Wir werden darauf zurückkommen, wenn wir die Anstrengungen behandeln, die bei der Wasserförderung aus dem tiefen Brunnen gemacht wurden.

Zunächst aber noch eine Anmerkung zu der Frage, wie tief nun der Schacht tatsächlich war. Während des Baues wurde von der Hängbank aus gemessen, die in unserem Falle etwa auf Hofniveau gelegen haben dürfte. Wir werden sehen, dass der Brunnen Ende des 19. Jahrhunderts auf das heutige Maß von 152,5 m, gemessen von der Oberkante des Brunnenkranzes, abgesenkt wurde. Aus der Örtlichkeit ergibt sich damit die einstige Lage der Hängbank bei 153,2 m. Es besteht also eine Differenz von 2 m zu der Angabe des Martin Planer, die aber nicht verwundern darf.

Ungenauigkeiten, die jeder kennt, der einmal einen Schacht mit unzureichenden Mitteln aufgemessen hat, waren vorprogrammiert. Die Angabe eines runden Wertes von 80 Lachtern – wie er uns auch im Falle der **Wülzburg** [5] begegnet – muss ohnehin stutzig machen. Es ging dabei wohl nur um eine Größenordnung, eine Tiefenangabe, die nach oben gerundet wurde. Wichtiger aber als die Diskussion um die Genauigkeit der Angaben, die allenfalls für Statistiker bedeutsam sein könnte, ist der Sachverhalt, dass der Brunnenschacht ursprünglich tiefer war als heute. Wir definieren aufgrund der geschilderten Zusammenhänge die ursprüngliche Tiefe zu 154 m. Und wir werden sehen, dass sich schon mit Installation der ersten Anlage zur Wasserförderung die Hubtiefe wiederum ändern wird.

---

560 Sächs. HStA Dresden, 10077 Kollektion Schmid, Amt Pirna Vol. VIII, Nr. 193, fol. 9 a – 15 a

Die im Mai 1569 angekündigte Räumung des Schachtes scheint sich verzögert zu haben. Erst am 12. August 1569 teilt Martin Planer mit, *habe ich vff dem Konigstein den schram, darinn das wetter ziehen sol, vnd was dann an dem brun zu maurenn, auch das holz alles heraus dem Ziehe brun zu reissenn, was darinnenn ist, verdingt, wirt inn 14 tagenn zum lengstenn alles fertig werden.*[561]

Als Überleitung zum nächsten Abschnitt unserer Ausführungen möge der letzte Absatz des kurfürstlichen Schreibens vom 12. Mai 1569 an Martin Planer dienen. Hier heißt es: *Wan nun der Bronnenn also sauber gereumeth vnnd zugerichtet, So befehlenn wir dir hiermit gnedig, du wollest darauff bedacht sein, wie man das wasser am leichtigsten vnnd bequemisten megte herauß zihen, vnnd solche Kunst alßbalde darauff Richtenn vnnd mit notturfftigenn gebeude verwahrenn vnd bedachenn lassen, damit der Bronnen ganghafftigk gemacht werde; hiran volbringst du vnseren gefelligenn Willenn vnd Meinung*[562].

Überlieferungen zur Wasserförderung

Auf der Burg **Stolpen** [3] war – wie oben bereits erwähnt – im Jahre 1565 eine Wasserkunst mit einem mehr als 500 m langen Feldgestänge[563] in Betrieb gegangen, die die Burgbewohner seitdem laufend mit frischem Wasser versorgte. Der Kurfürst hatte dies bei seinen Besuchen zu schätzen gelernt. Was lag für ihn also näher, als sich auch auf dem Königstein einen Laufbrunnen zu wünschen.

Stangenkünste waren seit langem als Antriebsmaschinen in Bergwerken im Gebrauch. Zur Wasserförderung aus dem Königsteiner Schacht aber bedurfte es einer anderen Konstruktion als in Stolpen. Seit 1564 war im Zinnbergwerk zu Ehrenfriedersdorf eine sogenannte Radpumpe (Abb. 131) in Betrieb, die theoretisch auch auf dem Königstein hätte zum Einsatz kommen können.

Über dieses Thema muss es bereits einen Meinungsaustausch gegeben haben, denn unter dem 12. August 1569 äußert Martin Planer Bedenken gegen ein solches Pumpensystem. Er hatte während der Bauzeit *ein leuffradt vber den brun hengen lassen, damit mann wasser vnd berck heraus gelauffenn; es gehet aber, gnedigster Churfürst vnnd Herr, schwer vnd langsam zu; sol mans nun an pumpenn richtenn, oder das es menschen hend oder pferdt inn röhren heraustreibenn … wirt es beschwerlichen zugehen*[564]. Aufgrund seiner Erfahrungen im Bergbau favorisiert Planer den Pferdegöpel.

In diesem Zusammenhang erwähnt Planer, dass der Brunnen bei der Wasserförderung mit dem Göpel gar 82 Lachter tief wäre. Das ist kein Widerspruch zu seiner Aussage vom 8. Mai 1569. Wegen des beim Göpelwerk konstruktionsbedingt hoch liegenden Wellbaumes war es nötig, den nach seinen Angaben 80 Lachter tiefen bergmännischen Schacht um weitere zwei Lachter aufzumauern. Der Schacht ragte also über das Hofniveau hinaus, wie es auf der **Augustusburg** [15] noch heute zu besichtigen ist (Abb. 175) und letztlich auch auf dem Königstein zunächst zur Ausführung kommen sollte.

---

561 Sächs. HStA Dresden, 10024 Geheimer Rat, Loc. 4454/14, fol. 16 a
562 Sächs. HStA Dresden, 10004 Kopial Nr. 345, fol. 265 b + fol. 266 a
563 Stangenkunst ist eine durch ein Wasserrad angetriebene Vorrichtung zur Fortpflanzung einer geradlinig hin- und hergehenden Bewegung zum Betrieb von Pumpen.
564 Sächs. HStA Dresden, 10024 Geheimer Rat, Loc. 4454/14, fol. 16 a

Seine Bedenken gegen ein Pumpwerk ergänzt Planer um den Hinweis, *das man ein radt Kaue vber den brun gemacht, damit mann das wasser mit einem pferdt mit den Eimern heraus gehoben; wirt meines erachtens nicht wol leichter zu machen vnd anzurichtenn sein, habe auch nicht vnterlassen, vnd den Stadt Zimmermann Lorenz Zeidler alhir befragt, was er nehmen wolt vnd solchenn baw meinem angeben nach gar allenthalbenn ganghafftig zu uerfertigenn, das man nur das pferdt anspandt; vnd wieuil er holtz darzu bedarff, wie er mir dann einen anschlag schrifftlichenn vbergebenn, den ich C.F.G. beiliegendt vnterthenigst hirmit thue vberschicken.*

Mit der *radt Kaue* ist das Göpelhaus gemeint. Für Gebäude und Göpelwerk fügt er ein Angebot bei, das mit dem Satz endet: *Ahnn solchenn ... Bau zu fertigen kann ich, Lorenntz Zeidler, Stadtzimmermann zu Freybergk, vordienen 100 ffl Muntz.* Martin Planers Vorgaben für das Holzgebäude sowie für die wesentlichen Teile des Göpels sind in dem Angebot überliefert. Es soll sein *24 Eelenn der Bau inn gevierdt oder Rundt, wie er nach dem Kampfradt gehenn soll; 9 Eelenn das vorhaus vber den Bronn.* [Abb. 184] *Datzu muß mann haben 110 Stemme sparrenn vnd Balcken holtz, 2 Wellen – dazu mus mann eichenn pfostenn gebenn – 1 Kammpffradt 16 eelenn hoch, 1 Getriebe 5 eelenn hoch.*

Für das um eine stehende Welle laufende Kammrad ist ein Durchmesser von 9 m vorgesehen, für das senkrecht dazu laufende Getrieberad ein solcher von knapp 3 m. Diese Abmessungen entsprechen denen, die im Bergbau üblich waren. Sie sind wesentlich größer als diejenigen, die Planer zehn Jahre später für den Brunnen der **Augustusburg** [15] wählt. Der wirksame Durchmesser des Kammrades wurde hier um rd. 20 %, der des Getrieberades um gut 50 % kleiner ausgeführt. Die Hubgeschwindigkeit erhöhte sich dadurch deutlich.

Dem Hinweis auf das Angebot für den Göpel folgt der Nachsatz: *nun wolt ich, Gnedigster Churfürst vnd Herr, ein klein eissern seil*[565] *darzu machenn lassen, das vngefehr auch ein 100 fl gestehen wurde.* Die rasche Abnutzung der damals verwendeten Hanfseile war ein großes Problem. Der Einsatz von Ketten ist in der Mitte des 16. Jahrhunderts in Bergwerken in Böhmen und im Harz belegt und war sicher auch in Freiberg schon längere Zeit üblich. Die eisernen Ketten waren preiswerter und haltbarer als gute Hanfseile. Aber ihre Handhabung war schwieriger und bei größeren Schachttiefen wurde das hohe Eigengewicht problematisch.

Der Kurfürst war zu dieser Zeit immer noch nicht überzeugt davon, dass er seinen Traum von einem Laufbrunnen auf dem Königstein aufgeben musste. In seiner Anweisung vom 19. August 1569 an den Schosser zu Pirna wegen des erforderlichen Holzes heißt es: *Wir habenn unserm Bergkwergsverwalter Marttin Planer zu Freybergk befohlenn, eine Kunst vber vnsrn Neuenn brun vffm Königstein zu richten, Damit man das Wasser etwo durch einen Gepel oder Pompenzeug an tag hebenn könne*[566].

Dem Schreiben des Martin Planer vom 5. September 1569 entnehmen wir, dass der Kurfürst zwischenzeitlich wohl ein Machtwort gesprochen hatte. Wie üblich wiederholt er anfangs als Vorgang: *nachdem mir euer C.F.G. ... gnedigsten beuhelich gethann, das ich ein rohrwergk inn Ziehe brun vff dem Königstein richtenn, damit ich das wasser mit pferdenn inn röhrenn heraus treiben kann* [Das geförderte Wasser sollte in einem Kasten gesammelt werden, aus dem dann] *die pferdt das wasser inn röhrenn inn* [einen zweiten] *Kastenn heben sollen, das euer*

---

565 Der Terminus *isenîn seil* für eine Kette wird schon 1310 in der Steirischen Reimchronik des Ottokar aus der Gaal gebraucht.

566 Sächs. HStA Dresden, 10077 Kollektion Schmid, Amt Pirna Vol. VIII, Nr. 193, fol. 6

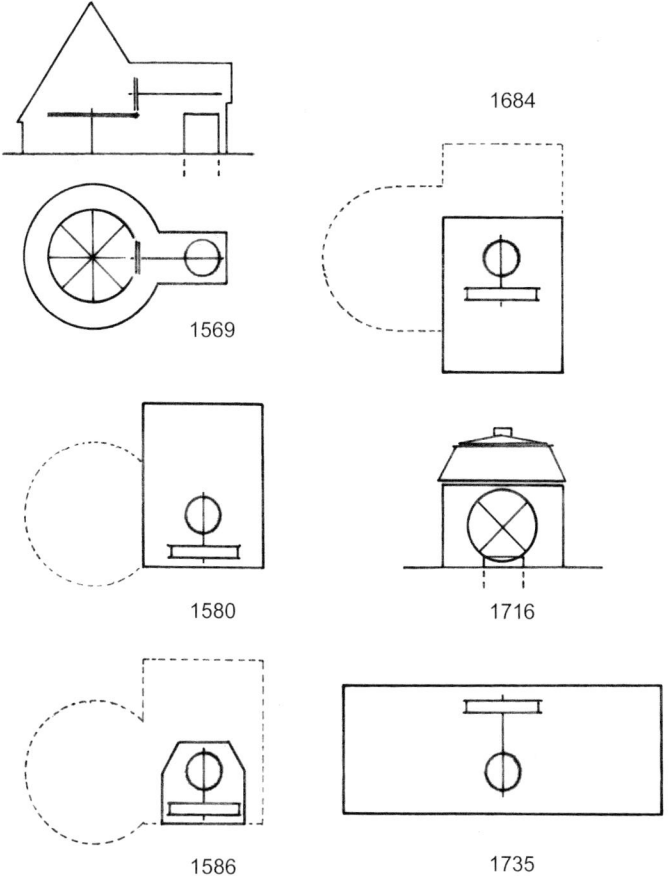

Abb. 184 Bauliche Entwicklung der Brunnenhäuser

C.F.G. zu iederzeit, wenn es euer C.F.G. habenn wollenn, eines fingers dick wasser herausgehen lassen kann.

Auf diesen kurfürstlichen Wunsch eines Laufbrunnens, der aus einem Hochbehälter gespeist werden sollte, reagiert Planer sinngemäß: Ich mach es so, aber ich gebe zu bedenken, dass die Anlage nicht ständig in Betrieb sein wird. *Wann nun die röhren vnnd gesteng still stehen sollten, vnnd nicht stedt gehenn, so wurden die [Holz-] röhren vnd gesteng stocken vnd faulenn, vnnd wurde von demselbenn stank das wasser dumpffig vnd vnrein werden. So muste auch alle mahl, wenn euer C.F.G. hinauf reisen wollten, ein Kunststeiger da sein, der die pumpen anrichtet vnd lindert; solchen besorg vnd vncost zuuorkommen, were mein vnterthenigst bedenken, das man keine röhrenn vnnd gesteng inn brunn richtet, auch kein fart noch holtz darinnen lies, vnd das wasser mit den pferdenn mit den Eimernn heraus inn Kasten hüeb, wie mans dann mit den Eimernn gleich so vil inn den grossen Kasten heben kann, als mit den röhren vnd pumpen; so gehet es auch leichter mit den Eimern zu als mit den röhren.*[567]

---

[567] Sächs. HStA Dresden, 10024 Geheimer Rat, Loc. 4454/14, fol. 16

Der Kurfürst braucht ungewöhnlich lange für seine Antwort. Erst am 30. September 1569 antwortet er, es sei *wohl an dem, das wir so offt nicht auff den Königstein kommen vnd die Kunst vmbgehenn lassen mechten, derhalben die rohren vnd gesteng mitler zeit stocken vnd faulen vnd das wasser Im bronnen stinkend werden vnnd verterben mechte. … So seint wir zufrieden, das das wasser mit eymern heraußgehoben werde; doch wollest auff einen solchen weg denken, das die Eimer so groß, als sichs leiden will, gemacht vnnd doch die Kunst leichtlich vnnd schnell vmbgehe.*[568]

Der letzte noch erhaltene schriftliche Beleg zum Brunnenbau datiert vom 28. Oktober 1569. Der kurze Hinweis auf das *eiserne seil* erhellt sich nun, indem wir erfahren, dass *man zu verferttigung des Eisern Brunnseils vffm Konigstein, welches bis zu hundert Lachtern langh sein muß vnd jeder Lachter vnter vier vnd zwantzig groschen nicht erzeugt werden kann, Einhundert gulden groschen gedurfften wirdet.*[569] (Gerechnet wird der Gulden jetzt zu 24 Groschen.)

Wir haben erfahren, dass der Brunnenschacht für den Göpelbetrieb um zwei Lachter aufgemauert werden musste. Mit einer bis zu 100 Lachter langen Kette konnte man das Wasser mit zwei gegenläufigen Kübeln fördern. Dabei mussten zwar die Pferde nach jedem Hub umgespannt werden. Das eigentliche Problem aber war das richtige Hantieren mit dem Gewicht der Kette.

Unter dem 5. August 1570 teilt Martin Planer seinem Kurfürsten mit, er habe *den zeugk vffm Königstein, daran die pferd das wasser ziehen sollen, auch einen Wassercasten, 14 Elenn inn die gefiert vnd 4 Elen hoch, vorfertigen lassen vnd am* [letzten] *Montag das eisserne seihl vnd Eimer von Freibergk herüber führen lassen, das Seihl auffgelegt vnd versucht, vnd etliche Eimer wasser heraus getrieben;, vnd thut es sehr wol, ziehen zwey pferd, vnd zur not ein starck pferd leichtlichenn einen eimer wasser heraus. Wenn man den wassercasten ein mal vol treibt, kann man die wasser so uil man will heraus gehen lassenn …*[570]

Ein Jahr hatte es also gedauert, bis das Göpelwerk betriebsbereit war. Und der Wunsch nach einem Laufbrunnen findet jetzt seine Erklärung. Im Anschluss an das vorige Zitat fährt Planer fort: *… kann man die wasser so uil man will heraus gehen lassen vnd vf den Fisch-Kasten, wo E.C.F.G. denselbenn hin haben wollenn, leitenn, damit man die Fisch, so lang E.C.F.G. drobenn sein, wol erhalten kann.* Mit dem gleichen „Problem" musste sich Planer zeitgleich auf **Augustusburg** befassen. Jederzeit frischen Fisch auf dem Tisch zu haben, sollte also auch auf einer Felsenburg wie dem Königstein möglich sein. Dafür scheute man keinen Aufwand.

Und es folgt ein Hinweis auf die besondere Betriebsart des Göpelwerkes. Planer möchte auf den Königstein kommen und *auch den ienigen, die denn brunn inn beuhelich bekommen* [d. h., die verantwortlich sein werden für den Betrieb] *anweisen, wie sie es mit dem treiben machen vnd vornehmnen sollen, denn es denienigen, die es zuuor nicht gesehenn, erst seltzam ansiehet.*

Die Sache mit den Fischkästen scheint für den Kurfürsten einen ganz besonderen Stellenwert gehabt zu haben. Unter dem 15. Oktober 1571 erfahren wir, dass er Martin Planer befohlen hatte darüber nachzudenken, wie man das Wasser weitere 20 Lachter hoch heben könne. Es gibt nur diesen einen Hinweis zu einem Vorgang, der wohl auch Planer seinerzeit kaum verständlich erschien. Der Brunnen lag an der höchsten Stelle des Plateaus. Gebäude, die sich so hoch darüber erhoben, gab es nicht. Und so lassen wir diese Anmerkung so stehen, zumal sie für unsere Betrachtungen ohne Bedeutung ist.

---

568 Sächs. HStA Dresden, 10004 Kopial Nr. 345, fol. 299 b
569 Sächs. HStA Dresden, 10077 Kollektion Schmid, Amt Pirna Vol. VIII, Nr. 193, fol. 8
570 Sächs. HStA Dresden, 10024 Geheimer Rat, Loc. 4454/14, fol. 20 b

Von sonstigen Bauaktivitäten auf dem Königstein ist aus dieser Zeit nichts bekannt. Da aber seit Ende des Jahres 1570 ein funktionsfähiger Brunnen vorhanden war, werden zumindest einige Bewacher hierher abkommandiert gewesen sein, die auch von Zeit zu Zeit über ihren eigenen Bedarf hinaus Wasser aus dem Brunnen zu ziehen hatten, um es frisch zu halten. Sehr aufregend kann der Dienst nicht gewesen sein. Und wer beaufsichtigte die Männer?

Anfang des Jahres 1574 meldet der Schosser zu Pirna, der Wind habe *ann gepeuden vber dem Brunn vnnd ann der Kunst grossen schaden gethan … das Eisserne seihl … ganz vnnd gar inn brunn geworffen.* Martin Planer hatte daraufhin den Befehl erhalten, die Kette und das Holz aus dem Brunnen räumen zu lassen. Er schickte zunächst zwei Geschworene auf den Königstein, die den Schaden besichtigen und feststellen sollten, was an Material für die Bergungsaktion erforderlich sein würde. Am 12. Februar 1574 aber berichten sie ihm, *das der windt gar keinenn schaden des orts weder am tach noch ann der Kunst gethann.*

Martin Planer ist empört. Er schreibt dem Kurfürsten – und im Gegensatz zu seiner sonst eher vorsichtigen Ausdrucksweise wird er deutlich. Man meint ihn reden zu hören, wenn er ausführt: *da habenn leudt, wer sie gewest seinn wirdt der schosser wol wissen, ann der Kunst getilezet* [gespielt] *vnnd die Kunst vmbgeschobenn vnnd lauffen lassenn vnnd den prems nicht vorgethan, vnnd hatt den schwangk genomenn, vnnd ist das eisserne seihl hinein lauffen; da hat es vmb sich gehauen mit den Eimern, vnnd die balkenn vber der well, die es hatt erreichen können, matsch entzwey gehaurenn, desgleichen etlich latten vnnd schindel … vnnd ist solcher schadt ein mudtwilliger warlossen* [ein mutwillig unachtsamer, also fahrlässiger], *dann wann die gepeudt zuegesperrt gewest, kondt niemandt hinein kommen.*[571]

Ein solcher Schaden hatte sich – wie wir im Vorangehenden gesehen haben – abgezeichnet, da das Göpelwerk mit der schweren Kette besonders sorgfältiger Handhabung bedurfte. In seinem Buch über den Bergbau aus dem Jahre 1556 hatte sich Agricola sehr ausführlich mit den Tücken einer solchen Konstruktion befasst.[572] Nun war der Schaden eingetreten und der Voranschlag für die Reparatur lag bei 77 Gulden. Allein das Bergeseil aus Hanf sollte 47 Gulden Kosten.[573]

Wir können davon ausgehen, dass die wertvolle Eisenkette geborgen wurde. Das für diese Aktion notwendige Hanfseil hatte Martin Planer sofort bestellt, da dessen Herstellung lange dauerte. Das Göpelwerk aber blieb ruiniert stehen. Der Brunnen auf dem Königstein war durch diesen Schadensfall zu einer lästigen Angelegenheit geworden, mit der man sich nicht weiter beschäftigen wollte. Die ganze Aufmerksamkeit des Kurfürsten galt ohnehin seit mehr als sechs Jahren dem Neubau und der Einrichtung der **Augustusburg** [15]. Auch hier war ein tiefer Brunnen im Bau, der viel Ärger und Verdruss machte, weil er nicht voran kam.

Ein Sekretär des Kurfürsten schreibt am 6. März 1576: *Ich werde glaublich berichtet, daß itzo der Königstein gar öde und wüste stehen und niemand darauf wohnen soll, derwegen auch der mehr Teil Schloß und ander Eisenwerk von den Türen abgebrochen und gestohlen, auch der herrlich Bronnen offen stehen soll, daß derselbe bei dieser bösen welt von losen Buben wohl vergiftet werden möchte. Weil ich denn nicht glauben kann, daß Euer Kurfürstl. Gnaden gemeint, diesen Berg, der fast auf Landesgrenze liegt und für eine Festung geachtet*

---

571 wie vor, fol. 25 b
572 Agricola, a.a.O., S. 169 f
573 *… ein hanffen seihl 100 lachter lang … wirdt vngefehr 30 steinn haben, den steinn vmb 33 gl, thut 47 fl 3 gl;* Das Seilgewicht lag bei ca. 3 Pfund pro Meter (1 Stein etwa 20 Pfund). Hanfseile wurden nach Gewicht bezahlt. 20 Pfund Seil kosteten also 33 Groschen. Zu dieser Zeit galt 1 Gulden = 21 Groschen.

worden, gar vorwüsten zu lassen, so werden Euer Kurfürstl. Gnaden gnädigste Verordnung zu tun wissen.[574]

War der Brunnenbau also doch eine vorbereitende Maßnahme, weil man den Königstein als Festung ausbauen wollte? Dann musste die Wasserversorgung wieder hergerichtet werden. Diesen Part übernahm noch im gleichen Jahr ein gewisser Konrad König, Uhrmacher aus Altenburg. Er hatte es verstanden, den kurfürstlichen Wunschtraum vom Laufbrunnen neu zu beleben. Auf Schloss Annaburg bei Torgau hatte er das mechanische Modell eines Systems aus Röhrpumpen vorgeführt, mit dem er versprach, das Wasser im ständigen Fluss aus dem tiefen Brunnen zu fördern.

Anfang Juli des Jahres 1576 begann der Mechanikus mit seinem Werk.[575] Der Kurfürst hatte befohlen, die Arbeiten des *Erbarn vndt Kunstreichen Cunradt Königk*[576] durch die Bereitstellung aller erforderlichen Materialien und der notwendigen Fronarbeiter zu befördern. Das notwendige Geld floss auf persönliches Anfordern des Kunstmeisters.

Konrad König musste zunächst die zwei Lachter hohe Schachtaufmauerung abbrechen lassen, die für den Betrieb des Göpelwerkes zusätzlich aufgemauert worden war. Die Auszüge aus den Forstregistern[577] belegen zudem, dass er noch im gleichen Jahr eine Montagehalle (*hofstube*) erstellte und den Schacht mit den notwendigen Fahrten ausrüsten ließ. Ein Tretrad wurde gebaut, um den Brunnen ausziehen zu können[578] sowie für den Materialtransport in den Schacht. Und die Herstellung der Röhren begann. Bis 1577 experimentierte der Kunstmeister mit verschiedenen Holzarten – mit Tannen, Erlen und Eichen.

Belege zur Herstellung der vielen Einzelteile für die Wasserkunst sind schwer zuzuordnen. Aus einem Bericht vom 23. Juli 1578 erfahren wir von *den ventilgen vnd anderer gelencken vnd frembder art, derer auch ein gutte anzall sein,* und dass seit dem letzten Besuch *etzlich Tausent stucken darzu kommen, … vnd es also ein fein werk ist, das es schade, das es nicht am tage stehen vnnd wol gesehen werden soll.*[579] Ein neues Brunnenhaus (Abb. 183) musste entstehen, sollte 1580 auch endlich eingedeckt werden. Nach Androhung des Galgens und einem kurzem Arrest auf der Festung Hohnstein[580] gelang es Konrad König endlich, die Wasserkunst bis zum Ende des Jahres 1582 komplett zu montieren – aber sie funktionierte nicht.

Aus der Zeit von 1576 bis 1582 sind mehr Akten überliefert als für irgendeine andere Phase des Brunnenbaues. Sie ergeben ein Spiegelbild der überzogenen Wunschvorstellungen des Kurfürsten und der Selbstüberschätzung des Uhrmachers. Im Frühjahr 1583 wird Konrad König mit Schulden, Schimpf und Schande entlassen und kann froh sein, dass ihm das Leben geblieben ist.

Mit dem letzten erhaltenen Schreiben vom 30. Dezember 1582 hatte König dem Kurfürsten noch eine Zeichnung seiner Röhrpumpenkunst übersandt. (Abb. 185) Im Prinzip war es ein Nachbau der Ehrenfriedersdorfer Radpumpe (Abb. 131), der später auch auf dem Schloss **Hellenstein** [11] bei einer Tiefe von nur 77 m nicht funktionieren sollte. Die Versuche des Konrad König hatten bis zum November 1582 Kosten von gut 6.354 Gulden verursacht[581], 805 Stämme Holz, davon 387 Eichen, waren verbaut und fast 1.500 Raummeter Brennholz

---

574 Pilk, a.a.O., S. 134. Als Quelle zitiert er Loc. 8523, Das ander Buch ... 1574-1577, Bl. 249b f
575 Sächs. HStA Dresden, 11269 Hauptzeughaus, Loc. 14597, fol. 20 a
576 Sächs. HStA Dresden, 10077, Kollektion Schmid, Amt Pirna Vol. VIII, Nr. 193, fol. 16 a
577 Sächs. HStA Dresden, 11269 Hauptzeughaus, Loc. 14597, fol. 21 a ff
578 wie vor, fol. 13 b
579 Sächs. HStA Dresden, 10024 Geheimer Rat, Loc. 4454/14, fol. 31 b + 32 a
580 „Wer da kommt nach Hohenstein, der kommt selten wieder heim."
581 Sächs. HStA Dresden, 11269 Hauptzeughaus, Loc. 14597, fol. 20 b

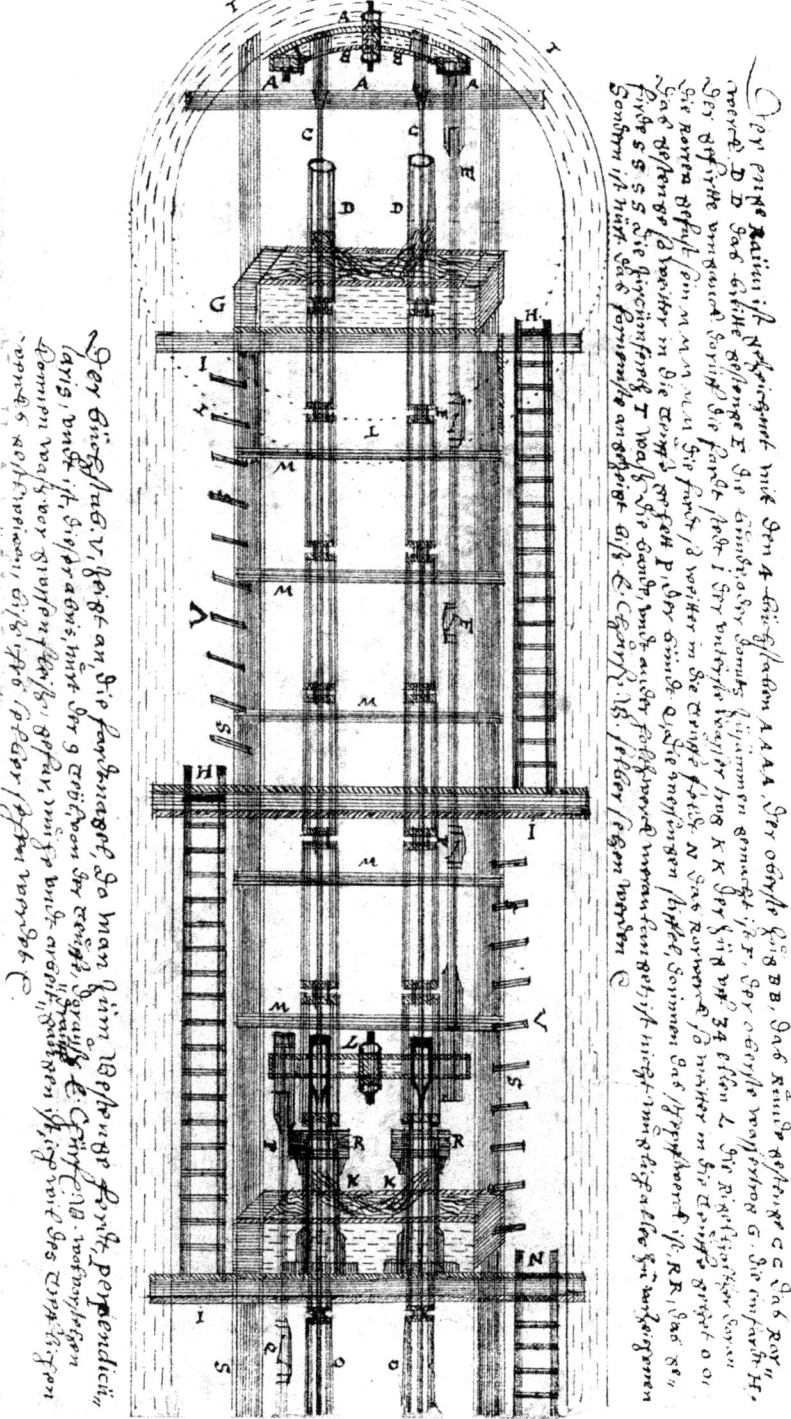

Abb. 185 Die Röhrpumpe des Konrad König, 1582

verbraucht worden.[582] Der Brunnenbau – daran sei erinnert – hatte bereits etwa gleich viel gekostet. Dazu waren die Kosten für das abgegangene Göpelwerk zu rechnen.

Der Bau des tiefen Brunnens war seit nunmehr 15 Jahren vollendet. Aber immer noch gab es dazu keine dauerhaft funktionsfähige Einrichtung, um das Wasser zu heben. Es hatte bisher keine zwingende Notwendigkeit bestanden, das reichlich vorhandene Wasser zu fördern, da der Königstein nach wie vor nicht genutzt wurde. Aber es muss einen Grund dafür gegeben haben, dass der Kurfürst trotz aller Rückschläge nicht locker ließ.

Bald nach der Entlassung des Konrad König hatte er seinen Zeugmeister Paul Puchner[583] damit beauftragt, sich der Sache anzunehmen. Unerwartet starb Kurfürst August im Februar 1586. Aus diesem Jahr aber sind auch zwei Beschreibungen der Förderleistung einer neuen Anlage zur Wasserförderung überliefert. Wir zitieren aus der Fassung, die Paul Puchner wohl selbst bald nach dem Tode des Kurfürsten diktiert hat.[584] Darin heißt es: Auf Befehl unseres gnädigsten Kurfürsten und Herren hochlöblichen und seligen Angedenkens *haben wir, der Zeugckmeister, vnd Christoff Wernner, Ober Bergkmeister, die Kunst, die Cunrat Kunigk in den Brunnen Auff dem kunigstein ErBauet vnnd nichts werts, Alles wider Rausser Reyssen lassen vnd auf Meyn, des Zeugckmeisters Angeben ein Ander Nutzlicher vnnd Bestendiger wergck mit geringen Costen Ferdtigen lassen, das man mit Messiger Muhe das Wasser zu Tag bringen kahn wie Nach Volgent vorzaichnet …*

Der Hinweis „*mit geringen Costen*" lässt darauf schließen, dass Paul Puchner das Tretrad verwendete, das Konrad König hatte anfertigen lassen. Über Brunnen und Tretrad ließ er einen kleinen, sechseckigen Schutzbau errichten. (Abb. 184) Bestehen blieben die Reste der Göpelkaue und des König'schen Brunnenhauses, das möglicherweise gar nicht ganz fertig geworden war.

Der Zeugmeister berechnet zunächst die verfügbare Wassermenge im Brunnen bei einem Wasserstand von 24 Ellen (ca. 13,6 m). Bei diesem Überschlag geht er von 130.260 Litern aus. Wichtiger aber ist sein Hinweis: *Zu dieser Kunst seyndt vyer Pahr Eyhmer zugericht vnd gemacht.* Bei den vier Paar Eimern handelt es sich natürlich um Kübel.

– Die beiden kleinsten Kübel fassen je 80 Kannen (75 Liter). *Dieser Eyhmer dreye konnen 2 Personen Inn einer stunden herausser Lauffen; Thut Inn einer stunde 240 Kannen waßer. Das macht Tagck vnd nacht in 24 stunden 5760 Kannen waßer* [5.390 Liter].
    Wan nuhn solcher Bergck [d. h. nicht die Burg!] *mit 300 Soldaten Inn eynnem KriegsWesen besetz, hat ein Jeder Soldat 19 Kannen wasser einen tagck zu aller Nodturfft zu gebrauchen.*
Den Arbeitseinsatz der Wasserknechte erklärt er wie folgt: *Es werden aber alle drey stunden dye 2 Personen wechselweyse ahngelegt vnnd so fort ahn Inn allen sordten der Eyhmer.*
– Das nächste Paar Kübel fasst je 164 Kannen (153 Liter). *Solcher funff Eyhmer konnen 3 Personen In eynner stunden herausser Lauffen, Thut 820 Kannen waßer. Das macht … In 24 stunden 19680 Kannen wassers* [18.413 Liter].
    Dorauff kann ein Messigck Hoffelager auff 200 Mahn vnnd Roß erhaldten werden, kompt 98 Kannen wassers einen tagck vnd Nacht auff ein Mahn vnnd Roß.

---

582 wie vor, fol. 21 ff
583 Paul Puchner (1531–1607), aus Nürnberg gebürtig, wirkte seit 1558 in Dresden, beaufsichtigte seit 1567 die Stadtbefestigung und war 1575 kurfürstlicher Zeugmeister geworden. Er wird ab 1589 den Bau der Festung Königstein für Kfst. Christian I. leiten (in der Literatur als Paul Buchner geführt).
584 Sächs. HStA Dresden, 10077 Kollektion Schmid, Amt Pirna Vol. VIII, Nr. 193, fol. 29 ff

- Das dritte Paar Kübel fasst je 320 Kannen (300 Liter). *Diese eyhmer vyere konnen 5 Personen In eynner stunden heraussenn Zyehenn, Thut 1280 Kannen wasser. Das macht … in 24 stunden 30720 Kannen Wassers* [28.740 Liter].
- Das vierte Paar Kübel fasst je 640 Kannen (600 Liter). *Derren Eyhmer dreye konnen 7 Personen In eynner stunden herausser Lauffen, Thut 1920 Kannen Wasser. Das macht … in 24 stunden 46080 Kannen Wassers* [43.110 Liter].
  Dieser sortt eymer kann man Brauchen, wan man den Prunnen Renefirn vnnd In grunt Schopffen wyll.
  In der anderen Textfassung heißt es: *Dieser Sorten Eymer werden Itzo gebraucht zum heraußer Lauffen des wassers, damit man desto ehr zum Sumpen des Brunnenß kommen kann.* Im Jahre 1929 wird man feststellen, dass der Zufluss ca. 8.000 Liter pro Tag beträgt. Selbst mit diesen extrem großen Kübeln benötigte man also noch wenigstens 3 ½ Tage, um den Brunnen im 24-Stunden-Betrieb zu Sumpf zu ziehen.

Bemerkenswert ist, dass sieben Personen gleichzeitig im Radkäfig hätten laufen sollen. Der Durchmesser des Rades wird später mit 7 m angegeben, zur Breite der Lauffläche wird nichts gesagt. Die überlieferten Zeichnungen lassen nur etwa 1 m vermuten. Die ergänzenden Erläuterungen zu den Kübelgrößen machen aber deutlich, dass in der Regel wohl nur jeweils zwei oder drei Personen im Laufrad ihren Dienst versahen.

Wir müssen uns fragen, welche Hubgeschwindigkeit erforderlich war, um fünf Kübel pro Stunde zu ziehen. Ein Hub von 150 m dauerte demnach maximal 12 Minuten. Das entspräche 4,8 sec pro Meter bzw. einer Geschwindigkeit von 0,208 m/sec. Ein Wellbaum (D = 0,5 m, Umfang rd. 1,6 m) müsste sich in 7,7 sec einmal drehen, um diese Hubgeschwindigkeit zu erreichen. In einem Radkäfig von 7 m Durchmesser hätten die drei Personen also 10,3 km/h schnell laufen müssen. Das konnten die Männer nicht leisten.

Und wie sah es bei drei Hüben pro Stunde aus? Um einen Kübel in 20 Minuten zu heben, wäre selbst hierfür noch eine Dauerleistung von 6,2 km/h erforderlich gewesen. Auch das aber war nicht zu schaffen, wenn – wie bei den größten Kübeln – sieben Personen gleichzeitig im Radkäfig tätig werden mussten. Im Hinblick auf die Dauerleistungsfähigkeit der Männer und die Koordinierung der Bewegungsabläufe innerhalb der Gruppe muss deren Lauftempo sehr viel langsamer gewesen sein. Das aber war nur möglich mit einer Getriebeübersetzung zwischen Laufrad und Wellbaum.

Analog der Darstellung des Agricola (Abb. 186) musste Puchner also auf die Achse des Laufrades einen großen Zahnkranz setzen, der die Drehungen auf ein kleineres Getrieberad des Wellbaumes übertrug. Nur so konnten die notwendigen Hubgeschwindigkeiten erzeugt werden, um die angegebene Anzahl Hübe pro Stunde zu leisten. Auf einer Abbildung aus der Zeit um 1840 (Abb. 190) ist dieser Teil der Technik leider durch eine Trennwand verdeckt. Erkennbar aber ist der Versatz zwischen der Achse des Laufrades und dem Wellbaum infolge des zwischengeschalteten Getriebes.

Beide Textfassungen von 1586 sind hinsichtlich ihrer Angaben zu den Kübeln identisch. Und beide enthalten den Nachsatz: *So kann man auch ins Schlos das Wasser Ins Oberste geschos in Rohren bringen.* War es also möglich, parallel zum Wasserziehen mit dem Laufrad auch noch eine Pumpe zu betreiben, wie wir es vom Schloss **Hellenstein** [11] kennen?

Nach der Ruinierung des Göpelwerkes im Jahre 1574 war der Brunnen also erst zwölf Jahre später wieder funktionsfähig. Auf dem Königstein aber befand sich nach wie vor keine nennenswerte Bebauung oder gar Besatzung. Erst ab dem Jahre 1588 gibt es offensichtlich Pläne,

Abb. 186 Tretrad mit Getriebe nach Agricola

den Königstein auszubauen. Unter dem 2. Dezember 1588 heißt es: *Der Plaz des Konigsteins ist vnlangst abgeschritten, Ist befunden, das ehr 1430 elnn lanck vnnd 474 eln breit sein soll; Darauf stehet allerley holtz vnd Obstbeume; Ittem vor ein bahr Kuhe Greserey, wirdt auch mit einen Scheffel oder mehr getreidicht besehet, Kraut, Ruben vnd andere Kuchenspeis also erzeiget etc.*[585]

Die Bauarbeiten dieses Jahres beschränken sich auf die Herstellung zweier Kraniche, d. h. Kräne. Noch im Verzeichnis der geplanten Bauvorhaben des Jahres 1589 heißt es: *Die Berck Vhestungk Konigstein, stehet noch vff Rathschlagk.* Für das Jahr 1590 sind dann erste Zahlungen auf Bauleistungen in Höhe von 8.000 Gulden nachweisbar.[586]

Die Arbeiten an der Festung Königstein begannen also gut 20 Jahre, nachdem der Bau des tiefen Brunnens erfolgreich abgeschlossen war. Und als der hohe Fels zur Großbaustelle wurde, erlebte der Brunnen seine erste Bewährungsprobe. Bereits im Sommer desselben Jah-

---

585 Sächs. HStA Dresden, 10077 Kollektion Schmid, Amt Pirna Vol. I, Nr. 4, fol. 1 b – 2 a

586 Sächs. HStA Dresden, 10024 Geheimer Rat, Loc. 4449/1, fol. 11–18

res waren mehr als 500 Werkleute und Frondienstleistende auf dem Königstein tätig. Sie mussten versorgt werden und der Baubetrieb verschlang große Mengen an Wasser.

Wir wissen nicht, wie viele Wasserknechte während der Bauzeit im Einsatz waren. Wie die übrigen Fronarbeiter wurden sie aus den umliegenden Ortschaften rekrutiert. Erst für den Zeitraum vom 17. May 1611 bis 12. August 1615 ist eine Einteilung[587] überliefert, *Wie wöchentlich das Waßer Ziehen vff Churfl. Vestung Königstein durch die ampts vnterthanen verrichtet wurdet.* Aus einem Umkreis von bis zu zwanzig Kilometern wurden für diesen Zeitraum insgesamt 792 Männer zum Dienst verpflichtet. Das wären etwa 200 Mann pro Jahr. Während dieser Zeit aber gab es keine größeren Bauaktivitäten und die Besatzung war gering. Und deshalb reichten vier Mann pro Woche aus, um das notwendige Wasser zu ziehen. Für den Betrieb der Großbaustelle aber werden – gemessen an Paul Puchners Angaben zur Förderleistung – bis zu 500 Wasserknechte pro Jahr im Einsatz gewesen sein.

Zu Zeiten von Kurfürst August war ein Festungsbau auf dem Königstein außenpolitisch nicht opportun gewesen. Der junge Kurfürst Christian I. (1586–1591) aber wollte diesen Bau als demonstrative Geste gegen die Habsburgischen Vormachtansprüche. Hinter der Idee von dieser neuen Rolle Sachsens stand sein Kanzler Nicolaus Krell, der allerdings 1591 mit dem Tode seines Kurfürsten stürzte und auf dem Königstein inhaftiert wurde. Der Ausbau der Burg zur Festung ging dessen ungeachtet weiter.

Nachfolger im Amt des Kurfürsten wurde Christians achtjähriger Sohn (Christian II.), der bis 1601 unter der Vormundschaft des streng lutherischen Herzogs Friedrich Wilhelm von Sachsen-Weimar stand. Das Demonstrativbauvorhaben gegen den habsburgischen Katholizismus ging weiter. Das Jahr 1595 wird als Fertigstellungsdatum der Festungsanlage genannt – aber Ausbau und Modernisierung waren damit keineswegs abgeschlossen.

Im Jahre 1616 bietet der Uhrmacher Franz Hildebrand aus Borna zum wiederholten Male an, für den Brunnen ein Röhr-Pumpem-System mit Bleirohren zu bauen.[588] Sein Ansinnen bleibt unbeantwortet. Die Erinnerungen an die Affäre Konrad König waren nach 33 Jahren noch zu frisch. Das Interesse an technischen Experimenten war bei Kurfürst Johann Georg I. (1611–1656) ohnehin nicht so stark ausgeprägt wie seine Begeisterung für die höfische Jagd und die damit verbundenen Festlichkeiten, die zu seiner Zeit das Geschehen auf dem Königstein bestimmten.

Und diese Haltung mag auch die Abfuhr beeinflusst haben, die sich der Brunnenmeister um das Jahr 1650 einhandelte wegen seiner *zu bereumung des Brunnens alda angegeben Invention.*[589] Er hatte den Vorschlag gemacht, einen mechanischen Greifer zur Räumung des Schachtes einzusetzen, um das lästige Einfahren zu vermeiden. Wir lesen, dass *Churfstl. Dchl. zu des Brunnensteigers vorgeschlagenen kostbaren, langwielgen undt zu der ganzen Brunnen-Machina verderblichen Bereunigung* die Zustimmung verweigert, zumal *durch des Brunnensteigers Instrument der Brunnen unde auffgebrudelt undt das Wasser trübe gemachet wirdt* – was nicht von der Hand zu weisen war.

Nach dem Ausbau des Königsteins zur Festung war es nur noch eine Frage der Zeit, bis der besondere Schutz des lebenswichtigen Brunnens gefordert wurde. Das alte Brunnenhaus, wie es Konrad König hatte erstellen lassen, mochte vor den Witterungseinflüssen schützen. Es

---

587 Sächs. HStA Dresden, 10077 Kollektion Schmid, Amt Pirna Vol. VIII, Nr. 193, fol. 42–43
588 wie vor, fol. 45 a
589 Sächs. HStA Dresden, 11269 Hauptzeughaus, Loc. 14597, fol. 12 a – 13 b

war 27 Ellen (ca. 15 m) lang und 22 Ellen (ca. 12,5 m) breit, die beiden Längswände gemauert, der Rest war Fachwerk.[590] Die Dachdeckung bestand aus Holzschindeln[591]. Eine solche Konstruktion aber war ungeeignet, Schäden durch Artilleriebeschuss abzuwenden. Gleichwohl mag das Gebäude etwa 100 Jahre gestanden haben.

Aus dem Jahre 1684 ist ein Plan (Abb. 187) erhalten für *das neue in anschlag gebrachte brunnen Haus*, ein massives Gebäude. Die Anmerkungen dazu sind bemerkenswert. Da heißt es:

– *Diese Punctirte Linien zeigen das itzo stehende alte wandelbare*[592] *brunnenhauß an, so abzubrechen und der Auffahrth nach der Magdalenen burg zu, Ein beßren Raum zu gewinnen.*

Das Brunnenhaus des Konrad König stand nach dem Ausbau des Königsteins zu nahe an der Apparelle, der Auffahrt in die Festung.

– *Dis ist das alte Steinerne Rondel darinnen die gantz eingegangene Roßmühle stehet, so umb des beßern Raums willen gleichfals abzubrechen und die Steine zu dem neuen brunnenhauß zu gebrauchen.*

Die Göpelkaue des Martin Planer war also stehengeblieben. Konrad König hatte den Göpel nicht genutzt, da er ein Tretrad als Antrieb brauchte.

– *Das brunnenseil wird 410 Ellen lang [232 m] und 5 Centner 1 bis 2 Stein gefertigt.* Nähme man die Darstellung des Wellbaumes im Plan als maßstäblich an, dann wäre er 0,8 m stark gewesen. Das ist mehr als unwahrscheinlich. Gehen wir von einem Durchmesser von 0,4 m aus, hätten auf der Welle gut 25 m Seil (20 Turns) gelegen. Mit der freien Länge von 207 m war ein Pendelbetrieb bei der Wasserförderung möglich, wobei noch genügend Reserve vorhanden war für mehrmaliges Abhauen maroder Seilenden. Das Seilgewicht lag bei 600 Pfund, d. h. bei ca. 2,5 Pfund pro laufendem Meter.

Dargestellt ist ein sechseckiger Brunnenkranz, den es wohl zu keiner Zeit so gegeben hat; daneben ein großer Wassertrog mit einem Hahn zur Wasserentnahme, wie er im Anhang zur Abbildung 187 beschrieben wird. Das Seil liegt mit 20 Schlägen auf dem Wellbaum. Die diesbezüglichen Aussagen des Brunnenmeisters[593] haben wir im Kapitel 2.4 zitiert. Der Wellbaum liegt oberhalb der Achse des Tretrades. Das zwischengeschaltete Getrieberad ist aber hier auf der falschen Seite des Tretrades gezeichnet, dessen Durchmesser mit 7,65 m dargestellt ist, die Breite mit ca. 1,1 m (2 Ellen).

Wir gehen davon aus, dass der geplante Neubau nicht zur Ausführung gekommen ist, obwohl er nach Stellung und Größe durchaus der Vorgängerbau des 1716 von Pöppelmann erstellten Brunnhauses gewesen sein könnte. Unter dem 22. Juni 1702 aber beklagt sich die Kommandantschaft über den Zustand des Gebäudes: *… indeßen erfordert die höchste nothwendigkeit dafür Sorge zu haben, ehe solches Gebeude einstens von Winden gänzl. übern hauffen gestoßen undt der Brunnen dadurch verschüttet werde.*[594] Derart konnte ein Massivbau in nur 20 Jahren nicht verkommen.

Offenbar also geschieht nichts. Zwei Jahre später wird festgehalten, *hat der Commandant beweglich vorgestellet, was maßen der tiefe brunnen durch den fast täglich besorgenden Einfall des darüber stehenden alten Gebäudes ruiniret und unbrauchbar gemachet werden könnte,*

---

590 wie vor, fol. 28 b
591 wie vor, fol. 22 a
592 schadhaft

593 Sächs. HStA Dresden, 10026 Geheimes Kabinett, Loc. 413/0, fol. 7 b
594 Sächs. HStA Dresden, 10024 Geheimer Rat, Loc. 9877/23, fol. 44 b

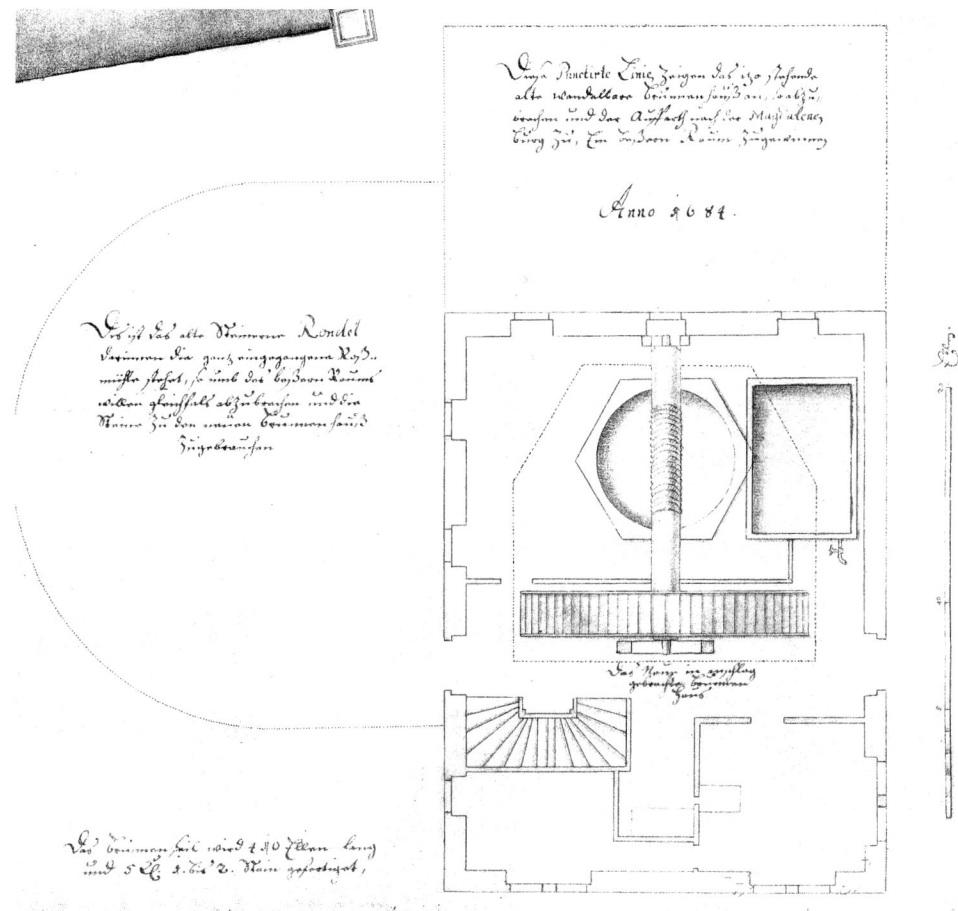

Abb. 187 Grundrissplan für ein neues Brunnenhaus, 1684

welcher doch, weil kein ander Waßer zu Erhaltung des Lebens alda vorhanden, unmöglich zu entrathen. Nachdem aber solcher brunnen wegen des brandes, oder der einfallenden Bomben halber durch nichts beßer verwahret werden kann, als wann ein neues Hauß darüber gebauet würde, worinnen der gantze Unter-Stock wohl überwölbet, der ober aber zu bequemen Wohnungen, woran es dieses Orts ohne dem gar sehr mangelt, aptiret; als wird vor allen Dingen, zumahl periculum in mora, auf diese Nothwendigkeit zu reflectiren seyn.[595]

Drei Wochen darauf, am 14. August 1704, werden die Schutzforderungen konkret: *Ingleichen erfordert auch die höchste Nothwendigkeit, die Überbauung mit einem starken Gewölbe des hiesigen Brunnens, wodurch solcher Brunnen mit der ganzen Machine so gesichert stehet, daß keine Schwere durchfallen kann, dann so in Zeit einer Beläegerung daran solte was gewaltig zerbrechen, oder das Waßer durch einiger Ballung unbrauchbar gemacht werden, so müste die ganze Guarnison crepiren, weile sonsten kein rein Waßer zu bekommen, denn das in der Cisterne zum gebrauch ganz unrein, auch ein sehr weniges Waßer ist.*[596]

---

595 wie vor, fol. 115

596 wie vor, fol. 128 b

Erst im Jahre 1706 entschließt man sich zu einer mehr als provisorischen Schutzmaßnahme. Unter dem 15. Oktober heißt es: *Ist nun in der 4. Woche an der Über Bau- und Bedeckung des Brunnens und Zubehöriger Machine gearbeitet worden und so weit damit kommen, daß selbige zwar oben mit dreyfachen Stämmen Holz Kreuzweiß überlegt, darzu aber noch in die 400 Stämme Holz zu denen Seiten-Wänden nebst noch 14. tägiger Zimmer- und Handt-Arbeit erfordert wirdt, die Geld-costen hierbey dürfften sich noch an die 50 Thaller belauffen.*[597]

Der Materialaufwand für diese Art Schutzmaßnahme war enorm, aber die Vorgehensweise war zum Scheitern verurteilt. Unter dem 14. Februar 1716 wird festgehalten, es sei *von dem Commandanten zum Königstein unter andern einberichtet worden, daß dasiges Brunnen-Hauß, welches nur von Holtze auffgeführet, und wegen dreyfach belegter Sparren, deren bey 312 wären, unsäglich belästiget* [belastet] *sey, dieser halb auch und weil bey eräugnendem Einfalle der sehr kostbare tieffe Brunnen hirdurch verfället werden möchte, auff eine reparatur gedacht werden müste.*

Wann wir dann hierauff gnädigst zufrieden sind, daß nun erwehntes Brunnen-Hauß auff der Vestung Königstein nach unserm dem Cämmerier Pöpelmann[598] *mündlich ertheilten Befelche, abgetragen und ein neu dergl. gewölbtes Brunnen-Hauß auffgeführet werde.*[599]

Was hatte den Umschwung bewirkt, nachdem viele Jahre wenig oder nichts zur Erhaltung des Brunnenhauses und zum Schutz des Brunnens geschehen war? Im Jahre 1715 war Friedrich Wilhelm von Kyaw Kommandant der Festung Königstein geworden. Er hatte die laufenden Arbeiten bald als untauglich erkannt. Als Günstling des Kurfürsten mag es ihm leichter gefallen sein als seinen Vorgängern, Friedrich August I., den Starken (1694–1733), von der Notwendigkeit eines Neubaues zu überzeugen, zumal der Kurfürst den Königstein als Ort höfischer Festlichkeiten zu schätzen wusste.

Der Neubau des Brunnenhauses stellte sich schön dar – aber das beschußsichere Gewölbe wurde aus Kostengründen nicht ausgeführt. Repräsentationsbauten wie z. B. das berühmte große Weinfass waren vorrangig. Am 19. Januar 1733 verstarb Kommandant von Kyaw auf dem Königstein und am 1. Februar desselben Jahres endete auch das Leben des Kurfürsten. Die Zeit der Festlichkeiten auf dem Königstein war vorbei.

Im Jahre 1735 beginnt die Modernisierung der Festung unter Leitung des Generalleutnants Jean de Bodt. Das Pöppelmann'sche Brunnenhaus, kaum 20 Jahre alt, wird abgebrochen und durch ein jetzt querstehendes, größeres Gebäude (Abb. 184) mit einem starken Schutzgewölbe über dem Brunnenschacht und dem Tretrade (Abb. 188) ersetzt. Das Konstruktionsprinzip des Tretrades wird uns in einer späteren Darstellung (Abb. 190) in geänderter Form erscheinen. Das Gebäude überlebte mit geringen Änderungen bis heute.

Dieses Brunnenhaus findet sich auch in der Darstellung eines Profils (Abb. 189), das kurz nach 1735 entstanden ist und uns das Außergewöhnliche der Festung Königstein deutlich macht. Dazu passt, wenngleich fast einhundert Jahre früher verfasst, die Aussage: *Das gewaltig veste Schloß ligt hoch auff dem Berge, welche Bergvestung Churfürst Augustus erbawt vnnd sein Sohn Christianus I. mehrers befestigt hat, daß man solche jetzt für vnvberwindlich helt. Hat nur ein einigen* [d. h. einzigen] *Zugang vnd einen tieffen Wasserbrunn durch den*

---

[597] wie vor, fol. 204 a
[598] Matthäus Daniel Pöppelmann (1662–1736), Baumeister, seit 1686 in kursächsischen Diensten
[599] Sächs. HStA Dresden, 11237 Geheimes Kriegsratskollegium, Nr. 3219

Abb. 188 Das Brunnenhaus von 1735

356 | 3. Burgen und ihre Brunnen

Abb. 189 Profil des Königsteins mit Brunnenschacht, nach 1735

Berg mit Stollen außgeführt.[600] Der besondere Hinweis auf die Strecken (*Stollen*) zur Wasserfassung muss hier erstaunen.

Die Angabe der Brunnentiefe im Profil ist – wie häufig bei so beeindruckenden Darstellungen – mit *630 Werck-Schuh* deutlich übertrieben.[601] Sie liegt um fast 25 m über dem tatsächlichen Wert.

Ein Kupferstich aus der Zeit um 1840 (Abb. 190) zeigt die Tretradanlage in dem 1735 errichteten Brunnenhaus. Die Ausfachung der Radspeichen ist gegenüber Abbildung 187 verändert. Der gewölbte Raum liegt ebenerdig und hat an den Stirnseiten große Fenster. Der runde Brunnenkranz ist deutlich größer als die Schachtöffnung. Der Schacht, gemessen von der Oberkante dieser Einfassung, war zu dieser Zeit also noch 154 m tief.

Die schriftlichen Zusätze zu dieser Abbildung sind fehlerhaft. Wir gehen dennoch darauf ein, weil es uns die Zusammenfassung der Darstellungen zum Brunnen der Festung Königstein – die wir für angezeigt halten – erleichtert. Es heißt dort:
– *Es wurde dieser Brunnen unter Churfürsts Augusts Regierung 1553 angelegt und 1593 vollendet, also 40 Jahr, ehe er zum Wasserziehen gebracht wurde, darüber gearbeitet.* – Die tatsächliche Bauzeit von 1566 bis 1569 betrug kaum drei Jahre.
– *Unter der Commandantenschaft d. Freiherrn von Kyau [Kyaw] wurde das Gewölbe, welches 14 Fuss stark ist u. nun d. Brunnen vor Regen und Frost beschützt, darüber geführt.* – Das Brunnenhaus mit dem Gewölbe wurde zwei Jahre nach dem Tode des Kommandanten gebaut. Die Gewölbestärke ist mit ca. 4 m korrekt angegeben.
– *Bei Friedenszeiten werden täglich 36 Tonnen Wasser, zu deren jeder 10 Minuten erforderlich, heraugezogen. Das Herausziehen dieser 36 Tonnen in einer Maschiene, wozu 28860 Schritt nöthig sind, ist das Tagewerksoll.* – 28.860 Schritte im Tretrad entsprechen maximal 1.400 m, die in 10 Minuten sicher zu gehen sind.
Bei einem Raddurchmesser von 7 m (Umfang 22 m) wären das 65,6 Umdrehungen, d. h. bei 154 m Tiefe für jede Umdrehung ein Hub von 2,35 m. Ohne ein Getriebe hätte der

---

600 Merian, M. (Hrsg.): Topographia Superioris Saxoniae, Thüringiae, Misniae, Lusatiae etc., Frankfurt 1650, S. 109

601 Der Berglachter zu 7 Werkschuh maß zu dieser Zeit 1,98 m, 1 Werkschuh entspr. 0,283 m.

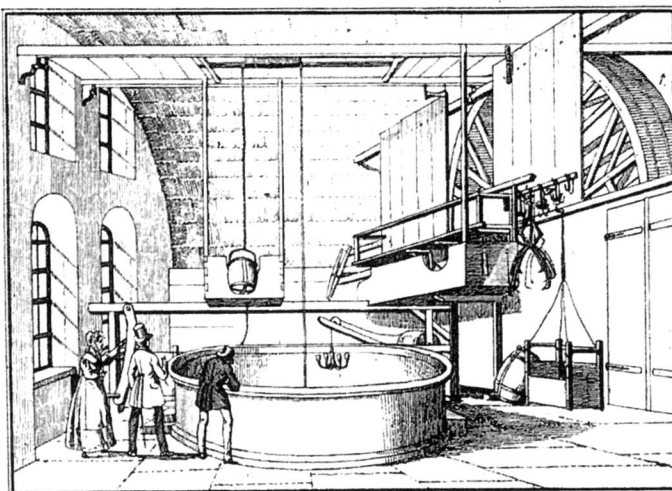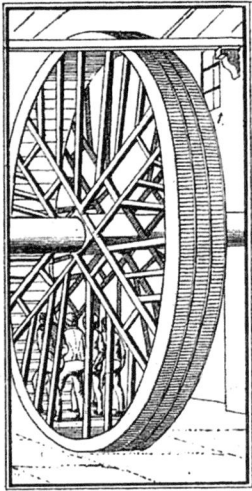

Abb. 190 Die Tretradanlage, um 1840

Wellbaum einen Durchmesser von D = 0,76 m haben müssen. Dieses Getrieberad ist in Abbildung 190 durch die Trennwand verdeckt.

- *Mann hiervon gießt eine Tonne zur linken, d. andere zur rechten aus, das Wasser wird durch 2 Gossen in ein Reservoir, d. 9 Ell lang u. 6 Ell breit ist geleitet. Von dem Reservoir ist eine Röhre mit meßingnen Hahn abgefasst, wo sämtliche Festungs Bewohner ihr Wasser holen.* – Der Hahn war schon auf der Abbildung 186 von 1684 zu sehen.
- *Die Tiefe d. Brunnens beträgt 600 Fuss u. der Durchmesser 8 Ell.* – Die Angabe der Tiefe mit rd. 170 m (1 Fuß = 0,283 m) ist stark überzogen. Der Durchmesser des Brunnenkranzes mit 4,5 m entspricht zwar der Darstellung; er liegt aber 1 m über der tatsächlichen Weite des Schachtes.
- *Die Wassertiefe steigt von 26–36 Ellen.* (14,7–20,4 m)

Nachdem fast 290 Jahre lang ein Tretrad der Wasserförderung aus dem Königsteiner Brunnen gedient hatte, übernahm im Jahre 1871 eine Dampfmaschine den Antrieb des Wellbaumes. In diesem Zusammenhang erfolgte auch die Absenkung des Schachtmundes auf seine heutige Höhe.

Anlässlich einer Befahrung entstand im Jahre 1885 eine Querschnittzeichnung des Schachtes (Abb. 183). Die beigegebenen Anmerkungen des Obersteigers bestätigen die Berichte, die Martin Planer während der entscheidenden Phasen des Baues abgegeben hatte. Die Tiefe des Schachtes wird mit 152,4 m vermerkt, die durchschnittliche lichte Weite mit 3,50 m. In der Schachtwand wurden Rüstlöcher gefunden, zudem Inschriften aus den Jahren 1703 und 1840.

Im Zuge der Umgestaltung der Festung Königstein zum Sperrfort des Deutschen Reiches baute man 1889 als zusätzliche Sicherung eine Betondecke über dem Brunnen ein. Bald danach aber hatte die Festung ausgedient und wurde – je nach Lage – als Genesungsheim oder als Lager für Kriegsgefangene genutzt. Der Antrieb der Hebeanlage erfolgte ab 1912 elektrisch. Vom 28.10. bis 11.11.1929 wurde ein täglicher Wasserzufluss von rd. 8.000 Litern gemessen.

Im Jahre 1967 erfolgte der Anschluss der Festung an die öffentliche Wasserversorgung. Der tiefe Brunnen hatte nach fast 400 Jahren ausgedient.

3.18 Die Albrechtsburg in Meißen

Die Albrechtsburg erhielt ihren Namen erst im Jahre 1676 in Rückbesinnung auf einen der Bauherren, die anstelle der alten Markgrafenburg das Bergschloss als gemeinsame Residenz errichten ließen. Der Vorgängerbau dieses Bergschlosses geht zurück auf eine Grenzburg, die im Jahre 929 gegründet[602] und zum Sitz der Markgrafen von Meißen ausgebaut wurde. Mit Gründung des Bistums Meißen (968) und der Einsetzung eines Burggrafen im Jahre 1068 entstanden auf dem Burgberg zwei weitere Herrensitze. Aussagen zu Art und Umfang dieser Anlagen erschließen sich nur aus Grabungsergebnissen.[603]

Das neue Bergschloss wurde ab 1471 nach Plänen des Baumeisters Arnold von Westfalen (1425/30–1482) errichtet. Es markiert einen Wendepunkt in der deutschen Baugeschichte, da es beispielhaft für den Wandel der wehrhaften Burg zur repräsentativen Wohnanlage steht. Interessanter aber als der architektonisch bedeutsame Kernbau dieser Anlage ist für uns eine Gebäudezeile, die den nördlichen Abschluss des Innenhofes bildet – ein langer, abgesetzter Baukörper, der Küchenhaus und Kornhaus unter einem Dach vereinigte.

Das Küchenhaus und der Nordflügel des Schlosses standen ... in Verbindung zunächst durch Kasematten, die ... von außen gesehen, gleichsam den Sockel für alle Gebäude des Burghofes bildeten. Diese [Kellergewölbe] nahmen auch innerhalb der Baulücke zwischen dem Küchenhaus und dem Nordflügel des Schlosses etwa die Hälfte der möglichen Gebäudebreite ein. Um dieses Maß hatte Meister Arnold die äußere Grenze der bebauten Fläche des Burgberges hinausgeschoben, weil er auf diese Weise Platz für seine Neubauten gewinnen wollte.[604]

Um diese Situation zu verdeutlichen, haben wir statt einer der bekannten Ansichten der Albrechtsburg mit Abbildung 191 einen Blick auf die Nordseite des Burgberges gewählt. An den Nordflügel des Schlosses schließt eine lange Mauer an, über der sich das Satteldach von Küchen- und Kornhaus zeigt. Über dem Küchenbau ragt ein großer Rauchabzug aus dem First. Es steht zu vermuten, dass zwischen Küchenhaus und dem Schloss ein gedeckter Gang hinter der Mauer vorhanden war. Im Kellergewölbe unterhalb der Küche befindet sich der Brunnen, um dessentwillen wir die Albrechtsburg als Beispiel ausgewählt haben.

Die Teilung des wettinischen Territoriums im Jahre 1485 hatte zur Folge, dass die beiden Brüder, Kurfürst Ernst (1464–1486) und Herzog Albrecht (1485–1500), keine weitere Verwendung für den Bau hatten. Die Bauarbeiten zogen sich zwar noch bis zum Jahre 1525 hin, sie dienten aber im Wesentlichen nur der Bestandssicherung. *Über Jahrhunderte wurde das Schloß nur gelegentlich für Fürstentage, zu Aufenthalten der Jagdgesellschaften des sächsischen Hofes oder zu Trauerfeierlichkeiten genutzt, mußte jedoch immer wieder neu ausgestattet und restauriert werden.*[605]

Nachdem die Anlage während des Dreißigjährigen Krieges stark beschädigt worden war, ließ Kurfürst Johann Georg II. (1656–1680) zwar umfangreiche Arbeiten zur Wiederherstellung durchführen, eine dauerhafte Nutzung erfuhr das Bergschloss aber erst, als hier auf Befehl des Kurfürsten Friedrich August I. (1694–1733) die Manufaktur für das Meißner Porzellan eingerichtet wurde. Sie nahm den Betrieb im Jahre 1710 auf und blieb bis zum Jahre

---

602 Chronik des Thietmar von Merseburg, Dresdner Handschrift, fol. 7 b (1012–18)
603 Coblenz, W.: Zur Frühgeschichte der Meißner Burg – Die Ausgrabungen im Meißner Burghof 1959/60, Meißner Heimat, I. Sonderheft 1961, sowie nachfolgende Grabungen
604 Küas, H.: Die Brennhäuser der Meißner Porzellanmanufaktur auf der Albrechtsburg, in: Sächsische Heimatblätter, 4/1977, S. 155 f
605 Gregori, D.: Albrechtsburg Meißen, Schnell Kunstführer Nr. 1848, Regensburg 1990, S. 3

Abb. 191 Die Nordseite des Meißener Burgberges, 1728

1863. Im Verlaufe dieser 153 Jahre entstanden große Schäden an der Bausubstanz. Auch wurden betriebsbedingte Umbauten insbesondere an der Randbebauung durchgeführt, die den nördlichen Abschluss des Innenhofes bildete.

Untersuchungsergebnisse
Die oben zitierten Aussagen zum Kellergeschoss entlang der nördlichen Randbebauung haben sich durch ein Gutachten zu den Bodenverhältnissen und dem Wasserhaushalt im Lockergestein des Burgberges bestätigt. *Die Kellergrundrisse und Querschnitte des Kornhauses* [sowie des einstigen Küchenhauses] *und des* [im 19. Jahrhundert erbauten] *Brennhauses zeigen, dass die Kellersohlen beider Gebäude vermutlich dem natürlichen Oberflächenniveau vor der Erbauung entsprechen.* D. h., dass *wir im Keller praktisch vor der Burgmauer des 14. Jahrhunderts stehen.*[606]

In Abbildung 192 ist diese Situation deutlich erkennbar. Der Brunnen liegt demnach im Kellergewölbe an der Schnittstelle zwischen Kornhaus und Küchenbau. Zum Bau dieses Brunnens gibt es keine Unterlagen, so dass wir uns hinsichtlich seiner Bauzeit nur an dem Zeitrahmen für den Bauablauf insgesamt orientieren können. Die Herstellung des langen Kellergewölbes im Verlauf der neuen nördlichen Außenmauern war Voraussetzung für die Durchführung aller Hochbauvorhaben einschließlich des geplanten Schlossbaues. Sie wird also schon bald nach 1471 in Angriff genommen worden sein, wobei die Unterkellerung des nördlichen Flügels des Schlosses hier sicher Vorrang hatte. Wie lange sich diese Arbeiten hingezogen haben, ist nicht belegt. Gesichert aber ist, dass das Kornhaus erst zu Zeiten von Herzog Georg (1500–1539) vollendet wurde.

Wir können daher wohl davon ausgehen, dass das Kellergewölbe unterhalb von Küchenbau und Kornhaus noch vor Ende des 15. Jahrhunderts fertig war. Erst nach Abschluss

---

606 Christl, A.: Zur Bebauungsstruktur des Meißner Burgberges im Spätmittelalter, in: Burgenforschung aus Sachsen 15/16, Weißbach 2003, S. 121

3. Burgen und ihre Brunnen

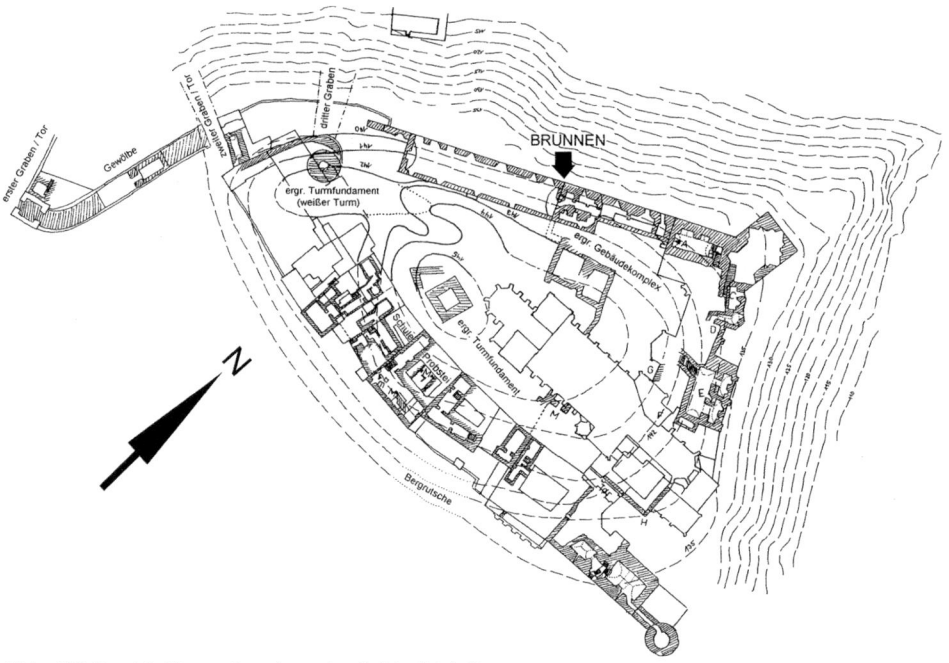

Abb. 192 Der Meißener Burgberg im Spätmittelalter

dieser Vorarbeiten konnte man hier mit dem Bau des Brunnens beginnen. Durch die Lage der Baustelle im gedeckten Gewölbe waren die Bergleute vor Witterungseinflüssen geschützt. Zum Problem aber wurde die Entsorgung des Abraumes aus dem tief liegenden gefangenen Raum. Die weitere Geschichte zur Nutzung des Brunnens wird zeigen, wie man dieses Problem gelöst hat.

Zunächst aber bleibt festzuhalten, dass ein Brunnenschacht im Sockelbereich der Außenmauer für eine Burg kaum denkbar gewesen wäre. Für das Bergschloss aber war ein solcher Standort vertretbar, weil die Versorgungssicherheit im Falle einer Belagerung für das Baukonzept – wenn überhaupt – nur noch eine nachrangige Bedeutung hatte. Wichtig war der Betrieb einer großen Küche für die Bewirtschaftung der geplanten Residenz. Und so war die Zuordnung zum Küchenhaus ausschlaggebend. Der Brunnen war Bestandteil der Küchenplanung.

Die Ausgangshöhe für den bergmännischen Brunnenbau lag nun aber 6,5–7 m tiefer als der Fußboden in der Küche.[607] Nachdem mit dem Schacht – ausgehend vom Kellergeschoss – in einer Tiefe von weniger(?) als 40 m ausreichend Wasser erschlossen worden war, musste er durch eine Aufmauerung nach oben verlängert werden, so dass sich eine Fördertiefe von etwa 46 m ergab. Die tatsächliche spätere Nutzung der Albrechtsburg lässt vermuten, dass der Küchenbrunnen bis ins 18. Jahrhundert hinein kaum gebraucht wurde.

---

607 Gurlitt, C.: Bau- und Kunstdenkmäler in Sachsen,
Heft 40, Dresden 1919, S. 448, Fig. 576

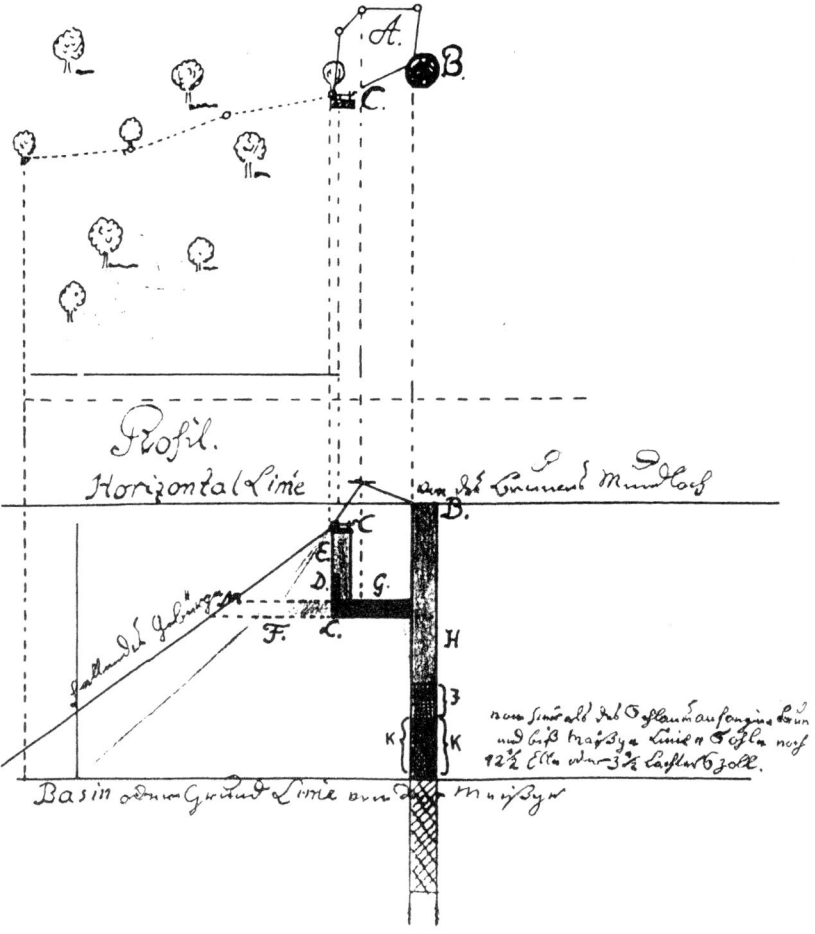

Abb. 193 Plan zur Brunnenräumung, 1768

Die Inbetriebnahme der Porzellanmanufaktur ab dem Jahre 1710 setzte eine ausreichende Verfügbarkeit von Wasser voraus. Ein Brunnen war dafür ungeeignet. Im Manufakturarchiv finden sich zahlreiche Hinweise auf Röhrfahrten, d. h. Wasserleitungen, die auf den Berg verlegt und unterhalten wurden.[608] Und da der Brunnen schon seit langem nicht mehr der Trinkwasserversorgung diente, wurde er von der Manufaktur für die Schlammentsorgung genutzt.

Im Jahre 1768 aber war man plötzlich wieder interessiert an dem Brunnen. Die Gründe dafür sind aus den überlieferten Unterlagen nicht nachvollziehbar. Eine Brunnenräumung wurde vorbereitet. Zu diesem Vorgang gibt es eine Planzeichnung vom 9. Mai 1768, aus der sich das Vorhaben erschließt.[609] Die Abbildung 193 stellt den relevanten Ausschnitt dar. Sie wird – trotz der schlechten Qualität des Originals – gezeigt, damit die folgende Legende verständlich wird.

608 Porzellan-Manufaktur Meißen, Historische Sammlungen, Sig. I Ab 3

609 Porzellan-Manufaktur Meißen, Historische Sammlungen, Plan KA 48

Grund und Saiger Riß, von dem grosen brunnen und seinen Stollen, im Churfl. Sächß: Schloß zu Meißen, abgezogen den 9ten May Ao: **1768** *von Ehrenfried Brösch*

Annotationes
  A *der Zug*[610] *am Tage, nebst dem Brun und den Stollen,*
  B *der Brun, im Schloß, davon der Zug verrichtet worden,*
  C *der Schurff am Schloßberg, so biß auf Stollen abge-*
      senket werden soll, dadurch das Beräumen zu verrichten.

Die Anmerckungen im Profil sind
  B *der Brun: ist vom Mundloch bis Schlam 44 Ellen tieff*
  C *der Schurff am Tage, ist biß ufs Stollen über sich, Berichts*
      Lit. d, 9 Ellen abzusinken, angelegt worden
  D *ein über sich brochen Por*[611] *von verbrochenen*[612] *Stollen*
  E *der abzusinkende zwischenRaum, von Tage biß aufn Stollen 9 Ellen*
  F *von StollOrt*[613] *L bis M am Tage müßn 26 Ellen*
      oder 7 7/8 La[chter] aufgewältiget werden, weil er biß dahin
      verbrochen, damit uf diesen Stollen das brunräumen geschehen kann
  G *der Stollen in lichten, von brun aus 15 Ellen in Felßen*
  H *von Stollen bis ufs Waßer sind 4 La[chter] oder 14 Ellen*
  J *die stehenden waßer 2 La[chter] 8 Zoll oder 7 Ellen 8 Zoll*
  K *diese Distenz ist Schlam, aber unbekannt wie tieff*
  L *das Stollort in Lichten*
  M *wo das Stoll Mundloch nach dem außsaubern zu stehen kömmen muß, wo*
      die Schlamausförderung geschehen soll.

Aus der Legende ergibt sich, dass die tatsächliche Tiefe des Brunnens in Vergessenheit geraten war. Der Schacht war zu diesem Zeitpunkt bis auf 25 m unterhalb des Mundloches mit Schlamm gefüllt. Das obere Ende des Schachtes (Mundloch) ist gleichzusetzen mit der Oberkante der Brüstung an der Zugangsöffnung im Keller. Wir wollen nicht ausschließen, dass diese seitliche Öffnung im aufgemauerten Schacht erst im Zuge dieser Aktion entstanden ist.

Bei der Vorbereitung der Brunnenräumung hatte man einen Stollen entdeckt, der unter der Außenmauer hindurch in Richtung Abhang führte. Die Tiefenlage wird nicht angegeben. Wohl aber wird vermerkt, dass dieser Stollen auf eine Länge von ca. 15 m eingebrochen, verfüllt und somit unbrauchbar gemacht worden war. Vom Schacht ausgehend war der Stollen auf einer Länge von ca. 8 m frei zugänglich. Diesen Stollen galt es zu aktivieren, um den Aushub am Berghang zur Meisa hin entsorgen zu können. Genauso hatte man es bereits beim Bau des Brunnens gut 250 Jahre vorher gemacht.

Da sich wegen der noch vorhandenen freien Strecke die Restberäumung des Stollenganges vom Schacht ausgehend nach außen – also entgegen der ursprünglichen Bauweise – anbot, musste die Entsorgung des dabei anfallenden Abraumes durch einen Förderschacht nach oben erfolgen, der gut 5 m tief vor der Außenmauer gegraben wurde.

---

610 die Einmessung
611 von empor: Ausbruch in die Höhe
612 durch Beschädigung unbrauchbar geworden
613 das momentane Ende des Stollens

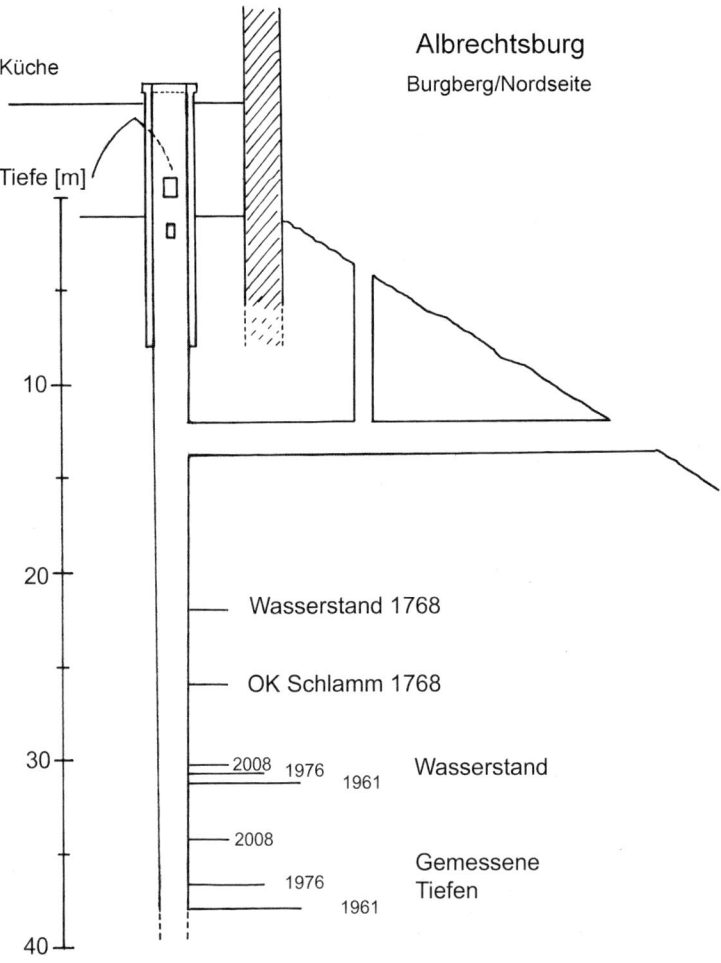

Abb. 194 Querschnitt des Brunnenschachtes der Albrechtsburg

Der Plan, nach dessen schriftlichen Anmerkungen sich ein solcher Bauablauf ergibt, wurde offensichtlich umgehend umgesetzt. Die Rapporte der Manufaktur belegen, dass in deren Schlosserei bereits ab Juni 1768 diverse Arbeiten für die *Brunnengräber* bzw. *Steinbrecher* ausgeführt wurden.[614] Wann die Arbeiten zum Abschluss kamen und ob der Brunnen dann wieder in Betrieb genommen werden konnte, soll hier nicht interessieren. Die tatsächliche Tiefe des Brunnenschachtes aber ist offenbar nirgendwo festgehalten.

Die technischen Angaben zum Brunnen, wie sie sich aus dieser Aktion ergeben, wurden bei nachfolgenden Untersuchungen konkretisiert. (Abb. 194) So stellte die TSG Moana Coswig bei Befahrungen in den Jahren 1961/62 eine Tiefe von 37,9 m fest sowie einen Wasserstand von 6,67 m. Eine Strecke von 1,6 m Länge – parallel zur Außenmauer verlaufend – wurde 2 m

---

614 Porzellan-Manufaktur Meißen, Historische Sammlungen, Abt. I Ab Nr. 44 (2755) Leitung, fol. 296 b f

unterhalb der Brüstung im ausgemauerten Teil des Brunnenschachtes dokumentiert. Das Mauerwerk selbst endet 6,9 m unterhalb der Brüstung. Ein Stollen, der mit dem von 1768 identisch ist, liegt in 12 m Tiefe. Dessen Höhe wurde mit 1,85 m angegeben, die einsehbare Länge betrug 8 m, wobei die letzten 3 m teilweise mit Geröll verschüttet waren. Der Schachtquerschnitt ist zunächst rund mit einer lichten Weite von 2,2 m. Er geht nach dem handschriftlichen Bericht vom 3. Februar 1962 unterhalb der Ausmauerung in einen Rechteckquerschnitt (1,6 x 1,5 m) über.

Etwa 14 m unterhalb der Brüstung beginnt eine 13 m lange Spalte im Fels, aus der gemäß damaliger Schätzung ca. 10,5 m^3 Fels abgestürzt waren. Und da am Grunde des Schachtes Bruchsteine lagen, wurde vermutet, dass der Absturz im Zusammenhang stehen könnte mit der Sprengung der Elbbrücke im März 1945. Wenn der Felsausbruch nicht schon während des Baues, sondern erst nachträglich entstanden sein sollte, könnte die tatsächliche Tiefe des Brunnenschachtes bei ca. 43 m liegen.

Die GST-Tauchsportgruppe Meißen hat am 12. Juni 1976 bei einer Befahrung geringfügig abweichende Daten ermittelt. Danach betrug die Tiefe 36,7 m, das Wasser stand 6 m hoch. Die Tiefenlage des zweiten Stollens wurde mit 13,85 m angegeben. Den Querschnitt im Schacht ermittelten die Taucher in Höhe des Wasserspiegels mit 2,0 x 1,5 m, am Grund mit 1,5 x 1,0 m. Als Einlagerungen im Schacht wurde Bauschutt (Ziegel, Schamottesteine und Holzteile) gefunden. Der geschätzte Umfang von maximal 3 m^3 würde die Differenz zu der 1961 festgestellten Tiefe erklären.[615]

Der Verfasser hat am 26. November 2008 eine Schachttiefe von nur noch 34,2 m gemessen sowie einen Wasserstand von 4,1 m. Die Frage, bis in welche Tiefe der Brunnenschacht der Albrechtsburg Ende des 15. bzw. Anfang des 16. Jahrhunderts tatsächlich abgeteuft wurde, bleibt weiterhin offen.

3.19 Die tiefen Brunnen

Die folgende Tabelle enthält 44 Burgbrunnen auf dem Gebiet der Bundesrepublik Deutschland, die – nach dem momentanen Kenntnisstand – eine Tiefe von mindestens 60 m haben. Zu Vergleichszwecken sind dazu auch 10 tiefe Brunnen aus Italien (Südtirol), Österreich, der Schweiz, Frankreich, Tschechien und Rumänien aufgeführt.

Alle Tiefenangaben beziehen sich auf die Oberkante des Brunnenkranzes. In den Fällen, wo kein Brunnenkranz mehr vorhanden war, haben wir unserem Messergebnis jeweils 0,85 m zugeschlagen.

Die Zusammenstellung erhebt keinen Anspruch auf Vollständigkeit. Brunnen, für die nur die Vermutung besteht, dass sie zu dieser Gruppe gehören könnten, wurden dem Kapitel 3.20 zugeordnet.

Die Angaben zur Geologie sind aus der jeweils zugehörigen Literatur übernommen als Orientierunghilfe zur Einschätzung des Schwierigkeitsgrades beim Bau.

Die Kürzel für die deutschen Bundesländer entsprechen denen im Ortsregister.

---

615 Schreiben Lutz Fölck (GST-Tauchsport Meißen) vom 02.10.1976

3.19 Die tiefen Brunnen | 365

Nr.	Name		Gemeinde/Kreis/Land	Tiefe	Geologie	Bauzeit
1	Regenstein	[F]	Blankenburg, SA	197	Sandstein	1670/1672
2	Kyffhausen		Frankenhausen, TH	176	Sandstein	?1140/1180?
3	Königstein	[F]	Königstein, SN	154	Sandstein	1566/1569
4	Homberg		Homberg-Efze, HE	150	Basalt	1605/1613
5	Landskron		Villach, Kärnten, Österreich	150	Weißjura	1584/1594
6	Wülzburg	[F]	Weißenburg, BY	143	Weißjura	1596/1602
7	Säben		Klausen, Südtirol, Italien	140	Diorit	< 1521
8	Neuhaus		Igersheim, BW	135	Muschelkalk	um 1530
9	Rosenau		Burzenland, Rumänien	133	Kalkstein	1633/1640
10	Spangenberg	[F]	Spangenberg, HE	ca. 128	Muschelkalk	13./14. Jh.
11	Harburg		Harburg, BY	127	Jura	Ende 16. Jh.
12	Augustusburg		Augustusburg, SN	126	Porphyr	1568/1579
13	Waldeck		Kreis Korbach, HE	120	Zechstein	Anfg 16. Jh.
14	Heldburg		Kreis Hildburghausen, TH	109	Phonolit	16. Jh.
15	Berwartstein		Erlenbach, RP	104	Sandstein	
16	Neuenburg		Freyburg, SA	102,4	Muschelkalk	1659/1677, 1793
17	Marienberg	[F]	Würzburg, BY	102	Muschelkalk	14./15. Jh.
18	Helfenstein		Geislingen, BW	100	Weißjura	14. Jh.
19	Ravensburg		Borgholzhausen, NW	98,5	Turonkalk	13./14. Jh.
20	Marburg		Marburg, HE	97,28	Sandstein	< 1473/1492
21	Ronneburg		Ronneburg, HE	96	Basalt	13./14. Jh.
22	Rothenberg	[F]	Schnaittach, BY	96	Jura	um 1500
23	Lemberg		Kreis Pirmasens, RP	94,8	Sandstein	> 1536
24	Schlossberg	[F]	Graz, Steiermark, Österreich	94	Dolomit	1554/1558
25	Wachsenburg		Holzhausen, TH	93	Muschelkalk	1651/1659
26	Greifenstein		Heiligenstadt, BY	90	Weißjura	
27	Reichenberg		Rhein-Lahn-Kreis, RP	90	Schiefer	um 1350
28	Hohenasperg	[F]	Asperg, BW	88	Keuper	16. Jh.
29	Stolpen		Stolpen, SN	ca. 84	Basalt	1608/1632
30	Breuberg		Breuberg, HE	> 83,5	Sandstein	1559/1568
31	Limburg (Kloster)		Bad Dürkheim, RP	83,7	Sandstein	12./14. Jh.
32	Plassenburg		Kulmbach, BY	83	Sandstein	
33	Dorneck		Dornach, Schweiz	82	Weißjura	16. Jh.
34	Leuchtenburg		Seitenroda, TH	80	Muschelkalk	15. Jh;1552
35	Starkenburg		Heppenheim, HE	80	Sandstein	
36	Willibaldsburg	[F]	Eichstätt, BY	79,1	Weißjura	1355;1609
37	Hellenstein		Heidenheim, BW	> 77	Weißjura	1666/1670
38	Karlstein		Bez. Beraun, Tschechien	76	Kalkstein	Ende 14. Jh.
39	Salzburg		Bad Neustadt/ Saale, BY	75	Muschelkalk	
40	Bitche	[F]	Dep. Moselle, Frankreich	74	Sandstein	< 1570/1680

Nr.	Name	Gemeinde/Kreis/Land	Tiefe	Geologie	Bauzeit
41	Ebernburg	Ebernburg, RP	70	Porphyr	Ende 15. Jh.
42	Saaleck	Bad Kösen, SA	70	Muschelkalk	
43	Habsburg	Kanton Aargau, Schweiz	68,4	Jurakalk	11. Jh.
44	Greifenstein	Bad Blankenburg, TH	68	Muschelkalk	
45	Hohengeroldseck	Kreis Offenburg, BW	65	Porphyr	14. Jh.
46	Coucy, Château de	Dep. Aisne; Frankreich	64	Kalkstein	13. Jh.
47	Königsberg	Kreis Haßberge, BY	63	Keuper	Ende 15. Jh.
48	Hohkönigsburg	Elsaß, Frankreich	62,5	Sandstein	
49	Dillenburg	Dillenburg, HE	> 62	Diabas	16. Jh.
50	Trifels	Annweiler, RP	62	Sandstein	1220/1230
51	Auerbach	Bensheim, HE	62	Granitoide	
52	Lichtenberg	Lichtenberg, NI	> 60,7	Muschelkalk	13. Jh.
53	Madenburg	Landau, RP	> 60,6	Sandstein	16. Jh.
54	Heidecksburg	Rudolstadt, TH	60	Muschelkalk	15. Jh.

[F] = Festung
Bauzeit „von / bis" bzw. 1. BA / 2. BA, < vor, > nach

Anmerkungen zu
[1] 1858 auf Weisung des Halberstädter Bauamtes zugeschüttet
[2] Räumung 1937/38
[3] Schachtmund wurde 1871 abgesenkt; Tiefe heute 152,5 m [Kap. 3.17]
[4] 1997–2001 geräumt [Kap. 3.12]
[5] heute verschüttet
[6] Räumung durch Reinhard Winkler, Weißenburg i.B., 2006 bis 2009 [Kap. 3.05]
[8] lt. Notiz von 1843 [StA Ludwigsburg B 236 Bü 55] 80 Klafter tief, 1880 noch 60 m; gemessen 23,8 m am 24.06.2012 (bis zum abgestürzten Schachtdeckel)
[9] Tiefe gem. Protokoll vom 12. Juli 1640; 1891 wurden noch 98 m gemessen; Räumungsversuch 2004
[10] im Juli 2008 gemessene Tiefe 90,2 m; ΔH zum Hof ca. 5 m.
[11] um 1950 bei Straßenbausprengung zerstört
[12] Die Tiefe wird heute mit 130,6 m angegeben, weil der Schachtmund nachträglich um ca. 4 m aufgestockt wurde bis zum Zwischengeschoss des Brunnenhauses. [Kap. 3.15]
[13] im Juli 2011 gemessene Tiefe 67,70 m
[15] angeblich Ende des 19. Jh. geräumt und gemessen. Die engmaschige Abdeckung ließ keine Nachmessung zu, die Fallzeit von geschüttetem Wasser aber deutet auf eine aktuelle Tiefe von ca. 60 m hin.
[16] 1793 um ca. 7 m vertieft; Tiefenangabe 1906 danach 102,4 m; 1910 wurde eine Tiefbohrung um weitere ca. 65 m niedergebracht; das Hüllrohr der Steigleitung fixierte man durch eine ca. 6 m hohe Auffüllung; die im Mai 2011 gemessene Tiefe betrug 95,9 m
[17] im September 2010 gemessene Tiefe 100,5 m
[19] im Mai 2012 gemessene Tiefe 96,4 m
[20] 1880 geräumt; im November 2007 gemessene Tiefe 89,65 m; erneute Räumung durch Dr. Glück 2011/12
[21] [Kap. 3.13]

[22] 1724 zum Festungsbrunnen ausgebaut
[23] 1993–1995 geräumt [Kap. 3.04]
[29] 1884 geräumt [Kap. 3.03]
[30] [Kap. 3.07]
[32] gemessen 20.07.1985 gem. Manuskript H. Klose (unveröffentlicht)
[34] [Kap. 3.06]
[35] im Januar 2008 gemessene Tiefe 52,35 m
[37] [Kap. 3.11]
[39] 1833 angeblich 256 Fuß tief; im März 2011 gemessene Tiefe 67,80 m
[41] Tiefe lt. Situationsplan von 1698; gemessen 28.08.2012 nur 42,25 m; Räumung geplant 2014
[44] 1920 geräumt, danach verschüttet, erneute Räumung geplant
[45] heute nur noch 32 m tief
[47] Tiefenangabe 1594; 1716 eingewölbt; 1930 geräumt; am 11.08.2013 gemessene Tiefe 58 m
[50] Über dem 62 m tiefen Schacht wurde ein fast 20 m hoher Brunnenturm aufgemauert.
[51] 1937 geräumt; im Oktober 2008 gemessene Tiefe 21,2 m
[52] 1957 gemessen, heute nur noch 57 m tief.
[53] gemessen im August 2010 (Brunnenkranz mit 0,85 m ergänzt); bei Säuberung 1965 angeblich ca. 64 m
[54] 1969–1971 geräumt [Kap. 3.08]

3.20 Weitere Brunnen auf Höhenburgen

Ergänzend zum Kapitel 3.19 werden hier beispielhaft 90 Brunnen aufgelistet, deren Tiefe unbekannt oder nur der Überlieferung nach bekannt ist bzw. unterhalb der gewählten Marke von 60 m für die tiefen Brunnen liegt. Die Nennung erfolgt in alphabetischer Reihenfolge, da die Tiefenangaben in den meisten Fällen nicht gesichert sind.

Weitergehende Untersuchungen wären hier angeraten.

Darüber hinaus gibt es noch eine Vielzahl von Brunnen, zu deren Existenz wegen fehlender Grabungsergebnisse nur Vermutungen angestellt werden können.

Die Kürzel für die deutschen Bundesländer in der Tabelle entsprechen denen im Ortsregister.

Name	Lage	Tiefe	Bemerkungen
Albrechtsburg	Meißen, SN	ca. 40 m	Kapitel 3.18
Altenburg	Bamberg, BY	ca. 30 m	N. Haas: Bamberger Brunnen, 1984
Alt Rennenberg	Linz a. Rh., RP	22 m	Verein Burg Rennenberg e.V., 1996
Altwied	ebd., RP	> 25 m – 50 m (?)	Geschichte auf heimatlicher Grundlage für den Kreis Neuwied, II. 1957. (1853 verschüttet)
Alt-Windstein	ebd., Haguenau (F)	50 m (?)	R. Bernges: Felsenburgen im Wasgau, 1992
Ansembourg	ebd., Luxemburg	ca. 60 m	J. Zimmer (s. Litverz.) Bd. 2, S.11
Arnsburg	Lich, HE	16,9 m	N. Fischer: Sonderfall – Die Ausgrabung von Brunnen, in: Denkmalpflege in Hessen, 1/1992
Balduinseck	Buch, RP	unbek.	Buch und Mörz, Aus der Geschichte zweier Nachbardörfer
Biedenkopf	ebd., HE	unbek.	Lokalität bekannt

Name	Lage	Tiefe	Bemerkungen
Birstein	ebd., HE	15 m	gemessen 25.10.2008
Burgthann	ebd., BY	> 27,85 m	gemessen 21.05.2010; Schutteinlagerungen
Cochem	ebd., RP	50 m	Burgführer
Creuzburg	ebd., TH	37,5 m	Burgführer
Cyriaksburg	Erfurt, TH	ca. 52 m	D. Schmidt: Die über 1.000jährige Geschichte der Erfurter Wasserversorgung, 1996, S. 25
Dagstuhl	ebd., SL	unbek.	J. Zeune in: Burgen u. Schlösser, 2/2009, S. 91f
Desenberg	Warburg, NW	unbek.	Wigand (s. Litverz.), S. 25 f
Dilsberg	ebd., BW.	46 m	Kapitel 3.9
Dringenberg	ebd., NW	38,6 m	Heimatverein Dringenberg e.V., 2011
Ehrenbreitstein	Koblenz, RP	56,40 m	F. Michel: Der Ehrenbreitstein, 1933, S. 14
Eisenhardt	Belzig, BB	18 m	Kulturportal Brandenburg, August 2007
Falkenstein	Pansfelde, SA	20 m	Burgführer
Freienstein	Gammelsbach, HE	unbek.	im Plan von 1731 vorh.; heute verschüttet
Froensburg	Lembach, Bas-Rhin (F)	unbek.	Herrmann (s. Litverz.), S. 74
Gerolstein	ebd., RP	?	Piper (s. Litverz.), S. 509
Giech	Scheßlitz, BY	> 40 m	F. K. Hohmann: Die Wasserversorgung der oberfränkischen Burg Giech, in: Burgen und Schlösser I/1973, S. 34
Ginsburg	Grund, NW	16,5 m	Stand der Räumung 1981
Gnandstein	Kohren-Sahlis, SN	25 m	Ortsbesichtigung
Greifenstein	ebd., HE	ca. 20 m	Burgführer
Grimmenstein	Gotha, TH	> 45 m	Höhne/Hopf (s. Litverz.)
Harzburg, Große Harzburg Kleine Harzburg	Bad Harzburg, NI	> 42 m ca. 32 m	R. Busch in: Wasser auf Burgen im Mittelalter, Mainz 2007, S. 264
Heiligenberg	Heidelberg, BW	56 m	Kapitel 3.1
Hilpoltstein	ebd., BY	> 16 m	Stand der Räumung 2010
Hinterburg	Neckarsteinach, HE	> 19,3 m	gemessen 14.04.2007; teilweise verschüttet
Hohenecken	ebd., RP	unbek.	Herrmann (s. Litverz.), S. 94
Hohenrechberg	Schwäbisch-Gmünd, BW	ca. 30 m	J. A. Rink in: Schwäbisches Taschenbuch von 1820
Hohenurach	Urach, BW	unbek.	Ortsbesichtigung
Hohnstein	Neustadt, TH	> 30 m	Räumung 1871 abgebrochen, gem. Bericht U. Hering / H. Garleb von 2002
Homburg	Stadtoldendorf, NI	> 100 m (?)	E. Eggeling: Chronik von Stadtoldendorf, 1936, S. 293
Julbach	ebd., BY	57 m	1932 gemessen, aktuell 20 m tief www.burgfreundejulbach.de/burgbrunnen.htm

3.20 Weitere Brunnen auf Höhenburgen

Name	Lage	Tiefe	Bemerkungen
Kaiserburg	Nürnberg, BY	47 m	Burgführer
Kasselburg	Pelm, RP	> 17 m	A. Dahn: Die Kasselburg. In: Jahrbuch des Kreises Daun, Hrsg. Eifelverein, Monschau 1977; Schacht im UG des Flankierungsturmes
Kastelen	Alberswil, Schweiz	57,6 m	Räumung 2003/04
Katzenstein	Dischingen, BW	ca. 30 m	Burgführer
Klopp	Bingen, RP	ca. 52 m	R. Friedrich in: Wasser auf Burgen im Mittelalter, Mainz 2007, S. 174
Königstein	ebd., HE	32 m	am 7. September 1796 gesprengt
Konradsburg	Ermsleben, SA	> 45 m	Förderkreis Konradsburg e.V.
Kriebstein	ebd., SN	36 m	Mitteilungen Höhlen- und Karstforschung Dresden e. V., 3/1995
Küssaburg	Bechtersbohl, BW	> 60 m (?)	Vermutung in: W. Pabst: Kleiner Führer durch die Küssaburg, 2009
Kufstein	ebd., Tirol	> 57,6 m	gemessen 06.08.2009; vermutet werden 70 m
Landskron	Oppenheim, RP	ca. 38 m	B. Schmidt (s. Litverz.), S. 478
Lichtenberg	ebd., HE	> 42,8 m	gemessen 11.10.2006; vermutet werden 50 m
Lichtenberg	Kusel, RP	unbek.	www.burgenwelt.de/lichtenberg2
Lichtenstein	Pfarrweisach, BY	23 m	J. Zeune: Burg Lichtenstein, Regensburg 1998
Lindenfels	ebd., HE	unbek.	Grabung von K. Krauß 1912, heute überbaut
Luxemburg	ebd., Luxemburg	> 47 m	Burgführer zum Bock sowie J. Zimmer: Die Burgen des Luxemburger Landes, Bd. 1, S. 257
Mansfeld	ebd., SA	80 m (?)	A. Duncker: Die ländl. Wohnsitze, Schlösser und Residenzen i. d. preuß. Monarchie, 1880
Marksburg	Braubach, RP	ca. 40 m	R. Friedrich in: Wasser auf Burgen im Mittelater, Mainz 2007, S. 174
Meersburg	ebd., BW	27 m	Netmuseum (Altes Schloss)
Mildenstein	Leisnig, SN	42 m	Mitteilungen Höhlen- und Karstforschung Dresden e.V., 1/2001
Mühlburg	Mühlberg, TH	56 m	freigelegt 2001-2004 von Dr. Nier-Glück
Nanstein	Landstuhl, RP	> 100 m (?)	[OÖLA Linz, Sickingen-Archiv, Lade 207/1] Grundriss 16./17. Jh. *brunnen 375 schu thieff*. (Betrifft nicht den „Brunnen" im Burghof.)
Neu-Regensberg	Regensberg, Schweiz	57 m	Burgen der Schweiz, Bd. 5, Zürich 1982
Nideggen	ebd., NW	95 m(?)	seit 1945 nur noch 30 m
Ottilienberg	Heidenheim a.d.B., BW	> 35 m	E. Lehmann: Der Heidenheimer Ottilienberg, Heidenheim 1985, S. 4
Otzberg	Otzberg-Hering, HE	50 m	Kapitel 3.14
Pappenheim	ebd., BY	> 52,5 m	Räumung Stand 2009; vermutet werden 70 m

Name	Lage	Tiefe	Bemerkungen
Querfurt	ebd., SA	31,7 m	gemessen 04.05.2011 R. Schmitt: Burg Querfurt, DKV-Kunstführer Nr. 436, München 2010: vermutlich 45 m
Ravensburg	Sulzfeld, BW	ca. 45 m	Ravensburg (Sulzfeld) – Wikipedia
Reinstein	Blankenburg, SA	> 20 m	Behrens/Reimann (s. Litverz.), S. 22 f, 63
Reichenberg	Reichelsheim, HE	> 16,95 m	gemessen 12.08.2006; vermutet 27 m
Reichenstein	Puderbach, RP	40 m (?)	Förderverein Burg Reichenstein e.V.
Reifferscheid	Hellenthal, RP	12 m	Hofbrunnen, gemessen 07.07.2011, ist trocken; im Keller ein Wasser führender Schacht
Rheinfels	St. Goar, RP	75 m(?)	K.E. Demandt vermutet 13. Jh.; später vertieft?
Rochsburg	ebd., SA	53 m	Ortsbesichtigung
Runkel	ebd., HE	22 m	Burgführer
Sababurg	Hofgeismar, HE	ca. 60 m	Haake/Henne (s. Litverz.) S. 8
Sangershausen	ebd., SA	> 24,3 m	gemessen 10.09.2009; teilweise verschüttet
Scharzfels	ebd., NI	ca. 25 m	www.karstwanderweg.de
Schwarzburg	ebd., TH	74 m (?)	H. Deubler, A. Koch: Burgen und Schlösser bei Rudolstadt, 1972; bisher nicht gefunden
Schwarzenberg	Plettenberg, NW	26 m	geräumt 1981-1985
Siegesburg	Bad Segeberg, SH	> 43 m	Der Kalkberg wurde deutlich abgebaut, der Schacht war zuvor angeblich 84 m tief. Dazu: J.-P. Sparr, Der Kalkberg, Hamburg 1997
Simmern	Septfontaines, Luxemburg	ca. 50 m	rekonstruiert nach J. Zimmer: Die Burgen des Luxemburger Landes, Bd. 2, S. 160, Blg. 3
Sonnenburg	St. Lorenzen, Südtirol	38 m	Ortsbesichtigung 2007
Sonnenstein	Pirna, SN	ca. 33 m	Sächs. HStA Dresden 11269, Hauptzeughaus, Loc. 14 597, fol. 35 a
Sparrenberg	Bielefeld, NW	60 m (?)	gem. Befahrung AG Höhle Karst Lippe 41,8 m
Trimburg	Elfershausen, BY	> 20 m (?)	M. Strauß, Die Trimburg: etliche 90 Klafter tief
Vianden	ebd., Luxemburg	53 m	Burgführer
Vorderburg	Schlitz, HE	ca. 50 m	Burgführer
Weesenstein	ebd., SN	24,4 m	Kapitel 3.2
Wernberg	ebd., BY	80 m(?)	Internetportal des Marktes Wernberg-Köblitz
Wertheim	ebd., BW	> 22,5 m	gemessen 19.10.2006; teilweise verschüttet

Abbildungsnachweis

Abb. 1, 2, 145, 177 Meisner, Politisches Schatzkästlein, 1625, 1631
Abb. 6, 48 Diderot, Encyclopédie, 1751–65
Abb. 7.1, 26, 27, 32, 34, 37, 40–42, 45, 56, 58, 107, 131, 186 Agricola, De re metallica libri XII, 1556
Abb. 7.2 Faltblatt: Röhrenbohrwerk Wenzel in Friedebach bei Sayda, Landratsamt Freiberg, 2000
Abb. 8 Kill, in: Burgen und Schlösser 3/2009
Abb. 9.1 Archives du Génie, Vincennes, Cote 1, Vm 103, Nr. 11
Abb. 9.2 Friedrich, Zur Wasserversorgung von Burgen am Mittelrhein, 2007
Abb. 13 Ryff, Der … mathematischen und mechanischen Kunst eygentlicher bericht, Nürnberg 1547
Abb. 14, 17, 20 Möller, Burgenkunde für das Odenwaldgebiet, 1938
Abb. 16, 47 Justi, Das Marburger Schloß, 1942
Abb. 21 Batariuc, Cetatea de Scaun, Suceava 2004
Abb. 22 Bieske, Stichworte zur Geschichte des Brunnenbaues in Deutschland, bbr 1980
Abb. 23 Jansen, Mohenjo-Daro, Stadt der Brunnen und Kanäle, 1993
Abb. 24 Jacobi, Die Be- und Entwässerung unserer Limeskastelle, 1934
Abb. 28 Chronik Diebold Schilling, 1485
Abb. 30, 62 Orbis sensualium picti, 1769
Abb. 36, 129 Weiss, Der Pulverturm von Arzberg und das Sprengen mit Schwarzpulver, 2005
Abb. 39 Hans Fricke, Tutzing
Abb. 43, 153 Kriegsarchiv München
Abb. 46, 49 Krauth/Meyer, Die Bau- und Kunstarbeiten des Steinhauers, 1896
Abb. 51 Schmid, Die Ausgrabung des Brunnens in der Ruine Landskron, 2003
Abb. 52 Höhne/Hopf, Der Brunnen unter dem Gothaer Schlosshof und seine Versatzzeichen, 2005
Abb. 53 Zappe, Steinmetzzeichen, ihre geschichtliche Entwicklung und Bedeutung, 1963
Abb. 59.2, 118.1 Heinrich Zeising, Theatri machinarum, Vol. 5, Leipzig 1613
Abb. 61 Freeden, Festung Marienberg, 1952
Abb. 64, 84, 100, 120, 126, 181 Merian, Topographia Germaniae, 1642–56
Abb. 65, 66 Stemmermann, Der Heilige Berg bei Heidelberg, 1940
Abb. 67 Bibliothèque Nationale Paris, Ms. Lat. 7239, fol. 47 r
Abb. 68–71 Verwaltung Schloss Weesenstein (68 und 69 bearb. vom Verfasser)

Abb. 72–74, 97, 98, 173, 174, 190 Örtliche Burgführer
Abb. 76 Theile, Der Brunnen der Burg Stolpen, 1884
Abb. 78, 80, 81, 83 Jubiläumsschrift 800 Jahre Burg Lemberg, 2000
Abb. 79 Mitteilungen der Höhlenforschergruppe Karlsruhe, Heft 18, 2004
Abb. 96 Fröhlich, Der Festungsbrunnen auf der Wülzburg, 1960
Abb. 101 Bronner, Odenwaldburgen, 1924
Abb. 104 Fischer, in: Der Odenwald, Zeitschrift des Breuberg-Bundes, 3/1976
Abb. 110 Neumann 1971 (erh. von Schlossverwaltung Heidecksburg)
Abb. 112 Geib, Malerisch-historische Schilderung der Neckargegenden, 1847
Abb. 113 Oechelhaeuser, Die Kunstdenkmäler des Grhzgt. Baden, Amtsbezirk Heidelberg, 1913
Abb. 114–117 Dachroth/Wiltschko, Der Burgbrunnen und Brunnenstollen der Feste Dilsberg, 1986
Abb. 119 Kurpfalzmuseum Heidelberg
Abb. 121 Hotz, Burgen der Hohenstaufenzeit im Odenwaldraum, 1977
Abb. 122 Amt für Denkmalpflege Karlsruhe (1902)
Abb. 127 Hartmann, Schloß Hellenstein, 1892
Abb. 128, 130, 133 HStA Stuttgart
Abb. 134 Heinzelmann/Jantschke, Der Schloßbrunnen Hellenstein, 1988
Abb. 135 Dilich 1605
Abb. 136, 137, 141, 142, 144 H. Hause, Burgberggemeinde e.V. Homberg
Abb. 146, 147, 149 P. Nieß, Die Ronneburg, 1936
Abb. 148 Bayerische Staatsbibliothek München, Cod. Lat. Monacensis 197, fol. 96 r
Abb. 150, 151 W. Nieß, Nachlass, Büdingen 1984
Abb. 175 Verwaltung Schloss Augustusburg
Abb. 179, 180 Ludwig, Der Brunnen des Heiligen Patricius in Orvieto, 1972
Abb. 185, 188 Sächs. HStA Dresden
Abb. 191, 193 Porzellan-Manufaktur Meißen, Historische Sammlungen
Abb. 192 Christl, Zur Bebauung des Meißner Burgberges im Spätmittelalter (bearb. vom Verf.)

Abb. 3–5, 10–12, 15, 18, 19, 25, 29, 31, 33, 35, 38, 44, 50, 54, 55, 57, 59.1, 60, 63, 75, 77, 82, 85–95, 99, 102, 103, 105, 106, 108, 109, 111, 118.2, 123–125, 132, 138–140, 143, 152, 154–172, 176, 178, 182–184, 187, 189, 194 vom /beim Verfasser

Glossar Brunnenbau

Verwendete Begriffe und die ihnen zugelegte Bedeutung

Abraum: Deckmasse über einer Lagerstätte, hier: der Gesteinsausbruch beim →Abteufen (→ Berg)

Abteufen: das bergmännische Niederbringen eines → Schachtes im Fels

Auflängen: die bergmännische Herstellung einer → Strecke

aufmauern: einen runden Schacht bzw. Schachtabschnitt im oder über dem bergmännisch erstellten Schacht aus Bruch- oder Werksteinen aufsetzen

ausmauern: Fehlstellen im Felsgestein des bergmännischen Schachtes mit Bruch- oder Werksteinen dichtsetzen

ausraumeln: den Zwischenraum zwischen → Gebirge und aufgemauertem Schacht mit Gesteinsbrocken ausstopfen

aussumpfen: zu → Sumpfe ziehen, alles Wasser aus einem Schacht entfernen

Berg: gebrochenes Gestein, → Abraum

Bergeisen: Werkzeug der Bergleute (Fäustel, Schlegel, Spitzhammer) (Abb. 32)

Berglachter: (→ Lachter)

Bewetterung: planmäßige Versorgung eines → Grubenbaues mit Frischluft

Brunnenbau: die bergmännische Herstellung eines Brunnenschachtes (→ Abteufen) zur Erschließung von Grund- oder Kluftwasser

Brunnen bohren: das Erbohren artesisch gespannten Wassers

Brunnen graben: die Erschließung von Sicker- oder Grundwasser im Tagebau

Brunnenhalle: Raum im Keller- oder Erdgeschoss eines Gebäudes, der der Wasserförderung aus einem Brunnen dient

Brunnenhaus: zumeist ein kleines, frei stehendes Gebäude zum Schutz des Brunnens

Brunnenkranz: oberirdisch sichtbare Verlängerung des Brunnenschachtes aus Stein oder Holz; dient als Absturzsicherung und zur Sauberhaltung des Schachtes (die Oberkante ist für uns der Bezugspunkt für Tiefenangaben)

Brunnenstube: Einfassung einer Quelle; häufig fälschlich für → Brunnenhalle

büscheln: nasses Buschwerk im Schacht auf und ab bewegen zur Verbesserung der Luft

Deichel, Deuchel, Teuchel: ein im Kern durchbohrter Föhrenstamm als Holzrohr für Pumpen und Wasserleitungen (Abb. 7)

Drellzug: Anlage zur Wasserförderung (→ Tretrad, auch → Haspel)

Eimer: Hohlmaß, regional stark schwankend

eisernes Seil: Kette

Elle: Längenmaß (Naturmaß), regional schwankend

fahren: (ein- oder ausfahren), in den → Schacht hinein- oder heraussteigen

Fahrt: hölzerne Leiter, auf der man in den → Schacht steigt

Fahrtentrum: Teil des Schachtquerschnittes, in dem sich Leitern für den Einstieg (Einfahrt) bzw. Ausstieg (Ausfahrt) befinden

Feule: eine Stelle mürben Gesteins

Fläche: Steinbearbeitungswerkzeug (glatte Fläche)

Fletz, Flötz: horizontal liegende Lagerfläche; hier: wasserführende Schicht

Fördertrum: Teil des Schachtquerschnittes, in dem Material abgelassen und gehoben wird

Fuß: Längenmaß (Naturmaß), regional schwankend (→ Schuh)

Gebirge: das den → Grubenbau (Schacht, Strecke, Stollen) umgebende Gestein

Gedinge: nach Menge und Qualität vorgegebene Arbeitsaufgabe ohne Berücksichtigung der aufgewendeten Zeit

Geleucht: Grubenlampe der Bergleute; offenes Gefäß, in dem → Unschlitt verbrannt wird

Geschähl, Geschell: der → Brunnenkranz

Getriebe: kleines hölzernes Rad aus zwei Radscheiben, zwischen denen ringsum runde Hölzer (Triebstöcke) eingezapft sind, die durch eingreifende Kämme eines größeren Rades umgetrieben werden bzw. die das größere Rad antreiben (Wandlung von Drehzahl und Drehrichtung)

Göpel, Gaipel: Schachtfördermaschine mit stehender Welle, angetrieben durch umlaufendes Pferde- oder Ochsengespann (Abb. 175)

Greifschere: → Steinzange

Grubenbau: durch bergmännische Arbeit geschaffener Hohlraum (→ Schacht, → Strecke, → Stollen)

Hängbank: übertägiges Schachtende (→ Mundloch); die beiden langen Balken des oberen → Schachtgevierts, über denen die Kübel ein- und ausgehängt bzw. auf die die Kübel abgesetzt werden (A und B in Abb. 26); Messmarke der Schachttiefe während des Baues

Haspel: Schachtfördereinrichtung (Winde) für den Handbetrieb

Haspelhorn: Kurbel zum Drehen des → Wellbaumes eines → Haspels

Hebeklaue: → Steinzange

Inschelt, Inselt: → Unschlitt

Kammrad, Kampfrad: Rad mit ausstehenden Kämmen, die in das → Getriebe greifen

Kanne, Kandel: Hohlmaß

Kaue: Bau über einem → Schacht zum Schutz der Bergleute vor Wind und Regen

Keffer: ein Hebezeug (Kran), entspr. Kefferseil = Kranseil

Kefferrad: ein Hebezeug, das durch ein → Tretrad in Bewegung gesetzt wird

Klafter: Längenmaß (Abstand zwischen den ausgestreckten Armen eines Mannes) ca. 1,8 m; in Sachsen auch ein Volumenmaß für Schichtholz

Klettergerüst: Hilfskonstruktion zum Ein- und Ausfahren im Schacht

Kranich: ein Hebezeug (Kran)

Kummer: Abraum, Schutt

Kunst: bergmännisch allgemein für Maschine (z. B. Fahrkunst, → Wasserkunst)

Lachter, Berglachter: bergmännisches Längenmaß ca. 2 m

Lägel, Legel, Lögel: kleines Tragefass zum Wassertransport mit Eseln

Läng-Ort: *Wenn man einen Schacht ... abtäuffet und verspüret Ertz in einer Strasse, so ... treibet man auf solcher Spur einen Ort, welches ein Läng-Ort genennet wird.* (→ Strecke)

Laufrad: ein großes hölzernes Rad, in dessen Innerem Menschen oder Tiere laufen, um eine Drehbewegung zu erzeugen (synonym auch → Tretrad)

lebendiges Wasser: quellendes Wasser

Lotte, Lutte: aus Brettern gezimmerter Lüftungskanal, um Frischluft an den Arbeitsort im Schacht zu bringen

Malter: Hohlmaß, i. d. R. für Getreide, Erbsen

Markscheider: Vermesser der (unterirdischen) → Grubenbauten

Mundloch: Eingang des → Stollens bzw. die obere Schachtöffnung

Ohm: Flüssigkeitsmaß, i. d. R. für Wein

Ort: (das Ort), das jeweilige beim Vortrieb erreichte Ende eines → Stollens/einer Strecke

Pfuhlbäume: die beiden kürzeren Balken des obersten → Schachtgeviers, in die die Stützen des Haspelwerkes eingezapft sind (C in Abb.26)

Pütz: rheinländisch für Schöpf- oder Ziehbrunnen

Rüstlöcher: Aussparungen in der Schachtwand zur Aufnahme von Stakhölzern für den Gerüstbau (→ Klettergerüst)

saiger: senkrecht

Schacht: senkrechter → Grubenbau

Schachtgeviert: Balkenlager (aus → Pfuhlbäumen und → Hängbank) um das → Mundloch des Schachtes, auf dem der Haspelzug installiert ist. (Abb. 26)

schießen: Einsatz von Pulver zum Lösen des Gebirges

Schießloch: Bohrung für das Einbringen von Sprengpulver

Schragen: sächsisches Holzmaß

Schramm: ein Riss, eine Felsspalte; enger Einhau im Gestein

Schrank: der → Brunnenkranz

Schrot: bergmännisch eingehauene Vertiefung; auch: Verzimmerung eines Schachtes

schroten: Gestein los-, zerhauen, durch Gestein durcharbeiten (durchschroten), auch: Wasser erschroten

Schuh: regionale Variante zum Längenmaß → Fuß

Schutzbusen: (Busen wie Bucht), Schutznische

Seilkorb: → Seiltrommel

Seiltrommel: der mit Holzauflagen verstärke Laufbereich des Förderseiles; eine solche Aufbretterung soll die Abnutzung des → Wellbaumes verhindern.

Seilwanderung: die axiale Verschiebung des Förderseiles beim Auf- und Abwickeln auf dem → Wellbaum

sinken: einen Schacht niederbringen, auch: Wasser ersinken

Sodbrunnen: schweizerisch für Ziehbrunnen, Schachtbrunnen

Sohle: untertägiges Schachtende

Spitze: bergmännisches Werkzeug, als Meißel gebrauchtes Spitzeisen

springen: sprengen (→ schießen)

Stein: Gewichtsmaß, regional stark schwankend

Steinzange: Hebewerkzeug für Steine (Abb. 49)

Stollen: horizontaler → Grubenbau von der Erdoberfläche in den Berg (gegen den Schacht)

Strassen: (s. Strossen)

Strecke: horizontaler → Grubenbau vom → Schacht aus gegen das → Gebirge

Strossenbau: Bauweise für → Stollen/Strecken, wobei das Gestein in Stufen abgearbeitet wird, auf denen jeweils ein Bergmann schafft; auch **Strassenbau**

Sumpf: angelegte Vertiefung zur Ansammlung von Restwasser und Schmutz, tiefste Stelle im → Schacht bzw. in der Zisterne

sümpfen: (→ aussumpfen)

Teufe: die Tiefe im → Schacht

Trafer: tröpfelndes (→ untüchtiges) Wasser

Tretrad: ursprünglich ein der Wasserförderung dienendes Holzrad, das von außen durch Treten in Drehbewegung versetzt wurde; heute für Antriebsräder, in denen Menschen oder Tiere laufen. (meist synonym für → Laufrad verwendet)

Triebstock: (→ Getriebe)

Trum: (→ Förder- bzw. Fahrtentrum)

Unlust: [squalor], schlechte oder gefährliche Luft

Unschlitt, Unselt: Talg, von den Fleischhauern bezogen, für das → Geleucht der Bergleute

untüchtiges Wasser: schlechtes, nicht gesundes Wasser

verdingen: ein Gewerk vergeben/beauftragen

verzwicken: Zwischenräume im Mauerwerk z. B. mit Schieferplättchen ausstopfen

wandelbar: veränderlich, schadhaft

Wasserhaltung: Maßnahmen zum Heben des dem → Schacht zufließenden Grundwassers während des → Abteufens

Wasserkasten: Vorratsbehälter im oder vor dem Brunnenhaus, auch Fischkasten

Wasserkunst: bergmännisch für Einrichtungen zur Wasserförderung; später zur Versorgung, bestehend aus Pumpwerk, Antrieb, Hochbehälter und Röhrensystem

Wede, Weed: künstlich angelegter Teich, Viehtränke, Pferdeschwemme

Wellbaum, Wehl: hölzerne Drehachse, um bzw. über die Förderseil oder -kette geführt wird; sinngemäß übertragen auf Schöpfbecherwerke

Wetter: bergmännisch für Grubenluft (→ Bewetterung)

Wolf: im Werkstein verankerte Klemmvorrichtung zum Anheben (Abb. 49)

Verwendete Literatur

*Ich habe diesen Büchern die Namen meiner Quellen vorangestellt.
Das habe ich getan, weil es, meiner Meinung nach, eine erfreuliche Sache ist und eine,
die eine ehrenhafte Bescheidenheit beweist, weil man denjenigen seinen Respekt zollt,
die den Weg zur eigenen Leistung geebnet haben.*
Gaius Plinius (24–79 n. Chr.), Vorwort zur Naturalis historia

Agricola, G.: De Re Metallica Libri XII, Basel 1556; Hrsg. Agricola-Gesellschaft, Berlin 1928

Aschbach, J.: Geschichte der Grafen von Wertheim, 2. Teil, Frankfurt 1843

Autorenkollektiv: Ein heimatkundliches Heft zum Besuch der Burg Stolpen, Dresden 1990

Bartels, Chr.: Vom frühneuzeitlichen Montangewerbe zur Bergbauindustrie. Erzbergbau im Oberharz 1635–1866, Bochum 1992

Batariuc, P. V.: Cetatea de Scaun a Sucevei, Suceava 2004

Baumgärtel, M.: Die Wartburg, Berlin 1907

Behrens, H.A. und **Reimann, J.:** Der Regenstein, Baugeschichte und Festungszeit, Blankenburg 1992

Belgrand, E.: Les aqueducs romains, Paris 1875

Bezzel, O.: Geschichte des Kurpfälzischen Heeres, Bd. 1, München 1925

Biller, Th.: Die Wülzburg, Berlin 1996

Binding, G. und **Nussbaum, N.:** Der mittelalterliche Baubetrieb nördlich der Alpen in zeitgenössischen Darstellungen, Darmstadt 1978

Binding, G.: Baubetrieb im Mittelalter, Darmstadt 1993

Blumöhr, Fr. P.: Die Flurnamen von Neustadt im Odenwald, Marburg 1939

Böckling, M.: Festung Ehrenbreitstein, Führungsheft 17, Regensburg 2004

Böhmer, J. Fr.: Urkundenbuch der Reichsstadt Frankfurt, Bd. 1, Frankfurt 1901

Bösenkopf, F.: Der Brunnenbau, Wien 1928

Breiding, O.: Impressionen einer Stadt, 775 Jahre Stadt Homberg, Selbstverlag 2005

Bronner, C.: Odenwaldburgen, Groß-Umstadt 1924

Bruckmann, A. E.: Wegweiser durch den Berg- und Brunnenbohrwald oder chronologische Zusammenstellung der über Bergbohrkunde … erschienenen älteren und neueren Literatur, Darmstadt 1852

Buchner, A.: Der „Tiefe Brunnen" von Betzenstein, Beiträge zur Heimatkunde, Heft 13, 1980

Burger, D.: Die Ludwigszisterne auf der Festung Wülzburg; in: villa nostra, Weißenburger Blätter, 2/1995

Cancrin, F. L.: Abhandlung von der vorteilhaften Grabung, der guten Fassung und dem rechten Gebrauch der süsen Brunnen, Giesen 1792

Chiolich-Löwensberg, H.: Anleitung zum Wasserbau, Zweite Abtheilung, Stuttgart 1865

Christl, A.: Zur Bebauungsstruktur des Meißner Burgberges im Spätmittelalter; in: Burgenforschung aus Sachsen, Bd. 15/16, Weißbach 2003

Coblenz, W.: Zur Frühgeschichte der Meißner Burg – die Ausgrabungen im Meißner Burghof 1959/60, Meißner Heimat, I. Sonderheft 1961

Cooper, J. C.: Illustriertes Lexikon der traditionellen Symbole, London 1978

Czarnowsky, C.: Die Wasserversorgung der Vogesenburgen, in: Elsassland, 18. Jg., 1938

Dachroth, W. und **Wiltschko, St.:** Der Burgbrunnen und Brunnenstollen der Feste Dilsberg, Heidelberg 1986

Decker, P. und **Großmann, G. U.:** Die Ronneburg; Burgen, Schlösser und Wehrbauten in Mitteleuropa, Bd. 6, hrsg. v. Wartburg-Gesellschaft, Regensburg 2000

Demandt, K. E.: Geschichte des Landes Hessen, Kassel 1972

Deubler, H.: Der Tiefe und der Schöne Brunnen des Schlosses Heidecksburg, in: Eine Brigade und ihr Partner, Chemiefaserkombinat Schwarza, 1977

Dohmen, F.: Das Gedingewesen im Bergbau, Berlin 1953

Drexel, F.: Templum, Germania 15, 1931

Eike von Repgow: Der Sachsenspiegel, hrsg. v. C. Schott, Zürich 1991

Errard de Bar-le-Duc, J.: Fortificatio, Das ist: Künstliche vnd wolgegründte Demonstration vn Erweisung, wie vnd welcher Gestalt gute Festungen anzuordnen …, Frankfurt am Mayn 1604

Fitchen, J.: Mit Leiter, Strick und Winde, Bauen vor dem Maschinenzeitalter, Basel 1988

Flathe, H. T.: Christian II., Kurfürst von Sachsen. In: Allgemeine Deutsche Biographie, hrsg. v. Historische Kommission bei der Bayerischen Akademie der Wissenschaften, Bd. 4, 1876

Freeden, M. H.: Festung Marienberg. Mainfränkische Heimatkunde, Bd. 5, Würzburg 1952

Freies Institut für Bauforschung und Dokumentation e.V., Untersuchungsbericht Marburg Schloß, Archäologische Baubegleitung beim Ausräumen des Tiefbrunnens, Marburg, 2012

Friederich, K.: Die Steinbearbeitung in ihrer Entwicklung vom 11. bis zum 18. Jahrhundert, Augsburg 1932

Friedrich, R.: Zur Wasserversorgung von Burgen am Mittelrhein. In: Frontinus-Gesellschaft (Hrsg.): Wasser auf Burgen im Mittelater, Mainz 2007

Fröhlich, Fr.: Der Festungsbrunnen auf der Wülzburg, in: Der Bergfried, Nr. 9, Rothenburg o.d.T. 1960

Georges, K. E.: Ausführliches lateinisch-deutsches Handwörterbuch, Bd. 2, Hannover 1918

Gercken, C. Chr.: Historie der Stadt und Bergvestung Stolpen, Dresden 1764

Gersdorf, E. G.: Codex diplomaticus Saxoniae II, Urkundenbuch des Hochstiftes Meißen, Bd. 1, Leipzig 1864

Giess, H.: Schloß Breuberg im Odenwald, Heppenheim 1893

Glaser, R.: Klimageschichte Mitteleuropas, Darmstadt 2001

Gregori, D.: Albrechtsburg Meißen, Schnell Kunstführer Nr. 1848, Regensburg 1990

Grewe, K.: Historische Tunnelbauten im Rheinland, Bonn 2002

Gross, J. und **Kühlbrandt, E.**: Die Rosenauer Burg, Hrsg. Verein für Siebenbürgische Landeskunde, Wien 1896

Großkopf, G.: Die Namen der Gemarkungen Ober- und Nieder-Klingen, Selbstverlag 1994

Günther, B.: Schloss Augustusburg, Leipzig 2000

Gurlitt, C.: Bau- und Kunstdenkmäler in Sachsen, Heft 40, Dresden 1919

Guth, E.: Aus der Geschichte der Burg Lemberg, in : 800 Jahre Burg Lemberg, Lemberg, 1999

György, L.: Zur Technik des Brunnbaues der Römer, in: bbr Fachmagazin für Brunnen und Leitungsbau, 8/80, S. 362-364

Haake, E. und **Henne, R.**: Die alte Sababurger Wasserleitung, Gottsbürener Blätter, Sonderheft 5, 2008

Haberey, W.: Die römischen Wasserleitungen nach Köln, Bonn 1972

Häfner, Fr. und **Schulz, R.**: Die Wasserversorgung der Lemburg; in: 800 Jahre Burg Lemberg, hrsg. v. Gemeinde Lemberg, Lemberg 1999

Hager, G. (Hrsg.): Die Kunstdenkmäler von Oberpfalz & Regensburg, Bd. 12, Bezirksamt Beilngries, München 1908

Harnisch, J. G.: Chronik Schellenberg-Augustburg, Schellenberg 1860

Hartmann, H.-G.: Stolpen, ein slos und stetlein, Dresden 1996

Hartmann, J.: Geschichte des Schlosses Hellenstein, Stuttgart 1892

Haufschild, K.: Leuchtenburg, hrsg. v. Kreisheimatmuseum Leuchtenburg, Seitenroda 1983

Hause, H.: Die Burgruine Hohenburg auf dem Homberger Schloßberg, hrsg. v. Burgberggemeinde e.V. Homberg, 2001

Heinzelmann, P. und **Jantschke, H.**: Der Schloßbrunnen Hellenstein; in: Jahrbuch des Heimat- und Altertumsvereins Heidenheim a.d. Brenz e.V., 1987/88, S. 229-247

Heinz-Mohr, G.: Lexikon der Symbole, München 1998

Herrmann, F. und **Knies, H.**;, Die Protokolle des Mainzer Domkapitels (1450-1484), Hessische Historische Kommission, Darmstadt 1976

Herrmann, W.: Auf rotem Fels, Ein Führer zu den schönsten Burgen der Pfalz und des elsässischen Wasgau, Leinfelden-Echterdingen 2004

Heukemes, B.: Erneute Untersuchung des Heidenloches auf dem Heiligenberg bei Heidelberg, in: Archäologische Ausgrabungen in Baden-Württemberg 1987, Stuttgart 1988, S. 193-196

Hieronymus, E.: Das Reichelsheimer Sagen- und Geschichtenbuch, Reichelsheim 1997

Höhne, D.: Die Wasserversorgung der Schaumburg bei Schalkau. In: Alt-Thüringen, Jahresschrift des Thüring. Landesamtes für archäologische Denkmalpflege, Bd. 35, Stuttgart 2002

Höhne, D. und **Hopf, U.**: Der Brunnen unter dem Gothaer Schloßhof und seine Versatzzeichen; in: Gothaisches Museums-Jahrbuch 2006, S. 41-72

Holl, H.: Die Keltenstadt auf dem Heiligenberg, Jahrbuch, hrsg. Stadtteilverein Handschuhsheim e.V. 1999

Huth, H.: Die Kunstdenkmäler des Landkreises Mannheim, München 1967

Ifrah, G.: Universalgeschichte der Zahlen, Frankfurt 1991

Jacobi, H.: Die Be- und Entwässerung unserer Limeskastelle, in: Saalburg Jahrbuch VIII, Frankfurt 1934

Jansen, M.: Mohenjo-Daro, Stadt der Brunnen und Kanäle. Wasserluxus vor 4.500 Jahren; Schriftenreihe der Frontinus-Gesellschaft, Suppl.-Bd. II, Bonn 1993

Jensen, H.: Die Schrift in Vergangenheit und Gegenwart, Berlin 1958

Justi, K., Das Marburger Schloß, Baugeschichte einer deutschen Burg, Marburg 1942

Kill, R. und **Haegel, B.**: Doppelsteinmetzzeichen an elsässischen Burgen, in: Burgen und Schlösser, Zeitschrift der Deutschen Burgenvereinigung, II/1980, S. 122–128

Kill, R.: Les signes lapidaires composés du château de Haut-Kœnigsbourg, in : Châteaux forts d'Alsace, 3/1999, S. 83–103

Kill, R.: Les signes lapidaires utilitaires des puits et citernes, in: Châteaux forts d'Alsace, 1/1996, S. 47–66

Kill, R.: Filterzisternen auf Höhenburgen des Elsass, in: Burgen und Schlösser, Zeitschrift der Deutschen Burgenvereinigung, 3/2009, S. 148–156

Klecker, Chr.: Schloss Weesenstein, hrsg. v. Schloßverwaltung Weesenstein, 1993

Klein, L. G.: De aere, aquis et locis agri Erbacensis atque Breubergensis …, Frankfurt 1754

Klose, H. und **Knust, E.**: Brunnen in Rheinhessen und der Pfalz, Mitteilungen der Höhlenforschergruppe Karlsruhe, Heft 18, 2004

Klose, H.: Der Limburgbrunnen, Manuskript 13.11.2004, unveröffentlicht

Knauth, J.: Die Steinmetzzeichen am Straßburger Münster, 1906 (in: Friederich, a.a.O.)

Koch, A. und **Wille, J.**: Regesten der Pfalzgrafen am Rhein, Bd. 1, Insbruck 1894

Kolbmann, G.: Betzensteiner Geschichtsbilder, Nürnberg 1973

Krahe, Fr.-W.: Burgen und Wohntürme des deutschen Mittelalters, Stuttgart 2002

Krauth, T. und **Meyer, F. S.**: Die Bau- und Kunstarbeiten des Steinhauers, Leipzig, 1896

Kromm, H.: Die Veste Otzberg und ihre Umgebung, Darmstadt 1874

Küas, H.: Die Brennhäuser der Meißner Porzellanmanufaktur auf der Albrechtsburg; in: Sächsische Heimatblätter, 4/1977, S. 153–159

Kunz, R. und **Lizalek, W.**: Südhessische Chroniken aus der Zeit des Dreißigjährigen Krieges, Geschichtsblätter Kreis Bergstraße, Sonderband 6, 1983

Lamberth, B. und **W.**: Zur Wasserversorgung Pfälzer Burgen – Madenburg und Burg Lemberg, in: Pfälzer Heimat, 2/2009, S. 62–71

Landau, G.: Die hessischen Ritterburgen und ihre Besitzer, Bd. 4, Cassel 1839

Leupold, J.: Theatrum Machinarum Generale oder Schauplatz des Grundes Mechanischer Wissenschaften, Leipzig 1724

Ludwig, C.: Der Brunnen des Heiligen Patricius in Orvieto; in: bbr Fachmagazin für Brunnen und Leitungsbau, 1972, S. 326–328

Ludwig, K.-H.: Technik im hohen Mittelalter zwischen 1000 und1350/1400; in: Propyläen Technikgeschichte, Band 2, Berlin 1997, S. 37–75

Maurer, H.-M.: Die landesherrliche Burg in Württemberg im 15. und 16. Jahrhundert, Veröff. d. Kommission für geschichtliche Landeskunde, Reihe B, Bd. 1, Stuttgart 1958

Meiche, A.: Die Burgen und vorgeschichtlichen Wohnstätten der Sächsischen Schweiz, Dresden 1907

Merian: Topographia Hassiae et Regionum Vicinarum, hrsg. v. Merianische Erben, Frankfurt 1655

Merian, M. (Hrsg.): Topographia Sveviae, Frankfurt 1643

Merian, M. (Hrsg.): Topographia Franconiae, Frankfurt 1648

Merian, M. (Hrsg.): Topographia Superiores Saxoniae, Thüringiae, Misniae, Lusatiae etc., Frankfurt 1650

Möller, W.: Burgenkunde für das Odenwaldgebiet, Mainz 1938

Naeher, J.: Die Baudenkmäler der unteren Neckargegend und des Odenwaldes, Heidelberg 1891

Naeher, J.: Die Burgenkunde für das Südwestdeutsche Gebiet, München 1901

Neumann, K. und **Fischer, P.**: Die Restaurierung des „Tiefen Brunnens", in: Eine Brigade und ihr Partner, Chemiefaserkombinat Schwarza, 1977

Nieß, P.: Die Ronneburg, Braubach a.Rh. 1936

Nieß, W.: Romanische Steinmetzzeichen der Stauferburgen Büdingen und Gelnhausen, Büdingen 1988

Oefele, E.: Geschichte der Grafen von Andechs, Insbruck 1877

Öhring, P.: Die historische Wasserversorgung der alten Burg zu Würzburg aus den Höchberger Quellen, Selbstverlag 2003

Paust, I.: Ich sage dennoch, Berlin 1961

Peine, H.-W. und **Kneppe, C.**: Der Desenberg bei Warburg. LWL-Internet-Portal Westfälische Geschichte

Pengel, W.: Der praktische Brunnenbauer, Berlin 1922

Pfeiffer, F.: Das Buch der Natur von Konrad von Megenberg. Die erste Naturgeschichte in deutscher Sprache, Stuttgart 1861

Pilk, G.: Königstein, in: Die Burgen und vorgeschichtlichen Wohnstätten der Sächsischen Schweiz, hrsg. v. A. Meiche, Dresden 1907

Piper, O.: Burgenkunde, München 1912

Reimer, H.: Hessisches Urkundenbuch, 2. Abtlg., Urkundenbuch zur Geschichte der Herren von Hanau, 1. Bd., Leipzig 1891

Reinhard, A.: Drei Register Arithmetischer ahnfaeng zur Practic, Leipzig 1599
Richter, B.-A. und **Deibert, K.**: Wetterofen auf Burg Berwartstein; in: Burgen und Schlösser, Zeitschrift der Deutschen Burgenvereinigung, 1/1983, S. 56-57
Rieder, O.: Geschichte der ehemaligen Reichsstadt und Reichspflege Weissenburg am Nordgau, 1916; unveröff. Manuskript im Stadtarchiv Weißenburg
Röder, A.: Ein baugeschichtlicher Rundgang; in: Burg Breuberg im Odenwald, hrsg. v. Breuberg-Bund, 1951
Röder, A.: Übersicht über die Baugeschichte, in: Burg Breuberg im Odenwald, hrsg. v. Breuberg-Bund, 1996, S. 17–31
Röder, A.: Zisterne auf der Burg Breuberg gefunden; in: Der Odenwald, Zeitschrift des Breuberg-Bundes, 4/1955, S. 123
Rösler, B.: Speculum metallurgiae politissimum – Hell-polierter Berg-Bau-Spiegel, Dresden 1700
Ruckdeschel, W.: Die Tretradbrunnenwinde auf der Wülzburg, in: Sanitär- und Heizungstechnik, Nr. 3, 1979, S. 179–182
Ruckdeschel, W.: Historische Wasserförderung auf Burgen und Schlössern; in: Frontinus-Schriftenreihe, Bd. 18, 1993, S. 23–54
Rudolphi, Fr.: Gotha Diplomatica, Frankfurt/Leipzig 1717
Řziha, F.: Studien über Steinmetzzeichen, Wien 1883
Schaefer, G.: Kunstdenkmäler im Großherzogtum Hessen, Kreis Erbach, Darmstadt 1891
Schmid, B.: Die Ausgrabung des Brunnens der Ruine Landskron, in: Denkmalpflege in Rheinland-Pfalz, Jg. 52–56, 1997–2001, S. 476–487
Schmidt, O. E.: Die Entwicklung der sächsischen Kultur, in: Bildatlas zur sächsischen Geschichte, Dresden 1909, S. 9
Schmidtchen, V.: Technik im Übergang vom Mittelalter zur Neuzeit zwischen 1350 und 1600; in: Propyläen Technikgeschichte, Band 2, Berlin 1997, S. 211–230
Scholle, Th. u. a.: Die Befahrung des Brunnens auf der Burg im Stolpener Basalt vom 17./18.06.2004, in: Veröff. Mus. Westlausitz Kamenz, Nr. 25, 2004, S. 29–40
Scholle, Th. und **Gaitzsch, J.**: Der Basalt von Stolpen und der tiefe Burgbrunnen, Meißen 2007
Schuster, Fr.: Der Otzberg und seine Geschichte; in: Neue Heimat, Groß-Umstadt 1913
Seberich, F.: Die Wasserversorgung der Festung Marienberg zu Würzburg, in: Die Mainlande – Geschichte und Gegenwart, 10. Jg. 1959, S. 17–43
Sobe, G.: Die Brunnen der Heidecksburg, in: Rudolstädter Heimathefte, 1955, S. 66–71
Spieß, A.: Das Dillenburger Schloß, in: Annalen des Vereins für Nassauische Altertumskunde und Geschichtsforschung, Bd. 10, 1870, S. 223–252
Spieß, H.: Vom Bauen auf Burg Breuberg, in: Der Odenwald, Zeitschrift des Breuberg-Bundes, 3/1972, S. 84–96
Stemmermann, P. H.: Der Heilige Berg bei Heidelberg, Badische Fundberichte 16. Jg., 1940
Stramberg, Chr.: Rheinischer Antiquarius, Abtlg. III, Bd. 1 Das Rheinufer von Coblenz bis Bonn, 1853
Sturm, L. Chr.: Vollständige Anweisung Wasser-Künste, Wasserleitungen, Brunnen und Cisternen wohl anzugeben, Augsburg 1720
Taube, A.: Festung Königstein, Leipzig 2000
Theile, F.: Der Brunnen der Burg Stolpen, in: Ueber Berg und Thal, 7. Jg., 1884
Thier, M.: Geschichte der Schwäbischen Hüttenwerke, Aalen/Stuttgart 1965
Thies, G.: Territorialstaat und Landesverteidigung. Das Landesdefensionswerk in Hessen-Kassel unter Landgraf Moritz, in: Quellen und Forschungen zur hessischen Geschichte, Bd. 23, hrsg. v. Histor. Kommission für Hessen, 1973
Troitsch, U.: Technischer Wandel in Staat und Gesellschaft zwischen 1600 und 1750; in: Propyläen Technikgeschichte, Band 3, Berlin 1997
Vegetius (Publius Flavius V. Renatus): epit. R. mil IV,X
Veith, H.: Deutsches Bergwörterbuch, Breslau 1871
Veldecke, H. von: Eneasroman (entstanden 1187/89)
Vitruv (Marcus Vitruvius Pollio): De Architectura Libri Decem, Berlin 1908
Vonderau, J.: Die Ausgrabungen am Dome zu Fulda in den Jahren 1908–13, Fulda 1919
Wackerfuß, W.: Kultur-, Wirtschafts- und Sozialgeschichte des Odenwaldes im 15. Jahrhundert. Die ältesten Rechnungen für die Grafen von Wertheim in der Herrschaft Breuberg (1409–1484), Breuberg 1991
Weber, D.: Festung Königstein, Leipzig 1969
Weber, H. H.: Schloß Lichtenberg im Odenwald, Schriftenreihe des Museums Nr. 4, Lichtenberg, (ohne Datum)
Weber, P.: Baugeschichte der Wartburg, in: Baumgärtl, M.: Die Wartburg, Berlin 1907
Weidemann, K.: Die Wasserleitung der Harzburg. Führer zu vor- und frühgeschichtlichen Denkmälern, Bd. 35, hrsg. v. Römisch-Germanisches Zentralmuseum Mainz, Mainz 1978

Weiss, A.: Der Pulverturm von Arzberg und das Sprengen mit Schwarzpulver, in: Joannea Geol. Paläont. 7, Graz 2005, S. 127

Widder, J. G.: Versuch einer vollständigen Geographisch-Historischen Beschreibung der Kurfürstl. Pfalz am Rheine, 1. Theil, Frankfurt 1786

Wieland, G.: Die Ausgrabung in der Viereckschanze 2 von Holzhausen. Frühgeschichtliche und Provinzialrömische Archäologie, Rahden 2005

Wigand, P.: Der Desenberg bei Warburg, in: Archiv für Geschichte und Alterthumskunde Westphalens, I 2, Lemgo 1826, S. 35

Wilke, H. und **Hothum, N.:** Die Burg Montfort, hrsg. v. Verein Burgfreunde Montfort e.V., . 4. Auflg. Oberhausen/Nahe 2004

Wippern, J. M.: Die Lokalisierung der Blankenheimer Holzrohrleitung mit dem Magnetometer, in: Wasser auf Burgen im Mittelalter, Geschichte der Wasserversorgung Band 7, Mainz 2007, S. 103–109

Wölfel, W. v.: Die hellenistische Wasserleitung von Pergamon; in: Die Bautechnik, 3/1996, S. 197–198

Wolfstiegl-Wolfskron, M.: Der Tiroler Erzbergbau 1301–1665, Innsbruck 1902

Wustmann, G.: Der Leipziger Baumeister Hieronymus Lotter 1497–1480, Leipzig 1875

Zedler, J. H.: Grosses vollstaendiges Universal Lexicon Aller Wissenschafften und Künste, Halle 1733

Zimmer, J.: Die Burgen des Luxemburger Landes, Luxemburg 1996

Ortsregister

Es sind hier nur die Orte aufgeführt, zu denen Angaben zur Wasserversorgung gemacht werden. Querverweise im Text, die sich auf die Beispiele in den Kapiteln 3.1 bis 3.18 beziehen, sind nur dann gesondert ausgewiesen, wenn sie zusätzliche Informationen enthalten.
BB = Brandenburg, BW = Baden-Württemberg, BY = Bayern, HE = Hessen, NI = Niedersachsen, NW = Nordrhein-Westfalen, RP = Rheinland-Pfalz, SA = Sachsen-Anhalt, SH = Schleswig-Holstein, SL = Saarland, SN = Sachsen, TH = Thüringen,
[A] = Österreich, [CH] = Schweiz, [CZ] = Tschechien, [F] = Frankreich, [I] = Italien, [L] = Luxemburg

Albrechtsburg/SN 108, 133, 358–364; Abb. 191–194
Altenburg/BY Kap. 3.20
Alt Rennenberg/RP Kap. 3.20
Altwied/RP Kap. 3.20
Alt-Windstein/[F] Kap. 3.20
Ansembourg/[L] Kap. 3.20
Arnsburg/HE Kap. 3.20
Auerbach/HE Kap. 3.19
Augustusburg/SN 56, 83, 318–327; Abb. 173–176; Tab. 2–4; Kap. 3.19
Balduinseck//RP Kap. 3.20
Berwartstein/RP 81, 94; Kap. 3.19
Betzenstein (Stadt)/BY 97, 101, 104, 139; Tab. 4
Biedenkopf/HE Kap. 3.20
Birstein/HE Kap. 3.20
Bitche/[F] Kap. 3.19
Blankenheim/NW 21, 24
Breuberg/HE 42–45, 195–209; Abb. 10, 14, 15, 100–108; Tab. 1, 3; Kap. 3.19
Burghausen/BY 38 f
Burgthann/BY Kap. 3.20
Cochem/RP Kap. 3.20
Coucy/[F] Kap. 3.19
Creuzburg/TH Kap. 3.20
Cyriaksburg/TH Kap. 3.20
Dagstuhl/SL Kap. 3.20
Dalberg/RP 24
Desenberg/NW 16; Kap. 3.20
Dillenburg/HE 39, 133; Kap. 3.19
Dilsberg/BW 35, 137, 212–224; Abb. 11, 112–119
Dorneck/[CH] Kap. 3.19
Ebernburg/RP 31; Abb. 9.1; Kap. 3.19
Ehrenbreitstein/RP 13; Kap. 3.20
Ehrenfels/HE 28
Eisenhardt/BB Kap. 3.20
Falkenstein/[A] 24
Falkenstein/BW 75
Falkenstein/[F] 75
Falkenstein/SA Kap. 3.20
Fleckenstein/[F] 75
Frankenstein/HE 37
Freienstein/HE Kap. 3.20

Friedenstein (s. Grimmenstein)
Froensburg/[F] Kap. 3.20
Gerolstein/RP Kap. 3.20
Giech/BY Kap. 3.20
Ginsburg/NW Kap. 3.20
Gleichen/TH 29
Gnandstein/SN Kap. 3.20
Graz, Schlossberg [A] Kap. 3.19
Greifenstein/BY Kap. 3.19
Greifenstein/HE Kap. 3.20
Greifenstein/TH Kap. 3.19
Grimmenstein/TH 115–118, 133, 135, 295; Abb. 52; Tab. 4
Habsburg/[CH] Kap. 3.19
Harburg/BY Kap. 3.19
Harzburg/NI 23; Kap. 3.20
Heidecksburg/TH 209–212; Abb. 109–111; Kap. 3.19
Heiligenberg/BW 141–147; Abb. 64–66
Heinrichsburg/SA 16
Heldburg/TH Kap. 3.19
Helfenstein/BW Kap. 3.19
Hellenstein/BW 232–253; Abb. 126–130, 132–134; Tab. 2, 4; Kap. 3.19
Hilpoltstein/BY 133; Kap. 3.20
Hohenasperg/BW Kap. 3.19
Hohenecken/RP Kap. 3.20
Hohengeroldseck/BW 75; Kap. 3.19
Hohenrechberg/BW Kap. 3.20
Hohenurach/BW Kap. 3.20
Hohkönigsburg/[F] Kap. 3.19
Hohnstein/TH Kap. 3.20
Homberg/HE 26, 83, 114, 254–266; Abb. 10, 135–144; Tab. 2, 4; Kap. 3.19
Homburg/NI Kap. 3.20
Julbach, Schlossberg/BY 107; Kap. 3.20
Karlstein/[CZ] 17; Kap. 3.19
Kasselburg/RP Kap. 3.20
Kastelen/[CH] Kap. 3.20
Katzenstein/BW Kap. 3.20
Klopp/RP 80; Kap. 3.20
Königsberg/BY Kap. 3.19

Ortsregister

Königstein/HE Kap. 3.20
Königstein/SN 98, 127, 137 f, 332–357; Abb. 181–190; Tab. 3–5; Kap. 3.19
Konradsburg/SA Kap. 3.20
Kriebstein/SN Kap. 3.20
Küssaburg/BW Kap. 3.20
Kufstein/[A] 127; Tab. 3; Kap. 3.20
Kyffhausen/TH 82, 88, 123; Abb. 39; Kap. 3.19
Landskron/[A] Kap. 3.19
Landskron/RP 115; Abb. 51; Kap. 3.20
Lemberg/RP 134, 164–170; Abb. 78–83; Kap. 3.19
Leuchtenburg/TH 186–194; Abb. 97–99; Kap. 3.19
Lichtenberg/HE 37, 46 f; Abb. 17; Tab. 1; Kap. 3.20
Lichtenberg/NI Kap. 3.19
Lichtenberg/RP Kap. 3.20
Lichtenstein/BY Kap. 3.20
Limburg (Kloster)/RP 88; Kap. 3.19
Lindenfels/HE Kap. 3.20
Luxemburg/[L] Kap. 3.20
Madenburg/RP 128; Kap. 3.19
Mansfeld/SA Kap. 3.20
Marburg/HE 39, 41, 44, 105, 113, 135, 301–303; Abb. 16, 47; Kap. 3.19
Marienberg/BY 24, 38, 95, 131; Abb. 42, 60; Kap. 3.19
Marksburg/RP Kap. 3.20
Meersburg/BW Kap. 3.20
Meisteresel/RP 75
Mildenstein/SN Kap. 3.20
Minneburg/BW 24
Montfort/RP 31; Abb. 9.2
Mühlburg/TH 98, 105; Kap. 3.20
Nanstein/RP 80, Kap. 3.20
Neckarsteinach/HE Hinterburg Kap. 3.20
Neuenburg/SA 37, 108, 140; Kap. 3.19
Neuhaus/BW Kap. 3.20
Neu-Regensburg/[CH] Kap. 3.20
Nideggen/NW Kap. 3.20
Niederkraig/[A] 25
Nürnberg/BY Kap. 3.20
Obermontani/[I] 28
Orvieto/[I] 327–332; Abb. 177–180
Ottilienberg/BW Kap. 3.20
Otzberg/HE 35, 48–51, 135, 274–317; Abb. 10, 11, 18, 19, 152–172; Tab. 1, 3
Pappenheim/BY 83, 108; Kap. 3.20
Plassenburg/BY Kap. 3.19
Querfurt/SA Kap. 3.20
Ravensburg/BW Kap. 3.20
Ravensburg/NW 82; Kap. 3.19
Regenstein/SA 15, 38, 127; Kap. 3.19 und 3.20

Reichenberg/HE 51–53; Abb. 20; Tab. 1; Kap. 3.20
Reichenberg/RP Kap. 3.19
Reichenstein/RP Kap. 3.20
Reifferscheid/RP Kap. 3.20
Rheinfels/RP Kap. 3.20
Rochsburg/SN Kap. 3.20
Rodenegg/[I] 28
Romont/[CH] 205, 275; Abb. 57
Ronneburg/HE 266–274; Abb. 145–147, 149–151; Tab. 3; Kap. 3.19
Rosenau/Rumänien 72, 133; Kap. 3.19
Rothenberg/BY Kap. 3.19
Runkel/HE Kap. 3.20
Runkelstein/[I] 15
Saaleck/SA Kap. 3.19
Sababurg/HE 24; Kap. 3.20
Säben/[I] Kap. 3.19
Salzburg/BY Abb. 57; Tab. 3; Kap. 3.19
Sangershausen/SA 108; Kap. 3.20
Scharfenberg/RP 75
Scharzfels/NI 75; Abb. 31; Kap. 3.20
Schlitz/HE Vorderburg Kap. 3.20
Schwarzburg/TH Kap. 3.20
Schwarzenberg/NW Kap. 3.20
Siegesburg (Segeberg)/SH Abb. 1; Kap. 3.20
Simmern/[L] Kap. 3.20
Sonnenburg/[I] 120; Kap. 3.20
Sonnenstein/SN 230–232; Kap. 3.20
Spangenberg/HE 81, 82, 126, 132; Kap. 3.19
Sparrenberg/NW Kap. 3.20
Starkenburg/HE Kap. 3.19
Stolpen/SN 40 f, 85, 138 f, 151–162; Abb. 72–77; Tab. 2, 4; Kap. 3.19
Suczawa/Rumänien 58; Abb. 21
Tannenberg/HE 28
Trifels/RP 75, 81; Kap. 3.19
Trimburg/BY Kap. 3.20
Vianden/[L] Kap. 3.20
Wachsenburg/TH 17; Kap. 3.19
Waldeck/HE Kap. 3.19
Waldenburg/BW 10
Wartburg/TH 28, 39
Wasigenstein/[F] 29
Weesenstein/SN 147–151; Abb. 68–71
Wernberg/BY Kap. 3.20
Wertheim/BW Kap. 3.20
Willibaldsburg/BY Kap. 3.19
Windeck/BW 224–232; Abb. 120–124
Wülzburg/BY 13, 26, 36, 38, 128, 170–186; Abb. 84–96; Tab. 2, 3; Kap. 3.19

Personen- und Sachregister

Von der Vielzahl der im Text genannten Personen wurden nur die in das Register (*kursiv*) übernommen, die als Planer, Baumeister oder Bauleiter für Wasserversorgungsanlagen verantwortlich waren.

Arbeitsbedingungen 79 f
- Arbeitszeiten 84, 101, 189, 247, 255, 321
- Entlohnung 72 f, 88, 104, 135, 156, 188–194, 195, 235, 323 f, 336 f, 344
- Sicherheit 85, 89 f, 98, 101, 110, 112–114, 190, 241 f

Baustellenbetrieb
- Brunnen 70, 239–248, 302, 341
- Höhenburg 55–58, 65 f, 182, 319–321 323; Abb. 21

Brodthagen, Hans Bernhardt 240–248
Brunnen (abteufen) 64, 75–102
Brunnen (bohren) 63, 96
Brunnen (graben) 59 f, 71, 96, 102; Abb. 22, 24
Brunnen (trockenlegen) 16 f
Brunnenbau 16, 40, 59–94, 70–120; Abb. 22–24; Tab. 2; Kap. 3.19
- Bergleute 71, 76, 83; Abb. 33
- Bewetterung 85 f, 91–94, 256, 339; Abb. 39–41
- Feuersetzen 84 f, 102, 154–156, 323 f
- Gedinge 88, 188–192, 235, 255 f, 321, 336, 344
- Maurer 76, 105–112, 290
- Sprengen 85 f, 239–248, 252 f; Abb. 36, 129
- Steinbrecher 76–78, 83, 191, 220, 322
- Steinhauer, -metze 103 f, 191–194, 256, 290, 294 f
- Wasserfassung 96 f, 106, 175; Abb. 43, 115
- Wasserhaltung 94 f, 101, 189–192, 244–248

Brunnenbauten 141–370
- Baufortschritt 72 f, 83–85, 112, 239–248, 255 f, 324, 339–354; Abb. 29, 132
- Baukosten 133–135, 154–157, 248 f, 254, 257, 339 f; Tab. 4
- Bauzeiten 40, 180–182; Tab. 2, 4; Kap. 3.19
- Kostenvoranschlag 233–238

Brunnenbetrieb 31–38; Abb. 9, 10
- Förderung (s. Wasserförderung)
- Kosten 135–139, 209 f
- Reinigung 97, 136, 156; Abb. 62

Brunnenhalle, -haus 131, 158 f, 172 f, 196, 209, 274–280, 321 f, 342–354
- Beispiele Abb. 61, 75, 111, 149, 154, 155, 184, 187, 188
- Beschußsicherheit 131–133, 351–357

Brunnenkranz 112, 131, 182–184, 200 f, 205, 214, 278
- Beispiele Abb. 60, 94, 95, 104, 118, 156

Brunnenseile, -ketten 127, 137–139, 222, 230–232, 342; Abb. 63
- Führung 121, 128,183, 277; Abb. 55, 94, 95
- Gewichte 120, 137, 230 f, 345 FN 573
- Kosten 137, 342, 345 FN 573
- Pflege 137–139

Brunnenstollen (s. Stollen)
Brunnenturm 75, 147; Abb. 31
Buchner, Paul 348
Deichel (Teuchel) 19–23; Abb. 7.1, 7.2
Fahrten-/Fördertrum 88, 101; Abb. 38
geheimer Gang 202 f, 216–218, 220, 224, 226–229
Geologische Profile 174–179, 185 f, 208 f, 266; Abb. 96, 144

Gerüste
- beim Aufmauern 110, 179, 258, 261
- Kletter-Gerüste 88, 111 f, 252; Abb. 39
- Schachtverbau 101, 108; Abb. 45

Glaser, Johann Ludwig 238–240
Haberlandt, Albrecht 173
Hebezeuge 65–70, 268
- Antrieb 65–70, 108, 269; Abb. 25–28, 48
- Bremsen 67, 108, 126, 272; Abb. 58
- Drehbarkeit 67, 108
- Getriebe (s. Wasserförderung)
- Tragmittel 89, 258

Hebewerkzeuge
- Steinzange 65, 110; Abb. 49
- Wolf 110; Abb. 49

Hulliger, Johann Christoph 230–232
Inschriften 179–181; Abb. 91, 93
Kamerabefahrung 207, 282
Knopf, Eligius 195–198
König, Konrad 346
Lippoldt, Brosius 322
Löschwasser 13, 157, 185
Lotten, Lutten (s. Wetterlutten)
Lotter, Hieronymus 56, 182, 318–324

Mauerwerk
- Backsteine 60, 107, 242–244, 253, 331; Abb. 23
- Natursteine 104–108, 216, 259 f, 280, 284–289; Abb. 139, 160, 162

Meischel, Christoff 155, 157
Planer, Martin 129, 151, 321–327, 335–345
Puchner (s. Buchner)
Rüstlöcher 88, 101, 110 f, 167, 203, 216 f, 252, 260–265, 274, 284 f; Abb. 141

Sangallo, Antonio 328
Schachtbauwerk 75–119, 280–289; Abb. 35, 45, 157, 163; Tab. 2, 3; Kap. 3.19
– Absenkung 102
– Abteufung 75–102, 239–248
– Aufmauerung 60 f, 91, 99, 102–120, 242–244, 253, 256–258, 284–289, 302, 360; Anlagen 14.1–7
– Ausmauerung 91, 99, 179, 190, 331, 339; Abb. 88–90
– Ausraumeln 108
– Baugrubensicherung 82 f, 99–101, 196–198, 281; Abb. 35, 44, 102
– Befahrung 87–91, 323; Abb. 37
– Durchmesser 77–79, 122, 289; Tab. 3, 4
– Gerüste (→ Gerüste)
– Grundsteinlegung 106, 258
– Gründung 105, 260, 305; Abb. 171; Anlage 14.7
– Querschnitte 82, 98, 108, 154, 212, 219, 225, 239, 289, 321, 331, 364; Abb. 110, 179
– Schäden 115–118, 135, 257, 286, 309; Anlage 14.6
– Schutznischen 97 f, 112–114, 180, 216, 241, 253, 262–265, 274, 305; Abb. 92, 142, 143, 170
– Sumpf 98, 105, 222, 225, 260; Abb. 47, 86, 114, 119
– Wasserreservoir 95, 106, 218, 225
Schickhardt, Heinrich 128, 138, 174, 232 FN 413; Abb. 59.1
Seile (s. Brunnenseile)
Standortwahl
– Brunnen 73–75, 152, 171, 181, 336, 360
– Höhenburg 55–58, 71
Steinbarbeitung 104–107, 216, 284–289
Steinbruch 103, 191, 289 f
Steinmetzzeichen 114–119, 179 f, 270 f, 289–303; Abb. 51–53, 88, 90, 103, 150, 165
– Merkzeichen 115–118, 145; Abb. 52
– Urheberzeichen 105, 118–120, 201 f, 291–298, 301; Abb. 53, 103, 156, 166
– Versetzzeichen 114 f, 260 f, 300; Abb. 51
– Zusatzzeichen 298–301; Abb. 167, 168
Steinzange (s. Hebewerkzeug)
Stollen, Brunnenstollen
– zur Entsorgung 97, 114, 198, 202 f, 218 f, 360–362; Abb. 116, 117
– zur Versorgung 97, 155, 164, 167 f, 224 f; Abb. 79, 80, 82, 122, 123
Sträflingsarbeit 87 f, 322 f
Strecken, Wassersammler 97, 150, 326, 337; Abb. 70, 71, 176, 183
Süßfleisch, Hans 151
Tiefe des Schachtes
– alte Angaben 80, 160, 174, 224, 278 f, 340
– Messung 80 f

Tretrad (s. Hebezeuge/Antrieb bzw. Wasserförderanlagen)
Tretrad-Antrieb durch
– Menschen (s. Wasserknechte)
– Tiere 126, 206 f
Versorgungssicherheit 16, 39; Abb. 15
Wasserbedarf 11–13, 51; Abb. 3, 19
Wasserförderanlagen 120–129, 157–160, 268 f, 329; Abb. 54, 118, 125, 133, 179
– Göpelwerk 128 f, 324 f, 341–345; Abb. 175; Tab. 3
– Haspelzug 67 f, 120 f, 222; Abb. 26, 27
– Tretradanlage 69, 123–128, 133, 146, 182, 205, 275–277, 348 f; Abb. 57, 67, 94, 95, 189; Tab. 3
– Pumpwerk 129, 151, 232, 244 f, 342–344, 346; Abb. 131, 185
– Schöpfbecherwerk 126, 205–207, 262–265; Abb. 107, 108
– Wasserkunst 40 f, 43 f, 151, 162, 232, 322; Abb. 16, 73
– Wippmaschine 269; Abb. 148
Wasserförderung 38, 120–133, 194, 222, 230–232, 262 f, 329, 341–352; Abb. 125
– Behälter 13, 121–123, 127, 184, 231, 268, 303 f, 348 f; Abb. 56, 169
– Getriebe 120, 126, 158; Abb. 59, 118, 186
– Leistung 38, 127, 184, 325, 348 f
– Tragmittel (s. Brunnenseile)
Wasserkasten 38, 205; Abb. 60, 104
Wasserknechte 94, 101, 124, 126 f, 135, 157, 189, 275, 348–351
Wasserleitungen 16, 18–25, 40, 42, 46, 53, 151, 227 f, 320 f
– Innendruck 19, 53
– Druck-Leitungen 19, 53, 232 FN 413; Abb. 6
– Gefälle-Leitungen 18, 42, 46
– Rohrmaterial 19–24, 53; Abb. 7.1, 7.2
Wasserqualität 9, 15, 23, 26 f, 37 f, 47, 95
– Erhaltung 97, 130, 136, 158, 192, 339, 344
– Verbesserung 136 f
Wassersammler (s. Strecken)
Wassersuche 73 f, 155, 255; Abb. 137
Wassertransport
– Leitungen (s. Wasserleitungen)
– Tragtiere, Fuhren 15, 24, 42, 140, 151, 208, 329
Wasserzufluss im Schacht 34–36, 95, 222, 307 f, 326, 336 f; Abb. 10–12
Wegner, Ilgen 189
Weiss, Matthias 238 FN 426, 242–244
Werkzeuge
– Bergleute 76 f, 83; Abb. 32, 33
– Steinbrecher 78 f, 83; Abb. 34
– Steinmetze 104; Abb. 46

Wetterlutten 85 f, 92 f, 156, 241, 339; Abb. 39
Wetterofen 94
Weygel, Martin 85
Wolff, Zacharias 152
Zeichen der Bergleute Abb. 81

Zisternen 16, 23, 25–31, 42, 53, 185; Abb. 8, 9.1, 9.2
– Bewirtschaftung 25 f
– Filter im Zulauf 26–28
– Reinigung 29, 31
– Standort 29 f
– Wasserförderung 29, 31